U0629599

国家哲学社会科学成果文库

NATIONAL ACHIEVEMENTS LIBRARY
OF PHILOSOPHY AND SOCIAL SCIENCES

目 录

《国家哲学社会科学成果文库》
出版说明

为充分发挥哲学社会科学优秀成果和优秀人才的示范引领作用，促进我国哲学社会科学繁荣发展，自 2010 年始设立《国家哲学社会科学成果文库》。入选成果经同行专家严格评审，反映新时代中国特色社会主义理论和实践创新，代表当前相关学科领域前沿水平。按照“统一标识、统一风格、统一版式、统一标准”的总体要求组织出版。

全国哲学社会科学工作办公室

2025 年 3 月

内 容 简 介

本书立足当代量子论的科学实践，沿着由前沿科学到一般科学哲学理论推进的方向，探索新科学哲学突破的路径和方法。当代量子论所面临的困境很大程度上与哲学相关，通过考察理论中的时空本性、物质本体、宇宙起源等新自然观的形成，挖掘当代量子论中形而上学的丰富蕴涵，以此作为新科学哲学兴起的重要基础。当代量子论远离经验，原先建立在经验科学上的认识论和方法论需要适时调整，科学发现、科学评价标准、科学实在论、科学理解、体知认识等需要重新认识和审视。新科学哲学基于当代量子论，当代量子论需要哲学的灵感和认知，它们之间的紧密互动，既有助于哲学理论的发展，也有助于物理学观念的突破。

本书适合物理学、科学技术哲学、科学技术史、科学社会学与科技管理等专业的广大师生，以及各级科技、教育等行政管理部门的研究人员阅读参考。

图书在版编目(CIP)数据

当代量子论与新科学哲学的兴起 / 高策著. -- 北京 : 科学出版社, 2025. 7. --(国家哲学社会科学成果文库). -- ISBN 978-7-03-081922-2

Ⅰ. O413；N02

中国国家版本馆 CIP 数据核字第 2025EB4087 号

责任编辑：邹 聪 高雅琪 乔艳茹 / 责任校对：贾伟娟
责任印制：师艳茹 / 封面设计：有道文化

科学出版社 出版
北京东黄城根北街 16 号
邮政编码：100717
http://www.sciencep.com
北京中科印刷有限公司印刷
科学出版社发行 各地新华书店经销
*
2025 年 7 月第 一 版 开本：720 × 1000 1/16
2025 年 7 月第一次印刷 印张：46 插页：2
字数：580 000

定价：368.00 元

(如有印装质量问题，我社负责调换)

当代量子论与新科学哲学的兴起

高策 著

科学出版社

CONTENTS

绪　论

一个世纪以前，爱因斯坦和玻尔等物理学家与石里克和赖兴巴赫等哲学家展开了密切的交流与激烈的思想碰撞，在相对论和量子力学两大物理学革命的影响下，掀起了一场哲学科学化的浪潮，诞生了第一个科学哲学流派——逻辑实证主义。科学哲学历经百年发展，从逻辑主义到历史主义，再到后历史主义，逐步走向了另类、批判（解构）与审度。如今，科学哲学正在寻求新的突破点，其背景与动力源于当代量子论正在经历着的新的深刻革命。

20 世纪后半叶以来，量子物理学在经历了由世纪初的波澜壮阔的革命后继续向纵深发展，其标志性成果就是成功地构建了粒子物理学标准模型，但引力的量子化之路却走得异常艰辛。这一时期部分物理学家公开反对哲学，代表人物如费曼（R. Feynman）和霍金（S. Hawking）等，物理学家与哲学家之间由此产生了巨大的鸿沟，究其原因很大程度上在于哲学本身与前沿科学的脱节，无法为物理学前沿提供有价值的思考。因此，新科学哲学的兴起一定要参与到前沿科学，通过哲学与物理学的互动，既为哲学的发展带来良好机遇，也为陷入困境的终极统一理论提供哲学的洞察与灵感。

一、当代量子论需要哲学

自 1900 年普朗克提出“量子”概念以来，量子论的发展大致可以分为三个阶段：一是非相对论量子力学阶段，二是量子场论阶段，三是量子引力与量子信息阶段。本书着重讨论的是 20 世纪 80 年代以来量子引力理论和二次量子革命之于科学哲学的挑战与机遇，以及量子理论对科学哲学创新的启示。事实上，由于量子引力理论是以广义相对论和量子力学为基础的，是在粒子物理学标准模型之后的新探索，因而在具体讨论的过程中仍然需要结合非相对论量子力学、量子场论等内容来展开。

量子引力理论是将广义相对论与量子力学相结合的理论，目前仍在构建中，尚没有一个完整的、普遍认可的理论体系。超弦理论、圈量子引力理论、因果集理论、扭量理论、非对易几何理论等都属于量子引力理论，它们彼此有竞争的方面，也有融合的方面，现阶段难以判别这些理论的优劣，物理学家们各执一词，难以形成统一的认识。发展相对成熟的、在物理学共同体中颇为流行的主要是超弦理论和圈量子引力理论，前者在给出引力量子化描述的同时能够实现四种基本相互作用力（简称基本力）的统一，吸引了许多年轻的物理学家投身其中；后者并不致力于统一物理学，但直接继承了广义相对论的背景无关性，被认为是统一广义相对论与量子力学的最有效手段。围绕这两大量子引力理论的争论正在激烈上演着，但透过争论，李·斯莫林（Lee Smolin）等一些有远见的物理学家则认为，超弦和圈量子引力可能是终极理论的两种不同近似。另一条通往量子引力理论的路径由二次量子革命或量子信息革命所开辟。20 世纪的量子力学革命告诉我们什么是量子的，而量子信息、量子计算等二次量子革命除要发展量子技术，更重要的是追问“为什么”，通过量子纠缠的技术实现探究量子纠缠的起源与本质。而一旦揭开量子纠缠之谜，则有望引发量子理论基础的革命，为终极理论的寻找带来启发。

我们按照物理学发展的不同阶段，以及不同理论间的相互联系描绘了物理学的统一之路，见图 0.1。其中从上至下用点横虚线分隔的是不同的物理学阶段，即亚里士多德时期的物理学、以牛顿和麦克斯韦理论为代表的经典物理学、以相对论和量子力学为框架展开的 20 世纪的物理学和以量子引力理论为主题的当代量子论。亚里士多德时期的物理学在近代科学革命之际被否弃，代之以统一描述天体运动和地面附近物体运动的牛顿力学。麦克斯韦借助法拉第发明的“场”的概念，实现了对电与磁的统一描述，给出了关于电磁相互作用的描述。20 世纪后半叶，在杨-米尔斯规范场框架之上，粒子物理学标准模型把电磁相互作用、弱相互作用和强相互作用统一了起来。以加粗字体标识的中心轴是物理学的统一之路，物理学家们期待未来能把引力相互作用纳入进来形成终极统一（或大统一）理论。以底下虚线框标识的量子引力理论便是以万有理论为目标的尝试。

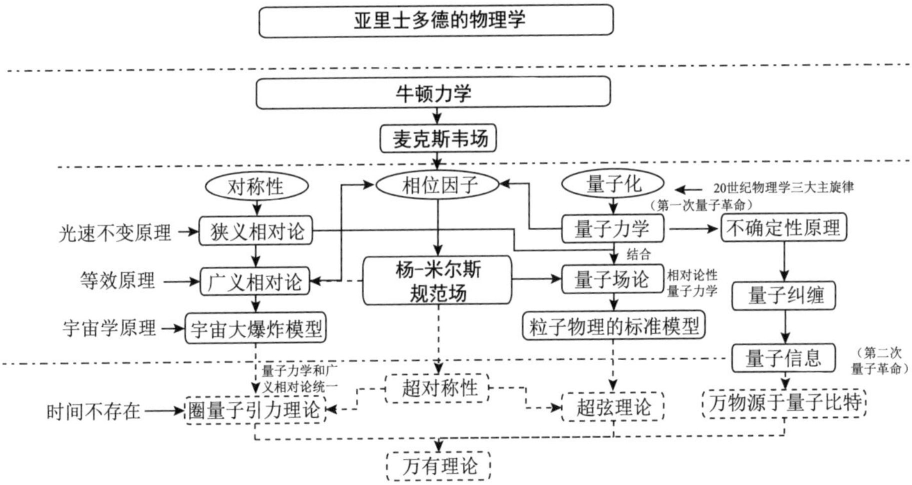

图 0.1　物理学的统一之路

椭圆框中文字标识的是杨振宁先生所概括的 20 世纪理论物理学的三大主旋律——量子化、对称性和相位因子，突出了不同物理学理论间的关联。量子化是基于黑体辐射、电子衍射等实验所形成的经验性的研究纲领，百余年来的量子理论实践更加巩固了这一纲领的牢固性。对称性在相对论的构建中扮演了关键性的角色，约束了物理学定律的可能形式，“对称性支配相互作用”为具体物理学理论的形成提供了洞察。杨-米尔斯规范场理论继承和发扬了“对称性支配相互作用”的思想，为除引力之外其他三种基本相互作用的统一提供了理论基础。

沿此思路，物理学家认为四种基本相互作用的统一、万有理论一定建立在某种更大的对称性之上，于是提出了超对称性和建立在超对称性基础上的超弦理论。由于相位因子的不可观察性，对相位因子重要性的认识要晚于量子化和对称性。近三十年来，物理学家们越来越意识到相位因子在量子信息、量子计算、量子精密测量等量子技术中占据着举足轻重的地位，“原来还有不少奇妙的现象和应用前景，足以构成 21 世纪物理学的重要发展和促成 21 世纪技术的重要发明，这些问题大都与波函数的相位因子有关”①。

基础物理学在经历了 20 世纪初的相对论革命和量子力学革命、20 世纪下半叶的粒子物理学标准模型的辉煌之后，在近半个世纪以来并无显著的突破。超弦理论虽然经历了 1984 年的第一次超弦革命和 1995 年的第二次超弦革命，赢得了广泛的关注与投入，很多人把超弦理论奉为当代科学的顶峰，认为超弦理论可能会被证明为寻觅已久的“大统一”理论（grand unified theory，GUT），有人甚至称之为“万有理论”（theory of everything，TOE）。但就像其他量子引力理论一样，超弦理论本身的不完备性及其与实验的遥远距离，让不少人质疑其科学性，也有很多人完全不认为超弦理论实现了统一。如果超弦理论不能对当前业已得到确证的粒子物理学和广义相对论等物理学内容给出明确的解释并进行明确的预测，那就意味着它作为物理学理论的可信度是有疑问的。有人认为超弦在理论上可以包容粒子物理学标准模型，因而 2012 年希格斯粒子的实验发现被认为间接证明了超弦理论。但是有人却认为“其被检测到的意义，相较于物理学的崇高目标而言，却平淡无奇得让人觉得有些滑稽”②。总而言之，粒子物理学标准模型之后，我们没有找到一个可证伪性程度更高的理论，也没有找到一个可以接受更严峻经验考验的理论。有不少人担心在粒子物理学标准模型之后，物理学未

---

① 李华钟：《量子力学相位因子》，《物理》2001 年第 11 期，第 668 页。

② [美]约翰·霍根：《科学的终结：用科学究竟可以将这个世界解释到何种程度》，孙雍君、张武军译，清华大学出版社 2017 年版，第 33 页。

来的发展会“陷入干涸的沙漠，一片几十年都不再有新粒子现身的荒凉”[①]。基于此类因素，《科学美国人》（*Scientific American*）的资深撰稿人约翰·霍根（John Horgan）在《科学的终结：用科学究竟可以将这个世界解释到何种程度》一书的封面上宣称：“科学（尤其是纯科学）已经终结，伟大而又激动人心的科学发现时代已一去不复返了。”

显然，“科学终结论”的极端立场是将物理学的新进展局限在发现某种新的粒子或新的作用力这一狭隘的定义之上的。确实，这样定义的话，粒子物理学标准模型中的基本粒子已经全部找到，未来发现新粒子的可能性非常小，而且在实验上也越发地困难。但是，物理学的研究对象并不如此狭隘，而是涉及宇宙中所有的物质和能量，对于广袤无垠的宇宙而言，我们的认识还仅仅是沧海一粟，暗物质、暗能量我们还尚未认识到，宇宙的起源如何，引力为什么会很弱，能否改变宇宙学常数等问题仍然等待着物理学未来的探索。除了未知的奥秘，事实上，任何试图超越粒子物理学标准模型的努力和成果，都足以让物理学产生革命性的进步。粒子物理学的标准模型中仍然有许多未解之谜，如质子的稳定性问题、超对称性的本质问题、无量纲参数的性质问题等。超越标准模型的探索，虽然相较于20世纪物理学的黄金时代（20年代）和白银时代（50—70年代）不那么容易成功，但仍然有着极其重要和非常特殊的意义。

除上述理论物理学的发展之外，21 世纪是量子论的应用大展宏图的时代。且不论量子信息、量子计算等二次量子革命中产生的具体的应用，“物理学是自我维持的——它可以利用自身产生新的基本见解，然后再将其应用于严密的数学模型”[②]。在既有粒子面前，我们可以研究多粒子的集体行为，也可以从量子理论出发，去寻找理论描述的现象，也就是可以创造现象，从而改变科学研究的范

① [美]罗伯特·迪克格拉夫：《物理学已经终结了吗？》，希区客编译，《世界科学》2021年第2期，第13页。

② [美]罗伯特·迪克格拉夫：《物理学已经终结了吗？》，希区客编译，《世界科学》2021年第2期，第14页。

式，从原先的“它是什么”转变为“可能会存在怎样的它”。这种新范式的研究本质上是对量子理论的应用性研究，就像凝聚态物理一样，继而可能基于技术突破带动理论的突破。

问题是，超越标准模型的道路和方向在哪里？新的研究范式是什么？新的革命可能会在哪个领域开启？物理学的终极统一是否可能，如何实现？目前阻碍统一的困难在哪里？基础物理学面临的困境是什么？如何才能突破当前的困境？“由于量子引力论让我们别无选择，只能去挑战我们关于物理世界的最深层的一些假设，那么，研究该理论的所有手段都要触及到哲学家们讨论的问题。”[①]

圈量子引力理论学家卡洛·罗韦利（Carlo Rovelli）结合自身的研究经历，认为哲学对物理学有着强烈的影响，“因为哲学可以提供产生新的想法、新颖的视角和批判性思考的方法。哲学家拥有物理学所需的工具和技能，但在训练和培养物理学家时这些东西却缺失掉了：概念的分析，对含糊性的关注，表达上的精确性，在标准的论证中找出缺漏的能力，创造出全新的视角，发现概念上的薄弱环节，找出备选的其他概念性解释”[②]。爱因斯坦明确承认哲学对其是有实质性帮助的：“关于历史和哲学背景的知识给了我们得以摆脱同一代大部分科学家所陷入的偏见的那种独立性。这种由哲学洞见带来独立性——依我的观点——是把单纯的手艺人或专家与真正在追寻真理的人区别开的标志。”[③]哲学的审视和历史的考察有助于超越流行科学的研究范式，爱因斯坦的狭义相对论和广义相对论都受益于其哲学洞察的深邃性和历史的敏锐性。“科学越是处于严重的混乱

---

① [美]克雷格·卡伦德、[英]尼克·赫盖特主编：《物理与哲学相遇在普朗克标度》，李红杰译，湖南科学技术出版社 2013 年版，第 1 页。

② [意]卡尔罗·罗维利：《物理学需要哲学，哲学需要物理学》，朱科夫译，《科学文化评论》2019 年第 2 期，第 110 页。

③ [意]卡尔罗·罗维利：《物理学需要哲学，哲学需要物理学》，朱科夫译，《科学文化评论》2019 年第 2 期，第 110 页。

和困惑中，越需要哲学。”[①]基于哲学灵感来发展物理学理论也是非常可能的，即使这些灵感本身是错误的，是粗糙的，但是对于量子引力理论研究来说，粗糙的哲学比谨慎的哲学更有利于物理学本身的发展。

二、新科学哲学需要当代量子论

霍金在《大设计》开篇就宣称“哲学已死”。霍金之所以认为“哲学已死”，是因为在他看来过去由哲学家所探讨的大问题，如世界的终极构成、时间和空间的本质、宇宙的起源等，已由自然科学接手解答了，哲学家们却仍然通过哲学史的回顾在讲这些问题，而无力结合自然科学的发展给出新的解答或解释。

霍金对哲学的理解过于偏颇，不够完整。霍金一方面宣称哲学已死，另一方面却把自己当成哲学家，宣布由他来回答那些哲学所不能回答的终极问题。例如，他说量子理论证明了多宇宙是存在的，宇宙是从无中生出的，我们所在的宇宙只是多个宇宙中的一个；他还说 M 理论是唯一可行的万有理论的候选者，可以用它来解释多宇宙原则。事实上，霍金所给出的他所认为的非哲学的而是科学的回答仅仅是他的一厢情愿。多宇宙并没有得到科学层面的检验，本质上仍然是一种哲学的思辨。而霍金用多宇宙替代了关于怎样选择和谁选择的问题，而回避了宇宙为什么有的问题。

讽刺的是，霍金还在哲学阵营中给出了自己的站队。他在《大设计》的第三章“何为实在？”中给出了模型实在论，并将这一立场作为全书的哲学基调。所谓模型实在论是指，不存在与图像或理论无关的实在性概念，一个物理理论和世界图像是一个模型（通常具有数学性质），以及一组将这个模型的元素和观测连接的规则。霍金给出的鱼缸中的金鱼和柏拉图洞穴中的人的比喻没有什么区别。相较于金鱼或洞穴中的人，我们何以得知我们拥有真正的没被歪曲的实在图像？

---

① [意]卡尔罗·罗维利：《物理学需要哲学，哲学需要物理学》，朱科夫译，《科学文化评论》2019 年第 2 期，第 117 页。

金鱼或洞穴中的人的实在图像与我们的不同,然而我们能肯定金鱼或洞穴中的人比我们的更不真实吗？这本身也是哲学。因此，哲学并没有死，哲学需要回答模型的元素是什么，模型与观测连接的规则是什么，如何为金鱼、洞穴中的人或我们的理论辩护，以及这些不同理论间有无关联等问题。

不过，霍金的批判也有其合理的方面，当代的哲学确实远离科学，这一问题需要哲学家们警惕。随着近代以来哲学的人文化过程，哲学与科学间的距离越来越远，笛卡儿、莱布尼茨、康德等能够走在科学前沿的哲学家们越来越少，使得哲学被大踏步前进的科学远远地甩在后面,使得哲学哪怕是些许地向科学靠拢和借鉴，都将迎来新的发展机遇。“在 20 世纪初，当一批新的青年逻辑学家在世界哲学大会上用逻辑分析的方式来证明他们观点的时候,惊呆了一大批年迈的传统哲学家。”[①]石里克、卡尔纳普、赖兴巴赫等人按照科学的标准来重建哲学，把科学作为哲学研究的对象，借助于数理逻辑来分析科学语言的意义，为科学认识的合理性提供了经验方法的辩护,对科学理论的发展进行了规范性的考察。“在两次世界大战之间的数十年间，当这一新哲学在广阔的战线上取得突破时，它自称是思想领域的一次大变动，一次深刻的革命。”[②]

20 世纪下半叶以来，量子论和脑科学等科学的形态发生了巨大的改变，相应地，哲学也需要变革。当代科学的研究对象已经和经典科学时期截然不同，突破了原先感官经验的直接感知范围,需要借助复杂科学仪器所呈现出的由外在对象所产生出的某种可观测的效应，这时原先的刺激-反应的认识方式，或是相互呼应互动的认识方式都不再有效了，而需要一种新的、更为复杂的认知方式，这也为哲学的新的探索提出了方向。“现象学在某种意义上为我们提供了把握对象的直观方法，但这种直观方法进入意识层面、进入感知层面时，却发生了困难，

① 韩东晖：《霍金讲“哲学已死”，其实是在讲什么？》，2018 年 4 月 15 日，https://web.shobserver.com/staticsg/res/html/web/newsDetail.html?id=85850。

② [芬兰]冯·赖特：《分析哲学：一个批判的历史概述（上）》，陈波译，《社会科学论坛》1999 年第 9-10 期，第 42 页。

无法实现哲学家希望达到的目标，因而使得哲学家的理论也面临很多困难。”①冯·赖特（G. H. von Wright）认为，随着科学的进一步发展，“由科学和技术所代表的合理性形式,由于它对社会和人的生存条件的反作用,已经变得成问题了。分析哲学，本身是能够通过科学取得进步这一信念的产物，似乎内在地不可能对付这些问题。任务不得不留待其他类型的哲学去完成，后者不同于分析潮流，且常常对它持批评态度”②。

冯·赖特所谓的其他类型的哲学正是科学哲学以及具体科学哲学，是吸收了科学研究成果而发展出的哲学，与传统扶手椅式哲学是完全不同的。当前，哲学越来越关注科学的进展与成果,传统哲学坐在摇椅中寻找智慧是否仍然有效是值得思考的 。传统的哲学由于缺乏科学洞见的支持与可付诸检验的标准，往往流于争论而得不到可靠的结论。而随着科学本身在人类生活中的不可或缺，哲学也应该加强与科学的联系，而不是把其自身作为人文学科而与科学对立起来。哲学需要与时代相结合，而在当前的时代里，哲学的主题主要来自科学技术，科学技术的发展为哲学提供了充足的议题。

在当代我们不是不需要哲学，而是不需要脱离科学、单纯借助于直觉分析的哲学，我们需要的是能够为前沿科学的蕴涵提供逻辑分析、提供意义诠释、提供图像理解的哲学。因为哲学是规范性的，包含着自然科学的描述性所无法处理的规范性层面，所以表达这些自然科学原理的部分是需要哲学来参与的，没有哲学去澄清特定学科的基本概念，进行语义整编，会导致严重误解。在科学为王的时代，哲学具有彻底反思和适度怀疑的精神，哲学的作用在于对我们思想的划界和理性批判（哪些领域是可以认识的，哪些是不可认识的，可以言说的领域和不可言说的领域如何划界，理性批判的目的是充分地理解人类理性的限度和它所遵循

① 江怡：《当代哲学研究面临的困难、挑战和主要问题》，《山西大学学报（哲学社会科学版）》2019 年第 5 期，第 3 页。

② [芬兰]冯·赖特：《分析哲学：一个批判的历史概述（上）》，陈波译，《社会科学论坛》1999 年第 9-10 期，第 42 页。

的法则），在于对自身认识和人性的理解等方面。

伴随着科学的不断发展，科学也在不断地重新思考着其方法论、成就、工具等，这要求科学哲学也要随之不断地发展与更新，科学哲学要适应科学本身发展的灵活性。“在断言哲学无用时，温伯格、霍金和其他‘反哲学’的科学家们实际上正是在向某些科学哲学家们（philosophers of science）致敬……温伯格和霍金的错误在于把某种特定的、受限于历史条件的、对科学的有限的理解，当作好像是科学自身永恒的逻辑似的。”[①]罗韦利认为波普尔和库恩的科学图景是不完整的，如果把他们的观点当作是约定俗成的且一概接受的话，会误导科学研究，这在某种程度上导致了理论物理学在几十年间突破的相对贫乏。我们并不完全赞成罗韦利的这一论断，因为几十年间大多数的物理学家是反对哲学的，因而认为哲学理论影响到了物理学的进展是不太可能的。应该反过来看，更可能是哲学的贫乏，导致缺乏像马赫对牛顿绝对时空观那样的批判，没有让年轻一代的物理学家冲破概念框架的束缚，突破当前物理学流行范式的束缚，才没有出现爱因斯坦那样打破既有物理学传统，开创新研究框架的物理学家。

自然主义以来的科学哲学充分重视数学、物理学等具体科学的实践，事实上20 世纪以来具体科学的发展也为哲学的分析提供了丰富的素材。但这同时也大大提高了科学哲学的准入门槛，不熟悉量子理论等当代科学的科学哲学家们难以反驳已有的哲学观点，并为自己的哲学观点提供准确的论证与辩护，这一事实也从科学哲学走向了社会化、历史化等现实中得到印证。比如，量子引力的哲学需要对量子引力理论有所把握，对该理论的发展过程、理论中的原理、理论本身存在的问题进行思考，爱德华·威滕（Edward Witten）、戴维·格罗斯（David Gross）、罗韦利等量子引力理论家其实是尊敬并欢迎哲学家的，甚而他们自己有时候也像哲学家那样在思考问题。

---

① ［意］卡尔罗·罗维利：《物理学需要哲学，哲学需要物理学》，朱科夫译，《科学文化评论》2019 年第 2 期，第 111-112 页。

当代量子论为科学哲学提供了前所未有的机遇。量子理论中存在测量时与未测量时两种并列的演化方式、量子场论只是一个松散的框架、粒子物理学标准模型缺乏自然性、量子引力理论如何协调广义相对论与量子力学关于时空处理的矛盾等都需要哲学的思考；对称性原理、全息原理、对偶性、规范原理等物理学原理的含义与意义也需要哲学的分析；经典力学的两种等价描述——拉格朗日描述与哈密顿描述之间的关系，以及这两种描述分别与量子场论和量子力学间的关系、对偶性所联系的两个理论间的等价性等问题也需要哲学的阐述；更不论一些原来就属于哲学研究范围的问题，如量子粒子个体性的丧失在形而上学层面意味着什么，结构能成为仅有的本体存在吗，结构本体能够说明量子非定域性等量子特性吗，广义相对论所代表的物理学的几何化意味着什么，超弦理论等量子引力理论在几何化的道路上走了多远，揭示出什么样的时空与物质观念，等等。自然主义的科学哲学为我们开创了一条路径，而沿着这一路径仍有大片未开垦的土壤。

三、量子论与哲学的结合

自 20 世纪 20 年代科学哲学作为哲学的一个分支学科诞生以来，量子物理学一直是其关注的核心对象，从逻辑实证主义一直到科学实在论与反实在论的争论，主要都是在量子物理学的科学背景基础上进行论证的。但是量子论真正启发或推动科学哲学观点形成与思想发展的则是进入 21 世纪之后，形成了结构实在论和科学的形而上学等思潮。

“物理学家掌握了惊人的理论语言，他们可以用这些语言来做出关于知识与经验确证的陈述，同时他们发展的理论为我们提供了描述认知主体可能发现自身困境的方法。”[①]哲学传统中的问题可以借助于物理学理论的发展而获得新的回

---

① Ruetsche L. “Physics and Method”. In Cappelen H, Gendler T S, Hawthorne J (Eds.). *The Oxford Handbook of Philosophical Methodology*. Oxford: Oxford University Press, 2016: 598.

答，物理学哲学家芒德林（T. Maudlin）在《物理学中的形而上学》[①]、罗伯茨（J. T. Roberts）在《定律支配的宇宙》[②]、兰格（M. Lange）在《定律与定律制造者：科学、形而上学和自然定律》[③]中通过结合物理学新的发展研究了自然定律的本质。巴特曼（R. W. Batterman）在《细节之魔：说明、还原和涌现中的渐近推理》[④]、贝洛特（G. Belot）在《谁的魔鬼？哪些细节？》[⑤]中对科学说明和科学理论间的还原问题等进行了讨论。弗兰奇（S. French）在《世界的结构：形而上学与表征》[⑥]、曹天予在《从流代数到量子色动力学：结构实在论的一个案例》[⑦]中都结合量子理论的案例为结构实在论立场进行了辩护。这些讨论对于一般科学哲学的推进大有裨益，在新的科学背景下进一步丰富了哲学的研究。

上述物理学哲学家的研究不是个例，通过物理学哲学的研究推动物理学和哲学双向互动的案例还有许多，如里克斯（D. Rickles）的《量子引力：哲学家入门》[⑧]、戴维（R. Dawid）的《弦论与科学方法》[⑨]、维特里希（C. Wüthrich）和乐毕汉（B. Le Bihan）等的《超越时空的哲学：量子引力的启示》[⑩]。参与到哲学讨论中的物理学家也有不少，如彭罗斯（R. Penrose）、罗韦利、埃利斯（G. Ellis）、斯尔克（J. Silk）、泰格马克（M. Tegmark）、卡罗尔（S. Carroll）等，他们的

---

① Maudlin T. *The Metaphysics Within Physics*. New York: Oxford University Press, 2007.

② Roberts J T. *The Law-Governed Universe*. Oxford: Oxford University Press, 2008.

③ Lange M. *Laws and Lawmakers: Science, Metaphysics, and the Laws of Nature*. Oxford: Oxford University Press, 2009.

④ Batterman R W. *The Devil in the Details: Asymptotic Reasoning in Explanation, Reduction, and Emergence*. Oxford: Oxford University Press, 2002.

⑤ Belot G. "Whose Devil? Which Details?" . *Philosophy of Science*, 2005, 72(1): 128-153.

⑥ French S. *The Structure of the World: Metaphysics and Representation*. Oxford: Oxford University Press, 2014.

⑦ Cao T Y. From Current Algebra to Quantum Chromodynamics: A Case for Structural Realism. Cambridge: Cambridge University Press, 2010.

⑧ Rickles D. *Quantum Gravity: A Primer for Philosophers*. Aldershot: Routledge, 2008.

⑨ Dawid R. *String Theory and the Scientific Method*. Cambridge: Cambridge University Press, 2013.

⑩ Wüthrich C, Le Bihan B, Huggett N (Eds.). *Philosophy Beyond Spacetime: Implications from Quantum Gravity*. Oxford: Oxford University Press, 2021.

讨论体现在《物理与哲学相遇在普朗克标度》[①]、《为什么相信理论？基础物理学的认识论研究》[②]等论文集中。

汇集了物理学家和哲学家的研究团队也纷纷组建，如牛津大学、剑桥大学和纽约大学合作创立了“宇宙学哲学研究平台”，致力于宇宙学的概念基础和关于宇宙的哲学思考，将物理学的基本理论——热力学、统计力学、量子力学、量子场论、相对论——和哲学的分支——物理学哲学、科学哲学、形而上学、数学哲学和认识论结合在一起进行研究。另如哈佛大学的“黑洞创新研究中心”，聚集了天文学家多勒曼（S. Doeleman）、数学家丘成桐（Shing-Tung Yau）、物理学家施特罗明格（A. Strominger）和哲学家盖里森（P. Galison）等[③]，是一个跨学科的研究机构，将哲学与科学前沿相结合进行研究。还有如德国马克斯·普朗克研究所由布鲁姆（A. Blum）领衔的“终极理论纲领的历史认识论”小组，他们试图采用历史认识论的方法来反思和评估量子引力理论的探索，其中三个子课题分别是：后经验的物理学、数学物理学、反还原的物理学。

国内的学者们也关注到了前沿物理学与哲学的交流与对话，发表有论文《超弦：数学计谋与物理归并之玄舞》（2020）、《哲学与物理学相遇在量子世界》（2021）等，出版著作如《量子论与科学哲学的发展》等。但把量子论作为科学背景来形成特定的哲学立场并不够，哲学家塞尔（J. Searle）在《哲学的未来》一文中指出：“20 世纪的科学对一系列关于自然界的普遍有力的哲学假设与常识假设提出了彻底的挑战，并且，我们还没有消化这些科学进步的结果……量子力学确实对我们的世界观提出了基本的挑战，我们还完全没有对其加以消化。科

① Callender C, Huggett N. *Physics Meets Philosophy at the Planck Scale: Contemporary Theories in Quantum Gravity*. Cambridge: Cambridge University Press, 2001.

② Dardashti R, Dawid R, Thébault K. *Why Trust a Theory? Epistemology of Fundamental Physics*. Cambridge: Cambridge University Press, 2019.

③ 刘闯、朱科夫：《国际哲学与科学交叉学科研究进展评述》，《中国科学院院刊》2021 年第 1 期，第 17-27 页。

学哲学家，包括对科学哲学感兴趣的物理学家，到目前为止都没有为我们提供一种融贯的说明，来解释量子力学如何与我们的整个宇宙观相符合，尤其是因果性与决定论的问题，我把这看作是一件丑闻。”[①]况且随着量子论在当代的不断发展，又提出了新的革命性概念、观念和理论，它们是传统的科学哲学未曾涉猎的，这迫切要求科学哲学新的发展。

四、当代量子论启发下科学哲学的突破进路

20 世纪的科学哲学在经历了逻辑实证主义、证伪主义之后，到库恩那里开始了转折。库恩“范式”理论的不可通约性为相对主义和非理性主义开启了大门，以致费耶阿本德走向了“怎么都行”的无政府主义认识论。费耶阿本德比库恩更为极端，他反对普遍的标准，倡导多元论方法，认为混乱、偏见、幻想等非理性因素往往是科学发展的动力。历史主义之后科学哲学走上了多元主义的发展态势，社会建构论、反科学主义等后现代思潮颠覆了科学理性的至高地位，其基本立场和目标与逻辑实证主义、批判理性主义和历史主义所代表的传统科学哲学完全相反，形成了刘大椿教授所谓的“另类科学哲学”。反叛和解构是一条不归路，20 世纪末爆发的“科学大战”及时扼住了这一势态，呼吁科学哲学重拾科学理性，寻找新的逻辑起点。

1996 年，艾伦·索卡尔（Alan Sokal）在《社会文本》（*Social Text*）的一篇诈文《超越界线：走向量子引力的超形式的解释学》将科学大战推向了高潮，同时也掀开了在社会学领域和文学领域所建构的“科学真相”的面纱。在索卡尔等物理学家看来，随意地解释与引申当代物理学，并将其应用于人文社会科学领域，会传递给普通大众错误的信息，这是对科学理性的亵渎。后现代主义学者用高深的物理学词汇和华丽的反叛语言把自己粉饰得头头是道，凭借夸张的表述如“20 世纪的物理学是晚期资本主义精神崩溃的标志和产物”“20 世纪的物理学驳

① [美]约翰·塞尔：《哲学的未来》，龚天用译，《哲学分析》2012 年第 6 期，第 180 页。

斥了作为西方范式的秩序、可预见性和控制概念”赢得了声誉和追随者，但实际上他们的表述在物理学家看来纯粹是胡诌。若不是诺曼·莱维特（Norman Levitt）和保罗·格罗斯（Paul R. Gross）的《高级迷信：学术左派及其关于科学的争论》、索卡尔的诈文揭开了后现代主义哲学思潮的真面目，这种颠倒黑白、混淆事实的状态仍将会持续下去。

科学大战让科学哲学家们重拾科学理性，回归到科学本身的哲学思考中来，而不仅仅是哲学术语的堆砌和粉饰。量子引力的哲学是基于对量子引力理论的把握，对该理论本身存在的问题进行的思考，而不是披着量子引力理论的外衣的胡诌。科学大战淘汰掉的是那些披着科学外衣的伪哲学家，真正的哲学家是受到尊敬并受欢迎的。在量子引力理论领域，哲学家与科学家往往是携手共进的，哲学会给量子引力的研究提供灵感与洞察。这一情形与 20 世纪初科学哲学诞生之初有些许的相似，如马赫的力学批判启发了爱因斯坦，玻尔的哲学思维为他的物理学提供了丰富的图像。但不同的是，同时性概念可以在爱因斯坦的参考系中来清晰地理解，波粒二象性可以用互补性来描述，而“非定域性”意味着什么样的因果性，“对偶性”是一种什么样的等价性，仅仅依靠哲学家的概念分析是无法理解的，因为“非定域性”和“对偶性”等概念背后有着复杂的理论背景，在我们不懂量子理论时无论如何也无法理解这些概念及其蕴涵。

从大历史的视野来看，20 世纪科学哲学的发展与物理学发展的三个阶段是同步的。第一阶段，量子论和相对论的建立，直接导致了科学哲学的产生；第二阶段，粒子物理学标准模型和宇宙学标准模型的建立阶段，也正是科学哲学走向成熟的阶段；第三阶段，基础物理学亟待建立新的概念体系，需要哲学参与到科学理论的创建过程中，科学与哲学在最深处又相遇了，此时哲学特殊的使命已经超越了传统科学哲学的能力范围，需要新的科学哲学。

当代量子论的理论探索为新科学哲学的兴起提供了契机。传统科学哲学面对的是成熟的科学理论，科学哲学在探讨科学理论与非科学理论的区分，在解释科学理论如何说明经验事实，在阐释科学发现和科学革命的模式，在分析科学语言的意义和科学理论的结构，在为科学理论的真理性辩护，在说明是什么使得科学在经验上是成功的。但是量子引力理论并不成熟，缺乏相应的经验证据，难以用经验可检验性或可证伪性的方法来评价，理论的发展也不同于波普尔所谓的猜测与反驳过程，量子引力理论与非相对论量子力学和量子场论等理论间的关系也不完全是库恩所描述的科学革命及其不连续性。在普朗克标度上，量子力学和广义相对论这两大得到经验证实的理论存在冲突与矛盾，这意味着可检验性这一科学的判定标准是有问题的。新的科学哲学需要探寻经验成功的理论（广义相对论和量子力学）何以会相互冲突，冲突的根源在哪里；需要阐释量子引力理论（超弦和圈量子引力）的基础本体论、认识论进路和方法论原则；需要辨识这些量子引力理论关于时空本性、世界形态、因果性等论题的形而上学蕴涵；需要阐明这些量子引力理论与之前的成熟的物理学理论间的关系；需要分析不成熟的、未经检验的科学理论（超弦和圈量子引力）何以是科学，为它们的科学性辩护。

基于此，科学哲学要想突破传统发展的困境，寻求新的发展路径，可以从以下三个方面切入。

（1）科学史与科学哲学的融合。库恩的历史主义重视科学史在科学哲学研究中的作用，但其科学革命理论过于强调理论的不可通约性，割裂了科学发展的连续性。20世纪量子理论从非相对论量子力学到相对论量子力学（即量子场论），再到量子引力理论的探索，为我们展现出了丰富的常规科学研究过程，远非“范式”一词能够涵盖。新科学哲学时期，由于量子引力理论等科学理论缺乏实验的支撑，很大程度上理论的构建与检验需要借助对广义相对论和粒子物理学标准模型等成功理论中的核心概念、基本原理、实验基础、理论结构等的分析和对比，因而需要更为细致的科学史考察，以找出理论中的哪些要素对于理论的成功是不可或缺的，在理论的更替中其内涵是否发生了变化，同时要注意到在理论选择中存在的偶然性。新科学哲学中，科学史与科学哲学新的结盟是超越历史主义的，二者的结合是更为紧密的交融，科学史的考察将为科学哲学的论证提供充分的证据，科学哲学的洞察也将为科学史的梳理明确基本的方向。

（2）科学的形而上学。传统的科学哲学是拒斥形而上学的，逻辑实证主义认为形而上学既不是分析命题，也不是综合命题，因而是无意义的。卡尔纳普认为，“传统形而上学中的大多数争论都是徒劳无益的。当我将这种论证与实证科学或逻辑中的研究与讨论进行比较时，我常常震撼于其中所使用概念的模糊性和结论的模糊性”①。到量子引力时代，当物理学的研究深入到世界的本原、时空的本质、宇宙的起源、人与宇宙的关系等形而上学领域时，形而上学就不再是无意义的了，反而成为科学哲学研究中最为重要的部分。类似于赖兴巴赫的科学的哲学（scientific philosophy），科学的形而上学重视科学关于形而上学问题的研究成果，但与赖兴巴赫所认为的“哲学的道路是由科学指明的”不同，新科学哲学中科学与哲学的关系是双向的，科学的形而上学研究也可能为科学家的研究提供方向。在这个意义上，新科学哲学将迎来史上从未有过的辉煌，将赢得科学家的尊重，与科学家一起探寻世界的奥秘。

（3）关注分支科学哲学，且分支科学哲学在走向交融。虽然当前物理学哲学、数学哲学、认知科学哲学等分支科学哲学“不再寻求一种从一般到特殊的总体性的研究框架，而转向以自然为界限、以历史为参照、以实践为导向的新的共识性纲领”②，但这些分支科学哲学的研究基本上还是各自为政的。随着物理学的研究向普朗克标度靠近，数学哲学中关于连续与离散、无穷、拓扑等问题的讨论将与物理学哲学中粒子与场的本体论地位、发散与重整化群、局部性与整体性等问题的讨论融合在一起，认知科学哲学中关于随附性、记忆、意识等问题的研究将与物理学哲学中关于量子态、量子纠缠、测量问题的研究关联起来，数学哲学中

① Carnap R. “Intellectual autobiography”. In Schilpp P A (Ed.). *The Philosophy of Rudolf Carnap*. La Salle: Open Court, 1963: 44-45.

② 刘大椿：《科学哲学在中国的百年流变》，《高校理论战线》2012 年第 12 期，第 21 页。

数学的必然性和先天性问题的回答将有赖于认知科学哲学中关于大脑的认知模式、知觉、表征等的相关研究。新科学哲学中，分支科学哲学的交融是一种必然的趋势，它们将合力推进科学哲学走向新的阶段。

新科学哲学突破的三个方面分别对应从当代量子论出发阐述的新科学哲学的三个篇章：第一篇，对当代量子论的困境及其挑战的梳理，是融合哲学思考的科学史的回顾，以期从物理学上铺垫当代量子论发展的历史脉络，又从哲学上把握当代量子论困境的形而上学基础；第二篇，对当代量子论揭示的关于自然观念的探讨，挖掘当代量子理论的形而上学蕴涵作为新科学哲学兴起的基础，以为新科学哲学奠定自然主义的基调，由此把科学的形而上学作为新科学哲学中的核心内容；第三篇，对当代量子论背景下新的科学哲学内容的阐发，以形成符合当代量子论发展状况的新科学哲学体系。这三个篇章的逐步深入是从当代量子论本身的实践过程到哲学结论的形成过程，并没有预先设定哲学态度，因而是一种彻底的自然主义进路。

首先，当代量子论发展的困境，包括量子理论的解释、测量问题、奇点问题等，在很大程度上是哲学相关的。20 世纪发展起来的非相对论量子力学、粒子物理学标准模型等量子理论被誉为是有史以来最为成功的理论，理论在实验上得以验证的精度可以达到小数点后十多位。在物理上，这些理论都是极为成功的，没有任何的问题。然而，当把这些量子理论与同样非常成功的广义相对论结合起来时，奇点、矛盾与冲突便显现了。冲突的根源在哪里？显然不在这些理论之于经验的预言，而在于那些目前的经验不可及的部分，即黑洞和大爆炸之初的宇宙等目前尚未获得经验数据的对象，还有非经验的部分，即理论中预设的形而上学部分，关于时空本性、关于物质本性、关于宇宙本性的形而上学预设部分。

其次，当代量子论揭示的包括时空观、物质观和宇宙观等自然观呈现出融合的趋向，同时理论蕴含的本体论、认识论与方法论的哲学观念也呈现出融合的趋向。当代量子论最为显著的特征是其远离经验，远离经验的理论所揭示的形而上学图景与从经验和常识中得来的形而上学图景有着巨大的差异，因而当代量子论所蕴含的形而上学是当代哲学研究中的不可或缺的部分，也是探讨当代量子论与新科学哲学兴起之关系的关键部分，更是当代科学哲学为科学做出真正贡献之基础。“一方面，许多当代的形而上学，不是独立于任何关于物理世界的特别观点，而事实上建立在未经批判的假设上，它本身很难与当代物理学相容。另一方面，物理学的基本发展，如相对论和量子力学，本身是形而上学洞察的丰富源头，不论这些理论的最终命运，或其特别解释的命运是什么。”①

最后，当代量子论形成了远离经验的明显特征，这意味着此时科学在认识论层面发生了跃变，科学方法论也面临着根本的变化，因而原先建立在经验论科学之上的科学哲学理论需要适时地调整，我们必须重新反思科学的认识论与方法论，也就是说科学哲学需要新的发展。这是当代量子论作为一种典型的科学案例所启发形成的哲学思考，是科学哲学既有之理论体系在新时期的发展、更新或补充，是新科学哲学兴起的另一个维度。

总体而言，以当代量子论作为科学背景的新科学哲学，一方面需要及时跟踪科学本身的进展，从中吸取养分以促成既有科学哲学理论的发展与完善；另一方面需要拓展哲学之于科学分析的维度，强调对科学的深度参与，为科学本身做出实质性的贡献。

---

① Healey R. “Holism and nonseparability”. *The Journal of Philosophy*, 1991(8): 393.

第一篇　当代量子论的困境及其挑战

自 1900 年普朗克提出“量子”概念以来，当代量子论的发展大致经历了三个阶段：非相对论量子力学阶段（1900—1930 年）；量子场论阶段（1931—1967 年）；量子引力与量子信息阶段（1968 年至今）。这三个阶段代表着量子理论的不断深化与发展，每个阶段聚焦的核心议题、存在的问题与面临的困境都各不相同。非相对论量子力学阶段提供了量子理论的基本内容，但理论面临着与解释分离的困境，即测量问题与解释问题；量子场论阶段建立起了粒子物理学标准模型，实现了除引力外其他三种基本相互作用的统一，但标准模型不自然也不完整，存在着许多难以解释的反常现象，还不能被视为一个完备的理论体系；量子引力与量子信息阶段试图解决量子力学与广义相对论不兼容的问题，为黑洞等引力效应与量子效应同等重要的情形提供理论描述，然而理论构建之路异常艰难。尽管弦论与圈量子引力理论等量子引力理论取得了一定的进展，但仍不成熟，最为严峻的是，这些理论缺乏实验证据的支持。进入 21 世纪以来，我们迎来了量子信息革命，它根植于技术革新，却立志于终极统一理论，物理学家们期待这场始于技术革命的科学革命能够解开 20 世纪初量子革命遗留的未解难题。

第一章
量子力学的解释困境

量子力学自诞生以来饱受解释问题的困扰，这与量子理论的经验成功形成了鲜明的对比。“量子力学的发现，是自 17 世纪现代物理学诞生以来最深刻的革命。……近些年来，物理学家追寻的奇特的数学理论——量子场论、规范场论、超弦理论——也都建立在量子力学的框架内。如果说，我们今天对自然的什么认识还可能在未来的终极理论中保留下来，那就是量子力学。”①不过，保留下来的量子力学并非原先的标准量子力学，因为“对引力的一种量子理论的探求会以各种方式提出量子理论的概念问题，且会以一种特别尖锐的形式出现，甚至会威胁到其数学形式”②。我们需要考察量子力学的解释问题是如何与量子引力理论构建相关的，在量子引力理论的视野下量子力学的解释能够获得什么样的新的洞察。

本章将首先分析量子力学解释问题的起源和发展，然后阐述当下主流的几种量子力学解释以及其各自的问题，最后，探讨引力的量子化能否解除量子力学解释的困境。

---

① [美]斯蒂芬·温伯格：《终极理论之梦》，李泳译，湖南科学技术出版社 2018 年版，第 58 页。

② [英]杰瑞米·巴特菲尔德、[英]克里斯托弗·艾沙姆：《时空和量子引力论的哲学挑战》，载[美]克雷格·卡伦德、[英]尼克·赫盖特主编：《物理与哲学相遇在普朗克标度》，李红杰译，湖南科学技术出版社 2013 年版，第 49 页。

第一节　量子力学解释困境的理论根源

量子理论是伴随着黑体辐射、卢瑟福α散射实验、康普顿散射等经验现象或实验现象的解释而不断发展和完善的。随着新的实验现象的不断发现，量子理论的不断完善，辐射的离散性、电子轨道的分立性、波粒二象性等特征逐渐突显出来，颠覆了经典物理学所形成的连续性、确定性等观念，带来了哲学认识和哲学观念上的巨大变革。经典物理学处理的是宏观对象，与日常生活经验较为接近，因而相对易于理解。而量子物理学处理的是微观对象，微观对象呈现出截然不同于日常经验的分立性、不确定性、概率性等难以直观理解的特性。如何用经典物理学的概念框架和直观图景解释量子理论，成为量子论早期物理学家们最大的挑战。其中之一便是测量问题，协调量子理论与经典的测量结果之间的冲突问题。该如何解释量子测量过程？量子理论中给出了测量时和未测量时的不同描述，测量难道不是一个遵循量子理论的物理过程？量子测量有什么特殊之处？下文将对这些问题进行探讨。

一、理论与解释的鸿沟

量子力学是有史以来最为成功的理论，为原子世界和亚原子世界提供了精确的描述，目前为止所有的实验都表明它是正确的。量子力学的成功不仅表现在其实验验证上，还表现在其广泛的应用中。从理论早期用于解释分子中的原子束缚、原子核的放射性衰变、导电性、磁性以及电磁辐射等，到后续解释半导体和超导理论、白矮星和中子星、核力以及基本粒子，现代几乎所有的物理学理论都筑基于量子力学原理。量子力学开启了一个全新的时代，以至于之前所有的物理学理论被统称为经典物理学。量子力学颠覆了经典物理学自牛顿以来逐渐确立的关于物理世界本质的认识，在这一点上其革命性远远超过相对论，因为后者仍然建立在经典物理学的框架之中。

费曼曾经说：没有人理解量子力学。确实，量子力学是让人困惑的、难以理解的，因此要想准确地把握它、了解其所面临的困难，就需要非常谨慎地区分理解它的不同层面，必须对理论构成的三个相关层面进行明确区分：①涉及“量子实体”的现象事实，如能量量子化、波粒二象性、量子隧穿效应等，这方面尽管与我们的宏观经验相冲突，直观上很难想象，但是这部分是事实清楚的，没有疑问。②涉及量子理论本身，也就是量子理论的数学核心，如不确定原理、概率描述、波函数假设、投影假设等，其中不确定原理、概率描述已经成为量子力学的基础部分，没有太大争议。但是，对于波函数的意义以及测量描述中的投影假设，这些数学描述被认为是存在争议的，一直有物理学家试图修改甚至颠覆这些描述，提出全新的数学结构。③量子力学解释有关的命题，涉及如何理解量子力学，与一系列哲学问题有关，也是争议最大的部分。

首先，在现象和事实层面，量子世界表现出与经典世界截然不同的离散性、概率性和不确定性，量子概念的提出和量子理论后续的发展都是基于量子世界的这些特殊性质而展开的。史蒂文·温伯格（Steven Weinberg）在有关量子力学的一场演讲中说：“量子力学的思想与普通人类的直觉大相径庭。”[①]它告诉我们，电子等微观粒子没有固定的形态，既可以是波也可以是粒子；物理实在是由观察产生的，人们只能预测其产生的概率，而非确定的结果；既死又活的猫；存在无穷的平行世界从观测的那一刻分裂出来；还存在一种被称为“量子纠缠”的“幽灵作用”能够在两个相距遥远的事件之间瞬时传递。上述量子现象与我们日常生活中所感受的现象完全不同，我们感知到的都是我们直接所见的宏观世界，宏观世界对应的规律是牛顿经典力学以及经典电磁理论。而量子力学所描述的是微观世界，远远超出了人类的直接观测，我们无法直接看见原子、电子等微观粒子。

---

① Weinberg S. *Lectures on Quantum Mechanics*. Cambridge: Cambridge University Press, 2012.

也就是说，人类不可能直观体验微观世界，只能通过实验方法间接地测量，以及用抽象的数学工具加以描绘。因此，试图用宏观经验去理解量子现象，必然会出现难以调和的冲突。

其次，在数学层面，波函数、概率幅、投影假设等数学概念和表述是专门针对量子现象而提出的，有着坚实的实验基础，构成了量子理论中的核心部分。量子波函数是关于微观粒子的基本表述，它给出的是关于粒子某种物理特性的概率性的预言，而不是像经典物理学中所给出的关于确定的位置或动量等物理特性的取值。如果我们要预言一个电子的位置，数学计算只能告诉我们在不同位置探测到电子的可能性。相比之下，如果计算从山顶上下落的石头的运动轨迹，只要给出初始条件和运动方程，数学计算将会给我们提供一个确定的预言。另外，由于不确定性原理的限制，我们不能同时测量粒子的位置和速度，从原则上就无法给出粒子运动状态的准确描述。而投影假设是指测量前后理论对于粒子状态的描述，在测量前波函数是叠加的，粒子同时处于所有可能的状态（即本征态），而一旦测量，如测量粒子的位置，则只能得到一个确定的位置值，在此过程中波函数从叠加态投影或坍缩到了某一个本征态上，位置取一个确定的本征值。

最后，在解释方面，波函数的意义、投影假设背后的物理机制、概率的意义等都成为量子力学数学体系之解释中的核心论题，也成为多种量子力学解释体系争论的焦点论题。除了物理学规律之外，人们在经典科学的基础上还总结出了一套行之有效的基本的科学法则和世界观，诸如因果性、客观性、确定性、实在性等等。因此，即便在事实面前物理学家勉强能接受微观世界中千奇百怪的量子现象，也很难放弃自己早已形成的观念和哲学原则。如在量子论发展中做出奠基性贡献的爱因斯坦，早年用光量子概念解释光电效应极大地推动了量子论的发展，却一直不愿意承认概率性的量子理论，而是努力去寻找概率性的量子理论中的矛盾，与玻尔有过几次激烈的争锋。在争论的过程中，一开始玻尔占了上风，之后爱因斯坦转而指出量子力学不完备。“我对量子问题的思考可以说和对广义相对论的思考一样多。”“我无法真正相信（量子理论），因为……物理学表示的是一种时间和空间上的实在，容不得超距的幽灵行为。”①

尽管在玻尔的影响下，大量的科学家一度都持实用主义的态度，只关注如何解决实际问题，而非形而上学的探讨，但是随着维格纳（E. Wigner）、玻姆（D. Bohm）、埃弗雷特（H. Everett）等一大批关注量子力学基础问题的学者的工作，量子力学的解释问题在20世纪六七十年代之后又重新回到了科学家的视野中。由于人们所坚持和放弃的原则不尽相同，就产生了各种各样的解释或者诠释。据不完全统计，在各类文献中经常出现的诠释可能有20多种，加上不被经常提及的可能多达50多种。这种解释争论又通常发生在物理学家、哲学家们的讨论中，因此更加剧了人们理解的困难。下文将重点从解释层面对量子力学进行深入剖析。

二、测量观念的变革

从经典物理学的角度看，测量仅仅是一种手段，不会对被测系统本身的客观性质造成影响，更不会打破物体的动力学规律、在测量前后出现明显差别，理论上可以通过不断地改进实验模型、变换技术手段等技巧性的设计来提高实验精度，使实验结果控制在误差范围之内。因而测量的结果被假定为客观的存在，在测量前就已经拥有该数值，仅仅通过测量的方法将这个结果揭示出来。测量时主客体不存在相互作用，主体不会对客体的物理量值造成影响，如果因为观测者的测量活动而改变或影响这一数值，那么测量便失去了价值，变成了破坏或重建，失去了意义。

但是，在量子力学中，对系统的“干扰”几乎是不可避免的。在未测量时，被测微观系统处于多个本征状态的叠加态，按照本征态-本征值的关系，这意味

① [美]布鲁斯·罗森布鲁姆、弗雷德·库特纳：《量子之谜——物理学遇到意识》，向真译，湖南科学技术出版社2013年版，第1页。

着微观系统对于某个物理量的取值是不确定的，因为微观系统并没有处于某个确定的本征态，而只有在本征态下才会有相应的本征值。量子力学中的薛定谔方程中并不直接包含可观测量，该方程描述的是波函数的演化，而波函数的振幅的平方才与可观测量相联系，并且这种联系也是概率性的联系，因而从薛定谔方程并不能直接获得可观测量或物理量的数值，只能获得可观测量取某一本征值的概率。

而事实上，对微观对象可观测量的测量，也总是得到一个确定的结果，这一确定的结果是其本征值中的某一个。在测量过程中发生了什么？为什么测量结果是一个确定的值？这一测量结果是测量过程产生的，还是在测量前就客观存在的？

物理学家们也莫衷一是，只能根据测量前后的结果给出两种相互矛盾的理论。“动力学和坍缩原理是相互冲突的……当我们测量时，坍缩原理对所发生的而言似乎是正确的，而动力学似乎很奇怪地是错误的，但是当我们不测量时它似乎又是正确的。”[①]一旦测量行为发生，我们就需要应用坍缩原理来解释微观系统在测量前后截然不同的状态了，测量前是叠加态，测量后坍缩到了相应于本征值的本征态上。坍缩原理是经验性定律，是依据测量前后的状态变化而给出的一种解释。对此，以玻尔为代表的哥本哈根学派为了解决这一矛盾，一方面，提出了互补原理，在此基础上形成了一套独特的哲学体系，其中承认观测者的特殊地位；另一方面，对宏观客体和微观客体做出了限定，认为量子力学仅适用于微观，不适用于宏观，而宏观的概念在应用于微观客体时会存在限制，正如互补原理所指出的那样，在因果描述与时空描述、波的描述与粒子描述之间存在互补互斥性，互补的两方面共同描绘了微观客体。

量子测量的特殊性，颠覆了经典测量所形成的认知，冲击了经典的实在观念。按照哥本哈根诠释，主观和客观一起作用之后才最后产生结果，客观不再是绝对

① Albert D Z. *Quantum Mechanics and Experience*. Cambridge: Harvard University Press, 1994: 79.

的，主客关系的界限开始变得模糊不清。“量子力学的建立，是以放弃对于物理现象的客观处理，亦即放弃我们唯一地区分观测者与被观测者的能力作为代价的。”[①]微观对象的实在性是主体参与的结果，在未经测量时或主体未参与之时，微观对象不具有实在性，只有在主体参与进来或测量结束获得确定的测量结果之后，微观对象才具有实在性。这种主体参与的论述后来演化成“月亮在没人看时不存在”的论断，约翰·惠勒（John Wheeler）则提出了参与者宇宙的观念：“在物理学的描述中，没有比基本量子现象更接近原始的元素了……简而言之，观察者参与的基本行为。万物源于比特，象征着物质世界的每一样事物在底层，都有一个非物质的来源和解释；我们称之为实在的东西，归根到底是设备诱发反应的‘是-否’的记录；简而言之，所有物理的东西都起源于信息，这是一个参与的宇宙。”[②]

事实上，哥本哈根诠释的这一观念在物理学家那里并不是普遍接受的，不少物理学家认为坍缩原理是令人困惑的，必须重新思考观测者与测量之间的关系。也就是说，在波函数坍缩假设中，应当如何看待观测者在测量中的地位问题。难道人为的主观介入在量子测量中具有决定性的作用？对此，薛定谔于 1935 年提出了著名的“薛定谔的猫”思想实验[③]，引发了物理学界激烈的讨论。

假想在密闭的黑箱中有一只猫，一个放有毒气的瓶子连接到一个放射性装置上。如果放射源被激发，就会放出粒子，从而打开毒气开关，放出毒气，猫死。如果放射源不被激发，则什么也不会发生，毒气也不会被放出，猫活。放射源被激发的概率为 50%，而根据量子力学的描述，未观测时粒子的状态是不确定的，处于基态和激发态并存的叠加状态，连接到宏观上猫的状态，相应地猫也应该处于“死”和“活”的叠加。猫怎么能既活又死呢？这和我们的经验常识严重冲突。

① 关洪：《科学名著赏析·物理卷》，山西科学技术出版社 2006 年版，第 247 页。

② 乔笑斐、高策：《量子信息的本体论分析》，《自然辩证法研究》2024 年第 3 期，第 13 页。

③ Schrödinger E. “Discussion of probability relation between separated systems”. *Mathematical Proceedings of the Cambridge Philosophical Society*,1935, 31(4): 555-563.

更离奇的是，我们不去打开箱子观察时，猫处于既活又死的未确定状态，而一旦我们打开箱子，强制进行观测，这时叠加状态的粒子被迫做出选择，必须在激发和不激发之间做出选择，最后猫要么死要么活，只能是一个状态。

在上述思想实验中，似乎是人的观测改变了粒子的状态，人的行为决定了这一切。人的观测行为本身将主观因素引入了系统，看起来猫的死活不取决于打开前粒子的客观状态，而是决定于打开盖子的瞬间。但是，粒子是如何感知人的观测的呢？难道被测粒子的物理性质是由观测者，即人的主观介入决定的吗？果真如哥本哈根诠释所言，观测者的行为决定了微观物理对象的演化吗？

三、测量问题的本质

在正统解释中，通过以下两个原则来对测量进行描述[①]。

（1）测量法则：可观测量由自伴算符表示，可能的观测结果是相应算符的本征值，测量结果则由概率波函数给出。

（2）投影假设：在不测量时，系统按照薛定谔方程统一地、决定性地演化；而在测量之后，系统随机地演化，态矢量投影（坍缩）至相应结果的本征空间。

从上述两个原则的描述中可以看出，测量问题的核心在于，在描述量子测量时投影假设描述了两种完全不同的过程。测量问题大致有两种表述方式：一种是彭罗斯所谓的 U 过程和 R 过程描述[②]，幺正的、确定性演化的 U 过程与测量后坍缩的 R 过程，本质上是矛盾的。在 U 过程中，粒子的状态可以用态矢量$|\psi\rangle$进行描述，并按照薛定谔方程连续地演化；而在 R 过程中，粒子的状态$|\psi\rangle$随机地跳变到一个状态。虽然我们可以通过玻恩规则计算出不同结果出现的概率，但是却不知道 R 过程是如何发生的，测量究竟起到了什么样的作用。关于测量问题

① Wallace D. “Decoherence and its role in the modern measurement problem”. *Philosophical Transactions of the Royal Society A*, 2012, 370(1975): 4576-4593.

② [英]彭罗斯：《通向实在之路：宇宙法则的完全指南》，王文浩译，湖南科学技术出版社 2008 年版，第 560 页。

另一种表述方式是叠加态描述。正如在“薛定谔的猫”思想实验中描述的，一个微观粒子的叠加状态可以通过一套装置放大到宏观尺度上，χ代表猫活，ϕ代表猫死。猫的状态可表示为$\psi = \alpha\chi + \beta\phi$，其中$|\alpha|^2 + |\beta|^2 = 1$，所以按照量子力学的描述，猫的状态应该处于一种既是死也是活的叠加态，而实际中我们只能观察到死或活其中的一个状态。因此直观上看，量子力学的描述与我们实际观测到的现象是互相冲突的。

测量前和测量后用两种完全不同的动力学进行描述，实际上是将测量作为一个原始术语，无法对其本质给出进一步的解释和说明。这种处理在概念上是无法令人满意的。一方面，测量作为一个核心概念，强行插入到理论描述中，似乎是测量行为本身引起了坍缩；另一方面，公理中却并没有写明怎样才能忽略掉测量作用，客观地得到结果。在经典力学中，测量的概念完全不存在于理论描述中，仪器只是客观地记录实验结果，没有任何特殊的作用。因此，在经典概念框架下去理解，量子演化所遵循的原则也不应依赖于是否测量，毕竟整个宇宙在人不存在时就已经客观地存在上百亿年，不论人是否测量，宏观世界都一直客观地存在着。

进一步讲，哪怕测量作为一个原始概念，一定要出现在公理中，那么作为公理的测量和作为实际的测量应当是对等的。但在实际中并非如此，这两种对于测量的描述方式不光存在明显的不一致，而且各自都有很多问题。作为公理的测量告诉我们：测量后系统的量子态为可观测量的本征态，且本征值代表了测量结果。但是人们会提出很多疑问：“什么算作一次测量？”“为什么要引入一个公理化的物理过程？”“什么使得量子态坍缩？”诸如此类。而在实际测量时，玻尔等人将测量简单理解为相互作用，是外界环境对系统不可避免的干扰。被测系统会和仪器与周围环境形成一个组合系统，系统进入纠缠状态，不再拥有自己的量子态，而纠缠态无法表示任何特定的测量结果。退相干理论考虑了外在环境自由度对系统的影响，那么这种相互作用产生的机制是什么？总之，作为公理的测量无法对实际的测量过程给出充分的描述，而只是人为地划分出两类不同的过程。测量问题出现的根源就在于：无法在形式体系中对测量过程给出完备的定义和描述。

为了回答这个问题，需要对测量问题进一步分解，分为两类不同的测量问题：大测量（big measurement）问题和小测量（small measurement）问题。大体来讲，大测量问题解释在一次实验中，为什么只出现某一个特定结果而不是其他可能结果。小测量问题解释在具体测量过程中，实质性的测量相互作用在哪里出现，什么使一次观测最终成为测量，如何对测量过程进行描述[①]。

大测量问题试图解释一个确定的结果为何出现，它之所以成为一个问题，是受传统决定论的影响。该问题直接的解决方式，一种是玻姆的隐变量理论，其中认为粒子的位置一直都是确定的，并在势场的引导下运动，不存在随机的测量结果；另一种是埃弗雷特的解释，认为根本就不存在测量过程，宇宙波函数一直都在连续地演化，因此观测到某个结果仅仅是一个相对于其他结果的相对态。目前来看，这两种方式都不能令人满意。但其实换一个思路来看，假如接受量子论本质上的概率特性，大测量问题本身就是一个伪问题。而且量子概率也不太可能如统计解释说的那样，能还原为经典的统计理论，因为在经典统计力学中，不同的概率事件是彼此独立的，而量子事件彼此存在相干性。目前，量子力学的非决定性本质已经作为一种常识而被人们所熟知，在现有形式框架下试图构建一个可预言的决定性的理论，以消除量子力学的概率本质，几乎是不可能的。

而小测量问题则是个实践问题，它要解决的是一个量子态从一个被测量的原子开始，原子又组成分子，层层传递，直到结果显示在仪表盘上，最后被人意识到的测量链条中，实质性的测量究竟出现在哪个环节。难道如玻尔所说，微观和宏观存在一个明显的界限？可是，这个界限又在哪里？

---

① Schlosshauer M. *Elegance and Enigma: The Quantum Interviews*. Berlin: Springer-Verlag, 2011: 143.

正如约翰·贝尔（John Bell）提出的疑问："世界究竟应该如何划分为我们可言的仪器和我们非可言的量子系统？通常的理论中的数学要求这样一个划分，但不告诉我们如何划分。"他继续说道："难道亿万年来，世界波函数一直在等一个单细胞生物的出现，然后才跃迁（坍缩）？还是它还得多等一会儿直到出现了一个有资格的——有博士学位的观测者？如果这个理论不是只能用在理想化的实验室过程，我们不是就得承认，差不多每个时刻，差不多每个地方，都在进行差不多的'类测量'过程？这样一来，难道还有某个时刻是没有跃迁的、是薛定谔方程能适用的？"[①]

对此，关心计算与应用的物理学家们的主流观点是，任何物理学研究都需要一些原始的概念，正如牛顿的引力理论在不对超距作用深入解释的前提下，仍然能被很好地使用。在量子力学中，测量作为一个原始的概念，原则上是无法完备地给出定义的。从实用主义的角度来看，这种处理并没有太大问题，但是这种权宜之计在哲学家和关心量子力学基础的物理学家看来是不能令人满意的，而在那些持有实在论立场的哲学家和物理学家看来更是不能容忍的。

第二节　量子力学的四大解释体系

英国物理学家桑杜·波佩斯库（Sandu Popescu）称量子力学的公理"非常数学""在物理上晦涩难懂"，并且"远不如其他理论那么自然、直观和物理"[②]。波佩斯库之所以这样说，完全是因为量子力学饱受解释问题的困扰，难以获得清晰直观的理解。

出于对量子理论不同的看法与理解，物理学家共同体中分裂出实在论、工具论、唯心论等不同的立场。不关心量子力学基础问题或量子测量问题的物理学家

① Bell J S. "Against 'measurement'". *Physics World*, 1990, 3(8): 33-40.

② Popescu S. "Nonlocality beyond quantum mechanics". *Nature Physics*, 2014, 10(4): 264-270.

一般持有工具论立场，在他们看来，量子力学在实际的计算与应用中非常成功，并不存在什么问题。持有实在论立场的物理学家又分化出两种不同的观点：一种是以爱因斯坦、玻姆、约翰·贝尔等人为代表的，认为物理学的形式体系应当对世界给出客观的描述，而目前的量子力学形式是不完备的，应当引入新的变量，来对已有的形式体系进行修正；或者说量子力学本身不是一个普遍性的理论，未来可能需要像相对论取代牛顿力学一样，作为极限情形被一个更加基本的理论所取代。另一派实在论者以埃弗雷特解释的支持者为代表，认为目前量子力学的形式体系已经是完备的，不需要再修正，从波函数的实在性出发即可构筑一个“纯量子力学解释”。唯心论者通常都持一种“心—物”二元论的观点，将精神实体作为独立于物质的实体看待。最极端的唯我论完全否认世界的客观存在，认为只有“我”的意识是可靠的，“我”直接感知到的才是实在的，典型的观点是“我没看月亮时，月亮不存在”。另一种精神类解释——多心灵解释（the many-minds interpretation）①相对要温和得多，将意识过程也作为一个独立的变量带到方程中，将物理态和精神态看作两种不同的动力学过程。总之，唯心论的解释都是将心灵实体的存在作为前提假设考虑，没有坚实的科学基础。

本节将探讨不同的量子力学解释体系是如何求解测量问题的，它们如何阐释量子测量前后量子态的过渡问题，进而如何解释量子力学形式体系，以期突出量子理论所面临的这一关键性问题。

一、工具论解释

以玻尔为首的哥本哈根诠释代表了量子理论早期大部分物理学家的观点，本质上他们都持有工具论的态度。玻尔很早就认识到，物理学正在遭遇一个根本性的困难——观察者的地位问题，而且这个问题没有得到解决：事实上，量子力学不仅向我们展示了经典物理学的自然极限，而且对客观存在是否独立于我们的观

① Albert D, Loewer B. “Interpreting the many worlds interpretation”. *Synthese*, 1988, 77(2): 195-213.

察这一古老的哲学问题提出了新的可能性，使我们面临一种迄今在自然科学中从未有过的境地。

尽管实际上并不存在一个“官方的”哥本哈根诠释，而且其内部也存在极大分歧，但各种版本的解释都殊途同归，都认为是观察行为导致了最终的结果，观测者的因素是不可消除的。玻尔是这一解释的主要阐述者，另一位重要贡献者是海森伯。

玻尔认为用经典仪器去测量量子客体，引入了一个不可控的相互作用，最后测量所得到的并不是系统本身的性质，而是系统加仪器整个组合系统的性质，因此一个不包括仪器和观测者在内的测量理论是无意义的。但是，玻尔的解释有两个明显的问题：第一，在描述测量过程时，经典和量子有何区别？微观和宏观的界限在哪里？第二，按照玻尔的描述，对实验结果起决定性作用的不是被测系统的客观性质，而是观测者的选择，必须有观测者的介入，才能完成一次测量。玻尔的这种处理方式，使得人们开始将关注的焦点放到人的意识上，直接导致了诸多分歧的出现。冯·诺依曼（von Neumann）也认为，不论我们如何计算，我们必须说，这是被观测者感知到的部分。也就是说，我们必须将世界分成两个部分：被测系统和观测者①。维格纳补充道：“只有当我们观测到了最终结果，测量才是完整的。”②

更极端的观点甚至认为，是意识导致了波函数的坍缩。维格纳认为具有意识的观测者去“看”的行为，导致了波函数的坍缩。根据他们的看法，假如在盒子里的不是猫——由于猫不具备观测者的资格以使波函数坍缩——而是“维格纳的朋友”，他的这位朋友戴着防毒面具，和猫一起被关在箱子里。按照正统的量子力学解释，只要他睁开眼睛，波函数就坍缩了。那么，波函数究竟是发生在朋友

---

① von Neumann J. *Mathematische Grundlagen der Quanten-mechanik*. Berlin: Springer, 1932.

② Wigner E. “Interpretation of quantum mechanics”. In Wheeler J A, Zurek W H. *Quantum Theory and Measurement*. Princeton: Princeton University Press, 1983: 260-314.

进行观测的时候，还是维格纳开箱的时候？按照维格纳的说法，当人类的意识也包括进所研究的系统之中时，通常的那种量子描述中触发坍缩的就不是观测行为本身，而是人的意识。这种基于意识的量子力学解释认为时间的流逝是一种心理效果，是人的意识不断地触发波函数坍缩。按照这种观点，精神和物质是完全不同的实体，只有具有意识能力的精神才可以触动波函数坍缩。

玻尔认为量子力学与经典力学之间的关系问题，本质上是一个哲学问题，关注的是在量子概念与经典概念之间如何应用一个一致的功能框架使之协调，避免其中的矛盾，且能对实验进行很好的说明。因此，他的解决方式更加概念化、哲学化，并试图用互补原理来解决。而冯·诺依曼则一开始便将测量问题作为一个数学问题，通过形式体系公理化来解决，目的不是哲学上理解，而是在形式上对客体与经验给出合理的解释和预言。后来冯·诺依曼形式也成了哥本哈根诠释的内容，因为哥本哈根诠释本来就是一个极为松散的联盟，更像一个大口袋，装满了各种各样的观点，“只要把手伸进去就可以得到任何你想要的东西”①。哥本哈根诠释中有的仅仅是哥本哈根学派成员（玻尔、海森伯、泡利、冯·诺依曼等）各自的观点，而并非完整的体系，他们各自在一些细节问题上表达了自己不同的看法，甚至有时彼此还有冲突。在实际的科学研究中，人们更多提到冯·诺依曼的投影假设，而非玻尔的互补原理，渐渐地似乎投影假设也成为哥本哈根诠释的主要内容。这并不奇怪，因为在哥本哈根诠释内部，人们对互补原理也褒贬不一，因为大多数物理学家并不会太过思索哲学含义，他们需要一些具体的形式来处理实际问题。因此，冯·诺依曼的形式体系很快为人们所普遍接受并将之归入哥本哈根学派，逐渐也成为哥本哈根学派的基本内容之一。

经过仔细的考察和研究不难发现，尽管对于一些具体的问题，学派内部有着

---

① Feyerabend P K. “A note on two ‘problems’ of induction”. *The British Journal for the Philosophy of Science*, 1968, 19(3): 251-253.

较大的分歧，但总体上看，学派元老玻尔、泡利、海森伯、约尔丹（Pascual Jordan）等都亲自参与了量子力学的建立。玻尔、海森伯、泡利在玻尔研究所就量子力学解释问题进行了长时间的争论，多次吵至深夜。他们在建筑整个大厦的过程中，经过了大量的探究性的思考和工作。因此，不可避免地，他们考虑更多的不是大厦建成之后的维护，以及大厦是否稳固的问题，而是如何在一片荒漠上使之建立起来。而爱因斯坦等人是从经典力学中成长起来的，但在建立量子论过程中经历了狂风暴雨般的洗礼，可以理解他们心中的那份坚持与固执。在玻尔看来，首要的问题不是如何解释量子论，而是承认量子论独立于经典力学的独立地位，因此他更关注人们要从认识论上接受量子力学所揭示的新哲学。而新哲学的核心特征就是非决定论，以及能量量子化的本质，且量子力学很好地揭示了微观层面的基本规律。这场认识论革命进行得非常顺利，很多哲学家很快就接受了量子非决定论的特征。之后的物理学家直接从教科书上学到了现有的量子论，并几乎全盘接受了新认识论的洗礼，经典力学常用的一些概念和方法都被重新审视，传统物理学中的因果性、直观化的特征也被量子论颠覆，抽象化的数学表述方式被建立，形成了全新的物理学范式。但在大厦建成之后，在人们接受了量子非决定、非因果的认识论之后，解释问题变得突出，人们开始认真“装修”大厦时，出现了很多问题。

玻尔和海森伯认为：我们永远不可能了解现实的真正本质（就像休谟所做的那样）。我们必须处理的是可以通过使用实验室仪器操纵物理对象，并被我们观察到的效果和感觉。总之，哥本哈根诠释认为在测量理论中无法消除意识，由于意识的主观性和模糊性，建立一个完全客观的、精确的测量理论是不可能的。而很多科学家认为这样的一种形而上学，否定了客体的客观地位，与传统的科学观相对立，给科学的客观性造成了伤害，因此很多解决测量问题的方案都致力于消除观测者的这种优先地位，给出一个客观的描述。

以玻尔为代表的工具论者认为，形式体系仅仅是我们对实验结果进行预言的工具，量子论是完备的，不需要增加新的形式。实用主义者的观点通常与工具论的观点较为类似，很难区分，但是往往出于不同的动机。实用主义者通常不太关注实在论与工具论的分歧，而是只关注如何有效地解决实际问题。比如在大部分具体应用层面完全可以忽略测量问题，而如果要制作量子测量仪器就必须对其进行深入的研究。

近十几年兴起的另一种工具论的解释是由凯夫斯（C. Caves）、富克斯（C. Fuchs）等提出的量子贝叶斯主义。量子贝叶斯主义否认量子概率的客观性，认为量子概率是主观的，反映了主体在某些信息获取情况下对量子系统所形成的主观信念，随着信息获取的更新，主观信念进一步修正。量子贝叶斯主义把波函数看作是一种主体对可能的未来经验的认识状态，这种状态本身并不实在，是因人而异的，这样一来量子理论中的玻恩规则就不再是自然律了，而成为有智慧的主体在经验驱动下的理性规范，对这一规范的违背会导致主体信念的不连贯。在量子贝叶斯主义者看来，量子理论不是实在的，而是主体拿来在不确定的世界中做出更为明智的决定时的参考手册，是一种计算或预言的工具。

二、额外值解释

玻姆理论和模态解释等额外值解释，整体上保留了量子力学的动力学，即薛定谔方程，但添加了描述其额外值沿时间演化的方程。额外值解释认为量子力学并不完备，需要引入新的物理量（如隐变量），以对量子力学形式体系进行补充，从而解释测量过程是如何决定论地发生的。量子力学诞生之初著名的额外值理论是德布罗意的导波理论（pilot-wave theory）。

1952 年，玻姆重新提出了一种满足因果决定律的量子力学解释，即隐变量理论，又称玻姆理论。在玻姆看来，实验并不能证明波函数是关于量子系统的完备描述，因而波函数只是对粒子系统做出了部分描述，需要引入粒子的位置这一变量进行补充。玻姆的具体做法是将薛定谔方程按虚部和实部分开，虚部描述量子势，实部给出概率，从而形成了一套相对独立的运动方程和计算规则，能够给出与量子力学预言相一致的结果。玻姆理论中，波函数一方面给出粒子位置的概率，另一方面通过量子势在引导着粒子的运动，粒子的位置是完全决定的，满足严格的因果律，因而也称量子力学的因果解释。然而，玻姆理论又因量子势具有典型的非定域性特征，而与经典理论完全不同。

玻姆理论是非坍缩的，也就是说波函数在任何时候都不会发生物理性的坍缩，所谓的坍缩是描述上的“有效坍缩”（effective collapse），即认识论意义上的坍缩。例如在双缝实验中，粒子的轨迹是确定的，并且只能穿过其中一条缝，穿过两条缝且发生干涉的是波函数场和量子势。在量子势的作用下，粒子的轨迹是因果决定的，且依赖于初始位置。但由于我们对粒子的初始位置并不知情，而当粒子到达屏幕时我们获得了粒子的具体位置，这便是有效坍缩。在玻姆看来，量子力学是不完备的，仅是决定论世界在某个更高层次的统计描述，在基本的层次上粒子在任意时候都拥有确定的位置，粒子的其他特性均是其轨迹的副产物，测量到的是粒子沿着量子势所允许的路径运动的结果。所有量子力学的观测预言在玻姆理论中都能够获得，因而实验上尚不能判别玻姆理论正确与否。玻姆理论是发展相对比较完善的量子力学解释理论，在物理学界活跃着一批玻姆理论的追随者，如赞吉（N. Zanghì）、戈德斯坦（S. Goldstein）、迪尔（D. Dürr）、图姆卡（R. Tumulka）、阿洛瑞（V. Allori）等，他们仍然在为玻姆理论进行着不懈的辩护。

另一种著名的额外值解释是模态解释，最早由范・弗拉森（van Fraassen）提出，后在科亨（S. Kochen）、狄克斯（D. Dieks）、布勃（J. Bub）、希利（R. Healey）等的工作中得到了进一步的发展。模态解释区分了系统的动力学态与值态，前者是系统的可能状态，后者是系统的真实状态，指出在系统并不处于某个可观测量的本征态时也可以拥有该可观测量的精确值，即取消了本征态-本征值关联。动力学态的多样性反映的是量子力学的概率性和模态特性，即系统的拥有多种可能的特性及相应的概率，其演化满足薛定谔方程。动力学态与值态间的概率关系需要辅以明确的数学规则来确定，即需补充确定值归属规则（rule of definite-value ascription）或现实化规则（actualization rule）。这一规则的确定是至关重要的，然而模态解释则求助于施密特双正交分解，这使得诸如玻姆理论、冯·诺依曼的标准解释等都可以划归为模态解释。因而有人质疑模态解释的可行性，甚至认为其本质上继承了哥本哈根诠释的精神。

三、新动力学解释

新动力学解释相较于额外值解释而言更为彻底，后者是在薛定谔方程之上补充新的内容，而前者则修正了薛定谔方程。吉拉尔迪（G. Ghirardi）、里米尼（A. Rimini）和韦伯（T. Weber）的坍缩理论（GRW 理论）通过引入一个非线性的、随机的和放大的机制，把薛定谔方程修正为非线性的，从而把坍缩作为非线性演化的一种特殊情形，薛定谔方程也成了本质上随机非线性坍缩方程在微观层面的近似。按照他们的非线性方程，当粒子数很大时会破坏叠加原理，发生坍缩，坍缩的速度取决于粒子数的大小，对于粒子数巨大的宏观对象而言坍缩是超级快的。当把该非线性方程用于测量情形时，也能够得到随机的结果，并且随机结果的分布满足玻恩规则。坍缩理论中的基本预设是坍缩一直在发生且是随机的，只是对于量子系统而言很少发生而已。问题是，是什么引起了坍缩？GRW 理论给出了连续自发定域化（continuous spontaneous localization，CSL）模型，认为波函数的坍缩是自发的和随机的。彭罗斯等则认为是引力导致了波函数的自发坍缩，但基于引力的坍缩模型仍不完善，也有待量子引力理论的完善与介入。坍缩理论中最为严重的问题是尾巴问题（the problem of the tails），因为坍缩并不是完全的，坍缩后仍然有一个非零的概率幅是没有定域化的，这意味着仪器的指针仍然有一定的概率处于任意的位置，这是难以接受的。

四、多世界诠释

近年来，量子哲学领域逐渐呈现出一个新的趋势，多世界诠释逐渐变得流行，学界围绕其展开了大量的讨论，其势头大大超过了其他解释。在哲学家群体中，多世界诠释才是量子哲学界公认的主流解释，但是流行广泛就能称得上是“新正统解释”吗？多世界诠释，近十几年间在量子哲学界特别流行，尤其是在英国牛津大学，聚拢了大批埃弗雷特解释的支持者，进行了大量的讨论，形成了著名的“牛津学派”，而且对多世界诠释的态度也呈现出极端对立的状况。支持者认为，多世界诠释已经成为新的正统解释[①]；而反对者则非常不屑，认为它太过荒谬以至于完全不值得严肃对待。华莱士（D. Wallace）关于多世界诠释的专著《突现的平行宇宙——基于埃弗雷特解释的量子理论》2012 年出版，次年即获拉卡托斯奖，可见多世界诠释的研究价值已经得到科学哲学界的关注和肯定。2001 年 2 月，惠勒和泰格马克在《科学美国人》发表《量子百年》（“100 Years of the Quantum”）一文。他们在文章中写道：投票结果表明，在经历了 60 年代的第一阶段后，埃弗雷特关于物理学是幺正（即不存在波函数坍缩）的观点，现在正从第二阶段过渡到第三阶段，取代坍缩诠释成为主导范式[②]。多世界诠释已成为新的正统解释，这个说法也许有夸大的成分，但是说明多世界诠释这个看似“离奇”的理论已经走进人们的视野并占据了很重要的分量[③]。

1955 年的夏天，埃弗雷特将他关于量子力学的思考写成了一本长达 137 页的手稿《宇宙波函数理论》（*The Theory of the Universal Wave Function*），一开始并没有引起人们的注意，但是埃弗雷特的导师、著名的物理学家惠勒意识到该理论巨大的潜在价值，并给予了很高的评价，认为“它将彻底改变我们传统的物

---

① Tegmark M, Wheeler J A. “100 years of the quantum”. *Scientific American*, 2001, 284 (2): 68-75.

② Tegmark M, Wheeler J A. “100 years of the quantum”. *Scientific American*, 2001, 284 (2): 68-75.

③ 乔笑斐：《量子力学多世界解释的实在性探析》，山西大学硕士学位论文 2014 年，第 2 页。

理实在观”[①]。后来，在惠勒的引荐下，埃弗雷特亲自到哥本哈根与玻尔讨论，却受到了玻尔的冷遇，从此埃弗雷特深受打击，淡出了物理界，供职于美国国防部。

十年后，德威特首先注意到埃弗雷特工作的价值，并于 1967 年发表了评述埃弗雷特解释的论文。后来德威特又进一步指导他的学生格雷厄姆（R. Neill Graham）进行深入研究。1973 年，德威特与格雷厄姆编辑出版了《量子力学多世界诠释》一书，其中收录了埃弗雷特完整版的论文，以及当时收集到的所有相关评论[②]。德威特将埃弗雷特的解释命名为多世界诠释，并很快得到了广泛的传播。

多世界诠释的核心内容包括以下几个方面。

首先，德威特对相对态解释中模糊的部分给出了直接的解释。他认为物理的形式和实在本质上是同一的，数学形式与实在世界是完全对应的。于是德威特将分支解释为本体世界，大胆地假设宇宙连续地分裂为大量的分支，所有的世界都能从一次测量的可能结果中给出，而且这种转变可以发生在任何地方，每一个星球、每一个星系以及宇宙的任何地方都不停地分裂出自身的拷贝[③]。一次测量相互作用后，整个宇宙复制出自身，使不同的可能结果在不同的宇宙中被唯一确定地观测到。按照多世界诠释，在双缝干涉实验中，电子不是选择狭缝，而是选择了不同的宇宙，宇宙一分为二。此后这两个宇宙就完全分开了，并且越分越多，每做一次测量，宇宙就分裂一次。他认为波函数描述了世界的基础规律，整个宇宙就是一个大的宇宙波函数，因此必然也遵循量子力学的规律，由于宇宙自身是由一个波函数描述的，这个波函数就必然包含任何实验结果的组成部分。

---

① Wheeler J A. “Assessment of Everett’s quantum mechanics”. *Review of Modern Physics*, 1957, 29(3): 463-465.

② Graham N, deWitt B S. *The Many-worlds Interpretation of Quantum Mechanics*. Princeton: Princeton University Press, 1973.

③ Everett H. “The theory of the universal wave function”. In Graham N, deWitt B S (Eds.). *The Many-worlds Interpretation of Quantum Mechanics*. Princeton: Princeton University Press, 1973: 161.

其次，多世界诠释一定程度上消解了测量问题的逻辑矛盾，避免了宇宙之外的外部观察者来进行测量并使波函数坍缩。消除了在哥本哈根诠释中，量子和经典的二元区分。

不过有一点是多世界诠释和哥本哈根诠释都无法避免的，即无论是坍缩还是分裂，量子理论都需要一个特殊的参考系（也被称为优选基问题），只有在这个框架内，经典的结果才可以从量子测量中获得。但是，在广义相对论中我们知道，并不存在任何优选的参考系。这种内在的矛盾，揭示了将测量问题直接和测量结果关联最终是不可能完全连贯的。在这一点上，多世界诠释和哥本哈根诠释是类似的，只不过埃弗雷特将观察者状态分化成不同的状态，并与树状分支进行了类比，我们的世界只是众多平行世界中的一个。

对于多世界诠释，科学家们也呈现出普遍的怀疑态度。惠勒作为埃弗雷特的导师，一方面鼓励他的研究，但是也一直心存疑惑，认为它承载了太多“形而上学的包袱”（metaphysical baggage）。

1984 年，美国物理学家罗伯特·格里菲斯（Robert Griffiths）基于多世界诠释提出了一致性历史的概念[①]。格里菲斯很巧妙地使用了“历史”这个词，而不是分裂的世界。这个概念有点类似于费曼的路径积分概念，其中一个量子粒子的历史，包含了所有可能路径，也许粒子并不会同时穿过所有路径，但是这种描述方式为计算提供了很好的工具。与费曼的概念不同的是，格里菲斯这里的历史指的是不同时间分支中发生事件的不同描述，同理，也许所有的历史可能不会全部发生。在这种解释下，没有唯一的历史，而是有许多可能的、一致的历史，根据我们进行的实验可以选择出相应的历史。这种描述方式为理解测量问题，以及进一步澄清多世界诠释提供了一致的解释。格里菲斯认为，一致性历史解释是用概率语言对不确定性原理的重新表述。“正如没有唯一的正确选择来描述系统的一

---

① Griffiths R B. “Consistent histories and the interpretation of quantum mechanics”. *Journal of Statistical Physics*, 1984, 36 (1): 219-272.

致[历史]，也没有单一的设备可以用来验证不同的[历史]的预测。”[①]

1991 年，盖尔曼（M. Gell-Mann）和哈特尔（J. Hartle）在纯粹物理学的框架下，基于海森伯的矩阵力学体系，进一步扩展了格里菲斯的一致性条件，并引入了退相干的概念和原理提出了多历史解释（the many-histories interpretation）[②]。

“我们相信埃弗雷特的工作是很有用、很重要的，但我们相信还有很多工作要做。在某些情况下，他对词汇的选择给后来评论他的作品的评论家们也造成了困惑。例如，他的解释经常被描述为多个世界，而我们相信许多不同的宇宙历史才是真正的含义。此外，许多世界被描述为都是同样真实的，而我们相信，谈论许多历史，除了它们不同的概率外，所有的历史都被理论同等对待，就不会那么令人困惑了。”[③]

多历史解释中引入了两个核心概念[④]。

第一个概念是“可择历史”（alternative history）。其定义为：在矩阵力学中用投影算符所表征的特定的时间序列中，每一个在可择历史集合中的历史表示我们现实可经历的历史。所有的历史中不存在单独的历史，而是在每个可择历史集合中所有的可择历史。可择历史框架提供了所有可能的时间序列描述，在不同的退相干历史和优选基选择下，这些描述会有所不同。也就是说，比传统的描述增加了不同退相干因素造成的不同历史这一变量，一旦发生退相干，便只经验到一个确定的结果。于是在新的解释下，实在与我们经历的实际历史相一致，分裂被理解为可能历史在环境作用下的现实结果。

第二个概念是“近似概率”（approximate probability）。由于外界环境对量子系统的干扰作用，一个粒子一旦与确定的位置信息相联系，粒子本身的相干特

① Griffiths R B. “Copenhagen done right”. *Physical Review A*, 1998 (57): 1604.

② Gell-Mann M, Hartle J B. “Quantum mechanics in the light of quantum cosmology”.In Fritzsch H.(Ed.). *Murray Gell-Mann: Selected Papers*. Singapore: World Scientific, 2010: 303-325.

③ Baggott J. *The Quantum Story: A History in 40 Moments*. Oxford: Oxford University Press, 2011: 403.

④ 乔笑斐、张培富：《量子多世界理论的范式转换》，《自然辩证法研究》2016 第 5 期，第 101—106 页。

性便会减弱甚至消失，如果相干性彻底消失，便符合宏观的经典物理学中的概率描述。但是，近似概率只适用于粗粒可择历史（coarse-grained alternative history），而不适用于精粒可择历史（fine-grained alternative history）。粗粒可择历史指的是相干性较弱甚至消失的历史，而精粒可择历史指的就是经典量子历史，也就是粒子在较强相干作用下的历史。精粒可择历史不考虑环境作用，完全是在理想的实验条件下才能实现的，而粗粒可择历史则是考虑了外在环境的影响，更符合现实情况，因为在通常的情况下，特别是在宏观世界中，退相干是不可避免的。

这样，通过引入外界环境的作用，便对量子状态相干性的消失给出了过程性的说明。坍缩的根本原因在于外界环境的作用，而不是主观意识的影响，这在一定程度上解决了测量难题。不过近似概率在逻辑上是不一致的，其概率积分总和不等于 1，无法归一化。盖尔曼和哈特尔完全从实用主义的角度来理解近似概率，在具体使用时，其计算的精度可以根据实际使用时的目的和需要来给出近似值，并且在他们描述的粗粒可择历史中可以有非常高的精确性，和经典概率的计算非常接近。另外，在实际历史中只有一个结果出现，但是单纯从多历史解释对量子态的描述中，我们无法直接判断出到底哪一个可择历史和真实世界对应。尽管人的意识是稳定的，但是环境的不稳定性造成了可择退相干历史集最终无法选择出确定的可预言的历史。

牛津大学多伊奇（D. Deutsch）提出了量子计算的概念，并认为量子计算机能够从实验上验证埃弗雷特解释的正确性。这种计算机具有一种量子并行机制，使许多计算可以同时进行，而且计算速度也比通常的计算机快得多。多伊奇声称，这种奇迹般的计算速度，是将不同的部分放到平行的宇宙中实现的。

第三节　引力与量子力学解释的交融

量子测量问题及其所引发的量子力学解释困境，是量子理论难以避免的吗？

会不会随着量子引力理论的构建过程而有所改善？引力的量子化理论是否会影响到量子测量问题的回答与量子力学解释的判别？正如巴特菲尔德（J. Butterfield）和艾沙姆（C. Isham）指出的，在量子引力理论的研究中，“接受标准量子理论是一个错误”[①]，量子引力理论会为量子力学解释困境提供某些突破的思路。

一、引力导致波函数坍缩

新动力学解释与量子引力理论的联系是最为紧密的。这一方面是因为引力是唯一一种普遍存在的力，只要有质量都存在引力相互作用，引力与其他三种基本相互作用的存在是不矛盾的；另一方面是因为引力效应会随着质量的增加而增加，对宏观物体而言引力效应会明显很多，因而引力可能是引发坍缩的原因。

在 GRW 理论给出的 CSL 模型中，外部的噪声场引起了坍缩，因而有人猜想正是作为背景的引力场导致了坍缩，是引力场的量子涨落导致了坍缩结果的随机性。这种引力导致的坍缩猜想与退相干理论中引力导致退相干猜想相比更为自然，更为彻底，因为引力场仅是量子演化发生的背景，而不是特意引入的坍缩源。费曼早在 1995 年就提出引力可能导致波函数的坍缩，他说：“我想要指出的是，有可能量子力学在大的距离上且对于大的客体而言失效了，这并不与我们所知道的不一致。量子力学的这一失效与引力相关，我们可以猜测性地预期这发生在 $GM^2/\hbar c=1$ 时，其中质量 M 约为 10^{-5} 克。”[②]因而对于宏观物体而言，量子理论会失效。沿着费曼的思路，彭罗斯、珀尔（P. Pearle）和斯库尔斯（E. Squires）等研究了如何将 GRW 理论与量子引力协调起来，给出了引力导致坍缩的具体理论模型与可能的实验模型。

---

① [英]杰瑞米·巴特菲尔德、[英]克里斯托弗·艾沙姆：《时空和量子引力论的哲学挑战》，载[美]克雷格·卡伦德、[英]尼克·赫盖特主编：《物理与哲学相遇在普朗克标度》，李红杰译，湖南科学技术出版社 2013 年版，第 49 页。

② Feynman R P. *Feynman Lectures on Gravitation*. Reading: Addison-Wesley, 1995: 12-13.

彭罗斯通过他关于实在本性的分析，指出当考虑到引力场的静止态的叠加时，量子力学的叠加原理与广义相对论的广义协变原理之间存在着本质性的冲突。这意味着量子力学的薛定谔方程是有问题的，是需要修正的，正如 GRW 理论所做的那样。而诱导波函数坍缩的源头正是引力，因为叠加的引力场是不稳定的，这样便能解决上述冲突。1996 年，彭罗斯提出了一个详细的论证以表明是引力诱导了波函数的坍缩，“在它并不追求更为完整的动力学这一意义上该论证是一个极简主义的论证”①。

彭罗斯的论证思路如下。考虑在两个不同位置（如位置 A 和位置 B）处静止的质量分布的叠加。按照量子力学中的时空背景是独立的这一要求，上述叠加态若是有效的则要求有一个确定的时空背景，正是在这一确定的时空背景之上才能够区分出两个不同的位置，即位置 A 和位置 B。可是，在广义相对论的时空背景不独立这一要求下，并不能先在地确定一种时空几何，据此可以区分出位置 A 和位置 B，时空几何本身也必须由上述叠加态来动力学地确定。也就是说，叠加中的不同位置态决定着不同的时空几何，而位置态本身又需要依赖于时空几何的确定，这就形成一个逻辑上的矛盾链条，使得定义这样一个位置的叠加态本身是有问题的。通过与量子力学中不稳定粒子的衰变相类比，彭罗斯得到结论：位置态的叠加是不稳定的，会在一个有限的寿命之后衰变或坍缩到两个叠加态中的一个上。

彭罗斯还计算了叠加态发生坍缩的时间。他考虑的是两个不同质量态的叠加，这两个质量间的差对应的能量为 E_Δ，或考虑两个不同能量（能量差为 E_Δ）分布的叠加态，与不稳定粒子的半衰期相类似，该叠加态发生坍缩的时间为 $T \approx \hbar / E_\Delta$。彭罗斯给出的坍缩时间与 1989 年持坍缩解释的物理学家迪奥西（L. Diósi）给出的坍缩时间非常接近，通常称为迪奥西-彭罗斯标准。

---

① Gao S. *The Meaning of the Wave Function: In Search of the Ontology of Quantum Mechanics*. New York: Cambridge University Press, 2017: 137-146.

彭罗斯的引力诱导波函数坍缩论证并不旨在提出一种精致的量子态坍缩理论或对量子力学进行解释，而是试图在一个关于实在本身理解的更为宏大的视角下，从能够突破广义相对论与量子力学间的冲突与矛盾的更为根本的、更为普遍性的理论出发，来回答量子测量问题。这一更为根本的、更为普遍性的理论就是他在《通向实在之路》中所构建的扭量理论。量子力学和广义相对论只不过是扭量理论在恰当近似下的产物，正如在运动速度远小于光速的情形下狭义相对论就是牛顿理论一样。

对于彭罗斯的这一论证，高山提出了疑问。高山认为广义相对论与量子力学间的根本性冲突是什么，以及该如何解决这一冲突是有争议的。而彭罗斯的论证是类比论证，力度有限，并不能在波函数的坍缩与广义相对论和量子力学间的冲突之间建立起必然的联系。高山认为不同时空几何的能量叠加态的不确定性，本质上与量子力学中的不稳定粒子或不稳定态的能量不确定性是不同的，前者是由叠加时空几何的时间平移算符的不明确性引起的，而后者存在于明确的时空背景中。另外，后者的衰变本身满足量子力学的规律，是薛定谔方程所描述的自然的演化，与坍缩时的物理过程是完全不同的。最为关键的是，量子力学与广义相对论间的冲突是更为本质的问题，需要在波函数坍缩结束之前解决，而一旦解决这一冲突，波函数的坍缩就没有相应的物理基础了。如在彭罗斯所构建的扭量理论中，或者在超弦理论和圈量子引力理论中，广义相对论与量子力学间的本质冲突问题已经得到了解决，那么波函数又是如何坍缩的呢，又是由什么引起的呢？

彭罗斯的引力诱导波函数坍缩的论证无疑是有问题的，并不能解决量子力学的测量问题。不过，把引力与测量问题的解决关联起来的提法却是新颖的，或许测量问题的解决真与量子引力有关呢？彭罗斯的广阔视野与深邃洞察为物理学家的深入考察提供了非常有价值的思路。

二、玻姆理论与正则量子引力

戈德斯坦等当代玻姆理论的支持者们认为，量子引力理论的构建都是以正统量子理论的框架展开的，因而其中存在的困难大多是由正统量子理论框架内在的主观性和本体论上的含糊性所造成的。而如果采用玻姆理论框架，就能够在本体论上澄清量子理论中的问题，进而避免量子引力理论构建中的问题。“如果我们坚持采用使其讨论的内容能（以）相当明了的方式来构造宇宙理论——亦即，如果我们坚持本体论的澄清，并且同时避免提及任何像测量、观测者和可观测量这样的含糊概念的话，正则量子引力论的大部分概念问题，或许全部概念问题”①，会消失不见。

比如在正则量子引力理论中，存在时间问题、微分同胚不变性问题、没有外界观测者问题、微分同胚不变性可观测量问题。时间问题是指正则量子引力理论中取代薛定谔方程的惠勒-德威特方程不包含时间，这与我们所面对的总是不断变化的世界相冲突。微分同胚不变性问题是指广义相对论中真正的微分同胚不变性在量子化过程中遗失了，而正则量子引力理论中虽然通过添加更多的结果得到了微分同胚不变性，但其意义却并不明晰。没有外界观测者问题是指，当应用于宇宙时，正统量子理论中需要经典的仪器这一点是无法实现的，因为宇宙之外别无他物。微分同胚不变性可观测量问题是指，广义相对论中的可观测量是微分同胚不变的，而在正则量子引力理论中难以构造这样满足微分同胚不变性的量子可观测量。玻姆理论的支持者们认为，上述所有问题都是由正统量子力学框架引发的，因为它缺乏清晰的本体论。

玻姆理论建立在自洽的本体论之上，不存在测量问题等根本性的概念问题。如果基于玻姆理论来构建量子引力理论，前述概念问题就会消失，同时还有助于

---

① [美]谢尔登·戈尔茨坦、[德]斯特凡·托伊费尔：《没有观测者的量子时空：本体论的澄清和量子引力论的概念基础》，载[美]克雷格·卡伦德、[英]尼克·赫盖特主编：《物理与哲学相遇在普朗克标度》，李红杰译，湖南科学技术出版社 2013 年版，第 277 页。

理解那些看起来曾令人困惑的性质。首先，时间问题将以令人满意的方式得到解决，因为玻姆量子引力理论方程的一个解就定义了一个时空，时间在这里与在经典广义相对论中没有什么不同。其次，微分同胚不变性在玻姆量子引力理论中也是清楚的，即方程的解具有广义协变性，在坐标变换下保持不变，也与经典广义相对论中是一致的。最后，对于后两个问题，正则量子引力理论的玻姆形式中由于并不考虑观测者和可观测量，因而是不成为问题的。"因为我们对系统自身（这里指宇宙）有一个自洽的描述，并不需要一个外界观测者赋予理论以意义。我们也不必担心可观测量的微分同胚不变性，因为我们可以自由地指定作为系统一部分的观测者。"①

从宇宙角度来审视玻姆理论，会发现波函数的地位和重要性相较于正统量子力学也得到了彻底改变，波函数的解释从原先用于计算概率的工具转变为了类似定律的东西。迪尔、戈德斯坦和赞吉在 1997 年首先提出宇宙的波函数Ψ是一种物理定律，类似于哈密顿函数，而不是对真实物理实体的描述。宇宙波函数Ψ通过它所定义的位形空间中的矢量场对动力学定律进行了描述，它不是一个真实的物理场。在量子引力情形中，宇宙的波函数Ψ类似于惠勒-德威特方程的某个基本方程的一个特殊解。这样的宇宙波函数将会是静态的，波函数的无时性构成了正则量子引力中的时间问题。

三、量子力学解释与量子宇宙学

量子宇宙学是把量子力学应用于整体宇宙的研究，开始于德威特 1967 年的先驱论文②。量子宇宙学的先驱哈特尔认为宇宙学是埃弗雷特解释的撒手锏级的应用，他的意思是从宇宙的角度去审视的话，量子力学的埃弗雷特解释必将胜出。

---

① ［美］谢尔登·戈尔茨坦、［德］斯特凡·托伊费尔：《没有观测者的量子时空：本体论的澄清和量子引力论的概念基础》，载［美］克雷格·卡伦德、［英］尼克·赫盖特主编：《物理与哲学相遇在普朗克标度》，李红杰译，湖南科学技术出版社 2013 年版，第 286 页。

② deWitt B S. "Quantum theory of gravity. I. The canonical theory". *Physical Review*, 1967, 160 (5): 1113.

从宇宙学家的角度来看，多世界诠释是最受欢迎的。

宇宙学为量子力学的解释问题提供了一个独一无二的审视角度，因为宇宙包括了所有的物理系统。对于量子力学而言，通常我们研究特定的量子系统，它们只是宇宙中一些特定的自由度，我们通过量子系统被测量的自由度与系统之外的自由度的相互作用来获得它们的信息。但是，一旦将宇宙作为一个大的量子系统，我们就没有办法通过外在的相互作用来研究宇宙了。并且，与通常量子系统的研究第一步是制备系统所不同，宇宙是无法制备的，且宇宙中发生的过程是无法操控的，也是无法重复的。宇宙的特殊属性使得宇宙学纯粹是一门观察科学，我们只能关注到作为整体的宇宙的历史演变，同时我们也是整体宇宙中的一分子，我们的观察是从宇宙这一被观察对象的内部展开的。

早在 1967 年德威特开始研究量子宇宙学时，他就指出要放弃哥本哈根诠释。因为哥本哈根诠释预设了经典与量子的二元理论立场，研究对象是量子的，关于量子对象的观测结果则是经典的，而把宇宙作为量子力学的研究对象是量子理论一元论的，宇宙本身是量子的，宇宙中不存在先验的经典领域，这与埃弗雷特解释相一致。埃弗雷特解释不需要依赖于先在的测量、观测者、意识等复杂的概念，观测对象与观测者都是量子力学的研究对象。在多世界诠释者们看来，埃弗雷特解释就是严格考虑了宇宙的量子力学，关于宇宙的量子力学理解有助于理解实验室中发生的量子过程。

具体而言，多世界诠释与量子宇宙学的自然结合体现在下述五个方面。

（1）量子力学是普适的、唯一的理论，宇宙以及宇宙中的观测者都服从量子力学。宇宙这一量子系统具有唯一的量子态。量子宇宙学的研究对象就是关于宇宙的量子态及其可观测的预言。量子宇宙学这一理论存在的话，必然是终极理论的一部分，就像量子引力理论一样，二者是等同的。预设了量子力学的普适性，就意味着量子态是对量子系统的唯一描述，宇宙及其中的状态是由量子态来确定的，一旦确定了量子态，就确定了宇宙及其可观测的预言，因为后者是量子态在薛定谔方程下的演化。

（2）多世界诠释中，宇宙每被测量一次就进行一次分裂。宇宙的分裂可能会涉及空间拓扑的某种变化，量子引力理论的观点有助于为这种变化提供支持。

（3）当代的埃弗雷特解释借助于退相干理论回答了为什么其他分支不可见的问题。当把退相干理论应用于量子宇宙学时，可以解释为什么我们只看到单一的经典时空，而没有看到同时存在的多个量子时空，毕竟量子宇宙学模型中多个量子时空有非零的振幅：因为退相干摧毁了干涉项，“除其中一个外，将其他的都隐藏了起来”[①]。

（4）埃弗雷特解释的一个变种，即一致历史解释不仅给出了测量时优选基出现的概率，还给出了这些值在时间序列上接合的概率，即给出了可观测量具体的取值在时间轴上演化的规则。

（5）正则量子引力理论中的时间问题要求寻找一种新的量子理论，在其中淡化时间概念，弱化时间序列观念。而一致历史解释提出了多时间的观点，使得量子力学可以进行一般化重构，以弱化其对经典时间概念的依赖。

实际上，由于量子引力理论和量子宇宙学本身的发展仍很不完善，在量子引力理论和量子宇宙学的视野下来审视量子测量问题和量子力学解释仍然只是一种可能的尝试，目前并不能为量子力学解释困境提出明晰的出路。

① ［英］杰瑞米·巴特菲尔德、［英］克里斯托弗·艾沙姆：《时空和量子引力论的哲学挑战》，载［美］克雷格·卡伦德、［英］尼克·赫盖特主编：《物理与哲学相遇在普朗克标度》，李红杰译，湖南科学技术出版社 2013 年版，第 52 页。

第二章
大统一理论的成功与问题——以标准模型为例

物理学家的终极梦想就是建立一个统一的物理学理论，即“万有理论”，其含义包括以下几个层面：①从最深层的原因解释至大至小层面的所有现象；②整合所有物质和能量的基本结构；提供关于一切事物基本结构的详尽描述；③这些描述是普适的，适用于大到宇宙小到基本粒子的所有物理对象。目前，尽管还没有建立万有理论，但是物理学家们已经发展出一个低配版本——基本粒子物理学标准模型，简称标准模型。标准模型统一了自然界四种基本相互作用中的三种(电磁相互作用、弱相互作用和强相互作用)，并且在实验上得到了精确的验证，极大地鼓舞了物理学家们的终极理论之梦。但是，标准模型的应用也是非常有限的，它之所以被称为模型而不是理论的关键在于缺乏明确的理论基础。标准模型中仍然有许多尚未解答的关键性问题，这使得在将其推广至引力相互作用时困难重重。本章将从标准模型的成就与缺陷两个方面的对比切入，反思场的量子理论框架中存在的概念和结构不明晰、解释不一致等问题。

第一节　标准模型的基本结构

从牛顿力学中的引力，到麦克斯韦理论中的电磁力，再到 20 世纪认识到的强相互作用力（简称强力）和弱相互作用力（简称弱力），物理学的认识是逐步推进的。强力和弱力本身就是原子尺度的作用力，是在量子理论的背景下认识的，因而其量子化属性是不言而喻的。电磁力的量子化相对容易一些，描述电磁相互作用的量子理论也是最早提出的。引力是我们最为熟悉的、最早认识的，但其量子化道路却异常艰难，至今仍然没有明确的结果。

一、电磁相互作用的量子描述

电磁相互作用在 19 世纪麦克斯韦理论中便实现了场的描述，改变了牛顿引力理论中的超距作用模式。电磁相互作用也是最早实现量子化描述的作用力，实现了场的量子化描述。研究电磁场与带电粒子相互作用基本过程的量子理论称为量子电动力学（quantum electrodynamics，QED）。

在 1925 年海森伯提出矩阵力学之时，狄拉克（P. Dirac）就开始了相对论性电子理论和空穴理论的研究。量子理论的方程描述的是单个量子粒子或系统，要正确地描述这种量子系统的动力学，理论上必须符合爱因斯坦的狭义相对论。从本质上说，符合狭义相对论要求的量子理论，就是要确保该理论把时间当作第四维度，与空间的三个维度相协调。1927 年末，狄拉克提出了二次量子化理论，引入了电磁场的量子化，为量子场论奠定了基础[①]。次年，狄拉克又给出了电子的相对论性运动方程——狄拉克方程，实现了狭义相对论和量子力学的初步结合，为相对论性的量子力学打下了基础。量子力学的薛定谔方程告诉我们，系统的量子态，例如氢原子中的电子，是如何随时间演化的，并在空间和时间之间做出了非常清晰的区分。而爱因斯坦的狭义相对论把空间和时间结合成一个不可分割的整体——时空。狄拉克方程使得量子力学也可以遵循相对论的原理。

宇宙中的基本粒子可分为两类：费米子和玻色子。一般来说，组成物质的粒子主要是费米子，如电子、质子和中子；携带自然力的粒子主要是玻色子，如光

---

① Dirac P A M. “The quantum theory of the emission and absorption of radiation”. *Proceedings of the Royal Society of London. Series A*, 1927, 114 (767): 243-265.

子。在恒星坍缩为中子星时，由于中子是费米子，根据泡利不相容原理，两个费米子不可以占据相同的量子态，当它们被压缩到一起时，它们会将彼此推开。与费米子不同，玻色子不满足泡利不相容原理，可以任意地堆在一起。

狄拉克方程揭示了电子在空间中任意位置及动量状态下的概率分布规律，同时也满足爱因斯坦的狭义相对论，它并没有单独定义空间，而是按照狭义相对论的要求，以一种连贯的方式在整个时空中定义。

由此产生的理论预测，电子拥有的自旋量子数应该为 1/2，两个不同的自旋方向，标记为自旋向上和自旋向下。电子具有固有的自旋角动量，这在几年前的实验中已经得到证明，但无论是矩阵力学还是波动力学都没有预测到这种行为。但结果除了两个解对应于电子的自旋向上和自旋向下的方向，另外还有两个负能量的解。狄拉克认为，这两个负能量的解实际上对应于一个带正电的电子的自旋向上和自旋向下。他的方程也预言了反粒子的存在，反粒子与对应粒子的质量相同，但与其对应粒子的电荷相反。正电子是普通带负电电子的反物质，在当时进行的任何实验中都没有反物质的迹象。然而很快，在宇宙射线中发现了正电子，狄拉克的预言得到证实。

狄拉克理论实际上是一种量子场论。物理学中的场是根据分布在空间和时间中每一点的某些物理性质的大小来定义的，比如电场、磁场。场的性质分不同的种类。场可以是标量，这意味着它有大小，但没有特定的方向；它也可能是矢量，既有大小也有方向，如电场和磁场；还可能是张量，一个更复杂的向量场，这种场的几何比三维笛卡儿坐标需要更多的参数。

而狄拉克理论所描述的场不属于上述任何一种，而是一个旋量场。拥有自旋矢量，与电子的自旋方向有关。为了使扩展后的量子理论符合狭义相对论的要求，狄拉克需要一个包含四个分量的旋量场，其中两个分量代表电子，另外两个分量代表正电子。

在量子场论中，粒子本质上是基本场产生的量子，是场的涨落或扰动的结果。

狄拉克理论中用到的场可以看作是电子场，对应的量子粒子就是电子，电磁场对应的量子粒子则是光子。与传统的量子理论不同，当我们在量子场论中加入或移除量子时，我们是在场论中加入或移除粒子。我们把能量以粒子的形式加入到场中，而不是把它加入单个的量子粒子中，被称为二次量子化。

狄拉克理论代表了一个重大的进步，但作为一个场论，它还不够完善。于是物理学家开始尝试从熟悉的经典波场入手，然后找到一种方法来给它施加量子化条件。他们从麦克斯韦方程入手，由此产生的量子场论将描述电子场（其量子为电子）和电磁场（其量子为光子）之间的相互作用。先假设两个电子相互靠近，这时，由于它们彼此会受到它们的负电荷产生的排斥力，从而发生相互反弹（散射）。由于每个移动的电子都会产生一个磁场，两个电子产生的磁场会在两个领域的空间重叠。但在考虑量子力学时，场也伴随着粒子，场与粒子也会相互作用，经典的电动力学显然没有考虑到量子粒子的作用。

1932 年，汉斯·贝特（Hans Bethe）和恩里科·费米（Enrico Fermi）提出，电子之间的力是两个电子之间光子交换的结果[①]。当两个电子靠近时，会交换一个光子，交换的光子携带动量从一个电子到另一个电子，从而改变两者的动量。当然，交换的光子并不是实际存在的光子，而是一个虚光子，因为它直接在两个电子之间传递。而且光子的运动方向也是未知的。这意味着光子不再仅仅是光的量子粒子，而且也是电磁力传播的载体。

早在 1929 年，海森伯和泡利就试图建立电磁学的量子场论，但是遇到很多问题。其中最糟糕的是电子的自能。当电荷在空间中移动时，就会产生电磁场。当电子与它自己产生的电磁场相互作用时，就产生了电子的自能，会导致无穷大。假设实验中观察到的电子质量是由自能和电子质量两部分组成，等于一个本征质量或裸质量加上一个由电子与其自身电磁场相互作用而产生的电磁质量，理论必

---

① Bethe H, Fermi E. “Über die Wechselwirkung von zwei Elektronen”. *Zeitschrift Für Physik*, 1932, 77 (5): 296-306.

须重写成这样才能克服无穷大。这个过程被称为理论的重整化。

贝特的想法是，在进一步计算氢原子中电子的能量时，由于电子与自身电磁场的相互作用会产生无限的自能，而描述自由运动的电子的方程中也包含同样的无限质量，那么，如果我们现在从氢原子中电子的能量表达式中减去自由电子的能量表达式，两个无限项会抵消而得到一个有限的答案吗？从无穷大中减去无穷大似乎不一定会产生有限的结果，但是这一操作确实起作用了。

更一般的量子电动力学，本质上是麦克斯韦理论的量子版本，首先是由朝永振一郎（Sinitiro Tomonaga）在第二次世界大战期间解决的。同时，费曼和施温格（Julian Schwinger）也独立提出。最后由物理学家弗里曼·戴森（Freeman Dyson）证明了他们的方法是等价的，一个完整的相对论性的 QED 理论诞生了。尽管并不是每个人都对理论重整化过程中明显的技巧感到满意，但理论的预测能力是强大的，如电子的 g 因子是一个控制电子与外部磁场相互作用强度的物理常数。QED 预测其值为 2.00231930476，实验值为 2.00231930482。这种精度相当于测量从洛杉矶到纽约的距离，3000 多英里[①]误差不到一根头发丝的宽度。

二、弱电相互作用的统一

20 世纪 20 年代，爱因斯坦试图建立一个统一理论，原则上能够描述电磁力和引力这两种已知的基本相互作用。但很快随着原子层次上实验的陆续展开，物理学家们发现了更多的粒子，发现仅有电磁力和引力不足以解释原子的特性。

1932 年 2 月 17 日，查德威克（J. Chadwick）在《自然》杂志发表《中子可能存在》一文，详细报告了发现中子的实验结果及理论分析[②]。不久之后，海森伯提出原子核由质子和中子组成，原子的基本成分是质子、中子和电子。再后来，物理学家们认识到，质子和中子比电子更为复杂，因为中子具有反常磁矩，会产

① 1 英里≈1.61 千米。

② Chadwick J. “Possible existence of a neutron”. *Nature*, 1932, 129 (3252): 312.

生意料之外的强磁场，这意味着核子内部有电流。但是，在原子的内部，原子核是如何稳定存在的？我们知道同种电荷相互排斥，为什么所有带正电的质子都被挤压在一起，紧紧地挤在一个原子核里，同时又保持稳定呢？原子核内质子与质子之间相互作用的强度与质子与中子之间相互作用的强度非常相似，而且支配这些相互作用的力与电磁力非常不同。它必须能够克服静电斥力，必须比电磁力大得多，这表明了另一种力的存在将原子核中的质子和中子结合在一起，这种力后来被称为强相互作用。

另外，某些元素的同位素，原子核中质子数相同，但中子数不同，而这些中子是很不稳定的。很多放射性原子核通过一个或多个核反应自发地解体。有不同种类的放射性。1899 年，欧内斯特·卢瑟福（Ernest Rutherford）发现原子核中的中子在转化为质子时，伴随着高速电子（贝塔粒子）的喷射，被称为贝塔衰变，比如铯-137 会变为含有 56 个质子和 81 个中子的钡-137，这意味着改变原子核中的质子数会改变其化学特性。中子是一种不稳定的复合粒子，所以根本不是基本粒子。问题是，在放射性衰变过程中，能量和动量应该是守恒的。但是，实际计算表明，放射前后的能量和动量并不守恒。1930 年，泡利提出，放射中失去的能量和动量被一种尚未观察到的、轻的、电中性的粒子带走了，而且这种粒子与任何东西都没有相互作用①，这种粒子后来被称为中微子。强相互作用大约比电磁力强 100 倍，而放射性衰变的力要弱得多，大约是电磁力的百亿分之一。于是出现了另一种全新的自然力，这种力后来被称为弱相互作用。

一旦搞清楚了量子电动力学，下一步要做的事情就是将强相互作用和弱相互作用包括进来。电磁相互作用和弱相互作用的范围和强度是如此不同，以至于乍一看似乎不可能协调它们。1941 年，施温格推断，弱相互作用之所以会如此微弱，是由于它的作用粒子可能是质量相当于质子质量几百倍的大质量粒子。如果

---

① Pauli W. “Konstitution und elektrochemisches Verhalten der Proteine”. *Kolloid-Zeitschrift*, 1930, 53 (1): 51-61.

一个力被如此大的粒子所携带，那么它的作用范围就会变得非常有限，力的强度也将大大削弱[1]。施温格意识到，通过调节质量，可以使弱力的范围和强度在量级上类似于电磁力，这样就有可能把弱力和电磁力统一成一个电弱力。也就是说，本来它们是一体的，由于弱力以某种方式获得了大量的质量，从而限制了力的范围，并大大降低了其相对于电磁力的强度。那么，携带弱力的粒子是什么呢？

1961 年，格拉肖（S. Glashow）发展了一个电弱相互作用的量子场论，其中弱力由三个粒子携带[2]：现在被称为 W^+和 W^-的两种玻色子，一个带正电，一个带负电，还有呈电中性的 Z^0 玻色子。与电磁学的情况不同，弱相互作用作用于所有物质粒子，包括夸克、轻子和中微子。但是，格拉肖的量子场论预言弱力的载体应该是无质量的，如果将粒子的质量人为地加入到理论中，则方程无法重整化。那么，弱力的载体 W^+、W^-和 Z^0 粒子是如何获得它们的质量的呢？当时的物理学家一直无法理解基本粒子是如何获得质量的，按照理论模型计算出来的结果粒子应该是没有质量的，而实际上除了光子，其他基本粒子几乎都是有质量的。

这个理论的基本要素就是电磁力和弱力之间的对称关系，这种对称性将两种力结合在一个统一的电弱结构中。但同时，电弱对称作为基本粒子物理方程的性质必须破缺，否则就只能有一种力存在。1960 年，南部阳一郎（Yoichiro Nambu）和戈德斯通（J. Goldstone）的工作，使得人们知道了对称性破缺是可能的，但是计算结果却总是伴随着无质量粒子的出现。当时物理学家无法理解在理论中所有的基本粒子，包括电子和夸克都是无质量的，因为这与我们的观测不符。所以，我们必须在电弱理论中加入一些东西，一些新的物质或场。

1964 年，罗伯特·布鲁（Robert Brout）和弗朗索瓦·恩格勒（François

---

① Rarita W, Schwinger J. "On the neutron-proton interaction". *Physical Review*, 1941, 59 (5): 436.

② Glashow S L. "Partial-symmetries of weak interactions". *Nuclear Physics*, 1961, 22 (4): 579-588.

Englert）①、彼得·希格斯（Peter Higgs）②、杰拉尔德·古拉尔尼克（Gerald Guralnık）、卡尔·哈根（Carl Hagen）和汤姆·基布尔（Tom Kibble）③分别独立发表了三篇论文，介绍了应用于量子场论的对称性自发破缺（spontaneous symmetry breaking，SSB）机制，证明了理论中没有质量的南部-戈德斯通粒子（Nambu-Goldstone particles）会消失，它的作用只是给传递力的粒子提供质量，该机制被称为希格斯机制。希格斯玻色子能够利用对称性自发破缺来赋予基本粒子质量。该机制刚被提出时，只是为了使 Z 和 W 粒子获得质量，后来也被用于夸克，并重塑了整个标准模型。当时希格斯机制并没有引起人们的重视，希格斯投的论文也被《物理快报》（*Physics Letters*）拒稿，而且希格斯当时并没有将这种机制应用到电弱力载体的问题上。更重要的是，仍然有一个悬而未决的问题：究竟是什么样的新物质或新场导致了电弱对称性破缺？

1967 年 11 月，温伯格详细阐述了统一的电弱量子场论。在这个理论中，假设对称性破缺源自遍布整个空间的标量场，希格斯机制通过对称性自发破缺，解释了电磁力与弱力在强度和作用范围上的差异。这些差异可以追溯到获得质量的 W^+、W^-和 Z^0 粒子以及保持无质量的光子的特性。而且一个量子场必须有一个相关的场粒子。1964 年，希格斯曾提到希格斯玻色子存在的可能性。温伯格发现有必要引入具有四个分量的希格斯场。其中三个给 W^+、W^-和 Z^0 粒子提供质量，第四种以物理粒子的形式出现，即自旋量子数为 0 的希格斯玻色子。如果希格斯机制真的产生了 W^+、W^-和 Z^0 粒子的质量，那么不仅应该发现这些粒子的预期质量，也应该发现希格斯玻色子。同时，萨拉姆（A. Salam）也独立地发展了统

---

① Englert F, Brout R. “Broken symmetry and the mass of gauge vector mesons”. *Physical Review Letters*, 1964, 13 (9): 321.

② Higgs P W. “Broken symmetries and the masses of gauge bosons”. *Physical Review Letters*, 1964, 13 (16): 508-509.

③ Guralnik G S, Hagen C R, Kibble T W B. “Global conservation laws and massless particles”. *Physical Review Letters*, 1964, 13 (20): 585-587.

一的电弱理论。温伯格和萨拉姆都认为该理论应该是可重整的，但谁也不能证明这一点。

1971 年，韦特曼（M. Veltman）和特霍夫特（G. 't Hooft）发现了温伯格在四年前最先提出的场论，而且他们的理论是可重整化的[①②]。一开始他们并没有意识到，直到他们看到温伯格 1967 年的论文时，突然意识到他们已经发展了一个电弱相互作用的完整的、可重整的量子场论。

希格斯粒子的提出给理论家们留下了一项艰巨的任务：搞清楚它的质量。希格斯粒子是一种基本粒子，其质量不是由电弱对称性破缺产生的。就电弱理论的基本原理而言，希格斯粒子的质量可能取任何值，萨拉姆和温伯格都无法给出预测。

三、标准模型的理论基石——杨-米尔斯理论

对称性，这一自然界中令人惊叹的属性，在物理学领域占据着举足轻重的地位。

在量子场论与粒子物理学中，连续时空变换对称性（涵盖平移与转动）与能量、动量和角动量守恒紧密相连。然而，更为基本且强大的是“定域规范对称性”。这一对称性奠定了电磁相互作用、弱相互作用及强相互作用的动力学基础，从而成为标准模型不可或缺的支柱。规范变换，具体指的是费米子场（如电子或夸克场，亦称物质场）的相位变换，而“定域”则强调变换参数与时空的紧密关联。在数学上，单参数的相位变换可通过 U（1）群来描述，此类变换被归类为阿贝尔规范变换。

阿贝尔群，又称交换群，得名于挪威数学家尼尔斯·阿贝尔（N. H. Abel）。

---

① 't Hooft G. “Renormalization of massless Yang-Mills fields”. *Nuclear Physics B*, 1971, 33 (1): 173-199.

② 't Hooft G. “Renormalizable Lagrangians for massive Yang-Mills fields”. *Nuclear Physics B*, 1971, 35 (1): 167-188.

相对地，非阿贝尔群则属于非交换群的范畴，其群元素能够描述不可交换的规范变换。当多个物质场的相位变换由非阿贝尔群元素刻画时，相应的变换即被称为非阿贝尔规范变换。量子场论中，以定域规范不变性为基石的部分，通常被称为规范场论或杨-米尔斯场论。其精髓深刻体现在杨振宁和米尔斯（R. Mills）于 1954 年联合发表的论文中。①

19 世纪 60 年代，英国物理学家麦克斯韦将当时关于电学和磁学的所有知识整合成一套简洁而自洽的方程组——麦克斯韦方程组。这些方程如同牛顿的运动方程一样，至今仍被广泛应用。它们不仅提供了计算电场和磁场的方法，还体现了电磁学的一个重要特点：电荷守恒。电子和正电子的成对产生便是电荷守恒的一个直观体现。而麦克斯韦方程组的一个显著优点在于，它保证了电荷的局域守恒性，这是通过电磁力行为中的固有对称性实现的。

杨振宁为了解释粒子间的强力，开始尝试从相反的方向深入研究。他思考是否存在可以从一个适当的守恒量出发，利用对称性来发现强力的方程。在数学中，对称性意味着某物在经历某种操作后仍能保持不变，如正方形旋转 90 度或圆旋转任意角度后形状不变。1918 年提出的诺特定理揭示了对称性与物理量守恒之间的深刻联系：每一个守恒量都对应一个对称性，反之亦然。

既然电荷守恒，那么根据诺特定理，电磁力中应存在与之相关的对称性。事实上，这种对称性确实存在，且与“势”的概念紧密相关。势是表征力场的一种方法，为我们提供了一种更简洁的方式来描述场。类似于二维等高线地图比三维地形更简洁地展示地形信息，电势也包含了计算电场和电力所需的所有信息。

麦克斯韦方程组不仅保证了电荷的全局守恒性，还体现了更为严格的局域不变性或对称性。即使电势在时空的不同点发生不同量的变化，麦克斯韦方程组仍然保持不变。这种局域不变性源于电荷同时构成电场和磁场的基础。类似地，描

① Yang C, Mills R. “Conservation of isotopic spin and isotopic gauge invariance”. *Physical Review*, 1954, 96: 191-195.

述粒子的波函数也能通过固定的相移来变化，而这种相移并不会改变粒子的可观测行为。这是全局对称性的一个例子，但问题是：是否存在局域对称性?

在量子力学中，波函数与粒子在特定状态中找到的概率有关。波可以以某种方式调整，而其整体效应保持不变。这种可调整的部分属性称为波的相位（phase）。如果相移是局域性的，即在时空的不同点作不同的变化，描述粒子的量子力学方程是否仍能保持不变？直接的回答是否定的，但如果能修改粒子方程使其不随局域相移而改变，那么将是一个重大发现。杨振宁和米尔斯正是基于这样的思考，希望从局域不变性原理出发推导出粒子间强力的方程式。

经过多次尝试和反复失败，杨振宁与米尔斯共同越过了早期遇到的障碍，发现了与同位旋规范对称性相联系的场的方程——杨-米尔斯方程。这个方程相当于麦克斯韦方程组或牛顿运动方程，能以相似的方式写下来。然而，杨-米尔斯方程面临的一个重大障碍是关于场粒子的质量问题。在电磁理论中，场粒子是光子，它们没有质量，因此相互作用可以发生在相距很远处。相反，强力作用范围似乎限制在原子核尺度内，这意味着强力的场粒子必定有一定的质量。

尽管面临质量问题的挑战，杨振宁和米尔斯还是决定发表他们的论文，正是这个优美的构想为后来的研究奠定了基础。

四、标准模型的完善与补充

20 世纪 50 年代末，经过一系列的实验活动，人们发现了大量的粒子，但是粒子的分类机制还没有建立起来，物理学家做着类似植物学家的收集整理工作，物理学迫切需要新的理论来简化粒子的分类体系。

20 世纪 60 年代初，盖尔曼和尤瓦尔·奈曼（Yuval Ne'eman）发现大量的粒子可能是由三种更基本的粒子组成的复合粒子。像质子和中子这样的强子并不是基本粒子，而是由更小的组分——夸克组成的。但是，这也带来一个很大的问题，这意味着粒子会有分数电荷，如−1/3、+2/3。而按照人们一般的理解，电荷只会以整数的形式存在。尽管看起来非常奇怪，但毫无疑问，夸克模型确实为强子的模式提供了一个潜在的强有力的解释。

当时的粒子模型预言存在三种夸克：带+2/3 电荷的上夸克、带–1/3 电荷的下夸克，以及一种更重的奇异夸克。令人困惑的是，奇异夸克虽然质量更大，却携带与下夸克相同的–1/3 电荷。当时已知的重子可以由这三种夸克不同排列组合而成，而介子则由夸克和反夸克组合而成。

夸克模型在提出时，根本没有实验证据证明它们的存在。盖尔曼本人也认为夸克由于某种机制被禁闭在原子内部，无法单独存在，因此似乎天然是无法观测的，为了避免陷入关于不可见粒子是否存在的哲学辩论，他把它们称为数学粒子。

但是 1968 年，SLAC 国家加速器实验室（SLAC National Accelerator Laboratory，简称 SLAC）的实验表明质子确实不是最基本构成，而是一种复合粒子，由更小、更基本的成分组成。尽管还不清楚这些成分是否一定是夸克，但实验结果表明，质子内部存在更小的单元，而且它们在质子内部完全自由活动，这就和盖尔曼预言的夸克禁闭相冲突。

1973 年，戴维·格罗斯和弗兰克·维尔切克（Frank Wilczek）以及大卫·波利策（David Politzer）发现夸克在质子内部是渐近自由的[①②]。在两个夸克之间距离足够小/接近零极限的情况下，夸克之间的力会突然消失，变得完全自由。然而，当它们之间的距离逐渐扩大，逐渐扩展到质子或中子的边界以外时，力又会突然变强，就好像夸克被固定在一条弹簧的两端。当它们靠得很近时，弹簧就松了，没有力的作用，但是当试图把夸克拉开时，弹簧开始拉伸，拉的距离越大，力就越大。

盖尔曼在进一步研究后发现，夸克除了具有上、下、奇异等特性外，还具有

---

① Gross D J, Wilczek F. “Ultraviolet behavior of non-Abelian gauge theories”. *Physical Review Letters*, 1973, 30 (26): 1343-1346.

② Politzer H D. “Reliable perturbative results for strong interactions?”. *Physical Review Letters*, 1973, 30 (26): 1346-1349.

另一种新的特征变量，他将其称为颜色。每一种夸克都有三种不同的色：红、绿、蓝。重子是由三个不同颜色的夸克组成的，这样它们的总色荷为零，产生的粒子是白色的。夸克和渐近自由的发现，为量子色动力学（quantum chromodynamics，QCD）的完善奠定了基础。在量子色动力学中，与电磁场对应的是胶子场，与电磁相互作用的传递子光子相类似，胶子场的作用量子是胶子，胶子的质量也为零。夸克和胶子带有色荷，胶子在色荷与色荷之间传递强相互作用。

在夸克模型和量子色动力学的综合下，粒子物理学的标准模型基本完成。该模型由三代物质粒子、携带力的粒子和希格斯玻色子组成。这些粒子的相互作用媒介为规范场，传递强相互作用的是胶子，传递电磁相互作用的是光子，传递弱相互作用的是中间玻色子 $W^{\pm}$和 Z^{0}。在目前的实验条件下，标准模型能够比较满意地解释基本粒子的规律，相关的预言也得到了实验事实的支持。电弱理论作为弱力理论与量子电动力学的结合体，在与量子色动力学的协同描述中，进一步巩固了标准模型在粒子物理学中的核心地位。

2012 年 7 月 4 日，在欧洲核子研究中心（CERN），科学家们宣布发现了一种类似希格斯玻色子的新粒子，标准差为 5σ，这意味着置信度超过 99.999%。科学家们评估了所有测量结果，断定这是几十年来首次出现的一种新的基本粒子。而就在欧洲核子研究中心召开新闻发布会的前两天，美国的 Tevatron 团队宣布，他们已经确认了希格斯玻色子的存在，但标准差不是 5σ，而是 3σ。很快这一消息引发了极大轰动。英国的《卫报》将希格斯粒子的发现与美国人登陆月球相提并论。国际知名周刊《经济学人》称希格斯玻色子的发现是“人类的胜利”。美国《纽约时报》写道，有了这一发现，人们终于可以解释宇宙了[①]。法国的《解放报》将大型强子对撞机（Large Hadron Collider，LHC）描述为现代的“巴别塔”。欧洲核子研究中心前总干事罗尔夫–迪特尔·霍伊尔（Rolf-Dieter Heuer）

① Overbye D. “Physicists find elusive particle seen as key to universe”. *The New York Times*, 2012-07-05(A1).

称这一发现是一个“历史性的里程碑”。希格斯则声称：“我没想到在我有生之年会发现这种粒子。”[①]2013 年的诺贝尔物理学奖授予了恩格勒和希格斯，获奖理由为：他们在理论上发现了一种机制，有助于我们理解亚原子粒子质量的起源。

希格斯粒子的发现为标准模型拼上了最后一块拼图，但是标准模型自身还存在很多缺陷，其中还有许多待解的问题，距离物理学家心目中的万有理论还有很大的差距。

第二节 理论的完备性及其问题

量子场论有两大主流传统，一个是拉格朗日的量子场论（LQFT），另一个是代数的或公理化的量子场论。标准模型是在拉格朗日的量子场论体系上通过对经典的拉格朗日量进行量子化处理开始，后续又补充以费曼积分方法等逐步构建而成的。由此得到的量子表述需要不断修正以与实验结果相适应，从而使得标准模型缺乏一个独立于解释的一致的数学体系。“标准模型不适合，而且可能不能被修改以适合关于理论语义概念的基本规范。从这个角度来看，LQFT 和标准模型不是理论，而是规则的丑陋集合。”[②]而代数的量子场论为了达到数学的严密性付出了高昂的代价，如放弃了标准模型中最为基础的粒子相互作用。

一、近似的重整化方法

标准模型的基石重整化方法只是一种近似。重整化是量子场论、场的统计力学和自相似几何结构理论中普遍使用的一种计算技巧的集合，用于处理计算中因自相互作用的影响而产生的无穷大。重整化首先在量子电动力学中发展，使微扰

---

① Krause M. *CERN: How We Found the Higgs Boson*. Singapore: World Scientific, 2014: 216-218.

② MacKinnon E. “The standard model as a philosophical challenge”. *Philosophy of Science*, 2008 (4): 447-457.

理论中的无穷积分有意义。在量子场论中，由于电子会与自身产生的电磁场发生作用，导致无意义的无穷大结果，因此电子系统表现出的质量和电荷似乎与最初的理论假设不同。这时重整化用实验观察到的质量和电荷值取代了最初理论假设的电子质量和电荷，从而得到有限的结果。重整化最初被认为是一个可疑的临时性的方法，甚至被很多人质疑。戴森认为，这些无穷大具有一种基本的性质，不能被任何形式的数学程序，如重整化方法所消除[①]。

狄拉克作为一名理想的数学主义者，对重整化方法非常反感，更是持续地批判这一方法："大多数物理学家对这种情况非常满意。他们说:'量子电动力学是一个很好的理论，我们不必再担心它。'我必须说，我对这种情况非常不满意，因为这种所谓的"好理论"确实忽略了方程中出现的无穷大，任意地忽略了它们。这不是合理的数学。明智的数学包括在一个量很小的时候忽略它，而不是因为它无穷大而忽略它，因为你不想要它。"[②]曾经戴森问狄拉克：狄拉克教授，你如何看待量子电动力学的新发展？狄拉克说:"如果这些新思想不是那么丑陋的话，我可能会认为它们是正确的。"[③]

费曼也公开表示反对："我们玩的骗局技术上称为'重整化'。但不管这个词有多聪明，它仍然是我所说的愚蠢的过程!由于不得不采取这种权宜性的修正手段，我们始终未能真正验证量子电动力学理论在数学层面具备严格的自洽性。令人惊讶的是，到目前为止，这个理论还没有被证明是自洽的；我怀疑重整化在数学上是不合理的。"[④]

这种不安在当时是普遍存在的。但是，这种临时的方法，最终成为一个重要的处理无穷问题的方法，被普遍用于物理和数学的很多领域，物理学中很多无穷

---

① Dyson F J. "Divergence of perturbation theory in quantum electrodynamics". *Physical Review*, 1952, 85 (4): 631-632.

② Kragh H. *Dirac: A Scientific Biography*. New York: Cambridge University Press, 1990: 184.

③ Dyson F. *From Eros to Gaia*. New York: Pantheon Books, 1992: 306.

④ Feynman R P. *QED: The Strange Theory of Light and Matter*. London: Penguin Press, 1990: 12.

大的结果都可以用重整化进行优化。比如在描述大距离尺度的参数与描述小距离尺度的参数不同时，重整化指定了理论中参数之间的关系。在大型粒子对撞机中，大量的粒子在收集器中聚集，就会产生堆积的概念，而无限尺度贡献的堆积可能会导致进一步的无穷大。特别是一般的计算通常将时空描述为连续体，而在微观上很多的统计结构和量子力学效应是没有明确定义的，为了定义它们，在处理连续极限时必须小心地移除不同尺度的“构造脚手架”，用实验得到的观察值来取代，从而使推导继续下去，得到有意义的结果。

从20世纪70年代开始，受重整化群和有效场论（effective field theory，EFT）工作的启发，学者们对重整化的态度开始改变，特别是在年轻的理论家中。肯尼斯·威尔逊（Kenneth G. Wilson）等证明了重整化群在应用于凝聚态物理的统计场理论中时是有效的，它为相变提供了重要的见解。在凝聚态物理中，物质在原子的尺度上本身就不是连续的，短距离的截断并不构成一个哲学问题，因此场论只是物质行为的一种有效的、平滑的表征，因为截止总是有限的，无穷大的出现，问题出在量子场论理论本身。

尽管重整化已经成为不同领域场论行为的重要理论工具，但是所有的场论都只是近似有效的场论，而不是自然本身，这也反映了人类对自然运作的无知，警示人们，当下的量子场论并不是最终的自然理论，我们需要一个没有重整化的、更准确的、更基础的理论。正如路易斯·赖德（Lewis Ryder）所说：“在量子理论中，这些[经典的]分歧不会消失；相反，情况似乎变得更糟。尽管重整化理论相对成功，人们仍然认为应该有一种更令人满意的处理方式。”①

二、中微子质量之谜

中微子，是一种微小的、幽灵般的、难以捉摸的、不带电的基本粒子，它们可以从地球直接穿过。根据粒子物理学标准模型，宇宙中存在三种类型的中微子

① Ryder L. *Quantum Field Theory*. New York: Cambridge University Press, 1996: 390.

（分别是电子中微子、μ 中微子和 τ 中微子），与之对应的还有三种反中微子。它们的性质是非常稳定的，不会轻易改变。最重要的是，中微子不应该有质量。

当人们开始认识原子的性质时，就发现一些原子核，例如氚的原子核，很不稳定，会不断发生放射性衰变。所谓衰变就是指，原子核中的中子会通过发射电子衰变为质子。但是，通过对衰变前后的比较，发现衰变后有些东西丢失了。在粒子物理学中有两个量总是守恒的：能量和动量。但不知何故，衰变后能量和动量都不再守恒，总是缺少一些东西。

玻尔认为，可能在亚原子层面，能量和动量守恒定律不再成立。但泡利认为，可能是衰变中一种未知的新型粒子被释放出来，后来，费米把它命名为中微子，在意大利语中其含义为：电中性的小粒子。不过在提出中微子假设后，他就认为自己犯了致命的错误。因为，当时在实证主义风潮下，用一种不可见的实体解释理论被认为是一种拙劣的哲学。

根据泡利的理论，在核反应中产生的新的粒子不止一种。当一个中子衰变为一个质子和一个电子时，还必须产生一个反电子中微子来保持守恒。当一个介子衰变成一个电子时，它必须产生一个反电子中微子来保持守恒。

1956 年，第一个中微子在核反应堆中被检测出来，泡利的理论被证明是正确的[①]。事实上，最大的中微子源不是来自人类创造的核反应堆，而是来自太阳本身，太阳中时时刻刻都在发生着大量的核聚变反应，太阳内部，每秒大约发生 10^{38} 次核聚变反应，每次一个质子转化成中子，最终形成氦等元素时，都会产生电子中微子（还有正电子）。根据太阳输出的能量，我们可以计算出到达地球的电子中微子的密度。

于是，物理学家们想出了建造中微子探测器的办法，在一个巨大的容器中装满可以与中微子相互作用的物质，然后在它们周围放置探测器，来探测中微子与

① Cowan C L, Jr., Reines F, Harrison F B, et al. "Detection of the free neutrino: A confirmation". *Science*, 1956, 124 (3212): 103-104.

容器中物质发生的相互作用。但 20 世纪 60 年代，在测量这些中微子的数量时，发现中微子数量只有预期的三分之一左右。问题出在哪里？很简单，要么是探测器出了问题，要么是理论模型出了问题。经过反复校准，探测器并没有任何问题，而且关于太阳的核反应模型也没有问题，那么只能是标准模型出了问题。

于是，解开中微子的谜团成了超越标准模型的一个重要方向。最可能的猜测是：中微子并不是如标准模型预测的无质量粒子，它们实际上是有质量的，而且它们可以像夸克一样堆叠在一起，携带有大量的能量。并且这些中微子穿过物质时，会发生振荡，或者从一种味转变为另一种味。

20 世纪 90 年代末，对高能宇宙射线与大气撞击产生的中微子进行测量时，得到了进一步的验证[①]。中微子确实有非零质量，但质量极其微小，要把 400 多万个最重的中微子加起来才相当于一个电子的质量。

如果中微子有质量，它们的一些性质就会从根本上改变。例如，每一个中微子都是左撇子：如果你将左手拇指指向它运动的方向，它的自旋（或角动量）总是向着左手手指绕着拇指弯曲的方向。同样地，反中微子都是右撇子：把你的右手拇指指向它们运动的方向，它们的自旋就会跟随你右手的手指。如果中微子是无质量的，它们就会一直以光速运动，而你永远也不可能比光速还快。但如果它们有质量，它们的运动速度就会低于光速，这就意味着在不超光速的前提下，有可能超过中微子的运动速度。

那么，问题出现了。想象一下，你站在一个运动中微子的后面，看着它移动，从你的角度看，它以左手向运动，逆时针方向旋转。现在，你加速跑到中微子前面，然后你从它前面回头看它。你看到了什么？首先，它正在反方向远离你，由于发生了镜像变换，你看到它变为顺时针旋转，运动方向和之前相反，恰好变成了右手向粒子。这就意味着，通过改变你相对于中微子的相对运动，就把它从中

---

① Fukuda Y, Hayakawa T, Ichihara E, et al. “Measurements of the solar neutrino flux from Super-Kamiokande’s first 300 days”. *Physical Review Letters*, 1998, 81 (6): 1158.

微子变成了反中微子。

像中微子这样的粒子真的是它自己的反粒子吗？这一推论大大超出了标准模型。一般来说，在标准模型中，费米子不应该是它们自己的反粒子。但有一种特殊的费米子它自己就是自己的反粒子——马约拉纳费米子，不过目前只存在于理论中。如果中微子确可以转换为自己的反粒子，将会发生一个非常特殊的反应：无中微子双贝塔衰变（neutrinoless double-β decay）①。

科学家们正在寻找这种罕见的衰变类型，这种衰变假设中微子本身就是其反粒子。在单个衰变中，一个中子可以转换成质子、电子和反电子中微子。尽管很罕见，但是也可以发生双粒子衰变，两个中子转换成两个质子、两个电子和两个反电子中微子。

但是，至少在理论上，也可以存在一种无中微子的形式，即一个中子释放的反电子中微子被另一个中子吸收，这个中子将其视为常规的电子中微子。在第二个反应中，中子和电子中微子相互作用，释放出一个质子和一个电子。最终，双贝塔衰变不会有中微子产生。

毫无疑问，中微子不可能是无质量粒子。它们可以从一种味转变为另一种味，这只有在它们有质量的情况下才有可能发生。基于我们目前已知的数据，暗物质中一定有一小部分是由中微子构成的：0.5%到 1.5%②，这大致相当于宇宙中所有恒星的质量总和。

然而，我们仍然不知道它们是不是自己的反粒子，也不知道它们质量的来源，不知道它们是通过与希格斯粒子的微弱耦合获得质量的，还是通过另一种机制获得的。中微子远比我们想象的更复杂。谁也想不到，标准模型中一个巨大的裂缝来自所有质量中最轻的粒子：幽灵般难以捉摸的中微子。

---

① Klapdor-kleingrothaus H V, Dietz A, Harney H L, et al. “Evidence for neutrinoless double beta decay”. *Physics Letters A*, 2001, 16 (37): 2409-2420.

② Siegel E. “How much of the dark matter could neutrinos be?”. 2019-03-07. https://www.forbes.com/sites/startswithabang/2019/03/07/how-much-of-the-dark-matter-could-neutrinos-be/.

三、希格斯粒子的质量起源

希格斯玻色子在标准模型中极为重要，因为它暗示了希格斯场的存在，这是一种遍布整个宇宙的不可见的能量场。假如没有希格斯场，构成物质的基本粒子将没有质量，整个宇宙就无法形成。希格斯机制最大的作用就是解释了质量的起源，不过在理解希格斯机制之前首先要了解对称性破缺。

我们在日常生活中可以找到许多对称性自发破缺的例子。比如，我们可以以某种方式使铅笔的笔尖站立，保持平衡，这就是一种对称，但这种对称状态非常不稳定，很快铅笔就会倒下，这个对称性被打破的过程就被称为对称性自发破缺。铅笔倒下的不对称的状态比笔尖平衡时的对称的状态能量更低。物理学家称这种更稳定的状态为系统的基态。

一般而言，物理学家用真空状态来表示能量最低的量子状态，也就是所有物质被移除后剩下的背景的状态。但实际上，除了随机的量子涨落，真空空间并不是空的。它包含一个量子场，会自发地打破对称性，从而产生更低的能量状态。自发对称破缺可以导致具有质量的粒子的形成。物理学家称这种低能量、更稳定的真空状态为假真空。虽然它不包含任何物质，但它不是空的，它包含一个打破对称性的量子场。

那么什么是希格斯玻色子呢？它是自然界的一种基本粒子，而且是一种非常特殊的粒子。希格斯场几乎在宇宙大爆炸后就立即出现了，并作用到了整个宇宙。如果没有希格斯场，所有的基本粒子都会以光速运动，而希格斯场赋予了基本粒子质量，从而使它们运动慢了下来，或者可以反过来描述，其实是由于希格斯场减慢了粒子的运动，粒子的动能减少，转化为了质量。粒子与希格斯场作用得越强，获得的质量就越大。比如，夸克的质量就大一些，而电子由于与希格斯场的作用较弱，质量就小一些。同时，希格斯玻色子自身也会与希格斯场相互作用，从而也获得了质量，而光子不参与相互作用，因此无静止质量。因此，可以总结为，粒子的质量大小，取决于其与希格斯场作用的大小。

希格斯场的具体作用原理如下：在打破对称性之前，电弱力由四个无质量的粒子携带。无质量场粒子有两个自由度，以光速运动。对于光子来说，这两个自由度与粒子的自旋方向有关。如果我们通过增加一个背景量子场——希格斯场，来打破对称性而引入一个假真空，在能量最低点对应着希格斯场的一个非零值，被称为非零真空期望值。它代表一个虚假的真空，也就是说，并非空无一物，而是一个含有场的非零值。在这种情况下，产生一个无质量的南部-戈德斯通玻色子，这个粒子会被吸收，无质量粒子与希格斯场相互作用并获得第三个自由度。这种获得质量的行为就像陷入泥潭一样拖拽着它们。换句话说，每个粒子与希格斯场的相互作用表现为对粒子运动速度的阻力。在经典力学中，我们倾向于认为一个物体对加速度的阻力是它的惯性质量的结果。我们假设质量是一种基本的或内在的质量，将惯性质量与物体所拥有的物质数量等同起来。但希格斯机制颠覆了这种逻辑。一个无质量粒子的加速度被希格斯场抵抗的程度现在被解释为粒子的惯性质量。质量突然变成了次要的，它是场相互作用的结果，而不是物质固有的属性。

夸克和轻子的质量通过希格斯机制生成，涉及左手征粒子（带弱电荷）和右手征粒子（弱电荷为零）与希格斯场的耦合。左手征粒子参与弱相互作用，而右手征粒子不参与，这种区分在标准模型的电弱对称性破缺中起到了关键作用。

希格斯玻色子通过与左手征粒子（带弱电荷）和右手征粒子（弱电荷为零）的相互作用，在电弱对称性破缺过程中维持了电荷守恒定律。当希格斯场在真空中具有非零真空期望值（即发生对称性自发破缺）时，粒子通过与希格斯场的耦合获得质量。这些作用，本质上都是由对称性作用所决定的。希格斯粒子起源于一个遍及宇宙的场，即希格斯场。已知宇宙中的一切粒子，在空间中穿行时，都穿过希格斯场，它总是存在，但是隐藏在空间中，无法直接观测。但是，如果没有希格斯场电子和夸克就会没有质量，就像光子一样。希格斯场像一个巨大的蓄水池，在空间中无处不在，通过弱相互作用填补了真空。在这个蓄水池中，一个左手征粒子可以失去电荷，变成一个不带电荷的右手征粒子；同样，不带电的右手征粒子可以从真空中获得电荷进而成为左手征粒子。在时空中，夸克和轻子这种左-右-左-右的震荡现象，就是质量现象的产生机制。就像电磁场中震荡产生的量子是光子，希格斯场中产生的量子就是希格斯玻色子。

鉴于希格斯机制可以预测弱力粒子的质量，希格斯场的存在似乎是确定无疑的。然而，也有一些对称性破缺的替代理论，不需要引入希格斯场。在实验确证之前，希格斯玻色子在自然界中是否存在是值得怀疑的。根据理论计算，希格斯场的质量约为 175 吉电子伏特，希格斯场的许多预测结果在 20 世纪 80 年代早期的粒子对撞机实验中得到了证实。但是，对场的推断与探测它的场粒子是不一样的。

直到 2012 年 7 月 4 日，欧洲核子研究中心的科学家们，在大型强子对撞机上发现了符合希格斯玻色子的新粒子，测得的希格斯玻色子的质量约为 125 吉电子伏特，约是质子的 134 倍，并且与预期方式完全一致。虽然还需要进一步的研究来描述这种新粒子的全部性质，但现有的特征表明它确实是希格斯玻色子。

似乎是我们对希格斯玻色子太期待了，因为假如希格斯场不存在的话，整个标准模型都有被彻底颠覆的可能性，因此，希格斯玻色子被大众媒体大肆宣传为上帝粒子。但是，很多科学家鄙视这个名字，因为它夸大了粒子的重要性，并把人们的注意力引向了物理学和神学之间令人不安的关系当中。然而，这个名字却深受科学记者和科普作家的喜爱。

尽管希格斯机制确实解释了夸克、轻子、中微子以及 W 和 Z 玻色子的质量起源，但是，它无法解释自己的质量为什么是大约 125 吉电子伏特。也就是说，希格斯机制可以解释其他粒子的质量来源，但是为什么希格斯粒子在 125 吉电子伏特被发现，却不清楚，我们仍然对希格斯玻色子质量的起源一无所知。与之相比，描述强相互作用的量子色动力学非常成功地解释了夸克和胶子，也清楚地解释了强相互作用产生的质量。这就涉及了通常说的“等级问题”。基本粒子的质量都是由希格斯场决定的，因此人们猜测这可能和普朗克质量有关。在量子引力理论中，普朗克质量是基本单位，而普朗克质量比希格斯质量大 10^{17} 倍。因此，很难用普朗克质量来解释希格斯质量为什么这么小。

这就引出了一个关于质量本质的猜想：自然界中所有的质量都是由量子效应产生的。自然地扩展这一假设意味着弱相互作用可能以同样的方式起作用。但是，希格斯玻色子的发现似乎与这一扩展假说没有明显的相关性。我们无法用量子色动力学产生质量的方式来解释希格斯玻色子质量的起源问题。夸克、轻子、W 和 Z 玻色子的质量可以在希格斯场产生，但是希格斯玻色子本身的质量起源仍然是一个谜。

第三节　解释的融贯性及其问题

标准模型是一系列规则的组合，这些规则组合的最终目标是使得标准模型成为一种在功能上有效的物理理论，满足基本的无矛盾性即可，而至于各种规则背后的解释一致性则没有考虑到。这使得标准模型并没有一致的解释，从而使得其失去了自然性。过去几十年来物理学超越标准模型的努力，便是寻求自然性的实现[①]。自然性一直是伴随并激励着人们将标准模型从各种杂乱的线索，逐渐整合到一个更大的框架中的主旋律。

一、可调节的常数太多

根据粒子物理学标准模型，有六种不同的夸克质量，三种不同的轻子质量（因为假设中微子质量为零），一个希格斯质量，四个来自 CKM 矩阵的混合

① Giudice G F. “The dawn of the post-naturalness era”. In Forte S, Levy A, Ridolfi G (Eds.). *From My Vast Repertoire ...: Guido Altarelli's Legacy*. Singapore: World Scientific, 2018: 267-292.

角，一个与量子色动力学基态相关的混合角，以及三个耦合常数。这是标准模型本身没有预测到的 18 个任意参数，标准模型在数学上是有效的，无论这些参数取何值，理论都能保持一致。如果考虑到中微子质量的可能性，那么必须在这个列表中增加 7 个参数（3 个是中微子质量，4 个是轻子区 CKM 矩阵的混合角），使总数达到 25。如果包括万有引力，那么 2 个额外的参数（引力耦合常数 G 和宇宙真空能量即宇宙学常数 Λ）使可调参数的总数上升到了 27。

莱德曼总结："他们的想法是，要形成宇宙，必须指定 20 个左右的数字，这些数字（在物理世界被称为参数）是什么？我们需要 12 个数字来确定夸克和轻子的质量。我们需要 3 个数字来表示这些力的强度，我们需要一些数字来表示一个力与另一个力的关系。然后我们需要希格斯粒子的质量，以及一些其他方面的东西。"①

这些参数是我们解释已知世界的一切所需要的。尽管标准模型很有用，但它有一个大问题：可调节的常量太多。一般认为一个更完整的理论将有更少的可调参数。当我们陈述理论的一个定律时，必须确定某些基本常数的值，自然是如何选择标准模型中的自由常数值的？根据理论所显示的，似乎任何数值都可以，因为不管常数取什么数值，理论在数学上都是和谐的。这些常数决定了基本粒子的性质。有的决定夸克和轻子的质量，有的决定基本作用力的强度。我们不知道为什么常数要取这些值，我们只是从实验中把它们确定下来。一个所谓的基本理论为什么有那么多可以自由调节的常数，非常令人困惑。这些无法解释的常数背后，意味着还存在我们不知道的物理原因或机制决定着这些常数值。为什么基本粒子差异巨大？为什么粒子归为三代，标准模型只是对粒子和力进行了分类，但是背后的物理机制仍是未知。

另外，为什么费米子，如夸克、轻子都具有 1/2 自旋，而玻色子如光子则具

① Lederman L, Teresi D. *The God Particle: If the Universe Is the Answer, What Is the Question?*. London: Bantam Press, 1993: 363.

有整数倍的自旋？两组粒子为何会如此划分，而且费米子服从泡利不相容原理，而玻色子则不服从泡利不相容原理？

二、等级问题

等级问题关系到基本力的相对强度和特征质能的尺度。具体来说，在粒子物理学的背景下，为什么和电弱相互作用相比，引力这么弱？在标准模型中，电弱统一是基于弱力和电磁力曾经是一种统一的电弱力，两者是没有区别的。现在看到的它们之所以不同，是由电弱时代末期对称性的破缺造成的。我们现在可以在大型强子对撞机的质子对撞中，将质子加速到极高的能量，然后人为创造出当时的环境，其能量约为 1 万亿（10^{12}）电子伏特。

在四种基本力中，引力比弱力、电磁力和强力微弱许多。对于单个的原子，引力效应太弱，可以忽略。但是，根据广义相对论，引力不仅来自质量，同样可以来自能量并作用于能量，比如只有能量但没有质量的光子同样会在太阳的引力场中偏转。因此，在足够高的能量下，两个基本粒子间的引力会变得和其他几种力一样强，这种情形发生在普朗克标度。同样的思路，我们假设强核力和电弱力曾经在大爆炸初期同样是统一的，是不可区分的。但要重新创造大统一时代的特征条件，需要达到 1×10^{24} 电子伏特的能量。再往前推，到了引力与核力结合，产生主宰大爆炸早期阶段的单一原始力的情况下，我们就进入了普朗克时代，其特征是普朗克能量约为 1.22×10^{19} 吉电子伏特。尽管普朗克能量很大，但是也只不过比强力和弱电力的内禀强度相等时的能量大 10 000 倍。两个大能量差距这么小，说明引力也是早期对称性破缺的一部分，这种破缺联系着引力与其他自然力，并可能构建一个真正的囊括了强力、弱力、电磁力和引力的大统一理论。不幸的是，引力无法用标准模型的标准语言——量子场论来描述。一旦我们直接把量子力学的法则用于广义相对论的场方程，我们就会陷入无穷大的老问题。普朗克标度下的物理过程超出了我们当下理论的计算能力。单从能量的尺度上看，电弱统一时

期的能量 10^{12} 电子伏特和普朗克能量 10^{28} 电子伏特，意味着存在一个不对等的对称等级，引力、强核力和弱电力统一时的能量（接近普朗克能量），比统一弱力与电磁力的对称性时的能量大 10^{16} 倍。在对称性被打破之前，所有的粒子都是相同的，在对称性被打破后，粒子为何会呈现出令人难以置信的质量差异？就好像是一个同卵双胞胎胚胎，一开始是一样的，但是出生后一个长成了大象，一个长成了蚂蚁。打破对称性并产生如此巨大的质能差异需要大量的微调（fine tuning），否则没办法解释这种巧合。

当我们在计算希格斯玻色子的质量时，标准的量子场论方法需要计算所谓的粒子裸质量的辐射修正，从而使其重整化。从理论上讲，并没有相应的机制限制希格斯玻色子的质量，辐射修正涉及希格斯粒子从一个地方移动到另一个地方所经历的所有不同路径，而且过程中包括大量的虚粒子的产生和湮灭，即在短时间内产生出粒子和它们的反粒子，然后这些粒子重新组合成希格斯粒子。希格斯玻色子与其他粒子的耦合与它们的质量成正比，因此涉及重粒子（如顶夸克）的虚拟过程有望为希格斯粒子的计算质量做出重大贡献。由于这些修正，希格斯粒子的质量预计会急剧增加，计算预测希格斯粒子的质量可能与普朗克质量一样大。

这就是为什么在开始寻找希格斯玻色子之前，没有人知道它的质量应该是多少。最终实验的结果显示希格斯玻色子的质量大约为 125 吉电子伏特，那么可以推测一定发生了什么事情，抵消了所有这些辐射修正的贡献，因此对弱力的尺度进行了微调。不管这种机制是什么，都超出了标准模型的范围。

另外，我们相信基本粒子是通过与希格斯场的相互作用获得质量的。但事实上，我们对这些相互作用的强度一无所知，只知道它们一定产生了我们在实验中观察到的质量。相互作用的强度不能从标准模型中推导出来，而是将这些粒子与希格斯场相互作用的强度代入，以重现粒子质量。作为粒子物理学的基本理论，标准模型也不能预言其描述的基本粒子的质量。电子质量是质子质量的 0.00054 倍，顶夸克是质子质量的 184 倍。还有各种各样的中微子曾经都被认为是无质量的，但在20世纪90年代末出现的证据表明，中微子可以在振荡的过程中改变它们的味道[①]。如果没有质量，中微子振荡是不可能的，因此可以推断中微子拥有非常小的质量。为什么每一代粒子的质量会出现如此大的差异，目前的统计似乎看不出其背后的模式。

三、微调问题

从某种程度上讲，宇宙的秩序太独特，太完美，太令人不可思议了。这意味着我们的宇宙并不是所有可能宇宙中的典型样本，而是具有允许秩序和生命存在的特殊特征。当然，我们不可能生活在一个不允许生命存在的宇宙里。然而，在过去的50年里，人们慢慢发现的是，即使是对标准模型和宇宙结构的参数进行相当微小的调整，也会导致宇宙无法支持我们所知的基于碳的生命。例如，如果上夸克的质量与实验值相差不到1%，中子就不会像观察到的那样衰变为质子。它们会衰减过快（如果上夸克有点轻），留下几乎只在早期宇宙的质子，或者它们会衰变太慢（如果上夸克有点重），早期宇宙中的氦制造太多，导致在恒星融合过程中不会形成氢燃料。在任何一种情况下，我们所知道的生命的必要条件之一将不再成立。这样的论点可以建立在许多不同的标准模型参数上，包括粒子的质量、所有力的耦合常数，以及宇宙真空的强度。生命的存在与标准模型的这些参数的实际值是如此敏感地相关，这是相当奇怪的。造成这种情况的原因超出了标准模型的解释能力。除了引入人择原理和平行宇宙，目前似乎找不到理论来解决这个问题。

四、正反物质的不对等性

在标准模型中，反物质被定义为由普通物质中相应粒子的反粒子组成的物

---

① Grossman Y, Lipkin H J. “Flavor oscillations from a spatially localized source: A simple general treatment”. *Physical Review D*, 1997, 55 (5): 2760.

质。在粒子加速器中会产生极少量的反粒子，总量只有几毫微克，在自然过程中，如宇宙射线碰撞和某些类型的放射性衰变也会产生反粒子。

理论上讲，一个粒子和它的反粒子（例如一个质子和一个反质子）具有相同的质量，但是电荷和其他量子数不同。例如，质子带正电荷，反质子带负电荷。任何粒子与其反粒子伙伴之间的碰撞都会导致湮灭，从而产生不同比例的强光子（伽马射线）、中微子，有时还会产生质量较小的粒子-反粒子对。湮灭能量的大部分以电离辐射的形式出现。如果周围有物质存在，辐射中的能量将被吸收并转换成其他形式的能量，如热或光。

反物质粒子也会相互结合形成反物质，就像普通粒子结合形成普通物质一样。例如，一个正电子（电子的反粒子）和一个反质子（质子的反粒子）可以形成一个反氢原子。理论上讲，按照标准模型的解释，和正物质一样，通过反核子的结合复杂的反物质原子核也是可能形成的，所有已知化学元素都可以存在反物质。

标准模型预测正物质和反物质是在宇宙大爆炸后同时产生的，而且数量是相等的，但现实是我们的宇宙绝大部分都是由正物质构成，可观测的宇宙几乎完全由普通物质构成，而不是反物质。宇宙中物质和反物质的这种不对称性是物理学中尚未解决的大问题之一[①]。

第四节　从大统一到超对称

超对称的思想并不是凭空产生的，而是粒子物理学标准模型的自然扩展。标准模型虽然取得了非凡的成功，但由于其中包含了太多的参数，也不能把引力统一进来，还有如希格斯粒子的质量不稳定等问题，因此物理学家们朝着大统一理

① Canetti L, Drewes M, Shaposhnikov M. “Matter and antimatter in the universe”. *New Journal of Physics*, 2012, 14.

论的目标发展出各种各样的方案，其中对称性进一步发展为大统一理论，又进一步发展为超对称。正如杨振宁先生所指出的，20 世纪的理论物理学有三个主旋律，其中一个主旋律就是对称性。[①]对称性的发现与对称性破缺构成了标准模型的主线。在标准模型的框架下，对称性的扩展首先产生的是大统一理论，但是大统一理论并不成功，于是人们进一步将对称性的思想进行扩展，产生了超对称。

一、大统一理论的提出

粒子物理学标准模型可以描述为 SU（3）×SU（2）×U（1）的集合，只是一组描述不同作用力的不同量子场理论的产物，因此它还不是一个统一理论。我们不能解释为什么是这三种力，也不能解释为什么这些力的表现会如此不同。于是，沿着这条思路，20 世纪 70 年代中期，人们试图建立一个大统一理论，寻找一个更高维度的对称群，使得标准模型的 SU（3）×SU（2）×U（1）结构会在这种更高对称性的破缺中自然地产生。

1974 年，格拉肖和霍华德·格奥尔基（Howard Georgi）构建了一个大统一理论的对称群 SU（5）[②]。5 种粒子通过对称性重新组合：三种颜色的夸克和两种轻子（电子和中微子）。就这样，大统一理论不仅要把力统一起来，还要寻找一种将夸克（强力粒子）转化为轻子（弱力粒子）的对称性，从而统一两种基本粒子，最后只有一种粒子和一个规范场。SU（5）是容纳一切所需的最小对称，不但统一了夸克和轻子，而且解释了标准模型，甚至还提出了新的预言[③]。

其中一个新预言认为，在 SU（5）中，夸克、电子和中微子不过是同一种基本粒子的不同表现，夸克会转化为电子和中微子。因此，质子是不稳定的，可以推断出质子的半衰期至少为 10^{34} 年。如果低于这个标准，生命就不可能存在。

---

① 杨振宁、翁帆：《晨曦集》，商务印书馆 2018 年版，第 6 页。

② Georgi H, Glashow S L. “Unity of all elementary-particle forces”. *Physical Review Letters*, 1974, 32 (8): 438-441.

③ [美]斯莫林：《物理学的困惑》，李泳译，湖南科学技术出版社 2008 年版，第 60-61 页。

由于质子的衰变是非常漫长的，因此质子的衰变是罕见的。然而，如果在一个大容器中收集到约 10^{31} 个质子，就有可能捕捉到一个质子的衰变过程。

于是，科学家建立了大规模的地下水池来做这个实验，还必须隔绝宇宙射线，因为宇宙射线能将质子打碎，池子里的质子可能每年都有几个发生衰变，然后在水池中遍布探测器，等着衰变的发生。例如，1982 年，日本建造了超级神冈探测器（Super-Kamiokande 或 Super-K），但一直到 1987 年这个探测器都未观测到预期的衰变现象。这时，人们才意识到统一没那么简单，SU（5）大统一理论可能是错误的，相关的研究也逐渐销声匿迹了。

爱德华·法尔西（Edward Farhi）曾经醉心于大统一理论的研究，后来转行从事量子计算。在提起他自己研究大统一理论的那段经历时，他说："我本想用自己的生命打赌——哦，也许不是我的生命，你明白我的意思——质子会衰变的。""SU（5）是个美妙的理论，一切都井然有序——可后来发现它错了。"①

斯莫林也评价道："其实，我们也不会低估负结果的意义。SU（5）是我们所能想象的最美妙的统一夸克与轻子的方式，它以简单的方式归纳了标准模型的性质。即使 25 年后，我仍然为 SU（5）的失败感到惊讶。"②

实际上，SU（5）只是标准模型的简单推广，并没有解决标准模型的基本问题。人们原本希望大统一理论能解释标准模型里各种常数的值，但 SU（5）不仅没有解释这些常数，反而引进了新的常数。而且，为了避免与实验矛盾，还需要人工调节这些常数，对电弱对称性的自发破缺也没有任何补充。

大统一理论的失败给科学带来了新的危机。一方面，通过对对称群的扩展，SU（3）×SU（2）×U（1）理论，连续取得了成功，科学家对 SU（5）抱有很大的期望，他们想不通如此美妙的理论，怎么可能失败。另一方面，他们远远低估

---

① [美]斯莫林：《物理学的困惑》，李泳译，湖南科学技术出版社 2008 年版，第 62 页。

② [美]斯莫林：《物理学的困惑》，李泳译，湖南科学技术出版社 2008 年版，第 62 页。

了实验的难度，20 世纪 70 年代前，理论与实验一直是同步的，新的理论提出后，一般几年之内就会得到验证。但自 20 世纪 70 年代后，超出标准模型的新理论的实验预言，无一例外，几乎全都失败了。近年来新的实验突破，如希格斯粒子的发现、黑洞照片的拍摄都是标准模型框架之内的。

必须寻找新的线索，但是由于实验的缺乏，人们的选择很少，只能寻求新的思想突破。于是，在大统一理论失败后，人们又开始将注意力拉回到寻找对称关系的老路上，物理学家没有更多的选择，只能跟着他们的直觉走，直觉告诉他们，解决方案的核心一定是某种更加基本的对称，但是简单维度扩展的大统一理论行不通。那么，就必须寻找一种新的更加基本的对称，这种更加基本的对称被称为超对称。

二、超对称的提出

超对称性理论假设，费米子与玻色子之间存在一种深刻的对称性——通过超对称变换，这两种粒子可以相互转换。具体而言，若将理论方程中的费米子场算符替换为对应的玻色子场算符（反之亦然），描述物理规律的作用量或运动方程在超对称变换下将保持数学形式不变。尽管在标准模型和量子理论中处理玻色子与费米子的方式存在显著差异——费米子必须遵守泡利不相容原理，同一量子态最多容纳一个费米子，而玻色子却能不受限制地共享相同量子态，甚至形成玻色-爱因斯坦凝聚态，然而超对称性理论却揭示，这两种看似对立的粒子实为同一超对称多重态的不同组分，通过超对称变换可相互转换。

正如前文描述的，对称性是根植于定律的内在法则，这些定律并不关心具体的物理描述，如你在何时、何地，在怎样的方向上，做怎样的测量，这些时空对称性在数学上意味着能量、动量和角动量守恒定律。因此，物理学家猜测费米子和玻色子在宇宙诞生之初是一体的，后来由于发生了对称性破缺而分化，而连接它们的内在法则就是超对称。

发展超对称理论的最初动机并不是为了解决标准模型的所有问题。20 世纪 70 年代初，超对称首先由利希特曼（E. Likhtman）、戈尔方德（Y. Golfand）、阿库洛夫（V. Akulov）和沃尔科夫（D. Volkov）四个苏联物理学家提出。不过当时，西方科学家与苏联科学家交流很少，很多苏联人的发现都没有受到西方的注意，包括超对称。他们假定：每个费米子对应的超伴玻色子都具有与其相同的质量和电荷。以电子为例，这就意味着电子的超伴子是一个具有和电子一样电荷和质量的玻色子，被称为超电子。但人们并没有观测到超电子的存在。这种简单的扩展肯定是不对的，但是在加入自发对称性破缺之后理论就变得复杂了。

1974 年，物理学家韦斯（J. Wess）和朱米诺（B. Zumino）提出了超对称[①]。他们的工作很快就取得了进展，通过扩展电磁理论，他们似乎统一了光子和一种类似中微子的粒子。当然，真正促进超对称被大范围接受的是它和弦论的结合，即超弦理论。很快，超对称因其优美的结构和强大的解释能力，成为超越标准模型最合乎逻辑、最引人注目的方法之一。如果能证明世界确实是超对称的，那么目前标准模型的大部分问题就会消失，通往大统一的道路也会更加清晰。当然，超对称也带来了一些潜在的代价，我们又会得到大量的新粒子。

超对称理论还存在许多不同的变种。1981 年，格奥尔基和季莫普洛斯（S. Dimopoulos）首次提出了最小超对称标准模型（通常缩写为 MSSM）[②]。在 MSSM 中费米子和玻色子之间存在一一对应的对称关系，不同的粒子通过配对形成了超对称粒子对，每一个超对称粒子对都包含彼此互为镜像的费米子和玻色子，每个粒子都有一个超伴子，每一个费米子都对应着一个玻色子，每一个玻色子都有一个对应的费米子。尽管这种大规模的扩展看似疯狂，但是在粒子物理学的历史上，

① Wess J, Zumino B. "Supergauge transformations in four dimensions". *Nuclear Physics*, 1974, 70 (1): 39-50.

② Dimopoulos S, Georgi H. "Softly broken supersymmetry and SU(5)". *Nuclear Physics B*, 1981, 193 (1): 150-162.

是有先例的。对称性的自然推广曾经正确预测了新的粒子。1930 年，狄拉克曾预测，将量子力学和相对论结合起来后的方程，存在一组对称的解，这就意味着每个粒子都必须有一个对应的带相反电荷的反粒子。带负电荷的电子存在与之对应的正电子。很快，人们就发现了正电子，验证了狄拉克的猜测。因为有了类似的先例，超对称似乎也是很自然的数学推理的结果，其存在似乎也就在情理之中了，这就为超弦理论的发展奠定了基础。

第三章
量子力学与广义相对论的不兼容——以黑洞为例

将广义相对论和量子力学结合起来是当今物理学中最具挑战性、最为重要的问题。一般来说量子力学和广义相对论的适用范围是不同的，但在一些极端条件下，如对于质量极大同时尺度极小的事物，大质量引起的引力效应和小尺度带来的量子效应同时起作用，这时候就需要将量子力学和广义相对论结合起来考虑了。宇宙中确实存在这样的极端天体，那就是黑洞。量子力学与广义相对论的结合也可以看作是引力量子化的过程。黑洞为我们研究量子力学和广义相对论的统一提供了具体的物理对象。

罗伯特·迪克（Robert Dicke）在一次讲话中指出：相对论似乎几乎是一种纯粹的数学形式，与实验室里观察到的现象几乎没有关系[①]。在费曼看来，“在这个领域，我们不是被实验所推动，而是被想象所牵引”[②]。黑洞的研究也是如此：黑洞理论的建构中，几乎没有实验的参与，而缺乏实验的局面也造成了围绕黑洞研究的持续争论，可以说黑洞理论的发展史就是一场持续争论的历史。争论围绕相对论范式和量子论范式间的张力展开，为量子引力理论的推进提供了重要的素材。

本章将首先论述广义相对论和量子力学统一的困境及其原因，之后以黑洞理

① Oral history interview with Robert Dicke, 1988-01-19. https://aip.ent.sirsi.net/client/en_US/AIP/search/detailnonmodal/ent:$002f$002fSD_ILS$002f0$002fSD_ILS:33931/one?qu=33931.

② [英]佩德罗·G.费雷拉：《完美理论》，王文浩译，湖南科学技术出版社 2018 年版，第 126 页。

论发展史上三次著名的争论为例详细论述两大物理学理论间的冲突、修正，以及彼此的妥协和一致的达成过程。这三次著名的争论为：①奇点存在与否之争；②黑洞的热力学性质之争；③黑洞信息悖论之争。

第一节　量子论与相对论的冲突

纵观整个物理学的发展，它是一个不断统一的过程。牛顿力学实现了地面附近的运动与天体运动的统一描述；麦克斯韦理论实现了电与磁的统一描述；20世纪量子场论实现了狭义相对论与量子论的统一；粒子物理学标准模型统一了电磁相互作用、弱相互作用和强相互作用。引力如何与其他三种基本相互作用统一？描述引力的广义相对论如何与量子论统一的问题是通往万有理论或终极统一理论最为关键的问题，自20世纪80年代以来成为理论物理学家们最为关切的问题。但是，这一问题的求解却异常困难。在过去的40多年中，人们付出了巨大的努力，也得到了一些有意义的结果，但仍然没有发展出令人满意的理论。目前得到的几种量子引力理论或多或少都面临着技术和概念上的严重问题。究其根源在于：首先，量子论和广义相对论两个理论本身都存在着关键性的解释问题；其次，当试图将这两种要素理论结合起来形成量子引力理论时，发现二者在诸多方面存在冲突[①]，具体论述如下。

一、概念的冲突

广义相对论在大尺度上给出了非常准确的描述，而量子理论在小尺度上给出了准确的描述，广义相对论和量子力学分别在各自适用的范围内得到了实验精确的验证。这两种理论适用于不同的尺度，这毫无疑问，这也就是为什么我们能够

---

① Wolchover N. “Why gravity is not like the other forces”. 2020-06-15. https://www.quantamagazine.org/why-gravity-is-not-like-the-other-forces-20200615/.

使用这两种理论这么长时间。但对于引力和量子效应同时存在的尺度，即普朗克标度上两者的作用同样明显，无法忽视任何一方，这时该如何处理呢？普朗克标度的长度约为 1.6×10^{-35} 米，能量的值约为 1.2×10^{22} 兆电子伏特，时间的值约为 5.4×10^{-44} 秒，符合这一标度要求的自然物理状态是大爆炸之初的宇宙和黑洞。在普朗克标度上，广义相对论和量子力学都是不充分的，需要将二者结合起来考虑。但从两种理论的概念、原理和框架上讲，二者都存在明显的冲突，这使得二者的结合并不那么顺利。

广义相对论中，基本的可观测量是事件之间的时空距离，而事件则至少是两条世界线的交点，这意味着广义相对论要求有事件相交的精确位置和时间。而在量子力学中，并不考虑事件相交或相互作用的位置和时间，只考虑粒子相互作用的最终结果，即相互作用后的平均动量和平均位置。也就是说，这两种理论中的基本事件是完全不同的，量子力学否认了广义相对论基本事件的可观测性。但是，量子力学中的不确定关系则表明，一个物体的位置和动量不能同时精确地测量。与此同时，广义相对论中时空与物质之间存在非线性的相互影响，量子力学中的位置和动量测量结果，既会影响广义相对论中时空距离的测量，而该测量本身又受到物质存在的影响。不确定关系和时空弯曲效应的相互影响具体是如何发生的，影响有多大，这些都是不清楚的，需要量子引力理论来解决。从本体论的角度来看，“广义相对论将粒子和场都作为物质的组成部分，尽管它以一种类似场的方式描述两者，并赋予时空流形的点一些特性。它的经典性质在于，粒子或场的所有性质都是确定的——在空间的任何一点、任何时间，应力-能量张量都具有确定的值”[①]。而另一方面，量子论的部分特征在于它们所描述的特性的不确定性。在量子力学中，这些性质的不确定性可以归因于被称为“粒子”的潜在对象，但完整的相对论处理涉及量子场概念的发展。在这里，粒子本体论基本上是

---

① Weistein S. “General relativity and quantum theory—Ontological investigations”. In Smets S, van Bendegem J P, Cornelis G C (Eds.). *Metadebates on Science*. Brussels: VUB-Press & Kluwer, 1999: 267-279.

站不住脚的。此外，伴随量子场理论的内部（非空间）自由度表明，在时空性质分布的意义上，将这些理论描述为场的理论可能是不合适的。理解广义相对论和量子论之间的矛盾，可以考虑爱因斯坦的方程 $G_{ab}=8\pi T_{ab}$。右边的应力张量总是要求对物质的特性进行说明，这样物质在时空的每一点上都有定义明确的各种量的值，而这是任何量子理论对物质的处理都无法得到的。例如，粒子的四动量是没有定义的，因为不可能完全定位一个量子力学粒子，而且因为我们最终必须在位置确定性的增加与三动量中确定性的减少之间进行权衡。

量子引力效应很难直接进行研究，而大爆炸后的宇宙已经过去百亿年，黑洞的视界包裹了其中的信息，也是很难通过实验来探索的。我们目前理解引力的理论框架，是一个世纪前由爱因斯坦提出的广义相对论。广义相对论告诉我们苹果从树上掉下来，行星绕着恒星运行，是因为它们在弯曲的时空中运动。引力是时空弯曲的一个表现形式。但是，在黑洞中心或宇宙形成初期，爱因斯坦的方程式就失效了，因为在极端条件下，量子效应不能忽略。

爱因斯坦的广义相对论可以正确地描述跨越 30 个数量级的引力行为，从毫米尺度一直到整个宇宙的尺度。广义相对论最令人震惊的预测就是黑洞和宇宙大爆炸。在这些地方产生了奇点——时空曲率变得无限大的神秘点。但是，在质量如此大同时体积无限小的区域，单纯的量子理论和广义相对论都同时失效了，其中的时空已经发生剧烈改变，需要对空间和时间做更基本、更深层的理论描述。另外，宇宙大爆炸已经过去百亿年，我们无法直接获得相关的信息；黑洞中任何粒子都不可能飞出来，因此我们也无法直接获得黑洞内部的信息。

如果用探究其他力的方法，通过大型的工程实验来更深入地探索黑洞，在极小的距离下达到极高的能量，也是不可行的。因为所要求的能量远远超出了当前的技术能力。而且，由于黑洞自身的性质，无论你建造什么设备，无论它由什么材料制成，都不能太重，否则必然会因引力而坍缩成黑洞。这就使得用实验来测量引力的量子力学特性，本身就存在天然的限制。

我们对力的理解都是建立在定域性原则之上的，即空间中任意给定点上的物理量（如电场强度）的数值和方向，都可以在不改变其他空间点物理状态的前提下被独立调整。而且，这些变量的自由度只能直接影响它们附近的范围，这符合我们一般的因果性解释。信息只能从一个地方通过一定介质连续地传到另一个地方，如果不经过介质瞬间传递，会导致因果关系的违反。事实上，到目前为止，我们对黑洞的理解表明，任何量子引力理论的自由度，都应该大大少于我们在研究其他力时的经验所预期的自由度。在全息原理中，空间区域的自由度与表面积成正比，而不是与体积成正比。

这就使得因果关系变得不确定。狭义相对论的光锥结构确保了在任何时间、任何地点的任何观察者都能将过去和未来严格分离。标准模型（实际上所有的量子规范理论）都依赖这个结构来进行预测。然而，在广义相对论中，重力会使时间变慢，这使得光锥结构取决于观测者的位置。因此，预计量子引力修正将在空间和时间的每一点给光锥结构（以及我们的因果关系概念）引入一些量子力学的不确定性。这就导致了一个奇怪的难题：没有量子引力理论我们便不知道如何计算这种光锥，但若不首先了解这种光锥我们便不可能建立一个量子引力理论。

二、时空背景的冲突

广义相对论和量子论对时间问题的处理也是不同的。在量子论中，时间是一个参数，它告诉我们量子系统如何从过去演化到未来。然而，在广义相对论中，可以任意改变对时空的坐标定义，时空背景并非固定。这意味着在一个引力场中，两个不同的观察者对于时间有着不同的定义，而且在纳入量子理论后，两种时间的处理出现冲突。在量子力学中存在量子纠缠，距离很远的纠缠粒子的状态可以在瞬间做出改变，完全不需要介质进行传递。这被称为非定域性，与上文提到的经典定域性原则对立。

在量子引力中如何理解量子纠缠呢？这就需要研究时空本身，纠缠态在遥远的时空区域之间建立了联系。而时空在宇宙诞生的时候就产生了，很多不同的时空几何在宇宙中叠加，这也大大加深了研究的难度。

此外，从粒子物理学的角度看，真空是一个复杂的存在。电磁场相互叠加并在整个空间中扩展。每个场的值在短距离上不断波动。通过这些波动场和它们的相互作用，就产生了真空状态。粒子在这种真空状态下受到干扰，我们可以把它们想象成真空结构中的小空洞。

但当考虑到引力时，我们发现宇宙的膨胀似乎会无中生有地产生更多真空。当时空被创造出来时，它恰好处于真空状态。但真空如何产生，才能获得对黑洞和宇宙学一致的量子描述？

三、发散问题

在量子理论中，当计算高能粒子相互作用时，会出现无穷大，但除引力外的其他三种力都是可重整的。而广义相对论是无法重整的，在描述高能引力子相互作用时，引力的量子化会有无限多个无穷大项。在这个过程中，重整化方法完全失效。不仅引力的量子修正是无限的，而且这些修正的数量也是无限的。重整化过程之所以在标准模型中起作用，是因为只需要重新定义有限数量的参数（如质量和电荷）来消除这些无穷大。然而，在引力中，每一个可能的物理量都需要重新定义。

在高能尺度上，或在普朗克标度下，我们期望找到新的自由度和新的对称性。为了准确地捕捉这些特征，我们需要一个新的理论框架。这正是弦论和圈量子引力理论所追求的目标。对量子引力的探索似乎一度陷入了停滞。不过经过几十年的探索，也排除了很多错误的方向，如用粒子物理方法来研究量子引力的微扰理论是不可重整化的。

到了 20 世纪 70 年代末，大量的新思想和新技术涌入量子引力领域，但也在接下来的几十年里造成了深深的裂痕。从事量子引力研究的物理学家们会分裂成对立的阵营，陷入一场全新的战争。然而，尽管在量子引力领域有各种各样的方案，也有各种争议，但大多数人都开始一致认为必须对量子引力研究涉及的基础概念问题给出澄清。广义相对论不仅仅是一个关于引力的理论，更主要的是它是一个关于时空本身的理论。但是空间和时间的量子本性，是一个充满挑战的概念问题。

而关于空间和时间的量子本质：虽然量子意味着离散，但空间和时间的量子本质并不意味着就一定要放弃关于空间和时间的连续性概念。但是，目前量子引力的两个主要方案——弦论和圈量子引力似乎都表明，在量子引力所特有的极微小的普朗克尺度上，连续的时空流形概念似乎已经不再适用。因此，量子引力理论必须对空间和时间的量子本性做出根本性的说明。一个共同的观点是，必须抛弃将时空视为连续体的旧观念，而必须采用一种全新的时空观。

四、对实验检验的挑战

实验证据的缺乏给物理学和哲学都带来了极大的影响和挑战。在物理学方面，最直接的后果就是经过了 40 多年的努力，一代又一代的物理学家，耗费了毕生的精力，至今也没有建立一个令人满意的量子引力理论，但同时也最大限度地激发了物理学家的创造力，弦论的发展同时极大地推进了拓扑几何、高维几何的发展，而且，在哲学上也促进了物理学家和哲学家的对话。在一些物理学的期刊上，可以看到讨论亚里士多德、莱布尼茨的文章。同时，在一些科学哲学的期刊上，也大量出现了关于时间、空间、广义协变性等与物理学直接相关的文章。在很多关于量子引力的文章中，已经分辨不清究竟是物理学的论文，还是哲学论文。这种现象并不奇怪。在建立量子引力时，由于无法找到直接的经验证据，人们不得不走向理性主义，试图在不借助经验的情形下，从最基本的技术原理出发建构理论。这样，无形中就步入了哲学研究的范畴。

事实上，在历史上，在物理学理论未成熟之前，人们都是用一种哲学化的方式来进行科学研究的。在缺乏经验验证这条科学研究的捷径时，人们不得不回过头来，思索物理学理论中最为艰深的一些基本假设。当一个理论在应用层面非常成功时，人们会忽视掉存在于理论中最基础层面的概念问题，转而去从事实用性的研究。在量子论建立之后，大量的科学家都对量子论持一种工具论的观点，认为量子论作为一种数学工具，用它来进行计算就足够了，而对量子论最基础层面的概念困难视而不见。而在量子引力理论中，无法找到这样有效的理论工具，人们不得不从根源上去思考理论的基本假设，例如，时间和空间的本质是什么？它们一定是最基本的吗？广义协变性是最基本的物理原理，还是仅仅是对方程的一个一般性描述？除了各理论自身的困难外，还有一类困难是广义相对论和量子理论的不同理论基础导致的。德威特将整个宇宙看作一个量子态，将宇宙本身看作一个封闭的实体，但这样的假设在我们处理具体问题时无法给出实际的描述。因此，我们会发现，量子引力和其他物理学领域相比，呈现出较为混乱的局面，既没有确定的经验提供依据，也没有明确的理论提供指导，其中夹杂了各种各样先入为主的观念，这些观念有的来源于研究人员的哲学偏好，有的则来源于从其他领域吸收的成功的数学技巧。总之，量子引力研究目前来看只有一堆分布广泛甚至彼此联系不大的各种研究方案，却并未形成一个明确的理论体系，也无法在概念或方法论上形成一套成熟的哲学体系。唯一确定的是，传统的以经验为基础的科学方法论在这里遭遇了极大的困难，物理学家从经验研究，转向对基础概念的带有哲学色彩的分析和讨论，科学和哲学再次携手一起研究新出现的问题，展开一场互惠互利的对话，无论是方法论还是认识论，都需要革新和发展。

但是，必须承认，相比于量子力学和相对论各自的成功，我们缺乏一个令人满意的量子引力理论。必须思考关于量子引力的哲学讨论的性质和作用的问题。由于在基本事实层面，我们还有很多未知，就必须对研究元哲学问题的价值持谨慎态度，但这个问题是值得探讨的。

第二节 奇点存在与否之争

黑洞作为一个广义相对论的推论，一开始并不被认可，直到霍金和彭罗斯的证明，确证了黑洞奇点必然存在，后来又被实验证实。

一、讨论暗星的早期理论

早在18世纪，英格兰牧师约翰·米歇尔（John Michell）和伟大的法国物理学家西蒙·拉普拉斯（Simon Laplace）就提出黑洞概念的雏形。牛顿认为光是由微小的粒子组成的，那么光一定会受重力的影响。是否存在一种大质量、大密度的恒星，以至于光都无法逃逸——"暗星"？①米歇尔指出，这些超大质量、不发光的天体，可以通过它们附近可见天体的引力效应被探测到。米歇尔向英国皇家学会递交了论文，但当时的主流物理学认为，光是一种波而不是一种"微粒"，还不清楚重力会对逃逸的光波产生什么影响。因此，他的观点并未引起人们的重视。黑洞的现代概念，来源于爱因斯坦的广义相对论。

1915年，爱因斯坦提出了他的广义相对论，写出了爱因斯坦场方程，并证明了引力确实会影响光的运动。仅仅几个月后，卡尔·施瓦西（Karl Schwarzschild）就发现了第一个广义相对论的精确解，并将其解释为一个没有任何东西可以逃脱的空间区域。②施瓦西没有把宇宙看作一个整体来研究，而是关注一颗行星或一颗恒星周围的时空变化。这样在处理像爱因斯坦复杂的非线性方程时，就可以进行大量的简化，不需要关注整体宇宙的解，而是专注于恒星周围的时空，从而寻找到静态的、不随时间演化的解。施瓦西的解是非常简单的，只有一个简短的公

① Montgomery C, Orchiston W, Whittingham I. "Michell, Laplace and the origin of the black hole concept". *Journal of Astronomical History and Heritage*. 2009, 12 (2): 90-96.

② Schwarzschild K. "Über das Gravitationsfeld eines Massenpunktes nach der Einsteinschen Theorie". *Sitzungsberichte der Königlich Preussischen Akademie der Wissenschaften*, 1916 (7): 189-196.

式。恒星的引力取决于它的质量，并且会随着距离的平方而下降。但如果恒星足够小同时足够重，它附近的引力就会足够强，在附近的时空就会形成一个视界，任何经过此视界的东西都会落在视界内，再也出不去了。施瓦西发现的解就是在半个多世纪后发现的黑洞。施瓦西写信告知了爱因斯坦他的结果。爱因斯坦非常赞赏："我没料到有人可以用这么一种简单方法给出问题的精确解。"[①]这确实是爱因斯坦广义相对论的一个简单而有效的解，但问题是它真的存在于自然界吗？还是仅仅是一个数学模型？

几个月后，洛伦兹（Hendrik Lorentz）的学生约翰内斯·德罗斯特（Johannes Droste）也独立地给出了相同的解，并进一步讨论了它的性质。[②]在质点的中心区域，被称为施瓦西半径的地方变得奇异，爱因斯坦方程中的一些项变成了无穷大。1924年，亚瑟·爱丁顿（Arthur Eddington）证明了奇异点可以在坐标变换后消失，这意味着奇异点是一个非物理坐标的点，传统的物理描述在此处均会失效。

很快，在研究恒星的演化时，也遇到了类似的问题。

1926年，爱丁顿创造了一套完整的理论体系来解释恒星。爱丁顿认为，氢和氦之间的相互转换可能是恒星的能量来源。一些质子，通过放射性衰变，会转变成中子，这些质子和中子在极高的温度下碰撞形成氦原子核。在这个过程中，每个原子都会释放能量。这些能量足以为恒星提供燃料并使其发出光。那么为什么恒星在燃烧时不会坍缩呢？因为它们可以通过向外辐射产生的能量来抵抗重力的拉力。但是，在恒星的燃料燃烧完毕时，防止它在自身重力作用下崩溃的辐射能将消失，之后会发生什么呢？会不会如施瓦西计算的，恒星会坍缩为奇点？但是，爱丁顿认为，奇点仅仅是一个数学结果，现实中并不存在[③]。而且存在某

---

① [英]佩德罗·G.费雷拉：《完美理论》，王文浩译，湖南科学技术出版社2015年版，第61页。

② Droste J. "On the field of a single centre in Einstein's theory of gravitation, and the motion of a particle in that field". *Proceedings Royal Academy Amsterdam*. 1917, 19 (1): 197-215.

③ Eddington A. *The Internal Constitution of the Stars*. Cambridge: Cambridge University Press, 1926: 233-240.

种未知的机制可以阻止崩溃，确实如此，一颗质量略大于钱德拉塞卡极限的白矮星会坍缩成一颗自身稳定的中子星。

早在 1914 年，天文学家在观察天空中亮度几乎是太阳的 30 倍的恒星——天狼星时，发现一个奇怪的、昏暗的伴星围绕着它运行，这个伴星被称为天狼星 B，后来被命名为白矮星。天狼星 B 的质量和太阳差不多，但是半径却比地球还小很多，其密度非常大，而且它很暗且非常热，可能是恒星在燃烧完后坍缩形成的。要解释白矮星这类如此致密的天体，广义相对论就不够了，还必须考虑量子效应，考虑到量子不确定性和随机性。剑桥大学拉尔夫·福勒（Ralph Fowler）写的一篇论文讨论了白矮星的问题。福勒引入了海森伯的测不准原理和泡利不相容原理，指出不可能同时确定粒子的动量和位置，而且原子内的电子（或质子）不可能处于相同的物理状态。在白矮星中，电子和质子被挤压在一起，物质的密度如此之大，随着密度的增加，每个电子可以自由活动的空间越来越小，位置的自由度减小。这时测不准原理开始起作用，由于位置的不确定度减小，速度和运动的不确定度变得越来越大，迫使电子高速碰撞。这些快速移动、碰撞的电子会产生向外的推力，于是白矮星内部的量子效应带来的压力，可以抵消引力。引力正好平衡了量子压力，就可以避免进一步坍缩，从而不会生成黑洞。这看起来似乎解决了爱丁顿提出的难题。但是，很快福勒的结论就被推翻了。

1931 年，钱德拉塞卡（S. Chandrasekhar）研究了福勒的结果，发现福勒的计算中存在一个巨大的漏洞，福勒并没有计算电子的速度具体是多少。当钱德拉塞卡补充了相关计算时，他惊奇地发现，要抵挡引力坍缩，电子必须超光速运动。福勒论点的漏洞在于，他完全没有考虑狭义相对论，误以为白矮星内部的电子可以想移动多快就移动多快。钱德拉塞卡纠正了福勒的错误。在考虑爱因斯坦的狭义相对论的前提下，他发现，一个电子简并态物质的非旋转体超过一定的极限质量（钱德拉塞卡极限）[①]，将没有稳定的解，也就是说一旦白矮星的质量超过某个临界值，引力将会非常大，电子的运动将无法对抗引力，直到彻底坍缩为黑洞。他的观点遭到许多同时代人的反对，如爱丁顿和朗道。[②]在证据面前，爱丁顿依然不相信自然界会存在黑洞，他坚持认为钱德拉塞卡的计算是错误的，坚信一定存在某种机制会拯救恒星，白矮星是任何质量的恒星演化的终点，他认为应该有一个自然法则来阻止恒星做出这种荒谬的行为。爱因斯坦也一样顽固，与对亚历山大·弗里德曼（Alexander Friedmann）和乔治·勒梅特（Georges Lemaître）提出的宇宙膨胀理论的反应大致相同，他也认为黑洞是不可能存在的：那只是美妙的数学，不是物理现实。爱因斯坦和爱丁顿从改革者转变为了保守派，他们开启了广义相对论的革命，却没有延续其辉煌。

1939 年，奥本海默和他的学生哈特兰·斯奈德（Hartland Snyder）也发现，中子星的质量高于另一个极限[Tolman-Oppenheimer-Volkoff（TOV）极限]将进一步坍缩[③]，而且根据泡利不相容原理，物理定律不可能阻止个别恒星坍缩为奇点。坍缩的恒星被称为“冻结的恒星”，类似于一个气泡的边界，在那里时间停止了，外部的观察者会看到恒星的表面被永远冻结在坍缩的瞬间。1958 年，大卫·芬克尔斯坦（David Finkelstein）将边界定义为事件视界（event horizon），即“一个完美的单向膜：因果效应只能从一个方向穿过它”[④]。

二、奇点存在的理论确证

在惠勒看来，奇点的说法听起来非常奇怪。为了搞清楚这个问题，1952 年，惠勒在普林斯顿大学物理系开设了第一门广义相对论课程。惠勒一边自学广义相

---

① Chandrasekhar S. “The maximum mass of ideal white dwarfs”. *The Astrophysical Journal*, 1931, 74: 81-82.

② Detweiler S. “Resource letter BH-1: Black holes”. *American Journal of Physics*, 1981, 49 (5): 394-400.

③ Oppenheimer J R, Snyder H. “On continued gravitational contraction”. *Physical Review*, 1939, 56 (5): 455-459.

④ Finkelstein D. “Past-future asymmetry of the gravitational field of a point particle”. *Physical Review*, 1958, 110(4): 965-967.

对论，一边给学生上课。当时的广义相对论还非常冷门，它在数学和思想上非常优雅，但是实验事实却很贫乏①。物理学家大都投入到了量子力学的研究，但是在研究奇点问题时，必须把量子力学和广义相对论结合起来。按照量子力学的预测，如果在最小的尺度上观察时空，时空并不平静，而是一团乱流，量子不确定性会让时空看起来像很多星星点点的、翻滚的泡沫。

尽管惠勒总是提出各种古怪的理论和大胆的设想，但对于施瓦西、奥本海默关于大质量恒星坍缩后产生的奇点深感不安。对惠勒来说，这种奇异的奇点是一种奇怪的数学产物，在自然界中不会出现。惠勒多次提到他并不喜欢黑洞这一表达。他开始试图寻找一种可以阻止恒星坍缩的物理机制，他提出了各种详细的、推测性的建议，但是都无法与引力相抗衡。无论做什么，似乎都不可能避免在引力坍缩结束时形成一个奇点。广义相对论在惠勒的努力下回到了人们的视野，一大批年轻有为的物理学家开始研究广义相对论，广义相对论的黄金时代正在来临，而黑洞逐渐成为主流的研究对象。

彭罗斯在惠勒的启发下开始了对时空问题的研究。当彭罗斯第一次感受到广义相对论的吸引力时，他还是学习数学的本科生，直到在剑桥大学攻读数学博士学位，他仍然对时空几何中发现的数学着迷。完成博士学位后，他毅然决然地开始研究广义相对论。在接下来的几年里，他周游世界，与惠勒、赫尔曼·邦迪（Hermann Bondi）和雪城大学的彼得·伯格曼（Peter Bergmann）一起工作。通过数学家的眼光，他对空间和时间有更深入的理解。他绘制的彭罗斯图揭开了时空之谜，揭示了它最奇特的特性。设想当光经过施瓦西曲面时发生了什么，当你跟随它回到大爆炸时，光如何表现，甚至空间和时间如何被拉伸到看起来像海洋的泡沫表面。

在惠勒的倡导下，得克萨斯成为广义相对论的研究中心，研究人员得到了充

① Hawking S, Gibbons G W, Shellard E P S, et al. *The Future of Theoretical Physics and Cosmology: Celebrating Stephen Hawking's 60th birthday*. Cambridge: Cambridge University Press, 2003: 80-88.

裕的资金。“我们从没问过这些钱是从哪里来，或为什么人们认为在相对论上花那么多钱是值得的。”[①]此时的研究取得了很大进展，人们已经发现了更多关于黑洞的特殊解。

1963 年，彭罗斯的一位同事，年轻的新西兰人罗伊·克尔（Roy Kerr）找到了旋转黑洞的精确解，可以看作是施瓦西几何的更一般的形式。施瓦西黑洞描述了一个围绕中心旋转的、完全对称的奇点时空，而克尔的解描述了一个呈轴对称的环状时空奇点。两年后，埃兹拉·纽曼（Ezra Newman）发现了旋转、带电荷黑洞的轴对称解。

奥本海默的奇点论证是围绕一个简单的近似，一个向内坍缩的完全对称的球体。完美的对称最初让惠勒等人感到困扰，这太理想化了。我们看到地球表面布满了不规则的东西：巨大的山脉、深海和峡谷。一颗坍缩的恒星上的物质怎么会完全均匀地分布呢？这些不规则和不完美的结构会不会使坍缩的过程变得剧烈变化，以至于一部分会比其他部分更快地坍缩然后反弹？如果会反弹的话，奇点可能永远也不会形成。

沿着这一思路，苏联科学家哈拉特尼科夫（I. Khalatnikov）和利夫希茨（E. Lifshitz）通过放弃对称性来解决这个问题。在计算中，时空可以以不同的方式向各个方向扭曲和搅动，一颗巨大的恒星，一般来说，它的物质分布一定是不均匀的。顶部和底部可能会比边缘坍缩得更快，以至于在边缘坍缩之前，它们可能会弹回来。并不是所有的东西都向内坠落形成奇点，而是总会有一部分向外的力，从而使得时空整体保持平衡，从而不会形成黑洞。他们在苏联《物理学进展》杂志发表了他们惊人的结论：在现实情况下，奇点永远不会形成[②]。

然而，彭罗斯则得出了完全相反的结果，1965 年他的论文《引力坍缩与时

① [英]佩德罗·G.费雷拉：《完美理论》，王文浩译，湖南科学技术出版社 2018 年版，第 138 页。

② Lifshitz E M, Khalatnikov I M. “Investigations in relativistic cosmology”. *Advances in Physics*, 1963, 12 (46): 185-249.

空奇点》中[1]，证明非球对称的恒星并不能阻止时空奇点的产生。四年后，哈拉特尼科夫和利夫希茨承认失败，他们在自己的计算中发现了一个错误，在纠正完错误之后，他们用自己的方式证实了彭罗斯定理：奇点总是会形成的。结果证明，彭罗斯是对的，他的证明后来被称为奇点定理，产生了深远的影响。这意味着，如果广义相对论是正确的，施瓦西解和克尔解不仅仅是数学结构，而是存在于现实中，宇宙中真的存在时空奇点。1970 年，霍金和彭罗斯给出了更加完善的奇点定理的证明。他们通过计算证明：当时空满足某些特性的时候，就必定存在奇点，而且时空至少有起点和终点。在这个宇宙里时间一定有开始，或者一定有结束，或者既有开始又有结束。[2]彭罗斯因此成就获得了 2020 年诺贝尔物理学奖，而霍金已于 2018 年去世。

三、奇点存在的实验验证

实验上的进展也逐渐来临。1968 年，乔瑟琳·贝尔（Jocelyn Bell）、休伊什（A. Hewish）及其合作者在《自然》杂志上发表了一篇题为《观测快速脉动的放射源》的论文。[3]文章声明他们在穆拉德射电天文台记录到来自脉动射电源的异常信号，并预测辐射似乎来自星系内部，可能与白矮星或中子星的振荡有关。在此之前，引力坍缩形成的中子星就被认为只是理论产物。脉冲星的发现是中子星存在的确凿证据。脉冲星的旋转，导致不断地发出周期信号，填补了引力坍缩过程中缺失的部分。脉冲星的发现被英国广播公司（British Broadcasting Corporation，BBC）评为“20 世纪最重要的科学成就之一”。[4]

---

① Penrose R. “Gravitational collapse and space-time singularities”. *Physical Review Letters*, 1965, 14 (3): 57.

② Ford L H. “The classical singularity theorems and their quantum loopholes”. *International Journal of Theoretical Physics*, 2003, 42 (6): 1219-1227.

③ Hewish A, Bell S J, Pilkington J D H, et al. “Observation of a rapidly pulsating radio source”. *Nature*, 1968, 217 (5130): 709-713.

④ BBC. “Dame Jocelyn Bell Burnell to be Royal Society’s first female president”. 2014-02-05. https://www.bbc.com/news/uk-scotland-edinburgh-east-fife-26049967.

1969 年，剑桥大学的唐纳德·贝尔（Donald Bell）指出尽管时空中如此巨大的物体是无法直接观测到的，但是可以间接地观察它们。他认为星系中心的巨大黑洞会不断吸入周围的物质，就像水落入排水沟，汩汩地一圈又一圈地流动。在黑洞周围旋转的气体会形成一个扁平的圆盘，就像土星环一样，整个星系的天体都会被锁定在它的轴上旋转。

20 世纪 70 年代早期，卫星乌呼噜（Uhuru）发射升空，用于绘制太空中的 X 射线的辐射图像。在测量天鹅座中特别明亮的辐射源天鹅座 X-1 时，发现它的 X 射线闪烁异常迅速，每秒几次，这明确表明它是一个非常紧凑的物体。它被一个看不见的、超过 8 个太阳的质量的致密天体拖住，然后不断地轻轻摇摆。这颗致密的天体能量极大，但体积很小，不发光却不断辐射出 X 射线，这就是黑洞的第一个证据。爱因斯坦和爱丁顿都错了。惠勒也接受了这样一个事实：自然并不厌恶广义相对论中的奇点。

实际上，从理论上证明了黑洞的存在之后，一个最重要的工作就是要找到黑洞存在的直接证据。黑洞周围的物质被吸引过去后，会形成一个能量层，可以与其他物质作用产生各种辐射，尤其是在黑洞边缘地区。

另外，黑洞周围并非是完全黑的，黑洞周围的物质可以与其他物质作用产生各种辐射，甚至能发出可见光。比如，落在黑洞表面的物质，由于黑洞强大的吸引力，会相互碰撞摩擦形成吸积盘，气体的引力能转化成热能，气体的温度会升得很高，并发出强烈的辐射，形成可见的发光的类星体，反而是宇宙中最亮的星体之一。这样，黑洞如同被包裹在由发光气体构成的璀璨光晕中，我们就可以“看见”黑洞。2019 年 4 月 10 日，事件视界望远镜（EHT）公布了第一张黑洞照片，照片拍摄了室女座星系团中超大质量星系 M87 中心的黑洞[①]。该黑洞距离地球 5500 万光年，质量为太阳的 65 亿倍。

---

① Akiyama K, Alberdi A, Alef W, et al. “First M87 event horizon telescope results. Ⅳ. Imaging the central supermassive black hole”. *The Astrophysical Journal Letters*, 2019, 875 (1): L4.

黑洞还会与周围的恒星互相吸引，如果距离较远，其他恒星会围绕着黑洞旋转，可以通过恒星的运动轨迹来确定黑洞的质量和位置；如果距离较近，恒星会被黑洞吞噬，恒星被撕碎，发出非常明亮的光。2020 年，和彭罗斯分享诺贝尔奖的赖因哈德·根策尔（Reinhard Genzel）与安德烈娅·盖兹（Andrea Ghez）通过这种方式在银河系的中心发现了一个巨大的黑洞。一般而言，我们发现的大部分黑洞其质量相当于仅几十个太阳质量，而他们在银河系中心发现的黑洞，黑洞周围的光有强烈的引力红移，并据此推测其质量约为 430 万个太阳质量。而且观测发现，这个黑洞周围的物质运动得非常快，大概为光速的 1/3。

另外，当两个黑洞合并，会产生强大的引力波，足以使时空震动。2016 年 2 月 11 日，激光干涉引力波天文台（The Laser Interferometer Gravitational-Wave Observatory，LIGO）首次直接探测到引力波，这个引力波源于两个黑洞的合并，黑洞在合并时会产生非常强的引力波，使时空产生涟漪。引力波是柱面波，科学家通过巨大的迈克尔孙干涉仪，观测证实了引力波的存在。2017 年诺贝尔物理学奖授予引力波探测计划的三位关键科学家，奖励他们在“LIGO 探测器、引力波探测方面的决定性贡献”。黑洞和引力波都是爱因斯坦广义相对论理论的关键验证。

第三节 黑洞的热力学性质之争

一开始，单从广义相对论的角度分析，人们认为黑洞只具有质量、角动量和电荷等几个简单的特征，进入黑洞的物体其复杂度均会消失，黑洞的熵会变为零，直到霍金依据量子场论提出霍金辐射，又一次大大推进了黑洞的研究。

一、黑洞无毛及其论争

根据爱因斯坦的广义相对论，完全可以用三个词来描述黑洞的特征：质量、电荷和角动量。为什么黑洞没有像其他天体那样包含各种各样的形状，不能在一边多一点质量，像一座山凸出来，而在另一边少一点质量，就像一个山谷？具有相同质量、自旋和电荷的黑洞看起来完全一样，完全无法区分。沃纳·伊斯雷尔（Werner Israel）①、布兰登·卡特（Brandon Carter）②和大卫·罗宾逊（David Robinson）③等的成果揭示了一个静止的黑洞完全由三个参数描述：质量、角动量和电荷。惠勒用“黑洞没有毛发”④来描述这种结构，这个证明后来被称为“无毛定理”（no-hair theorem）。惠勒指出：黑洞的视界非常光滑，恒星坍缩形成黑洞时，其视界很快就成为一个极为规则、无特征的球面。除了质量和旋转速度，所有黑洞看起来都一模一样。

要对黑洞给出更好的描述，必须得到一个量子引力理论。但当时，量子化引力是一个巨大的挑战。爱因斯坦的场方程实在是太复杂了。实际上，马特维·布朗斯坦（Matvei Bronstein）、狄拉克、费曼、泡利和海森伯都曾尝试过量子化引力，但是都未成功。总的来说，人们当时对量子引力研究的反应是复杂的，而且通常比较冷淡。与量子场论的成就相比，量子引力研究显得太费力了。对许多人来说，研究量子引力等于浪费时间。

1974 年，在牛津召开了量子引力进展的会议。与会者给出五花八门的解决方案和想法，但是都行不通。在量子电动力学中，总是可以对基本粒子的质量和电荷进行重整化来摆脱突然出现的无穷大，从而得到有限的结果。但如果把同样的技巧应用到广义相对论上，整个理论就会分崩离析，无穷大会不断出现。刚在理论的一个部分进行了重整化，无穷大就会在另一个部分冒出来，后来证明对量子引力进行重整化是不可能的。达夫（M. Duff）总结道：似乎上帝在捉弄我们，

---

① Israel W. “Event horizons in static vacuum space-times”. *Physical Review*, 1967, 164 (5): 1776.

② Carter B. “Axisymmetric black hole has only two degrees of freedom”. *Physical Review Letters*, 1971, 26 (6): 331.

③ Robinson D. “Uniqueness of the Kerr black hole”. *Physical Review Letters*, 1975, 34 (14): 905.

④ Misner C W, Thorne K, Wheeler J A. *Gravitation*. San Francisco: W. H. Freeman, 1973: 875-876.

只有奇迹才能将我们从无处安生的状态中拯救出来。量子引力已经走到了死胡同，广义相对论拒绝与其他力的合作。即使是微小的进步，也需要付出巨大的努力。与天体物理学、黑洞和宇宙学取得的巨大进步相比，这种失败实在令人困惑和迷茫。[①]

但黑洞的研究为这种尴尬的状况打开了突破口，这要归功于霍金的洞见。霍金敏锐地发现，黑洞是量子物理学和广义相对论可以结合在一起的最佳起点。此时的霍金已经患上肌萎缩侧索硬化，但是他顽强地发展出了一种令人敬畏的能力，能够深入思考，在大脑里计算，从而能够解决广义相对论和量子理论中的深层次问题。霍金和彭罗斯一起证明了奇点定理之后，开始将注意力转向黑洞。

二、黑洞辐射及其论争

1971 年，霍金证明在一般条件下，任何经典黑洞在相撞和合并后，视界的总面积都不会减少。[②]根据霍金的结果，如果有东西进入黑洞，黑洞的视界面积要么保持不变要么增加。这个结果，现在被称为黑洞力学第二定律，与热力学第二定律类似（孤立系统的总熵永远不会减少）。但是，根据黑洞无毛定理，进入黑洞的物体其复杂度均会消失，只保留质量、电荷等属性，黑洞的熵也被假定为零。如果这样的话，具有熵的物质进入黑洞后，其熵会消失，这就违反了热力学第二定律，从而导致宇宙总熵的减少。

惠勒的博士研究生雅各布·贝肯斯坦（Jacob Bekenstein）把黑洞和热力学第二定律结合起来考虑[③]。热力学第二定律指出，系统的熵总是在增加或保持不变。在一个封闭盒子里，分子运动得越快，熵的增长也就越快，直到达到最大值。不仅如此，更快的分子也会向容器壁传递更多的热量，从而进一步提高系统的温度。

---

① [英]佩德罗·G. 费雷拉，《完美理论》，王文浩译，湖南科学技术出版社 2018 年版，第 165 页。

② Hawking S W. “Gravitational radiation from colliding black holes”. *Physical Review Letters*, 1971, 26(21): 1344-1346.

③ Bekenstein J D. “Black holes and the second law”. *Lettere al Nuovo Cimento*, 1972, 4: 737-740.

随着熵的增加，温度也随之升高。

根据热力学第二定律，熵总是在增加或保持不变，事情总是朝越来越无序的状态发展，随着时间的延续，趋向于逐渐失去细节。将一小滴墨汁滴入一盆热水中，墨汁会逐渐扩散，最终得到的是一盆均匀的、浅灰色的水，很难再看到墨汁分子重新集聚到一起形成一滴墨汁。熵也是隐藏信息的量度，大多数情形下，信息是隐藏的。在上述例子中，细节便是盆中千千万万个水分子的位置和动量。惠勒曾经提出“万物源于比特”（It from bit），世界上所有的物质和结构本质上都是由信息所刻画的，如果我们知道如何阅读自然的密码，我们就可以准确地知道那片时空中所发生的所有事情。在追溯信息的根本来源时，其最小的尺度为普朗克标度，而黑洞中的信息正是在这个尺度上保存的。

如果把一块石头扔进黑洞会发生什么？可以想象石头会消失在黑洞里，很快，根据无毛定理，组成石头的原子会被破坏，所有关于石头的信息，包括其材质、形状等，都将会丢失。但如果是这样，就意味着无序状态的减少，熵也在减少，整个宇宙的总熵也下降了。黑洞似乎违反了热力学第二定律。但是，贝肯斯坦认为热力学第二定律是物理学的基本规则，不可能违背。如果要满足热力学第二定律，黑洞必须有熵，黑洞越大，它的熵越大，而且与视界的表面积直接相关。[①]按照贝肯斯坦的推理，熵总是与能量联系在一起。熵的本质是系统微观状态数的度量，而能量分布通过约束微观状态空间影响熵值。将一个物体投入黑洞时，增加了黑洞的能量，黑洞的质量和视界面积也增加，黑洞的熵也将增加。黑洞视界面积的增加将足以弥补外界物质被黑洞吸进视界后失去的无序状态，宇宙的熵永远不会减少。而且，如果黑洞有熵，那么它也应该有温度。最后，贝肯斯坦计算出：加入 1 比特信息将导致黑洞的视界面积增加 1 个普朗克面积单位。信息与普朗克面积之间有着神秘的联系，信息和熵正比于视界面积而非体积。

---

① Wald R M. “The thermodynamics of black holes”. *Living Reviews in Relativity*, 2001, 4 (1): 6.

霍金反对贝肯斯坦的说法。因为根据热力学定律，黑洞的熵增加，就有温度，就必须以某种方式散热。但种种迹象表明，贝肯斯坦可能是对的，霍金可能是错的。1969 年，彭罗斯提出：一个旋转的黑洞，似乎可以释放能量。假设粒子以接近光速运动，当它落入旋转黑洞的轨道时，如果突然衰变为两个粒子，其中一个粒子被吸进黑洞视界，另一个粒子被以更高的能量射出，那么释放出的能量就比进入的能量要多。通过这个过程，黑洞有效地释放出能量，就像它们以某种奇异的方式发光一样。

到目前为止，经典黑洞理论的核心框架建立在广义相对论基础上，施瓦西解是爱因斯坦场方程首个被发现的静态球对称真空解。施瓦西对于特定的质量和角动量值，有且只有一个黑洞解，也就是惠勒所指的“黑洞无毛”。但是，假如用量子的方法，就会出现新的结果。量子场论最重要的推论，就是真空中会发生随机的量子涨落[①]，即使没有任何电荷的干扰。空间区域越小，其中的涨落就越剧烈。

一般而言，热涨落和量子涨落并不相同，不能相互混淆。量子涨落是真空中的量子效应，是无法消除的，而热涨落是由能量波动产生的。量子场论对这两种涨落给出了定量化的解释。热涨落产生于实光子的撞击，通过碰撞来转移能量。量子涨落是由虚光子对所引起的，虚光子对产生后会迅速地湮灭、消失。在通常情形下，两种涨落是明显不同的。然而在黑洞视界附近，两种涨落方式会互相混合在一起。

霍金用量子场论的方法计算黑洞视界附近的粒子，发现量子力学真的允许成对的粒子和反粒子在真空中形成。一般情况下，这些粒子被创造出来后，会相互碰撞，湮灭，消失。但是，霍金发现，在事件视界附近情况非常不同：一些反粒子会被吸进黑洞，而正粒子会被释放出来。当反粒子被吸进去时，黑洞会缓慢而

---

① Campisi M, Hänggi P, Talkner P. “Colloquium: Quantum fluctuation relations: Foundations and applications”. *Reviews of Modern Physics*, 2011, 83 (3): 771-791.

稳定地释放出一股高能粒子流。黑洞会释放出能量，非常类似于暗淡的恒星。最终，霍金发现黑洞是有温度的，并且会像黑体一样产生辐射——被称为霍金辐射。[①]而且霍金比贝肯斯坦走得更远，他精确计算出了黑洞的温度和熵。根据他的计算，在普朗克标度下，黑洞的熵精确等于黑洞视界面积的 1/4。

为了更形象地说明发生了什么，可以想象爱丽丝在真空中自由地落向黑洞。她会被虚光子所包围，但由于她身边没有实光子，因此她感觉不到虚光子的存在。而在黑洞视界之外的鲍勃看来，他看到一个真实的光子。因此说，在黑洞视界处，观测到的是热涨落还是量子涨落，依赖观测者。爱丽丝看到的是量子涨落，而鲍勃看到的是热涨落。

霍金为宇宙大爆炸和黑洞做出了关键性贡献。他开启了一场物理学革命，触及了宇宙深层次的概念：空间和时间的本性、基本粒子的意义和宇宙的起源。特别是霍金对黑洞辐射的计算虽然不涉及量子引力场，但它确实成功地将量子力学和广义相对论结合在一起，得出有趣的结论，给处于黑暗中的量子引力研究带来了新的希望。之后，霍金开始研究时空内的物体以及时空本身的量子化问题。

第四节　黑洞信息悖论之争

当科学的研究领域进入普朗克标度，这个远超出于观察之外的全新领域，可以说是在一片黑暗中摸索，这时候，哲学很重要，方法论的评估也很有价值。而在黑洞研究中，关注最多、争议最大的就是关于信息悖论的讨论，这也引发了一场旷日持久的黑洞战争。2008 年，萨斯坎德（L. Susskind）出版了一本名为《黑洞战争》（*The Black Hole War: My Battle with Stephen Hawking to Make the World Safe for Quantum Mechanics*）的畅销书，详细讲述了这场争论的整个

① Hawking S. "Particle creation by black holes". *Communications in Mathematical Physics*, 1975, 43(3): 199-220.

过程。[①]

黑洞战争是当代非常典型的一场科学大论战，但其中不涉及任何政治和利益。黑洞战争不仅仅是物理学家之间的争论，同样是思想的战争，"或者更确切地说，是基本原理之间的战争。量子力学的基本原理和广义相对论的基本原理之间，似乎始终相冲突，两者能否共存很不明确。霍金是一个广义相对论学家，他相信爱因斯坦的等效原理。特霍夫特和我是量子物理学家，我们确信不破坏物理学的基础，而违反量子力学的定律是不可能的"[②]。

一、"黑洞信息悖论"

1981 年，霍金在一次演讲中谈到了后被称为黑洞信息悖论的结果，这一结果对经典物理学中所形成的神圣的信念——信息守恒——提出了尖锐的挑战。霍金声称"信息在黑洞蒸发中丢失"，并给出了充分的证明，很快在物理学界引发了极大的震动。霍金提出了一个令所有人都震惊的难题，必将成为物理学史上一个重要的分水岭，它最终可能导致关于空间、时间和物质本质的思考模式发生深刻的变革。

信息守恒意味着什么呢？在经典物理学中，只要给出一个物理系统的完整信息，就可以重建这个系统的过去。同样，在量子系统中，某一时刻的波函数的值也可以决定它在其他任何时刻的值。关于一个系统的完整信息都被编码在它的波函数中，只要不进行测量，波函数就会一直演化下去。波函数的演化由幺正算子决定，而幺正性意味着信息在量子意义上是守恒的。在这个意义上，量子力学完全是决定论的，给定一个波函数，它未来的变化是由演化算符唯一决定的。同时，如果对演化算符进行逆操作，过去的波函数同样是唯一确定的。整个过程信息是

① [美]伦纳德·萨斯坎德：《黑洞战争》，李新洲、敖犀晨、赵伟译，湖南科学技术出版社 2018 年版。

② [美]伦纳德·萨斯坎德：《黑洞战争》，李新洲、敖犀晨、赵伟译，湖南科学技术出版社 2018 年版，第 11 页。

守恒的。

但是，如果在演化中，丢失了过去的信息，那么信息守恒就被破坏了。如果知道一个行星的当下的位置和动量，理论上讲，就有可能准确地重现它从哪里来，以及它从哪里经过。一本书记载了很多信息，哪怕书丢失了，我只要知道很多关于这本书的信息——书的作者、主题、出版社等信息，就能重新找到书中的信息。即便这些都没有，在更复杂的层面上，只要了解书的量子态的所有信息就能重新找到书中的信息，虽然操作起来极其困难，但是理论上重建书的过去量子态是可能的。当然，在量子力学中，如果涉及测量过程，薛定谔方程的幺正演化被破坏，波函数的信息就会被破坏，信息也会丢失。但是，只要我们不去干涉系统，波函数携带的信息就不会被破坏，信息就总是守恒的。信息守恒可以说是物理学的核心原则，如果违背，物理学会面临根本性的危机。

霍金指出，信息守恒原则，在黑洞面前失效了。霍金声称“信息在黑洞蒸发中丢失了”。因为黑洞无毛定理，黑洞只有几个宏观的参数，大部分关于黑洞形成的具体信息都丢失了。根据霍金的理论，无论坠入黑洞的物质性质如何，仅有总质量、电荷和角动量这三种物理量所携带的信息能够保持守恒。尽管黑洞内部可能存储着其他形式的信息，但这些信息对外部观察者而言本质上是不可接触的。从经典广义相对论视角看，物质可以单向穿越事件视界落入黑洞，而没有任何物质或信号能够从中逃逸。当物质被黑洞吞噬时，其质量和视界面积会相应增加。如果黑洞一直存在，这都没有问题。然而，黑洞会通过霍金辐射慢慢蒸发，而这种辐射似乎不会携带任何其他信息，当黑洞完全蒸发，就意味着这些信息永远消失了。这就意味着宇宙的信息演化是会断裂的，因果关系也会失效，牛顿、爱因斯坦和量子物理学揭示的物理规律的基本假设，都处于危机之中。似乎广义相对论和量子力学的结合，将会导致灾难性的后果。

为了避免这种灾难，霍金也给出了避免“黑洞信息悖论”的几种可能的方案。

第一，否认黑洞会蒸发，发出辐射。尽管一开始，黑洞蒸发的结论确实令物理学家大吃一惊，霍金和威廉姆·安鲁（William Unruh）证明了黑洞具有温度，并且与任何其他热的物体一样，会进行热辐射（黑体辐射），但是黑洞蒸发已经是不争的事实[①]，因此，此对策不成立。

第二，黑洞不会完全蒸发，会留下残余物。当黑洞逐渐蒸发，会变得越来越小，越来越热。在某一时刻，黑洞会变得特别热，发射出高能粒子。此时，黑洞中的时空会急剧变化，没有人知道最后会发生什么。当最终到达普朗克质量时，黑洞可能会停止蒸发。此时，黑洞的半径是普朗克长度。也可能，黑洞在蒸发到某个阶段就会停止，最后留下一个“保险箱”，留下的信息被储存其中。但是，黑洞的信息量是巨大的，这意味着储存巨量的信息，有着巨大的熵。很难想象什么样的机制可以储存如此巨量的熵，这对热力学来说又是一场灾难。

第三，通过虫洞连接了另一个宇宙，信息跑到另一个宇宙中。在黑洞内部的某处，时空产生了极大的弯曲，最终形成一个虫洞出口，产生了一个微小的、自给自足的宇宙，与我们的时空相分离。所有曾经落入黑洞中的信息都被这个婴儿宇宙捕获了。最终，在黑洞慢慢蒸发完之后，空间的裂缝愈合，两个宇宙也彻底分离。这种看起来很科幻的解释也不是完全荒谬的，根据宇宙学标准模型的解释，我们的宇宙始于一场大爆炸，并形成星系、恒星、行星，我们的宇宙至今仍在加速膨胀，可能我们的宇宙就是以这种方式起源的。但是，作为信息丢失问题的一种解决方法，它仅仅提供了一种解释，没有任何观测依据，既无法证实也无法证伪。

第四，最可能的就是信息随着黑洞蒸发被带走，重新回到宇宙空间中了。这个思路也是霍金认为最可能的方向。后文会详细论述。

黑洞信息悖论给理论物理学界造成了极大的分裂。很多物理学家，对此非常不满，萨斯坎德和特霍夫特公开对霍金的方案“宣战”，一场“黑洞战争”开始

---

① Unruh W G. “Notes on black-hole evaporation”. *Physical Review D*, 1976, 14 (4): 870.

了。约翰·普雷斯基尔（John Preskill）与霍金和基普·索恩（Kip Thorne）打赌，认为信息没有在黑洞中丢失[①]。索恩和霍金认为，按照广义相对论的预言，信息要想从黑洞中出来，必须超光速。在相对论学家的心中，有两个重要事实是确定的：第一，视界处不存在阻止任何物体进入黑洞内部的障碍；第二，包括光子在内的任何类型的信号都不能从黑洞视界返回。这样的话，信号必须超过光速，这就违背了爱因斯坦的相对论，所以超光速又是不可能的，因此黑洞中的信息不可能辐射出来，不可能丢失信息。由霍金辐射所描述的辐射所携带的质量、能量和信息一定是“新”的，而不是来自黑洞视界内部。普雷斯基尔则提出了相反的观点，因为量子力学中的非定域性表明，即便时空分离后量子纠缠依然存在，黑洞蒸发释放的信息并非全部都是新的，而是与更早时候落入的信息有关，直接由广义相对论推出的黑洞观点必须结合量子力学进行修正。

直到 2004 年，霍金提出了一种新理论，认为基于 AdS/CFT 对偶，黑洞视界上的量子扰动可以使信息从黑洞中逃逸，从而解决“黑洞信息悖论”。[②]与此同时，霍金承认他输掉了 1997 年的赌注，并按照赌约，赔给普雷斯基尔一本棒球百科全书。然而，索恩仍然不相信霍金的证明，并拒绝支付赔偿。破解黑洞信息悖论的关键线索在于“全息原理”，如今，很多人相信已经基本破解了黑洞信息悖论，但是其中还存在很多问题。

二、黑洞互补性原理

黑洞信息悖论的出现，根本上源于霍金辐射和黑洞蒸发。霍金分析了一个标量场在经典黑洞时空中的传播，确定黑洞应该通过发射标量粒子而失去能量。在这个分析中，标量场是量子化的，但引力场不是，使用半经典近似，霍金辐射的

---

① Capri A Z. *From Quanta to Quarks: More Anecdotal History of Physics*. Hackensack: World Scientific Publishing Company, 2007: 139.

② Hawking S W. “Information loss in black hole”. *Physical Review D*, 2005, 72 (8): 4.

出现是由于标量场的量子性质。黑洞时空从最初的真空状态，转变为热辐射，其黑体辐射光谱以混合态密度矩阵来描述。当黑洞完全蒸发后，只剩下热辐射，从纯态到混合态的转变，量子态的信息将会在黑洞蒸发后消失。这种类型的演化与薛定谔方程描述的量子演化相矛盾：这是一个非幺正演化。不清楚什么样的波函数才能恰当地描述黑洞系统。[①]在非幺正演化中，对称和守恒定律之间的等价性不能得到保证，这可能会进一步导致违反能量守恒。[②]为了回避这些基本问题，人们提出了一些不破坏幺正性的方案。

霍金试图用量子理论来描述黑洞周围的物质，而用爱因斯坦的经典理论来描述引力，两者并未结合起来，物理学家称之为半经典的混合方法。尽管这种方法预测了黑洞外围会产生新的效应，但黑洞内部仍然是封闭着的。霍金已经成功地完成了半经典的计算，但要想取得进一步的进展，就必须把引力和量子力学结合起来。其中一个最重要的方案涉及黑洞的互补性。

霍金的半经典分析表明，黑洞的蒸发是一个非幺正过程，而黑洞的互补性则为黑洞半经典分析保持幺正性提供了一个新的视角。黑洞互补是由萨斯坎德、索尔拉休斯（L. Thorlacius）和特霍夫特提出的对黑洞信息悖论的一个推测解决方案。[③]

霍金认为，从整个黑洞的演化过程来看，从信息进入黑洞，到黑洞彻底蒸发消失，把纯量子态变成了无序的混合状态，信息似乎消失了。这严重违背了信息守恒这一经典物理学的信条。于是，为了挽救物理学，物理学家必须找到一个机制，一个完整的量子引力描述来保护信息与波函数的幺正演化。

对此，萨斯坎德提出了一个非常激进的解决方案。他开始思考，当物质穿过事件视界时会发生什么呢？一般的说法认为物质进入视界内部立刻会被撕碎，但

---

① Hawking S W. "Breakdown of predictability in gravitational collapse". *Physical Review D*, 1976, 14: 2460-2473.

② Gross D J. "Is quantum gravity unpredictable?" *Nuclear Physics B*, 1984, 236: 349-367.

③ Susskind L, Thorlacius L, Uglum J. "The stretched horizon and black hole complementarity". *Physical Review D*, 1993, 48 (8): 3743-3761.

是质量很大的黑洞的视界非常大，尽管引力场非常强，却是均匀的，因此时空非常平坦，物质可以平安无事地穿过非常大的黑洞的视界，直到落向奇点。萨斯坎德声称信息既反映在视界上并散发出来，又穿越了视界，并留在视界内部。最为关键的是，不存在同一个观察者，能同时确认这两个说法，而两个视角都是真实存在且互补的。其基本假设为，黑洞的蒸发是一个一般的量子演化过程：初始的黑洞状态通过一个幺正的 S 矩阵映射到最终的状态，两种状态都一直处于量子引力的希尔伯特空间中。最终黑洞蒸发后处于混合态，而这种混合态描述只是一个粗粒化的、宏观分析的特征。但宏观描述的背后黑洞应该是一个纯态。实际上，黑洞内外存在两个不同的视角。

外部观察者的视角：由于黑洞附近的引力极为强大，掉入视界内的物体会产生无限的时间膨胀。从黑洞外部的远处看，似乎物体需要经历无限长的时间才能到达视界。萨斯坎德还假设存在一个拉伸的视界（stretched horizon），一个处于普朗克标度的“膜”。流入的信息会均匀地铺在拉伸的视界上，并使其升温，然后再以霍金辐射的形式重新辐射出去。因此，从外部观察者的视角看，信息并没有通过视界进入黑洞。

内部观察者的视角：然而，和外部的视角截然相反，从掉进黑洞内部的观察者视角来看（假设一个人进入了黑洞），他会发现自己安然无恙地通过了视界，并没有任何特殊的事情发生。观察者和信息最终都会到达奇点。

总之，一个进入黑洞的观察者，会看到信息从事件视界进入，信息和熵穿过视界，没有发生任何奇怪的事情；而一个外部的观察者会看到，信息会先均匀地散布在整个拉伸的视界上，然后再辐射出去。

这种描述首先带来的困惑在于，难道同一个观察者被分裂或克隆为两个了吗？信息难道被复制成两份？当然不是，并不存在一种在视界外而另一种在黑洞内两种副本，那样会违反“量子不可克隆定理”。但是，仅从观测的意义上看，观察者只能在视界外或视界内探测到信息，而不能同时探测到两者的信息。这种说法和玻尔提出的互补性原理极为类似，因此被称为黑洞互补性原理。

黑洞互补性原理将传统的量子力学的互补性与黑洞观察者的不同视角联系起来。以这样一种方式似乎回避了黑洞信息悖论。然而，黑洞互补性只不过是一套假设，不能被认为是黑洞信息悖论的既定解决办法。当然，尽管有很多人试图反驳黑洞互补性，但是目前还没有证据证明有不一致的地方。为了保证黑洞状态的幺正演化，防止微观量子信息的丢失，只能引入新的相互作用，这些相互作用应该发生在落入黑洞的物质和以霍金辐射离开黑洞的物质之间。不过，黑洞互补性并没有正确解释流入物质和流出物质之间应该发生的相互作用，而只是在假设幺正性的前提下，从观测者的角度，用哥本哈根式的解释来描述内外观测视角下的互补性。因此，黑洞互补性还需要补充相互作用的进一步细节。

三、半经典方法的引入

基本粒子的碰撞，都以相同的方式进行：粒子互相接近，碰撞，然后远离。那么，黑洞中，其碰撞从长远的历史看与基本粒子的碰撞有什么不同吗？特霍夫特认为并没有本质上的不同，这是解释霍金辐射的关键。粒子的碰撞通常用一种称为 S 矩阵的数学方法来描述。S 矩阵描述了碰撞过程中所有可能的输入和输出，以及生成其他粒子的概率。

S 矩阵最重要的性质之一就是它的可逆性，S 矩阵可以进行一个逆操作，来取消由 S 矩阵所引起的改变，所有的输出和输入都可以倒过来。S 矩阵不仅可以预言碰撞之后的事情，还可以还原碰撞之前的事情。总之，S 矩阵是一个法则，可以保证信息永远不丢失。

特霍夫特试图用 S 矩阵分析被霍金忽略的视界相互作用。他认为：黑洞的形成和蒸发，也可以看作一个复杂一些的粒子的碰撞，与电子和质子的碰撞没有根本的不同。假如无限地增加电子和质子的能量，也会碰撞产生微型黑洞。恒星坍缩和粒子碰撞都可以形成黑洞，因此黑洞本身也可以是高速碰撞的产物，完全可

以适用于 S 矩阵。为了使相互作用恢复幺正性，他还引入了非定域性，黑洞的希尔伯特空间，被分解为黑洞内部态和外部态的张量积。

首先，特霍夫特分析了视界内外的量子描述的非对易关系。视界附近的霍金辐射粒子会携带非常大的动量。由于黑洞几何结构的扰动，动量对度规会有一个反向的反应，产生一个引力冲击波。特霍夫特认为，向外辐射的粒子所产生的冲击波会改变坠入粒子的轨迹，其位移与向外辐射粒子的动量成正比。这种关系意味着，进入黑洞的粒子在穿越视界时，会产生空间和时间上的位移。为了分析冲击波的影响，需要对相互作用进行量化。在一个规范的量子化方案中，上述关系可以写为一个算子方程。将一个粒子的位置算符与另一个粒子的动量算符联系起来。由于一个粒子的位置和动量是共轭变量，这意味着向内和向外粒子的位置也是共轭变量。这样，通过量子化过程，描述向外粒子轨迹的算子与对应的描述向内粒子轨迹的算子便不对易。同样，对向外粒子的测量和对向内粒子的测量也是不对易的。[①]而这两个算子代表了分别处于视界内外两个点粒子的创生和湮灭。传统量子场论定域性的破坏似乎是这种作用的结果。[②]

其次，特霍夫特假设，存在一个幺正的 S 矩阵（虽然还不清楚具体是什么）描述了黑洞的形成和蒸发。将进和出表示为两个纯态，引入一个扰动，那么就可以计算出扰动带来的影响。如果所有视界附近的相互作用都能做到这一点，就有可能重建整个 S 矩阵，并了解黑洞希尔伯特空间的样子。[③]当进一步考虑引力冲击波的作用，方程便引入了一个未知的相位和相互作用。因此说，这里仅仅考虑了视界区域的近似值，而忽略了现实中的作用。

---

① 't Hooft G. “Quantum information and information loss in general relativity”. 1995-09-26. https://arxiv.org/abs/gr-qc/9509050.

② van Dongen J, de Haro S. “On black hole complementarity”. *Studies in History and Philosophy of Science Part B: Studies in History and Philosophy of Modern Physics*, 2004, 35 (3): 509-525.

③ 't Hooft G. “The scattering matrix approach for the quantum blackhole: An overview”. *International Journal of Modern Physics A*, 1996, 11(26): 4623-4688.

但是，对霍金而言，*S* 矩阵并不适用于大质量的黑洞，因为在黑洞周围所有的东西，一旦落入黑洞，就永远也不可能逆转了，这本身是一个不可逆的过程，随后当黑洞完全蒸发并消失时，所有的细节信息都会消失，这也是一个不可逆的过程。因此，最终的结果就是霍金辐射，无法像粒子碰撞那样进行可逆操作，无法复原原来的信息。为了表示区别于 *S* 矩阵，霍金发明了“非 *S* 矩阵”，符号标记为 *$* 矩阵，因为类似美元的符号，也被称为美元矩阵。和 *S* 矩阵一样，美元矩阵按照霍金的描述，给出了进入黑洞和从黑洞出去的规则。只不过从进入黑洞到霍金辐射，整个描述是不可逆的。

此时，又一次陷入僵局：特霍夫特说 *S* 矩阵，霍金说 *$* 矩阵。霍金的论证很有说服力，然而特霍夫特也有充分的依据，在粒子物理学领域，几乎所有的计算方法论都是基于可逆的 *S* 矩阵，这也是量子场论中的基本法则。

总之，*S* 矩阵虽然还没有一个完整的形式，但是为黑洞互补的一些关键假设提供了必要补充。引力冲击作用显示了特定的信息传递——径向动量是可能的。这就为描述视界外或视界内的物质场，观测形式上的互补性提供了依据。有了这样的补充，黑洞互补成为一个更有吸引力的想法。然而，关于黑洞的描述，仍然需要更加精确的理论工具，如视界上的热膜的存在，仍然需要进一步加以阐明。

四、量子纠缠的引入

在研究黑洞时，霍金等总是将量子论和广义相对论分别使用，用量子理论来描述黑洞内部和霍金辐射，用爱因斯坦的引力理论研究黑洞的时空属性，这种混合的方法被物理学家们称为“半经典”方法。但是，半经典方法在处理信息时，没有考虑量子纠缠这一处理信息的关键因素的作用，而量子纠缠在处理霍金辐射的信息问题中具有决定性的意义。

2012 年，物理学家艾哈迈德 · 阿尔姆海里（Ahmed Almheiri）、唐纳德 · 马洛尔夫（Donald Marolf）、约瑟夫 · 波尔钦斯基（Joseph Polchinski）和詹姆斯 · 萨

利（James Sully）提出了“黑洞防火墙”的概念，也被称为 AMPS 防火墙（论文作者名字的首字母缩写），作为黑洞互补性的进一步补充。[①]

假设在黑洞视界附近，生成两个相互纠缠的粒子，向外的粒子逃逸并以霍金辐射的形式发射出去，向内的粒子被黑洞吞噬。根据唐·佩奇（Don Page）和萨斯坎德的说法[②]，黑洞在蒸发过程中，会通过霍金辐射编码有限数量的信息。假设已经发出了超过一半的信息，之后发射的向外的粒子必须与黑洞之前发射的所有霍金辐射粒子纠缠在一起，这就产生了一个悖论，按照一般的“纠缠配对”（monogamy of entanglement）原则，任何量子系统，只能有一对粒子进行纠缠。而此时，向外的粒子似乎同时分别与两个独立的系统纠缠在一起，似乎既与流入的粒子纠缠在一起，又独立地与过去的霍金辐射粒子纠缠在一起。

这个悖论显示，爱因斯坦的等效原理、幺正性和量子场论不可能同时满足。那么，其中一对纠缠必须被打破，由此他们提出：在霍金辐射过程中，原本存在于虚粒子对中的内禀粒子（落入黑洞者）与逃逸粒子（向外辐射者）之间的量子纠缠关系被打破。打破这种纠缠会释放出大量的能量，从而在黑洞事件视界上形成一个灼热的“黑洞防火墙”。但是，这违背了爱因斯坦的等效原理。

2020 年 10 月 29 日，《量子杂志》发表《最著名的物理学悖论即将走向终结？》一文[③]。文中介绍了近 50 年来关于黑洞信息悖论的进展，并肯定地宣称：信息确实离开了黑洞。“信息通过引力和单层量子效应就能离开黑洞。”科学家发现了一种新的霍金没有考虑的半经典效应——当黑洞蒸发经历足够长的时间，这些效应逐渐开始起主导作用。

加拿大阿尔伯塔大学的物理学家佩奇主要研究量子宇宙学和引力理论，是斯

---

① Almheiri A, Marolf D, Polchinski J, et al. (Eds.). “Black holes: Complementarity or firewalls?” *Journal of High Energy Physics*, 2013 (2): 62.

② Page D N. “Information in black hole radiation”. *Physical Review Letters*, 1993, 71 (23): 3743-3746.

③ Musser G. “The most famous paradox in physics nears its end”. 2020-10-29. https://www.quantamagazine.org/the-black-hole-information-paradox-comes-to-an-end-20201029/.

蒂芬·霍金的博士研究生，与霍金一起发表了几篇文章。他从研究生开始就从事黑洞相关的研究，特别是黑洞边缘的量子效应。当时，霍金以及大多数理论家都认为信息在黑洞中消失。但佩奇并不认同，他认为这违背了时间的基本对称和信息守恒，他相信黑洞必须释放信息或至少将信息保存在内部，而非彻底消失。霍金忽视了量子纠缠的作用，黑洞在进行霍金辐射时，被辐射出的粒子依然和它的源头保持着联系，虽然看似辐射是随机的，但是从纠缠的角度看，它一直与黑洞中的配对粒子保持着信息关联。

佩奇提出黑洞和辐射之间的纠缠总量，被称为纠缠熵（entropy of entanglement）。开始还没有辐射时，纠缠熵为零。结束时没有黑洞，纠缠熵也为零。在中间辐射过程中，纠缠熵会逐渐增加，达到一个极值，然后再逐渐下降，像一个倒 V 字形。如果纠缠熵遵循倒 V 字形曲线，那么信息就一定会从黑洞中释放。因为在极值的顶点出现后黑洞的性质会彻底改变，黑洞的熵会下降，类似于水在气体和液体之间的热力学相变过程，出现了新的物理学。极值将黑洞分为两个部分，一部分为存储信息的边界，另一部分为无信息的“孤岛”。随着纠缠熵曲线的下降，黑洞信息以一种高度加密的形式缓缓流出。[①]原本黑洞深处的粒子不再是黑洞的一部分，而成为辐射的一部分，虽然部分粒子并没有飞出黑洞，但被重新分配了，成为无信息的“孤岛”。这一结论非常奇怪，粒子在黑洞中，但不是黑洞的一部分，这意味着什么？在确认信息被保留的过程中，物理学家们消除了一个谜团，却创造了一个更大的谜团。

总之，纠缠熵极值在视界内突然出现，最终成为导致黑洞熵下降的决定性因素。但是，依然有很多物理学家对此并不信服。他们认为，如果时空经历了相变，就变成了一种完全不同的结构，在没有一个成熟的量子引力理论的情况下，很难真正解决黑洞信息悖论。

---

① Almheiri A, Engelhardt N, Marolf D, et al. (Eds.). “The entropy of bulk quantum fields and the entanglement wedge of an evaporating black hole”. *Journal of High Energy Physics*, 2019 (12): 63.

第四章

通往量子引力的两条路径——弦与圈

如何统一量子论和广义相对论，如何构建一个成功的量子引力理论，是当代物理学面临的最大挑战。近半个世纪以来，物理学家在尝试统一量子论与广义相对论的努力中取得了突出的进展，提出了众多的候选理论，其中最为突出的是弦论和圈量子引力理论。由于缺乏相应的实验证据和观察数据，这两种理论只能按照概念推演和原理演绎的思路来发展，不过其依托的理论体系不同，弦论依托于量子场论，圈量子引力理论依托于广义相对论。因此，围绕弦论和圈量子引力理论的争论依然是量子论和广义相对论两大体系冲突的延伸。选择量子论还是广义相对论作为依托理论来构建量子引力理论，或者从不同于这二者的第三条进路出发来构建量子引力理论，从一开始就注定会形成不同的量子引力理论形态，而这种选择反映的不仅仅是物理学态度的不同，也折射出背后哲学观念的差异。

第一节　弦论的统一模式

弦论并没有一个完整的理论体系，弦论中的许多概念和结构是在不断发展中逐步建立起来的，其中超对称、多维空间、对偶性等全新概念的引入对塑造弦论的革命性思想体系起到了决定性作用。本节将对弦论寻求大统一的过程进行回溯。

一、作为强相互作用的弦论

弦论最初出现是为了解决强相互作用的问题。1968 年，欧洲核子研究中心的意大利年轻理论物理学家韦内齐亚诺（G. Veneziano）试图了解粒子之间的强相互作用是如何进行的，特别是，当两个介子碰撞产生一个介子和一个Ω粒子时会发生什么。他偶然发现用一个简单的公式可以描述这一散射过程的许多特征[①]，后来被称为韦内齐亚诺振幅（Veneziano amplitude）[②]。韦内齐亚诺的研究很快就引起了人们的极大关注。弦论的早期先驱之一乔尔·夏皮罗（Joel Shapiro）说："每个人都停止了他们正在做的事情，并在问这个想法是否可以扩展到更容易实现的相互作用中。"[③]

韦内齐亚诺无疑为当时混乱的状态找到了线索，韦内齐亚诺振幅只描述了两个粒子向两个粒子的散射，人们立即将他的公式推广到其他散射过程中，如两个粒子散射成三个粒子，或者三个粒子散射成三个粒子，等等。几个月后，人们给出了描述 N 粒子散射的公式，尽管还不清楚公式的物理意义，但这引起了科学家的强烈兴趣，特别是在欧洲核子研究中心，形成了一个很大的研究团队，一种全新的理论结构诞生了，被称为对偶共振模型（dual resonance model）。但是，物理学家克劳德·洛夫莱斯（Claud Lovelace）发现，双共振模型确实是一致的量子理论，但前提是必须用 26 个维度（25 个空间维和 1 个时间维）来表述[④]。

韦内齐亚诺的发现引发了弦论研究的第一波浪潮，人们开始试图理解其背后的物理图像。根据韦内齐亚诺的研究，粒子不能再看作点，而是更像"弦"，存在于一维，可以像橡皮筋一样拉伸，在得到能量时伸展，失去能量时收缩，还可以振动。两个小的弦完全可以如费曼图那样发生相互作用，相互靠近，连接，震

① 该公式的原型来自 18 世纪最伟大的数学家莱昂哈德·欧拉发明的 beta 函数。

② Veneziano G. "Construction of a crossing-simmetric, Regge-behaved amplitude for linearly rising trajectories". *IL Nuovo Cimento*, 1968, 57 (1): 190-197.

③ Shapiro J. "Reminiscence on the birth of string theory". 2007-11-21. arXiv:0711.3448.

④ Lovelace C. "Pomeron form factors and dual Regge cuts". *Physics Letters B*, 1971, 34 (6): 500-506.

荡，然后再飞走。弦就像一种彩色的力线，像一个橡皮筋一样将粒子绑在一起。就这样，韦内齐亚诺公式开启了通向新世界的大门，一种新的物理学产生了。

1971 年，首先是南部阳一郎，然后是戈托（T. Gotō）写下了一系列相对论弦方程，从这些方程中可以推导出韦内齐亚诺振幅[①]。1973 年戈达德（P. Goddard）和托恩（C. Thorn）证明了南部-戈托弦的量子一致性，而且时空维度同样也必须是 26 维，从而进一步证实了洛夫莱斯的结果。他们的结果被称为无鬼定理（No-Ghost Theorem）[②]。

然而，这一阶段弦论仍然是理解强相互作用的候选理论。但是，新的实验数据却支持了另一个强相互作用候选理论——量子色动力学。随着加速器碰撞能量的增加，数据与量子色动力学的预测完全一致，粒子并没有像弦论预测的那样发生非弹性散射。弦论作为一个强相互作用理论已经失败了。但是，弦论的研究并没有结束，仍然有少部分人在坚持。施瓦茨（J. Schwarz）回忆道：

“我觉得弦论太美了，不可能只是一个数学上的奇奇怪怪的东西。它应该有一些物理关联。我们经常被弦论所展现出的不可思议的特性所震惊。这意味着它们有一个非常深刻的数学结构，但还没有被完全理解。通过深入挖掘，人们可以合理地期望发现更多的惊喜，然后学习新的经验教训。”[③]

而且弦论还存在其他问题：第一，它需要 26 个时空维度来保持一致性，而这 26 维的时空意味着什么？没人知道。第二，弦论还总是包含一种超光速的粒子——快子（tachyon），这意味着理论内部存在很大的问题。第三，弦论预测存在不能静止的粒子——无质量粒子。第四，弦论包含的粒子中没有费米子——也就是说不包含夸克，而夸克是强相互作用的核心物质，因此弦论内部的概念问题非常突出！

---

① Gotō T. “Relativistic quantum mechanics of one-dimensional mechanical continuum and subsidiary condition of dual resonance model”. *Progress of Theoretical Physics*, 1971, 46 (5): 1560-1569.

② 在物理中复杂的、无意义的构型被称为鬼场。

③ Conlon J. *Why String Theory?* Boca Raton : CRC Press, 2015: 75.

二、弦论与超对称的结合

直到 20 世纪 70 年代初，弦论的四个问题很快得到了不同程度的解决，这得益于超对称的提出和发现。假如费米子和玻色子之间存在基本的时空对称性，结果会如何呢？

首先是雷蒙德（P. Ramond）[①]，然后是内沃（A. Neveu）和施瓦茨[②]，他们对玻色子弦方程进行了修改，加入了费米子和玻色子的超对称性，费米子出现了，理论只有在具有超对称的情况下才是一致的，于是超弦理论正式出现，但在概念上遇到了很大的困难。

在超弦中，不光包含了费米子，快子也不存在。此外，时空维数也变为 10 而不是 26。更为重要的是，超弦的能量频谱中包含一个自旋为 2 的无质量粒子，谢尔克（J. Scherk）和施瓦茨认为这种粒子其实就是引力子[③]。日本物理学家米谷民明（Tamiaki Yoneya）也独立提出了类似的观点[④]。在综合了这些新的特征后，谢尔克和施瓦茨提出弦论可能是一个量子引力理论，而不是强相互作用理论，弦论应该被视为引力的基本理论，而且可能统一引力与其他力。

20 世纪 70 年代之后，标准模型基本确立，人们的焦点转向大统一，而超对称提供了最有希望的线索。很快，超对称成为理论物理学的重要议题。在这种对称性下，玻色子和费米子可以互相转换，玻色子和费米子的对称可以被视为空间和时间的相对论对称性的延伸。而且超对称不仅是一种延伸，而且也是唯一一种延伸。也就是说，超对称是相对论时空对称性唯一允许的扩展。超对称性的概念开始渗透到基础理论的框架中，除了量子场论，也应用到广义相对论中，产生了

① Ramond P. “Dual theory for free fermions”. *Physical Review D*, 1971, 3 (10): 2415-2418.

② Goddard P, Goldstone J, Rebbi C, et al. “Quantum dynamics of a massless relativistic string”. *Nuclear Physics B*, 1973, 56 (1):109-135.

③ Scherk J, Schwarz J H. “Dual models for non-hadrons”. *Nuclear Physics B*, 1974, 81 (1): 118-144.

④ Yoneya T. “Connection of dual models to electrodynamics and gravidynamics”. *Progress of Theoretical Physics*, 1974, 51 (6): 1907-1920.

超引力理论。[①]

1978 年，德国物理学家维尔纳·纳姆（Werner Nahm）对所有可能的超引力理论进行了分类[②]。他指出，超引力理论的最大维度数是十一维。1978 年，克雷梅（E. Cremmer）、朱莉娅（B. Julia）和谢尔克发现了十一维超引力理论。[③]

由于多维时空维度无法避免，超引力理论显得非常独特，于是人们开始思考，是否意味着可以通过几何这一爱因斯坦所钟爱的方法来实现统一。额外维度的几何可能从根本上决定了物理的基本规律，而且高维度将决定较低维度的物理学。实际上，早在 1919 年，德国物理学家西奥多·卡鲁扎（Theodor Kaluza）就提出五维引力理论，即一个四维引力理论，加了一个类似于电磁力的力。

1981 年，爱德华·威滕证明了十一维不仅是在超引力理论中可以得到的最大维度数，同时也是获得标准模型中的力所需的最小维度。[④]尽管超弦已经发展出来，但人们还不清楚这是否是一个有意义的理论。

在 20 世纪 70 年代末和 80 年代初，弦论的研究主要集中在理解量子化的相对论弦论。它不关注实验数据，而是要理解这个理论结构是什么，确保它一致性的条件是什么，以及使用什么样的数学工具来描述。人们只是隐约感觉弦论是一个量子引力理论，但这种感觉没有确凿的支持证据。直到迈克尔·格林（Michael Green）和施瓦茨提出超弦理论之后，弦论开始重新联系到物理学的主流部分，特别是超引力理论，超引力理论当时被认为是最有希望统一量子力学和引力的理论。但超引力理论存在严重的问题。

首先是发散问题，当用超引力来计算粒子散射概率时，得到的答案是无穷大。在标准模型中也会遇到相同的困难，但是标准模型仅仅是一个临时的有效理论，

---

① 更多的关于超对称的描述，前文已经详细论述，此处不再展开。

② Nahm W. “Supersymmetries and their representations”. *Nuclear Physics*, 1978: 135.

③ Cremmer E, Julia B, Scherk J. “Supergravity in theory in 11 dimensions”. *Physics Letters B*, 1978, 76 (4): 409-412.

④ Witten E. “Dynamical breaking of supersymmety”. *Nuclear Physics B*, 1981, 188 (3): 513-554.

可以通过重整化蒙混过去，而超引力作为基本理论，必须给出一个彻底的解决方案，但问题是连临时的重整化都做不到。按照人们的理解，发散问题之所以存在是由于尺度问题，当用点粒子作为基础模型时必然会出现，标准模型的尺度比量子引力的尺度大很多，因此可以忽略量子引力效应，但是超引力作为一个量子引力理论，却无法消除无穷大。这时弦论的优势就体现出来了，在弦论中，同样的计算可以通过抵消给出有限的答案，而且这从物理上可以给出很美妙的解释，弦不同于点，点没有大小，而弦是有形状的，弦的有限大小不会产生点成分引起的无穷大。这解释了为什么弦计算得到的答案是有限的。当然，这不是一个合乎逻辑的证明，但是从物理上讲非常合理。

其次是一致性问题。超引力与量子力学存在冲突。1984 年，路易斯·阿尔瓦雷斯-高姆（Luis Alvarez-Gaume）和威滕对引力和其他力的反常效应进行了深入的研究①。他们发现，超引力理论，总会出现不一致，因此天然与量子力学不相容。那么，弦论能解决这个问题吗？一开始物理学家怀疑弦论能否在这一点上改造超引力。但是，1984 年秋，迈克尔·格林和施瓦茨发现，在弦论计算中，总是有一个额外的项，这个项恰好能精确抵消阿尔瓦雷斯-高姆和威滕发现的超引力反常。迈克尔·格林和施瓦茨的研究结果还有另一个引人注目的发现：抵消只适用于十维弦论，于是弦论预言的十维时空再一次以意想不到的方式被验证。

本来超引力理论由于上述两个问题在被宣告失败的时候，却奇迹般地由弦论同时解决了这两个问题，而且是以一种事先没有任何预见的方式。弦论恰好有合适的结构来解决这些问题，一场深刻的转变就发生了。

三、第一次超弦革命

超弦的发展和超引力的发展是并行的。1977 年，廖齐（F. Gliozzi）、谢尔

① Alvarez-Gaumé L, Witten E. “Gravitational anomalies”. *Nuclear Physics B*, 1984, 234 (2): 269-330.

克和奥利芙（D. Olive）引入了超对称对弦论做了修改，产生了第一个完全一致的超对称弦论[①]。新的理论包含了超对称和量子场论，从而使弦论的研究整合到了主流趋势中，但问题是他们的计算只能计算开弦的情形，即Ⅰ型弦论，而不能计算闭弦。

直到 1981 年，迈克尔·格林和施瓦茨解决了闭弦的问题。而且他们发现在十维中存在两种一致的超弦理论，他们称之为ⅡA 型和ⅡB 型。

十维的超弦理论与十维的超引力理论有什么联系呢？当时对应于ⅡA 型的超引力理论已经存在，1984 年，豪（P. Howe）和韦斯特（P. West）证明了ⅡB 型超引力理论的自洽性。

1984 年，迈克尔·格林和施瓦茨成功地写出了一个连贯的包含物质场的量子化弦的拉格朗日量，证明了十维超弦理论的有限性，也就是说反常消失了，他们证明了弦论是一个有限而和谐的理论。他们展示了十维宇宙中的弦论如何在满足一定的限制条件和遵循一定的对称性的情况下融入量子引力。[②]1984 年之后，弦论正式从边缘走向了舞台中心，"第一场超弦革命"开始了。

1985 年，戴维·格罗斯、哈维（J. A. Harvey）、马丁内克（E. Martinec）和罗姆（R. Rohm）发现了一种新的弦论，因为它是玻色弦和超弦的混合，因此被称为杂化弦（heterotic string）。[③]杂化弦理论有两种变体。其中一种变体[SO（32）杂化弦]与现存的第一类弦论非常相似，它们包含了同样种类的力。另一种变体代表了反常抵消方程的另一种解：E8*E8 杂化弦。

就这样，已知的弦论有五种，每一种都是一致的。人们不知道有什么基本原理可以将这五种弦论联系起来。Ⅱ型弦论似乎是纯粹的引力理论，似乎没有希望

---

① Gliozzi F, Scherk J, Olive D. "Supersymmetry, supergravity theories and the dual spinor model". *Nuclear Physics B*, 1977, 122 (2): 253-290.

② Green M B, Schwarz J H, "Anomaly cancellations in supersymmetric D = 10 gauge theory and superstring theory ". *Physics Letters B*, 1984, 149 (1-3): 117-122.

③ Gross D J, Harvey J A, Martinec E, et al. "Heterotic string". *Physical Review Letters*, 1985, 54 (6): 502-505.

将其与粒子物理学联系起来。I 型弦论和杂化弦理论包含了粒子成分，与标准模型相似，杂化 E8*E8 理论在这方面似乎特别有希望。但杂化 E8*E8 理论仍然是一个在十维定义的理论，要建立一个四维物理模型，就必须对理论维度进行紧致化。

长期以来，学界一直不明确弦论是否具备作为物质理论的基础条件，即能否完整描述物质的基本构成及其相互作用规律。1985 年，粒子物理学领域的权威人物威滕、坎德拉斯（P. Candelas）、霍洛维茨（G. Horowitz）、施特罗明格等指出①，宇宙的六个额外维度有一种非常特殊的几何形式，称为卡拉比-丘（Calabi-Yau）几何形式。数学家卡拉比（E. Calabi）和丘成桐已经解决了六维卷曲的数学问题。这种特别的六维几何形式，即所谓的卡-丘空间。需要把六个额外维度压缩成很小的、不可见的状态，而卡-丘空间恰好给出了额外维度卷曲的几何结构描述，十维的弦论就可以变为四维的理论。

"弦论实现某个超对称标准模型的条件也就是确定卡-丘空间的条件。接着他们提出，描述大自然的弦论选择了卡-丘空间作为额外六维的几何。这清除了许多其他的可能性，给理论赋予了更多的结构。例如，他们具体说明了如何将标准模型中的常数（如决定不同粒子质量的常数）转换为描述卡-丘空间几何的常数。"②那么，弦论的方程的解看起来就像标准模型的超对称版本，弦论似乎离真正的标准模型只有一步之遥。这样，弦论为物理学与现实世界之间架起了理论纽带，能够统一解释物质基本结构、预测实验现象并验证理论模型。弦论突然不再只是一个数学的量子引力理论，它似乎也可以解释粒子物理的结构。

① Candelas P, Horowitz G T, Strominger A, et al. "Vacuum configurations for superstrings". *Nuclear Physics B*, 1985, 258: 46-74.

② [美]斯莫林：《物理学的困惑》，李泳译，湖南科学技术出版社 2008 年版，第 119 页。

从那时起，弦论开始被人们关注，被认为将建立一个统一所有基本力的普遍理论。弦论建立在20世纪70年代以来基本粒子物理学的概念基础上。它是一种旨在再现规范场理论的相互作用和对称结构的量子理论。在这个框架内，弦论的基本思想是相当简单的：传统粒子理论中的点状基本粒子被一维弦取代。威滕接受了弦论，并投身其中，一大批人也蜂拥而来，超弦又一次火了起来，从事弦论研究的物理学家数量大幅增加。

四、第二次超弦革命

在1984年之后的五年里，人们对弦论的兴趣大增，弦论成了很热门的研究方向，它从无人问津到炙手可热，成为理论物理学的绝对前沿，弦论瞬间成为主流，并在随后20多年间主导了整个理论物理学的发展。弦论开始进行大量计算工作。这与当时理论物理学的大环境是相关的。1993年，超导超级对撞机（superconducting super collider，SSC）终结。实验高能物理学的中短期前景已经变得暗淡，对年轻人来说，倾向于预测和理解数据的工作变得不那么有吸引力。虽然弦论没有大的突破，但仍有很多独立的发现。

其中，最重要的发现就是，人们意识到当时已知的五种不同的弦论都是相关的。每个理论中，相互作用的强度都被弦耦合参数化了。弦耦合类似于量子场论中的耦合常数，决定了两根弦如何相互作用。20世纪80年代的计算都是在弱耦合条件下进行的，在弱耦合条件下，相互作用很弱。但在强耦合时应该如何描述呢？实际上，通过对偶性，强耦合理论可以等价地转化为弱耦合理论。

1990年，丰特（A. Font）、伊巴涅斯（L. Ibáñez）、吕斯特（D. Lüst）和克韦多（F. Quevedo）提出了超弦具有强-弱耦合对偶性的观点。[①]

1994年，印度物理学家阿肖克·森（Ashoke Sen）发现了S对偶性，要求这个

① Font A, Ibáñez L, Lüst D (Eds.). "Strong-weak coupling duality and non-perturbative effects in string theory". *Physics Letters B*, 1990, 249 (1): 35-43.

兼具电荷和磁荷的物体存在，而森能够证明它确实存在，这是对偶性的要求[①]。

1995 年 3 月威滕在南加州大学的会议上的一次演讲中，提出了具有十一维空间的 M 理论，并通过对偶性统一了五种不同的弦论，史称“第二次超弦革命”。之前，物理学家已经知道五种不同类型的弦论，它们的空间结构、对称性等性质不同，因此在物理上看起来也不同。一般来说，弦论这个术语指的是描述五种弦论及其相互关系的总体理论。然而，弦物理学家经常把弦论的不同类型简单地说成是不同的弦论。

现在，各种线索被威滕汇集在一起，形成了弦论的新图景，弦论展现出了它的结构，一种通过对偶联系起来的统一结构。他所描绘的图景对人们已知的关于弦论的认识造成了进一步冲击，因为五种弦论都不是基本的理论，那么基本的理论是什么呢？答案是 M 理论。它是一种统一理论，所有弦论都只是它的组成部分。最令人惊讶的是 M 理论还涉及一个经典的引力理论，就是 1978 年首次建立的十一维超引力理论：在十一维而不是十维时空中，其基本本体不再是弦，而是具有二维空间的膜。

弦论中对偶性的发现极大地推动了弦论的发展，促成了弦论的第二次革命，通过对偶性将不同种类、不同维度、不同时空中的弦结合起来，解决了原先理论中存在的很多疑难问题，是自弦论提出以来最为引人注目的进展，对整个物理学的发展具有重要意义。后文会进一步阐述对偶性的革命性意义。

膜的理论是由伯格雪夫（E. Bergshoeff）、塞兹金（E. Sezgin）和汤森（P. Townsend）在 1987 年提出的。[②]他们从十维ⅡA 型理论出发，使其强耦合，从而达到十一维。在这个极限中，耦合态本身演变成一个额外的空间维度。从这个新的角度来看，弦论也不是基本的，只是 M 理论的不同极限，其不同的极限

---

① Sen A. “Strong-weak coupling duality in four-dimensional string theory”. *International Journal of Modern Physics A*, 1994, 9 (21): 3707-3750.

② Bergshoeff E, Sezgin E, Townsend P K. “Supermembranes and eleven-dimensional supergravity”. *Physics Letters B*, 1987, 189 (1-2): 75-78.

给出了各种已知的弦论或十一维超引力理论。而 M 理论的基本方程还都是未知的。

威滕演讲后不久，得克萨斯大学的波尔钦斯基指出，膜在弦论中也起着至关重要的作用（命名为 D-branes）。膜解在超引力理论中已经被发现，而超引力理论是弦论的经典极限。波尔钦斯基研究了弦论中膜的作用，在弦论中膜似乎是没有经典描述的奇异物体①。

波尔钦斯基意识到，当耦合强度从弱到强时，弦的弱耦合状态变成了膜的强耦合状态，反之亦然。这意味着基本的弦状态平滑地转变成膜状态。不同的弦论就像水蒸气、水、冰和雪的区别一样，虽然它们在形态上看起来非常不同，但它们都是由水分子构成的。不同的弦论并不是不同的理论，而是同一基本理论的不同极限。M 理论的出现，展现出了一个比以前想象的更丰富的理论结构，但是这并没有解决我们的问题，在实验方面仍没有任何进展。

第二次超弦革命把弦论推向了数学、粒子物理唯象学和宇宙学等其他领域，迎来了一个多学科交融的新的景象，为量子引力理论的探寻开拓了宽阔的道路。

第二节　圈量子引力的统一模式

弦和圈两种理论最大的不同在于概念体系和方法，弦论试图延续量子场论的成功方法，用弦模型替代点粒子模型；而圈量子理论则试图从相对论的基本框架出发，通过将时间和空间量子化，来将相对论融入量子力学。因此，虽然两个理论都是在缺乏实验背景下通过理论演绎构建的，但其理论演绎结构具有很大差异。

---

① Polchinski J. “Dirichlet-branes and Ramond-Ramond charges”. *Physical Review Letters*, 1995, 75 (26): 4724-4727.

圈量子引力理论不同于弦论，它并不试图构建一个大统一理论，也不需要超对称和额外维度，而是仅仅对引力场进行量子化，重新表述和简化广义相对论，使其看起来更像一个量子场论，并引入了全新假设的实体，如圈、结、自旋网络，以及面积和体积的量子。

一、空间量子化思想的奠基

一般而言，对爱因斯坦方程直接进行量子化的方式，就是先重新写出它的哈密顿形式，然后进行正则量子化。但是，这种方式在数学上非常复杂，而且总是导致无穷大的结果。其原因在于：

首先，广义相对论具有“广义协变性”，这意味着它不依赖于任何坐标形式的选择。但是，这种量子化方式却只能在特定的平直坐标中才能计算（并非所有平直坐标），假如引入曲率坐标就无法计算了。

其次，广义相对论的哈密顿形式结构非常复杂。爱因斯坦的广义相对论中，空间和时间是引力场的表现形式，引力场也是一种物理场。而根据量子力学，物理场具有量子特性：量子化、概率性，通过相互作用的形式表现出来。由此可以推论，空间和时间也一定具有这些奇怪的量子性质。那么，量子化的空间是什么？量子化的时间又是什么？

要理解量子化的空间和时间，我们就需要深入地修正我们对事物的理解方式。对此问题，最早的贡献来自布朗斯坦①，一个生活在苏联斯大林时代的年轻物理学家。当时玻尔已经证明量子场在空间的某一点是可以完备定义的，但是当布朗斯坦考虑到爱因斯坦方程的量子效应时，某一点的引力场成为无穷大，无法定义。量子引力在这个极其微小的尺度——普朗克标度上才能显现出来。在这个尺度上，空间和时间的性质和宏观尺度完全不同，它们不再

① Bronstein M. “Republication of: Quantum theory of weak gravitational fields”. *General Relativity and Gravitation*, 2012, 44 (1): 267-283.

是连续的，变成了量子化的空间和时间。布朗斯坦在 20 世纪 30 年代就理解了这一切，并写了两篇简短而富有启发性的文章，在文中他指出，量子力学和广义相对论结合在一起，与我们通常认为的空间是无限可分的连续体的观点是不相容的。[①②]

后来，很多著名的物理学家试图解决量子引力的难题。狄拉克、费曼都尝试了，但都没有成功，将电子和光子量子化，和量子化空间本身是完全不同的，量子场论的经验不足以描述在空间中运动的引力子。[③④⑤]

之后对量子引力贡献最大的人要数一代物理学大师约翰·惠勒。他明白量子化引力场意味着要从根本上修正关于空间概念的描述，如果进入普朗克标度，空间会碎裂产生泡沫，并激烈地翻滚。惠勒试图寻找一种方法来描述这种空间的泡沫。

1967 年，德威特为广义相对论的量子化提出了两种完全不同的方法，体现在三篇文章中，被称为“三部曲”，成为量子引力的奠基性成果。第一篇论文描述了规范方法。[⑥⑦]经典的规范方法将时空分成两个不同的部分，即空间和时间，研究空间如何随时间演化。德威特随后证明，引入量子化的方法是找到一个方程，可以用来计算给定的空间几何随时间变化的概率，这就是惠勒-德威特方程。德

---

① Bronstein M P. “Quantentheorie schwacher gravitationsfelder”. *Physikalische Zeitschrift der Sowjetunion*, 1936, 9: 140-157.

② Bronstein M P. “Kvantovanie gravitatsionnykh voln [quantization of gravitational waves]”. *Zhurnal Eksperimentalnoy i Teoreticheskoy Fiziki*, 1936, 6: 195-236.

③ Dirac P A M. “Fixation of coordinates in the Hamiltonian theory of gravitation”. *Physical Review*, 1959, 114(3): 924–930.

④ Dirac P A M. “The theory of gravitation in Hamiltonian form”. *Proceedings of the Royalyal Society of London*, 1958, A2 (46): 333-343.

⑤ Feynman R. “Quantum theory of gravitation”. *Acta Physical Polonica*, 1963, 24: 697-722.

⑥ deWitt B S. “The quantization of geometry”. In Infeld L. *Relativistic Theories of Gravitation Proceedings of a Conference Held in Warsaw and Jabłonna July, 1962*. Oxford: Pergamon Press, 1964: 131-143.

⑦ deWitt B S. “Quantum theory of gravity. I. The canonical theory”. *Physical Review*, 1967, 160 (5): 1113.

威特三部曲的第二篇和第三篇论文[1][2][3][4]，提出了引力量子化的另一条路径——协变方法。在这种方法中，试图模仿量子电动力学的成功，认为引力只是另一种力，由它的信使粒子——引力子所携带。这种方法出现了灾难性的无穷大，后来人们才认识到，广义相对论是不可重整的，规范的和协变的方法在探讨量化引力的问题时体现了两种截然不同的观念。规范的方法以几何为核心，最终发展为圈量子引力理论，而协变方法则完全是量子场论的方法，最终发展成为弦论。

二、阿什特卡变量

正当量子引力研究陷入僵局的时候，20 世纪 80 年代中期，出现了新的转机。1982 年，森（A. Sen）用一个更简单的方式改写了爱因斯坦方程。[5]1986 年，阿贝·阿什特卡（Abhay Ashtekar）认真考虑了森的方程，进一步改写了爱因斯坦的场方程，并重新改写了惠勒-德威特方程，将约束条件约化为了多项式的形式，大大简化了方程的结构，大多数非线性项都消失了。[6][7]阿什特卡的计算以一种意想不到的方式简化了爱因斯坦的方程，并为后续的发展铺平了道路。

阿什特卡变量的核心特征在于：将引力子处理为手性粒子，就像弱相互作用那样，左手性和右手性是不对称的，这样就可以把复外尔张量写成自对偶和反自对偶的形式。虽然没有证据显示引力场是左右不对称的，但如此处理之后大大简化了相对论的数学形式。

---

① deWitt B S. "Theory of radiative corrections for non-Abelian gauge fields". *Physical Review Letters*, 1964, 12(26): 742-746.

② deWitt B S. "Quantum theory of gravity. Ⅱ. The manifestly covariant theory". *Physical Review*, 1967, 162(5): 1195.

③ deWitt B S. *Dynamical Theory of Groups and Fields*. New York: Wiley, 1965.

④ deWitt B S. "Quantum theory of gravity. Ⅲ. Applications of the covariant theory". *Physical Review*, 1967, 162 (5): 1239.

⑤ Sen A. "Gravity as a spin system". *Physics Letters B*, 1982, 119 (1-3): 89-91.

⑥ Ashtekar A. "New variables for classical and quantum gravity". *Physical Review Letters*, 1986, 57: 2244-2247.

⑦ Ashtekar A. "New Hamiltonian formulation of general relativity". *Physical Review D*, 1987, 36: 1587-1602.

斯莫林意识到阿什特卡对爱因斯坦方程的修正使工作变得容易得多。不过一开始他试图用类似超导的格点来描述引力场的量子特性，但是格点理论有一个很大的缺陷，那就是无法消除背景。在耶鲁大学，斯莫林与西奥多·雅各布森（Theodore Jacobson）合作发现，与其讨论空间中孤立格点随时间演化的量子特性，还不如研究点集合的几何特性，在任何给定时刻有效地关注空间的几何性质，找到惠勒-德威特方程的一些特殊解。

1987 年，斯莫林和雅各布森发表了一篇突破性论文，他们计算出了惠勒-德威特方程的精确解。[①]虽然斯莫林和雅各布森推导出的精确解后来被证明是非物理的，但斯莫林相信他们已经瞥见了空间几何的最初几个量子态。最难的问题已经突破，下一步必须证明解是背景无关的，这就需要解第二组方程——微分同胚约束下的方程，只有微分同胚不变才能保证解的背景无关性，这里量子态应该完全独立于坐标系的选择，也就是说它们应该是微分同胚不变的。但结果没有他们想象的那样简单，他们找不到能同时解两组方程的量子态。

在他们的理论中，量子理论的自然构建基本单元是一个个的圈，可以用来构建惠勒-德威特方程的解。一切似乎都已水到渠成，一种全新的量子几何化方法出现了。这种解有一个奇怪的特性：它们非常依赖于空间中的闭合曲线。一条闭合的曲线就是一个循环的圈。因此，斯莫林和雅各布森的方法被称为圈量子引力。

后来，斯莫林、雅各布森继续合作，他们摆脱了格点的结构，但把量子态表示为自旋连接的函数。但是自旋连接仍然携带着引力场，当然，在广义相对论中引力场是时空的。[②]所以，不管看起来如何，即使没有格点背景，时空也没有被完全移除，这就使得方程组的解在坐标系中失效。这时，在一次会议中，斯莫林遇到了刚刚博士毕业的意大利物理学家罗韦利。“他突然出现在我办公室的门前，

① Jacobson T, Smolin L. “The left-handed spin connection as a variable for canonical gravity”. *Physics Letters B*, 1987, 196 (1): 39-42.

② Jacobson T, Smolin L. “Nonperturbative quantum geometries”. *Nuclear Physics B*, 1988, 299: 295-345.

说道：‘我已经找到了所有问题的答案。’他的想法是，再次重新改写理论，这样一来基本的变量就仅仅变成圈了。”[①]罗韦利意识到，之前的方法太过依赖圈和周围的场的作用，完全可以放弃场，就是对场的依赖，导致无法前进。他使用了他的导师艾沙姆的方法来根除这一依赖关系，用圈态来直接描述空间的量子态。[②]这将是一个关于引力圈的交叉理论，这样的圈不存在于空间中，准确地讲，圈本身就是空间，就这样背景被消除了。通过圈之间的拓扑关系——结、连接和扭结，就可以构建量子化的引力理论。

最关键的问题已经取得了突破，建立一套可以精确求解的方程之后，下一步就要对方程解的物理意义给出描述。真正理解空间的量子本质并定义圈量子引力的意义，大约又花了 8 年的时间。后来，罗韦利加入了斯莫林的阵营，一起探索量子引力的奥秘。斯莫林和罗韦利进一步研究了如何连接、编织和打结这些圈构成的回路。[③]他们的出发点是从空间的几何入手，但是走向了一个更加破碎的几何观点，没有办法形成一个统一、连贯的框架。

三、圈变量与离散的空间

上文提到，斯莫林和雅各布森发现了惠勒-德威特方程的一个特殊解，这个解和一种闭合的圈密切相关，那么圈的含义究竟是什么呢？

在经典的电磁学理论中，电场承载着电力，填充了空间。惠勒-德威特方程解中的闭线就类似于电场线，只不过是引力场的线，这些线编织了整个空间。一开始，人们研究的重点是这些线本身，以及它们是如何编织我们的三维物理空间

---

① [美]斯莫林：《通向量子引力的三条途径》，李新洲、翟向华、刘道军译，上海科学技术出版社 2003 年版，第 99 页。

② Isham C J. “Topological and global aspects of quantum theory”. In deWitt B S, Stora R (Eds.). *Relativity, Groups and Topology Ⅱ, Proceedings of the 40th Summer School of Theoretical Physics.* Les Houches: NATO Advanced Study Institute, 1983: 1059-1290.

③ Rovelli C, Smolin L. “Discreteness of area and volume in quantum gravity”. *Nuclear Physics B*, 1994, 456: 753-754.

的。不过阿根廷的豪尔赫·普林（Jorge Pullin）①和波兰的朱雷克·莱万多夫斯基（Jurek Lewandowski）②认识到，理解这些解的物理意义的关键在于这些线的交点，也就是节点。节点构成了物理空间的体积。体积是一个几何量，而空间的几何，在爱因斯坦的广义相对论中就是引力场。体积可以看作是引力场的性质，但是，在如此小的尺度下，量子效应也非常强，因此，空间量子的体积不能取任意的值，而只能假定某些特定的值。也就是说，空间体积不是连续的，而是离散的，类似于一束手电筒的光，虽然宏观上看起来是连续的，但实际上每个光子都是分立的。每个节点都是一个空间的量子。如果你把两个节点想象成空间的两个小区域，这两个区域将被一个小表面隔开，这个表面的大小就是它的面积。因此，面积也是分立的，而不是连续的。

总之，空间不是一个连续体，它是由空间的原子组成的，不能被无限分割，其尺度比原子核的十亿倍还小。圈量子引力将狄拉克的量子力学方程应用于爱因斯坦的引力场，用精确的数学形式描述了离散空间的量子结构。空间的体积不能任意小，存在最小单元，即空间的基本原子，这就对古希腊时代著名的芝诺悖论给出了反驳，乌龟前进的路线并不是无限分割的。那么，这种离散的空间该如何描述呢?

圈变量用一种精巧的方式引入了广义协变性，用一组简单的基态来描述一般的量子态，基态通过离散的方式表述。这些引力基态有何特征呢？它们与经典广义相对论的光滑几何非常不同，被称为圈态。相比于弦论总是在平直空间中计算，基本圈态并不是平直的，而是一种拓扑描述。说一个圈和另一个圈之间的距离是没有意义的，唯一有意义的是圈与圈之间的连接和结，它们才真正赋予了圈变量离散的自旋值。为了满足广义协变性，圈量子引力放弃了表示空间的距离描述，

① Gambini R, Bruegmann B, Pullin J. "Knot invariants as nondegenerate states of four dimensional quantum gravity". *American Journal of Physiology*, 1991, 275: 951-957.

② Lewandowski J. "Volume and quantizations". *Classical and Quantum Gravity*, 1997, 14: 71-76.

引入了表示几何的拓扑描述。圈的特性也就是空间的量子状态，而圈之间会缠绕形成结，这就是扭结理论。[①]生活中，我们系鞋带、打绳结都遇到过类似的结，数学上的扭结稍微有些不同。数学上的扭结是封闭的圈形成的结，而不是一条线打结形成，当两个圈互相嵌套，而不打结，类似于互相穿过的铁链，是没有结的，被称为解结（unknot）。两个圈连接起来后，就不可能分开，除非破坏掉其中一个圈。相比于弦，圈的拓扑更加复杂，需要用数学的方法判断一个闭合的圈是否存在结，以及多个不同的圈是否处于连接状态。斯莫林和罗韦利使用扭结理论分类计算了各种不同的量子解，但这些态的可观测物理意义并不清楚。

首先，关于空间的可观测量问题。量子力学可测量的量包括能量、动量和自旋等。在量子理论中，每个可观测量都有相应的算符，如能量算符，会产生可观测波函数的离散的、量子化的能量值。而广义相对论是一个经典理论（和量子论相区别），并不依赖于这样的算符。它描述了质能和时空之间的关系，而圈量子引力是一种对空间本身的描述。但是，在没有物质的情况下，空间的算符和可观测量就无法定义。

其次，关于时间的意义问题。正如狄拉克所发现的，在广义相对论中，用一个有约束的哈密顿量重新表述方程后，方程中的时间项消失了。这个结果被扩展到了惠勒-德威特方程中，进一步的修正也没有导致时间维度的再现。

1991 年初，斯莫林发现可以对面积算子进行量子化，得到该区域的各种量子化值，其结果是有限值，而不需要重整化。阿什特卡也加入了斯莫林，研究量子化的圈空间如何编织成为连续的时空网络。我们所感觉到的连续空间仅仅是一种错觉，连续的背后，在普朗克尺度下，空间是离散的，由单个量子环组成。[②]爱因斯坦曾试图将所有的物理学归结为一个物理对象之间的关系和相互作用的系

① Rovelli C, Smolin L. “Knot theory and quantum gravity”. *Physical Review Letters*, 1988, 61: 1155-1158.

② Ashtekar A, Rovelli C, Smolin L. “Weaving a classical metric with quantum threads”. *Physical Review Letters*, 1992, 69: 237-240.

统，而这个系统并不依赖于背景时空的假设。但量子力学不仅假定了存在固定的背景，而且背景时空必须是平滑的、连续变化的。

四、自旋网络与空间的量子化

尽管圈态的量子特性已经非常明显，但是其作为有限的三维几何构型，还不能作为一般几何的正交基，必须将其形式一般化，使其互相交叉。20 世纪 90 年代中期，斯莫林偶然发现了彭罗斯曾经用一个简单的数学框架描述量子系统的一个老想法，彭罗斯称之为自旋网络。这个结构是一个由连接和节点组成的网络，每个节点都带有一些特殊的量子属性。这些网络甚至给出惠勒-德威特方程的更好的解决方案。①

实际上，早在 1971 年，彭罗斯就开始思考，能否只通过物体之间的关系属性来建立连续的时空："什么是自旋网络呢？为什么过去的 50 年来我一直对它们感兴趣呢？我自己的目标是试图用离散的组合量来描述物理学，因为我当时坚信，物理学和时空结构应该从根本上建立在离散性，而不是连续性的基础上。另外的动机还有马赫原理，由这一原理可知，空间概念本身是派生的，而不是原本就出现在理论中的。每一件事情都是通过客体之间的相互关系，而非客体与某种背景空间之间的关系表示。"②

彭罗斯试图建立一套以离散、量子化为基础的基本概念结构，连续的概念就会以一种极限或近似的形式出现。彭罗斯选择使用的量子力学变量就是：系统的总自旋。比如电子具有一个固有的角动量，其自旋量子数是一个固定值，在磁场中指向两个不同的方向，我们称之为自旋向上和自旋向下。消除时空意味着只使用总自旋角动量，不需要假设任何方向。这样就可以将概率表示为纯概率，概率

① Penrose R. "Gravity and state vector reduction". In Penrose R, Isham C J. *Quantum Concepts in Space and Time*. Oxford: Clarendon Press, 1986: 129.

② Penrose R. *The Road to Reality: A Complete Guide to the Laws of the Universe*. London: Vintage, 2005: 947.

必然以有理数的形式出现，与物理仪器的取向无关。

在自旋网络中，每个顶点都正好有 3 条线相交，这使得概率计算是唯一的，自旋网络的拓扑结构以及各条线的自旋值得以确定。彭罗斯发展了一套计算概率组合的方法，自旋网络结构通过建立一些物体如何组合的规则与物理学联系起来，这些规则旨在确保总自旋角动量总是守恒的，同时可以从中抽取出欧几里得几何概念。总之，彭罗斯试图设计一种颗粒状和关系型的空间描述，这些都很抽象，但关键是在这个结构中唯一有意义的是对象和自旋值之间的拓扑关系。

最初，彭罗斯提出自旋网络概念时，并没有想到引力。但其核心精神与圈量子引力相同，都是试图破除空间连续的概念，使其从离散的量子概念推演出来。现在斯莫林和罗韦利已经想出了如何应用体积和面积算符，并证明了圈量子引力空间是离散的和关系的，而彭罗斯的自旋网络恰好为其提供了数学描述。应用体积算符，就会得到自旋网络节点上的离散粒子或空间量子，应用面积算符，将得到离散的量子面积网络上的相邻接触。这些粒子非常小：一个质子大约可以容纳 10^{65} 个量子的体积。

斯莫林和罗韦利吸收了彭罗斯的想法，将自旋网络发展为描述量子引力的一种全新方式。空间不是空的，而是由“空间的量子”组成的，空间本身就是量子化的，真空根本不存在。空间是由闭合的圈组成的，而这些圈会相互交叉，其交点就是空间的量子，这些圈可以连接起来，互相缠绕，就像锁链或复杂的织物一样。[①]就像一块布料，从远处看是连续成片的，但是近看却是一圈一圈的线缠绕起来的，这也是圈量子名称的由来。这样爱因斯坦理论中平滑的、连续的时空就出现了。在他们的模型中，空间不存在于量子层面，它像水一样被原子化。空间像水一样，从宏观上看是平滑和连续的，实际上是由漂浮在真空中的小分子、小簇的质子、电子和中子组成的，它们通过电磁力松散地结合在一起。同样地，根

① Rovelli C, Smolin L. “Spin networks and quantum gravity”. *Physical Review D*, 1995, 52 (10): 5743.

据他们的观点，虽然空间可能看起来是平滑的，但如果你用极其强大的显微镜观察它，它就不应该存在。如果你能看到万亿分之一厘米的距离，就不会看到连续的空间，看到的只有自旋网络。

自旋网络代表了引力场的量子态即空间的量子态，面积和体积离散的颗粒状空间。光子（电磁场的量子）和引力子（引力场的量子）之间的关键区别在于光子存在于空间中，而引力子构成了空间本身。光子总是处于一定的空间之中运动，而空间中的量子就是空间本身。要想描述空间的量子，只能通过与它们相邻的空间量子构成的关系和网络来描述，这种关系本身包含了空间的信息，构成了空间的结构。描述引力的量子不在空间中，它们本身就是空间。而描述引力场量子结构的自旋网络也处在空间中，空间中单个量子的位置不是由别的东西来定义的，而是由它们所表示的联系和关系来定义的。

圈量子引力理论的数学原理决定了自旋网络上每一个闭合回路圈的曲率，这使得以自旋网络的结构来表示时空的曲率以及引力场的力成为可能。自旋网络并不是固定的，而是不断演化的，而这种演化遵守量子力学的概率规则，其演化的方式是随机的。在量子引力中，由于研究的对象不再是用时间和空间定义的具体事物，而是时空背景本身，因此，重要的不是事物如何存在，而是它们如何相互作用。

总之，自旋网络不是实体，它们只是描述了空间的结构和对事物的影响。就像运动中的电子没有具体位置，而是一片电子云，空间也不是像一个自旋网络搭成的单一的框架结构，而是由覆盖所有可能范围的自旋网络概率云形成的。物理空间就在不断的量子涨落中，由不停变换的关系网络编织而成，通过它们的相互作用创造了空间。

第五章
通往终极统一的量子信息之路

量子信息革命，也称为二次量子革命，开始于利用量子力学的核心原理和定律以获取、传输和处理信息，进而加深对量子力学概念和原理的理解，以期获得量子理论的新的突破，在终极理论或统一理论的追求上取得进步。量子信息领域新的技术和新的发现为新的量子革命提供了可能，为理解纠缠、量子关联、非定域性等概念提供了支撑，为新的理论突破开辟了途径。“基于量子信息技术推动科学、工业和社会取得革命性进步的巨大前景，专业人士认为，‘量子技术在 21 世纪的重要性可与 20 世纪的曼哈顿计划相比，可能像曼哈顿计划造出原子弹那样改变世界格局’。目前，这一领域的国际竞争不断加剧，欧美纷纷启动‘第二次量子革命’计划。”①

本章将首先论述量子信息革命的基本内涵及其深刻意义，然后分析量子信息革命的核心基础概念——量子纠缠，进而阐述量子纠缠之于经典观念的挑战，最后探讨量子信息技术带来的哲学观念上的变革，明确量子信息革命是通往终极统一理论的另一条路径。

① 周青：《第二次量子革命：改变世界格局的机遇与挑战》，《光明日报》2016 年 10 月 9 日。

第一节　二次量子革命

早在 2003 年，在一篇名为《量子技术：二次量子革命》[①]的文章中，道林（J. P. Dowling）和密尔本（G. J. Milburn）就指出我们正处于二次量子革命之中。《自然》杂志在纪念贝尔定理提出五十周年时对二次量子革命给出了下述评论：第一次量子革命并没有澄清量子论的本质，更多是将理论转化为技术，而二次量子革命不光要继续发展量子技术，更重要的是追问“为什么”，要对量子力学的基础困境给出解答。揭开“量子谜团”，这标志着量子力学发展的一个全新的起点。[②]量子信息革命将会是一次由技术革命开启的科学革命，有望带来量子理论新的突破，迎来关于量子世界新的理解。

一、科学维度的革命性

二次量子革命并不是对 20 世纪初量子革命的颠覆，而是在一次量子革命基础上的进一步突破。因此，施郁称之为“继续量子科学革命”（continuous quantum revolution）。“量子力学基本原理还有未完全解决的问题。”[③]

一次量子革命的革命性包括两个方面：首先是人类观念的变革，量子力学本质上的随机性、波粒二象性、概率性、不确定关系等彻底颠覆了牛顿的机械决定论，给人类思维方式带来了极大的冲击；其次是对技术和生产力的变革，催生了许多支撑现代社会的核心技术应用——原子弹、激光、晶体管、核磁共振等，带动了计算机智能革命和信息革命的发生。不过需要注意的是，这些技术实际上只涉及电子和光子等量子规律的应用，还没有涉及量子力学的根本性规律及其应

① Dowling J P, Milburn G J. “Quantum technology: The second quantum revolution”. *Philosophical Transactions: Mathematical, Physical and Engineering Sciences*, 2003, 361 (1809): 1655-1674.

② “Quanundrum”. *Nature*, 2014, 510 (7505): 312.

③ 施郁：《继续量子科学革命》，《光明日报》2017 年 5 月 25 日。

用，如量子纠缠和非定域性。第一次量子革命可以说彻底改变了世界面貌，成为社会跨越发展的基石和动力，但是这场革命并不彻底，一次量子革命留下了许多涉及量子世界本质的理解与解释问题，主要包括如下几个方面。①

测量问题：在微观世界中，测量对被测系统的影响是无法忽视的，观测者和被测系统必须整体进行描述。而且，测量行为会使处于叠加态的粒子，“被迫”坍缩到一个确定的状态，这意味着，从本质上讲，量子粒子是没有独立客观的性质的，必须通过外部观察者的作用才能获得。而按照传统的客观性原则：观测者必须对实验进行客观中立的观察，实验结果和观测行为是相互独立的。如何评价观测者在整个测量中的地位问题？

微观和宏观的分界问题：经典世界中物体只能处于一个确定的状态，而量子实体可以同时处于不同状态的叠加。例如，一个电子可以沿着不同的路径同时移动，可以在同一时间到达不同的地方。而根据传统的定域性原则，事物只能处于一个确定状态，而且两个距离很远的物体无法发生相互作用。那么，经典和量子的界限在哪里？宏观叠加态如何制备？其交界处是否有新的物理学？

量子纠缠：量子粒子具有非定域的关联，即使它们在空间上相距很远，仍然可以具有某种关联，其中一个粒子的测量行为，会瞬间传递到另一个纠缠的粒子。如何理解量子非定域性的本质问题？定域或非定域的隐变量理论存在吗？

量子力学与相对论的融合：如何将两个理论结合为一个统一理论？

违背因果性：量子系统的行为无法给出确定的预言，只能通过概率进行描述。而根据传统的因果性原则，同一个原因必然导致同一个结果。如何解释量子力学对因果关系的违背？

量子解释问题（量子力学的完备性问题）：如何将量子力学作为一个整体进行完备的解释？

---

① 郭光灿：《第二次量子革命究竟要干什么？》，2017 年 12 月 18 日，https://www.kepuchina.cn/yc/201712/t20171218_339496.shtml。

二次量子革命的发生一方面是由技术发展的小型化、微型化趋势催生的，像经典计算机，随着芯片的尺度越来越小，小到纳米尺度之下时量子效应越来越明显，不得不转向量子计算机的开发，也就是说技术进一步的发展在设计上必须基于量子原理；另一方面是因为基于量子力学原理的技术似乎提供了相较于经典框架内技术性能极大幅度提升的希望。

二次量子革命发生的标志是我们认识到人类不再是量子世界的被动观察者，而是可以设计、操作、传输、干预到量子态，实现通过对量子世界操控而改变我们的生活。过去，我们凭借量子力学的规律能够很好地理解和解释微观世界，如可以解释元素周期表，但不能设计和建造我们自己的原子；可以解释金属和半导体的行为，但对操纵它们的行为却无能为力。而随着二次量子革命的发展，我们实现了关于量子力学从科学向技术层面的转变，我们正在积极地运用量子力学来改变我们物理世界的量子面貌。例如，“我们可以制造新的人造原子，对其进行设计，使之具有我们自己选择的电子和光学特性。我们可以创造量子相干或纠缠物质和能量的状态，这些状态不太可能存在于宇宙的任何其他地方。这些新的人造量子态具有新的灵敏度和非定域等相关特性，在计算机、通信系统、传感器和紧凑型计量装置的发展中有广泛的应用”[①]。

二次量子革命中用到的量子原理包括：①量子尺度效应，即粒子约束系统中的能量分布是离散的；②不确定关系；③量子叠加，即事件可以以两种或多种不同的方式实现；④隧穿效应，即粒子可以在经典力学所不允许的空间区域内找到；⑤纠缠，即把叠加原理应用到非定域关联中；⑥退相干，即从量子叠加到事件的某种实现的转变过程。这些原理我们早已获悉，但也是到了近些年才能够将它们应用于工程领域。将这些原理以不同的方式应用于技术和工程领域，于是就有了量子计量、量子操控、量子通信和量子计算等方面的发展。

---

① Dowling J P, Milburn G J. “Quantum technology: The second quantum revolution”. *Philosophical Transactions: Mathematical, Physical and Engineering Sciences*, 2003, 361 (1809): 1655-1674.

当然，从量子原理到技术实现也是一个非常复杂的过程。如对 EPR 佯谬、量子纠缠和贝尔定理的研究，在 20 世纪 70 年代之前基本是由一些对物理学基础感兴趣的物理学家和物理学哲学家所开展的，而大部分物理学家并不关心这些问题。20 世纪 70 年代以来，随着非定域性在实验层面的实现，物理学家们逐渐认识到，量子纠缠和非定域性可以用于执行实际任务，是丰富的物理资源。从那时起，物理学领域才开始出现大量关于纠缠和非定域性研究的文献，并迅速将其推广应用至技术和工程层面。

二、技术维度的革命性

在知识型社会，信息的含金量将超越物质的拥有量，成为人类最宝贵的战略性资源，人类对于信息的渴求达到了前所未有的高度，而传统的基于经典物理学的技术已经不能满足人类在信息获取、传输以及处理三个方面的需求，科技发展遭遇技术困境。

1. 量子科技推动算力极限的突破，计算能力逼近天花板

第一，在大数据时代，一方面，人类所获取的数据呈爆炸式增长，但巨量数据受制于传统存储空间。另一方面，人工智能技术的发展对计算能力提出了更高的要求，而传统计算机的算力受摩尔定律的限制，难以得到相应提升。虽然可以通过硬件的堆叠实现超级计算，但其计算能力的提升空间极其有限，并且耗能巨大，并不符合当今节能减排的技术发展趋势。

第二，信息安全防不胜防。传统的信息加密技术是依靠计算复杂程度而建立起来的，然而，随着计算能力的提升，这样的加密系统理论上都可以得到破解，即使是当前依靠算力建立起来的区块链也在所难免，信息安全依然存在漏洞和风险。

第三，信息精度难以精益求精。传统经典的测量工具已经不能满足人类对于精度的需求，越来越多的应用领域需要更加精密的测量，比如时间基准、医学

诊断、导航、信号探测、科学研究等等，人类亟须新技术摆脱当前技术发展的困境。

20 世纪诞生的量子力学，是人类探究微观世界的重大科学成果，是现代物理学的两大支柱之一。尽管量子世界还存在很多需要攻克的难题，但量子科技发展突飞猛进，正在成为新一轮科技革命和产业变革的前沿领域。第一次量子革命使人类认识了微观世界物质的运行规律，实现了量子科技的浅层次应用。二次量子革命则将以量子信息技术为代表，在更深层次上推动技术的变革，并将最终实现经典技术向量子技术的跨越，彻底颠覆经典的技术体系。基于微观量子效应，将为破解传统经典技术发展瓶颈提供新的解决方案。

第一，量子计算机将破解计算能力的瓶颈。和传统计算机不同，量子计算机的基本计算单元量子比特处于叠加状态，并且量子比特之间并不是相互独立，而是处于量子纠缠的状态，这使得量子计算机获得了超快的并行计算能力以及超大的存储能力，从而实现指数级算力的提升。

第二，量子通信将破解通信安全瓶颈。微观粒子的量子状态具备不可克隆性，这就使得任何盗取信息的行为都会破坏原有的信息，而被接收者发现。因此，量子通信从物理原理层面上确保了信息的不可被盗取和破解，从而实现了通信的绝对安全。

第三，量子精密测量破解测量精度的瓶颈。和传统的测量技术相比，量子精密测量技术可以实现测量精度的飞跃。传统的计时工具石英钟的计时精度最高只能达到 270 年误差一秒，而基于量子技术的原子钟的计时精度可以达到数亿年误差不到一秒的精度。

2. 量子科技将引发重大颠覆性基础理论革命，主要表现在三个方面

首先，量子科技可以实现对任意物理系统的量子模拟。宇宙最本质的运行规律是量子力学原理，量子计算机或者量子模拟器则可以像自然一样运行，这为解决一些无法进行实验验证或者需要极端实验条件才能进行实验的前沿科学难题提供了解决方案，如超导理论、黑洞理论、量子化学、高能物理等前沿科学问题。

其次，量子科技颠覆了传统的计算复杂性理论。一方面，量子计算机能轻易解决一些传统计算机无法解决的数学难题，例如，对于现在广泛使用的 RSA 公钥加密算法，传统计算机很难破解，而量子计算机能够轻而易举地破解。另一方面，量子计算机和量子算法有望突破目前人工智能技术算法和算力的限制，推动人工智能技术进入新的发展高潮。另外，量子科技将有望破解意识之谜，届时真正的人工智能将到来，其颠覆性不言而喻。

最后，量子科技将为前沿基础研究提供更为精密的测量，为引力波探测、物理学常数测量、生物医学成像等多个前沿科学领域提供关键的技术支撑。量子科技的应用空间极为广阔，将为人类破解宇宙终极奥秘开辟新的科学之路。

3. 量子科技具有重大的战略价值

量子科技作为新科技革命的突破口和科技制高点，不论哪个国家率先占领这一技术制高点，都将成为新技术标准的制定者，从而牢牢掌握相关产业的主导权，并进一步内化为科技、经济的竞争优势，成为大国博弈的核心竞争力。而更安全的量子通信、更精密的测量技术、更快的计算能力以及更多相关的量子科技，不仅将在未来国防安全方面发挥更多颠覆性作用，而且还将支撑一个国家未来的国际地位。全世界许多国家都已经认识到量子科技对新一轮科技革命和产业变革的重要性，纷纷将量子科技列为优先发展的重点科技。以美国为例，进入 21 世纪以来，密集发布了数十项与量子科技相关的战略规划[①]，其中量子芯片计划被称作“微型曼哈顿计划”，将量子科技提升到和曼哈顿计划同等重要的地位。所以，加快量子科技发展与布局，对促进高质量发展、保障国家安全具有非常重要的战略意义。

目前，人类科学技术的根基还停留在经典的牛顿物理时代，伴随着科学技术

① 潘建伟：《更好推进我国量子科技发展》，《红旗文稿》2020 年第 23 期，第 9-12 页。

的不断进步，量子科技将引领新一轮科技革命，并将逐步影响到社会发展的各个方面，推动人类进入量子文明时代。在量子科技领域，我国科技工作者奋起直追，已经取得一批具有国际影响力的重大创新成果，总体上已经具备了争夺新一轮科技革命策源地的科技实力和创新能力。相信经过不懈努力，在新一轮科技革命和产业变革竞争中，我国必将弯道超车，突破西方国家的科技封锁，实现由追赶者向引领者的角色转换。

第二节　量子信息革命的核心——量子纠缠

量子信息革命中涉及的所有应用，如量子计算、量子通信、量子存储等，核心都是在对纠缠的量子态进行操控。因此，要深入理解量子信息，必须首先探讨量子纠缠的本质。

一、量子纠缠的定义

量子纠缠现象最初引发关注，源于玻尔与爱因斯坦之间著名的三次论战。其中前两次争论聚焦于量子力学的正确性——尤其是其概率性解释是否正确，最终被玻尔成功化解；第三次争论中，爱因斯坦转而论证量子力学不完备，提出了EPR关联，后者成为量子信息传输的雏形。

玻尔和爱因斯坦的第一次争论和第二次争论分别发生在1927年第五届索尔维会议和1930年第六届索尔维会议上，爱因斯坦对量子力学不一致性的理想实验论证，被玻尔成功化解。1930年之后，玻尔和爱因斯坦的论战逐渐平息，人们逐渐接受了玻尔的解释，并笼统地称之为正统解释。但是，爱因斯坦并没有放弃他对经典理论和决定论理论的信念，他意识到，在逻辑上是没办法推翻量子力学的，因为不确定性原理总是能在关键时候挽回局面，需要一个新的策略来证明量子力学是不完备的，总是存在一些客观的量不能在量子力学中予以描述。

1935 年，爱因斯坦又一次“卷土重来”，和两位年轻的同事波多尔斯基（B. Podolsky）及罗森（N. Rosen）在《物理学评论》发表《量子力学所描述的物理实在是完备的吗？》，提出了著名的“EPR 佯谬”①，对玻尔展开了又一轮猛烈的攻击。这篇论文只有 4 页，其中波多尔斯基主要负责写论文，罗森主要做计算，而爱因斯坦给出了完整的观点及其物理意义。玻尔的助手后来回忆说：“这篇东西对我们不啻晴天霹雳。它对玻尔的影响是明显的……只要玻尔听到我有对爱因斯坦论证的报告，他便会放下其他的一切。”②

他们首先指出理论在经验上成功和理论的完备性是两个不同的概念。理论的正确性取决于理论的结论与人类经验之间的一致程度。当物理学的“经验”以实验和测量的形式出现时，每个物理学家都会接受理论的经验有效性。到目前为止，在实验室进行的实验和量子力学的理论预测之间没有冲突。这似乎是一个正确的理论。然而对爱因斯坦来说，若一个理论是正确的，那么仅仅与实验相符是不够的，它也必须是完备的。

那么，理论怎么才是完备的呢？理论还必须是对经验的实在性描述。“任何物理理论，都必须考虑独立于理论的客观现实与该理论的物理概念之间的区别。这些概念的目的是与客观现实相一致，通过这些概念，我们可以描绘客观现实。”③于是他们又进一步给实在性下了一个明确的定义：物理实在的每一个元素在物理理论中都必须有一个对应的元素④。

爱因斯坦不想陷入无尽的哲学争论中，因为在传统哲学中实在性承载了太多

---

① Einstein A, Podolsky B, Rosen N. “Can quantum-mechanical description of physical reality be considered complete?”. *Physical Review*, 1935, 47 (10): 777-780.

② ［美］布鲁斯·罗森布鲁姆、弗雷德·库特纳：《量子之谜——物理学遇到意识》，向真译，湖南科学技术出版社 2018 年版，第 200 页。

③ Einstein A, Podolsky B, Rosen N. “Can quantum-mechanical description of physical reality be considered complete?”. *Physical Review*, 1935, 47 (10): 777.

④ Einstein A, Podolsky B, Rosen N. “Can quantum-mechanical description of physical reality be considered complete?”. *Physical Review*, 1935, 47 (10): 777.

的争论，于是在使用实在性时，为了避免对实在性的误解，他认为只需对实在性给出合理、明确的定义即可。“如果不以任何方式干扰一个系统，我们可以确定地预测（概率为 100%）一个物理量的值，那么就存在一个与这个物理量相对应的物理实在元素。”①也就是说，在爱因斯坦看来，实在性就意味着物理量有确定的值，而非概率值。

爱因斯坦试图通过 EPR 佯谬证明量子力学的不完备性，驳倒玻尔。他们指出，严肃的科学理论，必须重视客观现实与理论概念之间的关联和差别。物理概念是阐述理论的，而客观现实却并不依赖于理论。因此物理概念必须与客观现实相一致。对爱因斯坦来说，理论仅仅计算正确和经过实验验证还不够，还必须是完备的。他们将理论的完备性定义为“物理理论中的每个要素必须在现实中有对应的配对”②。也就是说，一个完整的理论，必须在理论元素和现实元素之间一一对应。根据测不准原理，一个物体的位置测量得越准确，其动量就越不准确。爱因斯坦则质疑：不能精确测量电子的位置，是否就意味着电子没有精确的位置呢？按照玻尔的说法，在没有测量之前，电子是没有具体位置的。

根据 EPR 佯谬，通过引入定域性假设和实在性假设，两个关联的粒子，测量其中一个粒子后会“影响”到很远的另一个地方的粒子的行为，而且这种关联似乎是超距的，其本质上包含了一种不可分离的特性，而且这种特性完全不受空间的限制，甚至会超过光速，这严重挑战了爱因斯坦的定域性原则，爱因斯坦称其为“幽灵般的超距作用”。这种超距作用后来被称为“非定域性”。爱因斯坦认为这样的行为是不可能的，在相对论中，任何相互作用的传播速度都不能超过光速，因此相隔很远的两个事件不会相互影响，这违背了相互作用定域性原则。同时，根据定域性的自主存在原则，A 粒子的测量结果只与对 A 的测量方式有关，与 B 粒

① Einstein A, Podolsky B, Rosen N. “Can quantum-mechanical description of physical reality be considered complete?”. *Physical Review*, 1935, 47 (10): 777.

② Einstein A, Podolsky B, Rosen N. “Can quantum-mechanical description of physical reality be considered complete?”. *Physical Review*, 1935, 47 (10): 777.

子的测量结果和方式无关，但这一原则也被违背了。因此，EPR 佯谬违反了基于因果关系的定域实在论观点，爱因斯坦以此证明量子力学的形式是不完备的。

这种超光速的非定域性很容易引起人们的误解，以为这违背了相对论，是一种超距作用。而实际上，非定域性本质上是一种全局性的关联，与超距作用是完全不同的概念。纠缠产生的关联性可以通过测量破坏，而纠缠粒子之间的相互作用信息可以被应用，但是任何超过光速的信息传输都是不可能的。现有流行的各种量子通信技术方案都需要经典信道的辅助，无法进行信号的超光速传递。

薛定谔对这种非定域性进行了更加深入的研究。EPR 佯谬提出不久，薛定谔也发表论文进一步描述 EPR 佯谬[①]。他将两个粒子这种关联的状态称为“量子纠缠”，因为它们的量子特性已经通过相互作用紧密地联系在一起。也就是说，一对或一组粒子的量子态，不能独立于其他部分的状态进行单独描述。量子纠缠是区分经典物理学和量子物理学的核心特征。具体来讲，在对纠缠粒子对进行诸如位置、动量、自旋和极化等物理特性的测量时，可以发现这些物理特性在它们之间是完全相关的。例如，一对纠缠的粒子生成，它们的总自旋为零，假如测量其中一个粒子时发现其自旋向上，那么另一个纠缠的粒子则为自旋向下，反之亦然。在有纠缠粒子的情况下，测量会对整个纠缠系统产生影响。对粒子某一特性的任何测量行为，都会导致纠缠粒子对整体不可逆的波函数坍缩。

当时在哥本哈根的比利时理论物理学家莱昂·罗森菲尔德（Léon Rosenfeld）写道：“这次攻击对我们来说犹如晴天霹雳。”[②]狄拉克哀叹道：“现在我们必须从头再来，因为爱因斯坦证明了这是行不通的。”[③]

玻尔很快做出回应，爱因斯坦、波多尔斯基和罗森提出的物理实在的标准，

① Schrödinger E. “Probability relations between separated systems”. *Mathematical Proceedings of the Cambridge Philosophical Society*, 1935, 32 (3): 446-452.

② Rozental S. *Niels Bohr: His Life and Work as Seen by His Friends and Colleagues*. Amsterdam: North-Holland Publishing Company, 1967: 114-136.

③ Beller M. *Quantum Dialogue: The Making of a Revolution*. Chicago: University of Chicago Press, 1999: 145.

在表达“不以任何方式干扰系统”这句话的意思时包含着一种含糊不清。当然，在刚才考虑的情形中，在测量过程的最后关键阶段，不存在系统的机械干扰问题。但即使在这个阶段，本质上也还存在对有关系统未来行为预测可能类型的定义的条件的影响问题。由于这些条件构成了能恰当描述称为“物理实在”的现象的固有要素，因此，爱因斯坦等所提到的论据并不能证明他们的“量子力学描述基本上是不完备的”这一结论。

但是，爱因斯坦坚持认为存在一个不依赖于观测的、真实的外部世界。科学的目标必须是解释自然的本质，而不只是仅仅描述自然所直接表现出来的侧面。爱因斯坦认为，粒子之所以显示出特定的自旋，是因为粒子实际上就具有那种特性，而不是观测行为给予的。他坚持认为，对象客观拥有不依赖于对其观察的物理性质。如果量子理论不包括这样的性质，那么这种理论就是不完备的，量子理论的观察所创造的实在来源于某种“隐变量”的作用。

二、量子纠缠的验证

EPR 的目标，是为了说明 B 粒子具有独立性质，其行为不可能受到 A 粒子的影响，但量子力学似乎允许这样荒谬的事情发生，因此量子力学是不完备的。但是，玻尔反驳说，这对粒子是纠缠在一起的，一起形成了一个单独的系统，无论它们相距多远，如果你测量了一个，那么另一个的状态也就确定了。玻尔居然接受了看起来如此奇特的结论，当时的人们百思不得其解。

EPR 佯谬给物理学家带来极大的不安，任何试图消除 EPR 佯谬思想实验中所暗示的令人毛骨悚然的超距作用的尝试，都涉及所谓的“隐藏变量”的引入。但是，之所以称之为隐变量，就是因为这些性质是量子系统所假设的性质，根据定义是无法被实验直接验证的，但它们却在更深层次上控制着粒子最终的可测量性质，也就没有必要使用波函数的坍缩、瞬间的变化以及幽灵般的超距作用。

多年之后，当玻姆在学习量子力学，试图用玻尔的观点理解量子力学时，他意识到如果 EPR 论文中爱因斯坦的论点是正确的，即如果量子力学是不完备的，那么就必须对其进行补充，形成一个更完整的理论，这就需要补充一些隐藏的变量，如果可以发现这些隐变量，那么目前的量子理论将是隐变量理论的一个极限情况。但经过认真研究，玻姆却发现“量子理论与隐藏的因果变量的假设不一致”[①]。但是，他发现 EPR 的论证也是不合理的，EPR 关于物质本质是确定性的假设，从一开始就与量子理论相矛盾。尽管 EPR 思想实验的论证存在缺陷，但也促使玻姆对哥本哈根诠释提出了疑问。

1952 年，玻姆发表了他的观点[②]。在他的论文中，玻姆提出了量子理论的另一种解释，并认为他的解释可以对单个量子系统进行精确、理性和客观的描述。这个模型实际上是德布罗意的导波模型的一个数学上更精致的版本。

玻姆的隐变量理论指出：量子力学的波函数是一种抽象的概率波，而在导波理论中，波函数是一种引导粒子运动的真实的物理波。就像洋流引导轮船移动一样，导波负责粒子的运动。粒子是有明确的运动轨迹的，但不确定原理通过阻止实验者测量它们，而将它们“隐藏”了。

但是，早在 1932 年，冯・诺依曼写了《量子力学的数学基础》一书。在书中，他专门探讨了量子力学是否可以通过引入隐变量来重新表述为确定性的理论。隐变量与普通变量不同，它无法测量，因此不受测不准原理的限制。冯・诺依曼的结论是否定的，他还给出了数学证明，证明任何隐变量方法都是不可能的。但 20 年后，玻姆依然采用了这种方法[③]。玻姆直觉上认为冯・诺依曼的论证应该是错误的，但是却找不出数学上的漏洞。

最后，约翰・贝尔证明了冯・诺依曼使用的一个假设是没有根据的，因此他

① Bohm D. *Quantum Theory*. New York: Prentice Hall, 1951: 622.

② Bohm D. “A suggested interpretation of the quantum theory in terms of ‘hidden’ variables Ⅱ”. *Physical Review*, 1952, 85 (2): 180-193.

③ [英]曼吉特・库马尔：《量子理论：爱因斯坦与玻尔关于世界本质的伟大论战》，包新周、伍义生、余瑾译，重庆出版社 2012 年版，第 267 页。

的“不可能”证明是错误的。之后，约翰·贝尔试图通过构建一个“定域”的隐变量理论来保持量子力学的定域性。1964 年，约翰·贝尔发表了一篇题为《论爱因斯坦-波多尔斯基-罗森悖论》的论文[①]。他推论出，如果纠缠粒子对的测量是独立进行的，那么结果取决于隐藏的变量的假设，就意味着两部分的结果存在一定约束。约翰·贝尔证明，如果一个定域隐变量理论成立，那么这些相关性必须满足某些约束，这种约束后来被称为贝尔不等式。约翰·贝尔随后证明，量子物理学的预测违反这个不等式。因此，隐变量能否符合量子力学预言的唯一方式，就是它是否是“非定域的”。“如果[隐变量理论]是定域的，它就不符合量子力学；如果它符合量子力学，它就不是定域的。”[②]约翰·贝尔指出任何定域隐藏变量理论都无法满足量子力学的预测。贝尔定理将 EPR 佯谬从哲学争论引向了实验验证，深刻地改变了人们的认识和研究方式，可以说是迄今为止最深刻的科学发现之一。

约翰·贝尔意识到，如果假定这些隐变量存在，那么在 EPR 实验中，隐变量理论所预测的结果将与量子理论的预测不一致。也许我们不能清楚地说明这些隐藏变量作用的过程和机制，这并不重要。任何类型的隐变量假设都意味着两个光子作为独立的实体，分开后也是局部真实的——定域的，并作为独立的实体继续存在，直到被探测到。但是量子理论要求两个粒子是纠缠的和非定域的，由于它们整体使用一个波函数来描述，因此只要测量不发生，它们就一直保持纠缠和非定域，直到其中一个被测量到，此时整体的波函数立即坍缩，粒子的纠缠态和非定域性也被不可逆地破坏。

在接下来的几年里，量子力学的反直觉预测被实验验证了，在实验中，纠缠粒子的极化或自旋在不同的位置被测量，在统计上违反了贝尔不等式。贝尔不等

① Bell J S. “On the Einstein Podolsky Rosen paradox”. *Physics Physique Fizika*, 1964, 1(3): 195-200.

② Bell J S. *Speakable and Unspeakable in Quantum Mechanics*. Cambridge: Cambridge University Press, 1987: 65.

式又延伸出多个变种，引入了各种相关的约束条件。恰好当时先进的激光技术、光学仪器和灵敏的探测设备都出现了，检验贝尔不等式的实验很快就开始实施。

1972 年之后，在实验方面取得了决定性进展，使用纠缠光子对进行实验后，贝尔不等式被违反了，量子力学的预言是正确的，定域隐变量的假设与物理系统的实际行为是不一致的。

这些实验中最广为人知的是法国物理学家阿兰·阿斯佩克特（Alain Aspect）和他的同事在 20 世纪 80 年代早期进行的。其中，最关键的是要制备光子的纠缠态。它们利用两束高能激光来产生激发的钙原子，通过高温炉中的小孔将气态钙释放到真空室中，形成原子束。以这种方式激发的钙原子快速连续地产生两个光子，两个光子以相反的偏振状态发射。这意味着当它们通过线性偏振滤光器时，两个光子将具有相同的线性偏振状态，要么是垂直的，要么是水平的[①]。

1997 年，日内瓦大学的一个研究小组进行了类似的实验。他们使用位于日内瓦城外 14 英里的两个探测器测量纠缠光子对。结果均表明，超距作用以至少 2 万倍于光速的速度从一个探测器传播到另一个探测器。明显违反了贝尔不等式。具体实验过程不再详述，最终结果证明贝尔不等式被违反，也就意味着非定域性真实存在，量子理论是正确的，爱因斯坦错了。

贝尔定理证明了量子力学与定域隐变量理论是不相容的。贝尔不等式的违反也证明了：量子物理学不同于任何经典的物理学，量子力学本质上是非定域的，这是任何定域性的经典理论都无法解释的。贝尔定理的强大之处在于，它否定了所有的定域隐变量理论。它表明，大自然从根本上违背了经典物理学背后最普遍的假设，任何定域的随机隐变量的组合模型都不能再现量子力学的预测。爱因斯坦对量子力学的完备性的质疑似乎并不成立，量子力学呈现出与经典力学完全不同的性质。

---

① Aspect A, Dalibard J, Roger G. “Experimental test of Bell’s inequalities using time-varying analyzers”. *Physical Review Letters*, 1982, 49 (25): 1804-1807.

三、量子纠缠的分类

实际上，根据关联的不同强度，量子纠缠还可以继续分为不同的类型。2007年，怀斯曼（H. M.Wiseman）、琼斯（S. J. Jones）和多尔蒂（A. C. Doherty）将量子非定域性进一步划分为三种不同类型：一般的量子纠缠（quantum entanglement）、量子导引（quantum steering）和贝尔非定域性（Bell nonlocality）①。非定域性本质上是一种全局性的关联，而量子纠缠仅仅是非定域性的一种表现，根据纠缠度的不同还存在很多可区分的状态。但是，随着纠缠程度的加强，量子力学的完备性再次被打破，量子力学的完备性进一步面临更加深刻的挑战。

那么，依据纠缠程度的不同，量子力学表现出哪些不同的性质呢？这就需要按照纠缠程度的不同进行区分。

1. 量子纠缠

量子纠缠态是量子力学区别于经典物理学的特有状态，按照是否纠缠可以分为可分离态和不可分离态。同时，由于量子态的叠加原理，一个量子态可以同时处于多个本征态的线性叠加，叠加态又可分为纯态和混合态。对于纯态而言，如果不能分解为子系统的直积，它就是纠缠的；对于混合态，如果系统的密度矩阵不能写成子系统密度矩阵的直积组合，它就是纠缠的。

量子系统纠缠的程度也被称为纠缠度，反映了处于纠缠的量子系统之间的关联程度。纠缠度介于 0 到 1 之间，1 表示最大纠缠，0 表示不纠缠。之前基于贝尔不等式的研究，都是研究最大纠缠态对贝尔不等式的破坏。但是，实际上非最大纠缠态也可能具有贝尔非定域性，由于同样是非定域性，也存在纠缠度的强弱，但是对于究竟在怎样的程度上区分贝尔非定域性人们还没有任何概念，一般来说，只有纯态才能达到最大纠缠，其他的混合态则只能达到部分纠缠。

---

① Wiseman H M, Jones S J, Doherty A C. “Steering, entanglement, nonlocality, and the Einstein- Podolsky-Rosen paradox”. *Physical Review Letters*, 2007, 98 (14): 140402.1-140402.4.

1989 年，维尔纳（R. Werner）首先开始关注这个问题，从定域隐变量模型的数学定义出发来进行研究，并给出了量子纠缠态的精确数学定义[①]。他通过定义维尔纳态（Werner states）指出量子纠缠与贝尔非定域性是两个完全不同的概念。因为存在个别量子纠缠态，可以用经典的定域隐变量模型进行描述，而不满足贝尔非定域性，也就是说量子纠缠严格来说不能对经典态和量子态做出精确的区分。

1991 年，尼古拉斯·吉辛（Nicolas Gisin）提出了吉辛定理[②]：任意两个量子比特的纯纠缠态都违反贝尔不等式，此时量子纠缠与贝尔非定域性等价。吉辛定理表明不仅最大纠缠态具有贝尔非定域性，而且所有的两体纠缠纯态都具有贝尔非定域性[③]。

2. 量子导引

量子导引是一种新型量子非定域性，一种特殊的非定域关联，介于贝尔非定域性和量子纠缠之间。也就是说，一个表现出贝尔非定域性的状态也一定会表现出量子导引，一个表现出量子导引的状态也一定会表现出量子纠缠。量子导引的概念最初由薛定谔提出[④]，后来由怀斯曼、琼斯和多尔蒂进行了推广。

1935 年，在 EPR 佯谬的基础上，薛定谔引入了量子导引的概念，其前提是对于任意纯两体纠缠态，在对任意一方进行测量时，导引另一方的状态变化特征。薛定谔仅仅提出了量子导引的概念，还没有严格定义它，因此还不知道什么样的状态是可导引的。怀斯曼等提供了一个可操作的定义，证明了（各向同性态）导引态是纠缠态的子集，同时导引态是可以显示出贝尔非定域性的。“对于任意二

---

① Werner R F. “Quantum states with Einstein-Podolsky-Rosen correlations admitting a hidden-variable model”. *Physical Review A*, 1989, 40 (8): 4277-4281.

② Gisin N. “Bell’s inequality holds for all non-product states”. *Physics Letters A*, 1991, 154 (5-6): 201-202.

③ Chen J L, Su H Y, Xu Z P, et al. “Beyond Gisin’s theorem and its applications: Violation of local realism by two-party Einstein-Podolsky-Rosen steering”. *Scientific Reports*, 2015, 5 (1): 11624.

④ Schrödinger E. “Discussion of probability relations between separated systems”. *Mathematical Proceedings of the Cambridge Philosophical Society*, 1935, 31 (4): 555-563.

态的高斯态，推导出了一个线性矩阵不等式，该不等式通过高斯测量来确定可导引问题，我们将其与最初的爱因斯坦-波多尔斯基-罗森悖论联系起来。”[①]

具体地说，量子导引是指，当 Alice 与 Bob 在测量一对纠缠的粒子时，由于对于同一个物理系统的波函数，按照不同基矢量可以有无穷多种不同的展开方式，Alice 可以通过选择不同的测量方式，从而使 Bob 的粒子的波函数立即同步坍缩到与 Alice 对应的状态。因此，Alice 可以选择不同的方式测量，从而将 Bob 的粒子导引到相应的量子态。看起来似乎是 Alice 可以导引或直接操控 Bob 手中的粒子。或者说，Bob 看到的世界，取决于 Alice 的选择。这说明 Alice 具有导引的能力，即 Alice 能够在不直接接触 Bob 手中粒子的情况下操控其状态[②]。

从导引态是如何推出纠缠态的呢？具体来讲，怀斯曼等是这样证明的：一个纠缠的粒子对，Alice 可以将其中一部分信息发送给 Bob，并重复任意次数。每一次，他们测量各自的部分并进行经典的交流。Alice 的任务是使 Bob 确信他所能准备的态是纠缠态。Bob 承认量子力学描述了他所进行的测量的结果。然而，Bob 并不信任 Alice。如果 Bob 的测量结果和 Alice 报告的结果之间的相关性，可以用 Bob 的定域隐变量模型来解释，那么 Bob 将不会相信态是纠缠的。相反，如果相关性不能被定域隐变量模型解释，那么状态一定是纠缠的。因此，如果 Alice 能够通过操纵 Bob 的粒子的状态为 Bob 创建真正不同的导引，那么他的任务就会成功，从而证明导引态一定是纠缠态，是非定域的。

怀斯曼在另一篇论文中提出，纠缠态可以被证明是贝尔非定域性吗？[③]答案是：不能。在这篇论文中他进一步证明了，不是所有的纠缠态都是导引态，同时，

① Wiseman H M, Jones S J, Doherty A C. “Steering, entanglement, nonlocality, and the Einstein-Podolsky-Rosen paradox”. *Physical ReviewLetters*, 2007, 98 (14): 140402.1-140402.4.

② 陈景灵：《量子力学那些事：量子纠缠、量子导引、贝尔非定域性》，2018 年 6 月 8 日，https://tech.sina.com.cn/d/i/2018-06-08/doc-ihcscwxa1601413.shtml。

③ Werner R F. “Quantum states with Einstein-Podolsky-Rosen correlations admitting a hidden-variable model”. *Physical Review A*, 1989, 40 (8): 4277-4281.

从量子导引也不能直接推出贝尔非定域性。因此，量子导引是介于量子纠缠和贝尔非定域性之间的一种状态。

3. 超量子纠缠

毫无疑问，非定域性是量子力学最显著的特征之一。非定域性的本质是一种关联，通过贝尔不等式的扩展研究，可以对这种关联进行度量。但基于量子信息和量子计算的最新研究表明，似乎存在着比传统量子非定域性更强的非定域性关联，这已经超出了一般量子力学的预测范围。波佩斯库和罗尔利希（D. Rohrlich）从非定域性和因果律出发，构造出一组联合概率——Popescu-Rohrlich Box（简称 PR-Box），能够更大地破坏 CHSH 不等式。[①]在 PR-Box 中，只会给出输入和输出，中间的机制可以不考虑。PR-Box 对 CHSH 不等式的破坏可达到 4，而经典理论是 2，量子力学是 2.828[②]。

这就为我们的研究提出了一个全新的问题：量子力学可能还不是最基础的理论，目前的量子力学可能仍然是不完善的，自然界似乎存在比量子理论预期更强的非定域性关联，而量子力学无法对此给出有效的解释，因此，是否存在一种尚未被发现的原理来描述非定域性关联？我们还不得而知。

第三节　量子信息革命的哲学挑战

实际上量子纠缠并不是量子力学的根本性质，量子纠缠的本质就是非定域性，量子纠缠仅仅是非定域性的一种表现。非定域的量子力学，对基于定域性的传统观念都提出了根本性的挑战，如定域性、实在论、决定论、形式逻辑等。实际上，第一次量子革命已经对这些概念构成了挑战，但是整个 20 世纪反抗的力

---

① Popescu S, Rohrlich D. “Quantum nonlocality as an axiom”. *Foundations of Physics*, 1994, 24 (3): 379-385.

② 陈景灵：《量子力学那些事：量子纠缠、量子导引、贝尔非定域性》，2018 年 6 月 8 日，https://tech.sina.com.cn/d/i/2018-06-08/doc-ihcscwxa1601413.shtml。

量一直没有停止，而二次量子革命之后所有的争议都将得到澄清。

一、经典定域性实在的破产

在日常用语中，定域性（locality）一般翻译作“当地的”，是指区别于其他地方的本地的意思。定域性在物理学中的使用，可以追溯到 17 世纪，每样东西都有一个位置，你总是可以用“它处于这里，而不是那里”来描述一个对象。如果说一个东西没有位置，那一定会引起歧义。

定域性有两层含义：

第一，可分离性原则，也可以称之为自主存在原则。所有物体都会有一个确定的状态，可以分离任意两个物体或物体的一部分，并单独考虑它们，而且一旦分离之后，所有的部分都应该是自主存在的，不再受到原有部分的影响。

第二，局部作用原则，也可称之为定域性相互作用原则。两个物体之间的相互作用力是通过质点之间的相互撞击，或者通过一个中介媒质进行传递的，这种传播是有一定范围的，不能无限传播。当距离太远时，最大的信号传播速度是光速，超过光速就不可能传递信息。

但是，在牛顿的理论框架中，虽然精确地描述了万有引力的大小，但是在解释引力的传播时却遇到了极大的困难[①]。因为引力的大小依赖于宇宙中物质的分布，改变这种分布，比如移动一下我的身体，立即会影响宇宙中所有其他的物体。当然，由于平方反比定律，这种效应随着距离的增加而减小。另外，这种作用原则上可以用来传递信息，假设引力效应能被探测到，可以通过选择一组操作，通过运动编码序列的 0 和 1，一个人可以瞬间传送消息到任意远的距离，虽然要检测这种信号非常困难。没有任何实验能够测试引力是否真的可以瞬间在两物体之间发生作用，但这已经违背了定域性相互作用原则。而且在牛顿引力公式中，引

---

① Cohen I B. *Isaac Newton's Papers & Letters on Natural Philosophy*. 2nd ed. Cambridge: Harvard University Press, 1978: 302-303.

力的传播似乎不需要时间，引力似乎不受空间的限制，这种超距作用使得牛顿在解释他的力学结构时陷入了形而上学的困境。牛顿似乎并不相信这种超距作用，但无能为力。“重力应该是与生俱来的，是物质的内在和本质，一个物体可以通过真空在很远的距离上对另一个物体起作用，而不需要任何其他事物作为中介。通过它，它们的动作或力量可以从一个传递到另一个。对我来说，这是如此地荒谬，我相信，在哲学问题上任何有思考能力的人都不会陷入这种荒谬之中。”①

两个多世纪后，爱因斯坦相对论的提出解开了牛顿的困局，通过假设光速不变原理，爱因斯坦为距离的传播设定了一个速度极限，任何超过光速的信号传播都是不可能的，当然也就不存在超距作用。爱因斯坦印证了牛顿的猜想，同时也确立了定域性的原则。随后爱因斯坦把定域性作为一个基本前提，并在此基础上提出了狭义和广义相对论。同时，由于相对论取得了巨大成功，定域性原则逐渐被认为是一切相互作用都应当遵守的法则。

定域性为什么如此重要？定域性之所以如此重要，是因为定域性原则是理解自然的先决条件，凝结了两千多年的哲学和科学思想的精华②。可以说，定域性是科学甚至逻辑的根本基础，是因果关系的先决条件，如果定域性破产，意味着由此建立的所有科学、逻辑、哲学体系都面临破产的危机。非定域性正在给科学带来最深刻的危机，但是很多科学家并未察觉。很多人到现在还坚持认为，幽灵般的超距作用不可能存在，但其实非定域性和超距作用并不是一回事。有的科学家还在试图将非定域性纳入经典框架。但是，在最近的二十几年间，随着各种理论和实验的不断确认，非定域性开始走进主流物理学的行列，科学家们正在逐渐意识到其重要性。非定域性如此令人震惊，远远超越了想象，给我们提供了一

---

① Newton I. “Letter to R. Bentley, 25 February 1693”. In Turnbull H W. *Correspondence of Isaac Newton, Volume Ⅲ, 1688-1694*. Cambridge: Cambridge University Press, 1961: 253-256.

② [美]乔治·马瑟：《幽灵般的超距作用：重新思考空间和时间》，梁焰译，人民邮电出版社 2017 年版，第 5 页。

个窥探真实物理实在的窗口。物理学哲学家、纽约大学教授芒德林说："我一直认为，现在仍然认为，非定域性的发现和证明是 20 世纪物理学的一个最惊人的发现。"[①]

二、对实在论的挑战

EPR 佯谬引起了玻尔和爱因斯坦激烈的争论。对玻尔来说，根本就没有量子世界，有的仅仅是一个抽象的量子力学描述。而对爱因斯坦来说，量子世界和经典世界一样，是客观的存在，不依赖于任何感觉经验。

而贝尔不等式最大的贡献就是使得量子的非定域性可以通过物理实验来验证，使得关于实在论的哲学层面上的争论可以定量检验。贝尔定理表明：任何定域实在论都与量子力学不相容。不过最初约翰·贝尔提出的形式仅仅是两比特系统，实验检验较为困难。

1969 年，克劳泽（J. Clauser）、霍恩（M. Horne）、西蒙尼（A. Shimony）和霍尔特（R. Holt）一起提出了 CHSH 不等式[②]。就像约翰·贝尔的原始不等式一样，CHSH 不等式为实验测试中的统计施加了一个约束，如果存在潜在的定域隐变量（定域实在性）模型，约束就是有效的，CHSH 不等式的$|S| \leqslant 2$，即其经典上限是 2。然而两比特纠缠粒子的观测者 Alice 和 Bob 可以通过选择特定方式使这个约束值达到 2.828，超出了定域隐变量（定域实在性）模型的最高值，量子力学打破了这种约束。这就意味着量子力学从本质上区别于基于定域实在性模型的经典物理学，也就意味着爱因斯坦的定域实在论假设是错误的，但是究竟是定域性错了，还是实在性错了，还是两者都错了，还没有定论[③]。

---

① [美]乔治·马瑟：《幽灵般的超距作用：重新思考空间和时间》，梁焰译，人民邮电出版社 2017 年版，第 11 页。

② Clauser J F, Horne M A, Shimony A, et al. "Proposed experiment to test local hidden-variable theories". *Physical Review Letters*, 1969, 23 (15): 880-884.

③ The BIG Bell Test Collaboration. "Challenging local realism with human choices". *Nature*, 2018, 557 (7704): 212-216.

定域实在论模型已经被证明无法描述量子力学，那么非定域实在论模型是否就可以和量子力学相容呢？2003 年，莱格特（A. J. Leggett）构建了一个基于非定域实在论的不等式来对量子力学进行检验[①]。莱格特不等式中的实在性与贝尔不等式的实在性不同，没有添加定域性约束条件。因此，莱格特不等式代表了一种非定域实在论模型。2007 年和 2010 年的实验结果分别显示，量子力学违反了莱格特不等式[②③]。由于之前对贝尔不等式的实验检验，已经排除了量子力学的定域实在论，那么违反莱格特不等式，被认为是在量子力学中证伪了实在论。

真实情况真的如此吗？我们必须注意到，这里物理学家所说的实在论和传统哲学中的实在论是不同的。一个是物理学中明确定义的实在论，一个是形而上学的实在论。

首先，两个概念本身的含义并不相同。物理定义的实在论是这样表述的：物理实在的每一个元素在物理理论中都必须有一个对应的元素。实在性意味着所有的物理量必须有确定的状态。“要是对于一个体系没有任何干扰，我们能够确定地预测（即几率等于 1）一个物理量的值，那末对应于这一物理量，必定存在着一个物理实在的元素。”[④]然而，在量子力学中，一个粒子的位置和动量不可能同时确定。在假设实在性的前提下，贝尔不等式和莱格特不等式都被违反，也就意味着这种在测量前就有确定状态，在量子力学中是不可能的。

其次，两者属于不同科学范畴的概念，无法简单画等号。为什么爱因斯坦等物理学家，这么执着于建立一个违反量子力学的定域隐变量理论或者定域实在性

① Leggett A J. “Nonlocal hidden-variable theories and quantum mechanics: An incompatibility theorem”. *Foundations of Physics*, 2003, 33 (10): 1469-1493.

② Gröblacher S, Paterek T, Kaltenbaek R, et al. “An experimental test of non-local realism”. *Nature*, 2007, 446 (7138): 871-875.

③ Romero J, Leach J, Jack B, et al. “Violation of Leggett inequalities in orbital angular momentum subspaces”. *New Journal of Physics*, 2010, 12 (12): 123007.

④ [美]爱因斯坦：《爱因斯坦文集（第一卷）》，许良英、范岱年译，商务印书馆 1976 年版，第 329 页。

理论？其背后受到了传统形而上学实在论的影响。形而上学实在论的核心就是认为客观世界是独立于我们的意识或心灵而存在的。爱因斯坦“相信有一个离开知觉主体而独立的外在世界，是一切自然科学的基础”[①]。但实际上，从整个宇宙的视角看，根本就不存在所谓的主观和客观的区分，量子的纠缠状态本身就是自然的天然属性。形而上学的实在论对主观和客观的分离本身可能就是有问题的。“量子力学本身要解决的问题，同实在论与反实在论的争论并不相干”，“测不准关系也好，EPR 关联也好，本身并没有给我们以理由来接受或拒斥实在论或反实在论的答案”[②]。

物理学中的定域实在论和非定域实在论，都是在明确假设的前提下提出的量子力学理论，是可以明确用实验检验的物理学假设。而形而上学实在论是一个哲学理论，其本质上是一种概念性的论证，并不是一个可证伪的科学理论，而且其内涵也非常复杂而丰富，很难用一个或几个物理实验将其证伪。贝尔不等式和莱格特不等式的违背，只能说明这种试图改造量子力学，使其与经典物理学的立场进行一定融合的努力都以失败告终，实验确实否定了物理学中建立的定域实在模型和非定域实在模型。虽然用词都是实在论，但是其含义和涵盖的范围是存在根本差异的，物理学家天真地将二者等同起来必然会引起混乱[③]。

总之，实在论是否被实验证实的问题，仍然没有明确的结论，需要哲学家和物理学家继续深入讨论。由于关于实在论本身是一个极为复杂的问题，这里暂不做过多展开。

三、对形式逻辑推理的挑战

在物理学中还存在一种研究贝尔非定域性的“无不等式方法”，即哈代定理

---

① [美]爱因斯坦：《爱因斯坦文集（第一卷）》，许良英、范岱年译，商务印书馆 1976 年版，第 292 页。

② 邱仁宗：《实在概念与实在论》，《中国社会科学》1993 年第 2 期，第 95-105 页。

③ 黄政新：《贝尔和莱格特不等式的实验检验与实在论》，《自然辩证法通讯》2013 年第 4 期，第 1-7、125 页。

（Hardy theorem），也被称为哈代佯谬（Hardy's paradox）[①②]。哈代佯谬使用弱测量技术研究了偏振光子的相互作用。实验的结果是：过去的事件可以从波函数坍缩发生后推断出来。弱测量虽然本身被认为是一种观测，但由于并未对系统过多干预，因此可以认为只是波函数坍缩的部分原因，其结果只是一个概率函数，而不是一个固定的现实。实验结果表明，哈代佯谬也证明了定域隐变量理论不可能存在，而且无论测量仪器的干预作用如何，系统都能满足量子力学的预言。

哈代佯谬中，可以构造出三个概率 P_1、P_2 和 P_3，当设定这三个概率都为零时，那么按照经典逻辑推理（定域隐变量理论），一定可以推出 P_4 为零。但是，根据量子力学却可以推出非零的概率 P_4，对于两比特偏振光子，最大可达约 0.09[③]。从形式逻辑推理的角度，哈代佯谬可以重新表述如下：把 a 小于 b 的事件概率记为 $P(a<b)$，那么三个零概率事件可写为 $P(a<b)=0$，$P(b<c)=0$，$P(c<d)=0$，那么，按照经典逻辑必然推出第四个概率事件 $P(a<d)=0$。这就好比假设有 a，b，c 和 d 四个数字，来比较它们的大小，如果 a 大于 b，b 大于 c，c 大于 d，那么就能推出 a 不可能小于 d。然而根据量子力学理论，存在约等于 0.09 的概率使得 a 小于 d。这本质上源于量子力学区别于经典物理学的非定域性，从这个意义上说，量子力学突破了经典物理学中无懈可击的逻辑推理。哈代佯谬给传统形式逻辑推理造成了很大的冲击，按照人们的一般印象逻辑推理是永远正确的。人们不禁要反思，逻辑推理是否永远无懈可击？或者说逻辑论证的成立是否也需要一定的限制条件，也有其适用的范围？

---

① Hardy L. "Quantum mechanics, local realistic theories, and Lorentz-invariant realistic theories". *Physical Review Letters*, 1992, 68 (20): 2981-2984.

② Hardy L. "Nonlocality for two particles without inequalities for almost all entangled states". *Physical Review Letters*,1993, 71 (11): 1665-1668.

③ 陈景灵：《量子力学那些事：量子纠缠、量子导引、贝尔非定域性》，2018 年 6 月 8 日，https://tech.sina.com.cn/d/i/2018-06-08/doc-ihcscwxa1601413.shtml。

四、对决定论的挑战

量子力学区别于经典力学的另一个特征在于,量子力学的所有预言都是概率性的。这引起了很多物理学家的怀疑,特别是爱因斯坦,他坚持认为“上帝不掷骰子”,量子力学的形式是不完备的。沿着这条思路,玻姆提出了隐变量理论,其核心就在于:人们之所以不能准确地描述粒子的行为,是由于对量子系统背后的隐藏变量缺乏了解。在假设隐变量之后,就可以对量子力学的形式进行补充,从而得到和传统经典力学一致的、决定论的理论。多世界诠释也是出于这样的动机,只不过选择了另一种不同的方式。在多世界诠释中,认为粒子的波函数一直在决定性地演化,所有的结果都以某种方式全部“实现了”。

约翰·贝尔在假设定域实在性的前提下,提出了贝尔不等式,来对隐变量理论进行实验检验。但是,最终贝尔不等式被违背,这意味着:“任何定域隐变量理论都不可能重现量子力学的全部统计性预言。”[①]但是,在强大的证据面前,还有很多物理学家坚持认为,决定论并没有终结。但是,进入 21 世纪,有了新的进展,决定论再一次面临挑战。

2006 年,约翰·康威(John Conway)和科亨在《物理学基础》期刊上发表《自由意志定理》一文[②],使人们对量子力学的内在的随机性有了更加深入的认识。该定理指出:如果我们人类有自由意志,这里的自由意志可以定义为,在某种意义上说,我们的选择不取决于过去的函数,也就是说我们的选择都是在选择的那一刻做出的,和我们过去的人生经历、生活习惯都没有关系,那么,就可以推理出基本粒子也拥有自由意志。

根据自由意志定理,如果实验者可以自由地选择测量的内容是什么,那么测量的结果不能由实验之前的任何事情来决定。这是一个“结果开放”的定理。如

---

① Bell J S. “On the Einstein Podolsky Rosen paradox”. *Physics Physique Fizika*, 1964, 1(3): 195-200.

② Conway J, Kochen S. “The free will theorem”. *Foundations of Physics*, 2006, 36 (10): 1441-1473.

果一个实验的结果是开放的，那么一个或两个实验者可能是在自由意志下进行的。更准确地说，如果实验者可以自由地选择在某个测量中他的仪器的方向，那么粒子的反应不是由宇宙之前的整个历史决定的，而是在测量的当下做出的决定。由于该定理适用于任何与公理一致的物理理论，因此甚至不可能以一种特别的方式将信息放入宇宙的过去。任何单独的自旋测量的结果都不是固定的，都独立于测量的选择。这就给隐变量理论带来了很大的挑战，因为隐变量解释认为，量子测量的结果是与过去的状态具有因果联系的，世界一直在以一种因果关联的形式演化，同时这种演化与实验者并无本质关联，实验者仅仅是迫使粒子坍缩到一个固定的状态。总之，自由意志定理表明，自然本身是不确定的，爱因斯坦错了，随机性才是世界的本质（在基本粒子层面）。

最终，新的实验和理论都证明，爱因斯坦的质疑不成立，量子力学本质上就是一种随机性的理论，完全不同于经典力学。“虽然因为前提假设包含人类的自由意志，使定理不能彻底驳倒决定论，但是在此前提之下，粒子的内在不确定性水落石出。接受此前提，即意味着放弃对决定论性力学方程的追寻，转而接受一个非决定论性的宇宙观。尽管学界对自由意志定理的解读尚存争议，但对于上述观点都基本赞同。而人们又大多不愿否认自己的自由意志，于是自由意志定理几乎可以说是宣布了决定论时代的终结。”①

量子力学的公理，远不如其他理论（如狭义相对论）的公理来得自然、直观。狭义相对论可以从两个公理，即相对性原理和光速不变原理推导出来。而量子力学的表述则非常复杂难懂：每个状态都是希尔伯特空间中的一个向量，每个可观测量都对应于作用于该希尔伯特空间的一个算符，等等。但是，基于概率性和非定域性似乎可以建立量子力学的公理体系，量子力学本质上的随机性和非定域性存在内在的联系。原则上，有可能存在一个不具有非定域性的非决定性理论，另

① 唐先一、张志林：《量子力学中的自由意志定理》，《哲学分析》2016 年第 5 期，第 114 页。

一方面，不可能有一个既具有相对论因果关系而又具有决定论的非定域理论。实际上，如果移动一个物体，另一个遥远的物体瞬间反应，唯一不能导致瞬时通信的前提就是，物体是不确定的。如果我们将非定域性作为起点，那么量子力学的典型特征——非决定论就很自然地导出。因此，应该把非定域性和非决定论看作是量子力学的基本公理[①]。

第四节 跨越鸿沟：基于量子信息的统一理论

近年来，随着量子通信、量子计算、量子精密测量等新兴量子技术的全面发展，大量新的术语、定理、算法和实验开始不断涌现，引发了一场量子信息革命，大大加深了我们对量子力学基础的认识。一种普遍的观点认为，量子信息革命正在带来一场“范式革命”，预示着一种全新的物理学方法，其中信息扮演着核心角色，基于信息的视角将重塑量子力学，并解决量子力学的基本问题。甚至极端的信息主义者认为物理学的任务就是描述信息如何演化和涌现，而不是物质和场，并喊出了“量子=量子信息”的口号，进一步的观点认为量子信息为终极统一理论提供了新的线索。

一、信息与物质关系的探讨

构建一个统一的信息理论，必须首先处理物质和信息的关系问题，从量子力学的不同方面都得出了物质可以还原为信息的结论，但侧重的方面不同。

最著名的是惠勒的观点，即万物源于比特，其本质上是基于类似量子测量的视角，即每一个物理事物的存在都是源于类似测量装置提供的“是-否”的结果。

在惠勒看来，物质世界的底层是量子世界，而量子世界中只有通过测量才能给出“是-否”的确定结果，这个过程本质上就是信息生成的过程。“每一个粒

① Popescu S. “Nonlocality beyond quantum mechanics”. *Nature Physics*, 2014, 10 (4): 264-270.

子，每一个力场，甚至是时空连续体本身，都是从信息的作用方式中衍生出来的，即使在某些情况下是间接的。换句话说，所有物理的东西，最终都必须服从信息理论的描述。”[①]但是惠勒的说法更多是一种隐喻性描述，缺乏相关物理机制的描述。

著名物理学哲学家冯·魏茨泽克（von Weizsäcker）则从量子逻辑的角度，对惠勒的观点给出了系统的阐释。他提出物理实在的整个结构和内容，本质上都是信息。其理论中一个关键的假设是：信息本身就是一个实体，通过某些自旋群和与时空相关的群之间的局部同构，产生了我们可以接触到的整个物理实在。[②]由此基于物理基础的推理，魏茨泽克提出了在一个可能重建物理学的抽象结构中，这些信息由基于量子逻辑的状态给出，他称之为 ur-alternative。[③]劳埃德（S. Lloyd）扩展了惠勒的观点，从量子信息的角度提出了“万物源于量子比特”[④]。

二、纠缠生万物

美国麻省理工学院终身教授、美国科学院院士文小刚认为，当前物理学正面临二次量子革命的机遇，其核心目标是统一所有基本粒子，如光子、电子、夸克等，并将引力和空间也纳入统一框架。在这一统一的过程中，量子纠缠，尤其是长程量子纠缠，扮演着至关重要的角色。[⑤]

他指出，长程量子纠缠是一种新的物理现象，它使得光子和电子等看似截然不同的粒子能够在量子比特的层面上得到统一描述。然而，由于长程量子纠缠的

---

① Wheeler J A. “Sakharov revisited: It from bit”. In Keldysh L V, Fainberg V Y (Eds.). *Proceedings of the First International Sakharov Conference on Physics*. Valencia: Science Publishers, 1991 (02): 751.

② Parrochia D. “On von Weizsäcker’s philosophy of Quantum Mechanics”. 2021-03-09. https://arxiv.org/abs/2103.07311.

③ von Weizsäcker C F. *Aufbau der Physik.* Munich: Deutscher Taschenbuch Verlag, 1988.

④ Lloyd S. *Programming the Universe: A Quantum Computer Scientist Takes on the Cosmos*. New York: Knopf, 2006: 175.

⑤ 文小刚：《物理学的第二次量子革命》，《物理》，2015 年第 4 期，第 261-266 页。

复杂性和新颖性，现有的数学方法无法充分描述它，因此需要发明新的数学来应对这一挑战。这种新数学的发展，不仅是物理学研究的需要，也将推动数学本身的进步。文小刚进一步强调，长程量子纠缠不仅是凝聚态物理中新的物质态（如拓扑态）的起源，也可能成为基本粒子的起源。他将真空本身视为一种高度纠缠的物质态，并认为长程量子纠缠可能是连接物质和信息、统一基本粒子的关键。这一观点与传统的粒子物理学观念有所不同，但文小刚坚信其可能性，并认为随着研究的深入，这种观念可能会逐渐被高能物理领域所接受。

为了具体阐述这一观点，文小刚提出了弦网理论。该理论认为，真空是一个由量子比特构成的海洋，这些量子比特通过长程纠缠形成弦网结构。弦网的密度波对应光波，而弦的端点则对应电子和夸克等基本粒子。这种理论不仅解释了基本粒子的起源和统一，还提供了对电磁相互作用、弱相互作用和强相互作用的统一描述。然而，弦网理论目前还无法解释引力，这是文小刚未来希望进一步解决的问题。

在与其他统一理论的比较中，文小刚指出，弦网理论、超弦理论和圈量子引力理论都致力于解决基本粒子的起源和统一问题，但它们的思路和出发点不同。弦网理论强调量子比特和长程纠缠的作用，而超弦理论则更侧重于寻找物质的基本构件。圈量子引力理论虽然与弦网理论有一定的相似性，但在解释其他基本相互作用方面还存在困难。

最后，对于宇宙学中的暗物质和暗能量问题，文小刚表示这并非他的专业领域，但他认为这可能与标准模型的扩张或新粒子的存在有关。如果暗物质确实由新粒子引起，那么这将是对标准模型的一个重要修正，并可能推动物理学的新发展。文小刚关于量子信息统一的观点是一个充满创新和挑战性的理论框架，它试图通过长程量子纠缠和弦网理论来统一基本粒子、解释物质起源，并推动物理学和数学的共同进步。

三、全息原理：信息统一的另一条线索

还有一个非常具有启发意义的视角认为“宇宙是一幅全息图”。1981 年，霍金在一次演讲中声称“信息在黑洞蒸发中丢失”，违背了信息守恒定律，这很快在物理学界引发了极大的震动。信息守恒意味着什么呢？在经典物理学中，只要给出一个物理系统的完整信息，就可以重建这个系统的过去。在量子系统中，关于一个系统的完整信息都被编码在它的波函数中，只要不进行测量，波函数就会一直演化下去。波函数的演化由幺正算子决定，而幺正性意味着信息在量子意义上是守恒的。1993 年，特霍夫特提出了全息原理，指出黑洞系统的熵与它的视界面积成正比。贝肯斯坦进一步指出：黑洞的信息存储在黑洞的边界上，而非黑洞内部。1997 年，马尔达西纳提出了马尔达西纳猜想，也就是后来所谓的 AdS/CFT 对偶。这种对偶关系为量子引力理论和量子场论之间建立了等价关联。一边是反德西特空间的量子引力理论，如弦论或 M 理论；另一边是共形场论，属于量子场论，如描述基本粒子的杨-米尔斯理论。其等价关联的实质就是不同的时空结构共享有相同的信息，这就意味着信息的等价关联超越于特定的宇宙结构。

全息原理最大的优点在于，它对时空和物质之间关系的理解方面具有重要的启发作用。为时空几何和物质的量子特性的统一提供了框架，为后续统一理论的建构提供了桥梁。

量子力学和广义相对论之所以难以协调，是因为两者在基本原理层面存在冲突，而在全息原理这一新的原则下，两个理论描述奇迹般地具有了某种等价性。描述引力的 d+1 维理论与 d 维的非引力量子规范场理论是全息对偶的。关于对偶性的具体含义后文在弦论对偶中会详细讲述，这里只需要了解对偶意味着一种等价性。其中应用最为广泛的就是 AdS/CFT 对偶。它将一个非欧几里得五维引力理论和一个四维量子规范场理论之间建立了等价关系，这种对偶也被称为“规

范-引力”对偶。AdS/CFT 对偶仍然没有得到数学上的严格证明或经验上的确认，但是已经成为研究量子引力的一种重要的启发式模型。全息原理给物理学带来了一种基础范式革命，类似弦论用弦模型取代传统量子场论的点粒子模型，全息原理将传统体积描述转换为体边界上的面积描述。

之所以引力难以用传统的方法量子化，是因为引力与其他三种力在原理和本质上非常不同。引力普遍存在，适用于所有形式的物质和能量，并与空间和时间本身的一般框架有关。因此，引力涉及了宇宙的深层结构。但在对黑洞物理学的研究中引出的全息原理，将高维体区域的量子引力理论与其低维边界上的共形场论（无引力）精确对应，从而揭示了引力与量子现象的深层联系。这意味着引力可以产生于无引力的理论，虽然从概念上看只有一小步，全息原理也并未得到严格的数学和经验证明，但是为量子引力的研究打开了突破口。

我们再次回到了柏拉图的洞穴隐喻，我们的四维宇宙中的事件可能只是隐藏的“真实世界”切片上的信息映射。全息原理是霍金晚年极为推崇的概念，它将风马牛不相及的领域（如量子信息、弦论、黑洞、宇宙学）统一起来，提供了一种自上而下重建物理学的新途径，有可能成为统一理论的一个极为重要的线索，并提供一个量子超级决定论版本的新视角。[①]这里，宇宙的本源就是信息，物质和时空结构都不是必然的。

总之，上文列举了各类不同的信息本源视角，但都是一种启发式、隐喻式的方式，信息和物质之间仍存在着一个巨大的鸿沟，缺乏一个可靠的物理机制的连接机制，信息似乎很难获得实体概念的地位。而且还有一些问题是不可避免的：信息是否可以脱离载体而独立存在？在没有观察者或信息收集系统的前提下信息是否还能独立存在？由信息的本体论化而延伸出来的信息结构实在论的相关论证，并没有对上述问题给出满意的答案，不过我们似乎可以避开将物质和信息

① [比]托马斯·赫托格：《时间起源》，邱涛涛译，中信出版社 2023 年版，第 248 页。

进行统一的企图，而且信息本身可能也不存在一个统一的描述，但是可以从曹天予教授提出的“建构的结构实在论”的角度来对不同的信息结构给出定义和描述，如智能的本质、生命的本质等等问题。[①]

① [美]曹天予：《后库恩时代的科学实在论——超越结构主义和历史主义》，张志林译，《哲学分析》2018年第1期，第126-145，198-199页。

第二篇　当代量子论中的哲学蕴涵

时间、空间、物质、运动、宇宙这些在古代世界属于哲学研究的范畴，在进入20世纪以来成为当代量子理论中的基础性本体对象。随着当代量子理论的发展与推进，在量子引力理论中时空是涌现的，与物质一样源自某种更为基本的实体或结构。这种基本的实体或结构是什么则因不同的量子引力理论而异，如在弦论中是弦，在圈量子引力理论中是协变量子场，在量子信息理论中是信息或比特。同样，在把宇宙置于量子理论的视野中时，也难以形成明确的本体图像，因为量子宇宙学中仍然有不少思辨性的内容。虽然当代量子论的基础本体论不明晰，但明晰的是关于时空、物质和宇宙的三种传统的自然观念在逐步融合，分离的时空观、物质观和宇宙观正在形成一致的、统一的量子世界观。

另一方面，把视野转到当代量子理论本身时，我们发现其描述的对象、描述本身、描述的方法这三个方面，即在本体、认识和方法方面也在趋向融合。自然本身的连续性和离散性、量子化的描述、流形的连续性和本征值的离散性这三者是难以分离的；自然的对称性与对称性破缺、对称性支配相互作用、对称性是物理定律的元定律这三者也是相互关联的；自然的数学本性、数学描述的不可或缺性、方法的有效性这三者也是交织在一起的。随着当代量子论的不断发展，关于本体、认识和方法的哲学探讨在趋于融合，难以将它们割裂开来。

第六章
时空观念的革命

时间是什么？空间是什么？时间、空间和物质的关系是什么？是像牛顿所说的先有时间和空间再有物质，还是如莱布尼茨所说时间和空间是物质的某种顺序或关系，即物质在先时间和空间在后？1915 年提出的广义相对论是迄今为止关于时间和空间最为成功的科学理论，但物理学家认为它并非最终的理论，我们需要量子化的时间和空间理论，也就是量子引力理论。在超弦理论和圈量子引力理论等时空的量子理论中，由于其对待广义相对论与量子力学关系的态度不同，其关于时空与物质关系的认识也不同。前者是相对于时空背景来构造的，是一种背景相关的理论，后者不依赖于固定的时空度规结构，是一种背景无关的理论。但有一点在两种理论中是有共识的，即时空是涌现的，也就是说时空不是基础的存在，而像物质一样是从更为基础的存在中产生出来的。当代量子论关于时空的讨论在许多方面仍然是哲学的。从物理学与哲学两大学科来勾勒关于时间和空间的观念的话，我们看到其经历了从最初的哲学讨论，到 17 世纪至 20 世纪初逐步过渡到了物理学的描述，最后到 20 世纪后期又走向了物理学与哲学的综合。本章拟就时间和空间观念在不同时期的转变展开，旨在宏观地表现物理学与哲学间关系的流变。

第一节　时空的哲学观念

关于时间和空间观念的哲学争论涵盖了从古希腊赫拉克利特和巴门尼德，历柏拉图、亚里士多德，经奥古斯丁，到近代科学时期的笛卡儿、牛顿、莱布尼茨，并延续至康德。这一时期争论的焦点围绕绝对主义和相对主义展开。

一、绝对主义与相对主义的争论

关于空间和时间的实体论者认为空间和时间的存在独立于物理对象或事件，并且先于它们而存在；关系论者则认为空间和时间的存在依赖于物理对象或事件，前者是从后者中导出的，甚至可以还原为后者间的关系。

1. 德谟克利特 vs.亚里士多德

古希腊的爱利亚学派最早研究了空间的问题，定义之为虚空，但否定了虚空的存在，因为存在是连续且不可分割的，用于区分存在的"虚空"是一个不可能的概念。芝诺通过悖论质疑了空间的绝对性，因为空间如果是一种事物的话，它必定在别的事物里，这就会不停地循环下去，所以空间不存在。

古希腊的原子论者赞成爱利亚学派关于存在是充实不可分割的，虚空与存在相对立，虚空在存在之外的观点，所不同的是他们认为非存在的虚空和原子都是本原。亚里士多德指出："留基波和他的朋友德谟克利特主张充实与虚空是本原。他们把它们分别称之为存在和不在，充实而坚固的是存在，空虚而稀薄的是不在。但是，他们说虚空并不比物体缺少些什么，因为不在与存在同样实在。"[①]原子论认为虚空和原子同样重要，前者为后者提供运动的场所。这里的虚空实际就是空间，但并非近代意义上作为无限容器的空间，因为他们的虚空与原子相对立，虚空处于原子不在的地方。原子论者的作为本原之一的虚空表明它是实体性的，这种看法随着牛顿对原子论的继承在牛顿的绝对空间中被发扬光大，赢得了许多人的认可。

亚里士多德第一次系统地研究了空间和时间，他关于空间和时间的认识代表

---

① 苗力田、李毓章：《西方哲学史新编》，人民出版社 2015 年版，第 60 页。

了古希腊的最高水平。亚里士多德关于空间的研究借由“处所”（place）展开，得到了与原子论者的实体论相对立的关系论。他认为空间不同于存在于其中的物体，物体移走后，空间仍然在那里作为另外物体的处所。他否认虚空的存在，认为没有空的处所，处所虽然可以离开这个或那个物体而存在，但不能脱离一切物体而独立存在。亚里士多德对虚空的否定是与其运动理论相一致的，他认为如果承认虚空的话，自然运动和受迫运动都会变得不可能，因而对前者而言虚空是无差异的，而对后者而言虚空缺乏作用媒介。

古希腊爱利亚学派的巴门尼德和芝诺认为所有的变化都是幻觉，世界是静止不动、亘古不变的，时间只是观念的产物，而不是自然的真实属性。芝诺通过二分法悖论、阿基里斯和龟悖论、飞矢不动悖论从逻辑上论证了运动是不可能的。亚里士多德持有与他们相反的观念，他认为时间并不等于变化，“时间不是运动，而是使运动成为可以计数的东西”①，因为变化可能更快或更慢，但时间是均匀地流逝的，且不会有快慢的问题，因而快慢是相对于时间而言的，“时间是运动和运动存在的尺度”②，相对比的是他从来没有说过空间是衡量任何东西的尺度。

亚里士多德关于时间的看法也是关系论的，即没有变化就没有时间。他已经认识到时间并不是一种运动和变化，亚里士多德意识到了时间的顺序性和流逝性，但没有进行分辨。“运动是有前和后的，而前和后作为可数的事物就是时间”③，“时间是关于前和后的运动的数，并且是连续的（因为运动是连续的）”④，体现的是时间的顺序性。他认为，没有“现在”就不可能有时间，“现在”是一个中间点，既是将来时间的起点，也是过去时间的终点。“现在”总是在一种意义上同一，在另一种意义上又不同一，体现的是时间的流逝性。亚里士多德把时间作为运动的数，使得“时间从形而上学中排斥出来，成为一个物理学

① [古希腊]亚里士多德：《物理学》，张竹明译，商务印书馆 1982 年版，第 125 页。
② [古希腊]亚里士多德：《物理学》，张竹明译，商务印书馆 1982 年版，第 129 页。
③ [古希腊]亚里士多德：《物理学》，张竹明译，商务印书馆 1982 年版，第 136 页。
④ [古希腊]亚里士多德：《物理学》，张竹明译，商务印书馆 1982 年版，第 127 页。

的范畴……从亚里士多德开始,时间作为一个物理学概念,主要的含义是测度(用亚氏的话说是计数)。受亚氏的影响,测度时间开始作为物理学中几乎唯一合法的时间概念”。[①]

2. 牛顿 vs.莱布尼茨

牛顿继承了德谟克利特式的空间,批判了笛卡儿的相对主义空间和运动观念。笛卡儿认为并不存在“空的空间”,存在的只有物体,物体 A 的“位置”是与 A 相邻的所有物体的集合,谈论运动时是指 A 从物体 B 的附近移动到了物体 C 的附近。排除了空间本身的存在,笛卡儿的运动是相对主义的运动。

牛顿绝对空间的观念建立在对笛卡儿相对主义的批判之上。他认为空间是存在的,即使其中没有物体,物体的位置就是它所占据的那部分空间,而运动是位置的改变。“绝对空间:其自身特性与一切外在事物无关,处处均匀,永不移动。”[②]物体的运动是相对于绝对空间而言的,牛顿《自然哲学的数学原理》中著名的旋转水桶实验正是对绝对空间存在的论证。关于旋转水桶实验,如图 6.1 所示,将水桶的把手系在上端固定的绳索上,桶中装有水,这里如(a)中水桶与水保持静止不动;后如(b)中将木桶旋转多次,直到绳索扭绞为止,这时水面平坦,水桶与水之间没有相对运动;然后放开水桶,它开始旋转,最初只是桶在转,慢慢地水也随着桶转起来,直到水桶和水之间再没有相对运动,这时,水桶和水都在旋转,水面成凹形,如(c)所示。牛顿解释道,桶与水之间没有相对运动,水凹面是绝对空间对水施加作用力形成的,它可以用来检验绝对空间的存在。牛顿在绝对空间之下定义了绝对速度,即物体的位置相对于绝对空间中任意点的变化率,其加速度理解为在绝对空间中绝对速度的变化率。加速度通常是可以测量的,例如可以测量牛顿桶中水凹面的高度,而绝对速度原则上并不能通过实验测量,正如莱布尼茨所攻击的那样。

① 吴国盛:《时间的观念》,商务印书馆 2019 年版,第 86 页。
② [英]牛顿:《自然哲学之数学原理》,王克迪译,北京大学出版社 2018 年版,第 8 页。

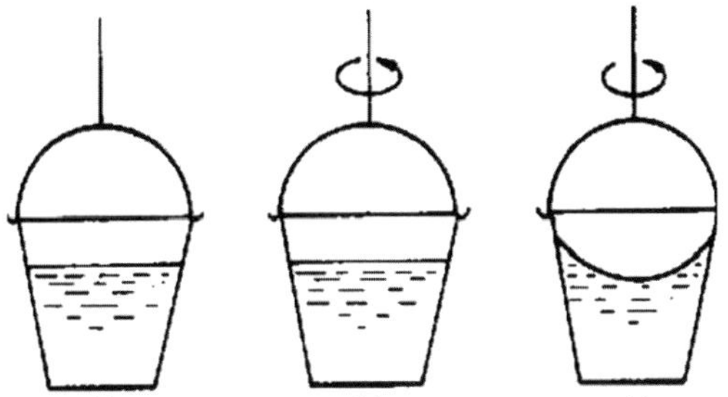

图 6.1　牛顿旋转水桶实验

牛顿的绝对时间是指："绝对的、真实的和数学的时间，由其特性决定，自身均匀地流逝，与一切外在事物无关，又名延续。"①牛顿认为时间不是主要物质，但就像主要物质一样，它的存在不依赖于除上帝之外的任何事物，即时间独立于所有运动或变化的物质或事件。在他看来，上帝选择了一个预先存在的瞬间来创造物理世界，在这些初始条件下，科学定律接管了物质，支配着物质的运动与变化，而运动与变化发生在时间中，并不能影响时间本身。

莱布尼茨反对牛顿的绝对时间和绝对空间，认为它们是无法察觉的。在他看来，时间和空间都是观念的东西，它们并不独立于物质而存在。时间必然要涉及事件间的接续顺序，而这种总的顺序就是时间。空间不过是"共存事物的秩序"，因而没有物体就没有空间。"我把空间看作某种纯粹相对的东西，就像时间一样；看作一种并存的秩序，正如时间是一种接续的秩序一样。"②莱布尼茨反对牛顿的绝对时间和绝对空间是因为它们违反了形而上学的"不可分辨的同一性原则"和充足理由律。如果神将整个世界向东移动了一段距离，并将其历史移动几分钟，不改变物体的属性或物体之间的关系，那么按照牛顿的绝对时间和绝对空间将会得到一个不同的世界。充足理由律认为，上帝没有充足的理由只在时间或空间上

① ［英］牛顿：《自然哲学之数学原理》，王克迪译，北京大学出版社 2018 年版，第 8 页。

② ［德］莱布尼茨、［英］克拉克：《莱布尼茨与克拉克论战书信集》，陈修斋译，商务印书馆 1996 年版，第 18 页。

改变世界，而不做出其他的改变。莱布尼茨质疑说，这新的世界和原来的世界没有什么不同，绝对空间中没有任意两个点可以彼此区分，绝对时间也没有任意两个瞬间可以彼此区分，因此这里只有一个世界，而不是两个，牛顿的绝对时间和绝对空间理论是错误的。

牛顿对莱布尼茨的回应是，不可分辨的同一性原则和充足理由律都是正确的，但上帝能够辨别凡人无法做到的对绝对时间或绝对空间的区分，凡人无法理解上帝的理由。在此基础上牛顿给出了水桶实验来证明绝对空间的存在，而用莱布尼茨的关系论无法给出水凹面的解释。尽管 17 世纪的惠更斯和 18 世纪的贝克莱都支持莱布尼茨的相对空间理论，但牛顿的理论仍然在 18、19 世纪占有主导地位。

牛顿的绝对时间和绝对空间把时间和空间作为一种实体，就像容器一样其中充满着物质，它的存在独立于物质。而莱布尼茨的相对时间和相对空间把时间和空间作为一种关系，它们的存在依赖于物质。实体论的空间中，运动被定义为空间的一个部分向另一个部分的运动，而关系论的空间中运动被定义为从一个物体的邻域向另一个物体的邻域的运动。然而，无论时空是实体还是关系，这种形而上学的理解并不影响物理定律，因为物理定律具有时空对称性，"牛顿的运动方程式和他的万有引力定律与关系主义和实体主义都一致，尽管当时莱布尼茨和牛顿都不明白这一点"[①]。

二、现时论与永恒论的争论

虽然相对论揭示出时间和空间的等同性，但在时间哲学家们看来，时间要比空间更为特殊。实体论和关系论的二分同时适用于时间和空间，但现时论和永恒论的二分只适用于时间。哲学史上，根据时间流是客观的还是主观的划分出了现时论和永恒论的不同观点，前者与麦克塔格特（J. M. E. McTaggart）的 A 系列对

① Dowden B. "Time | Internet Encyclopedia of Philosophy". https://iep.utm.edu/time/#SH14a.

应，后者对应于麦克塔加特的 B 系列。

1. A 系列 vs. B 系列

1908 年，英国哲学家麦克塔格特构造了时间的两个系列，称为 A 系列和 B 系列。A 系列由过去、现在和未来构成，描述了时间的动态方面，其排列可以由遥远的过去、较近的过去、现在，到较近的未来，走向遥远的未来，也可以反过来，从遥远的未来走向遥远的过去；B 系列由具有先后关系的事件形成，描述了时间静态的方面，其排列可以由较先的事件向较后的事件，也可以由较后的事件向较先的事件。在英语中，A 系列和过去时、现在进行时和将来时的时态相关联，称为时间的时态理论，B 系列则只和事件的顺序有关，称为无时态的时间理论。

时态理论或 A 系列在过去、现在和未来之间进行了本体论上的区分，认为它们是事物和事件的客观特性，时间流是客观真实的。A 阵营的成员认为麦克塔格特的 A 系列是看待时间的基本方式，本体论上，我们应该接受现时论（presentism）或可能论（possibilism）：现时论者认为仅当下存在的事物才是真实的，而可能论或区块增长论观点（growing block view）认为过去虽然和现在不同，但过去也是完全真实的，因为现在是在不断增加的真实事物持续变化的边缘，只有未来不是真实的，是可能的。时态事实在本体论上是基本的，而不是无时态的事实。本体论上的基本客体是三维的，而不是四维的。

无时态的时间理论或 B 系列认为所有时间在本体论上都平等，时间并没有客观的、绝对的特性，过去、现在和未来只是相对于特定的事件而言的，时间流是主观的。B 阵营的成员拒绝 A 阵营的大部分主张，他们相信麦克塔格特的 B 系列是看待时间的基本方式：事件从来没有真正的变化；当前或现在不是客观为真的，本体论上我们应该接受区块永恒论观点（eternalist block view），无时态的事实比时态事实更基本；基本客体是四维的，将时间和空间视为一个四维整体中的不同方面。

本体论上，永恒论和现时论形成了对立，前者认为过去、现在和未来都是存在的，而后者只承认当下，认为过去和未来的实体不存在。而另一种中间观点称为无未来论，也称为过去-现在论或增长论，只承认过去和现在存在，不承认未来。永恒论很容易解释过去的事件，因为它们真实地发生在时间和空间中，而未来的事件还未发生，该如何解释其实在性呢？说一个事件存在于未来，意味着什么呢？一方面，这意味着一种决定论，因为未来是现在按照某种决定论的轨迹演化而来的，未来存在，是基于过去和现在以及一种决定论的演化规律而得以确定的；另一方面，这意味着对时空存在性的肯定，在相对论的语境中未来光锥是存在的，这是由时间和空间的存在作为前提所划定的，未来事件的存在，即是作为时空一部分的存在。现时论很容易解释未来的不存在，但它难以解释过去的不存在。"明天我将会在北京"这一针对未来的陈述因为尚未发生，不具有真值，所以可以说它不存在，可是"昨天太原下雨了"这一事件是真实发生了的，那在什么意义上说它不存在呢？面对永恒论和现时论的困境，无未来论似乎更为合理，但它与广义相对论冲突，这与现时论是一样的，因为它们需要一种关于时间的客观切片，进而与存在的边界相对应，而在广义相对论中，时空并不存在这样一种客观的分层（foliation）。

关于时间的 A 系列和 B 系列理解，哪一种更为恰当呢，并没有一致的观点，一直以来都存在着激烈的、持续不断的争议。"形而上学家们通常采用的方法是开始于常识图像，并且只有在确凿的观察和充分的理由下才会改变其观点。但什么算作充分的理由，也是有分歧的。"[①]像相对论这样的科学理论能否算作是充分的理由呢？哲学家们并不这样想，包括柏格森和胡塞尔等在内的许多哲学家批判科学，柏格森认为爱因斯坦的相对论就时间而言是一种形而上学的理论，并非

① Dowden B. "Time | Internet Encyclopedia of Philosophy". https://iep.utm.edu/time/#SH14a.

物理学理论，胡塞尔在其《欧洲科学危机和超验现象学》一书中对科学的批判使得普里奥（A. N. Prior）认为相对论并非是关于真正时间的理论。并且，“自逻辑实证主义将所有非同义陈述的意义还原为我们的感官经验（通过看、听、感觉等）的常识陈述的计划失败以来，很少人会主张将科学形象中的表述还原为常识形象中的陈述，但二者间的恰当关系仍然是一个悬而未决的问题”[①]。

2. 循环的时间 vs.线性的时间

古希腊哲学家们持有的是循环的时间观，他们认为历史或历史特征会有周期性的重演，这源于他们对永恒和不朽的追求以及与死亡的对抗。毕达哥拉斯学派认为相同的事物会重复数次出现，持有强的循环时间观。赫拉克利特认为时间是有秩序的运动，是有尺度、限度和周期的，他的名言“宇宙过去、现在和未来永远是一团永恒的活火，在一定的分寸上燃烧，在一定的分寸上熄灭”被斯多亚学派的芝诺阐释为真正的历史重演：“火是存在者的本质，在命运排定的时间周期里，所有的宇宙都被大火焚毁，之后又回到原初的秩序。”[②]

在基督教哲学中，时间本质上是有方向的线性时间。时间是有开端的，即上帝创世，并且流向未来，未来是开放的、能动的和充满希望的。创世不在时间之中，因为那时时间尚不存在。时间从创世之后开始，由过去、现在和未来组成，过去是既定的，而未来有无限可能。线性的时间观念取代了循环的时间观念，在人类历史中有重要的意义。“历史的观念、进步的观念和发展演化的观念这些启蒙运动高扬的旗帜，只有在线性时间观中才有可能。”[③]线性的时间意味着时间的方向性，时间只能由过去、现在流向未来，而不是相反，这与我们不能回到小时候、回到过去的经验是吻合的，也赢得了后世哲学家们的普遍认同。

早期的基督教思想家奥古斯丁将时间分为过去的现在（记忆）、现在的现在

---

① Dowden B. “Time | Internet Encyclopedia of Philosophy”. https://iep.utm.edu/time/#SH14a.

② 吴国盛：《时间的观念》，商务印书馆 2019 年版，第 70 页。

③ 吴国盛：《时间的观念》，商务印书馆 2019 年版，第 vi 页。

（直接感觉）和将来的现在（期望）三部分，“将时间的存在全部缩至现在，将自在之流缩成此刻的内心状态，开时间内在化之先河”[①]，他用存在于心灵的时间来度量包括天体等物体运动，认为心灵的时间才是真正的时间，“时间之流纯然是人心中的存在，时间对上帝而言根本不存在”[②]。奥古斯丁所开创的心灵之时间，在现代哲学中由胡塞尔和海格德尔所继承，呈现出了与科学之时间不同的另一维度。

胡塞尔认为，主观的时间和内在的看待时间的方式才是有意义的，客观的时间最终依赖于直接的时间感知和体验。胡塞尔现象学中关于时间的研究试图找到“时间意识连续性的根源与客观时间的现象学来源”[③]，也就是时间的流逝为何是连续的？过去、现在和未来为何是统一的，过去为何是现在的过去并记忆于现在之中，未来为何是现在的未来并且由现在所预期？他认为时间的流逝性和连续性是由持留记忆所保证的，而持留记忆是一系列知觉内容的逐步弱化所形成的记忆表象。意识并不只是对当下的感知，还包括对持留和预存（protention）的感知，持留对应于过去，预存对应于未来，从而形成一个时间场（Zeithof），保证了时间流逝的连续性。而对于客观时间，胡塞尔认为这是知觉行为本身的时间性，是一种处于更深层次的绝对流，绝对流外在于知觉，从而不能通过感觉获得。绝对流是什么，从现象学意义上并不能回答，因此胡塞尔并没有解答客观时间的现象学来源问题。

三、哲学家与科学家的争论

就时间和空间的观念而言，哲学家的观念和科学家的观念并不是截然区分的，很多时候两者在互相影响，虽然这种影响不一定发生在相同的历史时期。首

① 吴国盛：《时间的观念》，商务印书馆 2019 年版，第 99 页。
② 吴国盛：《时间的观念》，商务印书馆 2019 年版，第 100 页。
③ 吴国盛：《时间的观念》，商务印书馆 2019 年版，第 237 页。

先，我们将以康德为例，探讨其关于时间和空间的哲学观念是如何影响到科学的，之后我们将以柏格森和爱因斯坦不同的时间观为例，就哲学家观念和科学家观念的冲突展开，讨论其时间和空间观念的分歧所在，旨在为新的时间和空间观念的突破寻找可能的出路。

1. 哲学与科学的互相影响

康德在 1768 年发表的《论空间中方位区分的基本根据》一文中根据左右手的空间方位差异给出了一个支持牛顿绝对空间而反对莱布尼茨关系论空间的论证。论证认为，在三维空间中左右手无法完全叠合，这表明空间存在着方位差异，这种差异无法还原为其组成部分间的内在关系，因而如果其内在关系是相同的就无法通过参照空间中的其他对象来得到解释，这表明空间的方位性和空间本身是先于并独立于空间中的对象而存在的，这吻合于绝对空间观。

康德对绝对空间的支持仅维持了短短两年，很快他就提出了其哲学体系中的核心概念“先天综合知识”，并且这一过程与他关于时间和空间的观念分不开。他认为时间和空间是心灵投射在外在事物上的形式，是人类感性直觉的形式。我们的心灵构造我们的直觉，使空间具有欧几里得几何的形态，使时间具有数学直线结构。几何知识是先天综合知识，算术知识也是先天综合知识，先天综合性规定了空间和时间的形而上学本质。康德先后批判了牛顿的绝对空间观和莱布尼茨的关系论空间观，认为二者都无法阐释几何的先天综合性质。如此一来，欧几里得的几何学知识就是通过人类的空间直觉获得的先天知识。然而在 19 世纪非欧几何发现之后，再经过爱因斯坦的广义相对论，表明我们的时空几何是非欧几何，康德所谓几何知识的先天综合性就失去了直观的基础，因为非欧几何并非是直观的，随之先天综合知识也受到了质疑。

但时间的直觉仍被赋予了重要功能，康德认为基于内在的时间直觉，算术才是先天综合判断，算术的先天性才得以可能，“算术是时间直觉的纯粹形式”。

20 世纪初布劳威尔认为正是基于先验的时间意识，数学的基础才得以坚实，他试图从较低层次的时间直觉来构造更高层次的数学概念，但其代价是拒绝排中律，进而否定经典数学中的许多重要定理，如每一个实数都有一个十进制的展开，实无穷定理，等等。虽然大多数数学家不愿意接受经典数学被否定，拒绝布劳威尔关于数学与时间密切相关的观点，但不可否认的是布劳威尔基于直觉发展的构造性数学等理论也取得了重要的成果。

2. 哲学观念与科学观念的冲突

从哲学出发对时间进行思考，会与物理学中的时间有两方面的显著差异。一是哲学时间往往是单向的，与现象世界人们的感觉印象相一致，存在时间之箭，而除热力学中的时间之外，物理学中的时间允许两个方向，也就是物理学中的时间是可逆的；二是哲学中的时间并不同于空间，物理学中的时间从狭义相对论开始就与空间具有了同样的性质，二者紧密地结合在一起形成“时空”。

20 世纪 20—30 年代，继相对论关于时间和空间观念的革命之后，以胡塞尔、柏格森、海德格尔为代表的哲学家们着眼于人类的内在时间经验，对新物理学所给出的时间和空间观念进行了批判与质疑，从现象学的层面反思了时间的哲学。哲学家的时间和物理学家的时间显著不同，这在爱因斯坦和柏格森针锋相对的争论中体现得尤为明显。

1922 年 4 月 6 日，名满天下的物理学家爱因斯坦和声名显赫的哲学家柏格森在巴黎有过一场面对面的交锋。爱因斯坦讲了一句让时间哲学家们无法容忍的话：“哲学家的时间并不存在。”“在物理学家的时间之外，最多只有某种心理学意义上的时间。”[①]而柏格森则坚定地相信，时间必须以哲学的方式加以理解，爱因斯坦的理论是“一种嫁接在科学之上的形而上学，而不

① [美]吉梅纳·卡纳莱丝：《爱因斯坦与柏格森之辩：改变我们时间观念的跨学科交锋》，孙增霖译，漓江出版社 2019 年版，第 7 页。

是科学”[①]。

爱因斯坦是物理学家，在物理学家看来，过去、现在、将来的区分是一种错觉，是长久以来人们形成的错觉。爱因斯坦认为自己的时间概念具有清晰的客观含义，这是科学追求一致性与简单性的必然结果。而柏格森却认为宇宙充满了永无休止的变化，哲学应该“强调流变、偶然性，以及宇宙的不可预测的本性——此外，还有人的意识在其中的中心地位以及它在我们关于宇宙的知识中的关键角色”[②]。在柏格森看来，时间“包含着宇宙的某些永远不可能用工具（如钟表或记录装置）或数学公式把握的特性”[③]，因而他用绵延（duration）一词来代替时间，强调他所谓的时间的特殊性质：时间是一种质的存在，是通过直觉来把握的一种绵延，这在本质上不同于与物理空间相并列的时间。

爱因斯坦和柏格森关于时间理解的分歧揭示的是科学家与人文知识分子之间观念的冲突。在关于宇宙的研究中，以爱因斯坦为代表的科学诉诸的是理智，传统形而上学家诉诸的是直觉，而以柏格森为代表的哲学诉诸的还包括心灵，他们的出发点和着眼点不同，结论自然也不同。柏格森说他的哲学目标是达成对理智的超越，那么在科学难以回答的问题面前诉诸心灵的哲学能告诉我们答案吗？理智、直觉和心灵能否达成一致，揭示宇宙的终极奥秘？和解和一致总是人们希望看到的：“总有一天，物理学的时间、心理学的时间和柏格森的‘真正的绵延’概念一定会和好如初，因为现在它只是暂时性地被弃置了。”[④]

① [美]吉梅纳·卡纳莱丝：《爱因斯坦与柏格森之辩：改变我们时间观念的跨学科交锋》，孙增霖译，漓江出版社 2019 年版，第 8 页。

② [美]吉梅纳·卡纳莱丝：《爱因斯坦与柏格森之辩：改变我们时间观念的跨学科交锋》，孙增霖译，漓江出版社 2019 年版，第 24 页。

③ [美]吉梅纳·卡纳莱丝：《爱因斯坦与柏格森之辩：改变我们时间观念的跨学科交锋》，孙增霖译，漓江出版社 2019 年版，第 28 页。

④ [美]吉梅纳·卡纳莱丝：《爱因斯坦与柏格森之辩：改变我们时间观念的跨学科交锋》，孙增霖译，漓江出版社 2019 年版，第 33 页。

第二节 时空之科学观念

爱因斯坦的相对论把时间和空间这原本属于哲学家研究范畴的东西转化为物理学的研究对象，以精确的数学语言代替了哲学家的抽象直觉分析，得出了与哲学家们的时间和空间观念大相径庭的时空观念。狭义相对论把时间和空间结合到一起形成了统一的时空，广义相对论将时空与物质等同起来，掀开了哲学家蒙在时间和空间上的神秘面纱，但同时又产生了一些新的令人费解的谜题。

一、从时间、空间到时空

1905 年，爱因斯坦提出了狭义相对论，后经赫尔曼・闵可夫斯基（Hermann Minkowski）等的发展从形式上进一步得到了完善。狭义相对论革新了牛顿以来经典力学的绝对时间和绝对空间观念，取消了同时性概念，认为时间和空间都是相对于特定惯性系而言的，一维的时间和三维的空间作为四维时空的组成部分是等价的。

狭义相对论中存在着优先的参考系，即惯性系。惯性系与惯性系之间却不具有同时性，在一个惯性系中看来是同时发生的事件在另外的惯性系中却未必是同时的，同时性是相对的。但爱因斯坦为“每个惯性系都定义了一类物理上优先的坐标系，特别是他定义了一种时钟同步过程，为每个参考系都提供了优先的全域时间”[①]。这样一来，狭义相对论中的时间和空间坐标具有了明确的物理解释，所有惯性系之间的相对性原理就能够与真空中光的传播特性相一致了，同时性的相对性与时空间隔的不变性都与光的传播联系起来。

狭义相对论取消了对“空间”和“时间”的严格区分，认为空间和时间以精

---

① Stachel J. “The hole argument and some physical and philosophical implications”. *Living Reviews in Relativity*, 2014, 17(1): 6.

确的方式互相补偿，使得人们测量光速时总是得到同样的结果。1908 年，数学家赫尔曼·闵可夫斯基从形而上学层面提出了时空，他第一次宣称时空比单独的时间或空间更为根本：单独的空间和单独的时间注定要消退得只剩下一些影子，只有两者的一种联合才会保持为一项独立的存在。时空的联合使得单独对于时间和空间的考虑，是依参考系或观察者而变的。相对于静止的 A 而言，运动中的 B 的时间流逝更慢，其所占据的空间更小。事件发生的时间顺序不再是二元关系，而是三元关系，第三个事件充当参考系或观察者的角色，并且参考系或观察者必须处于匀速运动状态。

狭义相对论中，事件集中不再能定义一个完整的顺序，两个类空分离的事件之间不存在直接的时间顺序，因而事件集是部分排序的。“两个非同时事件间的时间间隔不再是一个不变的量，而是依赖于这些事件的匀速运动状态。如果事件发生的方式是一个物质粒子可以从一个位置运动到另一个，那么它们之间的时间间隔是相对于这个粒子的轨迹的：在这个意义上，时间间隔只是局部定义的。”[①]宏观真相时代，我们用一个当下的时刻来区分过去与未来，而在狭义相对论的闵可夫斯基时空中，时空本身不能确定哪个遥远的事件能算作现在。狭义相对论取消了同时性的绝对性，指出速度、空间距离和持续时间是相对的，但除此之外狭义相对论并未改变牛顿所搭建的绝对时空这一固定的背景舞台。

狭义相对论在形而上学层面揭示了时空的实在性。爱因斯坦指出：“空间和时间并不像牛顿认为的那样具有独立且绝对的存在性，两者实际上以一种与日常经验相反的形式相互联系。”[②]闵可夫斯基的时空概念表明时空才是独立、真实的存在，单独的时间和空间并不存在。从时间和空间到时空的这种转变使得以前

① Healey R. “Can physics coherently deny the reality of time?” In Callender C (Ed.). *Time, Reality, and Experience*. Cambridge: Cambridge University Press, 2002: 295.

② [美]布赖恩·格林：《宇宙的结构——空间、时间以及真实性的意义》，刘茗引译，湖南科学技术出版社 2012 年版，第 10 页。

对事件之过去、现在和未来的划分也变得不再成立，需要辅之以空间才能成为独立的真。

实用主义物理学家斯莫林等并不赞成对狭义相对论进行形而上学的解读。他认为："这些科学家屈从于将表征与实在相混同，并将运动记录的图表与运动本身联系起来，从而朝着从我们的自然概念驱逐时间迈出了一大步。"[①]在他看来，在我们把时间像空间那样表示为图形上的坐标轴时，表征与实在间的混同会进一步加剧，因为我们把时间进行了空间化操作。实用主义者们坚持认为，时空坐标轴并不是现实世界，仅仅是人类出于方便给出的一种表示形式。把时空与现实相混淆，就相当于忽略了时间本身与在时间中记录运动之间的区别，进一步可能会幻想宇宙是永恒的，甚至只是数学的，但现实并不是这样，永恒和数学只是记录运动的属性。

二、时空即物质

1915 年提出的广义相对论在狭义相对论的基础上进一步推广了相对性原理，将时空与物质等同起来，得到了一个关于时空、物质和引力的新理论。

广义相对论中爱因斯坦吸收了马赫对绝对空间的批判，并将马赫的见解——一个物体的惯性质量来源于它与宇宙中所有其他物体间的相互作用，而不是它与空间本身的相互作用——总结为马赫原理。马赫在空间观念上属于关系论者，他反对绝对空间，认为一切运动都是相对的，牛顿在水桶实验中没有考虑到遥远环境的影响，后者正是其惯性的来源，从而用惯性解释了水面形成的凹，消解了实体性的绝对空间。爱因斯坦认同马赫的观点，并在"引力质量与惯性质量相等"的事实上进一步提出了等效原理，指出惯性场与引力场的物理效应是局域不可区分的，从而放弃了惯性参考系的特权地位。

广义相对论颠覆了牛顿的绝对时空观，重塑了时空的相对主义。在这里，世

① Dowden B. "Time | Internet Encyclopedia of Philosophy". https://iep.utm.edu/time/#SH14a.

界被描述为一组包括引力场在内的相互作用的场,运动只能由这些动力学实体相对于彼此的位置和位移来定义,不存在绝对的参考系。广义相对论中的时间是动力学时空中的一个分量,它仅是局域地和内部地定义的,并不存在全域的时间。在狭义相对论那里,闵可夫斯基时空至少可以在某个选定的参考系下定义一个全域的现在时刻,即同时性的超平面(hyperplane),而在广义相对论这里没有这样的超平面,甚至也没有一个单个的全域“时间切片”(没有边界的一个类空超曲面)。哥德尔曾为广义相对论的场方程找到一个新奇的解,其中没有全域时间切片,并以该解的存在作为前提对时间的非实在性进行了论证。

广义相对论是实验证据之下关于时空和引力最为成功的理论。在广义相对论中,时空与引力场是等同的,并不存在绝对的时间和绝对的空间,有的只是引力场,“我们并非被容纳在一个无形固定的脚手架里,我们是在一个巨大的、活动的软体动物内部(爱因斯坦的比喻)”[①]。这从根本上重塑了关于时间和空间的认识,时空与物质是等价的,与电磁场相类似,时空不过是物质的一个组成部分。引力场具有独立的自由度,引力场与时空的运动和起伏用引力场方程——爱因斯坦方程来刻画。2016 年 LIGO 对引力波的探测,直接证实了引力波的存在,表明了引力场和时空波动起伏的真实性。

在狭义相对论中,时空没有曲率,是平直的。而在广义相对论中,时空是弯曲的,并且曲率与所选参考系无关。可以通过注意同步时钟变得不同步来检测时间的“曲率”。从物质能量的数量和分布的任何变化都会改变曲率的意义上讲,时空是动态的。这种变化以光速传播,而不是瞬间传播。从时空实体论与关系论的角度来看广义相对论的话,度规场为实体论提供了支持。“时空的实质不是在流形中编码的,而是在广义相对论的动力学几何中编码的,这种几何是实体性的,或者至少是非关系的,因为非平凡的时空几何携带有能量,并且即使在宇宙中没

① [意]卡洛·罗韦利:《现实不似你所见》,杨光译,湖南科学技术出版社 2017 年版,第 69 页。

有物质作为它的媒介时它也可以存在。”[①]需要注意的是，相对论对于时空的变革更多是从绝对时间和绝对空间到相对时空的，而对于实体论与关系论并未有定性的结论。爱因斯坦并未完全排除实体论，在荣获 1922 年诺贝尔物理学奖后的讲演中，他指出相对论排除了麦克斯韦的以太，但并不排除空间中存在的其他可能物质，也就是并未排除时空实体论，当然如果实体性的物质存在的话也必须满足相对性原理。

广义相对论是一种背景无关的理论，引力场的动力学演化表明时空是动态的，原先牛顿理论中的时空舞台本身也变成了演员。背景无关性通过理论的广义协变性得以实现。引力场的动力学是完全相对性的，相对性要求引力场方程所表述的自然律对任意的坐标系统都有效，即引力场方程要满足广义协变性。“引入背景舞台时，牛顿引入了两种结构：时空的流形及其非动力学度规结构。GR 去除了非动力学度规，改用引力场代替了它。更重要的是，GR 还去除了流形，改用有效的微分同胚不变性代替。”[②]时空的微分同胚使得从一个理论的模型映射到另一个时，保持了集合的闭合性。在物理上，一个背景无关理论中的时空微分同胚是规范对称性，它们将两个不同的数学模型看作是物理上等同的。

三、时空是一种结构

1913 年末，爱因斯坦在探索广义相对论的过程中提出了“洞论证”（hole argument）。为了将引力纳入相对论体系，爱因斯坦考虑了引力质量与惯性质量间的等价性，即引入了等效原理，用单一的惯性-引力场取代狭义相对论中的惯性参考系。为了使理论中的方程在任意的时空坐标变换下保持不变，引力理论的方程需要是广义协变的。然而，很快爱因斯坦发现，按照等效原理所要求的非线

---

① Norton J. “Loop quantum ontology: Spacetime and spin-networks”. *Studies in History and Philosophy of Science Part B: Studies in History and Philosophy of Modern Physics*, 2020, 71: 15.

② [意]卡洛·罗弗利：《量子时空：我们知道些什么》，载[美]克雷格·卡伦德、尼克·赫盖特主编：《物理与哲学相遇在普朗克标度》，李红杰译，湖南科学技术出版社 2013 年版，第 114 页。

性变换，时间和空间坐标的变换会得到与原来不同的新的物理情形，这意味着要么放弃关于时空坐标的物理解释，要么放弃广义协变性。放弃时空坐标的物理解释意味着对因果性（现在我们称之为决定论）的违背，出于对因果性信条的依赖，爱因斯坦选择放弃广义协变性，他指出引力的相对论理论不是广义协变的，并试图用洞论证来表明这一点。

洞论证中，爱因斯坦设想了流形 M 上的时空区域，该时空区域充满了物质，其中有一个洞 H 中没有物质。物质的分布用应力-能量张量 $T^{\mu\nu}$ 来表示，引力场的分布用度规张量 $g^{\mu\nu}$ 表示，因而洞 H 内的应力-能量张量 $T_{\text{in}}^{\mu\nu}\equiv 0$，而引力场是其唯一的物理结构。当假定引力理论的场方程满足广义协变性时，也就是说如果流形 M 上的度规张量场 $g^{\mu\nu}(x)$ 是引力场方程的解时，那么组合张量场（$\phi\cdot g)^{\mu\nu}(x)$ 也是引力场方程的解。但显然 $g^{\mu\nu}$ 和（$\phi\cdot g)^{\mu\nu}$ 的函数性质是不同的，它们的元素所涉及的坐标函数不同。现在选择一种洞微分同胚映射 ϕ，在洞 H 之外及边界处是恒等变换，在洞 H 内部不是，但由于洞内的 $T_{\text{in}}^{\mu\nu}\equiv 0$，意味着这种微分同胚映射不会改变洞内和洞外整体的应力-能量张量。但是 ϕ 却改变了度规张量，使得引力场方程得到了一个新的解，虽然这个新的解在洞外与原来的解相同。从而，广义协变性使得在同一种应力-能量场的分布下有许多种不同的度规场。爱因斯坦从而认为，不能通过对洞外度规和物质场的详细描述来固定洞内的度规场，所以广义协变理论是不可能的。

爱因斯坦的洞论证旨在表明度规张量的协变方程与他关于引力场的因果性概念不相容。他在洞论证中假设了时空点是内在个体化的，与这些点处的度规张量场的性质截然不同。两年之后，也就是 1915 年，当他再次考虑广义协变性时用点重合论证（point-coincidence argument）代替了洞论证，他找到了走出困境的路径：时空点不具有不依赖于度规张量场的内在的个体属性，也就是说时空点的个体属性依赖于度规张量场。所有度规解在物理上都是等价的，否认局域坐标表征了某种真实的东西，从而得到了广义协变的方程，即广义相对论的正确形式。

这使得广义相对论成为第一个完全动力学的、背景无关的时空理论。洞论证的历史展现的是爱因斯坦为与惯性系相关的坐标寻找物理解释的过程。从依赖于固定的、非动力学的时空背景到背景无关的理论，这一转变是理论物理学的关键发展之一。

施塔赫尔（J. Stachel）在1980年首次认识到洞论证的重要性，将洞论证的讨论引入了物理学史家和物理学哲学家们之中。1987年，厄尔曼（J. Earman）和诺顿（J. Norton）在论文《时空实体论的代价是什么？——洞论证始末》中重新回顾了洞论证，认为这是对某种形式的实体论的支持，并承诺了非决定论，他们提出用莱布尼茨等效性来取代它，也就是提出了一种关系论的观点。

诺顿和厄尔曼等推广了爱因斯坦的洞论证，将其从爱因斯坦所针对的广义相对论的场方程推广至包括牛顿的时空理论，无论其是否包含引力或电动力学，以及狭义和广义相对论，无论是否包含电动力学。他们的推广中也不要求在洞区域没有物质，从而爱因斯坦原本的洞论证成为其中的一种特殊形式。诺顿给出了一个直观的模型来呈现洞论证的要义，如图6.2所示，洞变换前的度规场分布如左，变换后的度规场分布如右，它们都是引力场方程的解，通过微分同胚变换相互联系。

在洞论证的背景下来看，时空实体论与时空关系论的论争进一步获得了新的意义。时空实体论的典型代表是M. 弗里德曼（Michael Friedman），他认为时空是一种独立的实体，与物质一样独立存在。他构造了时空语义模型的三要素 $\langle M,g,T\rangle$ ，其中 M 是流形，时空与裸流形等价。M. 弗里德曼认为现代时空理论的第一步就是设置事件的流形 M，之后再在它上面定义更深层次的结构，流形的独立存在性符合他自己对时空的某种实在论者的偏见。然而，在洞论证中，如图6.2所示，按照实体论者的观点，由于流形的独立性，星系通过点 E 和不通过点 E 代表着两种不同的物理事实，虽然从观察者的角度来看二者并没有什么不同。这意味着将流形看作是实体的，会得到两种不同的物理情形，即使得广义

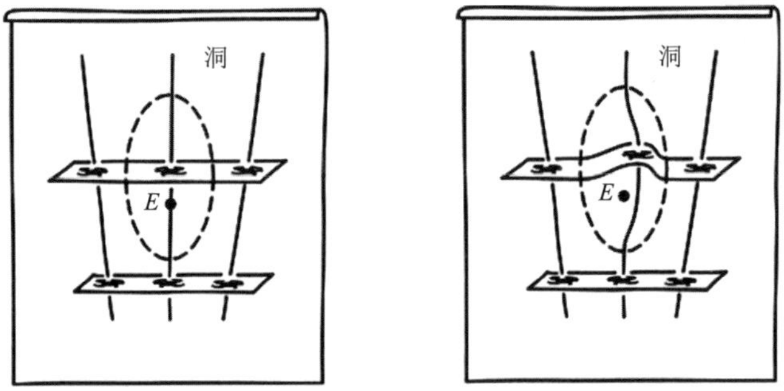

洞变换前的场 洞变换后的场

图 6.2 洞论证中变换前后的不同情形

相对论是非决定论的。“因此流形实体论遇到了一种两难困境，他们要么必须拒绝实体论，要么必须接受这种根本的非决定论。”[①]

如果拒绝实体论，接受关系论，那么意味着我们接受莱布尼茨不可区分的同一律，星系通过点 E 和不通过点 E 在物理上是同一的，虽然它们在数学上不同，但微分同胚变换使得它们在物理上描述了同一种事实，斯莫林和罗韦利等持有的正是这种观点。如斯莫林认为：“除去存在的事物外，空间就什么也不是了；它只是事物之间相互关系的一方面。”[②]关系论是基于对实体论的反对而建立起来的，自己本身并没有严格的论证。关系论者对广义相对论时空的关系论解读被圈量子引力理论所继承，极大地影响了量子引力理论的发展，即量子引力理论应该是背景无关的。

洞论证不仅为关系论与实体论的讨论开辟了新的空间，还促成了不同于二者的第三种路径，即结构实在论。施塔赫尔通过洞论证的历史与哲学分析，在时空哲学方面得到了在传统的绝对主义和关系主义立场之外的第三种立场，即动态的结构实在论。他最初持有的是时空关系论的观点，即认为四维流形中的点只有在

---

① 程瑞：《当代时空实在论研究》，科学出版社 2017 年版，第 101 页。

② [美]斯莫林：《通向量子引力的三条途径》，李新洲、翟向华、刘道军译，上海科学技术出版社 2003 年版，第 2 页。

确定了度规张量场时才成为时空的要素,在这之前这些点不具有物理意义。后来,在他认识到纤维丛方法的含义时,他从关系论转向了结构主义。纤维丛方法允许通过确定纤维化过程的等价关系把流形定义为纤维总流形的商。施奥通(J. A. Schouten)在 1951 年发现物理的张量场与数学的张量场不同,它具有物理的维度。通过这些发现,施塔赫尔认识到流形 M 上的点在选择特定的场之前已经具有了时空元素的物理特征。只是这些点不具有个体性,或者不具有保罗·特勒(Paul Teller)所说的个体性(haecceity)。

但施塔赫尔的结构主义并不同于弗兰奇和雷迪曼(J. Ladyman)的本体结构实在论,而是一种超关系论(hyper-relationalism)。他将自己的立场命名为动态的结构实在论(dynamic structural realism),以强调过程之于态的优先性。实际上,厄尔曼和普利(O. Pooley)分别也持有基本相同的立场,前者的观点称为实体性的广义协变性(substantive general covariance),后者的观点称为精致的实体论(sophisticated substantivalism)。所不同的是施塔赫尔更加强调其立场数学表达中纤维丛方法的应用。

此外,洞论证相关于广义相对论中的规范自由度,也就是说广义相对论中存在着剩余数学结构,这些结构在物理实体中找不到对应。“给定一个物理理论,数学上不同的理论模型的等价类什么时候可以看作是单个、唯一的物理模型?洞论证表明,对于用一组广义协变场方程定义的理论而言,使理论具有物理意义的唯一方法是,假定场方程的微分同胚的相关解的整个等价类都表示一个物理解。”[①]

第三节 量子化的时空

广义相对论揭示了引力的时空几何本性,量子理论又揭示出了世界的量子本

① Stachel J. “The hole argument and some physical and philosophical implications”. *Living Reviews in Relativity*, 2014, 17(1): 6.

性，那时间和空间的量子化又如何，能否帮助我们找到时空本身的结构，能否揭开时间之谜？量子引力理论致力于广义相对论与量子理论的结合，是关于时空的量了理论。弦论和圈量子引力理论等量子引力理论尽管仍在构建中，但已经揭示出了全新的时空观念。“量子引力论的某些构建方法不但暗示着经典时空结构被打破，还预示了关于时间的某些‘特殊的’东西。”[①]

一、有待量子化的时空

非相对论的量子力学是对辐射以及物质结构的量子化，对于时空而言仍然是经典的时空，并没有试图将时空量子化。

1. 量子力学中的时间和空间

非相对论的量子力学沿用了牛顿的绝对时间和绝对空间。与物理系统的动力学变量是量子化的不同，这里固定的时间和空间背景是未量子化的。时间在理论中是全域的背景参数，并不是用量子算符表示的物理学的可观测量。因为能量-时间不确定关系的存在，一旦拥有时间算符，普遍地时间便拥有从 $-\infty$ 到 $+\infty$ 的连续本征值，由于正则对易关系（canonical commutation relation，CCR），这将导出能量也具有从 $-\infty$ 到 $+\infty$ 的连续本征值，从而与所观察到的离散的能量本征值不符。对此，泡利说“……不允许引入算符 t 且时间必须被看作一个普通的数”[②]。量子力学中时间与空间之间的这种不对等性被认为违背了相对性原理，很长时间内困扰着物理学家们。

薛定谔方程中的时间在过去和未来是对称的，波函数的正向时间演化和逆向时间演化没有不同。然而，薛定谔方程本身并不能说明量子测量的结果，还需要补充以波函数的坍缩等其他随机的和概率性的描述过程，而这一过程在时间上显

① [美]克雷格·卡伦德，尼克·赫盖特主编：《物理与哲学相遇在普朗克标度》，李红杰译，湖南科学技术出版社 2013 年版，第 24-25 页。

② Hilgevoord J, Atkinson D. “Time in quantum mechanics”. In Callender C (Ed.). *The Oxford Handbook of Philosophy of Time*. New York: Oxford University Press, 2011: 647.

然是不对称的。对于波函数的坍缩而言，时间明显是不对称的，过去是在空间中弥散的波，给出可观测量的各种可能结果出现的概率，未来则是确定性的某一个具体的测量结果。

量子力学中关于空间认识的变革源于量子非定域性。量子力学允许在空间中分离得很远的纠缠粒子对在测量瞬间得到相互关联的结果，这一非定域性得到了实验验证。关于量子非定域性的理解与对时空结构和因果性的理解紧密相关，非定域性是否意味着对定域实在论的违背？是否意味着与狭义相对论的冲突？该如何认识量子非定域性？这些问题仍然处于争论中。如果认为非定域性意味着对定域作用的违背，即超光速信号的传递，那么就与狭义相对论冲突了。如果认为非定域性意味着不可分离性，那么非定域性则改变了传统中将空间位置作为区分物质的介质这一功能，空间并不能将处于纠缠状态的粒子分隔，纠缠粒子对即使相隔很远的空间距离也是一个不可分的整体。

2. 背景无关 vs.背景相关

广义相对论和量子力学所揭示出的关于引力或时空和量子化的认识经受了经验检验，称之为真相。然而，当把人类的认识延伸到普朗克标度，即引力效应和量子效应同样重要的标度上，广义相对论和量子力学所揭示的真相结合在一起时，在量子引力研究中就遇到了难以克服的困难。“我们对物理世界的理解在目前是严重破碎的。尽管基本物理学在经验上有效，但它正处于一种深刻的概念混乱的状态。量子引力问题就是要把广义相对论和量子力学的见解结合成为一个概念系统，在其中它们可以共处。”①

两大理论间的不一致是根源性的，主要体现在看待时空的不同态度上。广义相对论将引力等价于时空，度规既是引力场的结构，也是时空的结构，时空结构随着物质的分布而变化，而变化的时空结构又规定着物质的运动，因而广义相对

① [意]卡洛·罗韦利：《量子引力》，载[美]约翰·厄尔曼、[英]杰里米·巴特菲尔德主编：《爱思唯尔科学哲学手册：物理学哲学》，程瑞、赵丹、王凯宁等译，北京师范大学出版社 2015 年版，第 1490 页。

论并不依赖于固定的时空度规结构，是一种背景无关的理论。与之相反，量子力学预设了一个不动的经典时空背景，量子化及其涨落是相对于该时空背景来定义的，是一种背景相关的理论。一旦将两种理论结合起来，将引力进行量子化，会得到时空的量子化，即存在涨落的时空，而涨落正是通过这个时空背景来定义的，这就导致了矛盾。

"不仅广义相对论的时空的动力学特征使得传统的量子理论进路变得成问题，而且广义相对论的主动微分同胚不变性与任意固定的背景时空在本质上不相容。"①如何处理量子力学中外在的时间变量和静止的时空背景，如何将"既是演员又是舞台"的度规场进行量子化，成为物理学家们探索的主要目的。

量子引力理论是对普朗克标度下时空结构的研究，其中普朗克长度 $l_P = \sqrt{\hbar G / c^3} \sim 10^{-33}$ 厘米，普朗克能量 $E_P = \sqrt{\hbar c^5 / G} \sim 10^{19}$ 吉电子伏特，普朗克时间 $t_P = \sqrt{\hbar G / c^5} \sim 10^{-44}$ 秒。引力场的量子化，意味着时空的量子化，时空是离散的，时空观念注定与我们在真相时代所形成的观念大不一样。我们分别来看弦论和圈量子引力理论这两种目前流行的量子引力理论下的时空观念。

二、弦论中时空的涌现

弦论属于量子引力的协变研究进路，即一方面继承了量子场论中的固定时空背景，将量子引力建立在平坦的度规空间上，另一方面又考虑到了其周围度规的微小涨落。在量子场论的范式中，引力和其他相互作用一样，是固定时空背景下的作用力，通过引力子来传播，而非动力学的时空几何。但在点粒子的情形下按照量子化电磁场的方式发现引力的量子化理论是不可重整化的，因而用延展的弦来代替点粒子，允许引力作用在时空中铺展开来以避免不可重整化的问题。

最初的弦论中，弦本身是在时空背景中振动的，弦论的背景相关性被认为是

---

① Hedrich R. "Space-Time in Quantum Gravity: Does space-time have quantum properties?" In Licata I. (Ed.). *Beyond Peaceful Coexistence: The emergence of space, time and quantum*. Singapore: World Scientific, 2016: 47.

弦论所面临的最为严重的问题之一。如何构建一个背景无关的弦论，把弦作为织起时空之线，被认为不但能够启发对于时空起源问题的解决，也是求解弦论中额外维度的重要工具。在背景无关的弦论体系中，弦的两维世界面（world sheet）扮演了更为重要的角色，关于弦的量子处理也是基于世界面上的量子场而言的，时空度规特性从大量弦的量子描述中涌现出来，因而弦是更为基本的，时空来自弦的集群效应。但是除弦之外的其他成分，如膜在时空的基本组成中又扮演什么角色呢？膜和弦空间哪个更为基本，抑或都不是基本的，存在其他更为基本的实体？如在矩阵理论中，将 0-膜，即没有空间延展的东西作为基本组分，如此膜、弦和时空就都是由 0-膜恰当组合而成。不过，这些研究仍在进行中，关于时空的认识尚未形成精确的数学表述，更未有结论性的成果。

弦论中的对偶性在形而上学层次上意味着时空是涌现的。对偶性联系了不同种类的弦论，对偶性理论给出相同的物理内容，它们在经验上不可区分。T-对偶性是一种标度不变性，如在一个维度上弯曲半径为 R 的理论 T_1 与另一个弯曲半径为 $1/R$ 的理论 T_2 对偶，从 R 到 $1/R$ 的变换并不改变物理内容，而 T_1 理论所对应的空间尺度大，T_2 理论所对应的空间尺度小。也就是大和小的空间在物理上是等价的，这意味着大和小并不是最为基本的，最为基本的应该是那些保持不变的特性，所以空间不是基本的。

作为对偶性的一种特殊形式，AdS/CFT 对偶表明空间的维度也不具有基本性，支持了时空的涌现。弦论的一致性要求时空是十维或十一维的，这意味着在我们的四维时空之外的多余维度是卷曲的。1997 年，马尔达西纳发现的 AdS/CFT 对偶表明，物理定律的体空间描述和边界描述是完全等价的，其中体空间描述要比边界描述具有更多的维度，体空间理论中包括了引力，而边界理论不包含引力。马尔达西纳的发现，是全息原理在弦论框架下的具体实现。这表明，时空不具有基本性，除了时空的尺寸和形状可以在不同的理论之间来回变换，空间维度的数目也可以在完全等价的不同理论之间改变。“越来越多的线索都指向同一个结论：

时空的形式只是一个无关紧要的细节，在不同的物理理论体系下，时空的形式会发生改变，而不是真实性的一个基本元素。”①

弦论中，时空并不是与物质截然不同的，而是源于物质的。弦论中时空的涌现是借助于二维的共形场论来实现的。在时空的度规张量 $G_{ij}(X)$ 缓慢变化的时候，即曲率半径处处都很大时，描述二维共形场论的拉格朗日量是弱耦合的。这样，弦论就与我们熟悉的常规物理学一致了，可以半经典地解释为粒子和场在时空中的运动。这样一来，就像将经典力学作为量子力学的极限，弦论中的时空是在低能极限下二维共形场论的极限，从而表现为时空的涌现。而一旦超出了半经典的弱耦合极限，就不再能用时空中的弦来进行解释了。问题是，“出现在弦的拉氏量中的时空度规场显然应该处处定义，而不仅仅是在弦所占据的点上才有定义。而威滕的时空看似在没有物质的地方也存在，因此在没有基础二维场的地方也存在，这些地方的时空真的消失了吗？”“这一物理论点看起来十分直接明了，且在我们看来，哲学家们应该接受这一挑战：就空间本性的问题威滕是否给出了一个正确的答案，这一答案与历史上的提议又是如何衔接的呢？”②

三、圈量子引力理论中时空的涌现

圈量子引力理论是一种特殊版本的正则量子引力理论。正则量子引力通过将广义相对论的哈密顿函数整个进行量子化，再求解量子化的引力场方程——惠勒-德威特方程，其中不需要背景时空假设，是一种背景无关的理论。圈量子引力中圈是惠勒-德威特方程的解，指沿着圈或通过圈的普遍电场的流的整体，这是杨-米尔斯规范场理论中熟悉的概念，因而人们希望这有助于统一理论的追求。

圈是圈量子引力中最为基本的实体，由有限圈所形成的极其精细的编织或网

① [美]布赖恩·格林：《宇宙的结构——空间、时间以及真实性的意义》，刘茗引译，湖南科学技术出版社 2012 年版，第 523 页。

② [美]克雷格·卡伦德，[英]尼克·赫盖特主编：《物理与哲学相遇在普朗克标度》，李红杰译，湖南科学技术出版社 2013 年版，第 22-23 页。

络称为自旋网络，自旋网络或它的量子叠加构成了空间。一个自旋网络随时间的演化称为一个自旋泡沫。自旋网络可以保留、融合或分裂成几个节点，产生的结果被看作是四维时空的量子类似，称为自旋泡沫。自旋泡沫才是更为基本的结构，四维时空从此结构上涌现而出。同样涌现出的还有时空的离散结构，可以在运动学的层次上具体定义几何算符，如单位面积算符和体积算符，它们都具有离散谱，这意味着存在最小的面积量子或体积量子。

包括圈量子引力在内的所有正则量子引力理论都存在“时间问题”。惠勒-德威特方程没有时间变量，因而被认为是描述了一个静态的宇宙。时间问题的最纯粹形式是指，“所有真正的物理量都不发生变化，而是在动力学上冻结了”[①]。这似乎回到了公元前 5 世纪古希腊哲学家巴门尼德的观点：变化仅是表象，本质上不存在变化。时间真的是一种幻象吗？该如何协调圈量子引力理论中不随时间变化的本质与我们经验到的时间流逝之间的矛盾？圈量子引力理论的核心代表人物罗韦利认为，时间变量在基本方程中的消失并不意味着一切都是静止的，而是刚好相反，“表明变化是普遍存在的。这只是表明：基本过程不再能够被形容为‘一个瞬间接着另一个瞬间’。……时间的流逝是世界所固有的，是世界与生俱来的，从量子事件之间的关系中产生。这些量子事件正是世界本身，产生它们自己的时间”[②]。

正则量子引力理论，与广义相对论一样，它假定了流形与物质截然不同。圈量子引力中，看起来不可能在三维度规空间中构想出量子引力，理论的主要进展来自圈的构建方法，主要是阿希提卡、罗韦利和斯莫林的工作。“如果圈基与 3 维度规基不是一一等价的话，那么（如果正确的话）在该理论所提供的图景中，时空也不是最基础的，而是由更基本的实体衍生出来的：这里指的就是自旋网

① Huggett N, Vistarini T, Wüthrich C. “Time in quantum gravity”. In Dyke H, Bardon A (Eds.). *A Companion to the Philosophy of Time*. West Sussex: Wiley, 2013: 247.

② ［意］卡洛·罗韦利：《现实不似你所见》，杨光译，湖南科学技术出版社 2017 年版，第 152 页。

络。”[①]罗韦利称，这也是一种关系主义，即否认时空在本体论上是与物质和电磁波一样的基本实体，相反，绝对主义认为时空是基本的，且在逻辑上先于物质和电磁波。

四、量子时空观的意义

真相时代的物理学中，时间和空间或时空是理论中的基本本体，在以流形为基础的本体域中时间和空间或时空是连续的。进入普朗克标度，时空不再是基本的理论本体，而是涌现的。涌现的时空支持了关系主义的时空观，与广义相对论相一致。后真相时代的时空观念不仅是革新的，与此同时它还蕴含着新的“实在观”、经验检验标准的弱化、新的因果观念等。

随着量子引力理论的研究，物理学家们普遍认同的是，“时空”概念的消失。超弦理论的主要支持者布赖恩·格林（Brian Greene）说：“当我们钻研大自然的最基本法则的时候，空间和时间的概念也将自行消融。”[②]圈量子引力理论的积极倡导者罗韦利说：“为了在普朗克尺度下理解世界，也为了给广义相对论和量子力学寻求一个一致的概念框架，我们可能必须完全放弃时间的观念，转而寻找用非时间术语去描述世界的方法。”[③]虽然现有的量子引力理论各异，但关于时空的涌现却保持了一致，他们都认同时空是从某个更基本的、非时空的实体中产生的，时空本身是宏观近似的结果，是基本自由度在更大尺度上的集群效应。值得注意的是，这里的“涌现”概念并非在强的哲学意义上而言，而是指时空的非基本性。

然而，随之而来的关键问题是离散的结构在什么程度上能解释为是时空项，如何从中抽取出连续统的时空流形和几何？“理论成功的一个必要条件是人们能

---

① [美]克雷格·卡伦德，[英]尼克·赫盖特主编：《物理与哲学相遇在普朗克标度》，李红杰译，湖南科学技术出版社 2013 年版，第 23 页。

② [美]布赖恩·格林：《宇宙的结构——空间、时间以及真实性的意义》，刘茗引译，湖南科学技术出版社 2012 年版，第 508 页。

③ [意]卡洛·罗韦利：《量子引力》，载[美]约翰·厄尔曼、[英]杰里米·巴特菲尔德主编：《爱思唯尔科学哲学手册：物理学哲学》，程瑞、赵丹、王凯宁等译，北京师范大学出版社 2015 年版，第 1492-1493 页。

够说明我们所经验到的时间和空间是如何产生的，并说明我们当前理论的成功。特别地，至少量子引力理论的某些模型能够近似我们在广义相对论那里所熟悉的时空图景。”[①]对于弦论，当不存在对偶时，背景时空可解释为我们的现象学时空，当量子化后的两个背景形成一个对偶对时，原则上现象学的时空必须仅从对偶对所共有的物理内容中构建而来。对于圈量子引力，找到像闵可夫斯基时空这样平坦时空的解，仍是一项挑战。

在一种其基本自由度不包括时空的量子理论之下，关于是什么取代了时空，世界到底由什么构成，终极的本原是什么，仍然是有歧义的。罗韦利认为“粒子是量子场的量子；光由场的量子形成；空间也只不过是由量子构成的场；时间也在这个场的过程中形成……世界、粒子、光、能量、空间和时间，所有这些都只不过是一种实体——协变量子场的表现形式”[②]。惠勒在三十多年前说“万物源于比特”，今天的许多物理学家进一步说“万物源于量子比特”（It from qubit），如文小刚说空间来自长程量子纠缠的量子比特海，对于从信息到时空或物质的具体机制物理学家们则莫衷一是。在终极的本原问题远未可解之时，我们不由想到古希腊哲学家阿那克西曼德（Anaximander）的阿派朗（apeiron），或许实在的本原是一种非实在，是一种“道”。

第四节　时间之特殊性

物理学并没有赋予时间以特殊性，特别是在狭义相对论之后，时间被空间化（spatialize）地处理了。柏格森等哲学家们敏锐地指出了这一点，并且认为这是不恰当的。斯莫林等物理学家也指出了这一点，并将其追溯到物理学诞生的早期阶段：“大约在 17 世纪初，笛卡儿和伽利略都发现：可以画一个图，其中一个

① Matsubara K. “Quantum gravity and the nature of space and time”. *Philosophy Compass*, 2017, 12(3): e12405.

② ［意］卡洛·罗韦利：《现实不似你所见》，杨光译，长沙：湖南科学技术出版社 2017 年版，第 164-165 页。

轴表示空间，另一个轴表示时间。空间中的运动就成了图上的曲线。这样，时间就像是空间的另一个维度。运动被冻结了，不断运动和变化的整个历史呈现给我们的是某种静止不动的东西。如果我不得不猜测，那么这就是犯罪现场。”①

时间哲学家们固然非常敏锐地指出了时间与空间的不同，但他们依靠直觉的方法论并不可靠。比如在用空间或时间表述的语句中，通过对空间或时间的替换来判断语句的真值或意义有何变化，这种分析哲学常用的语言分析方法并不奏效。就像用直觉来分析质子和中子之间的不同并不可行一样，直觉的世界与物理的世界相差太远，直觉往往是错误的。因而直觉的和语言的方法论应该用科学的方法论来代替。

但事实上，时间和空间在物理学中是有区别的，如时空中类时方向与类空方向是截然不同的，这种区分不依赖于质量-能量的分布。在很多个方面，物理学的时间都是很特殊的，时间的特殊性方面是否存在联系，它们同时出现于我们的世界中是偶然的吗？通过对这些特征之间的联系的考察，可以深入了解时间的本质。关注到时间的特殊性，会更易于弥合显性时间与物理时间之间的鸿沟，有利于对显性时间的解释。

一、时间与空间的不同

卡伦德（C. Callender）在《时间为何特殊？》一书中，总结了时间在五个方面与空间的不同：一是时间与空间的度规差异；二是时间的单维度性；三是时间的方向性；四是移动的不对称性；五是不对称的自然类。

第一，时空的度规结构是其最基本的特征，也是时间在基本层次上与空间的不同。赖兴巴赫曾明确指出：“如果人们试图从闵可夫斯基世界中寻求时间与空间的平行性，我们会发现他错误地理解了闵可夫斯基的理论。相反，闵可夫斯基

① Smolin L. *The Trouble with Physics: The Rise of String Theory, the Fall of a Science and What Comes Next*. Boston: Houghton Mifflin Harcourt, 2006: 256-257.

世界从数学角度表现了时间维度的特殊性，即在基本度规公式中在时间表达式前面加上负号。”[①]赖兴巴赫清楚时间的特殊性其实并不在于其不同于空间维度的负号，而在于度规的符号（signature）。洛伦兹度规是不定度规，它将时空向量分为类空、类时和零三类，这是相对论最为标志性的特征之一。也就是说，相对论在其几何基础中就区分了时间与空间，在形成洛伦兹度规时就出现了时间与空间的差异，而原本的黎曼度规中并不存在与类时方向一致的方向场。虽然相对论区分了时间和空间，但它承诺了类时方向与类空方向间的不同，因而也给出了不完全等价的时间和空间。

在数学上，类时方向与类空方向的不同表现在，指向方向 t 的类时向量不能连续地转动或平动（boost）到指向方向为 $-t$ 的类时向量，而类空方向则可以，或在类时与类空方向的混合中可以。在物理上，两个通过类时曲线联系的事件 p 和 q 也可以通过类空曲线来联系，而逆命题不成立。这意味着在时间顺序的时空中，不存在闭合的类时曲线，而可能存在闭合的类空曲线。在过去-未来区分的时空中，连续的类时曲线确定了时空的拓扑。光锥结构将类时事件而非类空事件进行了分叉（bifurcating），类时曲线可见于整个流形，而类空曲线局限于有限区域，对流形中的其他而言是不可见的。时间与空间的这种度规上的差异在因果集理论（量子引力理论的一种）中被充分利用。

第二，时间的维度是一维，与空间的维度不同。时间的一维特性事实上与时间的符号是相关的，依赖于它与空间的度规区分。这也反映了时间维度前面的负号确实反映了时间与空间的差异。历史上有许多假设了多时间维度的理论，它们的时空度规符号（p, q）中的时间维度项 q 是大于等于 2 的，如膜世界中的时空度规符号是（4，2），卡鲁扎-克莱因理论中是（3，3），F 理论中是（11，2）。这些理论都存在各种各样的问题，如稳定性问题、因果性问题等，未能充分发展

① Reichenbach H. *The Philosophy of Space and Time*. NewYork: Dover, 1957: 112.

起来。对于稳定性问题，多林（J. Dorling）用几何学证明了如果存在多个时间维度，某些类型的衰变就不会发生，从而与现有的理论预言不符。对于因果性问题，在多维时间中由于难以避免闭合的类时曲线，会出现沿某个类时方向的往复徘徊，这与通常的时间方向性不一致。还有人证明了一旦时间的维度大于 2，就会违背量子理论的幺正性，从而与实验不符。到了量子场论中，如果时间维度大于 2，还会出现超光速的粒子。等等。当然，从根本上说时间的一维性还是与度规符号相关，度规符号决定了动力学以及由此得到的物理特性，特别是守恒律，如粒子数守恒、概率流守恒等。一旦有多于两个的时间方向，而这两个方向并不是用对称变换所关联的，就会带来许多新的问题。

第三，与在空间维度中可以相对自由地移动不同，在时间维度中却不拥有这样的自由。例如，我们可以在想去罗马的时候去就可以，但我们却不能回到侏罗纪时代，我们没有去罗马的原因与时空的深层结构无关，可能是因为我们没有时间，也可能是因为我们没有资金，等等，而去不到侏罗纪时代则是因为时空的深层结构，没有未来的类时路径能够将我们与过去光锥中的事件联系起来。在未来类时路径中，每一点都定义了自己的未来光锥，从而使得未来的行为受到了一定的约束，不允许在类时方向上进行来回往复，其结果是不允许时间旅行。不允许时间旅行是物理学定律的限制还是事实性的限制（如是边界条件的结果），还是二者兼而有之？物理学家们目前并不清楚，但确定的是时间和空间在移动的对称性方面有着非常大的不同。

第四，时间之箭的存在。在经典的热力学方程中，空间反演下方程是不变的，如用 $-x$ 代替 x 方程保持不变，而方程在时间反演下并不是不变的，如用 $-t$ 代替 t 方程就改变了。时间之箭的存在是物理学定律本身的结果，还是边界条件的结果，仍然是有争议的，传统的理解是由边界条件的不对称导致的。根据 CPT 定理和 CP 组合的违背也可以导出时间的不对称性，但 CPT 定理本身的理解也存在着争论。通常认为热力学和辐射的时间之箭并不是由时间的固有特征产生的。如对于热力学的时间之箭而言，普利高津等认为它是由时间不对称的定律产生的，但也有人认为它产生自时间本身的不对称，而卡伦德则认为也可能是边界条件的不对称所导致的，是由初始时的低熵和缺乏可比较的未来这两个约束条件所导致的。此外，卡伦德还认为过去与未来之间的不对称是局域的，而不是全域的。如普莱斯（H. Price）指出所谓的戈尔德宇宙[为了纪念天文学家戈尔德（T. Gold）]在时间开始和时间结束时都具有低熵约束，所以在两个方向上熵都在增加。由此，卡伦德认为物理时间的深层特征在根本上或全域范围内并不存在。

第五，不对称的自然类。赖兴巴赫在 1956 年将基因同一性（genidentity）一词应用于物理情形中，指出如果两个事件都属于同一对象历史的一部分，那么它们就是基因同一的。如粒子发出一个光子，随后在一个陷阱中将其捕获，就是基因同一的，而现在的中微子事件与后来的电子事件就不属于同一对象的历史。如在时间的连续瞬间进行切片，会使得球的运动就像电影一样。而如果切片是空间的，那么得到的切片部分是空间的，部分是时间的。自然定律选择了同一的线程（threads of identity），从而能够区分不同的场景。世界线即是我们所熟悉的同一线程。时空流形在几何上有各种曲线，而有质量粒子的世界线是在每一点其速度 $v=\mathrm{d}s/\mathrm{d}t<c$ 的曲线，无质量的粒子的世界线是每一点处 $v=\mathrm{d}s/\mathrm{d}t=c$ 的曲线，而 $v=\mathrm{d}s/\mathrm{d}t>c$ 的曲线都不是世界线。世界线本身就预设了时间与空间的不同。世界线的名称与其基本属性相关：有质量的粒子总是类时的，无质量的系统总是零（null），如果存在类空系统的话它的质量是虚数。自然法则也继承了这种差异，它们将一些属性作为输入，并且将其作为输出，它们就是同一线程，这些属性随着时间会保留下来，如奇异性、粲、电荷、质量等，是我们构建定律的基本前提。

上述时间的五个特征在逻辑上可以相互分离，比如在某个可能世界中时间只具有其中一个特征，而在另外的可能世界中时间具有其中三个特征，称这些不同的世界为时间分散的世界。反思这些时间分散的世界，并质问：这些不同的时间特征之间是否存在特殊的联系？如何从这些时间分散的世界得到我们所看到的连续时间的世界？是否存在某种胶水将这些特征黏合在一起？这被卡伦德称为时间的碎化问题（fragmentation of time）：“是不是存在一种将这些原本不同的时间特征联系在一起的胶水，或者它们在我们的世界中串联起来只是一种偶然？”[①]这是从物理学的时间到现象学的时间的过渡，也是哲学的时间必须要回答的问题。

二、时间特殊性之具体表现

相对论中时间与空间的不同一方面由洛伦兹对称性所表示，另一方面也由相对论理论的时空结构所表示，因为在相对论语境下，局部的光锥结构等价于局部的洛伦兹对称性。局域洛伦兹对称性的关键方面就在于它反映了时间与空间方面的不同，但同时它在相对论语境下还作为时间几何的必要标准而与时间相关联：局域洛伦兹不变的 g 度规不会获得其通常的时间几何意义，如果不是所有其他物质的运动方程都是局域洛伦兹不变的话。这是因为如果由任何种类的物质场所构成的时钟在某种程度上都能将世界线的间隔读作时间的话，都要求这些场的行为是局域洛伦兹不变的。洛伦兹群具有内在的不对称性，这是用其度规符号洛伦兹（3，1）来表示的，这种不对称性独立于其群理论表示。

量子引力理论中时空的分裂有的是沿着洛伦兹对称性的方案，有的是用另外的原理来实现的。沿用洛伦兹对称性的如微扰的广义相对论、微扰的弦论（在时空几何的闵可夫斯基背景下来处理弦，其中的拉格朗日量的构建要满足定域的洛伦兹不变性，甚至是完全的洛伦兹不变性）、协变的圈量子引力。圈量子引力是广义相对论的量子化进路，存在正则的和协变的版本，这是同一理论的两种不同视角。自旋泡沫结构是局域洛伦兹不变的，自旋泡沫结构的每个元素——其顶角和边缘（edges）在恰当的表象下在洛伦兹变换下都协变地变换。

量子引力中的时间与相对论或量子力学中的时间有着显著的不同。“绝大多数的量子引力进路都是从一种内在的结构区分开始的，这种结构可以追溯到空间

---

① Callender C. *What Makes Time Special?* Oxford: Oxford University Press, 2017: 120.

和时间的不对称性。”[①]量子引力理论必须给出自己关于时间的立场，即使是对广义相对论或量子力学其中一种立场的支持。在圈量子引力理论中，本体论上更多的态度是支持时间的消失，保留空间。弦论中存在着多种不同的观点，如时空的消失，或空间的消失，或时间的消失。

弦论的领袖人物之一威滕持有的是二维场本体论，其中时空不存在。“人们真的不再需要时空了：我们只需要一个二维场理论来描述弦的传播。也许更重要的是，一个人不再拥有时空，除非他能从二维场论中提取出来。”[②]在十维的背景时空中，一维的弦随时间张开一个二维的世界叶，从而可以在其中定义一个内部的时空。在世界叶的层面上如何看待测量问题和量子纠缠，在纠缠的内部时空本体论中，要求在基本的世界叶与涌现的相对论时空之间出现多对一的联系，或是在世界叶的量子纠缠与相对论时空量子叠加之间出现多对多的联系。在弦论的本体论中，我们确实有两种可以被称为空间或时空的结构：一种是内部的二维时空，它与弦的聚合和分裂有关，另一种是弦所存在的十维背景时空。

时间的非基本性，意味着时间的永恒论，也就是过去、现在和未来都是存在的，或意味着一种新的立场，即永久的永恒论，认为自然世界中的任意部分都普遍存在，自然世界的物质内容不依赖于任何特定的位置。

在过去的两千多年里，人们对于时间的理解逐步取得了很大的进步。大爆炸理论指出，过去的时间总量至少是 138 亿年，那是大爆炸开始的时候。从历史发展的角度来看，由于广义相对论和量子力学中时间概念的冲突，新的物理学理论必然会出现新的时间概念，而这为哲学家对讨论的参与提供了机会。

但仍有许多问题留待回答，虽然我们拥有广义相对论目前关于时空最好的理论，但关于广义协变性的理解仍然存在歧义，量子的时空理论仍然没有得到，时

---

① Le Bihan B, Linnemann N. “Have we lost spacetime on the way? Narrowing the gap between general relativity and quantum gravity”. *Studies in History and Philosophy of Science Part B: Studies in History and Philosophy of Modern Physics*, 2019, 65: 112-121.

② Witten E. “Reflections on the fate of spacetime”. *Physics Today*, 1996, 49(4): 24-31.

间和变化的本质仍然没有一致的理解，时间和空间的基本性问题等仍然缺乏普遍的共识。事实上，这些问题在哲学家那里早就已经开始了研究，如时间和变化的本质问题早在古希腊的赫拉克利特、芝诺等人那里就开始了。当物理学的研究越是前沿，越是回到了世界的终极问题，越是需要哲学的参与。单是哲学的分析也不能解决时空的本质、变化的本质等问题，尤其是当研究的尺度深入到远离现象世界的微观领域。胡塞尔说："通过现象学分析，人们无法发现客观世界的最小东西。"所以，后真相时代也意味着物理学与哲学的新的结盟。

伴随着量子引力理论对时空观念的革新，真相时代在连续时空观念的基础上建立起来的许多观念也需要革新，包括定域性、因果性、决定性等。如时空的离散结构使得时空的定域化也受到了挑战，有人认为定域性需要重新定义为在时空构成块之间的一种连续，还有人认为在量子引力中非定域性在各个标度下都是普遍存在的，等等，观点各异。无论争论如何，争论的焦点始终围绕时空而展开，这当然是因为广义相对论与量子力学间的冲突集中于此。从真相时代相矛盾的时空观念入手，如何得到协调一致的时空观念，成为后真相时代探索的重中之重。也正是因为时空问题在量子引力中的关键地位，许多人认为在量子引力理论缺乏实验启发时，理论的寻求集中于数学和概念问题上，时空问题成为理论前进的核心线索，哲学介入讨论的意义也由此铺开。进入后真相时代，时空问题不仅是物理学研究的主要对象，也是哲学探讨的焦点论题，科学与哲学在这里相遇，哲学的分析能够为科学研究提供一定的洞察和创见。

物理学与哲学的新结盟，一方面，物理学的前沿研究能够为古老的哲学问题提供直觉之外的更多严谨的论据；另一方面，哲学的概念分析与逻辑分析有助于物理学家澄清现有的理论，为可能的进路提供方向。本章关于时间与空间观念的分析正是这样，下一章关于量子本体论的分析也是沿此思路展开的。

第七章
物质观念的革命

早在两千多年前，古希腊的哲学家们就试图回答万物的本原问题，泰勒斯认为“万物源于水”，德谟克利特提出“原子论”，毕达哥拉斯持有“数本论”，等等。物质本原的追问持续了两千年之久，即使到了当代量子论中也未能给出明确的回答。随着物理学的推进，人们认识到原子可分、原子核由中子和质子组成、中子和质子由夸克组成等。但夸克和电子是物质的本原吗？是否存在更为基本的本体，如弦，它能够生成不同种类的夸克和电子等基本粒子？粒子是物质的本原？那么场呢，又是什么，它与粒子的关系如何？量子理论中的波函数与物质本原之间是什么关系？我们大概以为本体论问题可以盖棺定论了，然而事实正好相反，当代量子论关于本体问题的回答步入了后真相时代，基于物理学理论与实践给出的回答莫衷一是。本章从当代量子理论关于本体问题的争论入手，论证量子本体的诠释特征，指出在本体问题上形而上学先见的扶手椅作用。

第一节　波函数与物质本原

波函数是量子理论中最为核心的概念，同时也是最令人疑惑的概念。波函数通常表示为量子系统希尔伯特空间中的一个向量，并且在经验层面包含了关于量子系统的全部信息。如果我们承认量子力学的实在性，那是否要承认波函数的实在性呢？波函数的实在性是在认识层面的，还是本体层面的？如果波函数是本体层面的实在，它是否是唯一的本体实在？如果量子本体是波函数，那么如何从中得到周围的物理实体？等等问题一直以来都是哲学争论的焦点，近年来尤以波函数实在论和原初本体论两种对立的观点为甚。

一、量子论的理论本体——波函数

量子理论中最为核心的概念当属波函数，波函数也是引发哲学争论的源头。波函数通常表示为量子系统希尔伯特空间中的一个向量，并且认为波函数包含了关于量子系统的全部信息。如果预设了波函数是对量子系统的完备描述，那么一旦确定波函数，量子系统的所有物理特性就都由此而得到确定。

从量子理论出发，最为直接的本体论解读是把波函数作为最终的本体，或认为波函数表征了最终的本体。事实上，在量子力学诞生初期，薛定谔是在推广了德布罗意的物质波思想的基础上才发展出了波动方程，并把波函数看作“具有某种与电磁波拥有的相同类型的实在性，有一个连续的能量密度和动量密度”①。然而，作为实体的波函数有其不可克服的困难，如波的相速大于光速，对于 n 个粒子而言波函数是在 $3n$ 维位形空间中的，波的弥散特性难以与粒子表象相协调，等等。波函数不同于作为实体的电磁波，那它究竟意味着什么？

与薛定谔关于波函数的实体解释不同，玻恩关于波函数的概率解释将波函数的幅 $|\Psi(x,t)|^2$ 解释为可观测量测量结果的概率分布。这一解释在经验上得到了严格的验证，然而概率并不能作为最终的本体而存在，量子论仍然缺乏基础本体，波函数如何与本体相联系？以玻尔为代表的哥本哈根学派放弃对本体的追求，只在实证的层面上谈论观察时的量子现象。这一立场并不被爱因斯坦、薛定谔等实在论立场的物理学家们接受。但是，一旦认为波函数是实在的，或表征了某种实

① [美]曹天予：《20 世纪场论的概念发展》，吴新忠、李宏芳、李继堂译，上海科技教育出版社 2008 年版，第 191 页。

在，波函数的线性叠加特性会使得其在时间演化过程中产生量子相干性。并且更为严重的是，在复合系统中，波函数的线性叠加特性会使得初始时独立的属于不同子系统的波函数随着时间的演化形成纠缠态，如“薛定谔的猫佯谬”中猫和微观粒子一起形成一个纠缠态，不能把猫单独抽出来赋予其确定的死或活的状态。而实际测量过程中，我们总是能够得到确定的猫的状态。从量子理论的不确定预言到确定的测量结果，是如何实现的？果真如坍缩假设所言，波函数发生了坍缩吗？可波函数又是什么？坍缩发生在什么时候？量子测量问题由此变得越发严重。在实在论的层面上，如何既能认为波函数表征了最终的本体，又能与概率解释相一致，是自 20 世纪 50 年代以来物理学家和哲学家们一直努力的目标，这也是求解量子测量问题的漫漫征程。

波函数本身不是实体的波，那么它是否表征了物理本体？是的话，它表征的本体是什么？它是否完备地表征了该本体？非物质的波函数如何能够与三维物理空间中的物质及其时间演化相联系起来？这一本体能否说明我们的经验表象？如果波函数不是对物理本体的表征，那本体又是什么，波函数与该本体的关系如何？随着当代量子论的不断深入，物理学家们给出了许多不尽相同的回答。

二、波函数实在论

“波函数实在论”（wavefunction realism）是阿尔伯特（D. Albert）于 1996 年提出的：波函数是在 $\mathbf{R}^{3N}$ 维位形空间上的场，其中 N 是粒子数[①]。通过确定位形空间中每一点处波函数的幅（amplitude）和相位就确定了场的状态，幅和相位的值被认为是位形空间中点的内在特性，波函数表征的高维空间中的场是本体。“波函数的数学表征清楚地表明它是某种场，但同样清楚的是它不能够是三

---

① Albert D Z. “Elementary quantum metaphysics”. In Cushing J T, Fine A, Goldstein S (Eds.). *Bohmian Mechanics and Quantum Theory: An Appraisal*. Dordrecht: Kluwer Academic Publishers, 1996: 277-284.

维空间或四维时空中的普通场，至少当考虑 $N>1$ 时的 N -粒子系统时不能。”[①]按照阿尔伯特的观点，经验到的三维空间并不是基本空间，三维空间是从更为基本的高维空间中产生出来的。问题是，经验到的三维空间如何从基本的高维空间中产生出来？如何建立高维位形空间中的场与我们三维空间中多粒子表象间的联系？“在此图景中特别迫切的问题（仍然）是所有的桌子、椅子、楼房和人们都在哪里。在像这样的图景中特别迫切的问题是我们怎么能看到在三维空间中多个粒子的运动。”[②]阿尔伯特诉诸哈密顿算符的结构，即动力学。虽然所有的3N维在形而上学意义上都是等价的，如 $\{q_1,q_2,q_3,q_4,q_5,q_6,\ldots,q_{3N-2},q_{3N-1},q_{3N}\}$ ，但哈密顿算符会将基本的相互作用编码起来，并呈现出特别的形式 $\sum\limits_{0\leqslant i}\sum\limits_{<j\leqslant N}V_{ij}[(q_{3i-2}-q_{3j-2})^2+(q_{3i-1}-q_{3j-1})^2+(q_{3i}-q_{3j})^2]$。也就是说，哈密顿算符将3N维位形空间分为三个一组，以保证它们就是与三维空间中日常事物具有相同功能形象的涌现客体。可问题是，如果三维空间不再是基本的，那为什么高维的基本空间要分成三个一组，三为什么如此特殊呢？为什么不是其他数目？难道这不是从日常经验出发进行反向推理的特设性假设？“这不仅是恢复显现景象的问题，在下述意义上也是这种关于量子力学的解释能否经验融贯的问题，即如果我们关于量子力学的证据来自在三维空间中仪器的读数的话，该理论不应该毁坏这样的证据。”[③]

阿尔伯特的观点随后得到了勒韦尔（B. Loewer）、奈伊（A. Ney）和诺思（J. North）的支持，虽然奈伊和诺思主要支持的是该观点的前半部分，即认为基本的空间是一个高维空间。日后关于波函数实在性的其他观点相继提出，“波函数实在论”的提法和使用不再限于阿尔伯特的上述观点，而是指波函数表征了某种客观的并且独立于意识的事物，即波函数在本体意义上是实在的。与波函数实

---

① Egg M, Esfeld M. “Primitive ontology and quantum state in the GRW matter density theory”. *Synthese*, 2015, 192: 3229-3245.

② Albert D Z. “Wave function realism”. In Ney A, Albert D Z (Eds.). *The Wave Function: Essays on the Metaphysics of Quantum Mechanics*. Oxford: Oxford University Press, 2013: 54.

③ Chen E K. “Realism about the wave Function”. *Philosophy Compass*, 2019, 14(7): e12611.

在论相对立的是波函数的认识论观点，即认为波函数只是表征观察者对于物理情境的认识状态。波函数实在论需要解释波函数属于哪种范畴的本体，并且需要用波函数来说明三维的物理世界及经验世界。然而，从量子力学的形式体系并不能确定波函数的本体范畴，哲学家们对此也存在着分歧。

将物理空间看作在本体论上是更为基本的，能够更好地说明理论的经验融贯性，并且与物理学中许多重要的对称性存在于物理空间相一致。基于此，有人将波函数看作物理空间中的多场（multi-field）。通常的场是对空间中的单个点赋值的，而多场同时对空间中的多个点或点的区域赋值，这些点或区域可以相连，也可以不相连。多场本体图像与不可区分的全同粒子的特性更为一致，每个粒子都形成一个 $\boldsymbol{R}^3$ 空间，N 个粒子会形成 $\boldsymbol{R}^3$ 空间的 N 个拷贝，波函数同时为这 N 个拷贝空间中的点赋值，与上述阿尔伯特将波函数看作为 $\boldsymbol{R}^{3N}$ 中每个点赋值的一个场相区分。全同粒子之间不存在序数性，$\boldsymbol{R}^{3N}$ 空间中的 N 个元素的子集之间也不存在序数性，这样一来，“多场解释就自动拥有了‘置换不变性’的附加优势：只是 N 个粒子的一个位形的置换，并不改变物理态”。[①]

华莱士和延普森（C. Timpson）的时空态实在论（spacetime state realism）为波函数实在论的本体论图像提供了另一种精致化的版本。他们的基础本体论是宇宙波函数，宇宙由分别占据时空区域的子系统所组成，子系统的时空态是通过对宇宙波函数求迹得到的密度矩阵或态，时空区域的态表示了时空区域这一物理系统的特性，从而确立了物理空间或时空的基本性。宇宙波函数在本体论上是实在的，给定时空区域的态不能分解为其子区域的态，保留了态的不可分离性，从而在基础本体论的层面得到了不可分离性。他们对于时空态的处理用密度矩阵来代替，通过对密度矩阵求迹能够得到子系统的确定特性，确保了与测量结果和经验观察的一致性。时空态实在论避免了波函数位置表征的优先性，对于考虑相对论

---

① Chen E K. “Realism about the wave Function”. *Philosophy Compass*, 2019, 14(7): e12611.

不变性具有优势。但该解释中的问题在于“基础本体论是否包含冗余的信息，因为若宇宙能够分解为子系统，若我们拥有宇宙的波函数，那么我们就能够通过对环境自由度求迹这一纯粹的数学过程获得子系统的密度矩阵，因而子系统的特性并不需要包含在基础本体论中。一旦我们去除子系统的特性仅保留宇宙特性，那么这将与上述低维的多场解释具有相同的本质”。①

另外还有人直接基于量子力学的形式体系，将希尔伯特空间看作基本的空间，把波函数看作该空间中的一个向量，认为世界中所有发生的事情都对应于向量指向的某个特殊方向。他们试图“尽可能地将量子力学分解到其最纯粹、最简约的元素”②，然而相较于从位形空间来解释经验现象的困难而言，从没有时空结构的高维希尔伯特空间到日常对象和事实的过渡更为困难。

波函数实在论是量子力学实在论态度下最为直接的本体论态度，然而波函数属于哪种本体范畴的解读并不一致。波函数是在高维位形空间中的场本体，还是物理空间的多场本体，抑或是作为物理空间中时空区域的物理特性，还是希尔伯特空间中的向量，并不能从对量子力学形式体系的实在论解读中得到确定。更为严重的问题是，波函数作为量子本体论的对象难以说明经验世界的构成与经验现象的发生，难以与经验发生的三维空间或四维时空进行衔接。相比较而言，原初本体论的出发点就是经验世界与经验现象，能够很好地避免从量子理论到经验现象的过渡问题。

三、原初本体论

原初本体论（primitive ontology）通过波函数的概率解释来实现高维位形空间中的波函数与三维物理空间中的物质及其时间演化之间的联系，即$|\psi(x)|^2$代表

---

① Chen E K. “Realism about the wave Function”. *Philosophy Compass*, 2019, 14(7): e12611.

② Carroll S M, Singh A. “Mad-dog Everettianism: Quantum mechanics at its most minimal”. In Aguirre A, Foster B, Merali Z (Eds.). *What Is Fundamental?* Cham: Springer International Publishing, 2019: 95-104.

了本体的某种分布，而本体对象就是三维空间中的粒子或物质及其演化。“原初”之意在于“它不能从量子力学教科书中的形式体系中推出，而需要作为形式体系的指称置入”①，同时也指其在本体论上是不可还原的、是物质的，在认识论上是直接可及的，即与认识主体同样存在于三维空间中或四维时空中。原初本体论通过本体的承诺，赋予量子形式体系以描述原初本体时间演化的角色，从而能够将量子力学的形式体系与经验现象在实在论的层面联系起来，避免了量子测量问题。原初本体论是理论与世界之间联系的一种语义规则，当我们知道理论是关于什么的之后，测量和观测就变成了第二层次的现象学概念，能够借由原初本体之行为进行分析。

原初本体论与三种量子力学的实在论解释相兼容，其原初本体也随解释各异，在玻姆理论中为粒子，GRW 理论因本体预设的不同分为 GRWm 理论和 GRWf 理论，在前者中原初本体为物质密度场，在 GRWf 理论中为单个事件。

在玻姆理论中，任何时候粒子在三维空间中都拥有真实的位置，随着时间的发展，粒子在空间中形成连续轨迹。粒子的轨迹是由波函数来引导的，波函数的演化满足薛定谔方程，引导方程和薛定谔方程都是决定论的。当代的玻姆理论学者，如迪尔、戈德斯坦和赞吉将波函数看作是律则的（nomological），认为宇宙波函数拥有类定律的特征：“宇宙的波函数并不是物理实在的一个元素。我们提出波函数属于一类完全不同的存在范畴，而不是一种实质性的物理实体，且它的存在性是律则性的而非物质性的。换句话说，我们指出波函数是物理定律的一个组成，而非由定律描述的实在。”②理论中的非定域性是由于波函数携带了粒子之外的全部信息，粒子的运动是受到其之外所有其他粒子的影响而产生的。

GRW 理论通过把薛定谔方程修改为非线性的 GRW 方程，进而把坍缩作为

---

① Egg M, Esfeld M. “Primitive ontology and quantum state in the GRW matter density theory”. *Synthese*, 2015, 192: 3229-3245.

② Dürr D, Goldstein S, Zanghì N. *Quantum Physics Without Quantum Philosophy*. Berlin: Springer-Verlag, 2012: 266.

非线性演化的特殊情形来解决测量问题，然而因为 GRW 方程仍然是关于波函数的，测量结果中定域的宏观物理对象仍然难以得到说明，而引入物质性的本体能够很好地说明测量结果，解决测量问题。GRW 理论框架下先后提出了两种不同的本体对象，其中 GRWm［GRW mass（或 mass density）theory］理论中的本体为三维的物质密度场，波函数表征了物理空间中物质的密度分布，GRWf（GRW flash theory）理论中的本体为时空中的闪光（flash），波函数表征了在物理空间中某一点处发生的一个事件，该点事件也称为闪光。

GRWm 理论中，唯一的物质密度场仅具有密度的意义，不能将其等同于单个的粒子并赋予其以质量或电荷等具体的性质，它分布在所有空间中。GRWm 理论中波函数表征了系统的量子态，三维空间中原初物质的分布及其时间演化 $m(x,t)$ 是高维位形空间中波函数的函数，即 $m(x,t)=\sum_{i=1}^{N}m_i\int_{R^{3N}}dq_1\cdots dq_N\delta(q_i-x)\left|\psi(q_1,\cdots dq_N,t)\right|^2$。GRWf 理论中波函数在位形空间中的演化，即波函数的自发定域化表征了物理空间中发生的事件，一次自发定域化对应于时空点周围的一次闪光，波函数的概率幅表示未来闪光或事件发生的客观概率。

与玻姆理论和 GRWm 理论不同，GRWf 理论不承认物质的连续分布，“在时空中只有稀疏分布的闪光，没有任何的轨迹或世界线”[①]。前两者的本体是连续分布的，而后者的本体分布是离散的。可见，原初本体论事实上并没有放弃波函数的本体论地位，而是在这之外用三维物理空间中的粒子、物质或事件来补充波涵数，用原初本体论和量子态共同作为量子理论的基础本体论。

GRW（Ghirardi、Rimini 和 Weber）为了解决量子测量问题于 1986 年修改了薛定谔方程，在其中增加了波函数的坍缩项，使得坍缩成为一种动力学效应。次年，约翰·贝尔基于 GRW 理论提出了一种本体论图像，后图姆卡命名其为闪光

① Esfeld M, Gisin N. “The GRW flash theory: A relativistic quantum ontology of matter in space-time?” *Philosophy of Science*, 2014, 81(2): 248-264.

本体论，即所谓的GRWf。在GRWf理论中，波函数作为一种定义在位形空间中的数学实体，其作用是确定闪光的初始位形，将波函数代入GRW方程使得能够计算时空中闪光分布的进一步演化。这是沿着时间轴的历史演化，将波函数给出的概率幅置于时间演化的过程中。不同的是在GRWm中，波函数给出的概率幅是对物质分布变化的衡量。

无论是将波函数理解为高维位形空间中的场，或是将其看作三维物理空间中的多场，还是按照原初本体论放弃波函数的本体论地位，让位于三维物理空间中的粒子、物质或事件，事实上都存在着难以解释的困难。并且，量子本体论也绝不是只能在非相对论的量子力学范围内来考察，还需要置入更广阔的量子理论中进一步分析其可行性。

一旦将波函数与本体的阐释关联起来，便会遇到量子测量问题，会引发如何说明经验中宏观仪器和宏观事物等的确定取值问题，需要说明如何从波函数的位形空间去解释三维空间或四维时空中的物质及其演化。量子测量问题在百年的追问中仍未得到一致的明确回答，这意味着波函数所表征的本体阐释是依赖于量子力学的解释语境的。

第二节　粒子本体与场本体

量子场论是量子力学与狭义相对论相结合的理论，为粒子物理学标准模型提供了数学框架。讨论量子本体论问题必然要涉及量子场论的蕴涵，然而，量子场论并没有给出明晰的量子本体。总体而言，量子场论中关于量子本体的论断是从粒子本体和场本体之间的选择展开的，而实际上针对规范场理论也提出了和乐解释。本节分别从粒子本体、场本体或和乐本体等立场的辩护展开，最后指出在量子场论的非幺正表征下，量子本体的考察需要透过表征来进行。

一、粒子本体论

量子场论中，粒子本体论仍占有一席之地，但可以肯定的是，这里粒子的内涵已然不同于经典力学中粒子的内涵。经典的粒子是“离散的、严格定域化的、具有共时和历时个体性的有质量物体”[①]，而这些特性在量子场论中都不具有。经典粒子是离散的意味着粒子是可数的，除具有基数性之外，还具有序数性，而量子场论中粒子的数目并不是固定不变的，并且不具有序数性。经典粒子在空间中是定域分布的，而量子场论中不存在位置算符，这对定域的粒子概念提出了最为严重的挑战。经典粒子间的相互作用需要借助于超距作用来理解，而在场本体论中场作为媒介可以传递相互作用。除此之外，经典粒子还具有质量和不可穿透性，这些都是场所不具有的。

粒子本体论最有力的证据来自量子场论中的福克空间表象。福克空间是用来处理全同粒子系统的一种特殊希尔伯特空间。福克空间表象中，基矢是粒子数算符 N 的本征态，在生成算符和湮灭算符作用下，粒子数可以增加或减少。粒子数被解释为系统的占位数，也就是系统所包含粒子的数目，其他的算符则相关于粒子的生成与湮灭。因而，直观地从福克空间表象来解读的话，量子场论是关于量子或粒子的理论。特勒指出，由此可以认为世界包含了可以累积的实体，称为量子。这些量子是场量子，它们是可以计数的，或是可以累积的，虽然并不能标序号。比如在真空态 $|0\rangle$ 下，生成算符作用一次就产生一个粒子或量子，作用 n 次产生 n 个粒子或量子。这些量子可以被看作粒子的另一个理由是它们具有与经典粒子同样的能量。

然而，量子场论中粒子在时空中并不具有明确的位置，它们出现在任意位置处的概率可以很小，这意味着它们无处不在，马拉蒙特（D. Malament）等许多

---

① Kuhlmann M, Stöckler M. “Quantum field theory”. In Friebe C, Kuhlmann M, Lyre H, et al. (Eds.). *The Philosophy of Quantum Physics*. Cham: Springer International Publishing, 2018: 248.

哲学家认为这违反了粒子定域性的基本要求。他们批评特勒认为他从一种特殊的表象做了过度的本体论归纳，尤其是福克空间表象仅对自由粒子，也就是非相互作用的粒子才有效。哈格（Haag）定理表明对于相互作用的量子场而言，并不存在与自由粒子的福克空间幺正等价的福克空间表象。量子场论中的真空意味着系统处于能量基态，也就是具有最低的能量本征值的能量本征态，在该态下许多量的期望值并不为零，那么是什么东西具有这些值呢？如果真空态是没有粒子的态，那么是什么产生了这些不为零的期望值呢？按照粒子本体论，真空中没有粒子，那么这些物理现象的承载者是什么？

另一个对粒子本体论构成威胁的问题是安鲁效应（Unruh effect），该效应表明粒子的数目会因参考系的不同而不同，粒子概念是观察者依赖的。1976 年，安鲁提出，加速运动的观测者可以观测到惯性参考系中观测者无法看到的黑体辐射。这意味着对于某个空间区域，在非加速运动的观测者看来其中没有粒子，即是量子场真空，而在加速运动的观测者看来其中却有许多粒子，加速度越大，看到的粒子越多。“由于量子场论本身是一个相对论理论，我们期望其基础本体论在参考系的变换下保持不变。当然存在着什么不应该依赖于观测者是否在加速。”[①]粒子本体论遇到的种种挑战，使得许多物理学哲学家转向了场本体。

二、场本体论

在粒子本体论面临种种困难之时，场本体被认为是量子场论唯一的选择。非相对论的量子力学处理的是有限个数的粒子，其自由度是有限的，而量子场论中场定义在时空点上，诸如场值等场的特性在时空点上取值，而时空是连续的，这使得场具有了无穷多个自由度。

场本体论的一个有力论据来自所谓的“场量子化”，这是一个从经典的场理

① Glick D. “The ontology of quantum field theory: Structural realism vindicated”. *Studies in History and Philosophy of Science Part A: Studies in History and Philosophy of Modern Physics*, 2016, 59: 78-86.

论（电磁场）经过量子化过程实现量子化场的过程。场量子化过程类似于经典理论的量子化过程，即用算符取代经典力学中的位置和动量可观测量，并且令位置算符与动量算符满足正则对易关系。量子场论中的场本体建立在场算符 $\hat{\phi}(x)$ 之上，场算符在时空中的每一点处取值，从而把时空点与真实的物理性质联系了起来。然而场算符并不能直接给出每个时空点处的确定值，只能给出其可能的值，即给出的是场算符取值的谱，这使得它不同于真正的物理场，从而作为本体对象也是不恰当的。

近些年来，波函数的解释（the wavefunctional interpretation）被哲学家们普遍认为能够代替场算符，给出时空点处场的精确取值。这一解释是将关于单粒子的量子理论直接进行二次量子化或场量子化得到的，在量子力学中波函数 $\psi(x)$ 给出测量时粒子在位置 x 处的概率，而量子场论中位置 x 用场位形 $\phi(x)$ 取代，$|\psi[\phi(x)]|^2$ 给出测量时给定量子场系统在位形 $\phi(x)$ 处的概率。这样一来，量子场的叠加态是对场位形的叠加，从而量子叠加的意义取决于对量子概率本身的理解，在不同的量子力学解释体系下不同。实际中，人们通常对测量场位形缺乏兴趣，感兴趣的是在福克空间表示的粒子态。并且，这些波函数 $\psi[\phi(x)]$ 所在的希尔伯特空间在形式上等同于福克空间，这使得波函数的解释与粒子解释没有本质的区别，因而粒子本体论所面临的挑战在这里也同样不可避免。

三、其他本体论

除了常见的粒子本体论和场本体论，还有其他许多关于量子场论中本体的论述，如事件本体论、过程本体论、倾向本体论和结构本体论等。对于规范场理论，则有和乐解释。

1. 事件本体论

欧阳莹之（S. Y. Auyang）在她 1995 年的著作《量子场论何以可能？》[①]中

---

① Auyang S Y. *How is Quantum Field Theory Possible?* Oxford: Oxford University Press, 1995.

为杨-米尔斯规范场提出了事件本体解释。每一个事件都发生在局域的时空点，用纤维丛表述中的点来表征，时空结构不是独立的，它依赖了先前的事件结构，用纤维基底流形的对称性来刻画。事件被看作规范势与物质场之间的定域作用，前者表示为主纤维丛上的联络，后者表示为相关的向量丛。希利指出，欧阳莹之的问题在于：杨-米尔斯规范场理论中的哪一部分表征了这样的事件？事件需要是局域化的场模式的某个激发，或是得到局域化场的某个实值，“充其量只能说拉格朗日量中的作用项表示了一个作用场系统的定域作用是一种隐喻”①，并不能将其作为本体对象。这里的核心仍然在于如何从量子理论中的态向量过渡到时空点处物理系统的态，如何区分理论中哪些数学因素是具有表征意义的，是对物理实在的表征，哪些因素仅是概念上的设计或约定，不指向物理实在。希利认为规范理论揭示出的是一种整体的性质，他据此给出了和乐解释（holonomy interpretation）。

2. 和乐解释

在 AB（Aharonov-Bohm）实验中，螺线管外的磁场强度为零，但却能够对区域内的电子进行作用，这表明要么磁场存在非定域的作用，要么矢势是实在的。然而，矢势 A_μ 是规范依赖的，即它不是规范不变量，不能得到实数值。但矢势沿闭合曲线 C 的积分 $S(C)=\oint_C A_\mu \mathrm{d}x^\mu$ 却是规范不变量，包括狄拉克相位因子 $\exp(\mathrm{i}e/\hbar)\oint_C A_\mu \mathrm{d}x^\mu$ 的 $S(C)$ 函数也是规范不变量。从经典电磁理论的这种和乐解释出发，希利将其推广至杨-米尔斯规范场理论中，认为规范理论表明了圈的非定域属性。希利所说的圈是指“空间或者时空中闭合、有向、一维的区域”。和乐解释中的基本量不是定域的时空点，而是时空中的闭合圈。

① Healey R. *Gauging What's Real: The Conceptual Foundations of Contemporary Gauge Theories*. Oxford: Oxford University Press, 2007: 202.

3. 结构实在论

近十几年来，本体的结构实在论（ontic structural realism，OSR）赢得了越来越多的支持者。曹天予等结构实在论者认为量子场论的本体是通过结构特性获得的，而非通过具体的实体范畴得到的。在通过对量子色动力学形成的详细概念研究之后，他给出了构建的结构实在论。雷迪曼等则强调对称性群等结构在量子场论中的重要意义，认为实体在量子场论中不存在，存在的只是结构。

第三节　弦本体与圈本体

量子引力理论作为量子力学与广义相对论相结合的产物，其基础本体论也需要与量子力学和广义相对论保持一致。一方面，量子力学的基础本体论不但要给出经验对象，也要能够适用于引力；另一方面，由于广义相对论中时空与物质的相互关系，时空作为一种非基础的对象需要从更为基础的本体中涌现出来。这两方面的兼顾其实形成了对量子引力理论的一种挑战：如何才能既说明经验世界中的物质对象，又能够将时空从中涌现出来？超弦理论和圈量子引力理论等量子引力理论都提出了特定的机制，以应对本体论上的这一融贯性要求。

一、从弦到粒子

超弦理论是在粒子物理学标准模型的基础上进一步发展形成的，因而在本体论上，如何实现从超弦理论到粒子物理学标准模型的还原或过渡就成为至关重要的环节了。

众所周知，在粒子物理学标准模型中，基本粒子是其基础本体。对物质构成的认识是逐步深入的，从原子、质子、中子、电子到中微子、夸克、μ 子等，物理学家们对物质的基本构造单元的认识越来越全面，最终形成了三族物质粒子，见表 7.1。这三族物质粒子及其反粒子共同成为物质的基本构造单元，它们都属于费米子，为自旋为 1/2 的粒子。把夸克和轻子作为物质结构的最基本层次，就预设了其没有内部结构，并不能通过分裂重组变成其他东西。

表 7.1 粒子物理学标准模型中的三族物质粒子

第 1 族	第 2 族	第 3 族
电子	μ子	τ子
电子中微子	μ子中微子	τ子中微子
上夸克	粲夸克	顶夸克
下夸克	奇异夸克	底夸克

除上述组成物质的费米子之外，自然界中还有自旋为 1 的玻色子。玻色子充当基本相互作用的媒介粒子，如电磁波以光子形式在空间中传播，传递着电磁相互作用。引力的媒介粒子是引力子，也是如同光子一般无质量的玻色子，但其自旋为 2。光子和引力子的无质量与电磁力和引力的长程性密切相关。同样，强相互作用也有场量子，称为胶子，其自旋为 1。而弱相互作用的媒介粒子称为 W^+、W^-、Z 粒子，它们的自旋为 1，但质量不为零，而且很大，表明弱相互作用是短程的力。“在微观层次上，所有的力都关联着一个粒子，我们可以把那粒子想象为最小的力元。”[①]粒子物理学标准模型中还存在一种特殊的玻色子，即希格斯玻色子，由欧洲核子研究中心在 2012 年大型强子对撞机实验中发现。希格斯粒子的存在被认为是对超对称的间接验证，因为在超对称的框架下，希格斯粒子才存在得自然、安逸、和谐，如果不存在超对称，希格斯粒子的质量就稳定不了[②]。

粒子物理学标准模型存在的最大问题便是其基本粒子的数目过多，存在 61 种基本粒子，难以让人信服基础本体论会是如此之多质量、电荷和自旋各异的粒

① [美]B. 格林：《宇宙的琴弦》，李泳译，湖南科学技术出版社 2002 年版，第 10 页。
② 杨金民：《希格斯粒子和超对称》，《物理教学》2009 年第 10 期，第 2-3 页。

子。当发展到超弦理论时，“从一个原理出发——万物在最微观的层次上是由振动的‘绳子’组合在一起的——弦理论提供了一个能囊括一切力和物质的解释框架”[①]。超弦带来的是一幅统一的本体图景，不仅把所有物质构成统一为其基本形态——弦，也把所有的相互作用统一起来，并且把物质与其间的相互作用也统一了起来。对后者的统一，是通过引入超对称，以达到对费米子和玻色子的统一，通过某种操作，能够使得具有不同自旋的粒子拥有某种最大的不变性，即超对称。

粒子学说认为所有物质由点状粒子组成，这是目前广为接受的物理模型，成功地解释和预测了相当多的物理现象和问题。然而，弦论却说，基本粒子并非点粒子，而是由一维的小弦构成的，有开弦和闭弦之分。弦的不同的振动模式产生了不同的粒子，粒子的质量和电荷由弦的振动来决定。从而，之前从实验得到的一系列数据各异的粒子的性质不再停留在表面数据上，而是同一物理特性的具体表现：弦的共振模式。“基本粒子在超弦理论的语境中被看作是弦的量子化的谐振本征态。它们是推导出来的，是第二层次的实体。最基本的是弦和其动力学。”[②]

从零维点粒子的模型发展到一维延展到弦，在本体论上是革命性的，也是许多物理学家难以接受的。杨振宁认为弦论在本体论上“另起炉灶，把场的观念推广，没有经过与实验的答辩阶段……一种从抽象数学中想出来的见解，后来在物理中大大成功的例子非常少”[③]。相反，一些激进的物理学家则认同弦论的世界图景，认为“弦理论的这些特征要求我们极大地改变对空间、时间和物质的认识”[④]。第一次超弦革命中的理论本体是一维延展的弦，有开弦和闭弦，弦的特征长度为普朗克长度，基本粒子都可以表示为弦的不同振动模式。延展的弦具

① ［美］布赖恩·格林：《宇宙的琴弦》，李泳译，湖南科学技术出版社 2002 年版，第 14 页。

② Hedrich R. “Superstring theory and empirical testability”. 2015-09-13. https://philsci-archive.pitt. edu/608/.

③ 杨振宁：《谈谈物理学研究和教学——在中国科技大学研究生院的五次谈话（1986.5.27 至 6.12）》，载杨振宁：《杨振宁文集：传记、演讲、随笔》，张奠宙编选，华东师范大学出版社 1998 年版，第 515 页。

④ ［美］B. 格林：《宇宙的琴弦》，李泳译，湖南科学技术出版社 2002 年版，第 5 页。

有几何结构，用它代替没有结构的点粒子，能够消除引力在距离趋于零时引起的无穷大发散问题。到了第二次超弦革命，一维的弦又代之以二维或更高维的膜，相应地，M 理论统一了之前存在的五种不同形态的弦，认为它们不过是同一事物的不同变型而已。

M 理论中的膜又是什么？作为全部弦由之产生的基础本体，它又是如何存在的？它与基本粒子和物质之间的关系如何？超弦理论的解是否包含有我们的宇宙？弦理论学家认为，膜是二维或更高维的谐振膜。“M 理论的许多方面，经过申克尔（S. Shenker）、威腾、班克斯（T. Banks）、费施勒（W. Fischler）、萨斯坝德（L. Susskind）和其他数不清的人的开拓，已经显露出某个叫零膜的东西——可能是 M 理论最基本的物质基元，看起来有点儿像大尺度下的点粒子，但在小距离上却有迥然不同的性质——它大概能让我们看一眼没有空间和时间的世界。”[①]因为这些高维客体的动力学伴随着比弦动力学更高的能量，所以它们比弦出现的量子力学概率更小。因此，更恰当的应该是把弦的动力学看作是对 M 理论的近似，它给出了目前为止 M 理论中最具可能的过程。但对于概念路径而言，超弦理论和 M 理论，并不存在任何基本的方程。二者间的关系只是有趣的概念假设。在这种假设下，“若自然并不是由点粒子构成，那为什么我们应该相信弦？”这一问题的回答则将是：“任何事情都是可能的，自然中有任何事；但对应于不同的能量和不同的发生概率！”正如弦论景观（string theory landscape）所呈现的，弦论有各种各样的可能性，总有一种会对应于我们所生存的世界，但是如何从理论得到这一独一无二的世界，显然是存在困难的。

对于弦本体而言，另一个难以说明的困难是从弦论所需的十维或十一维时空如何过渡到我们所生存的三维空间或四维时空。因为弦论只有在十维或十一维时空中才是自洽的，那么多余的六维或七维时空在哪里？在大爆炸中，六维或七维

① [美]B. 格林：《宇宙的琴弦》，李泳译，湖南科学技术出版社 2002 年版，第 365 页。英文为引用时笔者标注。

卷曲成普朗克尺度的闭合圈，剩下的四维则爆炸式膨胀开来，形成了今天我们看到的宇宙。卷曲的维虽然不可见，却在宇宙的存在形态与性质方面扮演着重要的角色，多维时空的拓扑性质决定了粒子在四维时空理论中的内容和结构。多余维度的卷曲在数学上得到了卡-丘空间的支持。“在超弦理论中，我们四维的现象学的时空被认为是从动力学和拓扑结构中得到的。依靠在相关拓扑间的动力学关系，超弦理论被认为包含了引力……量子场论和爱因斯坦的相对论理论应该是超弦理论的结果，或近似。”①

对于时空的维数，物理学家们更倾向于认为其并不固定，因而弦论所给出的十维或十一维也并非是最终的结论，其在本体论上可能并不是基础的。施瓦茨认为，真正的理论可能没有固定的维数，即便是十一维也仅出现过一次。汤森持有类似的观点，“整个维数概念是某种近似的东西，它仅在某些半经典范围中存在”②。正如我们在上一章中所讨论的，时空不是基础本体，时空是涌现的，那么时空的维数也将不是基本的，而是我们经验或心灵意向的产物，或者是一种方便的理论工具，并不是实在的。在终极理论中，在基础本体论中，维数这种工具将完成其历史使命。

在本体论上，弦论在物理学 300 多年的点粒子传统上另起炉灶，用一维的弦代替点粒子，彻底开启了一幅新的宇宙图景，当然其中也存在许多重大困难，还有许多细节需要弦理论学家进一步发展。许多弦理论学家也认为，弦可能并非最终的基础本体，弦论在未来可能会被新的理论所代替。“当我们继续追寻终极理论的时候，在通往更宏大的宇宙蓝图的路上，我们可能会发现弦理论不过是万里长征的一步，我们还会遇到以前从未见过的不同的思想和概念。”③届时，基础本体是什么，仍然是未知的。不过，在人类探索的历史上，弦本体已经留下了精

① Hedrich R. “Superstring theory and empirical testability”. 2015-09-13. https://philsci-archive.pitt. edu/608/.

② ［美］Michio Kaku，《超弦理论纵横谈》，苏中启、王存茂译，《现代物理知识》1998 年第 3 期，第 14 页。

③ ［美］B. 格林：《宇宙的琴弦》，李泳译，湖南科学技术出版社 2002 年版，第 359 页。

彩的印记，作为一种可能的本体形态已经记载在物理学历史中了。

二、从协变量子场到时空

在圈量子引力中，波函数是几何上的波函数，它表达的是具有某种而非其他时空几何的概率，就像在薛定谔方程中波函数是关于量子粒子在某处而非其他位置处的概率。几何上的波函数满足惠勒-德威特方程，这一方程是关于时空或引力场本身的方程，是针对引力的薛定谔方程，与在引力场中粒子的动力学方程是不一样的。

圈量子引力理论中的圈就是法拉第的力线，是引力场的基本量子激发，因为没有类似于电荷或磁荷的荷，这些力线形成了闭合的圈。在理论的低能近似下，这些圈表现为引力子，类似于电磁场中的光子。这意味着引力子并非理论中的基础本体，而是圈的一种低能近似，描述的是在大尺度上的集体行为。在杨-米尔斯规范场中，圈就是最为自然的描述变量，因而将其推广至引力也是非常自然的。

圈形成了离散空间的最小单元，编织起了空间的精细结构。在该精细结构中，有圈相交形成的节点，节点间属于圈的那部分线称为连线，节点的这种分布形成了物理空间，即体积。由于圈是有限的，所以计算得到的体积是离散化的，对应于圈的特定数目。空间的两个邻接部分由面积分割，面积也是离散化的。这些离散的体积和面积共同形成了一幅时空的自旋网络图景，其中空间的物理区域处于自旋网络的量子叠加中，而该区域的动力学则由惠勒-德威特方程支配。自旋网络本身描述了空间，而自旋网络的历史描述了时空。后者称为自旋泡沫，具有一定的几何结构。自旋泡沫的顶点类似于费曼图的顶点，描述了空间微粒（即节点）间的基本相互作用，所不同的是它在费曼图中点和线相互之间的作用之外增加了面与面间的作用。

由自旋网络所描述的空间是离散化的，其历史演化也是离散的，它们在按照量子力学中的不确定关系不停地涨落着，形成极小的量子泡沫。我们所感知的时间和空间就是这些极小的量子泡沫，即量子化的引力场在大尺度上的近似景象。这些场本身就构成了时空，其存在无须时空作为背景或支撑。这个量子场的量子即粒子，时空也从中产生，因而圈量子引力中的基础本体是该量子场，即罗韦利所谓的“协变量子场”。“世界、粒子、光、能量、空间和时间，所有这些都只不过是一种实体——协变量子场的表现形式。”[①]协变量子场作为基础本体，那么时空、物质或粒子是如何从中产生的呢？

在上一章关于时空的讨论中，我们看到在量子引力理论中，时空不是基本的本体，而是从某种更为基本的本体中涌现而生的，这如何可能？涌现是如何发生的？如何产生我们关于诸如指针、钟表等可观察的对象在时空中的这种印象？事实上，正是通过这些在时空中的可观察对象或事实物理学理论才得以确证。难道这种印象仅是一种表象？时空从非时空基础本体中的涌现是近几年关注较多的方面之一。赫盖特（N. Huggett）、维特里希等主持了一个名为“量子引力之后的空间和时间（2015—2018）”的项目，并且先后出版了两本论文集——《超越时空：量子引力的基础》[②]和《超越时空的哲学：量子引力的蕴涵》[③]，汇集了前沿物理学家和物理学哲学家就量子引力理论中时空问题的思考，其中时空的涌现是核心论题之一。

在圈量子引力中，自旋网络态的量子叠加是更为普遍和一般的态，它是一个叠加态，并不关联于单个的离散结构，因而直接进行时空解释是有问题的。另外，相邻自旋网络间的邻接关系一般并不对应于广义相对论意义上时空或度规的连续性，也就是说在圈量子引力中两个相邻的节点可能对应于广义相对论时空中任

---

① [意]卡洛·罗韦利：《现实不似你所见》，杨光译，湖南科学技术出版社 2017 年版，第 165 页。

② Huggett N, Matsubara K, Wüthrich C (Eds.). *Beyond Spacetime: The Foundations of Quantum Gravity*. Cambridge: Cambridge University Press, 2020.

③ Wüthrich C, Bihan B L, Huggett N (Eds.). *Philosophy Beyond Spacetime: Implications from Quantum Gravity*. Oxford: Oxford University Press, 2021.

意远的两个事件。上述两种特征使得直接将自旋网络中的连接解释为时空项是成问题的。“最为重要的是，它并不在圈量了引力层次上产生局域化的概念，也不产生接近于标准定域性的那种定域性，而标准定域性在经验融贯性的质疑和定域可存在量（local beables）的讨论中处于核心。”[①]这表明，在圈量子引力中并没有定域化的功能，而这正是从本体解释经验和从本体解释物理实体所需要的。该如何表明自旋网络发挥了这样一种定域化的功能呢？

2018年，拉姆（V. Lam）和维特里希在文章《时空是其所示》（“Spacetime is as spacetime does”）中借鉴了阿尔伯特关于非相对论量子力学中波函数实在论这一观点的功能主义策略，提出了时空的功能主义（spacetime functionalism）涌现的观点。对于阿尔伯特而言，他的功能主义是指从波函数所在的高维位形空间中如何重建三维空间，而拉姆和维特里希是从非时空的结构中重建四维时空。功能主义的涌现不同于因果意义上的涌现，对于后者而言它针对的是具体的物理实体，这些物理实体处于时空中，而时空显然不是具体的物理实体，因而功能主义是更为合理的。功能主义涌现是以存在不同的层次为前提的，高一层次的实体相对于更为基础层次的实体会展现出某种新颖的、稳固的行为。具体到时空的涌现中，则需要把时空或时空特征理解为一种功能角色，而扮演这一角色的则是量子引力中的基础本体。

具体到圈量子引力中，至关重要的是要表明自旋网络发挥了定域化的角色作用，也就是说在广义相对论意义上的“处于特定的时空区域这一定域化”的高层次特征在功能上是从自旋网络中涌现的。比如在特定的自旋网络态下，面积和体积的计算是面积算符和体积算符与自旋网络态的投影，但在功能主义涌现观下，不同的自旋网络态能够扮演相同的平均度规角色，在自旋网络态与大尺度的时空度规之间不是一一对应的，不同的低层次特征能够在高层次上发挥相同的功能作

---

① Lam V, Wüthrich C. “Spacetime is as spacetime does”. *Studies in History and Philosophy of Science Part B: Studies in History and Philosophy of Modern Physics*, 2018, 64: 39-51.

用，展现出相同的高层次特征，即相同的面积和体积。从而，功能主义的观点为如何从非时空（非度规）的基础本体到更高层次的时空（度规）特征提供了一种说明。

对于物理实体是如何从协变量子场等基础本体中涌现的，则需要讨论到定域可存在量，即约翰·贝尔在 1975 年提出的某种能够被赋予有限时空区域的实体。只有能够说明定域可存在量，才能为我们的实验证据提供充分的时空支撑，才能得到一个经验上融贯的理论。对于这一点，在圈量子引力层次上的自旋网络态之间的连接性并不意味着在更高层次上（即广义相对论层次上）的时空定域性。也就是说，虽然自旋网络态在功能上能够扮演时空或度规的角色，但并没有扮演定域化的角色，可能会得出不满足洛伦兹变换的时空或度规。因而，我们需要区分功能的具体例示，如区分时空的涌现功能和时空的定域化功能，二者是不同的概念。

上面讨论的主要是空间的涌现，接下来我们考虑时间维度，讨论圈量子引力动力学的部分。在正则圈量子引力背景下，其动力学由惠勒-德威特方程中的哈密顿量来刻画。自旋网络的历史即其时间演化，称为自旋泡沫。自旋泡沫可以直觉地理解为描述自旋网络演化的高维图谱，从而可以把圈量子引力的动力学理解为自旋网络间的跃迁振幅，即对自旋泡沫振幅的求和，类似于量子场论中的费曼图和费曼积分。在经典极限下，自旋泡沫在功能上扮演的是时空格点的角色，类似于格点场理论的情形。所不同的是，自旋泡沫这一动力学实体仅在恰当的范围内扮演时空格点的角色，因为它本身并不具有时空特征。

功能主义的解释表明从圈量子引力的基础本体出发，就能够实现时空的角色或功能，而不需要在基础本体之外添加其他的结构或内容。事实上，到目前为止，所有的量子引力理论方案都不能完全解释如何从其普朗克尺度的基础本体到广义相对论意义上经验或事物的宏观时空特征。也正是因为这样，功能主义的解释才是有意义的探索。但是，功能主义的解释也不是完美的，就像阿尔伯特关于波函数实在论的功能主义解释那样，从高维的波函数所在的位形空间到经验所在的三维空间的功能主义解释不够自然，解释推理是从结果向原因的追溯。这里时空的功能主义涌现似乎也是为了实现宏观的时空特征与时空功能，便赋予基础本体一些功能与角色。事实上，这些功能发挥的细节并不清楚，涌现的机制并不明了。正如在心灵哲学和科学哲学其他领域中的涌现概念一样，其缺乏更为细致的考察和分析。

当然，除了时空的涌现问题，圈量子引力还面临着理论的经典极限问题和量子测量问题，这两大问题也是其他量子引力理论面临的重要问题，目前没有明确的答案，仍然在争论中。而基础本体论的讨论，对于这两大问题的求解也有一定的启示，反过来这两大问题的解决也会为悬而未决的基础本体论问题提供有价值的参考。

第四节 信息本体论

量子信息和量子计算技术发展迅猛，科学家的研究深入到微观量子比特世界，开始探测和操纵量子比特的行为。这是一个与人们的直觉相去甚远的极小世界，在这个世界，不确定性、叠加、纠缠和退相干等量子效应成为其显著的特征。一些神奇的量子现象，如爱因斯坦所谓“鬼魅式”远距离相互作用，近年来频频实现的量子隐形传态（quantum teleportation），刺激着人们的思维和想象力。物理学家对于物质世界本原的探求，已经从经典的物质实体走向量子化的信息实体。“万物源于量子比特”成为一句新的流行语。在普朗克尺度下，物质世界成为一个量子比特的海洋。量子比特海中的量子泡沫即量子真空孕育出宇宙万物包括时空矩阵。量子信息与量子物质作为量子世界中一体化的存在，孕育出量子信息结构实在论。

一、量子信息的纠缠特性

在量子世界纠缠效应普遍存在，退相干也是如影随形。爱因斯坦所谓“鬼魅式”远距离相互作用是量子纠缠。作为量子信息理论的一个神奇应用，量子隐形传态也是利用预先共享的 EPR 纠缠对的量子态，实现了量子信息的远程传输。在量子隐形传态中原初物体的质料（物质、能量）保留在出发点，而它的所有结构（即它的物理态）消失了。这个结构或者说物理态呈现在了另一端物体的身上，在终端出现了与在出发点原初物体相同的一个物体。即量子隐形传态不是隐形传送整个物体本身，比如一本书或一页纸，也不是隐形传送一个物体的质量或能量，物体本身是不经过空间任何中间媒介点的，而是通过制备纠缠态和联合测量隐形传送它的量子态，即它的形式和架构，这个形式和架构包含着重要的信息，是一切物质存在的本质和创造原则。正是因为纠缠的量子态构成了物质的终极结构，因此，在量子隐形传态中，我们绝不只是隐形传送了物体的某种近似的描述，实际上是通过隐形传送它的量子态而传送了物体的全部实质内容[①]。

量子隐形传态的实现离不开量子纠缠，纠缠和测量使得一个物体的量子属性瞬时传送给了另一个量子物体。这就是爱因斯坦所说的“鬼魅式远距离相互作用”，即量子非定域关联。现代物理学的研究表明，量子世界的这种非定域关联在某种意义上可能是从我们的时空之外涌现出来的，因此不能用发生在我们时空中的叙事来说明[②]。即量子属性通过纠缠传输，这实质上发生在我们的时空之外，因此无论两个物体在经典世界可能相隔得多么远都没有关系，因为信息根本就不需要通过我们的时空传输。这就消除了量子隐形传态的“奇异性”或“鬼魅性”，并且与狭义相对论不相矛盾，因为爱因斯坦的光速要求只限于我们的时空，不适

---

① Gisin N. *Quantum Chance: Nonlocality, Teleportation and Other Quantum Marvels*. Cham: Springer International Publishing, 2014: 68-69.

② Gisin N. *Quantum Chance: Nonlocality, Teleportation and Other Quantum Marvels*. Cham: Springer International Publishing, 2014: 20-51.

用于外时空①。

换言之，现代量子物理学的一个假设是，纠缠由宇宙形成之前量子泡沫媒介中的相互关联组成，量子泡沫是对极小尺度（普朗克长度量级）下量子振荡的定性描述。在这个尺度，原子和粒子世界光滑如镜的时空让位于沸腾不已的处于混沌状态的时空几何，长度、时间的通常意义在此都消失了。因此，纠缠的源头并不在我们的时空之中，而在我们的时空矩阵之外，这样，纠缠的“鬼魅性”就能消除。我们可以把纠缠解释为像时空外部的超链接之类的东西，它们把量子实体的叠加态联结在一起②。当测量一个纠缠实体时，这个实体就退相干，与之纠缠的另一个实体不必接收在时空中传播的任何消息，就能瞬间以相反的方式退相干。

退相干是量子世界的又一个神奇的现象。它使经典物体的存在现实化，让经典物体定域在特定的位置、拥有特定的属性，我们可以观察和测量它们。换言之，退相干从我们的宇宙中无穷多物理可能性中“抽取”或“创造”了经典物体。这个“抽取”过程是真正随机的。正如量子信息物理学家蔡林格（A. Zeilinger）所说，“此刻的这个世界不会唯一地决定以后几年、几分钟，甚至下一秒的世界。世界是开放的。我们只能给出单个事件发生的概率，这并不只是因为我们的无知。许多人认为这种随机性仅限于微观世界，这不是真的，因为[随机的]测量结果本身可能有宏观影响”③。正是这种随机性，成就了我们现在所拥有的世界。

随机或确定，潜存或实存，就好像是一枚硬币的两面，共存于我们的宇宙。所以，在我们的宇宙中，实际上有两种不同而又密切相关的存在形态：一种是作

① Bynum T W. “On the possibility of quantum informational structural realism” *Minds and Machines*, 2014, 24(1): 123-139.

② Bynum T W. “On the possibility of quantum informational structural realism”. *Minds and Machines*, 2014, 24(1): 123-139.

③ Zeilinger A. *Dance of the Photons: From Einstein to Teleportation*. New York: Farrar, Straus, and Giroux, 2010: 265.

为波的量子存在，即一束束叠加的量子可能性；另一种是作为一个个特定物体的经典存在，它们定域在时空的一个特定位置，具有经典属性，能被我们通过各种方式观察和测量。即在我们的宇宙中，量子王国和经典王国一起存在，并且不断相互作用。经典的可测量实体来源于一个连续膨胀的量子比特序列，这些量子比特通过创造一个无穷大的物理可能叠加集，一起建立了物理上的可能世界。从这个无穷大的始终在膨胀的可能叠加集，信息共享产生了处于特定位置的日常经典物体，具有可观察和可测量的性质。这是一个退相干的过程。

因此，当人类与量子实体相互作用进而与它们交换信息时，相互作用随机地把某一物理可能性转化为现实的经典物体。在这个意义上，就是美国物理学家惠勒所说的“这是一个参与的宇宙”，在这个宇宙中人的活动现实化了经典物体。信息丰富的量子态作为量子实体的存在形态提供了这种现实化的可能。量子信息是经典物理实体得以显现的潜在之源。

二、万物源于量子比特

惠勒作为物理学家，传承了哥本哈根学派的精神。他认为哲学太重要了，不应该只留给哲学家去思考。物理学家应该探究并解答一些大的哲学问题。他给出的三大哲学问题是：“物理存在如何产生？”“量子如何产生？”“在众多观测者参与的记录中，为何只产生出一个世界？”惠勒的一个大胆猜想是“万物源于比特”①，即所有物理上的事物、所有的物理实体、实在，包括所有的粒子、所有的力场，甚至时空连续统本身，它们的行为方式和存在本身，都产生于比特或者说信息，一种二进制的选择 0 或 1，对应于探测器发出的是或否的回答。因此，它们最终必须遵循信息理论描述。这就意味着古希腊自然哲学家孜孜以求的物质本原，在惠勒的形而上认识中归为信息。信息成为物质世界的本质存在，成为一

---

① Wheeler J A. “Information, physics, quantum: The search for links”. In Zurek W H (Ed.). *Complexity, Entropy, and the Physics of Information*. London: Addison-Wesley, 1990: 5-28.

切物理存在的基础。

惠勒的思想影响深远，从 1989 年他提出“万物源丁比特”的著名预言后，许多物理学家都朝着实现这一预言的方向努力。但和早期的“以太学说”一样，惠勒“万物源于比特”的观念并不成功。比特（bit）是玻色性的，玻色性的粒子只负责传递各种相互作用。万物（物理存在），包括所有的物理实体、物理实在比如电子，却是费米性的。费米性的粒子负责组成物质。比特和万物属于不同的基本粒子。如何从玻色性的东西中得出费米性的东西？长期以来，物理学家并不知道。玻色性的东西跟玻色性的东西放在一起，还是玻色性的东西，无论如何都弄不出费米性的东西。所以，虽然“万物源于比特”这个观念非常好，富有哲学性的漂亮，但物理上一直做不通。近年来，麻省理工学院物理学家文小刚对弦网凝聚的研究发现，“不成功的原因是没有考虑长程纠缠。如果比特只有短程纠缠的话，那满足麦克斯韦方程的光子、费米性的电子，一个都出不来。但如果比特有一种特殊构型的长程纠缠，那就什么全都有了……”[①]。

“万物源于比特”中的“比特”应该是“量子比特”，这是对惠勒观点的一个重要推进。早在 2006 年，麻省理工学院物理学家劳埃德从量子信息的视角出发，就提出了“万物源于量子比特”的预言[②]。根据这一预言，宇宙最初是一个巨大的量子比特海，量子比特是所有物理实在，包括所有粒子、所有力场，甚至时空连续体本身，得以存在的源泉和基础，即量子比特对宇宙万物的生成负责。因此，量子比特一定先于我们宇宙中的其他事物而存在，它们一定参与了宇宙大爆炸。正如劳埃德所说，“大爆炸也是（量子）比特爆炸”[③]。

想象一个巨大的原始量子比特海。在这个海洋中，除了原始量子比特外，可

---

① 文小刚：《物理学的第二次量子革命》，《物理》2015 年第 4 期，第 265 页。

② Lloyd S. *Programming the Universe: A Quantum Computer Scientist Takes on the Cosmos*. New York: Alfred A. Knopf, 2006: 175.

③ Lloyd S. *Programming the Universe: A Quantum Computer Scientist Takes on the Cosmos*. New York: Alfred A. Knopf, 2006: 46.

能还包含其他许多东西。但是为了方便，我们只需假定这个原始海洋是一个巨大的原始量子比特之海。给定这一假设，我们就能把我们宇宙的诞生即大爆炸诠释为在原始量子比特海中一个不断膨胀的“量子泡沫泡”的突然出现。这个“量子泡沫泡”中没有空气，而是充满了量子泡沫，一种媒介，由数量巨大的“量子虚粒子”组成。这也就是我们时常称作的“量子真空”。真空不空，里面充满不断生成、相互作用，又瞬间湮灭的“量子虚粒子”。正如物理学家克洛斯（F. Close）所说：“当查看原子尺度时，真空是活力、能量和粒子沸腾的海洋。”①又说：“物理学家的一个普遍共识是：万物包括时空矩阵等等来源于量子真空，沸腾的真空为理解自然万物创生于虚空——量子泡沫提供了深刻的含义。”②“在宏观距离上出现的大量不同种类的现象，诸如我们的日常经验，是由我们存在于其中的量子真空即量子泡沫控制的。”③

给定现代物理学的这些观念，现在的形而上学思想实验阐释了我们的宇宙的诞生和性质。最初只有原始量子比特海或者说量子比特源。我们的宇宙的诞生即大爆炸是这个量子比特海中一个量子泡沫泡的形成和膨胀。最初，原始量子比特海中的量子比特与这个量子泡沫泡疾速地相互作用，产生额外的量子泡沫和这个量子泡沫泡的爆炸性膨胀。在大爆炸期间，量子定律和量子泡沫一起产生基本粒子和时空矩阵。随着这个极速膨胀的量子泡沫泡变冷，各种标准模型的量子粒子开始形成，包括最终的希格斯玻色子。随着希格斯玻色子的到来，膨胀的速率急剧下降，但并不完全消除。随着量子比特海产生越来越多的量子泡沫，我们的宇宙继续加速膨胀。或许增加的量子泡沫是“暗能量”，它们加速了我们的宇宙的膨胀。按照这一解释，量子泡沫是从原始量子比特海中形成的实在的最小单元，或者说是实在的雏形。

① Close F. *Nothing: A Very Short Introduction*. Oxford: Oxford University Press, 2009: 94.
② Close F. *Nothing: A Very Short Introduction*. Oxford: Oxford University Press, 2009: 106.
③ Close F. *Nothing: A Very Short Introduction*. Oxford: Oxford University Press, 2009: 122.

这个量子泡沫即量子真空是我们知道的所有事物甚至是时空矩阵的来源地。根据文小刚的弦网理论，我们可以把量子真空看作一种物质态，一种很特殊的、高度纠缠的物质态。正是因此，我们才可以说，沸腾的真空为理解创造来源于虚空，即来源于量子泡沫的本质提供了深刻的意义。因此，假定现在有“万物源于量子比特”的形而上学思想实验，那么，在经典世界中的实体包括时空和引力就都是由潜在的量子泡沫物质态产生的，或许其中还受原始量子比特海的协助。但是，经典世界的“自然律”诸如爱因斯坦的光速要求仍然适用于经典王国，而“鬼魅式远距离相互作用”则是由我们的时空之外的量子纠缠高维时空产生的。而且，鉴于宇宙在快速地记录和处理信息方面无异于一台我们现在正想方设法研制的量子计算机，一个量子数据结构，或许我们还能把一个量子实体的每个叠加态阐释为很像是量子计算机中一个子程序那样的东西，当它们从一个测量或其他物理作用那里接收到一个适当的信息位时，它们就被激活，呈现为一个分立的状态[①]。这就从量子计算的视角阐释了量子测量的“波包并缩”或者说“量子向经典”的跃迁。

从“万物源于比特”到“万物源于量子比特”，物理学家对物质世界本原的科学探究超越了我们的经验图像，这些预言能很好地解释量子世界的神奇现象，并给出了可以被实验进一步验证的预言，因而其形而上学的意义是不言而喻的。如果在物理存在的最深层次，我们宇宙中的每个物体和过程都是一个量子比特结构，它们就会展示神奇的量子特征，诸如真正的随机性、叠加和纠缠，这些特征曾被爱因斯坦和其他科学家认为是“怪异的”甚至是“鬼魅式的”。然而，近年来随着叠加、纠缠、退相干、鬼魅式远程相互作用和量子隐形传态等神奇的量子现象获得科学证实，它们对传统的哲学概念基石提出了重要的问题。如果宇宙中所有自然物都是由同时处于多个不同状态的量子比特组成，我们是否就能期望任

① Lloyd S. *Programming the Universe: A Quantum Computer Scientist Takes on the Cosmos*. New York: Alfred A. Knopf, 2006: 154.

何一个物理实体都可能同时处于多个不同的状态？

通常的信念是这只对微小的亚原子实体为真，对更大的实体不为真。但实际的情形是，量子属性不局限于微小的亚原子粒子。有许多宏观物体明显地展示出量子属性。例如，由数百亿个原子组成的氟化锂中有纠缠。“人们把世界分为两种实体：本质上是量子的微小粒子和遵从经典物理定律包括相对论的更大的‘宏观’物体。这只是对物理世界的一种方便的分割。很少有当代物理学家认为经典物理学与量子力学有同等的地位。所有尺度都是量子的世界，经典世界只是量子世界的一个有用的近似。”[①]这个有用的近似解释了在我们的宇宙中何以量子王国和经典王国一起存在并且不断相互作用。经典王国是退去相干性的现实存在。

这就意味着，在科学可证实的意义上，由量子比特组成的物体原则上能同时处于许多不同的位置。在合适的条件下，“宇宙中的所有物体都能处于所有可能的状态”[②]。最终，这也意味着在实在的最深层次宇宙是数字和模拟同时并存的，既有连续性同时又有不连续性。这些并不仅仅是形而上的猜测，而是科学史上证实最多也是最强有力确证的科学理论——量子力学所要求的东西。量子力学具有波粒二象性，量子世界是连续性与不连续性的统一。正是因为世界有这些确证的科学事实，哲学家才需要重新思考许多基本的哲学概念和范畴，如存在与虚空、真实与虚拟、实在与潜在、原因与结果、一致与矛盾、知识与思想等。

三、信息与物质的统一

近年来，麻省理工学院物理学家文小刚对弦网凝聚的研究发现，量子比特存在一种长程纠缠，量子比特和长程纠缠形成一种新的拓扑量子物态，解释了基本粒子的起源，有望实现宇宙中四种作用力的统一。这就从新的视角推进了“万物

① Vedral V. “Living in a quantum world”. *Scientific American*, 2011, 304(6): 38-43.

② Vedral V. *Decoding Reality: The Universe as Quantum Information*. Oxford: Oxford University Press, 2010: 122.

源于量子比特”的思想。特别说来，在这样一幅宇宙万物生成演化的物理图像中，蕴含着一个非常新颖的观点——“量子信息即量子物质”，即在量子世界，信息与物质是统一的①。

量子信息和量子物质统一的理论来源如下：根据量子论，频率是能量，用公式表示就是 $E=hf$，其中 E 是能量，f 是频率，h 是普朗克常数。根据相对论，能量是质量，用公式表示就是爱因斯坦的质能方程 $E=mc^2$，其中 E 是能量，m 是质量，c 是光速。这就意味着频率、能量和质量是等价的。频率是信息的一个属性，因此，能量和质量也是信息的属性，而能量和质量又是物质的属性，这就说明信息和物质是相通的，二者在量子世界是统一的，量子信息即量子物质②。这种新颖的观点代表着看待我们世界的一种新方式，迄今并不为大多数人所接受。人们的惯常思维是：信息都需要一个物质载体，都是物质携带着信息，所以信息是物质的性质，而不是物质本身。

然而，在普朗克尺度下的量子世界，一切都是量子化、信息化的，以量子比特的形式存在，量子比特作为量子信息的载体，本身就是量子化、信息化的存在。因此，在这一语境下谈论信息与信息载体的区分就如同谈论微观世界中夸克是否独立存在一样没有意义。在微观世界，夸克禁闭，夸克只能以束缚态的形式存在，没有单独存在的夸克。同样，在量子世界，量子信息统一了物质，量子信息即量子物质，二者不可分。根据文小刚的观点，如果说物质是信息的载体，就意味着信息仅仅是物质的部分性质，这个物质还有其他性质，即物质的有些性质是你要的信息，另外还有些是你不用的性质。然而，在量子物质中，相对于你要的信息多余的那些性质，本质上也是信息。也就是说，这个物质本身说到

① 文小刚：《量子多体理论：从声子的起源到光子和电子的起源》，胡滨译，高等教育出版社 2004 年版，第 325 页。

② 文小刚：《量子多体理论：从声子的起源到光子和电子的起源》，胡滨译，高等教育出版社 2004 年版，第 334 页。

底是带信息的信息[①]。

理解在量子世界“信息即物质”的关键，还需要识别量子比特的微观结构，即空间的微观结构是什么，什么样的微观结构能产生满足麦克斯韦方程、狄拉克方程和爱因斯坦方程的波。根据弦网理论，如果我们把宇宙理解为一个弦网凝聚结构，那么宇宙中就存在一种新型拓扑量子物态，这种拓扑物态起源于多体系统里的量子纠缠，这是一种长程纠缠，能给出麦克斯韦方程和狄拉克方程。量子长程纠缠作为一个现实存在的、结构复杂的现象，也给基本粒子的起源提供了突破口。表面看来，拓扑物态量子纠缠和基本粒子的起源毫无关系，但实际上它们是完完全全联系在一起的。规范玻色子和费米子都来源于形成弦网空间的量子比特。

量子比特不是一系列没有生命力的、僵死的数据，它作为量子比特海中有组织和结构的基本构件，就像纤维组成的弦网结构，处于理论的中心。其中，规范玻色子对应弦网的集体起伏的波，费米子对应弦的端。“弦网”只是用来描写长程量子纠缠的形式，或者说只是用来描述量子比特在基态如何组织的一个名词。这就找到了解决问题的一种新思路。以前的思路是：如果要找一个东西的起源，就要把它分解，来得到它的组成和基本构件，分得越小就越基本。但现在考虑量子纠缠的话，解决问题的思路就变了。

假定万物（基本粒子及空间）源于纠缠的量子比特：空间是纠缠的量子比特的“海洋”，基本粒子是纠缠的量子比特的波动涡旋，基本粒子的性质和规律则起源于量子比特海中纠缠的量子比特的组织结构，即量子比特的序，那么在这样一种新思路下，组织结构就是更重要的。考虑组织结构会使我们对自然界的基本性质有更深刻的理解，这跟老思路考虑物质的组分很不同。二者的区别就好比观察一根绳子时，是看它由什么分子构成的，还是看这根绳子的扭结结构是什么。

① 文小刚：《物理学的第二次量子革命》，《物理》2015年第4期，第261-266页。

老思路看重基本构件是还原论，而新思路看重组织结构（序）是演生论。沿着新思路，量子比特就扮演着统一信息与物质的重要角色。量子信息统一了物质。信息和物质在量子比特海中不可分割地统一在一起。因此，量子长程纠缠即弦网理论的深层内涵是信息和物质的统一①。

一句话，万物源于长程纠缠的量子比特。这是随着科学的发展人类认识物理世界的新图景。众所周知，物理学是一门测量的科学。随着实验的发展和理论认识的深化，人们发现物理理论中的很多概念并不代表真实。不仅同一真实可能用完全不同的理论去描述，甚至可能基于根本不同的概念。一旦新的理论发展起来，原有的概念就可能改变。例如，具有位置和速度的点粒子是牛顿经典理论的基本概念，其理论大厦的建筑砖块。我们过去相信所有事物都是由粒子组成的，粒子是真实的基础。然而，我们现在相信粒子不代表真实，相反，线性希尔伯特空间中的量子态才代表真实。但是，量子态不是我们可以直接测量的事物，有朝一日超越量子理论的新理论发展出来，谁也不能保证量子态概念不会有与粒子概念相同的命运。这就意味着，现有的物理理论没有一个是终极真理。因此，透过理论中的形式和非真实概念的烟幕，密切注视真实（如关联函数和可观测量）是非常重要的②。

四、量子信息结构实在论

“万物源于（量子）比特”的思想不仅激励着许多物理学家的研究，也启发了不少哲学家的思维。牛津大学哲学教授弗洛里迪（L. Floridi）的信息结构实在论（informational structural realism，ISR）可以理解为是对惠勒的“万物源于比特”思想的一种哲学阐释。他通过一种超验的建构方法支持一种结构对象的最小

① 文小刚：《物理学的第二次量子革命》，《物理》2015年第4期，第261-266页。

② 文小刚：《量子多体理论：从声子的起源到光子和电子的起源》，胡滨译，高等教育出版社2004年版，第19-20页。

本体论承诺和对这些结构对象的信息解释。这里面包括两个层次，第一个是认识论上的。我们知道什么？我们知道的是“结构”，即通过对结构对象的信息解释，我们知道的是实在的结构属性。第二个是本体论上的。给定我们知道的是实在的结构属性，我们能合理地假定外部世界中存在什么？那就是结构对象，宇宙中存在原初结构对象，它们是宇宙中任何结构实体存在的基础。这样，信息结构实在论就把本体结构实在论和认识结构实在论融合在了一起[①]。

宇宙中存在一种原初结构对象，这是信息结构实在论的一个非常重要的预设。弗洛里迪称之为 dedomena，它们是所有可能世界（包括我们的世界）的终极结构的一部分（宇宙中也可能有其他我们永远不可知的东西）。它们作为所有可能世界中实在的潜在结构的组成部分，是超验的，不依赖于人的心智，我们根本感知不到它们的存在，任何类型的科学仪器也探测不到它们。我们只能通过我们建构的关于实在的认识论模型来读取或阐释它们。但它们必然存在，这样才可能确保宇宙中任何结构实体在根本上存在。这些原始结构对象作为所有可能世界中最原始的东西，作为任何可能世界中任何结构的基础，也是一种建构性的客体，它们会随着主体认识的增加而重建。用弗洛里迪的话说就是，“我们可以按照本体论上的需求来重建它们，就像康德的本体或洛克的实体：它们在认识论上是不可体验的，但它们的存在是根据经验先验地推断出来的，并为经验所规定”[②]。

信息结构实在论面临的一个诘难是：它实质上是一种数字本体论。因为信息结构实在论预设的宇宙的原初结构对象也是宇宙的“初始元关系”，“纯数据或原始认知数据”，即认识论之前的数据，它们是任何关系的先决条件，是一切数据之源。然而，弗洛里迪不接受这一诘难，他在《信息哲学》一书中驳斥了数字本体论。他写道：数字本体论倡导宇宙是一台巨大的数字计算机，从根本上是由数字，而不是由物质或能量组成，实物作为复杂的次级物显现。实在的终极性不

① Floridi L. “A defence of informational structural realism”. *Synthese*, 2008, 161(2): 219-253.

② Floridi L. *The Philosophy of Information*. Oxford: Oxford University Press, 2011: 86.

是连续随机的，而是颗粒化决定论的。这是一种形而上学一元论。[①]在弗洛里迪看来，信息结构实在论的终极实在中保持不变的既不是它的数字特性，也不是它的模拟特性，而是产生数字实在或模拟实在的结构属性。这些不变的结构属性才是科学主要感兴趣的内容。因此，从一个物的本体论转向一个结构关系的本体论似乎是合理的，因为前者很难避免数字/分立与模拟/连续的二择一，后者则与这种二分不相关[②]。

既然数字与模拟的二分不适用于自然的形而上学图景，实在本身的特征可能既不是数字的，也不是模拟的，而是两者的统一，因此寻求调和数字本体论和模拟本体论的最小公分母就成了克服这个二分困境的重要使命。弗洛里迪通过给出结构对象的最小本体论承诺和对这些结构对象的信息解释，旨在克服这个二分困境，融合本体结构实在论和认识结构实在论，这是信息结构实在论对传统结构实在论的一个有益推进，但弗洛里迪的信息结构实在论没有触及量子信息实体，没有对物理世界的量子比特纠缠结构进行哲学阐释，因而解释不了量子世界的神奇，回答不了我们宇宙中可以同时表示 0 和 1 以及 0 和 1 之间的无限数集的量子信息实体的存在性问题。

在量子信息时代，"万物源于纠缠的量子比特"作为一个更具解释力的研究纲领，其思想日渐深入人心。因此，信息结构实在论有必要扩展到量子世界，涵括量子信息结构，以阐释量子世界的神奇现象。因为只有量子信息/量子比特物理实体才能解释我们世界中的量子现象：同一物体何以同时处于多种状态。南康涅狄格州立大学哲学教授拜纳姆（T. W. Bynum）率先考察了量子信息结构实在论（quantum information structural realism，QISR）的可能性。他基于弗洛里迪的认识论辩护模式，在本体论承诺上支持一种最小的量子实体，即出于认识上的考虑，支持一种量子结构对象的最小本体论承诺和对这些结构对象的量子信息阐

① Floridi L. *The Philosophy of Information*. Oxford: Oxford University Press, 2011: 319.

② Floridi L. *The Philosophy of Information*. Oxford: Oxford University Press, 2011: 334.

释。这里面同样包括两个层次：第一个是认识论上的，即“我们能知道什么？”我们知道的是量子结构，即通过对量子结构对象的信息解释，我们知道的是量子实在的结构属性；第二个是本体论上的，给定我们所理解的量子实在的结构属性，“我们能合理地假定在外部世界中存在什么？”那就是量子结构的原初实体，它们是宇宙中任何结构实体存在的基础。量子比特就是我们世界中的物理实体[①]。

这样，量子信息结构实在论就给出了世界的形而上学性质和本体论内容是具有量子特性的信息化结构对象的哲学阐释。在物质存在的最深层次上，宇宙中的每一个物体和过程都是信息丰富的量子信息结构/量子比特。物理实在的终极本质是信息性的，并且是量子性的。本体论承诺上支持一种最小的量子结构对象，并支持对结构对象的信息化解释。正是这个微小的量子信息结构孕育出我们的宇宙万物，包括我们的世界。换言之，量子信息结构实在论预设了宇宙中存在一种原初量子实体，即“原初量子比特”或“原初量子信息”，它们是可以同时表示 0 和 1 以及 0 和 1 之间的无限数集的量子信息实体。这些实体的存在以独立于心灵的原初结构对象“包”为前提条件，我们的宇宙中每个量子比特都是包含无限个原初结构对象的原初结构对象“包”，弥补了信息结构实在论没有对量子世界的现象作形而上学解释的缺陷。如果我们假设这些“原初量子比特”或“原初量子信息”存在，我们就能对宇宙中的量子现象给予形而上学的解释，或许还能消除一些所谓的“鬼魅式的”量子现象，因为量子比特的不确定性、叠加、纠缠和退相干等特征，允许量子世界呈现“鬼魅式的”量子现象。

然而，量子信息结构实在论仍然有待完善，至少它需要对量子比特的长程纠缠和量子拓扑物态的客观存在性和形而上学意义进行哲学阐释。此外，它所预设的原初量子实体究竟是信息结构还是物质实体仍不明晰。因此，我们需要根据最新的物理前沿进展进一步领会和解读量子信息结构的实质内核，以发展出一种与

---

① Bynum T W. “On the possibility of quantum informational structural realism”. *Minds and Machines*, 2014, 24(1): 123-139.

当代新科学理论相适应的更为真实可靠的关于量子信息实在的结构特征的理论学说。如果说在纠缠的量子比特世界，量子信息即量子物质，那么量子信息结构实在论中的原初量子实体就应该是一种具有量子信息特征的物质存在，或者说是一种具有量子物质特征的量子信息存在。从本体论上讲，量子信息即量子物质，信息和物质统一在原初量子实体中。从认识论上讲，获悉了原初量子实体的信息结构属性，也就获悉了它的物质存在性，原初量子实体的结构属性实为拓扑量子物态的信息表现。对长程纠缠的拓扑量子物态的认识，有助于我们理解量子世界的神奇。

一些从事量子引力工作的理论家对单一性提出了疑问。一个担忧是，黑洞的蒸发可能会破坏信息，这将是一个单一的过程。但是，在弦论中称为 AdS/CFT 对偶的最新突破表明，甚至量子引力也是单一的。如果是这样，那么黑洞不会破坏信息，而只会将其传输到其他地方。

科学理论追求精确性、决定性、简单性、统一性，这些特性使得科学的语言越来越抽象，离经验表象越来越远，使得从科学理论表象出发进行的本体阐释越来越模糊。许多时候，哲学家们不得不借助于直觉的扶手椅，在形而上学之间做出选择，进而寻找证据为自己的本体立场进行辩护。

“基础本体论的存在和运作是[科学]理论为了描述、解释、预测经验现象而能加以利用的终极资源。”①量子理论中“纠缠态”“不可区分个体”“概率波”等概念的引入使得量子力学拥有完全不同于经典力学的本体论。量子本体论的澄清能够为分析量子理论的形而上学、量子理论的解释等提供具体的本体论图像，然而，量子理论承诺的本体是什么，却存在着诸多分歧。我们的分析表明，量子理论承诺的本体是什么依赖于对量子理论先在的形而上学预设和理论本身的解释，让量子本体诠释进入了一种后真相的状态。量子本体的后真相意味着什么？

---

① [美]曹天予：《后库恩时代的科学实在论——超越结构主义和历史主义》，张志林译，《哲学分析》2018年第1期，第130页。

该如何理解后真相状态的意义？我们该如何穿越后真相的重重迷雾？这些问题的回答都需要哲学的澄清，为哲学与科学结盟提供了切入点。哲学需要透过具体的科学表象体系，厘清在理论预设与理论解释上的形而上学预设，澄清科学概念背后的深层含义，弥补量子理论的预言与经验现象间的巨大鸿沟，明确量子理论不同阶段间的连续性与差异性，寻找量子理论的基础本体论，解释量子理论中的认识论和方法论。

量子本体论在形而上学层面上的非充分决定性，放大到宇宙层面能否得到解决呢？毕竟宇宙是唯一的，而且包含了作为观察者的人类，宇宙学能否为我们提供量子本体论的线索？这将是我们下一章探讨的内容。

第八章
宇宙观念的演进

宇宙是独一无二的，宇宙是演化的，是不能操控的，宇宙的历史不具有重复性，宇宙的性质允许人类观察者的存在，等等，宇宙的这些特性使得宇宙学的研究具有很大的特殊性。现代宇宙学的发展不仅有赖于人类对宇宙的有限观察与理性推理计算，同时又离不开形而上学的思辨；宇宙学的解释需要说明为何是如此这般，需要回到人类本身的存在中；在观察范围之外的宇宙是否也是均匀的、各向同性的；是否还存在不可观察的子宇宙，如何证明它们存在。本章将从三个方面探讨量子宇宙学的后真相特征。

第一节　从思辨宇宙到科学宇宙

宇宙学的许多关键性问题是概念性的，它们在很大程度上独立于现代的科学发现。许多原则与假设是无法证实的，这使得哲学与思辨在宇宙学中扮演着重要的角色。虽然广义相对论和天文观测分别为宇宙学提供了理论和经验支持，建立了宇宙学的标准模型，形成了热大爆炸宇宙学说，但宇宙学的部分内容本质上仍然是哲学的。

一、从猜想到模型

宇宙学模型是受到特定的原则或假设所限制的，而这些原则或假设完全无法证实，这使得宇宙学模型中充斥着许多形而上学预设。现代宇宙学中的标准模型是弗里德曼-勒梅特（Friedmann-Lemaître）模型，它建立在广义相对论的基础之上，其中根本的形而上学预设是宇宙学原理。这一原理在 1932 年首次得到明确阐述，它假设宇宙中浩瀚无垠的不可观测区域类似于我们在经验上可以接触到的哈勃区域，即宇宙是均匀和各向同性的。宇宙学原理是宇宙学的必要前提，但它是一种形而上学的外推，是我们基于宇宙简单性的一种预设。标准模型在 20 世纪 60—90 年代得到了细节上的充实与发展，并被越来越多的观测结果所证实。

宇宙学家们普遍认同的宇宙发展过程是，宇宙在热大爆炸（hot big bang，HBB）阶段之前有一段暴胀，其中为宇宙中各种物质结构的形成提供了种子；暴胀结束时，宇宙再次热起来，且有重元素合成的过程；之后是热大爆炸阶段，其中包括中微子退耦、核合成和重子声振荡；然后是物质与辐射的退耦，产生宇宙微波背景辐射（cosmic microwave background radiation，CMBR）的黑体辐射；最后是黑暗时代，形成结构与第一束光，自下而上涌现出更多的复杂结构。宇宙目前仍然处于膨胀中，星系在加速退行中。宇宙中存在暗物质，它们支配着从银河系到星团尺度的引力动力学，也存在着暗能量，它们支配着宇宙历史后期宇宙尺度的引力动力学。

“宇宙自身不能经受物理学实验的检验……宇宙不能与其他宇宙进行观测对比。”[①]因为按照定义，宇宙就是一切，宇宙的演化是不能重复的，我们也不能改变宇宙的条件从而进行实验，宇宙及其历史的唯一性使得宇宙学的研究不同于经验科学的研究，对宇宙学理论的检验及解释存在很大的歧义。由于宇宙学理论一般只能给出统计性的预言，如对威尔金森微波各向异性探测器（Wilkinson Microwave Anisotropy Probe，WMAP）所测量到的宇宙黑体辐射各向异性功率在大角度尺度上小于理论预设这一结果，宇宙学家给出了不同的解释，有的人认为

① [南非]乔治·埃利斯：《宇宙哲学中的问题》，载[美]约翰·厄尔曼、[英]杰里米·巴特菲尔德主编：《爱思唯尔科学哲学手册：物理学哲学》，程瑞、赵丹、王凯宁等译，北京师范大学出版社 2015 年版，第 1407 页。

这只是统计涨落，有的人则认为可能存在小的宇宙，还有人认为存在某种未知的物理学机制在起作用。形成分歧的关键在于，宇宙只有一个，能够在大角度尺度上进行的测量很少。“宇宙学的定律”这一概念本身就非常可疑，因为定律是可以应用到一组对象之上的，所有的对象都具有定律所描述的某种行为规律，这些对象可以具有不同的初始条件。当“定律”只适用于一个对象时，其本身就是有问题的，我们如何通过对一个对象的研究来确定一组定律？定律的适用性本身也无从验证。

宇宙学中有许多不同的模型，有的模型与观测结果相一致，而有的模型并不一致。这些不同的模型形成一个样本空间，为我们理解实际存在的内容提供了一个概念框架，它允许我们将真实存在的内容与可能存在的内容进行比较，进而考察为什么其他种类的宇宙不存在。因为宇宙是唯一的，不存在可以比较的对象，而这些模型是否真实地描述了这个唯一的宇宙，就需要建立在对不同模型的比较与分析的基础上。这也是与模型本身的性质分不开的，单个模型的建立能够描述现象，但关于“为什么是这样的观测结果，而不是其他的结果”的解释就需要与不同的模型相结合来进行了，单独一个模型本身并不能说明“为什么”的问题。

宇宙学的模型有其特殊性，它并不是直接从已知的物理学得到结果，而是从已知的物理学先得到一个假想的物理学过程，然后再导出结果，这被埃利斯称为是基于理论的方法。通常，我们先按照宇宙学原理假定一个建立在具有高度对称性的时空几何上的模型，即弗里德曼-勒梅特模型，然后再与天文学的观测进行对比，以决定模型中基本的自由参数，如哈勃常数 H_0、密度参数 Ω_0、减速因子 q_0、宇宙学常数 Λ、空间曲率 k 等。之后通过对物质分布、宇宙黑体辐射等的详细观测建立天体物理学和天文学的描述，以确定它对模型的偏离。

在上述宇宙学模型建立与修正的过程中必然有部分内容是被当作既定条件的，是不需要解释的，而它的合理性仍然有待进一步验证。其中最为基本的假设是，爱因斯坦的引力场方程这一局域的物理学理论可以应用到整个时空大尺度及其演化这一全域过程中。我们假设了宇宙空间的均匀性，即宇宙学原理，这是一种最为简单的情形，具有最大的对称性，是我们依据所观测宇宙的均匀性从而哲学地先入为主地进行的选择，"空间均匀性的推论并非直接从天文学数据而来，而是因为我们对观测加诸了一个貌似合理但却无法检验的哲学原理"[①]。

宇宙学家埃利斯警告："不要使用基于有限物理数据的方程式和理论来尝试谈论整体的形而上学意义；不要将方程式超出其有效性范围。"[②]他强调科学有其局限性，宇宙学中有许多问题是需要哲学来回答的。模型终归是模型，在理解宇宙的起源问题时，千万不能将模型与现实混同起来。在回答与生命存在及其意义相关的问题时，在科学模型之外，还需要考察伦理学、道德以及美学等方面的数据："您不能只使用高度简化的物理模型和物理数据，而仅在此基础上讨论与存在及其意义（或不存在）有关的问题。如果您想进入这个领域，则必须认真对待哲学，不要认为它毫无意义。"[③]

二、模型中的思辨性

1. 理论本身的非充分决定性

广义相对论给出的宇宙模型也不唯一，而是多样的。当前的观测并不能确定宇宙空间的曲率，而曲率对宇宙的动力学至关重要。宇宙密度和膨胀速率共同决定了宇宙空间的曲率。当空间具有凸曲率或不寻常的拓扑结构时，空间是有限的，但没有边缘，宇宙本身将是闭合的，也只有在这种情况下宇宙过去才可能存在反弹，未来才可能再次坍缩。宇宙微波背景辐射可以检测是不是属于这一情形，但目前证据还不太支持。当空间曲率为负时，宇宙空间是无限的，这时物质的分布

① [南非]乔治·埃利斯：《宇宙哲学中的问题》，载[美]约翰·厄尔曼、[英]杰里米·巴特菲尔德主编：《爱思唯尔科学哲学手册：物理学哲学》，程瑞、赵丹、王凯宁等译，北京师范大学出版社 2015 年版，第 1418 页。

② Ellis G F R. "On the philosophy of cosmology". *Studies in History and Philosophy of Science Part B*: *Studies in History and Philosophy of Modern Physics*, 2014, 46: 5-23.

③ Ellis G F R. "On the philosophy of cosmology". *Studies in History and Philosophy of Science Part B*: *Studies in History and Philosophy of Modern Physics*, 2014, 46: 5-23.

有两种可能，一是物质被限制在我们周围的有限区域内，这是历史上曾经流行的岛屿宇宙模型；第二种可能是物质以分形的形式分布，在大尺度上是稀疏的。这两种情形中，宇宙的大部分区域是空的、没有生命的。最近对三维星系分布和微波背景辐射的观察表明物质的分布在大尺度上是均匀的，这意味着在我们可观察的宇宙之外的空间中将充满星系、恒星和行星。当空间曲率为零时，宇宙是平坦的，如爱因斯坦-德西特模型。

宇宙学家们用暴胀理论来解释宇宙的空间均匀性及各向同性，解释空间接近于平直的性质。暴胀是由产生引力效应的标量场所支配的，宇宙在极短时间内加速膨胀，产生一个非常冷滑的真空支配态，之后标量场转化为辐射，开始热大爆炸阶段。暴胀理论把大爆炸理论中许多的结论联系在一起，基本粒子的理论预言了这样的暴胀，“暴胀被大部分宇宙学家看作是对于导致目前微扰出现的热大爆炸时代之前的历史时期可提供的最好建议。但是应当注意，这是对所发生事情的一个一般提议，而并非一个特定的物理学理论”①。宇宙学模型的参数给出了暴胀的关键信息，但并不能确定，因为暴胀并不是一个具体的完善理论，有许多不同的暴胀模型，它们对暴胀的具体过程有着不同的描述，如混沌暴胀和永恒暴胀等。不过幸好通过宇宙微波背景辐射各向异性的功率谱和极化等数据的详细分析可以排除许多暴胀模型。

宇宙学的研究中应用了概率理论，但因为只有一个宇宙，所以为什么是这一种而不是其他选择是不能通过科学回答的。将概率赋予宇宙及其特定的历史本身没有任何意义，但由于宇宙中观测的局限性，用概率推理来支持可用的经验证据被证明是非常明智的。如宇宙学家常常这样表述：“几乎所有类型的宇宙学模型都具有暴胀”，或“在所有具有足够重子盈余的模型中，只有一小部分具有足够

① [南非]乔治·埃利斯：《宇宙哲学中的问题》，载[美]约翰·厄尔曼、[英]杰里米·巴特菲尔德主编：《爱思唯尔科学哲学手册：物理学哲学》，程瑞、赵丹、王凯宁等译，北京师范大学出版社 2015 年版，第 1400 页。

的波动来制造星系”[①]。但随之而来的问题是，是什么决定了宇宙以这种方式发生，而不是以其他方式发生？这个问题是物理学无法回答的，除非我们能够表明只存在一种自洽的物理学理论，但哥德尔不完全性定理揭示出如果做到了自洽，也将无法保证完备性了。

宇宙学的模型并不完备，也永远不可能完备。对于宇宙学来说，它涉及了从最小的尺度到最大的尺度，对于数量巨大的因果变量以及其间的相互作用来说，模型总是会忽略某些因果关系。我们在面临巨大变量与数据时，需要做出一定的选择，并在选择的基础上进行观测与检验。这是模型与实在之间的必然距离，是有限的表象与丰富的实在之间无法调和的矛盾，当然，了解模型的选择性，对于我们理解并恰当地应用模型与理论是很有好处的，尤其是在宇宙学的研究中。

2. 观测对理论的非充分决定性

模型在多大程度是可以检验的依赖于检验的范围，而我们的观测非常有限，并不足以对模型进行充分的选择。我们目前可见的最远距离为大爆炸开始以来光在 138 亿年中传播的距离，称为哈勃体积。我们对宇宙的观测只能借助于此时此地看到的时空事件来进行，而我们所看到的都处于过去光锥中，过去光锥之外的宇宙事件是不可见的。如图 8.1 所示，宇宙从最后散射面（last scattering surface，LSS）开始才是可见的，在这之前物质与辐射在平衡中耦合，宇宙对辐射是不透明的，这时辐射才与物质退耦，形成微波背景辐射。因而对于宇宙学模型的检验必须从理论上做出一些假设，以此来获得物理学和几何学的模型。

---

① McCoy C D. “The implementation, interpretation, and justification of likelihoods in cosmology”. *Studies in History and Philosophy of Science Part B: Studies in History and Philosophy of Modern Physics*, 2018, 62: 19-35.

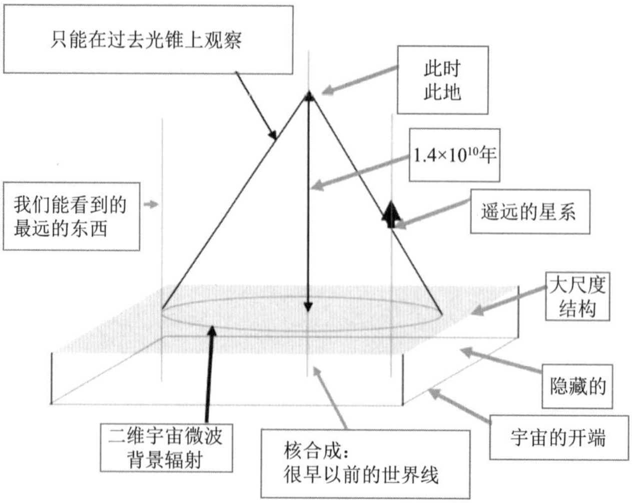

图 8.1 宇宙学中的观测

资料来源：Ellis G F R. "On the philosophy of cosmology". *Studies in History and Philosophy of Science Part B: Studies in History and Philosophy of Modern Physics*, 2014, 46: 5-23

宇宙学观测的有限性，必然会带来观测对理论模型的非充分决定性。首先是光速的有限性。我们对不同区域的观察需要借助所有波长段的电磁辐射来进行，如射电望远镜的长波、微波、可见光、X 射线、伽马射线等。对于远距离区域的观测，还可以运用中微子和引力波望远镜，或运动宇宙射线，但这些辐射所传递的信息到达观测者最大也不超过光速，相对于宇宙的大尺度而言仍然是非常有限的。由于光速的限制，我们对遥远星系的观测只能得到其在若干光年之前的情况，即观测到的是已发生的过去的情形，无法得到现时的情形。对于现时情况的了解，有赖于从观测到的过去情形进行外推，而外推本身是一个模型依赖的过程。

其次是观测视界的限制。宇宙学的观测只能从此时此地的一个事件展开，而由于宇宙的可观测部分只在有限的时间中处于视界范围内，即处于过去光锥中，这使得我们只能直接观测到距今 460 亿光年前的物质，其余的则永远无法直接观测到，除非借助于中微子或引力波，但这两种方法是非常难以探测的。视界的限制使得我们只能得到宇宙中的一小部分数据，大部分的数据是无法获得的，再加上宇宙学的观测只能得到宇宙中的三维物质分布在天空中的一个二维投影,我们需要通过距离的校准来重构物质的真实分布,而这一过程会随着距离的增加以及伴随而来的事件的增加而增加不确定性。“考虑到其真实尺度,我们现在能看到的星系离我们的当前距离大概是 10^9 光年,其结果是我们似乎只能从一个山顶上观测地球,而且不得不仅仅从那些观测来推断其本质。”①

最后是物理学理论的局限。我们在考虑宇宙早期的图景时必须要考虑到宇宙演化过程中辐射源本身的特性变化,而我们尚缺乏对早期宇宙中所发生过程理解的物理学,那是一个量子效应和引力效应同时起作用的阶段,时间极短,作用极强,对此我们现有的量子引力理论仍然很不完善,仍然缺乏普遍的认同性。在对天文学数据进行分析时,还需要用到辅助的物理学的理论,如关于星系和辐射等自身的亮度、光度、光谱等特性及其动力学演化的理论,而这些辅助的理论本身并不完善,这也加剧了分析对于模型的依赖度,造成了在观测与模型不一致时人们把缺陷归于辅助理论。相关物理学理论的缺乏使得我们在对宇宙学模型及其解释做出检验时有非常大的局限性。

3. 模型对解释的非充分决定性

宇宙学模型的目的是解释我们的宇宙起源、演化、性质等,即“是什么”的问题,除此之外它还需要回答“为什么”,而最终的“为什么”问题超出了宇宙学模型的能力。宇宙学家埃利斯概括了属于宇宙学哲学的问题,即“在宇宙学的背景下,什么构成解释?这有几个具体方面:我们试图解释什么?我们希望我们的模型回答哪些问题?我们可以通过问其他情况来解释什么吗?当数据无法确定时,我们如何限制宇宙学的解释模型?我们如何测试我们提供的那种解释是否有效?”②这些问

---

① [南非]乔治·埃利斯:《宇宙哲学中的问题》,载[美]约翰·厄尔曼、[英]杰里米·巴特菲尔德主编:《爱思唯尔科学哲学手册:物理学哲学》,程瑞、赵丹、王凯宁等译,北京师范大学出版社 2015 年版,第 1411 页。

② Ellis G F R. “On the philosophy of cosmology”. *Studies in History and Philosophy of Science Part B: Studies in History and Philosophy of Modern Physics*, 2014, 46: 5-23.

题是需要哲学来回答的，体现的是科学模型对解释的非充分决定性。

对宇宙学模型的不同选择，会给出关于宇宙学现象的不同解释。在宇宙开端的问题上，尚不能确定膨胀是否只发生了一次，如在标准模型中宇宙只有一次膨胀，演化从时空奇点开始，而在有的模型中宇宙会进行多次膨胀，这使得关于宇宙开端的解释也不尽相同，初始奇点则可能存在也可能不存在，而奇点对于宇宙的性质来说至关重要。若存在奇点，则意味着宇宙、时间、空间、事件都存在开端，但那时所有的物理学都无效，从科学上无法解释那里发生了什么。若不存在奇点，那就是永恒了，这意味着过去发生的事情在未来会无数次地重复，将导致一种无限的存在。奇点是否永恒存在，模型并不能进行选择，进而关于宇宙学的解释也进入了非充分决定的状态。

面对不同宇宙学模型所给出的不同解释，由于观测证据以及理论的不足，特设性的假设往往会被引入以对不同的模型做出辩护，从而在解释层面难以做出决定性的判断。最为典型的特设性假说是微调，它被用来回答热大爆炸模型中的平坦问题和视界问题。在宇宙学的旧标准模型即热大爆炸模型下，需要非常特殊的初始条件，即非凡的均匀度和平坦度才能够形成今天我们所观测到的宇宙在大尺度上的均匀性和近似平坦几何。如果宇宙开始时的条件稍有不同，就不会形成我们今天所看到的宇宙，对 HBB 模型的微调能够满足初始条件的特殊性。微调是一种特设性假设，是我们在面临无法解释的难题时试图为没有明显原因的现象提供的一种解释，它本身也需要解释，正如宇宙学家们用暴胀来解释它。

第二节 人与宇宙的关系

宇宙学中很重要的一个问题是解释诸如我们人类这样的生命的存在，地球上这些生命的出现是宇宙早期所发生事件的必然结果吗？许多物理学家认为是的，他们认为如果有足够的计算能力，给定宇宙的初始条件，就能够计算出今天所发生的一切。而埃利斯等宇宙学家则不这么认为，一方面，因为量子不确定性，即使掌握了暴胀开始时的所有数据，也不可能预言会出现什么样的具体结构，另一方面，在作为不可预言的量子事件的宇宙射线千百年来影响着地球上的演化历史的条件下，能否出现人类也是不可预言的。

一、第三人称描述

所谓的第三人称描述是把宇宙作为研究对象，试图提供关于宇宙结构及其演化的客观描述。宇宙学自 20 世纪 60 年代以来，在观测手段大幅进步的基础上，辅以理论方面的突破，已经取得了许多瞩目的成绩。但仍然有许多谜团我们并不了解，有待进一步的探索，如暗物质、暗能量和黑洞等。

普朗克卫星的观测表明，宇宙的总质-能密度中 4.9%为重子物质，26.8%为暗物质，其他 68.3%为暗能量。这些暗能量和暗物质是什么目前仍不清楚，而它们占了宇宙中的绝大部分，不了解这些暗能量和暗物质，我们对于宇宙的因果性理解就不可能完成，也不可能了解宇宙的过去和未来，目前宇宙学中大多数研究焦点都集中于此。1998 年，天文学家通过对超新星的观测发现宇宙膨胀正在加速，似乎存在一种神秘的负压物质在将整个宇宙推开来。人们认为，这种神秘的负压物质就是暗能量，可是这种隐藏在宇宙热膨胀背景中的如此小的能量密度，何以到现在才显现出来？有人认为，暗能量可能是一种新的动力学场，其有效质量极小，称为精质（quintessence）。

暗物质的发现要早一些，20 世纪 70 年代天文学家发现在宇宙学标准模型框架下，可见物质的引力不足以维持周边发光天体的稳定演化，于是提出宇宙中存在着大量不可见的暗物质。物理学家们猜想，暗物质可能是粒子物理学标准模型框架之外的一种新的物质存在，它仅参与引力相互作用，在宇宙极早期大尺度结构的形成中起了不可或缺的作用。但暗物质的本质仍然不清楚，宇宙学家众说纷纭，尚未达成一致。

黑洞也被证明在整个宇宙中无处不在。黑洞的影响在星系尺度上尤为显著，它们似乎是许多星系的核心引擎，产生了跨越数十万光年活跃的星系核、类星体和大规模喷射流等壮观的现象，星系中心的黑洞所包含的物质质量至少是太阳质量的百万倍。也有证据表明黑洞在星系形成中起着重要的作用，可能大多数星系的中心都有一个中心黑洞。黑洞存在的证明在科学哲学中属于最佳说明推理，也就是说我们只能假设黑洞存在才能更好地说明星系的结构，即在星系中心需要大的质量分布，同时尺度较小，并且不可观测。黑洞的中心是奇点，这为基础物理学的前行提供了强大的推动力，如何克服奇点问题，是量子引力理论努力的重要方向之一。另外，黑洞对定域性和时空的理解有着根本的影响，因而一直以来黑洞都是天文学家非常关注的对象。

二、第一人称描述

1. 涌现 vs.演化

宇宙不只是为物理学定律设定了边界条件和初始条件，它也会改变局域物理学定律。最早是狄拉克在 1937 年提出“大数假说”中指出引力常数与宇宙的年龄成反比，之后人们认为所有与宇宙膨胀相关的物理学常数都在随时间变化，包括光速 c。量子场论和弦论中的一些论点也支持自然常数是变化的，依赖于真空态的性质。这些断言仍然需要在观测中得到检验，目前的观测只发现精细结构常数是变化的。从局域物理学适用于宇宙各处这一宇宙学的基本假设出发，如果自然常数是变化的，那么宇宙学的研究就会增加许多任意性，但探索这些自然常数变化的规律，需要用复杂的新定律来替代原有的定律，因而许多宇宙学家对此是持保留意见的。“尽管可视世界有着持续的变化和动力学，宇宙的构造的有些方面在它们不可改变的恒久状态下还是难以理解的。正是这些难以理解的不变的东西使我们的宇宙成为它所是的样子，并且与其他我们可能想象的世界有所区别。”[①]一旦自然常数都是可变的，宇宙的样子将面目全非，难以想象，不再是我们所熟悉的那个宇宙了。

作为观测者的人首先是一种生物体，宇宙的演化需要为生命创造适当的条件，以演化出复杂的人类。首先，在物理学层面，为了保证生命的存在，需要满足泡利不相容原理（使物质稳定）、中子-质子质量差别、电子-质子电量相同、强核力、精细结构常数、空间维度为三等物理学条件，一旦这些条件有所偏差，就不足以产生生命。其次，在天体物理学层面，需要引力使得星系和恒星等结构得以形成，恒星的寿命很长以允许元素的聚变反应等，弱相互作用存在以便于超新星爆发在空间中传播重元素，等等，以为生命存在提供适宜的环境。最后，在宇宙学层面，需要宇宙的尺度及年龄足够大以提供生命出现需要的长时间尺度，宇宙学常数小于 1 以利于星系的形成，形成银河系的涨落的种子大小合适以使得它不会坍缩为黑洞，等等，以为生命的出现提供可能。另外，可能还需要一些局域的条件，如经典从量子态中的涌现、局域系统的退相干、行星上的物理条件在足够长时间内处于半平衡等。

埃利斯认为人类之所以能够出现的关键在于复杂性的涌现，“随着宇宙的演化涌现出了新的结构种类以及它们自身的因果能力，他们并不是由初始条件唯一决定的”[②]。在大尺度层面，引力使星系和恒星等结构得以形成；在宏观尺度层面，自组织过程和适应性选择使得形成了有意义的信息，即生物学信息。大尺度和宏观尺度上的这两个过程是复杂性的过程，是物理学本身不能预言的。

人类为什么存在？为什么会有心智？这些问题的提出都是以其自身的存在为前提的，如果事实并非如此，我们就不可能像现在这样存在。问题是，人类以及心智的存在是一种侥幸，还是有着某种必然性？宇宙学对于这一问题的回答需

① Barrow J D. *The Constants of Nature: The Numbers That Encode the Deepest Secrets of the Universe*. New York: Vintage, 2003: 3.

② Ellis G F R. “On the philosophy of cosmology”. *Studies in History and Philosophy of Science Part B: Studies in History and Philosophy of Modern Physics*, 2014, 46: 5-23.

要考察可能性空间，在哪一种可能性空间中会偶然出现人类，必然出现人类，或人类出现具有很高的概率？对于宇宙而言，其可能性空间仅是形而上学或逻辑上的可能性，需要引入似然推理来进行讨论。如果是第一种，人类的出现是偶然事件，就不需要原因；如果是第二种，人类必然会出现，那么导致其必然出现的原因是什么，需要一种自洽并完备的理论来回答，可问题是目前为止无论是量子物理学还是数学的基础都不牢靠；如果是第三种，大概率事件出现需要许多约束条件，而因为宇宙的唯一性，在将可能性应用于宇宙及其初始条件时需要说明概率的意义何在，目前流行的混沌暴胀理论即属于这一种。

2. 人择原理

包括霍金等许多宇宙学家诉诸人择原理来回答人类为什么会出现的问题。人择原理存在不同的版本，迪克于 1961 年提出的弱人择原理认为，观测到的宇宙允许生命的存在，如果宇宙中不存在观测者，它就不能被观测到，所以宇宙为什么会是这样子，正是因为它从时间的演化结果来看必然要出现观测者，否则的话就不会有这样的疑问提出了。“这个表面上看起来无内容的陈述在我们转换方向并且追问以下问题的时候，就获得了内容：在宇宙的什么时间什么地点生命可以存在，对于它的存在，决定性的相互联系又是什么？”①

卡特于 1974 年提出的强人择原理认为宇宙中存在智慧生命是必然的，为了使宇宙模型有意义，生命必须存在。相较于弱人择原理，强人择原理遭遇了更多的非议。有人从量子理论必须在观测者存在时才有意义这一角度去论证强人择原理，但因为前者本身就是有争议的，所以论证显得并不可靠。有部分物理学家则寻求完全依赖物理学来解决问题，或者存在一种包含一切的基础理论，它可以完全决定物理学的本质，不需要在理论之外引入任意的参数和人类学原则，就可以允许生命存在，或者如萨斯坎德等所示在弦论景观中存在多于 10^{500} 种的可能性，

① [南非]乔治·埃利斯：《宇宙哲学中的问题》，载[美]约翰·厄尔曼、[英]杰里米·巴特菲尔德主编：《爱思唯尔科学哲学手册：物理学哲学》，程瑞、赵丹、王凯宁等译，北京师范大学出版社 2015 年版，第 1447 页。

或者如多宇宙理论所示存在具有不同参数的宇宙，其中就包括生命存在的情形。

人择原理是一种选择性的原理,也就是我们生存所必需的物理条件对我们观察到的事物进行了选择,那些不允许人类出现或生存的条件是我们必然观测不到的。这里，证据的选择上有了限制，从而对于假设而言它是必然有效的，因而并不能构成一个合格的论证。人择原理所代表的人类推理，是一种特殊的确证理论的方法,其中选择效应所扮演的角色该如何解释？观测者在宇宙中扮演着一种特殊的角色，我们能预期观测到什么，必然受到作为观测者的我们存在的条件的限制。因此，观测者在宇宙中有了某种优越性，当年哥白尼所驱逐出去的人类中心主义以另外的形式又回来了。

从人择原理来重新解释狄拉克的大数假说则是:如果宇宙中的自然常数在随着宇宙演化的不同阶段而变化，在早期作为观测者的智慧生命尚未出现，而到晚期智慧生命已经消亡了，只有在作为观测者的人存在的这一段宇宙历史时期，这些自然大数才近似相等。所以，人类的存在是和这些大数值紧密联系在一起的，人的存在作为一种强烈的约束条件解释了宇宙中自然常数的值以及其间的关系，否则的话就不可能出现人类，也不可能发现宇宙中的这些常数。

人择原理沿用了宇宙学中常用的溯因推理（abductive reasoning），用哈特尔的术语来讲，如果把宇宙学的一般描述称为第三人称描述的话，人择原理是从观测者视角展开的描述，是第一人称描述,出现人类是第一人称描述时的必然结果，概率应当是 1。观测者理论在应用和检验时也是从第一人称视角展开的。而按照第三人称的描述,也就是在量子宇宙学中,人类仅仅是宇宙中的一个物理子系统，人类出现的概率可以通过对宇宙学理论的计算得出,即得到其在任意哈勃体积内出现的概率，而这个概率并不为 1，可能是非常小的数。作为宇宙的观测者，我们同时也是宇宙内部的一个子系统，我们对宇宙的观测是在内部进行的。我们也服从量子力学的定律。对于宇宙的第三人称描述而言，我们是微不足道的微扰。但在计算第一人称概率时我们的重要性就显现出来了。

虽然人择原理的解释被认为是不可证伪的，但从结果出发进行的溯因推理在解释时的有效性是值得怀疑的。并且，人择原理还违背了奥卡姆剃刀原则，尤其是强人择原理认为庞大的宇宙仅是因为人类的存在而存在，做了过多的假设，人为地强调了观测者在整个宇宙的中心地位，因而许多物理学家试图提出一些纯粹物理的解释，在不依赖于观测者的第三人称视角下来回答人类为什么会出现的问题。

在面对人类为何会存在的终极问题时，“虽然我们也许能够强烈地主张其中的一个或另一个，但是我们证明不了其中的任何一个是对的”①。我们再次遇到了形而上学的不确定性，而单独诉诸科学或者哲学，都不能解决这种形而上学的不确定性。科学不能回答这一宇宙学的终极问题，是因为科学通常只考虑到实在对象的某些有限方面进而得到恰当的确定性，即使它涉及终极因果性的问题，它也不能回答或者做出选择。对于哲学而言，现代宇宙学所揭示的图景已经远远超出了直觉的分析能力，脱离了科学的发现、证据和解释，仅靠人类的思辨能力已不足以回答本质上属于哲学的问题。

第三节　多宇宙的争论

围绕多宇宙还是单宇宙的争论一直在上演着，并且从最初哲学的争论逐渐演化为一场科学的争论。温伯格在其 2005 年的论文《在多元宇宙中生活》中，将多宇宙相关的新进展与物理学革命相提并论，认为这是可以与相对论媲美的革命：现在我们处于一个新的转折点，在我们接受什么是物理理论的合法基础方面有了极端的改变。而有的物理学家则认为多宇宙是形而上学，是神学，会扼杀人们对终极理论的梦想。

---

① [南非]乔治·埃利斯：《宇宙哲学中的问题》，载[美]约翰·厄尔曼、[英]杰里米·巴特菲尔德主编：《爱思唯尔科学哲学手册：物理学哲学》，程瑞、赵丹、王凯宁等译，北京师范大学出版社 2015 年版，第 1453 页。

一、哲学的多宇宙

“多宇宙”数千年来一直是哲学、宗教和文学中引人注目的论题。早在公元前6世纪，阿那克西曼德就推测存在像我们的宇宙这样的多个世界，它们在永恒的生成与毁灭运动中出现或消失。古希腊著名的原子论者伊壁鸠鲁（Epicurus）也曾经描述了充满着无限真空的无限数量的世界。中世纪，格罗斯泰特（Grosseteste）描绘了在一次初始类似大爆炸般的爆炸中产生的不同宇宙的凝结。布鲁诺（G. Bruno）也曾提出过一个无限的宇宙多元论，其中充满了许多可居住的世界，以代替哥白尼的日心说。康德也提出过类似的观点，认为太阳以外的恒星周围存在可居住的世界。奥地利物理学家玻尔兹曼也提出说宇宙由许多独立的小宇宙组成，其中有些处于低熵状态，有些处于高熵状态，但整体而言宇宙处于热平稳状态，即对应于最大熵状态。千百年来持续不断的争论延续到20世纪20年代，形成了一场关于宇宙规模的大辩论，称为“现代的亚里士多德”辩论。辩论的双方是沙普利（H. Shapley）和柯蒂斯（H. D. Curtis），前者认为银河系构成了整个宇宙，其他可观察的星云是其周围的小星体，而后者认为存在一些分离的、遥远的星系。我们并没有证据能够证明宇宙只是我们所看到的这么大，而平行宇宙或多宇宙的存在也不是不可能，所以千百年来多宇宙的存在一直是人们充满无限遐想的可能对象。

1929年哈勃发现星系在远离我们而去，宇宙在膨胀有了观察证据的支持。1931年，爱丁顿首先在相对论宇宙学的传统之下引入多宇宙的概念，使得多宇宙从最初的猜想迈上了科学的道路。爱丁顿指出，封闭的勒梅特-爱丁顿宇宙的加速膨胀最终会导致宇宙中物体的分离速度超过光速，而按照狭义相对论的光速最大原理，这些分离之后的物体之间没有因果作用，从而彼此隔绝，形成许多个彼此分离的小宇宙。1934年，托尔曼（R. Tolman）在研究非均匀宇宙模型时，发现宇宙有可能包含一些具有不同密度和不同曲率的独立区域，与我们看到的膨胀宇宙不同，它们可能在收缩。这些多宇宙模型的提出，均建立在广义相对论的场方程基础上，因此属于宇宙学的研究范围。在 20 世纪 60 年代，也有人提出了一些其他版本的多宇宙模型，如捷克的帕赫纳（J. Pachner）提出："我们应该假设存在许多封闭的宇宙，它们嵌入在'大于四维的宇宙空间'中，以至于它们的超曲面不会彼此相交。由于在它们之间不存在物理的相互作用，它们不能被观察到，但这并不意味着它们不存在。"①

到 1980 年，戴维斯（P. Davies）将多宇宙观念通过《其他世界》（*Other Worlds*）一书实现了成功的公众传播，但多宇宙的思想仍然没有得到宇宙学家的重视，仍然被看作是推测性的理论。局势的改观得益于早期宇宙暴胀理论的提出与发展。20 世纪晚期，林德（A. Linde）和维连金（A. Vilenkin）分别提出了混沌暴胀理论和永恒暴胀理论，林德推论出，早期宇宙在短暂的膨胀之后，宇宙被分成了无穷多的气泡宇宙，或子宇宙。混沌的暴胀情形形成一个无限的连锁反应链条，没有尽头，也可能没有开始。1986 年，他明确提出了多宇宙的观点，因为在超弦等理论中存在数目巨大的可能的紧致化种类，这意味着很可能存在多个微型宇宙（mini-universe），其中可能生活着类似人类的生命。

近 20 多年来，随着暴胀宇宙理论的提出与发展，包括 1998 年发现的宇宙膨胀在加速等观察证据，以及弦论的进步等，多宇宙逐渐被宇宙学家们认可，形成了一种新的世界观，取代了原先单一的宇宙观。多宇宙有多种类型，按照宇宙学家盖尔（G. Gale）的分类，可以分为空间的多宇宙、时间的多宇宙和其他维度的多宇宙等。其中时间的多宇宙是一种时间上循环的宇宙模型，近些年得到了进一步的发展。其他维度的多宇宙如量子力学的多世界诠释等。

① Pachner J. "Dynamics of the universe". *Acta Physica Polonica*, 1960(19): 662-673.

二、科学的多宇宙

多宇宙（multiverse）有时也称为 megaverse、pluriverse 或 parallel universe，它一般是指空间上存在的多个宇宙。我们所观察到的宇宙在很大尺度上是近似均匀的，是各向同性的。“宇宙学的多宇宙”（cosmological multiverse）理论认为，我们的视野之外的宇宙与我们所见的宇宙非常不同，可能具有不同的平均物质密度、物质与暗物质的丰度等。可能在不同的区域内物理学的局部定律也不尽相同，如具有不同的粒子数和粒子质量、不同的相互作用的形式和强度、不同的空间的宏观维度等等。这些空间可能是相互联通的，并不是彼此隔绝的。这些观点虽然看起来很极端，但与基础物理学的观念并不冲突，这意味着它们也是可能的。

空间上的多宇宙是非常好理解的，如 1932 年提出的经典的爱因斯坦-德西特宇宙就是一种可能的情形。在该模型中，多宇宙像我们所看到的那样，是平坦的、无限的，且满足宇宙学原理，即是均匀的和各向同性的。如果宇宙在加速膨胀，正如我们所观察到的那样，那么就会形成无限多因果上不相交的区域或子宇宙，因为当膨胀超过光速，特定区域之间就会超出因果联系的范围，彼此间不会再有交集。物理学家泰格马克给出了一个四层次的多宇宙分层模型，其中第一层次正是这种最为简单的空间多宇宙，即超越我们宇宙视界的多宇宙，其中只有一次大爆炸。第二层次中的多个宇宙具有不同的时空维度和不同的物理常数，按照当下流行的永恒暴胀理论，这些宇宙中存在许多次大爆炸。第三层次与量子力学的埃弗雷特解释相关。第四层次称为“柏拉图主义的范式”，其中不同的宇宙不但由不同的物理定律和常数所支配，而且更为奇特的是，它们也具有不同的数学结构，时间也是离散的。泰格马克认为，任何数学上可能的宇宙都具有物理实在性，都存在于多宇宙中的子宇宙中。目前关于多宇宙的讨论绝大多数都是第二层次的模型，其中子宇宙虽然具有不同的物理常数，但它们遵循同样的基本物理定律。

在永恒暴胀理论中，由于不断地自我复制，会不断地形成新的口袋宇宙或泡泡宇宙，这意味着多宇宙是不可避免的。暴胀理论的核心开创者古斯（A. Guth）也认同这一点，即暴胀就意味着宇宙的多样性："考虑到永恒暴胀的可能性，我相信任何一个不能导出宇宙永恒复制的宇宙学理论都会被认为是不可想象的，就像一种不能繁殖的细菌一样。"[①]一旦发生暴胀，就不会只产生一个宇宙，而会产生无限多个宇宙。在这样一个无限的多元宇宙中，任何可能会发生的事情都将会发生，并且是无限多次地发生。暴胀是在未来发生的，这意味着多宇宙与永恒暴胀理论是兼容大爆炸理论的，宇宙之初可能是从奇点开始暴胀的。许多宇宙学家认为，多宇宙的存在是必要的，因为它不但能够解释自然常数的微调，还可以解释为什么许多其他宇宙不符合物理现实。宇宙没有约束，任何逻辑上可能的宇宙都是存在的，而我们恰好处于那个允许我们生存的宇宙之中。由永恒暴胀所产生的多个子宇宙具有相同的因果起源，也处于同一时空之中。虽然处于同一时空中，但这些子宇宙之间由于光速的限制，在因果上是相互隔绝的。在这个意义上，它们与泰格马克等所提出的完全不相交的多宇宙有所区别。

弦论或 M 理论取得的进步也为多宇宙理论增强了信心。1986 年，林德最早将多宇宙与弦论联系起来。2000 年，弦理论学家布索（R. Bousso）和波尔钦斯基证明了"在大多数 M 理论的紧致化中会出现多重四形式（four-form）的作用强度，而且它们可以产生有效的宇宙常数谱，它们之间的间隔足够细，有些会在观察范围内"[②]。也就是说，在超弦理论或 M 理论中，大量真空态的存在可以解决宇宙常数大小的问题，而不需要诉诸精细调谐。如何从弦论的十维时空中将多余的六维空间进行紧致化，以预言我们的世界中的自然常数，目前并没有找到合适的方法。不同的紧致化、不同的真空态，对应于一个不同的可能世界，其中每个世界都具有自己独特的自然定律和物理学常数。但大量真空态的存在同时也会

---

① Guth A H. *The Inflationary Universe: The Quest for a New Theory of Cosmic Origins*. Reading: Addison-Wesley, 1997: 252.

② Kragh H. "Contemporary history of cosmology and the controversy over the multiverse". *Annals of Science*, 2009, 66(4): 538.

导致如何选择的问题，这一问题在弦理论学家萨斯坎德那里称为弦论景观。按照萨斯坎德的计算，真空态或可能宇宙的数目会多于 10^{500}。

面对如此多可能的宇宙类型，自然定律以及定律约束和偶然现象之间的关系需要重新来理解。通常，我们认为基本的自然定律是唯一的，从这些定律出发可以演绎出所发生的自然现象。而一旦存在不同的宇宙，每种宇宙都有独特的定律和物理学常数的话，支配我们所在宇宙的定律也就没有任何特殊之处了，它们只不过是众多可能之中的一种，它们仅是相对于我们而言局域地有效的，与我们的存在相一致。从多宇宙整体来看，我们所在宇宙的自然定律就是偶然的了，物理学常数的值也是偶然的。与通常所认为的自然定律决定环境相反，多宇宙语境下应该是环境决定自然定律。

多宇宙可以自然地把人择原理解释为是观察者选择的结果，从而不需要把人置于宇宙的中心位置。现代宇宙学通常预测了宇宙学原理，即哥白尼原则，它为标准的弗里德曼-勒梅特-罗伯逊-沃尔克（Friedmann-Lemaître-Robertson-Walker，FLRW）宇宙论模型奠定了基础。宇宙学原理认为我们观察到的宇宙部分不是特殊的或特权的，它代表了整个宇宙。我们所观察到的宇宙是均匀的、各向同性的，按照宇宙学原理，整个宇宙也近似是均匀的和各向同性的。而多宇宙突破了宇宙学原理的局限，多种不同宇宙存在的事实表明，我们对宇宙的观察和我们所处的宇宙的性质都与观察本身相一致，是观察的必然结果，是我们从无限多存在的宇宙中选择的结果，戴维斯称其为亲生物原理。

三、宇宙观的认知转变

支持多宇宙的宇宙学家与反对多宇宙的科学家形成了激烈的观点冲突。支持的一方认为，多宇宙观念“可能是宇宙史上最重要的革命之一，如果为真，将迫使我们对物理学的理解发生深刻的变化”[①]，“这改变了我们对世界地位的思

① Barrau A. “Physics in the multiverse: An introductory review”. *CERN Courier*, 2007, 47(10): 13-17.

考”[①]。而反对的一方认为，我们可以观察到的在宇宙之外发生的事情根本不重要，科学需要关注并解释的是我们观察到的情况，推测那些观察以外的情况超出了科学的范围。多宇宙观念是难以想象的，它违背了通常从科学理论出发解释现象的传统，并且它也没有任何的预测能力，更为关键的是多宇宙的存在即使在原则上也是不可观测的。反对者们诉诸波普尔的证伪主义标准，认为多宇宙是不可证伪的，因而它不是科学，而属于形而上学。

对此，多宇宙的拥护者们争辩说，多宇宙绝对是科学的一部分，如泰格马克说：“上个世纪物理学与哲学间的边界发生了巨大的变化，我认为很明显平行宇宙现在被移动的边界所吸收，它属于物理学，而非形而上学。”[②]许多支持者认为，可以借助对多宇宙理论中关于可观察对象的解释与预言的验证，来为不可观察的对象和实体提供论证。这种溯因推理论证把理论所讨论的对象分为两部分，其中可观察的部分为理论整体提供了经验支持，理论整体进而又为不可观察的部分提供了支撑。这样即使经验验证的理论中有无法验证的预言，我们也有充分的理由相信它。如我们相信夸克，相信广义相对论对黑洞内部的论述，这些信任建立在对量子色动力学和广义相对论整体的信任之上，而这两个理论是经由胶子和水星进动、光线弯曲等可观察的预言而得以验证的。但是，显然这一论证并不严密，历史上如燃素、电磁以太等理论也得到了经验的验证，但理论的基础本体最后却被发现并不存在。另外，多宇宙假说背后的物理，即弦论景观和永恒暴胀本身都是既有物理学理论的推论，并没有经过独立的论证，在这些未经检验的理论基础上进行的外推就更不可靠了。反对者们认为，不同于粒子物理学理论和其他物理学理论，多宇宙理论给出的预言都不是具体的，类似于“所有的宇宙中都没有氧气”等预言，所以不能付诸具体的检验。而支持者们认为多宇宙的预言是可能的，对这些预言的检验可能会以概率分布的方式出现。但问题是，计算无限个

---

① Linde A. “A brief history of the multiverse”. *Reports on Progress in Physics*, 2017, 80(2): 1-10.

② Seife C. “Physics enters the twilight zone”. *Science*, 2004, 305(5683): 464-465.

宇宙中一组特定物理参数的比例几乎是不可能的，由于样本基数无穷大，这一测度问题是难以解决的。多宇宙理论的支持者如巴劳（A. Barrau）也承认，虽然在测度问题上做了大量的研究，但并没有真正的进展。如果真的像泰格马克的第四层次宇宙那样，物理定律在不同的宇宙中不尽相同的话，预言以及计算和验证都是完全不可能的。

既然难以从经验层面为多宇宙理论提供支持，那么从什么意义上说多宇宙理论是一种科学理论呢？多宇宙理论的支持者们认为，作为一种科学假说，多宇宙体现出了科学方法论和认识论中典型的范式与问题。多宇宙代表了一种科学的新范式，它代表了“深刻的范式变革，这将彻底改变我们对自然的理解，并开辟一种可能的科学思想的新领域”[①]。支持者们认为，需要改变的是科学的标准，不能依据僵化的、传统的科学标准而将多宇宙排除在科学之外，而应该根据更加细微和准确的科学实践图景来构造新的科学标准。在这一点上，多宇宙的境遇与弦论极为相似。而有人则认为新的范式并不是一种主动的进步，相反，则是无奈的撤退：“诺贝尔奖得主温伯格和其他人准备接受基于人择原理的多宇宙理论是一种新形式的物理学，它在某些领域取代了基于第一原理的计算-实验形式。他们认识到这是相对于传统认知价值的倒退，或许是失败主义的表现，但或多或少不愿意接受罢了。”[②]

宇宙学家、物理学家以及哲学家们纷纷提出新的科学辩护标准，为他们的多宇宙理论和弦论辩护。如宇宙学家埃利斯提出了四条接受一种理论作为科学理论的标准，即简单性、内在一致性、解释力、与其他科学的兼容性；哲学家博斯特罗姆（N. Bostrom）提出了自我样本假设，用理论的一致性和数学的一致性来评价物理学理论；弦理论学家萨斯坎德也用理论的兼容性这一非经验检验的标准为

① Barrau A. “Physics in the multiverse: An introductory review”. *CERN Courier*, 2007, 47(10): 13-17.

② Kragh H. “Contemporary history of cosmology and the controversy over the multiverse”. *Annals of Science*, 2009, 66(4): 529-551.

多宇宙模型和弦论景观模型辩护。然而，埃利斯等担忧弱化科学标准是对科学事业的冲击，认为为了将多宇宙等理论纳入科学的范围，削弱科学证明的性质，是一种危险的策略，会使得其他大量的非科学理论试图仿效以维护自己的合理性，如占星术等。多宇宙理论因其多于 10^{500} 个宇宙的容量完全可以解释一切，一旦观察结果被修正，也并不妨碍该理论本身。该理论包容一切，意味着它不能预测具体的事物，也永远不能够被证伪，正如沃伊特（P. Woit）对弦论的批判那样。因而，埃利斯和斯莫林等坚持认为经验的检验性是科学的核心特征，任何时候都不能放弃。

双方围绕多宇宙理论的科学性争论不下，争论的焦点集中在什么是科学、科学的标准是什么这一哲学问题上。关键问题是，宇宙学家并不希望哲学家告诉他们该怎么去做，他们有自己的准则。如萨斯坎德认为，扶手椅式的哲学和哲学的分界标准是僵化的规则，科学家们如果按照这些规则来做出判断并用于自己的科学研究的话，将是非常愚蠢的。“好的科学方法论并不是由哲学家制定的一组抽象规则，而是受科学本身和创造科学的科学家们所制约并由其决定的……我们不要本末倒置。科学是拉着哲学之车前行的马。”①因此，问题又回到了本书引言中讨论的科学与哲学的关系上。

宇宙学的发展历史上有许多这样的情形，即一些新提出的理论和方法被认为违背了正确的科学道路，因而受到了攻击。而随着历史的车轮不断向前，这些新的理论和方法逐渐被认同，被纳入了科学体系。贝尔纳（J. D. Bernal）在其《科学的社会功能》中指出：“在 18 世纪和 19 世纪被法庭嘲笑的科学理论，特别是那些涉及整个宇宙或生命本质的形而上学和神秘学的理论，正在试图赢得科学界的认可。”②贝尔纳的话应用于 21 世纪初的部分物理学或宇宙学也非常恰当。“在

---

① Susskind L, Smolin L. “Smolin vs. Susskind: The anthropic principle”. 2004-08-18. https://www.edge.org/conversation/lee_smolin-leonard_susskind-smolin-vs-susskind-the-anthropic-principle.

② Bernal J D. *The Social Function of Science*. Cambridge: MIT Press, 1967: 3.

理论物理学界有一种普遍的感觉，即基础物理，特别是与宇宙学和量子引力理论有关的基础物理，可能正在经历一个重大的认知转变。正如多元宇宙学、天体生物学、以弦为基础的前大爆炸宇宙学和“末世物理学”等新分支所见证的那样，科学推测得到了许多物理学家的高度重视，并使其以不同的、更积极的眼光看待。有明显的迹象表明，传统的物理学标准正日益受到质疑，并被其他非经验的评价标准所取代。”[①]科学并不是一个封闭的体系，科学理论的标准也不是一成不变的，科学的认识论也在不断地更新与发展中，如对称性越来越重要、重整化的引入、几何化的放弃等等。在科学发展的新阶段，合乎科学发展现状的科学评价标准是什么样的?

埃利斯担心我们正在进入一个宇宙神话的时代，“解释性的故事或理论来为发生了什么提供理解，但理论本身是假设性的、尚未得到证明的”[②]。有的科学家则称其为“后现代宇宙学”，意指理论是由美来驱动的，用物理学的语言作框架，但并不具有观察或实验检验的可能性。霍根在《科学的终结：用科学究竟可以将这个世界解释到何种程度》中称后现代的科学为讽刺的科学。不得不承认，后真相时代的科学容易走入神话，科学的评价标准也容易陷入模糊，这一状况尤其值得哲学家关注，并提出切实可行的评价标准。本书第十五章试图通过对量子理论的认识论研究来寻找可行的评价标准。

---

① Kragh H. “Contemporary history of cosmology and the controversy over the multiverse”. *Annals of Science*, 2009, 66(4): 529-551.

② Ellis G F R. “Book review: Cosmology down the ages, conceptions of cosmos, from myths to the accelerating universe: A history of cosmology”. *Journal for the History of Astronomy*, 2008, 39(4): 537-538.

第九章
离散与连续的统一

从 1900 年普朗克的量子假设开始，包括爱因斯坦的光量子、玻尔的分立原子轨道，到量子场的真空极化和电子自能（电子在其自身电磁场中的能量）等问题的处理，最后到引力的量子化，纵观 20 世纪量子理论的发展，可以说，量子化本就伴随着基元或最小单元的限制和无穷大发散问题的克服，伴随着从连续到非连续、从连续到离散的数学处理。从连续到离散的量子化过程，是不断引入新的数学内容的过程，是挑战不断升级的过程。

第一节　自然的离散性质

19 世纪末，在将能量均分定理应用于黑体辐射时，得到的瑞利-金斯公式中能量密度与频率的平方成正比，因而在高频的紫外情况下能量趋于无穷大，形成发散，这意味着经典物理学面临着一场深刻的危机。1900 年 10 月 19 日，普朗克把代表短波方向的维恩公式和代表长波方向的瑞利-金斯公式综合到一起，得到了与实验结果完全符合的正确的辐射定律。也是从这时候开始，普朗克试图找出公式的真正物理意义，直接去考虑熵和概率之间的关系，利用玻尔兹曼的统计方法进行计算。玻尔兹曼的方法要求把能量分成一份一份，以分配给有限个数的谐振子，即 $E = P\varepsilon$ ，其中 ε 是能量元。按照这一思路，12 月 4 日普朗克得到了他关于黑体辐射定律 $E_\nu / N_\nu = h\nu / (e^{h\nu/kT} - 1)$ 的推导，这标志着量子理论的诞生，其中能量是量子化的，$\varepsilon_\nu = h\nu$ 。

紫外灾难发生的原因在于在有限的相空间区域中有无穷多个能量态。普朗克引入能量元或量子的做法使得每一个能量态占据一定的相空间，“能量连续统就出于排列组合计算的目的而被细分成小的区间了，而对固定大小的限制使得普朗克的理论与玻尔兹曼的理论区分开来”①，从而避免了无穷多个态的发散问题。这种处理发散问题的方法在量子场论中被称为“正规化”（regularization），即普朗克的量子“正规化”了相空间。也就是说，量子化开始于对辐射的无穷大发散问题的解决，其根本的办法是引入量子或基元这些非连续单元，避免因连续性而形成的无穷大。

爱因斯坦清楚地看到了普朗克的辐射定律相对于经典物理学的革命性所在，并于 1905 年在光量子概念中实现了能量的量子化。1913 年，玻尔在其原子模型中引入了特设性的量子化条件，即电子在原子核外排布的轨道是分立的，轨道间的量子跃迁发出的光的能量等于轨道间的能量差，电子有一个能量最低的基态。无论是爱因斯坦光量子的引入或玻尔离散电子轨道的引入等，都离不开能量的离散化处理。1925 年，海森伯的经典论文《关于运动学和力学关系的量子论的重新解释》标志着量子力学的建立，这一新力学建立在满足微分方程的离散量的基础上，这些离散量就是可观测量，它们取代了玻尔的电子轨道。1932 年，冯·诺依曼在海森伯的基础上引入离散的希尔伯特空间，从数学角度重新解释了量子力学……

一、自然是复的

虚数 i 的引入在量子力学的创立过程中是至关重要的。“经典物理学，即 1925

① Kuhn T. *Black Body Theory and the Quantum Discontinuity, 1894-1912*. Chicago: University of Chicago Press, 1987: 125.

年以前的物理学，仅仅用到实数，在力学、热力学、电动力学等全部经典物理学中都是如此。”[①]而量子力学中无论是矩阵力学，还是波动力学，其基本方程中都含有虚数 i，也正是虚数 i 为量子力学带来了核心的意义和革命性。

1925 年，海森伯在《关于运动学和力学关系的量子论的重新解释》一文中用一组复数来表示量子理论量，以代替经典牛顿方程中的位置，新的位置量包含的是关于原子可测量谱线的信息，而不是电子不可观测轨道的信息。玻恩立即认识到，海森伯给出的数组就是数学中的矩阵，在他和约尔丹合作完成的论文《关于量子力学》中他们第一次给出了量子力学矩阵形式。也正是在这篇论文中明确地出现了方程 $pq-qp=-\mathrm{i}h$，物理学中第一次以基本方式引入了虚数 i。同年狄拉克发表的他关于量子力学的第一篇论文《量子力学中的基本方程》也给出了方程 $pq-qp=-\mathrm{i}h$，同时还出现了 $q=[q,H]=0$，也出现了虚数 i。

在 1926 年上半年，薛定谔接连发表了 6 篇关于量子力学的论文，确立了量子理论的波动力学体系。在前五篇论文中，薛定谔都强调复数形式的波函数按照惯例应该只取实部，并且他深深地为波函数中出现虚数 i 而困惑与烦恼。他在一封给洛伦兹的回信中写道：“令人不满意和很快遭到非议的事情是使用了复数。从根本上说，Ψ无疑是一个实函数。”[②]这封信中薛定谔给出了一个复杂的二阶方程，以代替简单的含时方程。按照杨振宁先生的分析，他认为薛定谔这么做是为了避免波动方程中包含 i，以便于得到实的和与时间无关的Ψ，与波动方程导出的来源即哈密顿-雅可比方程相一致。到这里，薛定谔所构造的波函数是一个实的时空函数，在波函数叠加时，仍然是把实的Ψ加起来。不过很快，在十几天的时间中，薛定谔领悟到了复波函数的真谛，即Ψ是时空的复函数并满足复时变方程，认为这才是“真正的波动方程”。

---

① 杨振宁：《负一的平方根、复相位与薛定谔》，载杨振宁：《曙光集》，翁帆编译，生活·读书·新知三联书店 2008 年版，第 90 页。

② 杨振宁：《负一的平方根、复相位与薛定谔》，载杨振宁：《曙光集》，翁帆编译，生活·读书·新知三联书店 2008 年版，第 93 页。

$\sqrt{-1}$ 在量子力学基本方程中的出现，意味着自然只对复数起作用，而不是对实数起作用。这一发现，对薛定谔和其他所有人而言都完全是惊喜。整个 19 世纪，从阿贝尔到黎曼和魏尔斯特拉斯，数学家们一直在努力把函数理论从实数扩展到复数，创造着一套宏伟的复变函数理论。数学家们虽然认识到从实数函数到复变函数这一扩展的深刻和伟大，但他们一直认为复数是人为的创造，是对真实生活的有用和精巧的抽象。“他们从来没有想到，他们发明的这个人造数字系统实际上是原子运动的基础。他们从来没有想到大自然比他们先到过那里。”[①]

虚数的引入在量子波函数的概率解释中并未能体现其特别的意义。在紧随薛定谔的论文之后玻恩发表的关于波函数统计诠释的第一篇文章中，他仍然采用的是实的波函数，在他的论文的脚注中指出：“一种更加精密的考虑表明，概率与 Ψ 的平方成正比”，他用到的是“Ψ 的平方”，按照派斯（A. Pais）的理解，玻恩本应该说成是“Ψ 的绝对值的平方”。因此，派斯调侃说，“这个重大的新发现，即正确的跃迁几率概念，就这样由脚注的方式进入了物理学”[②]。到第二篇论文中，玻恩就改用了复数形式的波函数。

到 20 世纪 70 年代，物理学家们才充分认识到具有相位的复振幅的非凡意义，这一认识上的飞跃得益于两方面的进展：“（1）发现所有的相互作用都是某种形式的规范场；（2）发现规范场与纤维丛的数学概念有关，每一根纤维是一个复相位或更广义的相位。这些发展，形成了当代物理学的一个基本原则：全部基本力都是相位场。”[③]这些进展与赫尔曼·外尔（Hermann Weyl）引入规范理论、杨振宁和米尔斯发展规范场、弱电统一、粒子物理学标准模型等量子理论的后续

---

① Dyson F. “Foreword”. In Odifreddi P. *The Mathematical Century: The 30 Greatest Problems of the Last 100 Years*. (Sangalli A Trans). Princeton: Princeton University Press, 2004: xiv.

② [美]阿伯拉罕·派斯：《基本粒子物理学史》，关洪、杨建邺、王自华等译，武汉出版社 2002 年版，第 322 页。

③ 杨振宁：《负一的平方根、复相位与薛定谔》，载杨振宁：《曙光集》，翁帆编译，生活·读书·新知三联书店 2008 年版，第 99 页。

发展分不开，它们充分体现了虚数 i 在相位中的引入是对物理世界的深邃认识，奠定了理解物理世界的深层基础。

二、自然是非交换的

1925 年，狄拉克基于哈密顿力学，发现了在海森伯的对易关系与经典力学中的泊松括号之间的数学相似性。由此，狄拉克可以轻易地把哈密顿-雅可比力学中与泊松括号相似的方程引入量子力学中。在狄拉克看来，经典力学与量子力学之间具有结构上的连续性，可以把量子力学看作是经典力学向非对易代数的推广，推广就是在将乘法的交换律应用于动力学变量时用非对易性来代替。在狄拉克早年的工作中，他强调的主导思想是非对易性，这与海森伯等哥廷根学派强调与实验结果紧密相关的量截然不同。

狄拉克认为经典力学与量子力学间的相似性与连续性就像经典力学和量子力学本身一样，也是开放的，会不断发展的。他在 1933 年的论文《量子力学中的拉格朗日量》中通过发展拉格朗日力学的量子类似，发现经典的切触变换与量子力学的幺正变换也是类似的，其中切触变换是指把经典力学中的正则位置与正则动量变换为一组新的坐标，是几何上的一种操作，在拉格朗日力学和哈密顿力学的当代处理中极为重要，其中哈密顿力学的切触变换形成了辛力学。“基于经典变换和量子变换之间的类比，狄拉克能够证明量子的‘变换函数’$(q_t|q_T)$对应于e^{iS}，其中S是拉格朗日量L在从T到t的时间范围内的时间积分，它把两个表征连接了起来，其中动力学变量q_t和q_T是对角化的。”[①]狄拉克通过把时间间隔分割为非常小的时间间隙，给出了与经典作用原理相对应的量子类比，这为费曼路径积分方法奠定了重要的基础。

狄拉克通过经典与量子力学间的类比不但发展了新的物理学，也提出了新的

① Bokulich A. *Reexamining the Quantum-Classical Relation: Beyond Reductionism and Pluralism*. Cambridge: Cambridge University Press, 2008: 53.

数学方法。“在狄拉克发展了一套处理量子可观测量函数的通用数学框架之后，他还利用这一新的数学为非对易的可观测量具有确定的值赋予了概率，虽然他注意到了这个概率——是个复数——不能给出直接的物理解释。”①他提出了 q 数代数，希望它能够作为一种普遍的、纯粹的数学理论，并且能够应用于物理学问题中。q 代表 quantum，与 c 数中的 c 代表 classical 相类似，所不同的是 q 数不满足乘法交换律。狄拉克虽然很快就发现 q 数代数与海森伯、玻恩等的矩阵力学是等价的，但他并没有止步，而是基于 q 数代数独立发展出了一套完整的量子力学表述。到 1926 年夏，q 数代数已经成为与矩阵力学、波动力学等价的量子力学体系。

狄拉克为量子力学提供了一个非常优雅和强大的形式框架，但在冯·诺依曼看来，狄拉克给出的数学就像小说一样，不够严格，特别是其给出的 δ 函数。在狄拉克看来，实用性所带来的简单性、有效性和可理解性，要远胜于其数学的严格性。δ 函数后来在施瓦兹（L. Schwartz）的分布理论中获得了严格的数学基础，而后者为量子场论提供了数学框架，从中发展出的组合希尔伯特空间也先后用到了量子理论和量子场论中。

在数学上，从对易代数到非对易代数的转变也是 20 世纪数学，尤其是代数学，最为显著的特征之一。19 世纪数学领域的伟大发明如哈密顿的四元数、格拉斯曼的外代数、凯莱的矩阵和伽罗瓦（E. Galois）的群论都构成了非交换乘法引入代数基础的不同线索，并且在 20 世纪量子理论的发展中扮演了重要的角色。前面我们已经看到了矩阵和非对易乘法在海森伯创立量子力学中的重要体现，后面我们会看到其他非对易代数的内容在量子理论中的应用。如“杨-米尔斯方程是非线性的，因为杨-米尔斯方程本质上是麦克斯韦方程的矩阵形式，而矩阵不对易的事实就是在方程中产生非线性项的原因。因此，在这里我们看到了非线性

① Bokulich A. *Reexamining the Quantum-Classical Relation: Beyond Reductionism and Pluralism*. Cambridge: Cambridge University Press, 2008: 54.

和非可交换性之间的有趣联系”[①]。

复数、非对易代数等经典物理学中所没有用到的数学内容在量子物理学中的应用体现了量子物理学的革命性所在，而希尔伯特空间和群论等内容在量子理论中的应用则把理论中一些看似不相关的方面，如量子态、概率赋值和逻辑推理等统一了起来。

在海森伯、薛定谔和狄拉克等的工作之下，到 1927 年量子力学虽然已经建立起来了，但并不是一个连贯的完整体系，而是由一组半连贯的原理和应用规则组合而成的。这一年，冯·诺依曼通过三篇论文，将量子力学置于严格的数学基础之上，并给出了严格的证明。1932 年，冯·诺依曼在其著名的《量子力学的数学基础》一书中用具有无限维的、可分离的希尔伯特空间奠定了量子力学的数学基础。其中，物理系统的态是希尔伯特空间中的向量，算符对应于物理量，可观测量的值则是算符的本征值。问题是，“我们如何得到对应于不同具体物理可观测量的自伴算符？”[②]这一深层次的问题仍有待回答。外尔指出，群理论能够解决这一问题，线性变换的群表示理论正是充分描述量子力学的关系所需要的，除主量子数外的所有量子数都是刻画群表示的指标，应用群理论也能够自然地得到海森伯的不确定关系和泡利不相容原理。因此，外尔认为基于群理论建立的量子物理学的这一部分是最为确定的。当然，前提是希尔伯特空间的量子力学表述，群理论必须与希尔伯特空间表述结合，才能得到一个具有坚实理论基础的独立理论体系。

1936 年，冯·诺依曼和基尔霍夫首次引入了量子逻辑，用一组描述物理系统状态的命题及其蕴含的几何结构来给出物理系统的信息。他们认为，量子力学不只是具有一种新的、不常见的动力学的新物理学理论，而是设想了一种新的、

---

① Atiyah M. “Mathematics in the 20th Century”. *Bulletin of the London Mathematical Society*, 2002, 34(1): 1-15.

② Bueno O, French S. *Applying Mathematics: Immersion, Inference, Interpretation*. Oxford: Oxford University Press, 2018: 119.

非布尔的逻辑，这与经典物理学的逻辑有着本质的不同。

由于希尔伯特空间无法为具有无限多个自由度的量子系统提供充分的概率概念，1937 年冯·诺依曼又发展出了算子环或算子代数，即今天所谓的冯·诺依曼代数，后者能够得到与有限自由度下的射影几何所不同的连续几何。为了保证概率概念在算子代数这一新框架下恰当地得到表述，群理论概念也必须引入，如此一来群理论又以另一种方式在量子力学中得到了突显。冯·诺依曼代数后经盖尔范德（I. M. Gelfand）和奈马克（M. A. Naimark）发展成为 C*代数，这一新的框架由于综合了量子理论的各方面内容，成为一个自洽的体系，为 20 世纪 50 年代开始的公理化量子场论体系提供了基础。

第二节　连续模型的发散困难

量子场论的理论建立在时空连续统之上，同时其中如电子等基本粒子的模型被看作是点模型，但实际上在点粒子模型与连续的场之间存在着不可调和的矛盾，如电子自能的发散问题。物理学家们于是认为需要引入一个基本的长度，并提出要修改理论的动力学，以适用于小距离时的经典或量子场论。

一、场模型的无穷大发散

在经典的电动力学中点粒子模型与连续场之间的矛盾便已存在。洛伦兹早在 1892 年就试图用麦克斯韦的电磁学方程和带电粒子在电磁场中的受力来给出电磁现象的微观理论。这一理论除了在宏观层面与麦克斯韦理论保持了一致之外，还成功地说明了塞曼效应、光的散射、动体中光的传播等现象。与麦克斯韦理论不同，洛伦兹的理论是粒子和场的融合，其中的电磁力并不是电荷间直接发生的，而是通过电磁场产生作用的。洛伦兹还打算进一步研究电子的内部结构，将电子描述为一种纯的电磁客体，也就是认为电子的质量完全来自其电磁的能量。亚伯拉罕（M. Abraham）沿着洛伦兹的思路进行了研究，但并不成功。问题在于，假如电子具有半径 R，且其上的电荷是均匀分布的，电子产生的电磁场对电子本身产生的力与牛顿理论不一致，同时还依赖于电荷密度的分布和电子半径这两个未知量。不仅如此，如果电子是有半径的，按照库仑定律，带同种电荷的电子部分会相互排斥，从而导致电子的不稳定。对于这一问题，庞加莱（H. Poincaré）提出除了电磁力之外，电子内部还具有一种吸引的力，以保证电子的稳定和平衡。但庞加莱的提议被认为是特设性的。当电子的半径趋于零时，电子的自能和质量就会趋于无穷大。

随着量子力学的发展，物理学家们试图把量子力学与狭义相对论通过量子化电磁场而结合起来，这一工作的结果便是量子电动力学。1927 年狄拉克在讨论辐射的量子理论时引入了电磁场的量子化，其中用到的二次量子化方法为量子场论奠定了基础。第二年他又给出了电子的相对论性运动方程，即狄拉克方程，这后来发展成为相对论性量子力学的基础。1928 年，约尔丹和维格纳提出，任何物质粒子的基本形态都是场，每一种粒子都对应于一种场地，能量最低的态即为真空，场的激发对应于粒子的产生，场处于最低能态对应于粒子的湮灭，这便是量子场论的基本理论。1929 年，海森伯和泡利试图量子化麦克斯韦的电磁场方程，发展出了光和物质相互作用的一种理论。这一理论仍然具有经典电动力学中的一些困难，如电子自能问题，同时由于量子的不确定关系又引入了一些新的问题，如零点能问题，即给定一点处的动量与能量是无穷大发散的。对这一问题的处理是采用涂抹的（smeared）算符，即假设算符是对一个很小但是有延展的时空区域进行平均的。

电磁场的量子化遇到的这些无穷大发散问题使得物理学家们认为需要引入一个基本的长度，并提出要修改理论的动力学，以适用于小距离时的经典或量子场论。“取决于物理学家的喜好，这些修改要么在本体论上表示时空几何结构的离散化，要么在认识论上表示对空间测量分辨率的限制，后者表明理论的适用性崩溃了。”[①]在 1930 年，海森伯为了求解电子自能问题引入了一个基本的长度，将空间分割为有限大小的单元，提出了格点世界理论。

由于格点世界理论与量子引力中空间的离散化有关，我们不妨多一些讨论。对于一个空间格点化的世界而言，它确实存在着许多的问题：一是它不具有连续空间所具有的连续的转动和平移不变性。二是时间仍然是连续的参数，与空间的离散形态不同，只是空间的离散化会导致与狭义相对论内在的不一致，这一问题一直伴随着对基本长度的讨论。三是格点中的电荷密度是速度依赖的，因而是不守恒的。“这一特征包含了形式因子这一观念的种子，这一观念后来出现在非定域场论的研究纲领中，即认为在给定时刻基本粒子不能定域地处于一个没有维度的点处，从而物理量就在一个有限的空间延展中涂抹开来了。”[②]而在将非定域的场论与相对论的因果序概念融合起来时又会产生严重的问题。四是格点破坏了动量守恒，而一旦引入时间的离散性，又会破坏能量守恒。

在 1938 年，海森伯受汤川秀树介子理论和宇宙射线现象等的启发，提出了一个普遍的长度常数 $\lambda_0 = \hbar/\mu c$，其中 μ 是汤川的介子（也就是今天的 π 介子）。海森伯把他引入的这个常数解释为是认识论的限制，而非时空结构的特征。在 1943 年提出的 S-矩阵理论中，海森伯又给出了一个绝对的长度 $a = 10^{-13}$ 厘米和一个绝对的时间 $\tau = a / c = 10^{-24}$ 秒，并且表达了对在小于 a 和 τ 时用哈密顿函数描述物理系统的担忧。泡利等对普遍长度表示了质疑，认为并不存在具有最小长度的空间几何结构。当与相对论不变性结合起来考虑时，一旦有最小的时间间隔则事件的时间顺序和因果关系等都会崩溃。

到 20 世纪 30 年代中期，物理学家们逐渐认识到电子自能和真空极化的发散问题是由于电荷-电流密度与电磁场的耦合涉及了任意短的波长，它使得计算发

---

① Hagar A. *Discrete or Continuous? The Quest for Fundamental Length in Modern Physics*. Cambridge: Cambridge University Press, 2014: 55.

② Hagar A. *Discrete or Continuous? The Quest for Fundamental Length in Modern Physics*. Cambridge: Cambridge University Press, 2014: 72.

散。1931 年，朗道和派尔斯（R. Peierls）指出，将量子力学与相对论结合起来会产生各种各样的无穷大，“形式体系导致各种无穷大并不奇怪，但如果形式体系与实在有任何的相似之处，那将是令人惊讶的……在正确的相对论量子力学中（目前还不存在），因而没有波动力学意义上的物理量，也没有测量”[①]。这些无穷大究其原因都产生于在无维度的点上对场进行测量，这体现出在点粒子模型与连续的场之间不可调和的矛盾。量子场论建立在时空连续统之上，同时其中如电子等基本粒子的模型被看作是点模型，但实际上如电子自能的发散问题、真空极化问题、量子化场时都遇到了无穷自由度问题。

到 20 世纪 40 年代，在将已有的量子辐射理论用于计算氢原子光谱的拉姆移位和电子磁矩时，在用微扰方法展开幂级数之后，只取低次项作近似计算时，计算值符合实验数据，而加入高次项时，计算值就变成无穷大了，这便是量子场论遇到的发散困难。对于发散或奇点的消除，方法是通过取一个截止点，用有限的量来代替无限的量。牛顿理论中对点粒子碰撞（质心间的距离为零）的发散问题，普朗克所处理的黑体辐射中的紫外灾难，也是采用类似的方法来处理的。量子场论中的这一方法称为重整化方法。

二、重整化方法的引入

量子场论的成功自不必说，但它建立在明显不完备的逻辑基础之上，这使得它的成功远非人们所预料的那样，“人们能够理所当然地质问它成功在哪里”。可以说，量子场论中重整化问题的解决使得建立在其上的量子电动力学、量子色动力学等理论在经验上得到了精确的验证，取得了强相互作用和电弱相互作用统一的成功。即使重整化取得了成功，但狄拉克等物理学家仍然质疑其数学基础的可靠性，但随着 20 世纪 70 年代之后重整化群的引入与应用，重整化方法有了安

① Landau L, Peierls R. “Extensions of the uncertainty principle to relativistic quantum theory”. In Wheeler J, Zurek W (Eds.). *Quantum Theory and Measurement*. Princeton: Princeton University Press, 1983: 465-476.

全可靠的物理基础，并且提供了新的数学工具，引起了对量子场论本身概念基础理解的转变，使得量子场论从一种候选的基本理论跃升为一种有效的理论。

（一）重整化方法

重整化方法的提出是为了避免量子场论微扰计算中出现的无穷大。事实上，无穷大的发散问题在经典理论中也同样存在，如经典点电荷的存在，使得在电子半径 r 趋于 0 时其自能 e^2 / r 趋于无穷大。自能发散困难仍然存在于量子场论之中，所不同的是魏斯科普夫（V. F. Weisskopf）发现由于电子的电磁行为扩展在一个有限区域内，因而其自能的发散可以保持在对数发散的范围内。除了自能发散，量子场论中还存在真空极化发散、电子散射过程中的无穷大等发散问题。在重整化方案成形之前，物理学家们采用电子在有限区域内扩展的电磁行为模式来消除电子的自能发散，采用截止（cut-off）消去真空极化产生的无穷大，采用补偿对消法等策略来消除电子散射过程中出现的无穷大。这些方法要么破坏了相对论不变性，要么引入一种未知粒子的场以消除已知相互作用产生的发散，改变了已有的有关耦合电子和电磁场的相对论性理论。

1947 年贝特区分了量子过程中的电磁质量效应，将它合并到源于观测质量的效应之中，开启了重整化的成熟之门。1948 年刘易斯（H. A. Lewis）把贝特的质量重整化程序应用到对散射截面辐射较正的相对论性计算中，明确地指出了重整化纲领的关键假设是：电子的电磁质量具有很小的效应，它在表观上的发散是因为量子电动力学在超过某个频率后并不适用了，从而揭开了重整化的本质之所在。量子场论微扰计算的发散，表明这一理论框架本身只在有限的范围内是有效的，在它失效的区域应该存在着新的物理学。我们并不清楚量子场论框架有效与无效的边界在哪里，但我们可以在数学上引入一个截止点来替代这个边界。如此一来，重整化过程就获得了坚实的物理基础，而不再是早期纯粹为了消去发散进行的针对性处理了。

1948 年，施温格总结说发散主要来自真空极化和电子自能，前者源于正电子-电子场的真空涨落，对应于电子-正电子对的虚生成和虚湮灭，后者源于电子产生的电磁场的真空涨落，对应于光子的虚发射和虚吸收，二者分别可以通过电荷和质量的重整化过程而消除。同年，远在日本的朝永振一郎在得知贝特和刘易斯的工作之后，通过正则变换在相互作用表象下实现了无穷项的分离，得到了对重整化的正确理解。这一年，费曼引入了一组相对论性截止的规则，它们是通过动量截止去分离可知的低能区域和未知的高能区域。费曼把截止取作无穷大，考虑了包括高能过程在内的所有过程，高能过程对低能现象的效应通过重新定义参量合并进来。截止的无穷大方案使得截止成为一种形式化的操作，引入的辅助质量只是数学上的参量，不同于坂田昌一（Shoichi Sakata）等之前引入具有有限质量和正能量辅助粒子的实在性的补偿理论。形式化的方案表明物理学独立于截止，并最终启发了物理学家们从物理学中去除截止。此外，费曼还提供了一组图解规则，为戴森提出自洽且完备的重整化纲领提供了强有力的工具。

1949 年戴森提出了完善的重整化纲领。他把所有可能的初始发散分为电子自能、真空极化和电磁场中单电子的辐射。在计算 S-矩阵元时，要先画出相关的不可约化曲线图，之后将观测质量代入哈密顿量中，再用新的传播子取代最低阶传播子，最后用新的裸波函数代替引起发散的波函数，这样就不会引起发散困难。曹天予将重整化纲领的形成总结为三个步骤："第一，揭示各个发散项的对数性质。第二，把所有发散项约化为两个源于自能和真空极化的初始类型。第三，通过（Ⅰ）应用正则变换以得到量子场论的协变形式（相互作用表象）并且分离发散项；（Ⅱ）质量和电荷重正化；（Ⅲ）连贯运用质量和电荷的经验值；从而找到处理发散量的一个无歧义的、连贯的方式。"[①]

在重整化过程中，通过取截止，把高能过程排除在外，而高能过程对低能现

① [美]曹天予：《20 世纪场论的概念发展》，吴新忠、李宏芳、李继堂译，上海科技教育出版社 2008 年版，第 262 页。

象的效应可以通过重新定义参量而合并进来。将重整化纲领应用于精细结构常数的计算，可以无限制地应用于任意的阶，这充分表明了重整化纲领的有效性。然而，作为重整化思想的开拓者之一的狄拉克却对重整化纲领进行了激烈的批评。他认为，重整化方法的运用既没有可靠的数学基础，也缺乏明确的物理图像，因而是不合逻辑的，是一种拙劣的技术处理，它会误导物理学走上一条错误的路线，“这在物理上是彻头彻尾的胡说，人们应该做好彻底放弃它的准备”[①]。批评重整化的人认为它只是绕过了量子场论的发散困难，并没有真正解决这一理论的发散问题，并且它在数学上也是不严格的，因为无穷大在数学上缺乏严格的定义。

事实上，量子场论中的发散困难源于点模型、点相互作用，这种源于点模型和点相互作用的发散在经典理论中同样存在，并不是量子场论中特有的。而如果我们想要放弃点模型和点相互作用，那么带来的困难要远大于采用点模型、点相互作用方面所遇到的发散困难。因此，我们最好的选择是保留点模型和点相互作用，采用重整化方法使得理论不发散，从而将重整化作为理论中不可缺少的组成部分。因为重整化成功地从发散积分中找到了合理的内涵，并规避了发散。而随着重整化纲领的完善，早先随手减去无穷大的处理方式已经被抛弃了，重整化的每一个步骤在数学上都有严格的定义，并且有着明确的物理结论。其中，重整化纲领中关键性的两个步骤分别是正规化和交缠无穷大的分离，即截止。

量子场论中的无穷大是其形式体系中内在的，是由算符场和定域算符场的局域激发所产生的高动量的虚光子或电子-正电子对的相互作用所导致的。而重整化相当于把局域激发和相互作用的假设转移到物理粒子的可观测世界这一视角。施温格清楚地指出，“未重正化算符场理论包含着关于物理粒子的内部结构的隐含推测，即认为物理粒子的内部结构对高能状态的动力学过程的细节是敏感

① Dirac P A M. “The origin of quantum field theory”. In Brown L M, Hoddeson L(Eds.). *The Birth of Particle Physics*. Cambridge: Cambridge University Press, 1983: 39-55.

的”[①]。这是原子论在量子场论中不彻底贯彻的结果，这一假定暗示着由拉格朗日函数中的场来描述的物理粒子具有更深层次的结构，从而在本体论上与粒子或场本体的结论是矛盾的。重整化程序则强化了量子场论中的原子论承诺，重整化理论中的粒子和场确实充当着基础本体，所不同的是这里放弃了严格的点模型，以消除在高能区域的发散。这意味着，重整化的量子场论采用的是一种在空间上延展但又无结构的准点模型（quasi-point model）。准点模型的应用为重整化提供了辩护，如果不重整化，点模型场论就不会有意义，因而重整化是定域场论的必要组成。

需要注意的是，量子电动力学的可重整化性建立在微扰论的基础上，而重整化场论的微扰级数是发散的，在对量子电动力学高能行为的研究中微扰方法并不奏效，这表明量子场论的微扰表述存在连贯性问题，微扰理论的应用是有限制的。重整化的这一状况使得朗道和丘（G. F. Chew）等不仅拒斥相互作用的特殊形式和量子场论的微扰描述，而且拒斥量子场论的一般框架。他们认为，量子场论中的定域场算符和在微观时空区域内相互作用的机制都是不可接受的假定，它们是不可观测的。作为重整化理论的奠基者之一的施温格虽然一方面把关注点从量子场论中关于局域激发和相互作用的假说转移到了关于物理粒子的可观测世界，但是另一方面他也认为先引入一个不依赖于结构的假设之后再将其删掉来获得物理上有意义的结果是不可接受的。引入一个数值的源和数值场来取代定域场算符，这相当于彻底改变了量子场论的基础。

20 世纪 70 年代之后，电磁相互作用与弱相互作用的统一理论、描述强相互作用的电子色动力学相继被证明是可重整化的。我们应该庆幸的是这些自然的基本相互作用是可重整化的，使得我们能够得到与实验相符的计算结果。然而，当考虑到重整化在 20 世纪 70 年代之后的发展时，我们会发现这种幸运并不令人意

---

① [美]曹天予：《20 世纪场论的概念发展》，吴新忠、李宏芳、李继堂译，上海科技教育出版社 2008 年版，第 264 页。

外，“可重整化性在我们能够达到的低能标度上是普遍的”①。

（二）重整化群

20世纪70年代后期随着量子场论概念基础的变革及其与统计物理学的有效互动，可重整化性、正规化、截止等概念有了新的理解，重整化群、有效场论等概念被提出，从而在深层次上改变了人们对量子场论纲领的认识。

1. 重整化群的提出

重整化群的概念最早由斯蒂克尔伯格（E. Stuckelberg）和彼得曼（A. Peterman）、盖尔曼和洛（F. E. Low）等于20世纪50年代提出。在1953年的论文《量子理论中常数的重整化》中，斯蒂克尔伯格和彼得曼发现虽然重整化程序中有限的部分是可变化的，它依赖于对相减点的选择，但这并不影响物理结果，只是不同的选择会导致不同的参量化。他们认为能够定义一个“重整化群”，这个变换群与理论的不同参量相关。他们还指出可以引入一个无穷大算符，并构造一个微分方程。第二年，盖尔曼和洛在量子电动力学短程行为的研究中发现，电荷的参量族e_λ与动量标度λ相关，在$\lambda \to 0$时e_λ变为被测电荷e，当$\lambda \to \infty$时e_λ变为裸电荷e_0，从$\{\lambda, e\}$到$\{\lambda', e'\}$的变换并不改变物理学理论，称之为一个重整化群变换，无穷小标度变换引起的电荷的改变满足重整化群方程，即$\lambda \frac{\mathrm{d}}{\mathrm{d}\lambda}(e(\lambda)) = \beta(e(\lambda))$，其中$\beta(e(\lambda))$刻画了无穷小标度变换下电荷的改变方式。按照该方程裸电荷e_0具有不依赖于被测电荷值e的不变值，即所谓盖尔曼-洛裸电荷本征值条件。盖尔曼和洛的研究表明存在无限多个等价的重整化过程，最终得到的裸电荷值都是相同的。这是重整化群的最初版本。

到20世纪60年代后期和70年代早期，随着量子场论与统计物理学间的交

① Butterfield J, Bouatta N. “Renormalization for philosophers”. In Bigaj T, Wüthrich C(Eds.). *Metaphysics in Contemporary Physics*. Amsterdam: Brill Rodopi, 2016: 437-485.

互作用，在费希尔（M. Fisher）、卡丹诺夫（L. P. Kadanoff）等特别是威尔逊所做的关键工作的推动之下，标度不变性思想和重整化群方程才得到了深入的理解。1971 年，在关于连续相变理论研究的论文中，威尔逊认识到了重整化群理论与临界点现象间的相似性，通过发展重整化群并将之进一步运用于临界点现象，他取得了成功，奠定了重整化群流的基础。统计物理学中存在一个统计连续统极限，量子场论中则存在不动点，此处的典型表现是特征标度缺失，在统计物理学中表现出标度不变性，标度谱上的每一部分都有着相同的涨落，而在量子电动力学的计算中所有标度上的涨落相互耦合，对过程做出相等的贡献，从而引起对数发散，需要进行重整化。他通过对盖尔曼-洛裸电荷本征值条件的推广，找到了重整化群变换中的不动点。在不动点上，标度律有效，理论是渐近标度不变的。在不动点之外，标度不变性破缺，破缺能用重整化方程描述。这样一来，重整化群方程就可以用于研究各种能量标度上场论的性质，并且在统计物理学中把不同标度层次上的物理学联系了起来。

原先的重整化方法是对系统行为进行近似化的表述，然后再计算微扰展开级数对原有表述的恰当近似，其中只允许一个变量发生变化，如在盖尔曼和洛的研究中电子的电荷可以发生变化。相比较而言，重整化群具有普遍意义，能够处理更为广泛的物理问题，并为重整化过程赋予了物理意义，使其脱离了形式化操作的阶段。从重整化群的角度来理解重整化，正如戴维·格罗斯所说："重正化是一种关于物理相互作用的结构随着被探测现象标度的改变而变化的表述。"①重整化群理论中，我们不再考虑当截止趋于 0 或无穷大时的极限性质，而考虑系统的参数是如何随着能量标度或长度标度的变化而变化的性质。理论可重整化性意味着理论的耦合常数是跑动的（running），随着能量标度 μ 的变化，耦合常数 $g(\mu)$ 在理论空间中形成一个重整化群流。重整化群流存在一个不动点，在此处

① [美]曹天予：《20 世纪场论的概念发展》，吴新忠、李宏芳、李继堂译，上海科技教育出版社 2008 年版，第 440 页。

随着能量标度或长度标度的变化，耦合常数不变，理论具有标度不变性，表现出相同的行为，这也称为普遍性（universality）。

在不动点是红外不动点时，随着能量标度趋于零，也就是在低能量或长距离时耦合常数趋于零。在不动点是紫外不动点时，随着能量标度趋于无穷大，也就是在高能量时耦合常数也可能趋于零，此时理论是渐近自由的，如量子色动力学理论，也可能趋于某个非零的常数值，此时理论是渐近安全的，也可能趋于某个不依赖于 μ 的常数，此时理论是共形不变的。耦合常数为零，意味着理论中的相互作用变得不可见，理论是渐近自由的。

具体来看，重整化群的第一步是在一个非常大的能量标度 Λ 上取截止，之后再对截止进行光滑地变小，通过 $\Lambda_0 \to \Lambda(s) = s\Lambda_0$ 进行重新标度，标度改变带来的影响能够吸收到参数的改变中去，从而对于参数 g 而言，随着 $\Lambda(s)$ 的变化就能够定义轨迹 $g = g(s)$。而重整化群方程描述了在标度变换时参数空间中参数的流。

“重要的是，典型地，随着标度下降到低能量时，重整化群方程的解接近于可能拉格朗日量空间中一个有限维度的子流形：因而定义了一个有效的低能理论，它可以用有限数目的参数来表述，并且很大程度上独立于开始时的高能情形（更为精确地，是独立于由 E/Λ 的幂所抑制的高能效应，其中 E 是有效理论成立的低的能量）。”[①]

重整化群是一种构建理论的一般方法，它不但能够应用于量子场论的理论发散问题，还能够应用于相变理论及其临界点问题。当应用于临界点的流体、自发磁化的铁磁材料等现象时，发现它们的临界行为可以用重整化群理论来统一描述。重整化群是一个半群，其变换过程可以无限地迭代，重整化群方程可以将耦合常数移动到小标度上，这样拉格朗日量中的不可重整化项就完全包含在微扰分析中了。其应用是在 20 世纪 70 年代之后，如重整化群的应用在 1973 年导出了

---

① Castellani E. “Reductionism, emergence, and effective field theories”. *Studies in History and Philosophy of Science Part B: Studies in History and Philosophy of Modern Physics*, 2002, 33(2): 251-267.

量子色动力学中的渐近自由性质。重整化群方法为微扰重整化的经验成功提供了解释，从物理图像上回答了为什么避免发散要改变耦合常数的值，因而物理学家们认为它无论从基础性上还是从解释上来讲都是至关重要的。

2. 作为基础理论的量子场论 vs.有效场论

20 世纪 70 年代，物理学家们逐渐认识到，在不把截止取作无穷大时，也能够保留高能效应，这使得关于截止的实在论态度流行开来。物理上截止的实现是与对称性自发破缺和退耦定理相关的，在能量高于对称性破缺的标度时，对称性自发破缺不会影响物理学的结构，也就是说不会影响理论的可重整化性。这一过程不但体现了截止的物理意义，也体现出了量子场论的等级结构。退耦定理断言，在涉及具有更大质量的可重整化理论中，总能找到重整化规定，使得大质量的粒子从低能物理状态中退耦，同时产生由大质量粒子动量的幂所抑制的重整化效应与修正。

温伯格给出了“渐近安全”的理论指导原则，但很快又被“有效场论”所替代。最初，有效场论仍把可重整性作为其指导原则，但很快它得到了关于可重整化的新的理解，并对可重整性的基础性提出了根本的挑战。有效场论恰当地描述了在物理世界参数给定区域中究竟什么是重要的，阐明了量子场论在不同的标度上应当采取不同的形式。有效场论意味着在不同标度上具有不同的物理特性，对给定范围内物理现象的描述不必考虑到所有范围内的物理事实，用粒子物理学家乔吉的话表述则是：“在量子场论的语言下，对粒子相互作用最为恰当的描述取决于所研究相互作用的能量。”[①]例如，在描述低能现象时，量子场论不需要包括许多自由度，如在理解氢原子时不需要量子引力，在理解化学时不需要夸克的电磁作用。随着所考虑能量标度的改变，有效场论的描述相应地也进行改变，以反映不同粒子与不同相互作用的相对重要性。有效场论代表着理论的一种层级结

---

① Georgi H M. “Effective quantum field theories”. In Davies P (Ed.). *The New Physics*. Cambridge: Cambridge University Press, 1989: 446-457.

构，不同的层级对应于不同的能量标度。不同层级之间通过对相邻两种理论中参数间联系的正规化匹配条件进行精确地关联，从而保证了两个理论对低于其截止的物理情形提供相同的描述。

具体地，在处理具有不同质量粒子的情形时，当实验能量 E 远小于某个粒子的大质量 M 时，有效场论的处理就是忽略这个大质量的粒子。把 M 作为截止，在能量 $E \ll M$ 处的物理情形是用可重整化的有效场论来描述的。大质量粒子的不可重整化的相互作用影响非常小，即由 E/M 的幂所表述并抑制，可以忽略不计。而当实验能量 E 接近于截止质量 M 时，重的粒子就不能被忽略了，需要新的物理学来描述。

有效场论本质上是一种近似，有效的不可重整化理论只是作为可重整化理论的低能近似，在确定了所处理的相关自由度之后，就可以对相应的有效场论进行微扰处理了。例如，寻找弱相互作用的费米理论的精确解是不必要的，微扰展开的数学收敛性也不成问题。在达到基本理论的影响不能忽略的精度上，微扰展开的渐近性就会变得很明显。微扰展开的适用范围依赖于定义有效场论的能级分离标度。

有效场论在过去的 40 年间已经成为当代物理学中非常重要的工具，尤其在凝聚态物理学中和粒子物理学中的应用非常广泛。由于实验探测的能量范围有限，实验物理学家们把有效场论作为分析其实验结果的自然框架。他们并不会刻意地把不可重整化的相互作用从框架中排除出去，而是在实验可获得的能量接近不可重整化有效理论的截止时，用另一个具有更高截止的不可重整化有效理论来替代，“适当地用如下方法处理：（Ⅰ）由截止的改变和重正化群方程的可计算性引起的重正化效应的变化，以及（Ⅱ）附加的不可重正化抵消项”[①]。有效场论中，并不需要重整化群方程存在不动点解，并且退耦定理在对称性破缺时会遇到自发破

① [美]曹天予：《20 世纪场论的概念发展》，吴新忠、李宏芳、李继堂译，上海科技教育出版社 2008 年版，第 441 页。

缺和反常破缺，符合现代场论的模型。有效场论“澄清了量子场论的理论结构及其本体论基础，并且更为重要的是引入了基础物理学前景的根本转变”[①]。

重整化群及由此发展的有效场论揭示出理论间的关系，然而理论间的关系满足的是还原论还是涌现论？究竟是什么样的关系？接下来我们将进一步分析。

（三）重整化与理论间的关系

有效场论与万有理论形成了鲜明的对比，后者被认为是一种基本的理论，它研究宇宙的终极构成及支配其行为与相互作用的定律，而前者只致力于特定标度上物理行为的研究。在过去的 50 年间，粒子物理学标准模型对非引力相互作用的成功描述，显示出其还原主义和统一性的优势，人们很自然地认为基本的物理学理论应当是可重整化的量子场论。然而，重整化群方法的应用所开辟的关于量子场论的有效场论理解，又使得量子场论并不适合成为一种基本理论。以温伯格为代表的物理学家们认为，粒子物理学标准模型是更为基本理论的低能近似，而更为基本的理论可能不是一种关于场的理论。

从而，围绕着基本理论与有效理论形成了两种对立的观点。温伯格、威滕、戴维·格罗斯等高能物理学家们认为存在一种基本的理论，即万有理论，粒子物理学标准模型和广义相对论都是这种基本理论的有效理论，基本的理论可能是弦论或膜理论等，他们走的是还原论的进路。在他们看来，有效场论提供了不同层级间理论的精确关联，理论 A 与理论 B 通过重整化群方法联系起来，理论 A 可以看作是从理论 B 中涌现出来的，是理论 B 的低能近似。当代物理学中有许多这样的例子，如费米液体的朗道理论是超导低能激发的有效场论。这些不同的理论共享着同一个概念框架，即量子场论，从而避免了在讨论异质理论间关系时的翻译问题。问题是，有效场论并没有明确表明存在着终极理论，高能理论可能是另一

---

① Cao T Y. *Conceptual Developments of 20th Century Field Theories*. Cambridge: Cambridge University Press, 2019: 323.

种有效场论，或者是完全不同的理论，终极理论的存在需要有效场论之外的论证。

著名的凝聚态物理学家安德森（P. Anderson）在1972年的经典文章《多即不同》（“More is Different”）中明确指出，在复杂性的每个新标度上都会出现新的属性，这些新的行为是在不同的标度上涌现出来的。虽然高能物理学可能研究的是更为基本的构成和定律，但并不意味着凝聚态物理学（以前称为固态物理学）是高能物理学的概念后承，凝聚态物理具有高能物理所不具有的一些属性。科学存在着层级性，高能物理领域所发生的事情并不与包括凝聚态物理在内的低能物理学有直接的相关性，后者必须在自己独特的标度和范围内进行研究，以发现它所遵循的自主规律。

曹天予、施韦伯（S. S. Schweber）等哲学家们也认为物理学家们得到的是永无止境的有效理论，物理世界处于一个个相对独立的层次，每一个层次都具有各自的本体论和基本定律，他们走的是反还原论的进路。从反还原论的立场来看，所有的理论都只是有效理论，它们都有自己的适用范围。重整化只是将不同的理论模型联系起来的一种方法。他们认为，有效场论方法支持的是“理论本体论的多元主义、一种反基础主义的认识论，以及一种反还原论的方法论”[①]。他们的核心论点是：其一，有效的低能理论具有明显的稳定性，它们与相应的高能理论是退耦的；其二，在高能理论未知的情形中，为了确定截止拉格朗日量中的耦合常数是什么，需要对有效的低能理论给予经验的输入。

第三节 普朗克标度上的统一

一、表征连续的方式：流形与纤维丛

爱因斯坦在1907年认识到，并不存在什么引力，引力场只是一个弯曲的时

① Cao T Y, Schweber S S. “The conceptual foundations and the philosophical aspects of renormalization theory”. *Synthese*, 1993, 97(1): 33-108.

空，在弯曲的时空中粒子沿弯曲的短程线运动，就好像有一种引力作用在粒子上，所以只要知道了弯曲时空的结构，就知道了物体的运动规律。对此，爱因斯坦花了 7 年工夫，在与数学家格罗斯曼的合作下，最终为引力场的弯曲时空找到了适合的数学结构——流形上的黎曼几何以及爱因斯坦自己命名的张量分析，用张量的方程表达了引力场方程，建立了广义相对论。20 世纪后半叶之后，在流形基础上形成的纤维丛成为规范场的数学基础，在流形基础上形成的卡-丘流形成为超弦理论的数学支持。那么，在数学中，广义相对论需要的黎曼几何和张量分析、规范场需要的纤维丛以及弦论需要的卡-丘流形到底实现了什么?

黎曼几何是高斯关于三维空间曲面的一般研究向 n 维的扩张。高斯关于曲面一般研究的重要创新是，他通过采用参数表示和微分语言（无穷小）得出了曲面的性质仅仅依赖于曲面参数微分的函数，即曲面的性质可以由曲面本身内蕴地决定，不需要把曲面看成是三维空间中的图形，换句话说，一个曲面本身就是一个空间。黎曼在 1854 年专门讨论了 n 维曲面的内蕴几何，他把 n 维曲面称作流形。尽管流形概念本身就像牛顿的流数概念一样包含了连续运动，但是为了防止人们想到由离散的元素静态组成的流形，黎曼首先还是强调了他所讨论的流形是由点的连续运动所生成的连续流形。在定义流形上的度量关系时，黎曼强调他只讨论增量为无穷小 dx 的两点，即流形上的点是连续变化的情形。黎曼用微分定义了连续流形上两点之间的无穷小距离 ds，即后来所说的黎曼度量；以距离度量为基础，他又定义了流形上的一些基本概念，实现了用离散的点之间的无穷小距离来定义连续的流形。

黎曼对流形性质的研究是无穷小区域内的局部研究，每一个局部区域上有各自的坐标系来定义其性质；而流形的整体性质应该在每一个局部区域上都是相同的，与每个局部区域上坐标系的选取无关，即流形整体性质的表达式在局部坐标系变换下应该保持形式和值都不变，这引出了流形上微分不变量的研究。通过微分不变量，黎曼流形的局部性质就成为整体性质，实现了用离散的局部区域来解释连续的整体流形。对局部坐标变换下微分不变量讨论的最著名结果是 20 世纪初里奇（G. Ricci-Curbastro）和他的学生莱维-齐维塔的张量概念。对于微分不变量 $\Sigma A_j \mathrm{d}x^j$，他们认为只要分析微分函数组 A_1，A_2，…，A_n 就够了，并称这个微分函数组为张量，这样，由某种坐标变换法则约束的张量就可以用来表征微分不变量。所以说，张量也是实现用离散的局部区域来解释连续的整体流形的一种方法。

莱维-齐维塔还定义了流形上的平行性，即所谓的莱维-齐维塔平移。他考虑了流形上沿着一条曲线平行移动的向量，如果按照欧几里得平行性的定义，这些向量就应该彼此相互平行而不相交，但要是这样的话，就会使一些向量因为保持平行而不在流形上；于是，莱维-齐维塔改用欧几里得平行性的另一个事实，就是彼此平行的直线与第三条直线的夹角总是相等的，推广这个事实到流形上，就是流形上的平行向量与测地线的夹角都相等，并且要求两个平移向量的夹角也保持不变，这种向量间的平行移动称为莱维-齐维塔平移，它由向量间无穷小变换的微分方程来定义，这使得流形的曲率以及流形上涉及曲率的绝大多数性质都能由向量的平移做出解释。利用向量的平移来定义连续流形，就是外尔的联络概念。在流形上引进向量的平移后，外尔很快就发现，向量的平移和黎曼度量没有关系，这说明，流形上点和点之间的关系不是只能用黎曼度量来规定。于是，外尔去掉黎曼度量，只考虑平行性，由向量的平移来定义流形上相邻两点之间的关系，即仿射联络；类似地，嘉当发现，流形上各点处的切空间是欧几里得空间，于是在相邻两点处的切空间之间建立射影对应，即射影联络。联络实现了用离散的点之间的其他关系而不是无穷小距离度量来定义连续的流形。

微分不变量是通过离散的局部区域性质来获取流形整体性质的一种方式，除此之外，拓扑不变量是通过流形整体本身来获取流形整体性质的一种方式，流形的纤维化则是通过离散的纤维来获取流形整体性质的又一种方式。1933 年，赛弗特（H. Seifert）考虑了三维闭流形的同胚问题，即不同流形之间相同与否的问题，由于解决三维的方法不能用在三维或更高维度，他研究了群作用在三维度量空间上的基本区域[①]。在二维情形，定点自由作用的基本区域是一个闭曲面；但是在三维流形就不是这样了，三维球形上作用的基本区域被赋予一定的纤维化，其中，纤维是超球体上连续作用的轨迹曲线，由此，需要将三维流形纤维化，再通过纤维的不变量来解决三维流形的同胚问题。赛弗特解决了由纤维连续映射到三维纤维化流形的不变量问题，即三维流形纤维化的不变量。流形纤维化的意义实际上就是将连续流形离散化成纤维，再通过纤维的不变量来解释连续流形的整体性质。赛弗特的曲线纤维是一种内蕴纤维，流形的纤维还可以是外在的。如惠特尼（H. Whitney）的纤维是流形上每一点处形成的单位球面；埃雷斯曼（C. Ehresmann）则将拓扑空间中每点处长出的拓扑空间都称作纤维。后来的纤维一般就是这种外在意义上的。

流形及其每点处长出的纤维一并称作纤维丛，纤维丛是由离散的纤维之间的关系所定义的一类特殊流形。纤维丛上的不变量称作示性类，它反映的是流形的整体性质，是流形的拓扑不变量。通过纤维丛，韦伊（A. Weil）和艾伦多弗（C. Allendoerfer）（通过外在的球丛）以及陈省身（通过内蕴的切向量丛）分别外在和内蕴地证明了黎曼流形上的高斯-博内定理，从而在流形的拓扑不变量（欧拉示性数）与微分不变量（高斯曲率）之间建立了联系。之后，陈省身又发现，埃尔米特流形上的陈示性类（陈即陈省身）可以完全用里奇曲率表示出来，即里奇曲率可以完全决定第一陈示性类；卡拉比猜想，埃尔米特流形的子流形凯勒流形上，第一陈示性类也可以完全决定里奇曲率；丘成桐证明了这个猜想，特别地，第一陈示性类为零决定了里奇曲率为零，即里奇平坦凯勒度量，这样的流形称为卡-丘流形[②]。陈省身还认识到纤维丛理论与嘉当的联络思想有密切关系，

① Seifert H, Threlfall W. *Seifert and Threlfall: A Textbook of Topology with Topology of 3-Dimensional Fibered Spaces*. Goolman M A, Heil W (Trans.). New York: Academic Press, 1980: 359.

② 冯晓华、高策：《卡拉比猜想及其证明》，《自然科学史研究》2012 年第 2 期，第 233-246 页。

纤维丛上可以引进联络来定义相邻纤维之间的关系；埃雷斯曼则正式把联络定义到纤维丛上，实现了用离散的相邻纤维之间的联络关系来定义连续的纤维丛[①]。

通过上面的分析可以看出，广义相对论需要的黎曼几何和张量分析、规范场需要的纤维丛以及弦论需要的卡-丘流形在数学中的重要意义就是认识和解释流形。三维欧几里得空间中的曲面跳出背景空间后再向 n 维推广就是流形；流形上每一点处都添加纤维就形成纤维丛，或者流形上添加埃尔米特度量和凯勒度量就形成卡-丘流形。流形和曲面一样都是连续世界的事情，对它们的解释延续了牛顿的成果，即通过研究流形上离散的相邻点之间的关系来研究流形的性质。流形上相邻点之间的关系可以由距离定义，称作度量；也可以由平行性或射影对应定义，称作联络。离散的相邻点之间的关系反映的是流形的局部性质，离散的局部性质通过微分不变量成为流形的整体性质，微分不变量的另一种表征方式是张量；流形的整体性质也可以从流形整体上直接获得，称作拓扑不变量；流形的整体性质还可以通过纤维丛的示性类来获得，纤维丛的示性类是流形的一类拓扑不变量。流形的微分不变量和拓扑不变量可以通过高斯-博内定理建立联系；在埃尔米特流形上，微分不变量（里奇曲率）可以完全决定拓扑不变量（第一陈示性类）；在埃尔米特流形的子流形凯勒流形上，拓扑不变量（第一陈示性类）也可以完全决定微分不变量（里奇曲率），特别地，当拓扑不变量（第一陈示性类）为零时，微分不变量（里奇曲率）也为零，这样的流形称作卡-丘流形。上述对连续流形的认识，环环相扣，一气呵成。

二、表征离散的方式：希尔伯特空间

量子力学的数学基础是希尔伯特空间及其上的算子理论；在数学上，希尔伯特空间来源于将一个连续的积分方程离散化成无穷多个线性方程的方程组的求

① 高策、冯晓华：《数学与物理关系中数学空间的哲学特征》，《科学技术哲学研究》2016 年第 4 期，第 84-95 页。

解。积分方程是未知函数在积分号中的方程，解方程就是求其中的未知函数，这是 19 世纪末 20 世纪初相当重要的一类问题。1896 年，沃尔泰拉首先注意到所谓的第一类积分方程是含 n 个未知数的 n 个线性代数方程的方程组在 n 变成无穷时的极限形式。弗雷德霍尔姆（E. I. Fredholm）采用这个方法求解所谓的第二类积分方程，他把 x 的区间 $[a, b]$ 用分点分成 n 等分，引出了 n 个线性方程的方程组，然后让 n 变为无穷。对此，希尔伯特给出了严格的极限过程，他还在任意区间上定义了完备正交函数系，给出了区间上的函数在函数系下的傅里叶系数表示，由此，将第二类积分方程的求解转化成对未知函数的傅里叶系数的求解。这些系数引出了具有内积运算的向量或无穷实数序列 $\{x_n\}$ 的集合，其中 $\sum_{i=1}^{\infty} x_i^2$ 是有限的，这就使得弗雷歇（M.-R. Fréchet）和施密特（E. Schmidt）能够将傅里叶系数形成的无穷序列看成无穷维欧几里得空间中的点或元素，这样相应的函数也可以看成无穷维欧几里得空间中的点，函数的积分可以看成是作用在这些函数之间的变换，即将空间中代表函数的点变成另一个点，这种变换称作算子，这样的空间就是无穷维函数空间。

无穷维函数空间是 n 维欧几里得空间向无穷维的推广，其中的点是连续函数，点与点之间的关系由函数的积分变换即算子定义，其目的是为连续的积分方程提供一种抽象的研究方法，这种方法在数学上发展成了泛函分析，其主要任务仍旧是为积分方程提供抽象理论。所以说，无穷维函数空间在数学上实现了对连续积分方程问题的离散化处理[①]。

无穷维函数空间的另一个发展是基于量子力学考虑的希尔伯特空间。1923 年，无穷维函数空间的算子理论被发现是量子力学的有用数学工具；1926 年，薛定谔建立了基于波动微分方程特征函数论的量子理论，并证明他的理论和一年前海森伯的无穷矩阵量子理论是等价的，这实际上提出了将无穷维函数空间的算

① 葛力明：《前言》，《数学学报（中文版）》2017 年第 1 期，第 1-2 页。

子理论和微分方程特征函数论统一起来的要求。在这种背景下，冯·诺依曼通过变换理论讨论了矩阵理论与波动理论的等价性[①]，发现离散的指标值空间 Z=(1，2，…)与连续的量子系统状态空间 Ω 之间有相似性，即这两个空间上的函数——特征值方程的解 x_1，x_2，…的序列和波函数 $\psi(q_1, \cdots, q_k)$——有关系，这种关系就是两个空间上的函数系统 F_Z 和 F_Ω 是同构的，由于函数系统 F_Z 和 F_Ω 是矩阵理论和波动理论的分析基础，所以它们的同构意味着这两种量子理论有相同的数值结果，再加上以它们为基础的两种量子理论在数学上是等价的，所以可以将两种量子理论统一在希尔伯特空间（即无穷维函数空间）中；对此，冯·诺依曼给出了与特殊形式的函数系统 F_Z 和 F_Ω 无关的一般的希尔伯特空间的定义与基本性质，这样的希尔伯特空间在离散的函数空间 F_Z 与连续的函数空间 F_Ω 中有相同的意义，最后，冯·诺依曼采用希尔伯特空间塑造了量子力学的结构。

通过上述分析可以看出，希尔伯特空间源于对连续积分方程问题的离散化处理，它是无穷维函数空间，是 n 维欧几里得空间向无穷维的推广。n 维欧几里得空间是由 n 个有序实数确定的点构成的具有一定数学结构的集合，希尔伯特空间则是由函数作为点或元素构成的具有一定数学结构的无穷集合。根据古希腊以来的结论，离散的点只有通过运动才能生成连续的曲面，黎曼流形就是由其上点运动生成的 n 维曲面；而希尔伯特空间只是点的集合，不涉及点的运动，因此它是离散的点空间。

离散的希尔伯特空间与连续的黎曼流形是截然不同的空间，分别以它们为基础的量子力学与广义相对论自 20 世纪初创立以来始终没有实现统一，这个难点也反映在希尔伯特空间与黎曼流形上。基于希尔伯特空间是 n 维欧几里得空间向无穷维的推广，黎曼流形是三维欧几里得空间中的曲面跳出背景空间向 n 维的推

① von Neumann J. *Mathematical Foundations of Quantum Mechanics*. Beyer R T (trans.). Princeton: Princeton University Press, 1955: 28-34.

广,我们可以回溯地看三维欧几里得空间和三维欧几里得空间中的曲面之间有什么鸿沟。根据古希腊以来的结论,三维欧几里得空间中离散的点之间隔着无穷小逻辑距离,通过运动穿过这个距离就生成了连续的曲面,牛顿的微积分正是实现了这一点。如今离散的希尔伯特空间的特点在于,它不试图穿过而是保持了其上点之间的无穷小逻辑距离,它不是作为生成连续曲面或空间的背景空间,而是像黎曼流形之于广义相对论的意义那样直接作为量子力学的基础。

基于量子力学与广义相对论的平等地位,源于背景空间意义的离散的希尔伯特空间与源于背景空间中点运动生成曲面意义的连续黎曼流形也应该是平等的地位。背景空间的这种变化套用一种流行的比喻就是,对于牛顿微积分,离散的欧几里得点空间是背景,连续的曲面是演员;对于黎曼几何,作为背景的离散的欧几里得点空间消失,只有作为演员的连续的黎曼流形;对于泛函分析或量子力学,离散的希尔伯特空间不再作为背景,它也成了演员。要统一量子力学和广义相对论,就要求源于背景意义的离散的希尔伯特空间与源于演员意义的连续的黎曼流形都是演员,即要求把截然不同的离散的希尔伯特空间和连续的黎曼流形不加区分地统一起来;并且,这种统一不应该是简单地将离散的希尔伯特空间连续化或连续的黎曼流形离散化,而应该是将离散的希尔伯特空间与连续的黎曼流形统一在一个和谐的整体里,在这样的整体里,离散的希尔伯特空间与连续的黎曼流形不再有区别。

三、离散与连续在量子几何学中的统一

希望将离散的希尔伯特空间与连续的黎曼流形统一在一个和谐的整体里只是一种想法。提出这种想法的不是数学,而是当代物理学统一量子力学和广义相对论的愿望。这个愿望从爱因斯坦开始,至今没有得到一种令人满意的统一理论;不过,目前有多种竞争的构建方法致力于实现这一愿望,包括正则量子引力论、超弦理论、扭量理论、全息假设、非对易几何以及拓扑量子场论等理论。尽管这

些方法在概念与技术上都面临着严重问题，但它们揭示出的世界新图景是，要使量子效应和引力效应都很重要，即其中任何一种效应都无法忽略，就要求各种量的取值在普朗克标度范围内，即要求存在一个最小量子长度标度①。

最小普朗克量子长度标度的要求指出了一条统一量子力学与广义相对论的引力的量子化道路，指向一个可期待的量子引力论。在引力的量子化道路上，相对于量子力学，广义相对论会承受更大的压力。广义相对论不仅是一个引力理论，也是关于时空的理论，量子引力论必须构建一个时空的量子理论，并对时空的量子本性做出解释。尽管量子化可能意味着离散，尽管量子引力论的一些构建方法使时空的非流形结构观点成为热门，但量子力学和广义相对论之间的冲突可能并不一定像离散和连续之间的矛盾那么明显。时空的量子本性可能并不一定意味着从根本上摒弃时空的流形概念，时空一般的态不会是某些基本离散实体的集合，而是具有离散几何特性的态的一系列量子叠加。同时，量子引力论还必须处理与时空流形概念紧密相连的微分同胚映射作用，微分同胚不变性被认为是任何基本世界描述所必需的②。

最小普朗克量子长度标度的要求在世界观上引发的改变是巨大的。在这个最小长度标度下，任何变化不再是连续变化，当然也不是离散的变化，而是以确定的大小一份一份地进行变化，称作量子化。在量子化的观点下，所有的事物，包括我们所认识的离散的点、连续的线和面，都会不停地振动着③。这意味着，我们所熟知的连续图形的背后有更基础的非连续结构，面积、体积这样的连续几何

---

① [英]杰瑞米·巴特菲尔德，[英]克里斯托弗·艾沙姆：《时空和量子引力论的哲学挑战》，载[美]克雷格·卡伦德、尼克·赫盖特主编：《物理与哲学相遇在普朗克标度》，李红杰译，湖南科学技术出版社 2013 年版，第 39 页。

② [美]克雷格·卡伦德、尼克·赫盖特主编：《物理与哲学相遇在普朗克标度》，李红杰译，湖南科学技术出版社 2013 年版，第 36、28、49、50、116、124 页。

③ [美]丘成桐、史蒂夫·纳迪斯：《大宇之形》，翁秉仁、赵学信译，湖南科学技术出版社 2012 年版，第 352-367 页。

量具有非连续的谱，时空不再具有连续流形的结构，而具有量子的特性[①]。反映在数学上，如果存在最小普朗克距离，无穷小距离就不再可能，这会影响到处理连续对象的微积分以及连续对象的定义，连续对象甚至可能不再存在，曲面和流形不再存在，整个近代数学的基础可能不再有效。

连续不再存在，那么，什么可能存在呢？根据量子引力论的几种构建方法给出的建议，在普朗克尺度上，存在一组（量子态的）网络基，网络上的节点代表着量子化区域，节点之间连线的长度用自旋值（即半整数 0，1/2，1，3/2，…，$k/2$）标记，也就是以普朗克长度为单位的长度，网络本身并不处于任何背景中。在这样的自旋网络中，长度、面积、体积这样的连续几何量不再是连续的，当然也不能说是离散的，而是量子化的；时空不再是连续流形，当然也不是离散的，而是一个组合网络或交织，构成方式与棉线织成连续二维 T 恤衫面的方式相同[②]。

目前，这样的量子引力论还不存在，它只是为那种能够统一小尺度的量子力学和大尺度的广义相对论的最终理论所起的名字；相应的数学理论更不存在，但是对于数学，量子引力论可能意味着：我们已有的几何学也许并不是基本理论，而是基本理论涌现出的一种近似理论，应该存在一种基本的新几何学，有人称之为量子几何学；或者，在最小普朗克量子长度标度，就根本没有我们通常意义上的几何学。这到底是已有几何学的终结还是拓展，有待时间给出答案。不过，数学家和物理学家一般都相信，已有的几何学会是某种更基本、更大理论的一部分，因为更基本的微观描述原则上可以推出宏观信息[③]。在这样更基本、更大的理论中，离散与连续应该也会彻底实现全面的统一。

---

① [美]克雷格·卡伦德、尼克·赫盖特主编：《物理与哲学相遇在普朗克标度》，李红杰译，湖南科学技术出版社 2013 年版，第 17、43、78、90、294 页。

② [美]克雷格·卡伦德、尼克·赫盖特主编：《物理与哲学相遇在普朗克标度》，李红杰译，湖南科学技术出版社 2013 年版，第 23、38、43、116、117 页。

③ [美]丘成桐、史蒂夫·纳迪斯：《大宇之形》，翁秉仁、赵学信译，湖南科学技术出版社 2012 年版，352-367 页。

第十章
对称性与对称破缺的统一

对称性是20世纪物理学的三大主旋律之一，贯穿了当代物理学的所有理论，包括相对论、非相对论的量子力学、粒子物理学标准模型和量子引力理论，对称性与对称破缺已经成为理解宇宙组织的核心观念。对称性被称为物理学定律的元定律，在“对称性支配相互作用”这一理念的指引下20世纪的物理学发现了众多物理学的基本定律，为量子理论的实在性奠定了坚实的认识论基础。

第一节　自然的对称性

时空对称性是外在的对称性，指物理规律在时空平移和洛伦兹转动下保持不变。内在对称性是量子世界所特有的，它是指描述微观世界的物理规律对于粒子的变换保持不变，如强相互作用在交换上夸克和下夸克时保持不变。

一、群论的引入

1. 物理学中的对称性

对称的概念古已有之。在古希腊它与测量相关，与整数的比例相关，与图形的和谐和美相关。从古希腊的柏拉图、亚里士多德，到希腊化时代的托勒密和近代的哥白尼，他们把天体看作球，把天体的运动看作匀速圆周运动，也是基于对称的观念。早期的对称性关注的是几何形状的对称性，世界是满足最大对称性的，圆具有最大程度的对称性，因而天体及其轨道作为完美世界的组成应该都是圆的。

从几何的对称性到运动规律的对称性的转变，是在开普勒那里实现的。开普勒把火星的视运动轨迹和太阳的视运动轨迹相减，就得到了火星绕太阳运动的椭圆轨道。火星的运动规律并不随着观察者视角的变化而变化，地球上的人看到火星运动的不规则仅仅是由于其观测视角叠加了地球绕太阳的运动，是运动的相对性所造成的。从此，物理学中的对称性转而成了物理规律的不变性，即物理定律或方程在某种变换下保持不变的特性。

经典物理学中的对称性是全域的时间和空间对称性，如伽利略变换揭示了牛顿理论在时间和空间平移变换下的不变性，即当作空间平移变换 $r \to r' = r + r_0$ 和时间平移变换 $t \to t' = t + t_0$ 时，定律或方程 $f(r,t) = 0$ 在新的变换下仍然成立 $f(r + r_0, t + t_0) = 0$。正如维格纳所言，时间和空间平移的不变性为发现自然律提供了可能的先决条件："若事件之间的关联每天都在变化，且在不同的空间点处不同，那么就不可能发现它们。"[①]空间的各向同性意味着物理学定律的旋转不变性，也就意味着空间中没有哪一个特定的方向具有优越性。当应用于行星轨道时，旋转对称性意味着把行星系统旋转任意一个角度，转动后的轨道仍然是一个可能的轨道。以前，古希腊人错误地认为旋转对称性意味着天体拥有圆轨道，现在我们知道这是物理学方程解之间的对称性。

物理学中的对称性是指物理定律的对称性，包括对方程在独立或非独立的变量进行变换时定律形式不变，也包括方程的解从一个映射到另一个时方程仍然不变。第一种情况是被动的对称变换，即在两个不同的坐标系统下对同一物理演化的描述。第二种情况是主动的对称变换，指在同一坐标系统下描述不同的物理演

---

① Wigner E P. "The role of invariance principles in natural philosophy". In *Symmetries and Reflections: Scientific Essays of Eugene P. Wigner*. Bloomington: Indiana University Press, 1967: 28-30.

化。通常，描述客体对象的对称性采用“不变性”，描述方程或定律的对称性则用“协变性”。当一个方程的形式在给定变换下保持不变时，该方程在这一变换下是协变的。我们也可以通过引入新的变量函数，以使得在某个给定变换下不具有协变性的方程具有协变性，新引入的变量的物理解释会为协变性带来具体的物理意义。方程的协变性要弱于不变性，不变性不仅保持方程的形式不变，还要求方程中任意非动力学量的值也保持不变，如光速。

2. 群的描述

18 世纪后半叶，拉格朗日在《关于方程的代数解法的思考》中试图利用在根的置换下不变的函数来求解方程，这是对称性在经典力学中作为辅助性手段来求解动力学问题的策略，即通过对称变换，寻找到一些可忽略的坐标或具有更小自由度的系统，从而将运动方程的积分问题转变为寻找合适的坐标变换问题。这种变换策略在哈密顿和雅可比（C. G. J. Jacobi）的正则方程和正则变换理论中得到了更为明显的优势。后续鲁菲尼（P. Ruffini）、柯西（A. L. Cauchy）和阿贝尔也在这一领域做出了重要的工作，直到 19 世纪上半叶伽罗瓦提出用群这一重要的方法来求解方程。通过考察方程的对称程度，伽罗瓦把方程的求解问题转换为对其所涉及的置换群特性的研究。若尔当（C. Jordan）在 1870 年的《置换论及代数方程论》中整理并拓展了伽罗瓦的工作，从而开启了群在几何学和数学物理学领域的重要应用，开启了用群来研究对称性的时代。群在几何学中的应用是从克莱因开始的，在其 1872 年发表的“爱尔兰根纲领”中，克莱因致力于利用变换群下的不变性（即对称概念）来总体刻画几何学，几何学被定义为研究群变换下不变量的科学，每种几何学都由特定的变换群所确定。此后，索菲斯・李（Sophus Lie）推广了群的思想，建立了连续变换群理论，即李群。李关注物理学方程（即自然定律）的对称性，他与恩格尔（F. Engel）合作完成三卷本著作《变换群理论》，建立了与微分方程理论相关的连续变换群理论，并将其与李代数关联起来，形成了群的李代数。连续群的研究与分类能够用相应的李代数来进行，这在物理学中有着重要的应用。

1925—1927 年，外尔就李群及其表示的结构进行了深入的研究，并在量子力学诞生之后迅速地投入到群论与量子力学数学结构的研究中。与此同时，维格纳则用群论来解释原子光谱和原子结构等量子现象。但是，那时的物理学家很不情愿接受群论的论证和群论的观点，“老一辈的物理学家中可能是冯·劳厄（von Laue）首先认识到群论的重要性，他认为群论是在处理量子力学问题中得到的最初认识的自然工具……几乎所有的谱学中的规律都从问题的对称性得出，这是最出色的结果。”[①]外尔、艾米·诺特（Emmy Noether）和维格纳等把李的理论成功地应用到现代物理学中，奠定了李群理论和李代数在现代物理学中不可或缺的地位，群论及其应用才开始对当今物理学产生重要而深远的影响，并且成为研究物理学对称性理论十分有效的数学工具。

3. 对称性为实在论辩护

对称性在我们关于几何、方程和物理定律的认识过程中发挥了重要的作用。按照维格纳的观点，事件、自然定律和不变性原理形成了物理学知识的层级，从事件到自然定律，再从自然定律到对称或不变性原理是逐层递进的。自然定律是关于事件的规律，而不变性原理是关于自然定律的规律。维格纳认为，对称性原理为自然定律提供了一种结构，正如自然定律为一系列不同的事件提供了结构一样。“我们关于周围世界的知识有一种奇特的层级。每一刻都带来惊奇和不可预见的事件——未来是不确定的。然而，在我们周围发生的事件中有一个结构，即我们认识到的事件之间存在着关联。科学希望发现的正是这种结构和这些关联，或至少是精确而明了的关联。它们正是我们日常知识的改进和延伸，在某些情况下，到目前为止我们还没有意识到它们的起源……我们知道许多自然定律，希望

---

① Wigner E. Group Theory and Its Application to the Quantum Mechanics of Atomic Spectra. Griffin J (Trans.). New York: Academic Press, 1959: v.

并期望发现更多。没有人能预见下一个将要被发现的规律。然而，在自然定律中有一个我们称之为不变性原理的结构。这种结构在某些情况下是如此影响深远，以至于自然定律能够在假设其符合不变性结构的基础上被猜出来……因此，从事件到自然定律，从自然定律到对称或不变性原理的递进，正是我想说的我们周围世界知识的层级。”①

一旦我们把握了自然规律本身的规律性，即获得了基本的对称性，那我们又如何能够否定自然定律的客观性与实在性呢？从经典力学的哈密顿表述开始，坐标变换下的正则方程的不变性一直贯穿着整个物理学。1834 年，哈密顿在拉格朗日分析力学的基础之上，写出了正则方程组 $\dot{q}=\frac{\partial H}{\partial p},\dot{p}=-\frac{\partial H}{\partial q}$。正则方程中的广义坐标 q 和广义动量 p 具有对称性，并且在变换 $(q,p)\to(Q,P)$ 下方程保持不变，仍然有 $\dot{Q}=\frac{\partial H}{\partial P},\dot{P}=-\frac{\partial H}{\partial Q}$。用现代微分几何的语言来表述，则是广义坐标和广义动量形成的相空间具有辛流形的构造，哈密顿体系的动力学演化就是辛变换，保持辛度量不变。正则方程是物理学的一种基本语言，正如薛定谔所言，哈密顿原理已经成为现代物理学的基石，现代物理学所有问题的求解都离不开这种语言，在当代量子论中亦是如此。即使在从经典到量子理论的变革中，正则哈密顿方程以其对称性、普遍性、与能量守恒的元过程紧密相关而得以保留，这为实在论者论证物理学定律或物理学理论中数学结构的实在性提供了强有力的论据，而其中的关键因素则是对对称性的把握，是对称性为实在性提供了坚实的基础。

对称性关于实在论的辩护也得到了诺特定理的有力支持。1918 年，诺特在论文《变分问题的不变量》中指出了在拉格朗日力学中连续（全域）对称性与守恒律之间的关系。守恒律作为一种普遍的规律必然是实在的，如能量守恒定律、动量守恒定律和电荷守恒定律等，所以与之相关的对称性也必然是实在的，经由

① Wigner E P. “The role of invariance principles in natural philosophy”. In *Symmetries and Reflections: Scientific Essays of Eugene P. Wigner*. Bloomington: Indiana University Press, 1967: 28-30.

对称性导出的自然定律也必定是实在的。事实上，20 世纪的物理学实践更是说明了对称性在揭示实在方面的认识论基础。

二、时空对称性

在相对论之前物理学中关于对称性的认识是经验的产物。如牛顿理论与事件本身的绝对位置和绝对时间无关，也与其方向无关，还与它是否在匀速直线运动或静止无关。庞加莱通过对电动力学方程的研究，给出了对经典物理学中不变性原理的完整表述，并认识到了其与群的相关性。但是，关于对称性和不变性原理在物理学中的意义和有效性是在爱因斯坦及其相对论中才被承认的。

狭义相对论中的相对性原理本身就是一种对称性，即对于观察者或参考系的变换而言，物理系统的状态据以变化的定律不变，体现了理论的普适性和客观性。爱因斯坦将满足洛伦兹不变性作为了构建狭义相对论的指导性原理，这“标志着趋势的倒转”。在杨振宁看来，其中蕴含了“对称性支配相互作用”的思想。在建立相对论的过程中，“对称性获得了一种新的地位，独立于定律的细节被提出，从而具有了强大的启示性”[①]。相对性原理相对论创立之前关于对称性的认识是从实验到场方程，再到对称性的。相对论中，对称性（相对性原理）是先验的真理，是理论推演的出发点，是从对称性到方程再到实验的。“这是一个如此令人难忘的发展，爱因斯坦决定将正常的模式颠倒过来。首先从一个大的对称性出发，然后再问为了保持这个对称性可以导出什么样的方程来。”[②]链条的倒转意味着对称性作为一种普遍的方法论，对于物理理论的建构起着重要的启示和约束作用，这是 20 世纪物理学中对称性应用方面的第一个转折点。

与此同时，相对论也深化了对称性。狭义相对论的洛伦兹不变性仍然是一种

---

① Brading K, Castellani E. “Symmetries and Invariance in Classical Physics”. In Butterfield J, Earman J (Eds.). *Philosophy of Physics*. Amsterdam: Elsevier, 2007: 1437.

② 杨振宁：《美和理论物理学》，张美曼译，《自然辩证法通讯》1988 年第 1 期，第 5 页。

全域的（闵可夫斯基）时空对称性，是早在经典物理学中就知道并应用过的对称性，爱因斯坦的工作是将其以适当的方式适用到电动力学。广义相对论给出了原有的洛伦兹不变性的有效性范围，即它只适用于平直空间，并不适用于弯曲空间。从一个低曲率的地方平移到一个高曲率的地方，洛伦兹不变性不会保留，这一平移过程中产生了曲率这一可观测量。在广义相对论中，爱因斯坦把空间的曲率与其中包含的质量联系起来，从而用一个更一般的原理，即广义协变原理取代了狭义相对论中的洛伦兹不变性。

广义相对论中的对称性是一种局域对称性，要求在任意光滑坐标变换下理论保持协变。在这种局域对称性的要求下，引力相互作用就成为用场描述的从点到点的扰动。空间中一点处发生的事件只与场相关，与其相邻的空间部分相关，事件之间的相互影响有着有限的速度。“这一不变性的假设更为直观，比相关于非齐次洛伦兹群的旧的不变性假设具有更少的人为性。上述表述相较于传统的表述更具现象性，传统的关于所有可微的坐标变换的不变性要求包含在其中。”[①]局域对称性揭示出，用于描述给定区域内接下来会发生什么所需要的所有信息都可以通过局域的测量得到，遥远的点处的信息对于定域的事件知识而言没有任何贡献。在这个意义上，维格纳认为狭义相对论中的全域时空对称性是一种几何对称性，而广义相对论中的局域对称性是一种动力学对称性。

三、内在对称性

20 世纪 20 年代，外尔和维格纳等将群理论及其表示引入量子力学中，“用群理论及其表示来研究量子力学中的对称性无疑标志着 20 世纪物理学中对称性历史”[②]继广义相对论之后的第二个转折点。外尔的工作试图用群理论来阐释量

① Wigner E P. “The role of invariance principles in natural philosophy”. In *Symmetries and Reflections: Scientific Essays of Eugene P. Wigner*. Bloomington: Indiana University Press, 1967: 6.

② Brading K, Castellani E. “Symmetries and Invariance in Classical Physics”. In Butterfield J, Earman J (Eds.). *Philosophy of Physics*. Amsterdam: Elsevier, 2007: 1437.

子力学的基础，而维格纳的工作关注于群理论对量子现象的解释等应用。

对称性在量子理论中扮演的有效性角色更加明显，“旧的不变性原理与量子力学是和谐的，并且这种和谐更为完备，量子方程与它们不变性的理论之间的相互依存关系，相较于前量子理论是更为紧密的”①。建立在希尔伯特空间上的量子力学形式体系，为对称性原理的应用提供了最为有效的语境。这是因为量子态的空间是线性的，量子态满足线性叠加原理，所以能够采用特别简单的变换来定义量子态，基矢态间的变换可以表示为基本时空对称群的不可约表示，将不同的量子态通过变换联系在一起，而这些变换则对应于物理学可观测量的算符。表示态空间对称操作的可观测量与系统的哈密顿量对易，直接扮演了守恒量的角色，态的叠加性质为已有的反演对称性等时空对称性带来了新的意义，同时开启了新的对称性的发现。

1926 年，海森伯发现粒子的置换对称性，这是物理学史上发现的第一个非时空的对称性。1927 年，维格纳在量子力学中引入宇称（P），即重新发现空间反演不变性。1931 年，狄拉克发现粒子-反粒子对称性（C）。1932 年，维络纳又在量子语境下引入时间反演不变性（T）。同年，海森伯引入质子和中子之间的 SU（2）对称性，1937 年，维格纳在进一步研究中将其命名为同位旋。1952 年，吕德斯（G. Lüders）表明 CPT 是物理定律的普遍对称性。然而，就揭示基本粒子及其相互作用的物理内容而言，最为核心的当属规范对称性，它是基本粒子物理学标准模型的核心。

第二节 规范对称性与相位因子

20 世纪五六十年代，对于强子的性质、支配强子行为的动力学定律（场方

---

① Wigner E P. “The role of invariance principles in natural philosophy”. In *Symmetries and Reflections: Scientific Essays of Eugene P. Wigner*. Bloomington: Indiana University Press, 1967: 7.

程）了解并不多的情况下，物理学家除了研究 S 矩阵这一表象理论之外，还从对称性出发试图获得对强相互作用的了解，因为对称性可以独立于动力学细节来推断其隐含的内容。

一、对称性支配相互作用

规范场理论的建立充分发扬了“对称性支配相互作用”的思想。1918 年，在爱因斯坦统一场论的启发下，外尔仿照广义相对论中的局域对称性，在电磁理论中引入了一种新的规范不变性，以局域地改变四维黎曼几何中的“长度标准”，用这种新的满足广义坐标变换和度规共形标度变换的新几何来统一引力和电磁相互作用。事实是，这样一来长度概念就具有了不可积性或路径依赖性，如爱因斯坦指出的，谱线的频率就会依赖于原子在电磁场中的路径，这在物理上是不可接受的。外尔的尝试被看作现代规范理论的思想来源，而现代规范理论需要在量子力学语境下才可能产生。

1929 年，外尔在波动力学的框架之下重拾规范不变性，他将磁矢势的变换称为第二类规范变换，将电子波函数的变换称为第一类规范变换。在波函数的规范变换中，用相位变换 $e^{i\alpha(x)}$ 代替了原先的标度变换 $e^{\alpha(x)}$。1941 年泡利指出，第二类规范变换的不变性要求引入一种相互作用场，它可以看作电磁场的势。1954 年，杨振宁和米尔斯将泡利的观点推广到了强相互作用中，得到了非阿贝尔的规范不变性。从这时起，规范不变性就不再像 20 世纪 50 年代初作为检验计算结果是否正确的条件被动地得到应用了，而是用来“写下一个相互作用，你随便写个相互作用，它不一定符合非阿贝尔规范不变性”[①]。

杨振宁和米尔斯把同位旋守恒与电荷守恒相对比，在规范不变性的要求下，同位旋守恒也需要一种向量场，但与电磁场中不包含电荷这一电磁场的源不同，

① 杨振宁：《向量势，相位，联络及规范场论》，《中国科学院研究生院学报》1996 年第 2 期，第 119-120 页。

同位旋场包含同位旋，它是自己的源，所以它的方程式是非线性的。规范变换代表着相位因子的改变，这一改变不会有物理的结果，相位因子选择的任意性是定域的。类比于电磁规范表示对带电场的复相位因子选择的任意性，杨振宁和米尔斯把同位旋规范定义为在所有时空点上对同位旋轴方向选择的任意性。他们指出，在没有电磁场时，所有的物理过程在同位旋规范变换下都是不变的。然而正如泡利所指出的，规范对称性引入的场是没有质量的，而强相互作用的有限量程要求用非零质量的量子来传递，杨振宁和米尔斯用它来解释强相互作用显然难以成立。杨振宁和米尔斯遇到的这一问题要等到对称破缺和希格斯机制提出之后才能够解决。

1956 年，内山菱友（Ryoyu Utiyama）在更宽泛的对称群下假设系统的局域规范不变性，在一种更为普遍的法则之下提出了一种与源场具有特定类型相互作用的新场。内山菱友的处理包括了时空外部对称性，从而把引力场和引力相互作用也纳入了规范理论的框架。杨振宁和米尔斯与内山菱友的工作是对外尔 1929 年工作的重要推广，“即使在物理学密集发展近 50 年之后，这些工作仍然为诉诸局域规范性原理描述核子相互作用提供了范式性案例”①。

待到对称性自发破缺和渐近自由这些短程相互作用的机制进一步澄清，并且规范理论得到可重整化的证明之后，规范场理论作为相互作用的自洽框架才得以确立。基于对称性自发破缺（详见本章第三节）的希格斯机制在不破坏理论中拉格朗日量的规范对称性的情况下能够赋予规范场以质量，从而解决了规范不变性下规范场的质量问题。1967 年，格拉肖、温伯格和萨拉姆运用规范对称性和对称性自发破缺，将 SU（2）对称性推广到 SU（2）×U（1），从而将弱相互作用和电磁相互作用统一了起来。其中在基态的对称破缺下，系统原先的四个无质量矢量玻色子变为一个无质量的粒子（即光子），和三个有质量的粒子（$W^{\pm}$和

① Martin C A. “Continuous symmetries”. In Brading K, Castellani E (Eds.). *Symmetries in Physics: Philosophical Reflections*. Cambridge: Cambridge University Press, 2003: 39.

Z^0），前者对应于未破缺的 U（1）子群，后者对应于群的破缺部分。1971 年，特霍夫特和韦尔特曼（M. J. G. Veltman）证明了具有零质量玻色子的自发破缺的规范理论是可重整化的，并且理论的变性是与理论的可重整化性紧密相关的。强相互作用的局域对称性描述的关键是确定了非阿贝尔规范理论是渐近自由的，1973 年格罗斯、维尔切克和波利策发现，SU（3）色规范群与夸克的色多重态相关，夸克通过八个无质量 SU（3）规范场（胶子）相互作用，从而奠定了描述强相互作用的量子色动力学。

建立在规范对称性及对称性破缺基础上的规范场理论为自然界四种基本相互作用中的三种，即电磁相互作用、弱相互作用和强相互作用，提供了统一的框架。"三种自然力都是一个统一原理（即规范原理）的不同表现，这个发现是迄今为止的理论粒子物理学的最深刻的成就。"[①]从历史来看，规范对称性在理论物理学中支配地位的取得并不是由于"一种先验合理性的考虑，也不是源于规范对称原理'深刻的物理基础'或'物理意义/内容'。相反，它的崛起建立在规范对称原理形式和物理层次上的顽强奋战和令人印象深刻的成功基础之上。最后，规范对称原理的优势从非常实用的基础上得到了保证。规范对称理论最终成功地描述了基本相互作用这一事实，巩固了局域对称原理在理论引导中的启发价值"[②]。尽管从发现的语境来看，我们应该庆幸正确的理论拥有规范对称性这样一个漂亮的结构，但是从辩护的语境来看，我们应该思考物理学理论为什么以规范对称性为基本的出发点，这与规范对称性的物理意义相关。

二、规范的含义

诺特 1918 年的论文《变量问题的不变量》中的第二部分给出了对连续的局

---

① [美]斯莫林：《物理学的困惑》，李泳译，湖南科学技术出版社 2008 年版，第 60 页。

② Martin C A. "Continuous symmetries". In Brading K, Castellani E (Eds.). *Symmetries in Physics: Philosophical Reflections*. Cambridge: Cambridge University Press, 2003: 41.

域对称性情形更为系统的分析，其中局域对称性是指对称性依赖于时空坐标的任意函数的变换不变性。相较于早在19世纪就为拉格朗日、哈密顿、雅可比和庞加莱等熟知的第一定理，诺特第二定理和第三定理完全是新颖的，它在物理学中的应用要等到36年之后的规范场理论。其中第二定理揭示出具有局域对称性的理论中总是存在一种非充分决定性：未知变量的数目要多于独立的运动方程数目。第三定理是边界定理，表明了在局域对称性理论可能形式中具有哪些严格约束。

我们首先从普遍意义上来分析规范的含义，这里采用的是雷德海德（M. Redhead）的分析[①]。如图10.1所示，P为一组包含物理实体及其关系的物理结构，M为一组包含数学实体及其关系的数学结构，通常认为M表征了P是指在M和P之间具有共同的抽象结构，在二者之间存在一一映射，即二者同构。在规范理论中，称M是P的一个规范，意味着存在两个或更多不同的数学结构M_1和M_2等，它们都表征了P，它们分别通过映射x和y与P同构。现在我们考虑在单个数学结构M中的规范情形，如图10.2所示，物理结构P是与更大结构M'中的子结构M同构的，M'中M的补则构成了M'对P表征的冗余结构。冗余结构在物理学中的例子如20世纪60年代基本粒子物理学领域流行的S-矩阵理论，如在热力学第一定律（能量守恒定律）提出之前的动能和势能，它们是作为牛顿运动方程的第一积分提出的，一度被看作仅仅是辅助性的数学实体。“所以，在M与冗余结构之间的清晰界线会变得模糊，随着时间的推进冗余结构中的实体会移动到M中。另如狄拉克的质子空穴理论，它允许对狄拉克方程的负能解做出物理解释。”[②]表征中的模糊性，即规范自由度可以通过对冗余结构作变换从而约化为M中的等式。

---

① Redhead M. “The interpretation of gauge symmetry”. In Brading K, Castellani E (Eds.). *Symmetries in Physics: Philosophical Reflections*. Cambridge: Cambridge University Press, 2003: 126-128.

② Redhead M. “The interpretation of gauge symmetry”. In Brading K, Castellani E (Eds.). *Symmetries in Physics: Philosophical Reflections*. Cambridge: Cambridge University Press, 2003: 126-129.

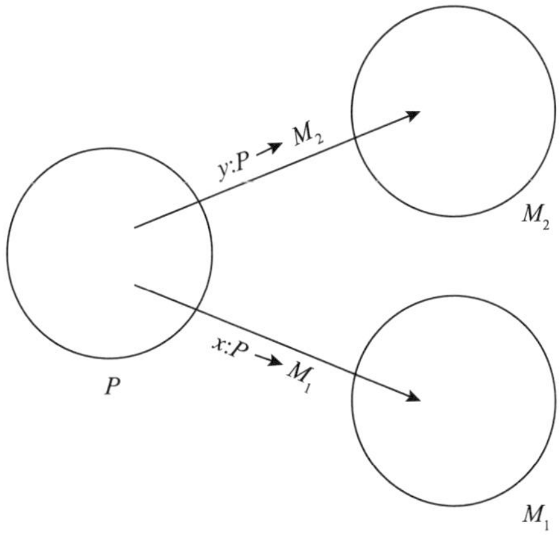

图 10.1　规范的模糊性

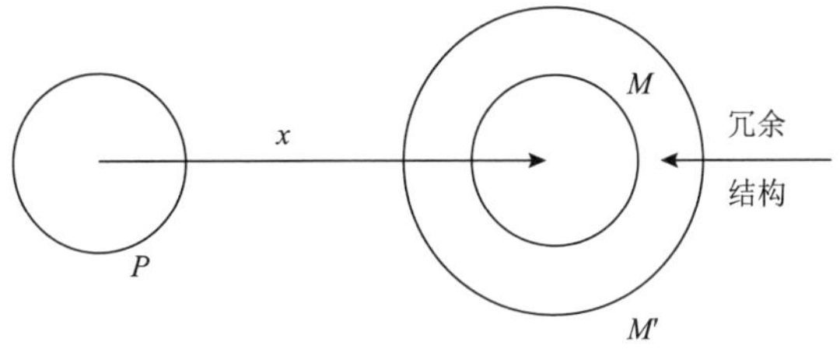

图 10.2　冗余结构

在粒子相互作用的杨-米尔斯规范理论中，场幅φ（x）是复数，电荷密度和流密度是实数，它们可以表示物理量。当作全域规范变换时，物理量保持不变。当作局域规范变换，即允许相位因子α是x的一个函数α（x）时，电荷密度保持不变，但流密度变了。为了得到规范不变的流密度，我们需要用$\frac{\mathrm{d}}{\mathrm{d}x}-iA(x)$来代替$\frac{\mathrm{d}}{\mathrm{d}x}$，这样得到的流密度就是规范不变的。这里引入的新场$A(x)$是原先场φ（$x$）必要的伴生场，实际上三维空间中的$A$是磁矢势。可见，局域的规范不变性要求在φ（$x$）场中引入一种磁的相互作用。现在把三维空间中的电荷密度或流密度表示为物理量（p_1,p_2,p_3），它们在数学结构M中的映射为（m_1,m_2,m_3），M是更大的结构M'的子结构。那么，冗余结构中的圈（c_1,c_2,c_3）表示了与（m_1,m_2,m_3）

相关的可能相位角，这里从（c_1,c_2,c_3）到（m_1,m_2,m_3）的映射是多对一的，表示为圈上的箭头，它表明局域规范变换在不同的空间位置处是相互独立的。在数学上，A 场称为一个联络，它关联了不同圈（c_1,c_2,c_3）上的相位。为了处理规范理论中内在的冗余结构，我们需要用规范不变的量来构造理论，这些规范不变的量是取实值的物理量，如在电磁理论中我们并不用矢势 A ，而是用磁场强度 B 。但是，正如在本章第三节中将要讨论的，在阿哈罗诺夫-玻姆（Aharonov-Bohm，A-B）实验中，我们又需要将矢势作为真实的物理量，因此有人认为需要将冗余结构中的要素也作为实在的物理量。另外，因为“矢势的时间演化仅由含时的规范变换的展开来确定，所以是非决定论的。为了恢复决定论，我们必须将规范看作由附加的‘隐变量’来确定的，这些隐变量选择了‘一种真正的规范’；这似乎是为了恢复决定论的一种特设性的补救方式，但确实是杨-米尔斯规范理论的一个相当普遍的特征”[①]。

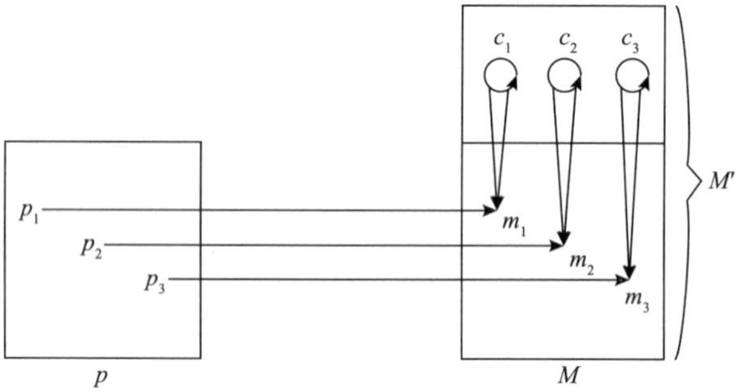

图 10.3　规范变换与冗余结构

“规范理论明显构成了我们对世界理解的显著进步。”[②]对于因变量比方程多的规范理论来说，规范自由度的引入是为了使理论描述更容易理解。但是，理论给出的状态描述要比真实的状态多，理论描述中存在冗余结构。“不论规范理论

① Redhead M. “The interpretation of gauge symmetry”. In Brading K, Castellani E (Eds.). *Symmetries in Physics: Philosophical Reflections*. Cambridge: Cambridge University Press, 2003: 132.

② Rickles D. *Symmetry, Structure and Spacetime*. Amsterdam: Elsevier, 2007: 69.

的工具多么有用，它都不能解决冗余结构从何而来，以及我们该如何解释它的问题。在最好的情况下，它给我们提供了一个更精确地揭示和研究冗余结构与对称性的媒介。”[①]规范理论的形式表述中表现出高度的对称性，其中的数学结构要比理论试图表征的物理结构多，这使得理论在某些对称性下是不变的，在一组给定的初始条件下系统演化的结果将不是唯一的，而是取决于一组与理论的对称性相关的等价物理位形。规范理论对这些对称性的处理则是去除多余的自由度。“刻画规范对称性领域的既定方式认为，对于特定的相互作用而言规范对称性相关于基本运动方程的协变性，该协变性与理论中出现一个与非物理的、因而是多余或冗余的量相关的特定的描述自由度有关。这里的核心观念是，在描述物理时我们引入了过多的量，而在协变群下的对称性则有效地减少了理论中的非物理冗余。”[②]

三、自然的另一自由度：相位因子

在经典的麦克斯韦电动力学中，场作为基础本体论，描述场基本特征的参数是电场强度 E 和磁场强度 B ，它们也可以用矢势 A 和标量势 Φ 来表示：

$$\vec{E} = -\mathrm{grad}\Phi - \frac{\partial A}{\partial t}, \vec{B} = \mathrm{curl}A$$

对矢势作变换 $A \to A + \mathrm{grad}f$ 时，磁场强度 B 保持不变，这意味着对于不同的矢势而言，它们都表征了同一个在物理上不可区分的磁场。磁场强度并不能决定矢势的取值，运动方程也不能确定矢势的取值，这时我们称矢势是一种形式表述中的数学产物，它是非物理的。

然而，在 A-B 实验中，考虑电子的量子行为时，将矢势解释为非物理的数

① Rickles D. *Symmetry, Structure and Spacetime*. Amsterdam: Elsevier, 2007: 70.

② Martin C A. “Continuous symmetries”. In Brading K, Castellani E (Eds.). *Symmetries in Physics: Philosophical Reflections*. Cambridge: Cambridge University Press, 2003: 49.

学产物则是有问题的。A-B 实验的装置设置如图 10.4 所示，在杨氏双缝后面布置一个封闭的无限长螺线管，通电时螺线管产生的磁场完全封闭在管内，管外的磁场强度 B =0。实验中，当螺线管通电时，电子的相位发生改变，干涉图案发生偏移。实验中电子所到之处的电场和磁场强度都等于 0，一种可能的说明是螺线管内的磁场对电子有某种非定域的作用。希利在 1997 年的文章中把定域性概念分解为两部分，一是定域的作用，二是可分离性，只有同时满足定域作用和可分离性时才认为满足了定域性。定域作用是指，对于两个空间分离的对象 S 和 P，S 上的外部影响对 P 没有即时的影响，这是与狭义相对论一致的。可分离性是指，在时空区域 R 中发生的任意物理过程，只有在它随附于对 R 中时空点处的内在物理特性的赋值时才是可分离的。在他看来，A-B 实验中违背的是定域作用，可分离性仍然是成立的。

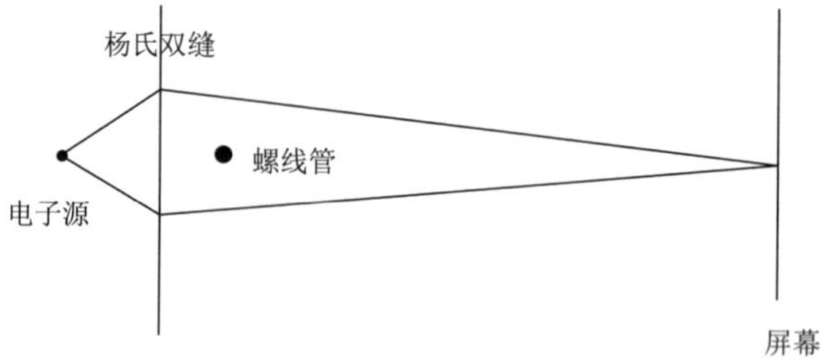

图 10.4　A-B 实验

为了给出定域的因果说明，对于 A-B 效应而言另一种选择是认为矢势不是冗余的数学结构，而是实在的，是螺线管外不为 0 的矢势对电子施加了某种真实的作用。然而，矢势 A 本身不是规范不变的，实际中所有的物理量都应该是规范不变的，规范不变才能得到实数值。虽然这种选择初看起来是在维护定域性，但仔细分析发现这里违背了可分离性。虽然似乎不可能将规范势看作一种真正的物理量，但它有着很强的解释力："在量子场论中对可付诸实验检验的量的预测中它是不避免会出现的，在过去的 50 多年中它将规范理论推进到了难以置信的程度。”[①]所以，对于矢势及其强大的解释力而言，我们不想轻易放弃，而是尽可能地采用其他的方式来拯救它。

人们寻找到了一种与矢势相关，同时也满足规范不变性的量，被称为狄拉克相位或和乐（holonomy）。和乐为相位移动提供了一种量度，它表示为在时空中一个闭合曲线上取的积分 $S(C)=\exp(\frac{ie}{\hbar}\oint_C A(x)\mathrm{d}x)$。$C$ 是一条不相交的闭合曲线，希利等认为和乐表达了曲线 C 的内在特征，它既包含了电场和磁场的信息，也包含了矢势 A 描述的信息，同时它既能够补足场强描述的不足，也能够去除矢势描述的冗余成分。但是，我们看到和乐也不是随附于电子路过区域内时空点处的内在特性的赋值之上的，它只是随附于包含螺线管在内的任意曲线内的时空点处的内在特性赋值，所以它也违背了可分离性原理。

可见，不论选择哪一种说明 A-B 效应的说明方式，都会涉及某种形式的非定域性，或者是违背定域作用假设，或者是违背可分离性原理。这揭示出 A-B 效应具有某种“全域”的特征，电子相位的净效应由沿着包围螺线管的一条闭合曲线上的和乐来度量。这表明，虽然相位因子本身是不可观测的，但它是量子力学中不可或缺的重要组成。早在 1932 年，狄拉克就强调了量子力学中波函数相位的重要性，他甚至认为相位因子的概念比对易关系在量子力学中更为基本。“存在一个相位，它的模是 1，这意味着对它的改变不会改变模的平方。相位是如此重要，因为它引起了所有的干涉现象，但它的物理意义并不清楚。可以说，海森伯和薛定谔的真正天才之处是发现了包含这一相位的概率幅的存在，原本它是隐匿在大自然中的，它隐匿得如此之好以至于人们没有能够更早地想出量子力学。”[②]

相位因子与量子力学中的整体性是紧密相关的。在电磁场中，当闭合曲线不

---

① Nounou A M. “A fourth way to the Aharonov–Bohm effect”. In Brading K, Castellani E (Eds.). *Symmetries in Physics: Philosophical Reflections*. Cambridge: Cambridge University Press, 2003: 177.

② Dirac P. “Relativity and quantum mechanics”. *Fields & Quanta*, 1972(3): 139-164.

包含场源（电子）时相位因子是可积的，反之则相位因子不可积。规范场论有两种等价的表述方式，一种是传统的微分形式，在 1954 年由杨振宁和米尔斯引入，另一种是积分形式，即从不可积相因子来导出规范场，在 1974 年由杨振宁建立。在非阿贝尔规范场中，积分形式的表述不仅可以描述定域的物理现象，还可以描述整体的、全域的、拓扑的现象。物理学中关于相位因子整体性的研究也促成了数学中相关领域的发展。1975 年，杨振宁和吴大峻用纤维丛这种拓扑学工具无奇异弦的磁单极势，开创了拓扑学在物理学中的整体性描述“局部与整体的关系通过 20 世纪的拓扑学，李群和微分几何的发展变成了数学中的显学。近年来物理学中整体观念也在多方面有重要的发展”[①]。

第三节　对称破缺机制

对称与对称破缺是同一枚硬币的两面。通常，对称性是在某个变换群下的不变性，这样一来对称破缺就可以理解为从高阶对称向低阶对称的破缺，而高阶与低阶是相对于对称群而言的（构成群元素的独立对称操作的数目）。对称破缺之后，原先的对称群破缺为它的一个子群，所以群与子群间的关系在对称破缺的描述中是非常重要的。

一、对称破缺的含义

19 世纪末，皮埃尔·居里（Pierre Curie）在对晶体的热、电和磁性质的研究中，仔细思考了物理系统的物理性质与它的对称特性之间的关系。在《论物理现象中的对称原理》一文[②]中，他总结了原因与结果之间就对称性的相关性，即

① 杨振宁：《序一》，载李华钟：《量子几何位相概念——简单物理系统的整体性》，上海科学技术出版社 2013 年版。

② Curie P. On symmetry in physical phenomena. Rosen J, Copie P. (Trans.). *American Journal of Physics*, 1981, 49(4): 17-25.

今天所谓的居里原理：原因的对称性元素必定会保留到结果中，结果的不对称性必定能在原因中找到，即对称性必然从原因传递到结果，但其逆命题并不成立，也就是说结果能够比原因具有更多的对称性。更为重要的是，居里认识到了不对称性，即现在称为的对称破缺的重要性：不对称性创造了现象。需要注意的是，居里所考虑的是物理系统态（物理方程的解）的对称性，并非当代物理学中所关注的物理定律（物理方程）的对称性。

对称破缺是一个宽泛的概念，并不是指一种具体的机制，它包含了许多不同的具体情况。对称破缺发生在量子场论描述的基本粒子、凝聚态系统的量子力学描述、宇宙的广义相对论描述等具体的物理语境下。对称破缺分为明显破缺和自发破缺，前者是指在拉格朗日量中野蛮地引入对称破缺的项，使得运动方程不具有对称性；后者是指在拉格朗日量和运动方程保持某种对称性的情况下，使得运动方程的解（物理态）不再具有对称性。明显对称破缺中的对称破缺项可以有三种不同的来源：一是人为引入的，如在描述弱相互作用的量子场论中，镜像对称或宇称的破坏项；二是量子力学效应需要添加的，这是因为原先由泊松括号所表达的经典的对称代数在量子力学的对易关系中不再成立，还有由重整化过程中所取的截止或正规子产生的反常；三是由不可重整效应产生的，由于忽略了高能或重粒子的影响，在有效场论下的粗粒化描述要比更为基本理论中的描述具有更多的对称性，也就是说有效拉格朗日量比在基本理论中具有更多的对称性。

对称性自发破缺是在没有任何明显的非对称输入时，解不再具有方程所具有的对称性的情形，因而称之为自发的。通常人们用一根笔尖直立在平面上的铅笔来形象地描绘对称性自发破缺（图 10.5），在铅笔顶端施加一个沿铅笔轴方向的压力，使其保持平移。从铅笔的轴方向看来，该系统具有旋转对称性，其平移态位形（即具有最低能量的位形）在旋转对称性下保持不变。此时若压力达到临界值，对称的平移态位形就不再稳定，会出现无数个平移的最低能量稳态，也就是铅笔可能朝任何一个方向倒下。这些倒下的不同方向是新的最低能量解或基态，它们是不对称的，但它们通过对称变换关联在一起。这些不同的非对称解是最低能量的简并态，可以通过对称操作从一个态变换到另一个态，整个系统仍然保留了理论的对称性。

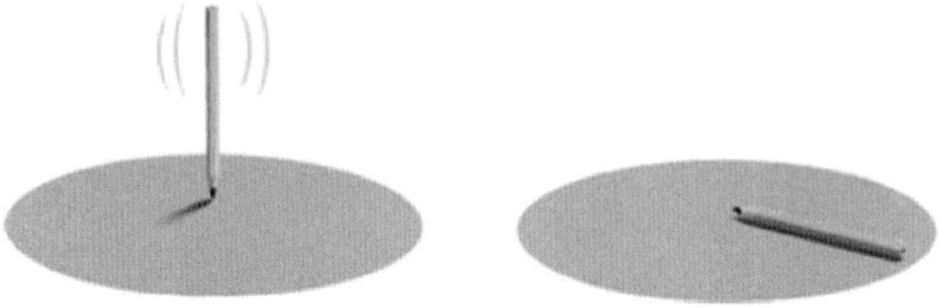

图 10.5 对称性自发破缺

用科尔曼（S. Coleman）的图景能够形象地描绘对称性自发破缺，即一个生活在对称性自发破缺后的不对称世界中的微型人，他很难探测到自然定律的旋转对称性，但定律的对称性仍然存在，因为理论的哈密顿量是旋转不变的。这个微型人也无法直接探测到他所处世界的基态是无限简并多重态中的一部分。在量子场论中，基态变成了真空态，我们自己则是那些微型人，虽然自然定律仍然具有对称性，但对于我们而言并不显然，在我们和我们所在的世界看来的不对称性并不意味着自然律的不对称性。

对称性自发破缺发生在现代物理学的许多个领域中。宇宙大爆炸之后开始了对称性自发破缺，随着宇宙的膨胀与冷却，宇宙经历了从高对称性到低对称性的自发破缺相变，演化不同阶段满足的物理定律也发生着改变。大爆炸之后粒子的数目和反粒子的数目应当同样多，但由于对称性自发破缺，粒子的数目与反粒子的数目有微小的差异，才会形成今天我们看到的丰富多彩的宇宙。但是什么造成了这种粒子与反粒子数目的微小差异，科学家们仍未能揭开谜团。

在量子理论中，对称性自发破缺仅发生在无限系统中，如铁磁体、超流、超导等多体系统和场中。1928 年，海森伯将铁磁体描述为具有无穷多个自旋 1/2 磁极子阵列的系统，其中最近邻格点间的自旋相互作用会使其相邻的磁极子趋于对齐。

尽管海森伯给出的理论$H_{ij}=J_{ij}S_i\bullet S_j$是旋转不变的，但在临界的居里温度$T_C$以下，铁磁体的实际基态会使其自旋都沿着某个特定的方向。1937年及1950年，朗道先后结合其相变理论和超导理论给出了关于对称性自发破缺的深刻认识：对称性自发破缺具有普适性，其物理原因是系统在寻求能量的最佳状态，在超导中超导电子的有效波函数Ψ如果不为零，那么一定会发生对称性自发破缺，且用Ψ描述的超导态是非对称的。20世纪60年代之后，对称性自发破缺概念从凝聚态物理中转移到了量子场论中，并为建立粒子物理学的标准模型发挥了基础性作用，同样产生自凝聚态物理中的重整化群在量子场论中的应用则为对称破缺提供了说明。

对称性的破缺往往也意味着局部拓扑缺陷的存在，而在某些情况下这些拓扑缺陷的存在对于解释这些系统的宏观行为有着至关重要的作用。2016年的诺贝尔物理学奖授予索利斯（D. Thouless）、霍尔丹（D. Haldane）和科斯特利茨（M. Kosterlitz），他们的工作很好地体现了对称性与拓扑作用之间的关联。“许多关于拓扑相的现代话题极大地丰富了对称性自发破缺的领域：二维XY模型的相结构、二维固体的位错熔化及大统一规范理论中磁单极的预测，都是仍然在迅速发展的众所周知的案例。”①

对称性自发破缺机制隐藏着表面上杂乱无序的自然秩序。它被证明极其有用，对称破缺产生可观测量，一旦一个不可观测量被发现是可观测的时，对称就破缺了。李政道和杨振宁发现的宇称不守恒正是左和右不同，它们是可以区分的，从原先人们所认为的左右对称发生了破缺。“对称性自发破缺允许用对称的理论描述不对称的现实，为不放弃基本对称性的理论下理解自然的复杂性提供了一种方法。”②

---

① Brézin É. “Symmetry and Topology: Reply to John Cardy”. 2019-03-19. https://inference-review.com/letter/symmetry-and-topology.

② Brading K, Castellani E, Nicholas T. “Symmetry and Symmetry Breaking”. 2017-12-14. https://plato.stanford.edu/entries/symmetry-breaking/.

二、对称破缺与希格斯粒子的产生

2008 年的诺贝尔物理学奖授予了南部、小林诚（Makoto Kobayashi）和益川敏英（Toshihide Maskawa），以表彰南部发现粒子物理学中的对称性自发破缺机制，表彰小林和益川在标准模型的框架下解释了对称破缺的起源，并据此预言了 3 种夸克的存在。对称性自发破缺是作为短相互作用的机制被整合进规范场理论框架的，它解决了曾经困扰杨-米尔斯理论的短程核力作用机制，构成了粒子物理学标准模型的基本原理，深刻地改变了量子场论的概念基础。

1960 年，南部将铁磁系统和超导体中的对称破缺概念引入到粒子物理学中，最早提出了对称性自发破缺的机制。他首先认识到在某种相互作用下真空可能不是唯一的，而是存在多个简并的最低真空态，此时可能发生真空的对称性自发破缺，也就是说物理的真空中选择了多个简单真空态中的一个。如图 10.6 所示，对称破缺之后，真空的对称性小于相互作用的对称性。他证明了超导中的 BCS 基态具有自发破缺的规范对称性，虽然相对于电磁规范的选择而言基本的哈密顿量保持不变，但 BCS 基态却不是。

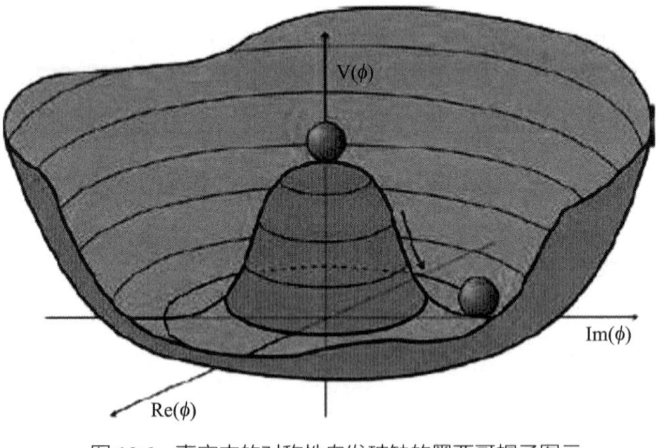

图 10.6　真空态的对称性自发破缺的墨西哥帽子图示

注：初始时，粒子处于最高点，具有对称性，但这种状态是不稳定的。当粒子滚到底部时，只处于其中一个真空态，对称性发生了自发破缺，这时粒子的态是稳定的

1961 年，戈德斯通提出在连续全域对称性的情形中，对称性自发破缺会产生无质量的粒子，即戈德斯通玻色子，这一定理在第二年得到了证明。最初的时候，由于在此类情形下从未观测到这样的无质量粒子，人们认为这是严重的问题。事实上，规范理论中也预言了这样不可观测的无质量粒子，规范对称性要求它必须是无质量的。由于规范玻色子没有质量，杨-米尔斯理论一度不被大家认可。萨拉姆和温伯格等在后续的论文中得到了比南部和戈德斯通更为普遍性的结论：在洛伦兹不变的理论中，对称性自发破缺时必然会产生无质量的粒子。“南部等的自发破缺方案与萨拉姆等的规范场方案要么同时成立，要么同时不成立。他们在零质量问题中相互拯救。”①

1964 年，恩格勒和其导师布鲁共同提出了今天所谓的希格斯机制，之后希格斯对其进行了精细化。按照该机制，当内部对称性被提升为局域对称性时，戈德斯通玻色子消失，规范玻色子获得一个质量，这一过程不会明显地破坏理论的规范不变性。“正如 20 世纪 70 年代初维尔特曼和特霍夫特一般性证明的那样，规范场质量生成的这一机制也是保证大质量规范场理论可重整性的机制。”②希格斯机制描述了规范场中粒子的质量来源，拯救了规范场理论和标准模型，因而希格斯粒子被誉为“上帝粒子”。2012 年，欧洲核子研究中心宣布发现希格斯玻子色，找到了粒子物理学标准模型拼图中的最后一块。提出这一机制的英国物理学家希格斯和比利时物理学家恩格勒分享了 2013 年的诺贝尔物理学奖。

希格斯场不同于物理学中的其他场。其他场的强度可以发生变化，当处于最低的能级时场强为零，而希格斯场是一直存在着的，即使空间中一无所有，它也像幽灵一样存在着。粒子通过与希格斯场的作用而获得质量，质量的获得与作用的强度相关，光子则压根不作用所以其质量为零。根据希格斯机制，宇宙诞生之

① Higgs P. “Spontaneous symmetry breakdown without massless bosons”. *Physical Review*, 1966, 145(4): 1156-1163.

② Brading K, Castellani E, Nicholas T. “Symmetry and Symmetry Breaking”. 2017-12-14. https://plato.stanford.edu/entries/symmetry-breaking/.

初就满足规范对称性，粒子这时不具有质量，四种基本相互作用统一在一起。但很快，在大爆炸之后的 10^{-11} 秒后，弥漫于空间中的希格斯场对称性自发破缺，失去了局域规范对称性，向低能态转化，粒子正是通过与希格斯场的相互作用才获得了质量。“自发对称破缺的机制可以发生在自然的粒子之间的对称性中。当破缺发生在规范原理下产生自然力的那些对称性时，会使那些力表现不同的性质。力就这样区分开了，它们可以有不同的作用范围和强度……这是 20 世纪物理学的最重要的发现之一，因为它和规范原理一起统一了表现迥然不同的基本力。”[①]自发破缺理论中，基本粒子的性质部分地依赖于它的环境和历史，也就是对称破缺的方式取决于密度和温度等条件，这样一来基本粒子的性质就不再是永恒不变的，它的许多性质甚至是全部性质都可能是偶然的，“不仅依赖于理论的方程，也依赖于方程的什么解适用于我们的宇宙……取决于我们如何根据我们在宇宙的位置或我们所处的特殊时代来选择定律的解。不同区域的解可能是不同的，甚至会随时间变化”[②]。

希格斯粒子对高能标度与高能标度处的重粒子非常敏感，量子效应使得希格斯粒子的质量难以稳定在 100 吉电子伏特的位置，而是会向上狂奔到 10^{15} 吉电子伏特的大统一标度，甚至是 10^{19} 吉电子伏特的普朗克标度。这样一来，由于基本粒子的质量是由希格斯粒子赋予的，基本粒子的质量也会随着希格斯粒子的质量狂奔而狂奔，从而无法形成氢原子等我们当前看到的宇宙图景。因而，需要超对称理论来抑制希格斯粒子质量的量子效应，稳定希格斯粒子的质量。超对称理论中有五种形式的希格斯粒子，其中三种是电中性的，另外两种带电，2012 年欧洲核子研究中心的大型强子对撞机中观测到的希格斯粒子则是其中不带电且质量最轻的那种。

希格斯机制中的对称性自发破缺也不是毫无问题的。因为希格斯机制是在规

---

① [美]斯莫林：《物理学的困惑》，李泳译，湖南科学技术出版社 2008 年版，第 58 页。

② [美]斯莫林：《物理学的困惑》，李泳译，湖南科学技术出版社 2008 年版，第 59 页。

范理论的框架之下提出的，需要对理论做约化，以得到规范无关的内容，才能够清晰地说明对称性自发破缺的机制。这些内容都有赖于量子场论的标准假设，即庞加莱不变性和局域性，也就是说希格斯机制不能脱离量子场论的语境。“为了避免出现戈德斯通玻色子，约化的理论不能承认有限参量的李群是对称群。如果约化的理论承认离散的对称群，戈德斯通定理就不再适用，诺特第一定理和对称性自发破缺也将不再适用。”①

三、对称破缺的未解之谜

从物理学的普遍原理可以得到微观世界遵从空间反射、时间反演、电荷共轭的联合不变性，即所谓的 CPT 定理。C 是电荷共轭守恒，是粒子与反粒子之间的对称性；P 是宇称，是与空间坐标的反射相关的对称性；T 是时间反演不变性。这是三种分立的对称性，与它们相联系的分别是电荷守恒、动量守恒和能量守恒。

李政道和杨振宁在 1956 年提出宇称 P（左右对称性）在弱相互作用下不守恒，吴健雄等在 1957 年验证了这一假说，发现在弱相互作用下宇称发生了最大程度的破缺。这是最先发现的对称破缺的情形，由此打破了人们长期以来关于对称守恒是基本规律的传统观念。1964 年，克罗宁（J. Cronin）和费奇（V. Fitch）等在奇异介子的衰变实验中首次发现 CP 联合变换也不守恒。因为 CPT 定理，CP 联合对称的破缺意味着，T（时间反演不变性）也不是严格有效的。在 1972 年完成的论文《弱相互作用可重整化理论中的 CP 对称性破缺》中，小林和益川给出了 CP 破缺的机制，并预言了三代夸克的存在。他们的预言在实验上获得了巨大的成功，但他们给出的 CP 对称破缺机制不足以解释可观测宇宙的物质-反物质不对称现象。宇宙尺度上，物质占据了绝大部分，反物质并不像狄拉克所说的那样与物质是等量的、分布在半数的星球上。我们仍然缺乏宇宙层次上的 CP

① Earman J. “Rough guide to spontaneous symmetry breaking”. In Brading K, Castellani E (Eds.). *Symmetries in Physics: Philosophical Reflections*. Cambridge: Cambridge University Press, 2003: 343.

对称破缺机制。

我们已经知道许多 P、C、CP 不守恒的现象了，但我们尚不清楚这些分立对称性为何会破缺。早在 1934 年，费米就给出了描述 β 衰变的弱相互作用理论，这一理论在低能下非常成功，但在高能情况下并不完全适用。在 1956 年李政道和杨振宁提出弱相互作用中宇称不守恒，次年吴健雄在钴–60 的 β 衰变实验中验证了宇称不守恒之后，人们认识到载荷流的弱相互作用仅作用在左手夸克和轻子上，对费米的理论进行了意义重大的深刻变革。但更为深刻的变革来自格拉肖、萨拉姆和温伯格提出的电弱理论，在电弱理论中费米理论仅是一种有效理论。电弱理论意味着弱相互作用和电磁相互作用之间具有深刻的联系，然而电弱相互作用之间的对称性被什么隐藏了起来?

第十一章
自然的数学化表征

离开了实验这条腿，物理学只能依赖数学这条腿来走路了。一条腿走路虽然费劲，但在狄拉克等的科学方法论革命的铺垫之下，物理学家们知道该如何利用数学这一条腿去走路。群论、希尔伯特空间等数学理论在量子力学基础中发挥的作用表明数学对于物理学等自然科学具有深刻的有效性，甚至令物理学家们觉得不可思议。考察物理学300多年的历史，发现数学与物理学有着共同的根基，如同在同一树枝上生出的两片叶子，在认识论上二者具有镜像关系，互为启发。把考察的焦点集中到20世纪70年代以来，发现物理学在数学的发展中发挥着突出的有效性，这带来了数学-物理学关系的反转，开启了数学-物理学关系的新图景。

第一节　科学方法论革命

数学方法在物理学中的普遍应用开启了一场科学方法论的革命，即由原来占主导的实验方法向数学方法的转变，这一方法论革命的发起者与典型实践者即狄拉克。狄拉克重视物理学构造中“纯数学的构造”，坚信数学是揭开自然奥秘的捷径。20世纪量子论的发展见证了科学方法论革命的成果，同时塑造了数学-物理学关系的新篇章。

一、方法论革命的源起

2005 年，博尼奥洛（G. Boniolo）和布迪尼奇（P. Budinich）在《数学在物理科学中的作用》一书中发表了题为《数学在物理科学中的作用及狄拉克的方法论革命》的文章，其中提到了狄拉克 1931 年在论文《量子化的磁单极子》中的一个表述："目前物理学面临着需要解决的基本问题，比如量子力学的相对论形式及原子核的本质等。这些问题的解决可能要求我们对基本概念做出前所未有的激烈修正。这些变化会超出人们直接把实验数据形式化为数学语言从而获取必要的新思想的理智能力。因此，未来的理论工作者将不得不以更加非直接的方式前进。目前可以提出的最有力的方法是运用纯数学的所有资源来完善和推广理论物理的数学形式，数学形式构成了理论物理学存在的基础。在这个方向上取得每一个成功之后，再去尝试用物理学实体的语言来解释这些新的数学特征。"[①]他们将狄拉克的这一表述称为"这是一次方法论上的真正的革命性变化"，但"即使是在科学哲学和科学史家之中，也很少有人认识到这一点"。

博尼奥洛和布迪尼奇把狄拉克的方法论称为一场革命，其出发点是探讨"数学在物理科学中的作用"。这个论题是在 20 世纪后半期科学哲学中"数学物理学关系"讨论复兴的背景下发生的。20 世纪 60 年代，维格纳提出了一个重要的问题"数学在物理学中不可思议的有效性"，我们在后面会重点讨论这个话题。维格纳的"数学语言在表述自然定律时的适当性之谜是一项奇迹，它是我们既不理解也不配拥有的奇妙天赐"[②]的迷惑，经历了很多哲学家和物理学家的讨论，时至今日仍然方兴未艾，人们在物理学的不断进步

---

① Dirac P A M. "Quantised singularities in the electromagnetic field". *Proceedings of the Royal Society of London Series A*, 1931, 133(821): 60-72.

② Wigner E P. "The unreasonable effectiveness of mathematics in the natural sciences". *Communications on Pure and Applied Mathematics*, 1960(13): 14.

中，越来越深刻地看到了数学和物理学之间的交互关系，也越来越深入地提出了哲学探讨的思路。

狄拉克的科学方法论及其带来的物理学成果，无疑是数学和物理学紧密联系的典型例子，也是影响 20 世纪后半期物理学方法论的最重要的因素之一。作为和爱因斯坦、维格纳同时代的物理学家，狄拉克同那个时代所有的物理学家一样，看到了数学的非凡魅力与人们对此问题的困惑，而他采取的措施则与众不同①。那个时代的物理学家大都保持着务实的态度，仍然从实验中寻找线索并且从现成的流行理论的零星知识和弱点中获得经验②。但狄拉克打破了之前物理学家自发地重视数学美的思想，在将物理学理论思想建立起来并找到适合的数学框架之后着重于对数学美的追求。他直接把“纯数学的构造”放在了物理学理论构造的基础位置，并在数学取得成功之后再开始寻求物理学解释。他坚信数学是通往自然基本运行真相的捷径，充满希望的数学可以孕育出基础物理。狄拉克的成功无疑是巨大的。1925 年，狄拉克就在《量子力学的基本方程》一文中引入了泊松在 100 多年前提出的“泊松括号”，应用对应原理，将经典力学方程改造成量子力学方程。1927 年，为了描述量子力学中的某些数量关系，狄拉克引入了一个 δ 函数。1928 年，狄拉克将狭义相对论引入量子力学，建立了相对论形式的薛定谔方程，即狄拉克方程。狄拉克的这些主要物理学成就，无一不是通过这种“从纯粹的数学出发去构造物理学”的方法取得的。博尼奥洛和布迪尼奇所关注的狄拉克的科学方法论，则是他在 1931 年首次明确表述的③。

1939 年，狄拉克在《数学与物理学的关系》一文中再次谈到了这一方法

① ［英］法米罗：《量子怪杰：保罗·狄拉克传》，兰梅译，重庆大学出版社 2015 年版，第 265 页。

② ［英］法米罗：《量子怪杰：保罗·狄拉克传》，兰梅译，重庆大学出版社 2015 年版，第 265-266 页。

③ Dirac P A M. “Quantised singularities in the electromagnetic field”. *Proceedings of the Royal Society of London Series A*, 1931, 133(821): 60-72.

论。以我们今天的视角看，此时的狄拉克已经基本做出了他在物理学上的主要贡献。此时回望自己的研究过程与成果，自是不同于 1931 年的时候。但我们可以明显看出由数学推导物理的方法是狄拉克一直都在提倡的，只是在 1931 年的时候，他的关注点更多是放在这一方法是否有效上，而到了 1939 年，狄拉克思考更多的是物理学和数学背后更本质的联系，并进一步提出："我们必须把自然的某些数学性质归结为一种性质，这种性质是任何观察自然的人都不会怀疑的，却是在自然的设计中至关重要的……走向统一的数学和物理学的发展趋势为物理学家提供了一种研究其学科基础的强有力的新方法，这一方法尚未得到成功应用，但我确信这一方法将在未来证明其价值。"①

正是运用这种方法，狄拉克预言了磁单极子的存在，而他的磁单极子理论在后来的物理学发展中大放异彩，规范场论、大统一理论和宇宙学理论都预言了磁单极子的存在。因此，磁单极子也成为数学和物理学紧密关系讨论的典型例子，而当代的数学物理学家则将之归结为狄拉克的磁单极子理论具有了"更加深刻的数学结构"，因此，表示了"更加深刻的物理"②。

但是使狄拉克同时代的物理学家接受数学结构比物理实体更为基础是一件非常困难的事。人们没有准备好一个抽象的远离人类感官的理论物理时代的到来，即便有这么多的成果展现在面前。无法接受的人中，最出名的要数海森伯。当海森伯看过由狄拉克方程推出电子自旋为 1/2 的文章时，无论如何也没法理解这是一个怎样的过程。他甚至写信给泡利讲述自己的困扰，"为了不持续地被狄拉克所烦扰，我换了一个题目做，得到了一些成果"③。这是物理学发展史上一个重要的时代，远离感官的物理学接下来一步步发展为

---

① Dirac P A M. "The relation between mathematics and physics". *Proceedings of the Royal Society of Edinburgh*, 1938, 59: 122-129.

② Zee A. "The effectiveness of mathematics in fundamental physics". In Mickens R S (Ed.). *Mathematics and Science*. Singapore: World Scientific Press, 1990: 312.

③ 杨振宁：《美与物理学（上）》，《文明》2002 年第 7 期，第 8 页。

远离经验的物理学，狄拉克的方法论将会起到越来越重要的作用。

二、数学-物理学符号的整体论思想

博尼奥洛和布迪尼奇正是发现了狄拉克与同时代物理学家不同的地方，并深刻地洞察到了其方法论背后的哲学含义：数学和物理学的整体性及狄拉克对数学公理通往物理学原理的路径的洞察，因而提出了他们与之前所有的哲学家都不同的观点——“数学-物理学符号”的观点。

博尼奥洛和布迪尼奇对数学物理学整体性的观点源自对“为什么数学会出现在物理学中？”这一问题的分析——因为从历史的角度看，在寻求自然原理的准确性时，必须对其进行数学化，因为只有数学才能在最基础的水平上提供由测量仪器产生的数字给出的精确度，完成由“近似的世界”到“精确的世界”的转变。“因此从一开始，数学和物理学就联系在一起了。”[①]相对于目前物理学哲学界建立在数学与物理学相互独立基础上的各种各样的数学物理学关系的讨论，博尼奥洛和布迪尼奇的整体性观点，无疑是具有特殊意义的。至于如何认识作为整体的数学和物理学，他们则借用了皮尔士符号学方法，称之为“物理-数学符号”，并且回答了“数学在物理学中的作用是什么？”的问题——数学化的物理作为一种整体的“物理-数学符号”，连接了“我们想要描绘的世界（对象）”和“在认知层面对其进行阐释的解释者”[②]。

在博尼奥洛和布迪尼奇看来，物理-数学符号不仅仅是在历史语境中被人创造出来的，只能对之进行朴素的实在论的理解，它更是一种具有独立性的、推测性的整体结构，它不是物理学家捕捉物理世界的形式，而是物理世界的

① 程瑞、刘征：《狄拉克的科学方法论革命及其哲学意义》，《科学技术哲学研究》2019年第2期，第85-89页。

② Boniolo G, Budinich P. “The role of mathematics in physical sciences and Dirac’s methodological revolution”. In Boniolo G, Budinich P, Trobok M (Eds.). *The Role of Mathematics in Physical Sciences*. Dordrecht: Springer Netherlands, 2005: 78.

精确镜像。基于这种整体的物理-数学符号我们可以重新审视物理学的结构和理论发展的过程，而狄拉克的方法论革命让我们清晰地看到，现代和当代的物理学理论作为物理-数学符号，其物理学结构与传统的物理-数学符号不同的地方①。

这里有很关键的一点。我们站在物理-数学符号的立场上重新思考物理学发展的范式：伽利略构造了第一个物理-数学符号，它不仅能精确描述，而且能够预测一些现象的演变。之后的物理学发展，就是人们通过反映观察和测量的物理现象，寻找一种以数学形式写成的现象学定律，可以推测地表示现象。

伽利略研究的特点是从经验世界发生的事情开始，试图推测出正确的物理-数学符号。这是一个提出暂时的现象学定律的过程，博尼奥洛和布迪尼奇称之为演化定律。演化定律描述现象的时间演变，可以通过实验检验（如运动定律、薛定谔方程的波函数解等）。牛顿研究的特点是对现象及暂时的现象学定律进行反思，得到更一般的定律。博尼奥洛和布迪尼奇称之为框架定律。框架定律比演化定律更高一层。可以将演化定律当作其解决方案（比如经典力学的方程式、麦克斯韦方程、薛定谔方程等）。在博尼奥洛和布迪尼奇看来，物理-数学符号包含了三个部分：第一，演化定律；第二，框架定律；第三，框架保护原理。也就是具有形而上学因果关系的原理、对称性原理等，比如诺特定理等②。在狄拉克之前，物理学理论的发展大都是从经验开始，从演化定律上升到框架定律。但是，狄拉克的方法论带来了巨大的改变。

---

① Boniolo G, Budinich P. “The role of mathematics in physical sciences and Dirac’s methodological revolution”. In Boniolo G, Budinich P, Trobok M (Eds.). *The Role of Mathematics in Physical Sciences*. Dordrecht: Springer Netherlands, 2005: 85-86.

② Boniolo G, Budinich P. “The role of mathematics in physical sciences and Dirac’s methodological revolution”. In Boniolo G, Budinich P, Trobok M (Eds.). *The Role of Mathematics in Physical Sciences*. Dordrecht: Springer Netherlands, 2005: 88.

在 1931 年的论文中，狄拉克首先指出，物理学的稳定发展需要数学的不断进步和复杂化，这一点毋庸置疑。这也是数学物理学关系的发展中显而易见的一点，在这里值得关注的是狄拉克非常具有洞见力地看出了现代物理学中的一种改变：以往人们所认为的数学进步和复杂化往往建立在固定的原理和定义的基础之上。但是事实上现代物理学的进步要求的数学是不断改变其基础并越来越抽象化的。非欧几何和非交换代数，曾经被认为是人类理智的纯虚构和逻辑学家的消遣，现在却被发现对于描述物理世界的一般事实来说是非常必要的。“看上去这种越来越抽象的过程在未来将会继续下去并且物理学的进展将会和数学基础上的公理的不断修正和泛化相联系而不是与某个固定基础上的数学的逻辑发展相联系。”[①]数学公理的思考，在以前被人们看作纯数学的思考，但是在狄拉克的方法中，它们具有了物理意义。数学公理的改变与其在物理-数学符号的整体结构中带来的对物理世界更多认识的可能性关联了起来。物理学理论在此跳过了演化定律，直接进入了框架定律。

也就是说，在狄拉克之前，人们认为从演化定律到框架定律，是一个提升的过程。但是，在狄拉克这里，思考问题的方法产生了变化。量子力学和原子核理论的解决将要带来对基础概念的极大修正，而这些改变如此之大以至于“要通过把实验数据直接形式化为数学语言，来得到新的必要的观念，这超出了人类理智的能力”。此时纯数学的介入和成功使得人们更多地发现，纯数学的研究在某一时刻会与物理-数学符号挂钩。换句话说，人们可能意识到他们正在研究的数学也有着指示的功能，指示着世界上存在的某种东西。这样的话，通过对纯数学进行反思，我们就有了通往框架定律的直接通道。以这种方式，数学思想就承担了可能的新物理数学图像的创造者的角色，成

① Dirac P A M. “Quantised singularities in the electromagnetic field”. *Proceedings of the Royal Society of London Series A*, 1931, 133(821): 60-72.

为发现世界新现象的助因。

显然，在认知内容上，框架定律比演化定律更为丰富。事实上，每一个都意味着可能现象的无数演化规律的潜在知识。因此，发现框架定律意味着扩大我们认识我们所处世界的能力。狄拉克方程就是这样，让我们预见到反物质是构成世界的基本物质之一。狄拉克的这种框架定律的主动运用，是物理学史上一次巨大的革命，也取得了巨大的成功。他在 1928 年提出狄拉克方程和狄拉克算子时就运用了这种法则。他是第一个在物理学上使用自旋几何的人。在博尼奥洛和布迪尼奇看来，狄拉克方程就是一个典型的物理数学符号的例子，而且是一个用纯数学得到的框架定律。它预言了一个新的演化定律，预言了反物质的存在①。

如果物理-数学符号是一个整体，那么"数学为什么在物理学中是有效的？"就是一个错误的问题。是物理-数学符号的符号、指示和象征作用让我们得以理解物理学家和物理-数学符号之间的关系，以及物理学家与世界之间的关系。物理-数学符号作为符号的存在表明，人们希望它与它所代表的世界是相似的，但是一旦它被建构出来，它就有了自主权。物理-数学符号具有指示的作用意味着赋予物理-数学符号以物理意义，存在检查所赋予的物理意义是否真实成立的可能性，也使物理-数学符号有发现新的物理实体的可能性。物理-数学符号的象征作用意味着，不同数学的使用可能意味着采用了不同的对物理世界的解释。同时，对于相同的物理状态，可能拥有不止一个物理-数学符号，同一个物理-数学符号也可能不只拥有一种数学②。

① Boniolo G, Budinich P. "The role of mathematics in physical sciences and Dirac's methodological revolution". In Boniolo G, Budinich P, Trobok M (Eds.). *The Role of Mathematics in Physical Sciences*. Dordrecht: Springer Netherlands, 2005: 90.

② Boniolo G, Budinich P. "The role of mathematics in physical sciences and Dirac's methodological revolution". In Boniolo G, Budinich P, Trobok M (Eds.). *The Role of Mathematics in Physical Sciences*. Dordrecht: Springer Netherlands, 2005: 80-83.

三、科学方法论革命的意义

狄拉克方法论革命的历史意义主要体现在物理学理论构造的方法和对于数学物理学关系的探讨两个方面。

第一，物理学理论构造方法方面。自物理学建立伊始，伽利略-牛顿的研究模式，也就是通过实验观察和测量，寻找一种以数学形式写成的演化定律和框架定律，在物理学的各个领域取得了巨大的成功。在之后的200多年，这种模式一直都是物理学研究的主要模式，并且支撑着物理学家的物理学实在观。在这种以经验为基础的实在观中，数学更多的是一个工具，没有实在的意义。早期的爱因斯坦就明确反对实在论的数学观。在《几何学和经验》中，爱因斯坦指出："只要数学的命题是涉及实在的，它们就不是可靠的；只要它们是可靠的，它们就不涉及实在。"他认为"理论物理学的完整体系是由概念、被认为对这些概念是有效的基本定律，以及用逻辑推理得到的结论这三者所构成的。这些结论必须同我们的各个单独的经验相符合；在任何理论著作中，导出这些结论的逻辑演绎几乎占据了全部篇幅"。但是，毫无疑问，狄拉克对当时的整个物理学界都产生了极大的影响，包括提出"数学在物理学中不合理的有效性"的维格纳，在他的文章中明确提出："为显示数学概念在建构物理定律时的重要性，试回想量子力学的公理，它是由大数学家冯·诺依曼明确地建立，或者由大物理学家狄拉克隐含地提出的。"[①]爱因斯坦在后期也越来越强调对纯数学结构的强烈信念，1933年在英国剑桥大学所做的斯宾塞演讲中，他指出，相信通过数学的构造我们能发现物理概念和联系这些概念的定律。"我坚信，我们能够用纯粹数学的构造来发现概念以及把这些概念联系起来的定律，这些概念和定律是理解自然现象

---

① Wigner E P. "The unreasonable effectiveness of mathematics in the natural sciences". *Communications on Pure and Applied Mathematics*, 1960(13): 7.

的钥匙。”[①]

第二，数学物理学关系方面。在博尼奥洛和布迪尼奇的论文中，狄拉克方法论革命的意义之一在于为科学哲学家重新解读“数学为何在物理学中如此有效”的问题提供了新的思路。

“数学为何在物理学中如此有效”这个问题，自近代科学诞生以来一直是哲学中的经典问题。近代哲学中，莱布尼茨、斯宾诺莎等唯理论者认为知识来源于理性，数学知识是先天的、必然的，是理性知识的典范，但是数学知识何以能够应用于研究经验对象的物理科学，这是唯理论哲学家们难以回答的。对于洛克、贝克莱等经验论者来讲，数学知识也来源于经验，因而与物理科学具有同一来源，因而它能够很好地应用于科学中。经验论者难以回答的问题是数学何以是可靠的、必然的，因为经验归纳并不是必然的。在经验论与唯理论间的争论中，康德大胆地走了一条中间路线，提出了数学命题是先天综合判断这一观点，既解决了数学的先天可靠性，又为数学在经验科学中的应用予以了解释。康德借助于直觉为数学知识的先天性作辩护，用时间直觉为算术的可靠性作论证，用空间直觉为几何的可靠性作论证。然而随着19世纪非欧几何的提出，反直觉的非欧几何为康德的先天综合判断形成了反例，这使得19世纪哲学的一大难题便是不援引康德而说明数学何以能够在科学中发挥有效性。

当然，工具主义者大可不必考虑数学的有效性问题，直接应用数学即可，把数学作为一种工具即可。然而，数学对象究竟存在不存在、数学知识何以是可靠的、数学何以能够有效地应用于科学中，这些问题却是哲学家必须要思考与回答的，尤其是20世纪量子论的发展，应用到了许多超直觉的数学知识，如无穷、德尔塔函数、虚数、纤维丛等，这些知识显然不是来源于经验

① 韩来平、邢润川：《爱因斯坦的数学信仰》，《科学技术与辩证法》2006年第3期，第90页。

的，那它们来源于哪里？是不是存在一个客观的数学对象世界？那经验世界中的人如何能够认识到外在的数学世界中的对象？这些对象如何能够应用于物理科学，最终产生经验可观测的测量结果？数学的有效性问题进一步突显出来，迫切地需要哲学的回答。维格纳在将群论及群表示理论应用于量子力学之后，取得了不可思议的有效性，也正是源于他的亲身体会，他才会再度把数学的有效性问题提出来，拉开了 20 世纪数学与物理学关系讨论复兴的序幕。

关于这一问题，我们本章第二节中将会进行详细讨论，而这里我们要指出的是，历史上哲学家对数学在物理学中的有效性问题有很多具有代表性意义的思考，其路线大致可以分为以下几种：柏拉图式的“数学是有效的，因为世界本质上是数学的”、伽利略式的“在物理学中有效，因为物理世界和数学世界有一种紧密的同构性”、贝克莱式的“数学是有效的，仅仅因为它是一个好的工具”、康德式的“数学是有效的，因为我们以数学的方式认知地建构了世界”及“数学在物理上是有效的，因为由于数学的存在，我们能够建构我们不能直接经验的物体的概念”等①。相对于这几种观点，博尼奥洛和布迪尼奇的数学-物理学符号的整体性观点是一种避免任何强形而上学、强认识论和工具论的观点，更多的是从科学发展史的角度和物理学理论结构发展的角度来分析物理学中数学的角色和作用。他们的做法是，不再把数学和物理学割裂对待，而是把数学和物理学作为整体来进行理解。这也是我们突破当代科学哲学困境时的一条自然主义的思路，一条符合科学本身发展脉络的思路。

① Boniolo G, Budinich P. “The role of mathematics in physical sciences and Dirac’s methodological revolution”. In Boniolo G, Budinich P, Trobok M (Eds.). *The Role of Mathematics in Physical Sciences*. Dordrecht: Springer Netherlands, 2005: 76.

第二节 数学与物理学的认识论镜像

回顾 20 世纪后半叶以来数学与物理学的交融发展，维络纳“数学不可思议的有效性”其实是可以回答的，那就是数学和物理学本就是同根生、共生长的连理枝。在认识论上，二者是互为镜像的，数学的认识可以有效地应用于物理学领域，而物理学的认识也可以有效地应用于数学领域。规范场与纤维丛典型地体现了这一镜像的两面。

一、狄拉克模式

狄拉克把从纯数学出发构造物理学的研究方法在物理学中明确树立了起来，从而引起了物理学方法论的变革。狄拉克方法论除了狄拉克本人的践行之外，现在已经成为粒子物理学研究中的一个基本方法。张会曾在《粒子物理学理论的方法论问题》一文中将其称为“狄拉克模式”①。所谓狄拉克模式，是指先提出一个新的数学框架和概念，然后再去寻找它与外在世界间的联系，最终发现自然界的运行满足这一数学框架或概念。相较于狄拉克模式，粒子物理学领域还有汤川秀树模式，即从现有的物理框架和概念来推测物理现象的本质，之后去验证这一框架与概念的正确性或合理性。汤川秀树一方面坚守着相对论量子场论的基本框架，另一方面大胆地推测新粒子的存在，这两个方面是互为影响的，正是前一方面的坚守使其相信新粒子必定是存在的，而最终发现的新粒子又加强了他对原有框架的依赖。相比较而言，狄拉克模式所依据的数学的美更具突破性，在完全缺乏证据的情况下能够大胆推测，塑造全新的物理学图像，狄拉克函数、磁单极、反物质等都是这一模式的产物。伴随着粒子物理研究对象日渐超出人类实验可及的能量范围，传统

---

① 张会：《粒子物理学理论的方法论问题》，《河南师范大学学报（哲学社会科学版）》1994 年第 4 期，第 20 页。

的加速器实验越来越难以为人们提供有效数据,这使得狄拉克模式在20世纪日益突出,并最终成为粒子物理学研究的主要模式。基于狄拉克模式发展出来的理论非常多,如非阿贝尔规范理论、希格斯机制、超对称理论等。

当代量子革命,尤其是二次量子革命为物理学的发展带来了极大的挑战。在量子引力的普朗克尺度下,狄拉克方法被运用到极致,大量新数学被发现并成为指引物理学发展方向最重要的因素,但由于此时的理论难以与实验衔接,有些人认为超弦理论等前沿物理学理论只是数学游戏。在理论越来越超出实验范围的时候,人们迫切地需要一种新的研究方法来继续探求物理世界。如果我们对以狄拉克方法为代表的数学物理学方法有深刻的认识,我们就会相信,物理学不是数学游戏,数学是现代和当代物理理论不可分割的一部分,通过抽象思维,物理-数学符号成为通向框架定律的最好通道,将可能给我们带来新发现的实体和现象。

在数学物理学关系的探讨方面,狄拉克方法论革命在数学物理学关系这一问题上无疑为我们提供了一个经典的历史案例,表明"现代和当代的物理理论学本身就是物理-数学符号。它们不能分为数学部分和非数学部分"[①]。并且展示了物理-数学符号作为一个独立的整体结构的推测性功能及其如何可以作为物理世界的精确镜像,在物理世界和物理学家之间起到联结作用。这使得数学和物理学被割裂对待的传统视角受到了挑战,这种整体论的观点更加符合当代数学和物理学发展的历史事实和统一趋势。

纵观哲学界对数学和物理学关系的讨论,大都延续了柏拉图式的、伽利略式的、贝克莱式的或者康德式的道路,把数学和物理学作为独立的两个学科,把物理学的发展史作为数学不断介入物理学的过程进行研究。但是20

---

① Boniolo G, Budinich P. "The role of mathematics in physical sciences and Dirac's methodological revolution". In Boniolo G, Budinich P, Trobok M (Eds.). *The Role of Mathematics in Physical Sciences*. Dordrecht: Springer Netherlands, 2005: 86.

世纪以后，物理学几何化问题的探讨、数学对称性作为理论构建的原理之一越来越重要等现象使得一部分物理学家已经开始重新思考数学和物理学的关系问题。外尔、爱丁顿、费曼、彭罗斯、丘成桐等很多数学物理学家都认为数学结构在描述世界基本结构方面有着非常重要的作用，甚至数学才是最本质的东西。在哲学家阵营中，更多的人是从科学史的角度关注近代以来数学在物理学中的应用的，比如马宁（Y. I. Manin）[①]，他认为当前数学与物理学关系表现在它们之间不断增加的重叠领域上，在数学和物理学之间可以看到越来越多的相互学习、互为工具和技术转移，这就是这种研究的典型代表。沃尔默（G. Vollmer）则用结构主义的观点来解释数学的有效性：数学适合自然，因为它是结构的科学；自然是结构的，人们通过进化适应这个结构化的世界，逐渐认识其中的一些结构，用语言来制定一种非中观结构[②]。但无一例外，这些探讨都是把数学和物理学割裂来看的，在形而上学层面并不能真正回答数学为什么在哲学中有效这一问题。物理-数学符号的整体性观点则回避了形而上学的问题，并且可以解决一些解释上的困难。比如，在引力的量子化中遇到的困难——这些困难推动了对抽象数学的追求，但是当我们把这些因素考虑在内的时候，它们可能是重要的发现的来源——物理学不是抽象的形式化的数学游戏，而是在物理-数学整体结构下对世界和解释者进行关联的过程，而这个过程中最终的目标是新的发现——最终出现的是关于经验世界的知识。

狄拉克模式，在一般的科学哲学家那里并没有得到深入的挖掘，人们更多看到的是其中关于数学美的思想，甚至于一些毕达哥拉斯主义或柏拉图主

① Manin Y I. *Mathematics and Physics*. Basel: Birkhäuser, 1981.

② Vollmer G. "Why does mathematics fit nature? The problem of application". In Gómez Pin V, et al. *Proceedings of the Ⅲ-Ⅳ International Ontology Congress*. Barcelona: Ontology Studies/Cuadernos de Ontología, 2001: 301-309.

义的解读。但是站在21世纪科学发展的时代背景中回头来看，可以发现其中并不仅仅是数学美这么简单的结论。21世纪对于物理学来说是一个革命的世纪：理论物理学前沿的研究超越了实验的范围，理论构造的方法与实验物理学时代完全不同。我们从实验物理学时代继承下来的关于数学和物理学的关系的看法也在进行着一场革命：从分离走向整体，这符合历史事实，也将带来一场认识论的进步。

二、数学方法的有效性

何以数学是有效的，能够得到正确的物理学理论？维格纳在他那篇著名的《数学在自然科学中不可思议的有效性》文章中，分三步提出了自己的观点。

第一步，提出数学在物理学中的有效性问题。数学在物理学中的有效性问题的提出，基于维格纳发现的一个“非常令人惊奇”的现象：为什么在物理学发展的每一个关键时刻都会正好有相应的数学理论的支撑？比如行星运动理论中的二阶导数、初等量子力学中的矩阵、量子电动力学中的拉姆移位量子理论等。在维格纳看来“当物理学家把粗糙的经验用数学表述后，便能够对一大类的现象做出极度精确的描述。这显示出数学语言之所以值得赞赏，并不在于我们只会说这种语言，而是在很真实的意义上，显示了数学就是正确的语言”[①]。事实上，维格纳看到的现象已经为很多物理学家所注意到，因为物理学发生的每一个革命都脱离不了新的数学工具的使用，比如经典力学中微积分的应用，量子力学中线性代数、希尔伯特空间等的应用、广义相对论中黎曼几何的应用等。但是在传统的实验物理学背景下，大多数人只是很自然地认为数学就是物理学的工具而已，人们坚信伽利略“自然之书是用

① Wigner E P. “The unreasonable effectiveness of mathematics in the natural sciences”. *Communications on Pure and Applied Mathematics*, 1960(13): 8.

数学的语言书写的”的断言，却鲜少有人去追问为什么。

第二步，提出数学对物理学的非充分决定性问题。维格纳看到了一种困惑：数学并不能唯一地决定物理学。最典型的是量子理论和相对论之间的矛盾。众所周知量子理论和相对论的研究领域并不相同，运用的数学观念也不同，量子理论研究微观世界，运用了无穷维的希尔伯特空间概念，而相对论则研究大尺度的世界，运用了四维的黎曼空间。两种理论都在经验上取得成功，但却不存在一种数学表述可以使二者成为新理论的逼近。这个问题称为数学对物理学理论的非充分决定性问题，也是维格纳处在他的时代必然存在的一个困惑。因为相对论和量子力学，作为两种经验上验证为真的理论，它们的概念基础是完全不同的，可以预见它们最终要获得统一就一定会被证明某一个理论是“不完备的”。现有物理学的精确性并不能证明它们的一致性。维格纳深思这个问题后指出，如果理论发展到更加抽象的阶段，不能求助于实验来化解冲突的话，就会出现两种局面：第一是物理学理论的选择会出现困难，第二是我们理论所建立的概念的真实性会受到怀疑。

第三步，提出数学在物理学中的有效性之“谜”。站在今天的角度，维格纳的断言已经完全出现了：量子引力理论中，一方面在超弦理论和圈量子引力等很多理论之间竞争和选择的困难实实在在地发生着，另一方面之前经典理论中所建立的空间、时间等很多重要概念面临着激烈的变革。所以说维格纳的发现是极具洞察力的，但是在如何解释这些发现时，维格纳则采取了一种回避的方式：这种局面之所以有可能，是因为我们根本不知道我们的理论为什么会那么管用。作为一个物理学家，维格纳并没有对这种有效性的存在做出更多的哲学阐释，在他看来，数学在自然科学中巨大的有效性是接近谜一样的东西，对这种现象没办法找到合理解释。他用一句话来表明自己的观点：“数学语言在表述自然定律时的适当性之谜是一项奇迹，它是我们既不理解也不配拥有的奇妙天赐。”[1]

维格纳的观点立足于当时物理学理论发展的实践基础，代表了 20 世纪 60 年代人们对这一问题的普遍认知。总的来说，维格纳所处的时代仍然是经验科学的时代，因此维格纳讨论数学在物理学中有效性的所有例子最终都指向一个方向：理论最终的预言与经验符合的精确性程度。事实上，20 世纪 60 年代之后的几十年，数学和物理学关注的重点和研究方式都发生了很大的改变，站在当前物理学发展的角度来看，由于当时理论发展的局限性，更深层次的关于时空的结构、量子化等问题及物理学大统一理论的提出方式都是维格纳无从想象的。维格纳提出的问题还在延续，但答案却有了更深层次的含义。当物理学的发展越来越远离实验检验领域的时候，关于“数学在物理学中运用的结果如何”的评判也越来越不可能回到实验中去完成了。

维格纳以“谜”作为结论，为关注数学物理学关系的数学家、物理学家和哲学家开辟了一个重要的话题。但人们对数学在物理学的有效性问题不会满足于“不可思议”或者“不合理”这样的答案。在他之后，数学和物理学关系在数学物理学家和哲学家之间得到了丰富的讨论。

作为物理学和数学关系在科学发展中的展现越来越深入的结果，从 20 世纪 60 年代至今，关于数学和物理学关系的讨论和文献层出不穷，比如博赫纳（S. Bochner）1966 年的著作《科学出现过程中数学的作用》[2]、哈维（A. Harvey）2011 年的论文《数学在自然科学中可理解的有效性》[3]、菲林（N.

① Wigner E P. “The unreasonable effectiveness of mathematics in the natural sciences”. *Communications on Pure and Applied Mathematics*, 1960(13): 14.

② Bochner S. *The Role of Mathematics in the Rise of Science*. Princeton: Princeton University Press, 1966.

③ Harvey A. “The reasonable effectiveness of mathematics in the natural science”. *General Relativity & Graivitation*, 2011, 43(12): 3657-3664.

Fillion）2012 年的同名博士论文《数学在自然科学中可理解的有效性》[①]、格林鲍姆（A. Grinbaum）于 2019 年发表的论文《未知物理学领域中数学的有效性》[②]、布埃诺（O. Bueno）和弗兰奇于 2018 年出版的《数学的应用：沉浸、推理和解释》[③]等都是这一讨论的延续，他们试图从物理学发展或者哲学分析的角度来探讨数学概念和物理概念之间的联系。

数学的有效性确实是不可思议的吗？以至于狄拉克等人都震惊自己写下的方程能够有那么强大的预言能力，即相对论性的电子运动方程内在地包含了自旋，预言正电子的存在，并且说明了粒子的生成和湮灭。虽然狄拉克等人坚信数学美的内容在物理上是真的，但当从数学美出发构造的方程给出始料未及的预言时，他们也会觉得不可思议。为什么是这样？

从关注实验到关注数学与物理学关系的讨论，大多是出于数学家、物理学家及部分哲学家对于两点问题的发现。第一，关于数学理论对于构建物理学理论的支撑作用的发现。在物理学理论发展的每一个阶段，都离不开数学工具的表达，数学是构建物理学理论最重要的语言。在物理学发展的历史上，物理学家在想要表达一种新思想的时候往往会巧妙地寻找到可以支撑其思想的数学工具。更有甚者，在当代最前沿的物理学发展的过程中，很多物理学家都是一边创造数学工具一边用其表达自己的物理学思想。第二，关于数学理论与物理学理论结构相似性的发现。现代数学家和物理学家都发现，物理学理论的许多结构与某些数学理论中的结构具有很强的相似性。这就在他们之间引起了许多朴素的哲学思考，大多是关于数学结构是否独立存在，数学

① Fillion N. *The Reasonable Effectiveness of Mathematics in the Natural Science*. Doctoral Thesis of The University of Western Ontario, 2012.

② Grinbaum A. "The effectiveness of mathematics in physics of the unknown". *Synthese*, 2019, 196(3): 973-989.

③ Bueno O, French S. *Applying Mathematics: Immersion, Inference, Interpretation*. Oxford: Oxford University Press, 2018.

结构与物理学结构为什么会具有这样的相似性，以及诸如此类的问题。闵可夫斯基空间之于狭义相对论、黎曼几何之于广义相对论的作用，已经是广为人知的关于数学与物理学关系的例子。杨振宁除了在数学与物理学关系的讨论中做出重要的贡献外，还提出了著名的“数学与物理学的二叶理论”，以期从科学方法论的角度说明数学在物理学中何以是有效的。

三、二叶理论

杨振宁非常赞赏狄拉克的纯数学构造方法，其规范场论的构造也是基于数学之美，从纯数学形式考虑而出发的。规范场论建立于 1954 年，其时并没有深刻的数学背景。直到 1967 年，杨振宁注意到广义相对论中的列莱维-齐维塔平行移动概念是不可积相因子概念的一个特殊情形。他看到了式（11.1）和式（11.2）之间形式上的相似性，且后者是前者的特例[①]。

$$F_{\mu\nu}=\frac{\partial B_\mu}{\partial x_\nu}-\frac{\partial B_\nu}{\partial x_\mu}+i\varepsilon(B_\mu B_\nu-B_\nu B_\mu) \tag{11.1}$$

$$R^l_{ijk}=\frac{\partial}{\partial x^j}\begin{Bmatrix} l \\ ik \end{Bmatrix}-\frac{\partial}{\partial x^k}\begin{Bmatrix} l \\ ij \end{Bmatrix}+\begin{Bmatrix} m \\ ik \end{Bmatrix}\begin{Bmatrix} l \\ mj \end{Bmatrix}-\begin{Bmatrix} m \\ ij \end{Bmatrix}\begin{Bmatrix} l \\ mk \end{Bmatrix} \tag{11.2}$$

式（11.1）为规范场论中的场强公式，式（11.2）为黎曼几何中的曲率张量公式。这一发现促使杨振宁想到规范场和黎曼几何之间可能具有某种关系，从而进行了规范场与数学理论之间关系的探讨。

1974 年，数学物理学家陆启铿从纤维丛的联络论的观点出发，系统地处理了规范场理论[②]。他得出了主纤维丛 $P(M,G)$ 上的联络满足的 Γ 公式：

---

① 张奠宙：《20 世纪数学经纬》，华东师范大学出版社 2002 年版，第 257-258 页。

② 陆启铿：《规范场与主纤维丛上的联络》，物理学报 1974 年第 4 期，第 252 页。

$$\Gamma'_{\mu} = S^{-1}\Gamma_{\mu}S + S^{-1}\frac{\partial S}{\partial x_{\mu}} \tag{11.3}$$

而这一公式与杨振宁之前给出的规范势 B_{μ} 上的同位规范变换公式形式上相同。

$$B'_{\mu} = S^{-1}B_{\mu}S + \frac{i}{\varepsilon}S^{-1}\frac{\partial S}{\partial x_{\mu}} \tag{11.4}$$

因而陆启铿指出，“联络 Γ_{μ}^{α} 即物理上成为规范势者”。并且将联络 Γ 上的曲率张量定义式变形为

$$F_{\mu_{\nu}} = \frac{\partial \Gamma_{\nu}}{\partial x^{\mu}} - \frac{\partial \Gamma_{\mu}}{\partial x^{\nu}} + \Gamma_{\mu}\Gamma_{\nu} - \Gamma_{\nu}\Gamma_{\mu} \tag{11.5}$$

因其与杨振宁和米尔斯给出的规范场的场强公式［式（11.1）］相对应，陆启铿证明了“物理上称曲率张量为规范场”，并证明了“物理上的规范变换 $S(x)$ 即主纤维丛上的联结函数 $\varphi_{UV}(x)$”。

这一事实的发现引起了数学家和物理学家的高度关注，极大地影响了人们对数学和物理学关系的理解。1975 年，吴大峻与杨振宁发表了《不可积相因子的概念以及规范场的全局表示》一文，明确地指出了规范场和纤维丛之间的关系。他们认为电磁学就是不可积相因子的规范不变表示，并完成了由阿贝尔规范场向非阿贝尔规范场的推广，将不可积相因子的概念运用到了规范场的整体问题上去[①]。吴大峻与杨振宁给出了现在已经为我们熟知的纤维丛与规范场术语的对照表，指出规范场就是纤维丛上的联络[②]。在他们看来，

① 冯晓华、高策：《吴大峻、杨振宁在规范场与纤维丛关系问题上的工作》，《自然科学史研究》2009 年第 2 期，第 175-176 页。

② Wu T T, Yang C N. “Concept of nonintegrable phase factors and global formulation of gauge fields”. *Physical Review D*, 1975, 12(12): 3845-3857.

规范场论中的这些物理概念“已经被数学家在数学中做了仔细深入的研究”。1982 年，在《不可积相因子的概念以及规范场的全局表示》一文的后记中，杨振宁指出“规范场具有全局性的几何内涵……这种内涵是自然而然地用纤维丛概念表示出来的”①。

规范场论与纤维丛理论之间关系的发现，不难让我们想起狭义相对论与闵可夫斯基空间、广义相对论与黎曼几何，甚至当代超弦理论与卡-丘空间之间的对应关系。数学和物理学作为不同的学科却在本质上诠释了同一种概念和同一种理论的重大事件在物理学史中一次次地发生着。这些事件也一次次地促使人们面对那个非常敏感的话题：数学和物理学之间的关系到底是怎样的？杨振宁的“二叶理论”是对数学和物理学关系朴素争论中的典型观点：“把数学与物理比做几乎任意伸展的两个叶子，重合部分是很少的。可以说90%～95%的数学与物理无关，奇怪的是只有很小的一部分是重合的。这种重合对于两者都是最基本的概念。在这个完全重合的领域，数学家也好，物理学家也好，想法都相同。然而，即使在这个领域，对于事物的重要性的判断标准也并不相同，两个领域是有区别的，由于叶子伸展方向的不同，显示出它们不同的作用。”②事实上，杨振宁、陈省身等物理学家和数学家在数学和物理学的本体论领域也有所思索，杨振宁曾对数学家发展纤维丛理论并没有考虑物理世界这一现象觉得非常惊奇，并说“不知道你们数学家从什么地方想象出这些概念来”，而针对这种看法，陈省身则给出了一种典型的观点：“这些概念并不是想象出来的。它们是自然的和实在的。”③

在杨振宁看来，数学与物理学是双向互动的。数学之于物理学的影响在

① 杨振宁：《纤维丛支持了规范场》，载杨振宁：《杨振宁文集：传记、演讲、随笔》，华东师范大学出版社 1998 年版，第 215-216 页。

② 杨振宁：《爱因斯坦与二十世纪后半叶的物理学》，曹富田译，《世界科学》1983 年第 7 期，第 10 页。

③ 宁平治、唐贤民、张庆华：《杨振宁演讲集》，南开大学出版社 1989 年版，第 374 页。

于：一是数学是物理学最为基本的表述形式，是物理学最为深刻的语言；二是数学还是物理学的认识手段，是物理学推理强有力的思维工具；三是数学化能够导致直接的物理结果，如群论之于量子理论中的应用；四是数学化导致了物理学审美感的变化，在不同的时期物理学之美有着不同的体现，20世纪主要是理论结构之美；五是物理学家深受数学美的影响；六是数学美是物理理论的评判标准。物理学之于数学的影响则在于：应用数学本身就是介于理论物理学和数学之间的科学，物理学的方法、精神和审美以一种非理性因素影响着数学，物理学还是数学创造的直接源泉，并且扮演着向导的角色。杨振宁强调了应用数学与理论物理之间的区别，理论物理更强调从物理现象到数学公式的归纳过程，而应用数学更强调从数学公式到物理现象的演绎过程，二者实际上是一致的。通过应用数学，物理学的影响也会渗透到纯数学领域，进而影响到纯数学的发展。除了规范场论，杨振宁先生的许多其他工作后来也被发现在数学上有着深远的影响，如他在1967年发现的后称杨-巴克斯特（Yang-Baxter）方程的工作，与数学中的扭结理论、辫群、霍普夫代数等都有着紧密的联系。

在一般科学哲学研究的层面上，20世纪哲学家对于数学和物理学关系的讨论不绝于耳，总的来说，这些讨论都建立在一种共识之上，典型的如雷德海德1995年在塔纳（Tarner）讲座中所云："物理学与数学已经融为一体，各自丰富了对方，它们离了对方谁也无法进步。"[①]但也正如物理学家维格纳所云："数学在自然科学中的极大的有用性是相当神秘的，没有对它进行的合理的说明""阐述物理学定律的数学语言的恰当性这样一种奇迹是一件极好的礼品，我们既不理解它也没有得到它"[②]。在物理学哲学研究的层面

① Redhead M. *From Physics to Metaphysics*. Cambridge: Cambridge University Press, 1996: 87.

② Wigner E P. *Symmetries and Reflections: Scientific Essays of Eugene P. Wigner*. Bloomington: Indiana University Press, 1967:223, 237.

上，20 世纪初，数学物理学家和物理学哲学家在面对广义相对论和量子力学带来的物理学革命时，都敏锐地注意到人们对数学和物理学关系的认识开始发生着某种变化，并且对其进行过热烈的讨论。由于历史的原因，哲学家和数学物理学家的观点并没有得到相互影响和融合，而是都限制于各自的语境考虑问题,因而并没有得出有力的结论。站到 21 世纪当代量子论发展的潮头，结合数学家的观点重新来审视数学物理学的关系，我们会发现存在两种不同的思考进路，除了数学在物理学中的有效性之外，还存在物理学在数学中的有效性。

第三节　数学–物理学关系的新图景

一方面，把在认识论上互为镜像的数学与物理学关系发挥到极致的当属超弦理论，因为实验数据本身的缺乏，超弦理论的构造依靠的便是数学提供的镜像。然而，另一方面，正如数学家所坦言的，超弦和量子场论等当代量子论也为数学提供了深刻的研究洞见，开辟了新的研究思路。站在数学家的角度来看，他们应当思考的是物理学为何能够在数学中扮演不可思议的有效性的角色。

一、当代量子论在数学中的有效性

1972 年著名的物理学家戴森说："我敏锐地意识到，过去几个世纪中数学与物理学硕果累累的联姻最近正在走向结束。"[①]然而，很快，随着规范场与纤维丛理论之间的对应关系的发现，数学与物理学再度走上了联姻，而且关系比以前更为紧密。"不仅数学继续成为物理学表述的基础，而且越来

① Dyson F. "Missed opportunities". *Bulletin of the American Mathematical Society*, 1972, 5: 635.

越多的物理学被看作‘底层的’纯数学。”[①]威滕在 2001 年时说：“如果回到 19 世纪或更早的年代，数学家和物理学家往往是同一个人。但是在 20 世纪，数学变得更为宽泛，在许多方面变得更为抽象。过去 20 年来，有些数学领域似乎过于抽象，似乎它们不再与物理学有关联，但事实证明它们与新的量子物理学、量子规范理论有关，特别是与物理学家们正在研究的超对称理论和弦论有关。”[②]

量子场论最引人注目的方面之一是它与纯数学前沿领域的结合，特别是与微分几何与拓扑学的结合。20 世纪 80 年代，弦论学家们意识到现在的几何概念并不能充分地描述弦论，弦论可能会带来全新的几何概念。物理学之于纯数学的有效性具体可以体现在下述一些新的数学概念方面，如卡-丘空间、镜对称（即物理上的对偶性）、K 理论和非对易几何等。

1. 卡-丘空间

超弦理论中起到突出作用的卡拉比-丘流形既是辛流形，也是复流形。黎曼几何、复几何和辛几何是几何学的三个分支，分别对应于三种不同的李群，在凯勒流形上这三种几何统一起来了。卡拉比-丘流形是第一陈类为 0 的紧致凯勒流形，这是满足额外维紧致化的一类特殊流形。在丘成桐开始思考爱因斯坦方程之后，他质疑是否存在一个不包含物质的紧致空间，即一个闭合的真空宇宙中引力是不平凡的。他发现卡拉比研究了这样的问题，转换成物理语言即“在一个闭合的真空中，即没有物质的紧致超对称空间中，能否有引力，或空间曲率？”[③]研究的结果是丘成桐证明了卡拉比给出的猜想，存在

① Zaslow E. “Physimatics”. 2005-06-02. http://www.claymath.org/library/senior_scholars/zaslow_physmatics.pdf.

② Witten E. “Adventrues in Physics and Math”. https://www.ias.edu/sites/default/files/sns/files/KyotoComemorativeLecture.pdf.

③ Yau S T, Nadis S. “String theory and the geometry of the universe’s hidden dimensions”. *Notices of the American Mathematical Society*, 2011(58): 1067-1076.

这样的空间。弦论给出的多余的六个维度正是隐藏在卡-丘空间中的，并且这个不可见的空间在真实空间中的每一点上都存在。更为神奇的是，卡-丘空间的几何决定了我们所看到的宇宙和物理学，也就是说，卡-丘空间的形状［正如其书名《大宇之形》（*The Shape of Inner Space*）所示的］决定了存在粒子的种类、质量、相互作用的方式甚至是自然常数。“尽管爱因斯坦说引力现象实际上是几何的一种表现形式，但弦论学家却大胆地宣称我们宇宙的物理学就是卡-丘空间几何的结果。这正是为什么弦论学家如此急切想要确定这个六维空间精确形状的原因——现在我们仍然在研究这一问题。”[①]从这一意义上讲，超弦不仅继承了广义相对论的几何纲领，还将其发扬到了极致。可问题是，卡-丘空间的数目是巨大的，因而难以由此出发确定内容的形状，进而确定物理学的参数。问题的转机发生在 20 世纪 80 年代末，镜对称的引入。

2. 镜对称

通过对卡-丘流形的深入研究，物理学家们发现即使对应的紧致化的卡-丘空间具有不同的拓扑，ⅡA 型和ⅡB 型的弦论却能够给出相同的物理表述，二者是等价的，满足 T 对偶性，从而引出了镜对称。镜对称也就是量子理论中的等价性，有些物理理论具有等价的镜面理论，它们给出相同的预测，从而可以通过容易做计算的理论得到难以计算理论的答案。1991 年，坎德拉斯发现镜公式，促进了数学家对于弦论进展的关注。1995 年，斯特罗明格、丘成桐和萨斯劳（E. Zaslow）提出了一个猜想，认为六维的卡-丘空间本质上能够划分为两个三维空间，其中一个是三维空间的环（torus）。通过对环进行某种操作将其从半径 r 变成半径为 $1/r$，再将它与另一个三维空间组合起来，就可以形成原先卡-丘空间的一个镜像流形。这一猜想为镜对称提供了几何的

① Yau S T, Nadis S. “String theory and the geometry of the universe’s hidden dimensions”. *Notices of the American Mathematical Society*, 2011(58): 1067-1076.

图景，但目前只证明了特殊情形下猜想成立，一般的证明还没有实现。

镜对称类似于傅里叶变换，通过映射能够揭示出的信息要远多于原先函数中所包含的信息。镜对称连接了两个不同的数学世界，其中一个是辛几何，另一个是复几何。“量子物理学允许思想从一个领域自由地流向另一处领域，并为这两大数学分支提供意想不到的大统一。”①

3. K 理论

镜对称与几何朗兰兹纲领的关系的发现，在研究人员中激起了很大的关注，展现了镜对称这个极富魅力的现象的另一个侧面。

几何化猜想/定理，在维度小于 4 的情况下都得到了证明，而在维度为 4 的情况下能否成立，仍然是存疑的。光滑结构是否存在及如何得以区分是由一些不变量来给出的。1986 年菲尔兹奖的获得者英国数学家唐纳森（S. K. Donaldson）给出了一组几何不变量，可以用来区分在给定四维拓扑流形上的光滑结构，革新了关于四维拓扑的研究。威滕在 1988 年把唐纳森不变量作为拓扑场理论中的可观测量，为深层次物理论证的最终应用奠定了基础，即在 1994 年威滕给出的 N=2 的超对称规范理论的解，在应用于拓扑场论时得到了比唐纳森不变量更容易计算的塞伯格-威滕（Seiberg-Witten）不变量。

阿蒂亚-辛格指标定理使得 K 理论对于物理学中的规范场理论和弦论来说非常重要，而 K 理论本身也成为非交换几何学的核心概念。“非常有趣的是，最近弦论领域的威滕发现 K 理论似乎为所谓的‘守恒量’提供了一个自然的归属。过去人们认为，同伦论是这些问题的自然框架，现在看来，K 理论是更好的选择。”②

① Dijkgraaf R. “The power of mirror symmetry”. 2017-03-30. https://www.ias.edu/ideas/power-mirror-symmetry.

② Atiyah M. “Mathematics in the 20th Century”. *Bulletin of the London Mathematical Society*, 2002, 34(1): 1-15.

4. 非对易几何

笛卡儿发明了坐标系，将几何学转化为代数，使得我们可以通过研究坐标函数来研究几何学，而不需要直接思考空间中的点及其相互关系。盖尔范德-奈马克定理指出，代数拓扑的所有技巧都可以通过盖尔范德-奈马克同构转移到可交换的 C*代数上来，从而把关于拓扑空间的研究转换到对 C*代数的研究，这意味着我们从一个空间 X 的点图像过渡到定义在其上的函数代数 $C(X)$ 的场图像。K 理论在算子代数中的成功，“使我们进一步来深思：场图像是否比点图像更有力量，因为 K 理论可以用于不可交换的 C*代数，因为其中根本没有‘点’（即到 C 的同态）”[①]。按照这一思路，法国数学家孔涅（A. Connes）发展出了非交换几何，把几何学的关于点的表述都重新陈述为关于函数和算子的表述。“一个激动人心的但是还在思辨之中的可能性是：物理学的基本定律是否也应该从非交换几何学的视角来审视。向不可交换的 C*代数的转变可以看作是从经典力学向量子力学的转变的类比。”[②]这些研究表明，几何化也可以代数化，二者在某种层面上是统一的。

20 世纪七八十年代之后，物理学进入量子场论、粒子物理学、规范场论等的高速发展期，试图统一广义相对论和量子力学的超弦理论开始出现，人类的知识领域急剧拓展。在短短几十年内，传统的实验物理学方法在量子引力等前沿领域中快速式微，理论进入普朗克尺度，超越了实验检验的范围。此时的数学和物理学关注的重点和研究方式都发生了很大的改变，更深层次的关于时空的结构、量子化等问题，以及物理学大统一理论的提出方式都是全新的。新的知识体系中，人们对数学在物理学中有效性的内涵、有效性的

---

① Nigel H, Roe J：《算子代数》，载 Gowers T 主编：《普林斯顿数学指南（第二卷）》，齐民友译，科学出版社 2014 年版，第 338 页。

② Nigel H, Roe J：《算子代数》，载 Gowers T 主编：《普林斯顿数学指南（第二卷）》，齐民友译，科学出版社 2014 年版，第 339 页。

限度的理解完全不同了。

第一，数学的有效性在更深刻的物理学中得到更加广泛的体现，并且更加占据主导作用。20 世纪 70 年代，规范场和纤维丛的发现更加坚定了人们对数学和物理学之间存在某种对应的信念。及至超弦理论，纯数学构造物理学的方法发挥到了极致——“在普朗克尺度下，唯有数学可以指引理论发展的方向”①。在这种情况下，用“数学审美”引导理论的意识根深蒂固。虽然美的不一定是真的，但是如物理学家布赖恩·格林所言，“不管怎么说，当我们走进这个陌生的时代，理论描写的那片天地越来越难以靠实验去探索时，物理学家更是特别需要依靠美学来帮助他们避免可能走进的死胡同。现在看来，美学的方法确实带来了力量和光明”②。

第二，数学有效性的限度是因为时代的局限性。成功的物理学理论有可能被证伪，其中数学具有的“限度”不是指数学会因为某种错误而无效，而是说，数学和物理学都在发展之中，在某一个历史阶段描述概念有效的数学，在新的历史阶段可能会因为物理学概念的重大变革而为新的数学所代替。因此，它的有效性是“时代的局限性”的体现。正如美国加州大学的徐一鸿（Anthony Zee）所说：“可以想象，如果在某种距离尺度之下，发现时空其实是离散的，那么（维格纳理解的）数学可能就会完全失效。”③在维格纳的时代，时空的离散性概念完全没有被提出，当然也不存在描述离散时空的非对易几何，但并不能因此说描述广义相对论的黎曼几何就是无效的。它是物理结构在某一个层面上的显示，是人类认识能力达到某一个特定状态时面对的真实世界。

---

① Zee A. “The effectiveness of mathematics in fundamental physics”. In Mickens R S (Ed.). *Mathematics and Science*. Singapore: World Scientific Press, 1990: 322.

② [美]B. 格林：《宇宙的琴弦》，李泳译，湖南科学技术出版社 2002 年版，第 160 页。

③ Zee A. “The effectiveness of mathematics in fundamental physics”. In Mickens R S (Ed.). *Mathematics and Science*. Singapore: World Scientific Press, 1990: 309.

第三，数学结构作用于物理学发展的更多细节得以展现。首先，数学和物理学之间的关系展现出“更深刻的数学结构描述更深刻的物理”[①]的图景。比如薛定谔算子和狄拉克算子都是描述量子力学的数学结构，但在物理学的后续发展中，狄拉克算子则具有比薛定谔算子更普遍的有效性，在凝聚态物理等领域起到重要作用。徐一鸿认为，这是由于狄拉克算子的数学结构比薛定谔算子更丰富深刻，可以更有效地理解物理世界[②]。其次，对称性在物理学中的重要性在数学物理学的发展中被重新理解。从 20 世纪 70 年代中期到超弦理论提出，数学在物理学中的运用及其影响方式发生了很大的变化。尤其是群论在量子理论中的应用，使人们更深刻地认识到了对称性在物理学中的意义。对称性的重要性有助于解释为什么更深刻的数学结构描述更深刻的物理——越深的数学会牵涉到越对称的结构，越具有普遍性的物理学一般也具有越高的对称性。

数学在物理学中的有效性的这些深入表现是在理论实践的过程中细微化地展现出来的。无论是普朗克尺度下“唯有数学指引方向”，还是“越深刻的数学描述越深刻的物理学”都向我们展示了一幅二者更加紧密交织的图景，人们对世界的认识，也随着这一过程的深刻性不断深入。

数学物理学关系的新图景至少包括以下几个特点。

第一，数学和物理学的同构性。实验物理学时代，数学和物理学之间的同构性并不引起注意。物理学家赫兹曾言，“有效的科学理论与外物间的关系系统有一种同构性”[③]。彼处的同构是物理学与世界结构之间的同构性。

---

① Zee A. “The effectiveness of mathematics in fundamental physics”. In Mickens R S (Ed.). *Mathematics and Science*. Singapore: World Scientific Press, 1990: 312.

② Zee A. “The effectiveness of mathematics in fundamental physics”. In Mickens R S (Ed.). *Mathematics and Science*. Singapore: World Scientific Press, 1990: 313.

③ 许良：《海因利希 · 赫兹：杰出的物理学家和敏锐地思想家》，《自然辩证法通讯》2001 年第 2 期，第 85 页。

当代数学物理学关系中“更深刻的数学描述更深刻的物理学”和二者认识论上的镜像对称性，都是某些数学结构、物理结构和世界结构具有同构性的深刻表现，是理论的发展实践向我们表现出的值得思考的现象。

这种数学结构和物理学结构的同构性也可以解释为何数学审美在科学理论的构造中具有很强的引导力。狄拉克是历史上第一位主动提出用纯数学构造物理学的方法的物理学家。他终其一生都在运用这种方法，并把这种方法转变为对数学美的坚持，狄拉克认为，一条物理定律必须具有数学美感，因为从本质上来说，自然规律是简洁的。他曾在 1939 年直言，“我们必须把简单原则变成数学美的原则”①。狄拉克并未明确地回答这种思想驱动力的哲学根源，但是很明显他洞察到了数学结构和物理结构之间的某种紧密联系。事实上，他提出的磁单极理论运用了极为深刻的数学结构，在理论物理后来的发展中大放异彩。布赖恩·格林也指出，除了实验、逻辑之外，“还有一种情况，理论物理学家的抉择是根据美学趣味做出的——那样的理论有跟我们经历的世界一样精妙美丽的结构”②。可以看出，物理学家把数学结构和物理结构的同构性划归为美学原理进行应用。

第二，数学和物理学的整体性。20 世纪 80 年代，杨振宁先生曾提出一个“二叶模型”来描述数学和物理学的关系：“把数学与物理学比做几乎任意伸展的两个叶子，重合部分是很少的。可以说 90%～95%的数学与物理无关，奇怪的是只有很小的一部分是重合的。这种重合对于两者都是最基本的概念。在这个完全重合的领域，数学家也好，物理学家也好，想法都相同。然而，即使在这个领域，对于事物的重要性的判断标准也并不相同，两个领

① Dirac P A M. “The relation between mathematics and physics”. *Proceedings of the Royal Society of Edinburgh*, 1938, 59: 122-129.

② [美]B. 格林：《宇宙的琴弦》，李泳译，湖南科学技术出版社 2002 年版，第 160 页。

域是有区别的，由于叶子伸展方向的不同，显示出它们不同的作用。”[①]很显然在这个模型中，数学和物理学是两个各自独立的学科，相关性很小。维格纳在提出“数学在物理学中的有效性”问题时，他的立场和杨振宁是类似的，把数学和物理学看作两个相互独立的学科。但是科学发展的最新实践中，数学结构的对称性、物理学规律的对称性，以及它们共同揭示的大自然的组织原理，被更多地纳入思考的范围。数学和物理学在超越实验检验的领域所表现出来的重合的区域、重合的深度，使得二者的交织作用更加明显。它们是作为一个整体发展而不是割裂开的。博尼奥洛和布迪尼奇认为，“数学在物理学中的有效性”本身就是一种错误的提法，因为“现代和当代的物理理论学本身就是物理-数学符号。它们不能分为数学部分和非数学部分”[②]。

相对于二叶理论，二者的关系更像是一个共同植根于大自然的连理树，互为营养，共同壮大并具有相对的独立性。只有在它们的关系越来越以全景的方式展现给我们的时候，越来越多的数学物理学家才欣喜地发现他们找到了接近实在的最好的道路。如彭罗斯所言：“2500 多年来，人类最重要的一个收获就是洞察到数学的某些领域和物理世界运作的深刻统一。”[③]

第三，数学和物理学的相对独立性。需要强调的是，数学和物理学具有整体性的联系，但二者并非合一的。两者的研究传统不同，它们在科学理论中紧密相关同时也扮演着不同的角色，具有相对的独立性。物理学理论中所存在的概念、形而上学假设等作为物理学结构的一部分，其作用是数学结构

---

① 杨振宁：《爱因斯坦与二十世纪后半叶的物理学》，曹富田译，《世界科学》1983 年第 7 期，第 10 页。

② Boniolo G, Budinich P. “The role of mathematics in physical sciences and Dirac’s methodological revolution”. In Boniolo G, Budinich P, Trobok M (Eds.). *The Role of Mathematics in Physical Sciences*. Dordrecht: Springer Netherlands, 2005: 86.

③ Penrose R. *The Road to Reality: A Complete Guide to the Laws of the Universe*. London: Jonathan Cape, 2004: 1033-1034.

不能替代的。对二者关系的解释，纯粹的工具主义站不住脚，纯粹的柏拉图主义也同样难以取胜。曹天予在《20 世纪场论的概念发展》[①]一书中曾详细讨论了场论中物理学家的世界图景演变的模式和方向，分析了物理学发展中形而上学和本体论的作用，以及物理学理论概念发展变化的历史。如果没有这些特征，单靠数学构造物理学的理论就不可能发展起来。物理学不可能单单依赖纯数学的逻辑，数学代替不了物理学中本体论的作用，也代替不了实验对人们感官认识的作用。纵观历史，这样的例子很多，开始时，完美的数学架构似乎为揭示大自然奥秘提供了一种革命性的新方法，然而这些初衷并没有按原初预想的方式实现。比如哈密顿的可除代数的四元数系、卡鲁扎-克莱因理论等，只有遇到与之相应的物理学框架，这些理论才得以发展。

二、数学-物理学关系的反转

"数学在物理学中的有效性"问题的提出，典型地是站在物理学的视角进行的。接下来，我们将看到，量子场论到超弦理论的数学大爆发，使得从数学的角度来理解二者关系成为可能，对数学和物理学关系问题的探寻有了更加广阔的视野。令人惊讶的是，在这一视角下，数学在物理学中的有效性得到反转，成为"物理学在数学中的有效性"，这无疑是一场认识论的极大转变。它并非推翻了传统的经验认识论，而是让理论中的经验和理性因素在科学实践的基础上平行起来，物理学和数学在我们认识世界的时候，具有镜像对称的认识论地位。

量子场论发展起来之后，数学物理学领域一个备受瞩目的现象是：物理学引起了数学的大爆发。科学史上，数学的发展一直以来就是受到物理学的促进的，比如向量理论、微积分、微分几何的发展等不一而足。但是所有的

---

① [美]曹天予：《20 世纪场论的概念发展》，吴新忠、李宏芳、李继堂译，上海科技教育出版社 2008 年版。

历史现象都不及量子场论之后的数学大爆发所带来的认识论冲击。在量子场论和超弦理论的发展过程中，数学的大爆发有两种形式，一种是数学结构由于物理学而被直接或间接定义，另一种是数学结构由数学家独立发现，却由于它们与当代物理学具有某种关系而得到飞速发展。拓扑学、代数几何、微分几何、表示论、分析、数论、概率论、范畴学等新数学的发展都与物理学有着深刻的关系。现在很多弦论学家成了数学新潮流的领路人。

令人惊奇的不止于此，比物理学引起数学大爆发更具有冲击力的是，物理学使数学看到了统一的迹象。量子场论和超弦理论中大量不同数学结构的共同存在必然意味着某种内在的一致与和谐，正如数学家孔良所言：“量子场论的不同方向上的研究者似乎在用不同的数学语言，有的偏重代数，有的偏重几何，有的偏重拓扑，有的偏重分析，有的偏重用不严格的物理语言……虽然表面上看是很混乱，但是在深处这些表面的乱象都是同一个无限维的庞然大物的不同的侧面，因而他们有内蕴的和谐。”①换言之，量子场理论无穷维结构在很多不同的数学领域之间建立了桥梁，而很多看似不相关的数学结构在无穷维数学世界中表现的是被桥梁架构起来的统一世界。比如在超弦理论的促进下，丘成桐及其合作者从数学上严格证明了用来计算卡-丘空间能放多少个球的公式，从而解决了困扰数学家几百年的一大难题。故而布赖恩·格林不无感慨地指出，“过去许多时候，物理学家曾在数学的仓库里‘借’出一些工具来构造和分析物理世界的模型。现在，通过弦理论的发现，物理学家开始偿还他们的债务，为数学提供新的方法去解决他们未曾解决的问题。弦理论不仅树起一个统一的物理学框架，还可能实现一个同样深远的数学大联合”②。很多人开始认可一种观点：“量子场论在扮演着统一

① 孔良：《浅议现代数学物理对数学的影响》，《数理人文》. 2018-07-17. https://jupiter.math.nycu.edu.tw/~mshc/014_201807/014_06.html.

② [美]B. 格林：《宇宙的琴弦》，李泳译，湖南科学技术出版社 2002 年版，第 251 页。

数学的角色。”①

在此背景下，孔良将数学对物理学的有效性问题反转为“物理图像对无限维数学研究不可思议的有效性”②。传统的做法是站在物理学角度，发现物理学的每一次革命都有着与之相对应的恰当数学描述。现在角度反转，站在数学的立场上可以看到，微积分在物理中的应用成就了微积分本身的大发展，黎曼几何则在广义相对论之后成为数学里面的一个主流分支，在数学里大放异彩。不同于大多数人关注爱因斯坦运用黎曼几何实现了自己的物理理想，孔良极具洞察力地指出，黎曼创立黎曼几何的一个初衷就是希望能够把很多复杂的物理现象看成高维的非平凡的集合现象。就是说，可以认为，是爱因斯坦的广义相对论完美地实现了黎曼把物理应用于数学的理想。并且在孔良看来，量子场论、弦论都是在无穷维数学上存在的、有限维上根本看不到的数学结构。这在数学物理学关系认识史上是一个巨大的转变，也是科学的理性实践向我们展示的一幅崭新的世界图景，是一个全新的视角带来的全新观点。它是建立在当代物理学和数学发展的基础之上的深刻洞察，是科学实践的革命性结果，它带来的是一场认识论的冲击。

对数学物理学关系的描述改变着人们理解和观察世界的方法，同时这种描述本身又相应地随着科学认识和科学实践而发展着。在实验科学兴盛的年代，数学更多的是作为一种工具在科学理论中使用，诞生于20世纪初的科学哲学，也受到了以实验物理学为主导的经验主义科学思维方式的深刻影响，从一开始，实证主义就挑起科学主义的旗帜，认为凡是科学必是实证的。无论科学哲学后来如何发展，在以实验为主导的科学时代，以实验为终极目标的经验标准始终是刻在20世纪科学哲学方法论上的深刻烙印。也正因此，物

① 孔良：《浅议现代数学物理对数学的影响》，《数理人文》. 2018-07-17. https://jupiter.math.nycu.edu.tw/~mshc/014_201807/014_06.html.

② 孔良：《浅议现代数学物理对数学的影响》，《数理人文》. 2018-07-17. https://jupiter.math.nycu.edu.tw/~mshc/014_201807/014_06.html.

理学在超出实验检验范围时会听到“数学在物理学中不合理的有效性”的惊叹。对数学物理学关系的深入理解必然会影响到科学哲学的认识论。新的科学实践正在引导一场理性的重建：抛却传统的认识论偏见，数学和物理学在认识论上并非以某一方作为主导的关系，而是呈现一种镜像对称的关系，二者互为统一。

物理学图景对数学的有效性、物理学引起数学大爆发、物理学引导数学的统一，这些现象越来越为数学物理学家所认可。这种物理学对数学的作用非常类似于传统认识论中物理学革命时数学对物理学的作用：物理学革命往往是受到某一种数学理论的支持，然后产生物理学的大爆发，而数学发展的程度则决定了物理学在什么样的程度上可以得到统一。

数学和物理学之间这种相互成就的画面正在深刻地展开，对世界真相的理解也开始具有更多的视角。现在可以反转认识的角度，不再单纯地站在实验物理学的立场上去关注物理学理论的实验验证和实在论解释，不再站在物理实在的角度去考虑物理学的成功如何揭示了世界的某种物理结构，然后对其中的数学结构和物理学结构进行工具论或者实在论意义上的分离，而是站在与传统观点相反的角度来审视科学史。站在数学理论发展的角度上说，物理学实验的有效性也往往揭示了某一种或某一些数学结构的正确性，科学史也可以被看作一个次第地揭示种种数学结构对于世界的有效性的过程。事实上，物理学家们早就注意到这一现象了，爱因斯坦曾经把物理学理论的结构分为几何部分（G）和物理部分（P），提出了所谓的“（G）+（P）论题”，并且说：“从这个角度来考虑，公理学的几何同已获得公认地位的那部分的自然规律，在认识论上看来是等效的。”[1]按照人类认识论发展的历史顺序，

① [美]爱因斯坦：《爱因斯坦文集（第一卷）》，许良英、范岱年编译，商务印书馆 1976 年版，第 139-140 页。

物理学是在数学的帮助下一步一步通过自身结构的发展分层次地揭示世界结构的，而返回头看，数学也在物理学的帮助下一步一步通过自身结构的发展揭示世界结构！数学结构在揭示世界结构的意义上与物理结构有着镜像对称的关系，而且二者是互相促进、互为统一的。

科学实践表明，数学和物理学的关系从来都比我们看到的要深刻得多，只是人类的认识一直都没有达到足以看清世界本来面目的高度。在认识发展的某个特定历史阶段，真相只会以部分的形式展现。就像盲人摸象，难以窥探大象的全貌。在今天，当这个全貌逐渐显现的时候，拉斐尔的名画《雅典学院》中人类知识的灵魂人物柏拉图和亚里士多德师徒二人一人指天一人指地的深刻含义似乎得以更加明显地显现：人类知识的进路具有时代的局限性，会出现暂时的不同，只有打破认识的局限性才能理解它们的殊途同归。数学和物理学在认识论上的镜像对称性和统一性，是一场物理学认识论的升级。在科学理论的评价机制上从经验主导上升到经验和理性并行。认识论的进步主导提问方式的改变：不再问“数学为什么在物理学中有效”，而是抛开传统以物理经验为基本视角的提问方式，平等地看待数学和物理学的地位，问“数学和物理学之间具有的某种同构性是否才是大自然最本质性质的体现？”新的提问方式必然会带来科学理论构造方式和科学评价标准的重建。

第十二章
当代量子论与自然观

本章探讨的是当代量子论所呈现的新的自然观念和认识论图景，这是一种立足于量子理论所形成的新的自然观和认识论，区别于传统的自然观，也区别于哲学认识论。揭示以当代量子理论为代表的科学中潜存的自然观，正如塞尔所要求的要把量子力学同化到融贯的世界观中，这是21世纪科学哲学界最振奋人心的事情和当代科学哲学家的重要任务。[①]与此同时，随着量子论研究的不断深入，关于量子本体、如何认识、认识方法的描述和刻画也在彼此交融，难以像经典物理学中那样彼此分离开来。

第一节　从机械论自然观到辩证自然观

自然观是人们关于自然界及其与人类关系的总的观点。在人类的认识历程中，自然观经历了朴素自然观、机械论自然观和辩证自然观等阶段，总体上与自然科学的发展是一致的。20世纪物理学的发展，尤其是量子理论的不断深入，为新的自然观奠定了基础，这种新的自然观仍然是唯物的、辩证的、实践的、历史的，是以科学为基础的，是马克思主义自然观的当代发展。

“在欧洲思想史上，宇宙论思想有三个建设性时期（即古希腊时期、文艺

---

① [美]约翰·塞尔、龚天用：《哲学的未来》，《哲学分析》2012年第6期，第180页。

复兴时期和我们这个时期）。在这三个时期中，自然的观念成为思想的焦点，成为热烈和持久的被反思的课题，从而获得了新的特征。以其为基础的具体自然科学随之也被赋予了新的面貌。”[①]

古希腊时期人们形成了朴素的自然观，后续的自然观都与这一时期的自然观有着或多或少的联系。“在希腊哲学的多种多样的形式中，差不多可以找到以后各种观点的胚胎、萌芽。”[②]朴素的自然观包括古希腊自然哲学和中国古代自然观，其关于自然的认识是以常识为基础的，与这一时期的常识科学密不可分。朴素的自然观是基于直觉的，有些甚至是臆测的和自发的，往往经不起严格的推理与分析，如亚里士多德关于运动的观念经不起伽利略思想实验的考验，从而被近代科学所抛弃。古希腊的自然哲学中有关于世界本原的观点，如原子论、数本论、五种元素等；也有关于物质的运动和时空的观点，如运动是永恒的、时间和空间是绝对的等；也有关于宇宙模型的观点，如地心说、日心说的萌芽等。比较而言，古希腊自然哲学关注于自然较多，而中国古代自然观关注人与自然的关系较多。例如，中国古代道家所提供的天人合一的自然观，把人看作自然的一部分，强调人与自然的和谐共处，而古希腊的自然观中人却是与自然相对立的。虽然古代的自然观是朴素的，但其为后续的自然观提供了思想源泉。马克思在其博士论文《德谟克利特的自然哲学和伊壁鸠鲁的自然哲学的差别》中，批判并继承了伊壁鸠鲁的原子论观点，为后续辩证自然观的提出奠定了基础。毕达哥拉斯学派的数本论思想经柏拉图继承，到近代指引哥白尼发展了日心说，从而开启了近代科学革命的序幕。到20世纪，随着数学与物理学的不可分离性，数本论或毕达哥拉斯-柏拉图主义再次赢得了一大批数学家和物理学家的推崇。

---

① [英]柯林伍德：《自然的观念》，吴国盛译，商务印书馆1990年版，第1页。

② [德]马克思、恩格斯：《马克思恩格斯全集（第二十卷）》，中共中央马克思 恩格斯 列宁 斯大林著作编译局译，人民出版社1971年版，第386页。

近代的哲学家们吸收了古希腊毕达哥拉斯的数本论、德谟克利特等的原子论、阿利斯塔克的地动说、亚里士多德的位移运动说等观点，形成了机械论自然观。机械论自然观“挑战了从亚里士多德……传承下来并被中世纪和文艺复兴时期的经院哲学家所修正的传统自然哲学的基础”“对亚里士多德学派关于天界物理和地上物理有着根本区别的观点提出了意义深远的质疑”[①]。机械论自然观在笛卡儿那里被发扬光大，他对精神与物质的二元划分使得他能够排除心灵的干扰，用物质的统一性来解释自然，从而用广延和运动来构造世界。机械论自然观消除了宗教之于自然的神化，实现了自然的祛魅，把自然作为物质性的对象，自然的运行如同机械之运行一样，满足可预言的规律，可以借用数学语言来描述。牛顿力学所倡导的即是机械论自然观，经典力学近 300 年的发展及其取得的辉煌，将机械论自然观也推到了极致，以至于经过法国唯物主义哲学家的继承和发展，机械论自然观“统治了十九世纪的整个上半叶”[②]。然而，正如马克思所批判的，机械论自然观是机械的，把自然看作是孤立和静止的，把自然和人对立起来，把征服自然作为人类的目标，从而一方面受到斯宾诺莎等哲学家的批判，另一方面受到地质学、星云假说、气象学、生物进化论等自然科学的冲击。机械论自然观所造成的人与自然的分离，导致了 20 世纪科学发展的畸形，如生态危机等。难怪胡塞尔、海德格尔等哲学家会批判科学，强调回归人本身的哲学，实质上这是对科学背后机械论自然观的批判。

马克思和恩格斯以 19 世纪的自然科学成果为基础，提出了辩证唯物主义自然观。其主要观点是：“自然界是客观的、变化发展的物质世界；物质在

① [美]史蒂文·夏平：《科学革命：批判性的综合》，徐国强、袁江洋、孙小淳译，上海科技教育出版社 2004 年版，第 15-16 页。

② [德]马克思、恩格斯：《马克思恩格斯全集（第二十卷）》，中共中央马克思 恩格斯 列宁 斯大林著作编译局译，人民出版社 1971 年版，第 366 页。

其永恒的循环中是按照规律运动的；物质运动在量和质的方面都是不灭的，时间和空间是物质的固有属性和存在方式；人是自然界的一部分，意识和思维是人脑的机能；实践是人类认识和改造自然界的主观见之于客观的、能动的活动，是人类存在的本质和基本方式；认识自然界要遵循客观性原则。”[①] 辩证唯物主义自然观吸收了之前自然观念中的合理方面，抛弃了其思辨、僵化的方面，形成了关于自然的辩证的认识，强调了自然界中的发展与普遍联系，强调了自然史与人类史的综合与统一，不但与19世纪末的科学相一致，而且在20世纪相对论和量子力学等现代物理学的认识和20世纪后半叶兴起的复杂性系统科学的发展之下，能够与时俱进，不断地丰富与发展。量子力学、系统论等20世纪的科学揭示出，自然并不满足严格的决定论，原子论所倡导的无限的还原论方法行不通，机械论自然观是有问题的，而辩证唯物主义自然观的“实践性、历史性、辩证性和批判性特点”使其永保开放态度，能够随着科学的新发展而适时地调整，保持了强大的生命力。

20世纪以来，伴随着实证主义哲学“拒斥形而上学”口号的流行，自然观问题被人文学者和哲学家所忽略，而与此同时，自然科学家在分科化越来越强烈之时不愿意也没有能力从总体上把握对自然的认识，这就造成了相对论和量子力学等20世纪科学革命的重要理论未能体现到自然观的认识中来。虽然恩格斯说：“现代唯物主义都是本质上辩证的，而且不再需要任何凌驾于其他科学之上的哲学了。一旦对每一门科学都提出了要求，要它弄清它在事物以及关于事物的知识的总联系中的地位，关于总联系的任何特殊科学就是多余的了。于是，在以往的全部哲学中还仍旧独立存在的，就只有关于思维及其规律的学说——形式逻辑和辩证法。其他一切都归到关于自然和历史

① 张明国：《马克思主义自然观概述》，《北京化工大学学报（社会科学版）》2012年第4期，第2页。

的实证科学中去了。”[①]事实上，随着 20 世纪科学的不断发展，除了自然科学家所告诉我们的实证科学知识，我们还需要把这些实证知识联系起来，形成对于自然的总的认识与把握，它们并不是多余的，也不能归到关于自然和历史的实证科学中去。

进入 21 世纪以来，科学哲学家们重新拥抱了形而上学，新的形而上学研究也是一种自然观的研究，是辩证唯物主义在当代的发展。新自然观在当代科学哲学中被称为自然化的形而上学（naturalized metaphysics）或科学的形而上学（scientific metaphysics）。恩格斯所放弃的是一种凌驾于具体自然科学之上的自然哲学，并非关于自然的总的认识，从这个意义上讲恩格斯的思想与当代自然观的形而上学哲学家的认识是一致的。恩格斯在《自然辩证法》中试图建立一种新的自然观，一种不同于机械论自然观的新自然观，即辩证的自然观。“新的自然观的基本点是完备了：一切僵硬的东西溶化了，一切固定的东西消散了，一切被当作永久存在的特殊东西变成了转瞬即逝的东西，整个自然界被证明是在永恒的流动和循环中运动着。”[②]辩证的自然观与当时的科学状态相吻合，如能量守恒定律所揭示的能量不生不灭且在相互转化，进化论所揭示的生命的演化，这些科学的发现打破了机械论自然观，呼吁着新的自然观的产生，恩格斯的辩证自然观正是这一时代要求的产物。

第二节　量子自然观

“作为相对论革命和量子革命的结果，基础物理学的当前状态是当代物理世界概念的基石。因此，它的进一步进化需要彻底改变我们对物质世界的认

① ［德］恩格斯：《反杜林论》，中共中央马克思 恩格斯 列宁 斯大林著作编译局译，人民出版社 1970 年版，第 23 页。

② 恩格斯：《自然辩证法》，人民出版社 1971 年版，第 15-16 页。

识基础。”[①]当代量子论揭示的自然观是辩证唯物主义自然观的发展与丰富。具体而言，新自然观表现在两个方面，一是统一初现端倪，时空、物质、信息和宇宙在本体层面趋于统一；二是本体、认识与方法的融合，即人之于自然的认识已然不能够与自然本身和认识的方法完全区分。

在物理学统一之路的前行中，四种基本的相互作用的统一在超弦理论中已初现端倪，与此同时，时空、物质、信息和宇宙的统一在量子本体层面也正在上演。

时空是什么？在爱因斯坦之前，有人设想空间是一种物质，称之为以太，它虽然看不见，摸不着，但就像风一样是存在的。时间则像是江河一样，一去不复返。爱因斯坦在狭义相对论中把时间和空间结合为一体，把人们关于时空的主观经验与实际测量区分了开来。广义相对论中，时空与物质是相互影响的，但时空与物质仍然不是同一的。在超弦和圈量子引力等量子引力理论中，时空是涌现的，时空不是基本的存在，时空与物质有着共同的源起，二者是同一的。例如，在圈量子引力理论中，“粒子是量子场的量子；光由场的量子形成；空间也只不过是由量子构成的场；时间也在这个场的过程中形成。换句话说，世界完全由量子场构成”[②]，见图 12.1。场不在时空之内，我们对时间和空间的感知是其中引力的量子场所形成的近似景象。协变量子场本身就能够存在，可以自行产生时空。协变量子场的表现形式可以有许多，如粒子、光、能量、空间和时间，它就如同古希腊哲学家阿那克西曼德的阿派朗一样，是构成万物的基本物质，其形态是千变万化的，生成了丰富多彩和千姿百态的世界。

---

① Cao T Y. “Introduction”. In Einstein A. Relativity: Meaning and Consequences for Modern Physics and for Our Understanding of the World. Montreal: Minkowski Institute Press, 2021.

② [意]卡洛·罗韦利：《现实不似你所见》，杨光译，湖南科学技术出版社 2017 年版，第 164 页。

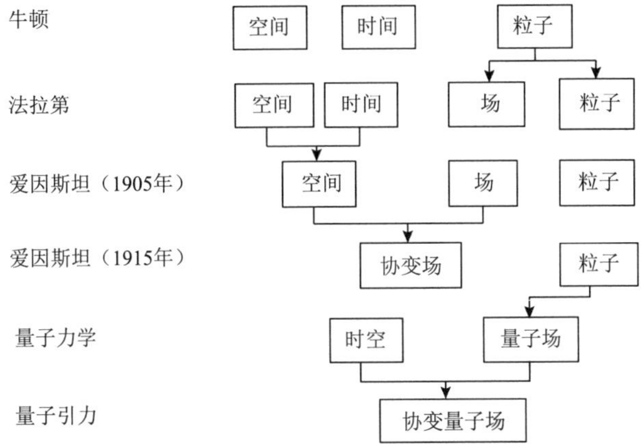

图 12.1　圈量子引力理论中的终极构成[①]

广义相对论的描述中时空与大尺度的宇宙是一致的，但大爆炸之初的宇宙描述需要引入量子力学。在量子引力理论中，宇宙起源于奇点，这时没有时空，也没有物质。例如，在圈量子引力理论中，由于量子斥力的存在，宇宙不会被无限压缩，它会反弹并开始膨胀，就像是由爆炸所形成的。在大反弹的阶段，世界消融为一团概率云，包括时间和空间都消融为概率。这样一来，“宇宙”一词的含义也发生了变化，原本的宇宙是指我们周围直接可见的时空连续体，其中有我们观测到的星系的几何和历史，而现在的宇宙不过是一团量子概率云，或者像惠勒所描述的是一堆量子泡沫。当然目前大反弹理论仍处于理论计算阶段，尚缺乏直接的观测证据。

在量子信息理论中，信息与经典理论中的信息完全不同，不能够被看作存储在量子系统中的香农信息。香农信息是指经典的信息，不确定性的消除。量子信息利用的是 EPR 关联，以实现量子隐形传态。虽然量子信息与经典信息都描述了一组可能事件的概率，并且需要对信息进行编码并传输至接收者，但二者本质上是不同的。经典信息直接用概率来描述，而量子信息的概率描

① [意]卡洛·罗韦利：《现实不似你所见》，杨光译，湖南科学技术出版社 2017 年版，第 165 页。

述用的是概率幅；经典信息是可克隆的、可完全被删除的，而量子信息是不可克隆的，也是不可被完全删除的；经典信息的信息单元是经典比特，而量子信息的信息单元是量子比特，量子比特是叠加态，其叠加态引发的量子纠缠是经典信息所不具备的，纠缠在信息源和通信信道中的应用使得量子信息完全不同于经典信息，同时也革新了关于信息的认识。经典的信息往往被看作一种特殊形式的能量，而量子信息既不传输能量也不会损失能量，当然量子信息的读取会消耗能量。量子信息包含在量子纠缠态的存在本身之中，这种信息既是一种存在本身，也是认识，相比较而言经典信息中的人工操作痕迹更重，更远离存在本身，更偏重认识层面。因而，如果自然是量子的，那么量子纠缠就是自然的本性，量子信息也能够成为万物的本源，正如“万物源于比特”所言。1990 年惠勒说：“万物源于比特意味着：物理世界的每一项归根结底都有一个非物质的起源和解释；我们所谓的实在归根结底源自是-否问题和对设备应激回应的记录。简言之，所有物理的事物在起源上都是信息理论的，这是一个参与者的宇宙。”[①]惠勒所谓的是-否问题和参与者的宇宙，都是在量子理论的背景下而言的，看或不看、测量或不测量对应于两种不同的状态。惠勒是哥本哈根诠释的忠实拥护者，他认为宇宙是自指的宇宙，宇宙的存在状态与观察者的存在和观察是分不开的，宇宙创造了人类，人类又选择了宇宙的状态。抛开惠勒的哲学，“万物源于比特”这一观念在进入 21 世纪量子信息迅速发展之际再度得到了物理学家们的关注。

近十年，物理学家们在对量子引力、量子场论等基础物理学的研究中引入了量子信息的理论与技术，以期将“万物源于量子比特”推进到自然的深层本性研究中，这一研究要求量子信息科学家与高能物理学家间的合作。物

① Wheeler J A. “Information, physics, quantum: the search for links”. In *Proceedings Ⅲ International Symposium on Foundations of Quantum Mechanics*. Tokyo, 1989: 354-368.

理学家们研究的相关问题包括：时空是否涌现自纠缠？黑洞有没有内部结构？宇宙在我们视界之外是否存在？量子场论的信息理论结构是什么？量子计算机可以模拟所有物理现象吗？量子信息如何在时间中流逝？具体而言，引力是否可以从相互作用的量子位中产生，就像物质的相产生自相互作用的电子那样？已经有一些独立的研究给出了类似的结论，即基本量子力学对象间的多体相关性可能导致与广义相对论相同的时空几何。通过量子信息理论与技术的应用，量子引力理论可能付诸实验，其基本的技术是利用冷原子来设计并操控量子态。概念上这些实验是不成问题的，目前关键的问题在于工程方面的挑战。这些工作的实施把量子引力、量子信息、凝聚态物理、量子场论、宇宙学等多个不同领域的物理学家联合在一起，这或许在某种意义上传达出物理学的某种统一趋势。如在弦论研究中，马尔达西纳提出的 AdS/CFT 对应指出，对于每个有引力的量子系统都存在一个完全等效的没有引力的系统。物理学家们用精心设计的量子粒子的集合作为没有引力的系统，这些量子粒子的集合需要用凝聚态物理来研究。在弦宇宙学中，物理学家们用弦的最小长度概念来避免在标准宇宙模型和暴胀宇宙模型中宇宙之初的无限温度和能量密度。如韦内齐亚诺和加斯佩里尼（M. Gasperini）基于弦论计算提出宇宙可能还有史前史，称其为“普朗克的宇宙萌芽”：“宇宙的开端并不是炽热的紧紧卷缩在一起的小空间元胞，而是冰冷的、本质上无限延展的空间。”①

第三节　本体、认识与方法的融合

随着 20 世纪以来量子论的不断发展，本体、认识与方法三者逐步走向融合。这种融合是人类认识深化的必然过程，也是量子论不断走向普朗克标度

① [美]B. 格林：《宇宙的琴弦》，李泳译，湖南科学技术出版社 2002 年版，第 347 页。

的必然过程。从前面几章的讨论中，我们看到量子本体的刻画带有深深的认识烙印，立足于不同的量了引力解释体系、量子场论的不同表征体系、量子引力的不同理论都会得到不同的量子本体图景。这反映出宏观尺度的认识主体在对微观尺度的认识对象进行把握时其认识途径、认识方法的限制。

本体、认识与方法的融合集中体现在关于对称性的认识及其应用中。在研究物理学中的对称性方面享受权威的物理学家维格纳看来，从事件到自然定律，再从自然定律到对称性或不变性原理的递进，构成了我们关于世界知识的层级。自然定律揭示事件之间的关联，对称性或不变性原理揭示自然定律之间的关联。物理学中的对称性既扮演了发现自然律先决条件的角色，刻画了物理世界的结构，包括外在时空的几何结构和基本粒子内在的相互作用结构，还对物理学理论的构建和统一具有启发功能，也就是说它同时涉及了物理学的本体、认识和方法三个层次。

在非相对论的量子力学理论建立的过程中，除了实验方面提供的有力支持和矩阵等数学工具的有效应用之外，与对称性相关的群理论也对量子领域内的迅猛发展起到了关键性的作用。“在尚未对电子的动力学有详细的了解之前，群理论为发展原子理论提供了关键性的洞察”“如特定著名的谱线关系直接来自氢原子的球对称性和物理学在旋转群下的相关不变性。”[①]杨振宁的量子力学中对称性方法的应用如图 12.2 所示[②]。诺特定理已揭示出在守恒律与对称性之间的对应关系，现在我们知道，如果运动规律在某一连续变换下，具有不变性，同时它的能量最低状态（如基态）是对称的，那么和这个变换律的每个生成元对应的物理量都是守恒量。在量子力学中，由守恒定律就可产生描述决定原子和分子状态的量子数及选择定则等。

---

① Martin C A. “Continuous symmetries”. In Brading K, Castellani E (Eds.). *Symmetries in Physics: Philosophical Reflections*. Cambridge: Cambridge University Press, 2003: 36.

② 杨振宁：《曙光集》，生活 · 读书 · 新知三联书店 2008 年版，第 171 页。

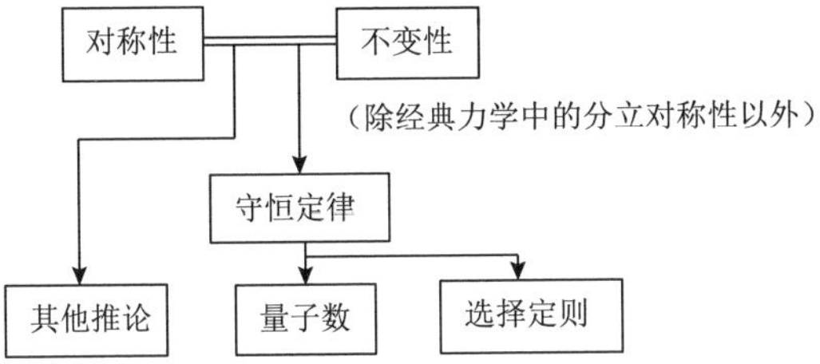

图 12.2　对称性方法的应用

伴随着量子论的提出和量子力学体系的建立，物理学的研究对象深入原子、电子这类超出人类直接感官范围的微观粒子。对于这类粒子而言，显微镜等工具也不能够发挥效力，我们必须借助于复杂的测量仪器以某种间接的方式来研究它们的行为。如在著名的 γ 射线显微镜实验中，要精确测量电子的位置，必须尽可能地使用波长短的光，但短波长的光所携带的大能量会在测量时干扰电子的动量，从而动量就不能够精确刻画了，位置与动量的精确度满足不确定关系。

在非相对论的量子力学中，典型的本体论是波粒二象性。对于微观粒子而言，它们既是波，也是粒子，分别描述了微观对象的两个方面，必须将二者结合起来才能够构成对微观对象的充分描述。“波”和“粒子”这两个人类在经典物理学时期所形成的本体图像在刻画微观粒子时有着本质上的限度。“它们（经典概念）塑造了量子现象的典型特征，即非决定论。量子态不是对量子客体的直觉表征，而是符号表征，即对量子现象由应用不同互补的经典图像组成的隐晦表达。”[①]与此相应的认识论原理即玻尔的互补性。在经典物理学中同时成立的时空标示和因果要求在量子力学中不再同时成立了，两个方面是互补又互斥的。不确定关系本身所揭示的位置与动量不能同时精确取值既是本体意义上的，也是认识意义上的。本体层面，微观粒子的

① Bacciagaluppi G. “The role of decoherence in quantum mechanics”. 2007-08-23. https://plato.stanford.edu/archives/fall2008/entries/qm-decoherence/.

运动是随机的、不确定的；认识层面，我们不能同时精确地获得其位置与动量。“量子力学的本体已经不再是独立的外在实体了，它是经过观察‘改造’之后的实体，而观察什么和能观察到什么是由理论决定的，理论如何构造又有赖于方法的选择。”[①]观察在认识之外被赋予了一种特殊的功能，能够改变物理本体的状态。以玻尔、海森伯为代表的哥本哈根诠释者认为观察是实在性的前提，在观察中谈论实在性才是有意义的，独立于观察之外的实体并不具有意义。观察什么和能观察到什么是由理论决定的，理论如何构造又有赖于方法的选择。如对矩阵力学还是波动力学的选择，取决于是将可观察量作为变量，还是将哈密顿量作为变量。如互补性，同时既作为一种将经典概念应用于量子领域时的方法又作为一种普遍的认识论原理。

在相对论的量子力学中，即量子场论中，量子本体的确定同样依赖于理论的形式表征，而后者则是认识层次的内容。“关于量子场论最为基本的解释困境之一是，从本体论的角度考虑哪一种形式体系，进而确定每种形式体系中的哪些部分包含了物理内容，哪些部分是冗余结构。”[②]非相对论量子力学中薛定谔绘景与海森伯绘景是对同一抽象结构（抽象的希尔伯特空间和作用于该空间上的线性算符）的幺正等价表征，通过幺正变换能够在不同的绘景中来回切换，这两种绘景都刻画了正则对易关系。到了相对论的量子力学中，由于存在着无穷多个自由度，冯·诺依曼的唯一性定理不再成立，正则对易关系面临着幺正不等价表征问题，同时幺正不等价表征的物理意义和处理方式都尚不清楚。幺正不等价的表征体系描述的是不同的物理事态，因而选择哪种表征体系对于确定量子本体论是至关重要的，但关键的问题是我

---

① 高策、赵丹：《基于对称性论物理学本体、认识与方法三者关系》，《山西大学学报（哲学社会科学版）》2016 年第 4 期，第 5 页。

② Kuhlmann M. “Quantum field theory”. 2020-08-10. https://plato.stanford.edu/archives/fall2020/entries/quantum-field-theory/.

们并不能轻易地做出选择，如选择福克空间表征，还是选择波函数的表征体系。在这一困境之下，代数量子场论用可观测量代数作为量子场论数学描述中的基本实体，与先前将可观测量本身作为量子场论数学描述中的基本实体形成了对比，从而形成了“代数论的帝国主义者”（algebraic imperialist）和“希尔伯特空间的保守主义者”（Hilbert space conservative）两种对立的认识立场。

在规范场理论中，规范对称性的要求对应于不同相互作用的场的存在，且有相应的粒子与之对应，也只有在这些场引入之后，才能够让作用量保持定域不变。一旦确定了一个群，规范玻色子的数目就完全确定了，也就是说规范对称性确定了相互作用。建立在规范对称性及对称破缺基础上的规范场理论统一了自然界中的三种基本相互作用，使得规范场理论成为粒子物理学最为深刻的成就。与此同时，对称破缺也必须引入，以为物质粒子提供质量。1964 年希格斯提出的希格斯机制，正是在对称性自发破缺的机制上说明了无质量的玻色子的产生，说明了规范场中质量的来源。对称破缺的过程同时也是产生物理现象的过程。“自发对称破缺的机制可以发生在自然的粒子之间的对称性中。当破缺发生在规范原理下产生自然力的那些对称性时，会使那些力表现不同的性质。力就这样区分开了，它们可以有不同的作用范围和强度……这是 20 世纪物理学的最重要的发现之一，因为它和规范原理一起统一了表现迥然不同的基本力。”[①]自发破缺理论中，基本粒子的性质部分地依赖于它的环境和历史，也就是对称破缺的方式取决于密度和温度等条件，这样一来基本粒子的性质就不再是永恒不变的，它的许多性质甚至是全部性质都可能是偶然的，“不仅依赖于理论的方程，也依赖于方程的什么解适用于我们的宇宙……取决于我们如何根据我们在宇宙的位置或我们所处的特殊时

① [美]斯莫林：《物理学的困惑》，李泳译，湖南科学技术出版社 2008 年版，第 58 页。

代来选择定律的解。不同区域的解可能是不同的，甚至会随时间变化”[①]。

规范理论中的本体、认识与方法三者之间相互融合的部分较非相对论量子力学更大，规范对称性正处于融合之处。通过局域规范不变性来构造相互作用场理论的过程称为规范论证，这一论证过程反映了自然的逻辑秩序，而论证中包含的对称性原理被认为是表现或反映了物理世界的深层特征。规范场理论的理论构造继承并贯彻了爱因斯坦“对称性支配相互作用”的理念，通过对规范对称性及其破缺这一普遍规律的把握，自上而下构造了分别满足SU（2）和 SU（3）的弱相互作用理论和强相互作用理论，并将它们与满足U（1）规范对称性的电磁理论统一在一个框架之下。这里更多的融合是由理论本身的深刻性所决定的：规范场理论建立在更多和更深刻的对称性基础之上。更多的融合反映的是，在深刻认识对称性这一宇宙设计的普遍原则之后，在此方法指导下建立的物理学理论能够更加深刻地、清晰地揭示自然，实现我们对本体的认识。本体、认识与方法三者间的重合部分，正是最为深刻的自然律为人们所认识与应用的部分。将在规范场理论语境中发现的渐近自由作为特例，充分体现了我们的这一认识。

在粒子物理学标准模型中，渐近自由可谓是本体、认识与方法融合的典范。渐近自由揭示了相互作用在能量越来越高时其耦合常数趋于零的现象，是一种本体论的性质。两个夸克在高能量下相互作用时，彼此越靠近，耦合强度越小，表现出各自独立的状态，而当其越远离时，耦合强度越大，强相互作用增加，从而不能分离出单个夸克，表现出夸克禁闭的性质。1972—1973年，格罗斯和维尔切克及波利策分别发现杨-米尔斯理论是渐近自由的。基于渐近自由构造的理论称为渐近自由理论，这表明渐近自由也是一种动力学原理。强相互作用耦合强度大时无法进行微扰计算，正是在渐近自由这一认识

① [美]斯莫林：《物理学的困惑》，李泳译，湖南科学技术出版社 2008 年版，第 59 页。

论原理之下才保证了微扰计算的有效性，为我们认识强相互作用提供了可能。渐近自由发现之后，逐渐成为一种研究方法与范式。“渐近自由的发现扩大了基本粒子的概念，为物质获得其质量带来了新的理解，为早期宇宙提供了新的和更清晰的图景，为自然中四种相互作用的统一带来了新的观念。”[①]渐近自由的本体、认识与方法是完全重合的，这揭示了它同时是夸克间相互作用的一种特性，也是关于强相互作用的一条重要的认识论原理，同时也是构造挑选正确物理学理论的方法论准则。维尔切克的题为《渐近自由：从悖论到范式》的诺贝尔讲演表达的正是这一思想。这提示着我们，在建构能够描述所有自然界的构成及其相互作用的大统一理论时，要尽可能把握深刻的基本层次的规律，使得在物理学的本体、认识与方法三者间的重合部分尽可能地大，重合部分越大，表示理论越深刻，对自然的揭示越多。

在超弦理论中，与以往物理学理论中可目视或可测量的物质本体如粒子或场不同，其理论本体是弦，弦概念是以能量为中心的，具有延展性。采用弦模型之后，之前点粒子模型中会遇到的无穷大发散将不再出现。弦论对实在形式的描述，并不是直接将时空中的粒子替换为延展的弦，而是给出了一个特殊的模型结构，这一结构或者由无限分波函数构成，或者由等价的无限分自由场构成，通过这样一个结构弦论将粒子、场和时空这些不同的实在表现形式统了一起来。超弦理论中时空的度规也不再是一个基本场。在预先存在的十维（超弦理论）或十一维（M 理论）时空中施加一种弦的振动模式，就会形成几何上的弯曲，并且可以通过在时空中增加或减除弦使得生成有效的度规张量。

超弦理论中，数学的自洽性要求弦存在于十一维的时空中。“从某种意

① Wilczek F. “Asymptotic freedom: From paradox to paradigm”. *Proceedings of the National Academy of Sciences of the United States of America*, 2005, 102(24): 8403-8413.

义上讲，这是一个极为激进的结果：开天辟地，数学自洽性条件决定了时空的维数。”[①]超弦理论中超对称的引入，也使得物质粒子与相互作用粒子之间的界限变得模糊了。超对称是一种最为美妙的对称性，它使得标准模型中的三种相互作用的耦合常数相交于一点，且对希格斯质量进行计算时，由正常粒子引起的大质量贡献被超对称粒子的贡献精确抵消掉，从而不存在规范等级问题。并且，重复进行超对称变换，会得到一个空间变换，而空间变换属于庞加莱变换。局域庞加莱不变性正是广义相对论的对称性，这样就会在超对称与引力之间建立一些联系。若要求理论是局域超对称的，则会形成两种规范场。一种传递与超对称变换相关的信息，另一种是自旋为 2 的无质量场，从而我们发现引力子其实就是局域超对称理论的规范粒子。反过来，只要要求理论具有局域超对称性，就将自动地得到引力相互作用，能够推出广义相对论方程。这一结果是多么美妙。局域对称理论也称为超引力。超引力可以消除量子引力中的无穷大。超引力理论随着弦论的发展被证明为是 M 理论的低能极限。对偶性在超弦理论的统一中也扮演着至关重要的角色。

超弦理论中物理学的本体、认识与方法三者也几乎是完美融合的，超对称性和对偶性正处于重合之处。超弦理论被杨振宁称为“另起炉灶”，就是因为其本体形态截然不同于既有成熟物理理论的本体形态，用开弦或闭弦取代了粒子与场。当然必须要从弦得到粒子和场，因为粒子和场本体下的物理学的成功是有目共睹的。这种弦的尺度是普朗克长度量级的，因而在当前的实验上不可能观察到弦的延伸和弦论所给出的额外维度。从而超弦理论的构造必须借助于最为普遍的物理学原理，如对称性与对称破缺、对偶性原理等，还有数学上的一致性要求，而对可能理论的选择则必须要重现当前物理学理论

---

① [美]斯蒂芬·韦伯：《看不见的世界：碰撞的宇宙，膜，弦及其他》，胡俊伟译，湖南科学技术出版社 2007 年版，第 229-230 页。

的预言，即使这样可能会引入与日常经验感觉到的四维时空不符的高维时空。

超弦理论中，本体、认识与方法的几近融合是因为：其一，超弦理论是一种大统一理论，其描述的对象是万物，其目标是万物之理。大统一意味着本体上的全部涵盖（即万物），认识上的全面综合（即物理学理论的统一），而要做到这一点必须穷尽经验和理性之所有方法。终极的物理学理论本身就应该是本体、认识与方法的统一。其二，超弦理论的视阈底线“迫近‘可描述’底线”[①]，普朗克尺度上的理论本身就依赖于构造理论的方法，后者决定了前者的结构，约束着理论本体的形态。圈量子引力理论也是类似，本体、认识与方法三者是几乎完全融合的。

量子论本体、认识与方法的融合代表着自然最为深刻的本质得到了认识，由此形成了最为普遍的自然律，体现的是最有效的方法论。通过第六章和第七章的研究，我们认为量子化、对称性和相位因子正处于本体、认识与方法的交融之处。量子化揭示的是自然的分立本性，对称性揭示的是自然的规律本性，相位因子揭示的是自然的整体本性；量子化意味着信息是有限的、世界是不确定的、实在是关联的，对称性支配着相互作用，相位因子是不可或缺的维度，这些都是深刻的自然律；量子化方法、对称性和对称破缺方法、相位因子代表的拓扑方法的应用创造了 20 世纪物理学的辉煌，也必将指引着 21 世纪物理学的前行。未来或许会有另外的深刻发现，它必定也处于本体、认识与方法的交融之处。

① 赵克：《弦论：一种新的自然观》，《自然辩证法研究》2014 年第 3 期，第 96 页。

第三篇　新科学哲学

20 世纪的科学哲学是以经验科学为背景的，而当代量子论不论是理论提出的动机、理论辩护的策略，还是理论判决的标准都远离经验。对此，科学哲学该如何应对，以及如何迎接挑战？无疑，当代量子论要求科学哲学有新的发展，要求新的科学哲学。新科学哲学，如何解读科学与哲学的关系？其与传统科学哲学有什么区别？如何认识科学的发现过程？科学的发现有无既定的方法？失去了经验的辩护，该如何去评价不同的科学理论？科学理论在什么意义上是实在的？何以能够揭示自然的本来面目？远离经验之后，科学说明的意义在哪里？科学提供的关于世界的理解模式是什么样的？科学认识的过程中，科学家本身扮演了什么样的角色？科学在认识论方面取得了什么样的突破？新科学哲学篇将对上述问题给出回答。

第十三章
科学哲学的挑战与机遇

科学哲学诞生的科学背景是 20 世纪初物理学的相对论和量子力学的革命，其时的科学和哲学都具有浓厚的经验主义色彩。自然而然地，作为现代自然科学革命的第一个哲学产儿，逻辑实证主义及后续的逻辑经验主义的本质，是从经验主义的观点出发，运用现代逻辑工具对这场科学革命所做的方法论总结[①]。经验论科学哲学中，诸如“电子”“夸克”等理论术语的意义无法直接通过感官经验获得，而必须置于具有真值的句子中通过感官经验来获得。随着当代量子论的发展，科学家越来越依赖于复杂的测量和实验仪器，通过仪器所获得的观察与感官经验并不一致，中间掺杂着大量的理论，所谓观察是理论负载的，并非中立的。因而，科学哲学家们过多地强调经验验证的意义也显得不那么令人信服，也正是因为这一原因，在奎因等的批评之下，逻辑经验主义走向了衰落。随着当代量子论发展远离经验，建立在经验主义基础上的科学哲学也需要相应的调整，以适应于当代量子论的非经验特征。

第一节　理论发现的非经验动机

超弦和圈量子引力等当代量子理论的提出并不是因为有待解释的经验现象，也不是因为存在难以解释的实验反常，而是出于概念与理论一致性的要

① [英]波普尔：《猜想与反驳——科学知识的增长》，傅季重译，上海译文出版社 1986 年版，第 2 页。

求，也就是说当代量子论的形成是出于非经验的动机。这与经典物理学理论建立在大量的经验数据基础上的情形不同,也与 1900 年量子论提出时正遭遇黑体辐射和紫外灾难的情形不同。20 世纪提出相对论以来，实验与理论的关系发生了反转，许多时候是理论在先，实验在后的。实验基础之于当代量子论的缺失迫使着在经验科学背景下产生的科学哲学也必须做出相应的调整，包括归纳方法的合理性、观察与理论的关系、理论的经验检验、科学之于现象的说明问题等论题都需要在当代量子论背景下重新审视，从而为新科学哲学的兴起提供了新的、不同于原先经验科学的科学背景。

一、实验与理论关系的反转

相对论以前的物理学，是从经验出发到方程、定律乃至整个理论体系的，如牛顿力学体系、电磁学、热力学都是沿此途径完成的。以实验为代表的经验既是物理学理论的源头，也是检验理论的标准。在经典物理学中，经验既包括人类的感官经验，也包括通过简单的实验仪器获得的经验结果，从经验到物理学理论仍需借助于理性的思辨能力，但总归二者之间的距离并不遥远。下面以伽利略为例来加以说明。

伽利略同时将实验与数学引入物理学，开创了物理学的两大传统，改变了之前单纯以哲学的观点来为理论辩护的无力情形，从而在世界体系的研究中引发了革命。在自由落体定律的提出过程中，斜面实验起着重要的作用。然而，从真实的斜面实验，到落体定律的提出，关键性的一步在于逻辑的推理，正如科学史家柯瓦雷在《伽利略研究》中所指出的那样，伽利略是通过对真实斜面实验的理想化推论才得到自由落体定律的。他需要从真实的存在摩擦力的实验中得到结果，利用理性的思辨进行推论将其推演到无摩擦力时的理想情形。可见，理想化是从实验到理论的重要认识途径，这一过程无疑是理性思辨的结果。伽利略的研究过程是从经验现象出发，提出假设，再运用数学与逻辑进行推理，之后借助实验来检验，检验正确最后形成理论，如图 13.1 所示。这一过程正是经典物理学典型的理论形成过程。

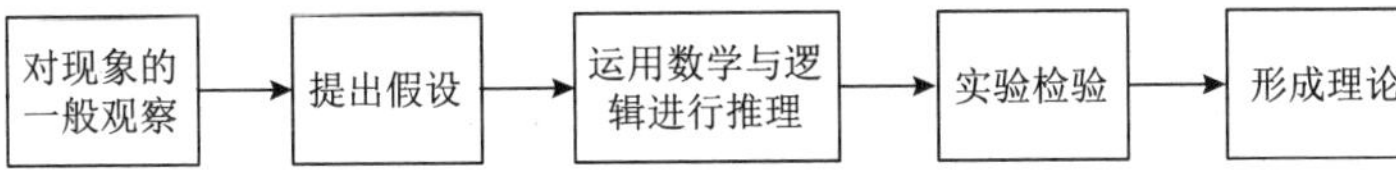

图 13.1　经典物理学从经验到理论的过程

以狭义相对论为标志，物理学的探索过程发生了根本性的转变，即理论与实验的关系发生了倒转。物理学家首先建立理论框架、提出方程，然后再回到实验，用实验来检验理论。20 世纪以来，狭义相对论、广义相对论和粒子物理学的标准模型均是如此。理论框架的建立，很大程度上考虑的是数学上的和谐，即从对称性出发，利用对称性和守恒律之间的关系（即诺特定理）推出物理定律，建立场方程，形成物理学理论，之后理论再接受实验的检验。在狭义相对论中，爱因斯坦为了消除在麦克斯韦电磁学理论与牛顿力学间的内在不一致性，基于对称性提出了狭义相对性原理和光速不变原理，之后从这两个基本原理出发演绎了狭义相对论。后来他还进一步扩大了对称性，从广义协变性的原理和等效原理出发完成了广义相对论。因而，也可以说 20 世纪的物理学是从数学开始构建的。杨振宁曾把数学、物理学和实验的关系描绘如图 13.2，并且评论道："这是一个如此令人难忘的发展，爱因斯坦决定将正常的模式颠倒过来。首先从一个大的对称性出发，然后再问为了保持这个对称性可以导出什么样的方程来。20 世纪物理学的第二次革命就是这样发生的。"①

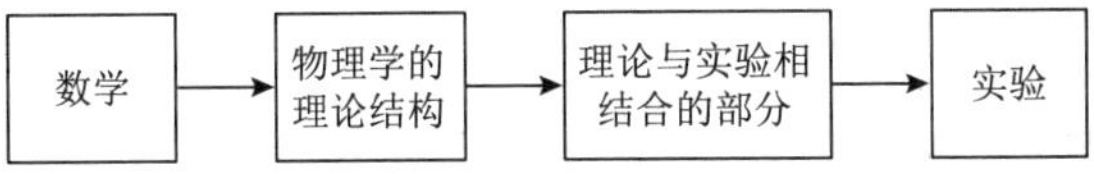

图 13.2　20 世纪物理学从数学到理论再到实验的过程

① 杨振宁：《美和理论物理学》，张美曼译，《自然辩证法通讯》1988 年第 1 期，第 5 页。

20 世纪物理学理论的出发点从实验转换为数学，是与其研究对象从宏观经验范围转换到微观和宇观超出经验范围这一事实不可分的，这样的研究对象，已非经验能直接把握，理论的构造必须借助于物理学家的直觉、想象、灵感和逻辑判断。狭义相对论处理的是接近于光速时的物体运动，超出了 1905 年人类的经验乃至物理学家的实验范围，然未能逃出爱因斯坦对于本体的敏锐洞察、理论的深刻构造和方法的准确把握。狭义相对论是满足洛伦兹不变性的电动力学理论。洛伦兹不变性本身是从实验中得到的，按照爱因斯坦的划分可称其为经验性定律，它在狭义相对论中上升为了原理性定律，即成为理论发展的前提之一。广义相对论沿着狭义相对论构造的思路，走得更为彻底，理论更为深刻。相对论给出了预言，对于这些预言，百余年来包括 2016 年引力波的发现，无数的实验无不检验了相对论理论的正确性。

粒子物理学标准模型揭示出电磁相互作用、弱相互作用和强相互作用所满足的统一框架，即杨-米尔斯规范场论框架。电磁相互作用用最简单的阿贝尔规范场刻画，弱相互作用和强相互作用分别用基于 SU（2）和 SU（3）的非贝尔规范场刻画。弱相互作用描述的是核衰变过程中的相互作用，强相互作用是将夸克束缚在一起形成核子的作用力。杨-米尔斯规范场理论也是沿着对称性支配相互作用的思路提出的，“1950 年代根据局部对称性的想法，再通过守恒流是场源的想法，引入了非阿贝尔规范理论”[①]。对于电荷守恒而言，它满足规范不变原理，产生电磁场。对于同位旋守恒量而言，它若是满足规范不变原理的话是否会产生场，它的源是什么，杨振宁和米尔斯沿着这些思路做下去就提出了非阿贝尔规范场。其中由于电磁场中的源来自电荷，

① 杨振宁：《爱因斯坦与二十世纪后半叶的物理学》，曹富田译，《世界科学》1983 年第 7 期，第 8 页。

而同位旋规范场的源是它自己，因而后者是非线性的，是非阿贝尔的。

20 世纪以来，理论物理学大多是沿着上述这种理论在前、实验在后的路径走来的，概念或原理方面的一致性成为理论发展的主要动机。20 世纪的科学哲学完全是以从经验出发的理论为基础的，不适用于当代量子论的实际情形。另外，实验方法本身在当前遇到的发展困境也制约了从实验开始的科学理论发展模式。

二、实验方法的天花板

高能物理学实验的核心特征为深度非弹性散射实验,完全不同于 20 世纪上半叶时的微观物理实验。深度非弹性散射中，粒子以非常高的动能碰撞，在此过程中产生出新的粒子。概念上，这种实验以狭义相对论和量子理论为保证：狭义相对论的质能等价性意味着总能量守恒，碰撞前粒子高的动能可以转化为重的新粒子；量子理论则为碰撞的结果带来了随机性，散射过程的概率取决于耦合常数，粒子的生成和湮灭理论意味着高速（高能量）粒子的碰撞能够将初始粒子转变为所有可能粒子的组合。实验物理学家们可以通过适当的散射实验确定原则上存在于我们世界中的粒子的谱，包括寻找标准模型预言了但尚未发现的基本粒子，如顶夸克、希格斯粒子等。

深度非弹性实验需要粒子加速器，把电子和质子等粒子利用电场加速到非常高的能量，利用磁场来控制粒子运动的方向，然后让粒子与另一些粒子碰撞，观察其产物。加速器可以是环形的，也可以是直线的，如美国 SLAC 采用的是直线加速器，其长度达 3.2 千米。加速器使粒子具有很高的能量，这些能量通常只有来自外太空的宇宙线才可能具有，但它们过于稀少，而加速器所实现的前所未有的能量带领着人类进入了一个前所未知的领域。图 13.3 给出了一些基本的能量标度。

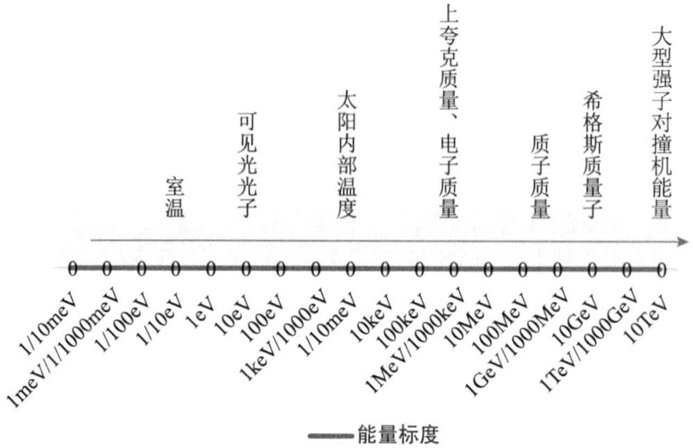

图 13.3 基本的能量标度

碰撞实验所能够达到的能量为实验所产生的粒子施加了限制。因为能量守恒,在散射实验中产生的粒子最多能够拥有相当于总碰撞能量大小的质量,实验装置中可达到的碰撞能量限定了能够发现的粒子质量。早期的粒子在加速之后打的是固定的物质靶，这时粒子束所携带的动量就是最高的能量，在打靶过程中大部分能量会转变为靶的动能损失掉。20 世纪 50 年代美国物理学家杰拉德·奥尼尔（Gerard O' Neill）提出了粒子对撞机的设想，1971 年欧洲核子研究中心的交叉存储环（intersecting storage ring，ISR）建成了质子对撞机。ISR 让沿相反方向运动的两束质子发生对心碰撞，从而能够获得更高的能量。这之后，实验粒子物理学家们都希望建设具有更高能量的粒子对撞机,以寻找静止质量更大的粒子。如欧洲核子研究中心在 1989 年开始建设的大型正负电子对撞机其周长约 27 千米,目前为大型强子对撞机所用;美国在 1993 年中止的超导超级对撞机，其设计周长约 87 千米，设计能量为 40 太电子伏特。

粒子碰撞完成之后需要粒子探测器来识别碰撞产生的是什么粒子。这些粒子在自然界中通常无法观测到，因为其质量大，不稳定，往往会衰变为质量更轻的粒子。“只有具有特定守恒量子数的最轻粒子才是稳定的，并且构成了我们观测到的世界的基础。不稳定粒子与其衰变产物之间的质量相差越大，衰变越快，即其平均寿命越短。”[①]碰撞实验中所产生的粒子的属性，是通过对探测器中新产生的粒子所形成的散射截面的研究，或通过对失去的能量进行一定的解释而得到的。带电的粒子可以通过其在探测器中电磁作用留下的轨迹来检测，而寿命极短的粒子无法留下可见的轨迹，只能产生点状的顶点，该顶点是产生它们的粒子与它们衰变成的粒子汇合的地方。

通过粒子在探测器中留下的轨迹来识别粒子的过程是非常复杂的。对于带电粒子而言，依据其在探测器中留下的弯曲轨迹可以推算其质量、电荷、是否受强相互作用等特性，如夸克和核子受强相互作用，则会迅速形成强子或介子，它们会碰撞形成原子核，或者如单个的高能夸克和胶子则会在强相互作用中碎裂为一个强子喷注。“不带电的粒子可以从轨迹中的间隙或缺失的能量来推断。探测器中轨迹的形态、顶点和间隙等所有特征的结合，最终可以以一定的概率归为特定粒子的轨迹和顶点。”[②]对于不稳定粒子，其探测器中轨迹的长度提供了其寿命的信息，理论学家们需要根据理论计算不稳定粒子可能会衰变成什么粒子，其概率分别是多大，然后从探测器中发现的粒子进行反推该不稳定粒子。比如在探测器中发现了 μ 子，我们需要判断它是由希格斯粒子衰变产生的，还是由 Z 玻色子等其他粒子衰变产生的。实验中，我们需要尽可能精确地跟踪碰撞中出现的粒子，这是非常核心的任务。

用所涉粒子来解释粒子的轨迹是高度复杂的事情。通过在探测器中生成一个电磁场，人们能够产生弯曲的粒子轨迹。得到一个粒子轨迹弯曲的程度则能够获得关于相应粒子的质量、速度和电荷等数值的直接信息。若粒子在

---

① Dawid R. *String Theory and the Scientific Method*. Cambridge: Cambridge University Press, 2013: 77.

② Dawid R. *String Theory and the Scientific Method*. Cambridge: Cambridge University Press, 2013: 77.

探测器中衰变，其轨迹的长度能够提供关于其寿命的信息。不带电的粒子能够从衰变图像的解释中，即轨迹或失去的能量之间的差别而推断出来。轨迹、顶点和差别这些特征形态的合取最终得到具有某些概率的特定粒子的轨迹和顶点的属性。一个大的事件则意味着在统计意义上存在着某类粒子。在此基础上对于粒子的识别组成了当今粒子物理学关键性的实验检验。新的理论预言一组特征性的粒子。若那些粒子的存在性能够从一组衰变图像中在一定程度的统计性得出，这就是对相应理论的结论性确证。

希格斯粒子的实验发现需要经过三个步骤：一是制造出希格斯粒子；二是检测它们衰变所生成的粒子；三是确认这些粒子确实是来自希格斯粒子。实验中的每一个步骤都非常的复杂，需要大量的理论介入与解释。

首先，需要将质子加速到非常高的能量，然后让其在探测器中进行碰撞，以产生希格斯粒子。质子是由夸克和胶子组成的，质子碰撞产生出的夸克和胶子必须以某种特定的组合才能形成希格斯粒子。比如，两个上夸克结合是不可能形成希格斯粒子的，因为上夸克的电荷为+2/3，而希格斯粒子的电荷为零且总夸克数为 0，因此需要一个夸克和一个反夸克组合，但也不能是匹配的夸克与反夸克，因为它们相遇则会湮灭。在大型强子对撞机中产生希格斯粒子有几种途径，一是从夸克与反夸克的组合生成，其中会产生副产品 W 粒子。二是胶子聚变，胶子由于没有质量，不与希格斯粒子相互作用，两个胶子的碰撞需要通过夸克作为中间步骤来产生希格斯粒子，如图 13.4 所示，其中夸克是虚粒子，并不能在粒子探测器中看到。也可能是 W^+粒子和 W^-粒子的耦合，或是 Z 玻色子的耦合，它们具有质量，可以直接耦合到希格斯粒子。理论上希格斯粒子的生成有多种可能性，实验中具体的细节取决于希格斯粒子的质量和碰撞的能量。

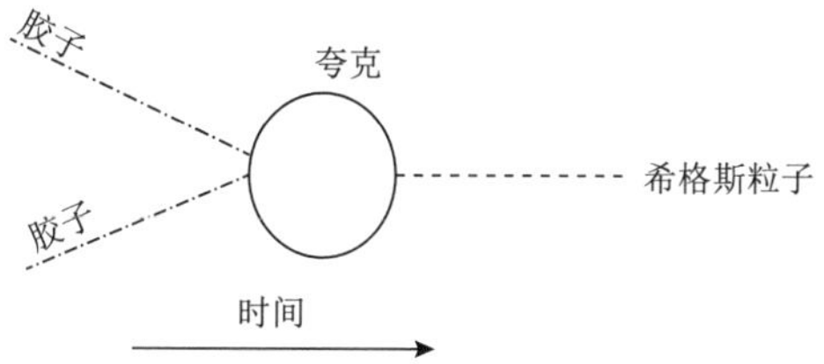

图 13.4 两个胶子通过虚夸克的中间步骤产生一个希格斯粒子的费曼图

其次，由于希格斯粒子具有大的质量，它的寿命估计不到 10^{-21} 秒，这意味着它会很快发生衰变，难以在探测器中留下可见的轨迹，实验看到的只能是它衰变的产物。实验中，其他粒子也会衰变留下产物，它们很多与希格斯粒子衰变的产物很像，我们需要从大量的本底噪声中挑选出希格斯粒子衰变产物的微弱信号。第一步要精确计算出希格斯粒子衰变的产物及相应衰变的频率。如质量为 125 吉电子伏特可能会衰变成一个底夸克和一个反底夸克，也可能衰变成 W^{+}粒子和 W^{-}粒子等，不同的产物及频率如图 13.5 所示。带色核的夸克和胶子都是不可见的粒子，希格斯粒子衰变成它们之后，由于夸克禁闭，它们不会单个存在，会凝结成强子喷注。这些喷注会与质子碰撞后产生的喷注混在一起，难以辨别。“在 LHC 运行的第一个完整年度里，估计产生了超过 10 万个希格斯玻色子,但它们大多衰变成那种在强相互作用本底噪声下不知所踪的喷注。”[①]如果希格斯粒子衰变成 W 玻色子和 Z 玻色子，它们也会产生夸克，从而形成难以从本底中挑选出来的喷注。有时，W 玻色子和 Z 玻色子也会衰变为纯净的轻子，这时没有强子喷注，信号是比较干净的。还有的时候，在虚带电粒子的中间作用下，希格斯粒子可以衰变成两个光子，虽然这种情况发生的概率只有约 0.2%，但它是我们在 125 吉电子伏特能量附近找到的希格斯粒子的最清晰信号，目前收集到的希格斯粒子的证据主要就来自双光子事件。

① [美]肖恩·卡罗尔：《寻找希格斯粒子》，王文浩译，湖南科学技术出版社 2014 年版，第 165 页。

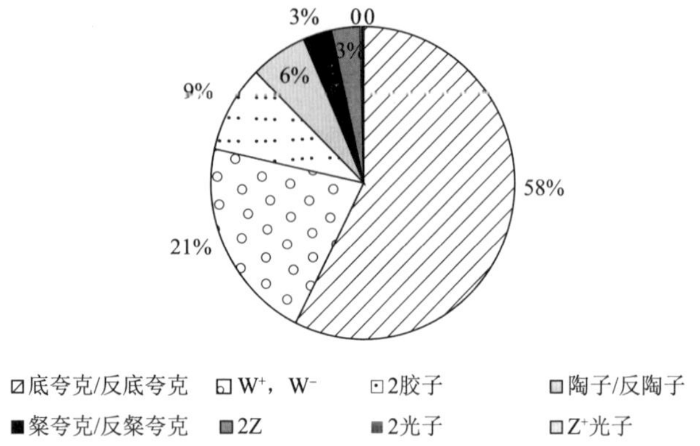

图 13.5 质量为 125 吉电子伏特的希格斯粒子衰变的产物及其频率

最后，物理学家们需要确认找到的粒子确实就是希格斯粒子。“希格斯粒子的产生与衰变永远不能唯一地归因于散射图像中的单个顶点。任何可以解释为包含希格斯粒子的顶点都可以进行许多其他不涉及希格斯粒子的解释，因此必须在统计基础上证明希格斯粒子的存在。”①依据粒子物理学理论，在不假设存在希格斯粒子的情形下，我们可以计算质子各种不同相互作用发生的概率，实际的大型强子对撞机实验中不同的相互作用对应于不同的反应道，包括双光子道（如图 13.6 所示）、2 轻子道、4 轻子道、1 喷注加 2 轻子道等。这被称为是零假设，也就是在没有任何希格斯粒子的情形下我们期望得到什么，此时得到的数据则是来自其他来源的相同信号，称为所研究过程的本底。然后我们要分析实验收集到的数据是否与理论计算的预期相吻合，如果实验得到的数据与本底的分布一致，考虑到所有可能的统计涨落，则没有希格斯粒子。如果实验得到的数据与本底相比存在明显的过剩，这些过剩不能用本底的统计涨落来解释，则表明观察到了一些粒子或新的物理。接下来的步骤则是要检查实验数据是否只与希格斯假设相一致，即这些衰变产物的质量和能量总和具有相同的值，这样才能确保它们都是希格斯粒子衰

① Dawid R. “Higgs discovery and the look elsewhere effect”. *Philosophy of Science*, 2015, 82(1): 76-96.

变产生的，才能保证发现的新粒子确凿无疑就是希格斯粒子。经过审慎的计算与分析，2012 年 7 月，欧洲核子研究中心宣布在紧凑 μ 子线圈探测器（Compact Muon Solenoid，CMS）和超导环面探测仪（A Toroidal LHC Apparatus，ATLAS）两个实验探测器上，在双光子事件和四个带电轻子事件中，在 125 吉电子伏特位置处都有一个明显的峰值，实验标准误差在 5σ的惯例之内，见图 13.7，这表明他们发现了一种新的粒子，它衰变到不同反应道的衰变率与标准模型预言的质量为 125 吉电子伏特的希格斯粒子行为大致相符。

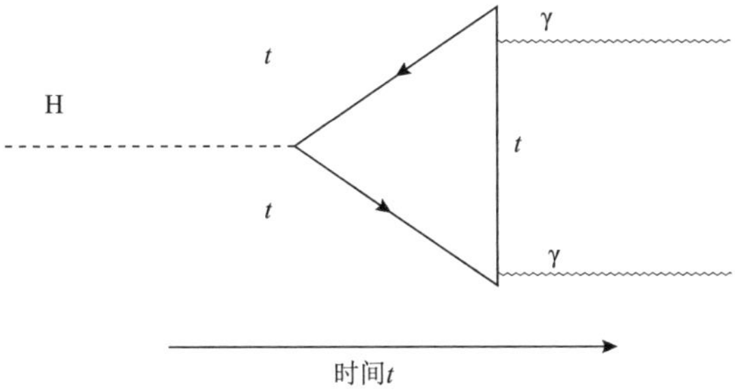

图 13.6　希格斯粒子 H 经过虚顶夸克衰变为两个光子γ

希格斯粒子的寻找被科学家们比喻为“在数百万干草堆里寻找一根针”，或者更精确的比喻则是“在干草堆里寻找一根干草。所不同的是，如果你在干草堆里找的是一根针，那么当找到它时你知道它是针，因为它和所有的干草都不同……而要在干草堆里寻找某一根干草，唯一的方法是将所有干草都过一遍眼，突然间，你会发现有一大堆干草具有特定的长度，而这正是我们要找的”[①]。早在 2011 年 12 月，欧洲核子研究中心的物理学家们就宣称 ATLAS 和 CMS 分别在 125 吉电子伏特附近记录到显著性为 3.6σ和 2.6σ的峰，他们称这些数据表明存在可能是希格斯粒子的一种粒子。这是由于粒子物理学领域有不成文的约定，即存在某种东西的证据是 3σ的偏差，声称发现了某种东

① [美]肖恩·卡罗尔：《寻找希格斯粒子》，王文浩译，湖南科学技术出版社 2014 年版，第 168 页。

西需要 5σ的偏差。粒子碰撞行为的量子本性允许其在预期的本底之上有一定的统计涨落，所以低于 5σ的结果需要“到别处看看”（look elsewhere），以积累更多的数据，确认 ATLAS 和 CMS 两个独立实验组在同一能量位置处看到峰值分布就是发现希格斯粒子。“到别处看看”是高能物理学实验的一个显著特征，它指的是并不在一个特殊的能标处搜寻某个新的现象，而是在一个宽泛的能谱上进行搜寻。高能物理实验中不时会发生 4σ的统计涨落，但 5σ的信号从未发现是涨落，因而 5σ被当作是发现新粒子的标准。

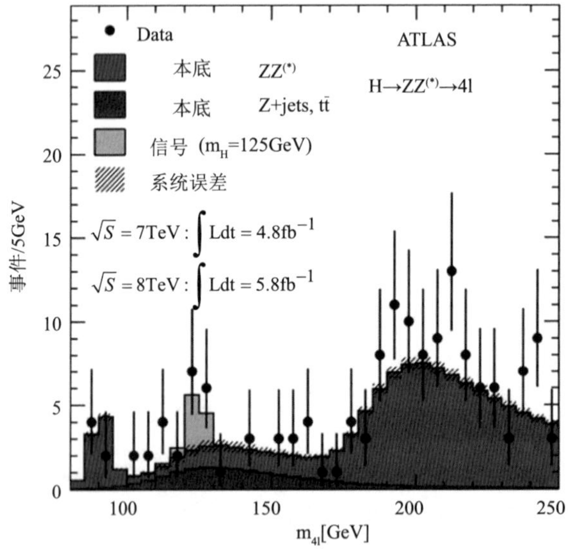

图 13.7 2012 年 7 月 4 日，ATLAS 实验组发布的证明发现新的粒子的图

注：其中纵轴为发现的满足希格斯粒子通过 2 个 Z 玻色子衰变为 4 个轻子这一选择标准的事件数，横轴为 4 个轻子的总质量。本底对应于信号相同但来自其他来源的其他事件。浅色突出部分对应于质量为 125 吉电子伏特的希格斯粒子的理论预测。黑点为实际数据。图中，只有在 125 吉电子伏特附近得到的数据相对于本底是过剩的，这证明发现了 125 吉电子伏特的希格斯粒子[①]

① Aad G, Abajyan T, Abbott B, et al. “Observation of a new particle in the search for the standard model higgs boson with the ATLAS detector at the LHC”. *Physics Letters B*, 2012, 716(1): 1-29.

后续的实验进一步测量了实验发现的希格斯粒子的自旋角动量，确实如理论所预言那样为零，这表明发现的那个粒子就是希格斯粒子，因为它是唯一具有零自旋的基本粒子。但是，这个希格斯粒子是标准模型中所预言的那个吗，即恩格勒和希格斯等所设想的那个，还是超对称理论中 5 个希格斯粒子中最轻的那个？在目前尚未发现超对称粒子的情形下，我们并不能直接回答这一问题，只能以尽可能高的精度测量 125 吉电子伏特的希格斯粒子的所有特征。目前为止，CMS 和 ATLAS 提供的数据表明，所有测量的结果均与标准模型的希格斯粒子预期相一致，并且仍然没有发现超对称性。目前实验的结果意味着要么超对称破缺的能标要高一些，这样就不能完美解决标准模型中希格斯粒子质量向上跑的精细调谐问题，要么扩充最小超对称模型，采用次最小超对称模型。最终的结果如何，则仍有待于大型强子对撞机实验的进一步展开，有待于新的更高能标的加速器的建设。

因而，对于希格斯粒子等这类粒子而言，粒子本身及其结构已经远远超出了直接观察的范围。我们需要从碰撞实验的探测器的图像上的顶点来推算出粒子的性质。图像中的顶点代表着不同粒子轨迹的相遇之处，表明粒子正是在这些位置衰变成了其他的粒子。按照粒子物理学理论，对于所收集到的图像上特定类型顶点的特定频率，应该解释为发生了相应粒子的衰变，在此过程中生成了特定的中间粒子（虽然其寿命太短未曾在探测器中留下轨迹）。在大量实验数据样本之上，我们可以把在统计学上有意义的数目解释为对这类特殊粒子的经验确证。

这里的推理基础是粒子物理学的理论知识，如果脱离了这些理论，对探测器上图像的解释是无法进行的。这也表明，“理论越复杂，相应的实验得到的从经验的识别特征到理论陈述确证的理论距离越长”[①]。正如迪昂-奎因

① Dawid R. *String Theory and the Scientific Method*. Cambridge: Cambridge University Press, 2013: 100.

论题所指出的，是夸克理论整体在接受着实验的检验，并非夸克概念这一单一命题的检验。“物理学家不惜任何成本，以不断的修补和诸多交错纠缠的抑制为代价，固执地维护在每一部分都摇摇欲坠的建筑物的虫蛀的支柱。”① 所以，即使是整个理论经受住了实验的检验，并不代表理论中的每一个命题都是经验确证的。物理学家有着更多的选择：“（实验）把找出损害整个体系的弱点的任务留给物理学家。没有绝对的原则指引这一探究。”②这也正是缘何在量子场理论的发展过程中存在诸多不同的竞争理论，彼此难以说服。

三、量子引力理论的非经验动机

量子引力理论的提出并不是因为像经典物理学那样从实验中获得了经验数据，也不是像量子力学革命那样出现了理论无法解释的实验反常，而是源于广义相对论和量子力学这两大物理学理论的观念冲突。“我们对物理世界的理解在目前是严重破碎的。尽管基本物理学在经验上有效，但它正处于一种深刻的概念混乱的状态。量子引力问题就是要把广义相对论和量子力学的见解结合成为一个概念系统，在其中它们可以共处。”③

构建量子引力理论本身就是出于解决既有物理学理论——广义相对论与量子力学——的概念在普朗克标度上的不一致性，是概念驱动的，而非实验驱动的。量子引力理论是建立在广义相对论和量子力学这两大理论基础之上的，而后两种理论在百余年的实践过程中得到了经验的严格检验，被证实分别对大尺度和微观尺度的原子现象进行了正确的描述。然而，当把这两种理论结合在一起时，却发生了不可调和的矛盾。量子引力理论的构造并不是出

---

① [法]迪昂：《物理学理论的目的和结构》，李醒民译，华夏出版社 1999 年版，第 241-242 页。

② [法]迪昂：《物理学理论的目的和结构》，李醒民译，华夏出版社 1999 年版，第 241 页。

③ [意]卡洛·罗韦利：《量子引力》，载[美]约翰·厄尔曼、[英]杰里米·巴特菲尔德主编：《爱思唯尔科学哲学手册：物理学哲学》，程瑞、赵丹、王凯宁等译，北京师范大学出版社 2015 年版，第 1490 页。

于物理上的原因，更多是出于概念上的考虑，其最大的挑战是解决广义相对论和量子力学这两大理论的一致性。理论间的不一致性是根源性的，主要体现为看待时空的不同态度上。广义相对论将引力等价于时空，度规既是引力场的结构，也是时空的结构，物质告诉时空如何分布，时空告诉物质如何运动，时空结构随着物质的分布而变化，而变化的时空结构又规定着物质的运动，因而广义相对论并不依赖于固定的时空度规结构，是一种背景无关的理论。与之相反，量子力学预设了一个不动的经典时空背景，量子化及其涨落是相对于该时空背景来定义的，是一种背景相关的理论。一旦将两种理论结合起来，将引力进行量子化，会得到时空的量子化，即存在涨落的时空。涨落正是通过这个时空背景来定义的，这就导致了矛盾。化解广义相对论与量子力学之间的这种根源性矛盾，寻找可能的出路，为理性的分析和哲学家的参与提供了机会。

即使是像工具主义者那样，把科学理论仅仅作为预测经验现象的工具，也不能够忽略量子引力理论。在工具主义者看来，因为目前并没有实验反常或经验证据需要发展量子引力理论，因而量子引力理论的探索是一种空想。然而“在理论构建之前，哪些量是可观测的往往不得而知，因此即便是工具主义者也不应把新理论的适用范围局限在已有的证据上”[①]。认为量子引力理论不需要的思维受限于经验主义的狭隘，是依据当前经验的有限范围做出的错误判断。虽然目前量子引力理论与实验的远离，但并不意味着将来我们不能够直接或间接地找到量子引力的证据。况且，黑洞的存在已经是无可置疑的了，对于黑洞奇点和宇宙奇点说明无疑需要量子引力理论。

另外反对量子引力理论的观点来自“非统一物理”观或“多元理论”观

① [美]克雷格·卡伦德、尼克·赫盖特主编：《物理与哲学相遇在普朗克标度》，李红杰译，湖南科学技术出版社 2013 年版，第 4 页。

的哲学立场。从这些观点来看，广义相对论和量子力学在它们各自适用的范围内都是有效的，它们描述了世界的不同的尺度范围，物理学（甚至是科学）并不需要一个能够描述所有物理现象与物理标度的普适理论或统一理论。然而，回顾物理学史，从牛顿的统一，到麦克斯韦的统一，再到时空与物质的统一，最后到除引力外的三种基本相互作用的统一，追求对世界的统一描述是物理学一直以来的目标，而前述的统一展现出了统一之路的可能性。统一物理的哲学观念驱动着量子引力理论的探索。

第二节 理论辩护的非经验策略

物理学一直以来都是靠数学和实验两条腿走路的，有时数学走在前面，有时实验走在前面。从伽利略开始，实验就在物理学中扮演了获取知识以形成理论、确证理论、解释理论等至关重要的角色。至 20 世纪初，即使是自上而下构建的广义相对论也相继得到了光线弯曲、引力红移、引力波等经验证据的确证。然而，在当代量子论中，一方面，正如测量问题所示，理论的预言与经验现象之间缺乏一致的描述。虽然量子力学理论本身得到了实验的成功验证，但在将其应用到宏观经验现象时尚缺乏令人信服的解释。另一方面，随着量子论的不断发展，量子理论研究的标度越来越小，实验所需的能量标度越来越大，如发现希格斯粒子的大型强子对撞机其能量已达 13 太电子伏特。量子引力理论研究的是普朗克标度，在这一标度上进行实验的话需要建造半径为银河系大小的加速器，这显然是不现实的。未来如果加速器的原理没有突破的话，那么基础物理学的探索是难以以实验为基础的，这意味着当代量子论正远离实验。

逻辑实证主义诞生于 20 世纪物理学革命的成果得到经验证实之际。在普朗克的量子论得到黑体辐射的经验数据支持、玻尔的分立电子轨道得到氢原子光谱的检验、德布罗意的物质波理论得到电子衍射实验的证实、自旋得到施特恩-格拉赫实验的证实等理论在实验检验的事实面前，石里克、赖兴巴赫等把经验的证实或可检验性作为综合命题正确与否的标准，作为科学理论与非科学理论的划界标准。20 世纪量子理论的不断发展，伴随着中子、夸克、中微子等粒子的实验发现，进一步强化了经验之于理论的辩护。经验科学本身是通过归纳方法由经验不断得到证实或检验的真命题的集合，因而科学是累积的、不断朝向真理进步的。然而，科学理论的这一评价标准与辩护标准并不适用于量子引力理论，因为并不存在这样的经验证据，并不能从可证实性和可检验性来做出这些理论是否科学的判断。

事实上，依据波普尔的可证伪性也不能做出判断，因为证伪也是通过经验证据做出的，而量子引力理论是缺乏经验证据的。波普尔是反归纳主义的，他认为逻辑经验主义的归纳原则无法证明归纳推理的有效性，从经验观察的单称命题无法推出科学中的全称命题。对于科学与非科学的分界问题，波普尔给出了证伪原则。科学命题不能够通过经验来证实，却可以通过经验来证伪，这里应用了古典逻辑中否定后件的推理，是以全称命题在逻辑形式上的不对称为基础的。

在 20 世纪科学哲学经验主义标准的传统中，也有并不着重于经验证据的论证，这些论证在很大程度上建立在证据之于理论的非充分决定性论题之上。

由于量子引力所研究的是引力的量子效应，其特征尺度分别是由量子力学效应的普朗克常数、引力效应的牛顿常数和相对论效应的光速所共同决定的，通过这三个基本常数的结合我们得到普朗克长度 10^{-35} 米、普朗克能量 10^{19} 吉电子伏特和普朗克时间 10^{-42} 秒，这些特征量表明直接研究量子引力效应的物理域，是大爆炸刚刚发生后的宇宙和黑洞，这使得实验的探测要么是不可能的，要么面临着实验对象包括实验主体在内的逻辑悖论。目前，尚未有成熟的量子引力理论能够指导我们该设计什么样的实验，明确实验中要观察什么，也就是说目前的量子引力理论缺乏能够付诸经验观察的预言。

一、超弦理论的实验缺位

有弦论学家说："从伽利略时期起到 1984 年是现代物理学的时代，我们在那时用实验检验我们的理论。从那时起，我们就处于后现代物理学的时代。在这个时代中，数学的一致性足以证明我们的理论，实验既不可能，也是不必要的。"[①]这里的实验是指典型的高能物理实验，即加速器，因为实验中要发现普朗克标度上的物理现象，需要银河系大小的粒子加速器，这是绝对无法实现的。但直接实验的不可行并不意味着间接实验的不可行，我们可以通过寻找间接证据来为理论寻求支持或反驳。对于超弦理论而言，间接证据包括超对称性、额外维、凝聚态物质、宇宙学证据等。

原本粒子物理学家们期望能在大型强子对撞机上发现超对称粒子，但大型强子对撞机十多年的运行并没有发现超对称粒子的踪迹。即使找到了超对称粒子，只有超对称性并不足以证明弦论是正确的，因为超对称性仅是弦论的必要条件，而非充分条件。关于超对称性的讨论详见第八章。

弦论的另一个必要条件是时空额外维的存在，弦论是迄今为止唯一预言了时空维数的理论。对于弦论的 9 个空间维度而言，会有 35 种可能的引力波形式，这些额外的引力通过极化可以产生新的粒子，即模（moduli）粒子，它们之间只存在引力相互作用。因而模粒子的发现也是额外维存在的有力证据。问题是，由于模粒子只有引力相互作用，而引力相互作用非常弱，这要求模粒子的质量超级大，而质量大意味着其寿命极短，只可能存在于宇宙大爆炸之初。目前对于宇宙大爆炸遗迹即微波背景辐射的观察尚没有找到模粒子存在痕迹。或许模粒子是产生暗物质或暗辐射的源头，但是目前仍没有确

① Smolin L. "Loop quantum gravity: Lee Smolin". 2003-02-23. https://www.edge.org/conversation/lee_smolin-loop-quantum-gravity-lee-smolin.

切的证据。有人猜测引力相对于其他三种相互作用而言比较弱是因为它是在比四维时空更多的维度上起作用的，引力子可以在这些维度之间移动。如果大型强子对撞机上产生出引力子的话，那么它很快就会移动到其他的维度，就好像损失掉许多能量一样。如果存在额外维的话，那么它有可能引起微观黑洞，其性质取决于额外维的数目和尺度。对于额外维的探测将会为弦论提供有力支持，然而目前包括大型强子对撞机在内的实验均没有发现额外维的证据。

另一个检测弦论的可能实验渠道是凝聚态物质。2005 年，布鲁克海文国家实验室（Brookhaven National Laboratory）的相对论性重离子对撞机（relativistic heavy ion collider，RHIC）以接近光速的速度碰撞金原子，产生了一种不寻常的物质形态——夸克胶子等离子体（quark-gluon plasma），它们只能存在于万亿摄氏度的温度下，宇宙在大爆炸后的百万分之一秒的时间中是处于这种状态的，之后便开始冷却形成质子和中子。夸克胶子等离子体是超热、超稠密、几乎没有摩擦的液体，与接近绝对零度时的超冷气体具有惊人的相似之处，弦论学家们应用 AdS/CFT 对应能够解释这两种现象及其相似之处。

弦论有望通过宇宙学的观测而得到检验，甚至宇宙学和天体物理学将成为弦论等普朗克标度的基础物理学的最终检验。按照宇宙学的暴胀模型，宇宙中的大部分能量是以宇宙学常数的形式存在的，而弦论难以与一个正的宇宙学常数兼容。斯莫林正是基于这一原因从弦论转向了圈量子引力。2003 年，弦论学家们提出了 KKLT（Kachru、Kallosh、Linde 和 Trivedi）构造，试图解决这一问题。然而，还有许多人质疑 KKLT 构造的有效性。2018 年，有一些弦论学家提出暴胀本身是有问题的，这也是难以解决弦论与暴胀理论不相容的原因所在。他们提出了德西特沼泽猜想（de Sitter swampland conjecture）[①]，

① Foster B Z. "Will string theory finally be put to the experimental test?" 2020-03-25. https://www.scientificamerican.com/article/will-string-theory-finally-be-put-to-the-experimental-test/.

该猜想声称，任何描述德西特空间的概念都有某种技术缺陷，这将会使得这一理论陷入被拒绝的沼泽之中，其中德西特空间正是暴胀发生于其中的那种宇宙空间。如果这一猜想成立，那么意味着弦论与宇宙暴胀是不相容的。不过，这一猜想并未得到证明，有个别弦论学家也并不希望得到弦论与暴胀不相容的结果，但更多的人认为这一猜想即使不会严格成立，某些类似于它的内容也会成立，比如弦论可能只允许很短时间的暴胀。哈佛大学的物理学家卡姆伦·瓦法（Cumrun Vafa）认为，暴胀中存在一个未解决的问题，即在暴胀发生并将静态真空放大时最微小的量子细节发生了什么？它是以某种方式隐藏在我们的经典视野之外了？还是将量子细节全部展现出了来？暴胀理论并没有涉及普朗克标度，该理论的支持者们只是假设有一天当把普朗克标度的细节补充进来时，理论本身不会发生大的改变。瓦法认为，极其微小的量子模糊性在暴胀中始终保持极其微小和量子性，并不会被放大。如果瓦法的想法是正确的，那么就是对暴胀进行了限制，否则不加限制的暴胀会将普朗克标度的细节放大。就目前而言，由于暴胀也存在不同的模型，尚未有天文学数据能够证实其中的一个，而德西特沼泽猜想也仅仅是猜想，它们距离理论的实验检验仍非常遥远。

另外，弦的量子描述预言了存在有无穷多个质量不断增加的粒子，其中最轻的非标准粒子是大型强子对撞机能够探测到的粒子质量的 1014 倍，也有可能通过间接的方式发现这些粒子。宇宙弦也可能会出现，它们形成于宇宙初期的极速暴胀，它们会被拉伸至非常大的尺度，因而可能从望远镜中被发现。上述这些弦论的实验发现都是间接证据，直接的实验检验在目前而言处于根本不可能达到的能量尺度，或许在不久的将来通过某个精妙的想法可能会实现。

二、圈量子引力理论的实验缺位

早期，费曼设计了一个测试量子引力的思想实验，希望这个实验能够确认引力场的量子性质。先制备一个处于两个不同位置叠加态的测试质量，然后将其与引力场相互作用，这会使得该测试质量与引力场纠缠起来。如果该测试质量的两个空间态发生干涉的话，将该质量恢复到单个确定的位置，那么与引力场的耦合随后会被逆转，这表明引力已经与该量子系统相干地耦合起来了。但是该思想实验并不奏效，因为即使在经典引力下，测试质量的两个空间态也会发生干涉，除非能直接测量到纠缠，否则实验根本不能证明该质量与引力场是纠缠的。

有人试图改进费曼的实验，以检测测试质量是否可以通过引力场与第二个全同的质量相纠缠[①]。具体地，需要首先通过两个相邻的、全同的干涉仪制备两个测试质量，即两束会相互干涉的光。当这些质量很小时，它们的量子波函数可以分开，且将多个量子态叠加到质量上。他们提供了一个普遍的证据，证明任何能够在两个量子系统之间作为纠缠中介的系统本身必须是量子的。因而，如果引力场本质上是量子化的，那么当两束光离开各自的干涉仪时，两个质量之间的引力会将它们纠缠在一起。可问题是，即使引力场是量子化的，测试质量也可能不会纠缠，量子引力的性质比研究人员预期的要微妙和复杂得多。目前的技术并不能保证实验的成功，而且如果实验能够成功，也不能够辨识哪一种量子引力理论是正确的。

2020 年，罗韦利等提出在上述实验上利用量子信息理论和量子技术有望能够检测到量子引力[②]。量子信息理论中，量子信息是既可以用量子比特这些离散变量编码，也可以用连续变量来编码的。连续变量的量子信息理论在将量子信息理论应用于量子场论方面是非常有效的。罗韦利等将连续变量的

---

① Marletto C, Vedra V. “Gravitationally induced entanglement between two massive particles is sufficient evidence of quantum effects in gravity”. *Physical Review Letters*, 2017, 119(24): 240402.

② Christodoulou M, Rovelli C. “On the possibility of experimental detection of the discreteness of time”. 2018-12-04. https://arxiv.org/abs/1812.01542v1.

量子信息理论应用于量子引力上，从而得到量子引力的一个特征是产生非高斯型，这是通用量子计算机所必需的连续变量资源。与纠缠不同，非高斯型可以应用于单个，而不是多个部分的量子系统，且不依赖于定域相互作用。从而能够基于单个位置的单个量子系统检测到量子引力。

阿梅利诺-卡米利亚（G. Amelino-Camelia）等提出，可以利用宇宙本身作为探测普朗克标度的实验装置，实验探测存在三种不同的方式。一是遥远星系可以扮演加速器的角色，它们产生出的高能宇宙射线中携带的能量远远高于人类制造的加速器产生的能量，它们撞击地球大气层的能量超过后者约 1 千万倍。这些高能宇宙射线从产生到达地球，穿越了充满宇宙的辐射和物质，为我们提供了现在的实验数据。斯莫林指出，从这些数据中已经得到了一些惊喜，如果这些数据成立，它们就可以被解释为是量子引力影响的结果。二是我们可以探测经过数十亿年从宇宙其他区域传播到地球的光和粒子，量子引力引起的微弱效应在数亿年间的旅行中可以被放大到我们能够探测到的程度。三是宇宙暴胀就像显微镜，把普朗克标度爆炸成为天文尺度，从而我们可以在宇宙的微波背景辐射中观测到它。通过宇宙本身所呈现的实验室提供的数据，有一些关于普朗克标度的物理学提议已经被排除了。[①]

圈量子引力预言了在普朗克标度上，空间不再像经典物理学所揭示的那样是光滑和连续的，而是具有离散的体积，其最小体积是普朗克长度的立方，分隔两个最小体积的曲面也是离散的，其中最小的面积为普朗克长度的平方。“因此，如果你取一个空间体积并且以非常高的精度测量它，你会发现该体积不可能是任何东西，它必须变成一些离散的数列，就像原子中电子的能量那样。

---

① Amelino-Camelia G, Lämmerzahl C, Macías A, et al. “The Search for quantum gravity signals”. In Macías A, Nuñez D, Lämmerzahl C (Eds.). *AIP Conference Proceedings*. México City: Gravitation and Cosmology, 2nd Mexican Meeting on Mathematical and Experimental Physics, 2004: 30.

而就像原子的能级一样，理论上我们也可以计算出离散的面积和体积。”[①]这些离散的空间最小单位如果确实有影响的话，可以在宇宙射线和伽马射线暴中检测到，这是由量子几何的离散结构对光的散射引起的，就像光穿过空间或液体分子时被衍射和折射一样。甘比尼（R. Gambini）、普林等计算了光在量子几何中的传播方式，发现在圈量子引力理论中，光速会对能量有很小的依赖，也就是说光速并不像狭义相对论所言是一个普遍的常数，而是依赖于能量的，高能光子的传播速度会稍小一点[②]。由于伽马射线暴在宇宙中已经传播了约 100 亿年，因而光速间的微小差别会被放大到可以测量。100 亿年前的伽马射线暴产生的两个能量不同的光子，应该会在不同的时间到达地球。圈量子引力理论预言，光子到达地球的时间差足够大，足以被伽马射线大面积空间望远镜探测到。然而，2009 年，费米空间望远镜探测到的来自 73 亿光年外的一次伽马射线暴，两个携带能量相差 100 万倍的光子，其到达地球的时间仅相差 0.9 秒。也就是说目前的实验探测到的光的速度仍然是不变的，如狭义相对论所言。不过斯莫林仍然认为光速依赖于能量的假说仍然是有价值的。

三、经验辩护的失效

目前两种主流的量子引力理论是弦论和圈量子引力，两种理论的假设、概念框架和结果都有着显著的不同。弦论保留了量子场论的基本概念结构，包括其背景依赖的时空观念、基本相互作用的统一性等，通过用延展的弦取代量子场论中的点，弦论消除了把广义相对论进行微扰量子化时的发散问题，

① Smolin L. “Loop quantum gravity: Lee Smolin”. 2003-02-23. https://www.edge.org/conversation/lee_smolin-loop-quantum-gravity-lee-smolin.

② Gambini R. Pullin J. “Nonstandard optics from quantum space-time”. *Physical Review D*, 1999, 59: 124021.

然而它也带来了许多附加的假设，如额外的维度、超对称等。20 世纪 90 年代，不同的弦模型通过“对偶性”关联了起来，被看作 M 理论的不同极限。然而，到目前为止弦论仍是大量不同理论的集合，并不存在特别的紧致化方法，使得能够在低能近似下得到粒子物理学的标准模型。弦论要求的超对称粒子也未在实验中被发现，对于不可见的多余维度也没有可观测的结果。这使得弦论在可预见的未来仍然缺乏可供检验的预言，以致遭到了不少的批评，怀疑弦论作为科学理论的特定本质。

圈量子引力是广义相对论的直接量子化，采用非微扰方法来处理引力场的量子化，沿袭了狄拉克的正则量子化方法，后又与路径积分方法相结合。非微扰的量子引力坚持广义相对论中的广义协变性，坚持“度规既是演员又是舞台”的原则，从而推论出量子引力必须是一个微分同胚不变的量子场论。圈量子引力仅以广义相对论和量子力学作为其基本的物理前提，而后两个理论是经受了经验检验的成功理论。该理论并不宣称自己是万有理论，它仅是合并了量子场论和广义相对论中的世界观。然而该理论也不完备，且其“放弃了幺正性、时间演化、基本层次的庞加莱不变性及物理学对象是在空间中局域化的且在时空中演化的观念”。利用圈量子引力，可以推导贝肯斯坦黑洞熵，可以说明黑洞的奇点和最初大爆炸的奇点，这被看作能够支持这一理论的间接经验证据。然而虽然在天文学和宇宙学领域进行了积极的探索，目前仍未能够得到有利的数据支持。

量子引力领域的圈-弦之争并不能够从经验证据那里获得判据，一是因为目前为止两个理论都非常不完整，二是因为这些理论“更像是从关于该理论的（该理论应该是什么样子的）各种先入为主的观点发展而来的。这些先入为主的观点的基础，部分在于相关研究人员的哲学偏见，部分在于那些（可能是错误地）被认为在理论物理中与之密切相关的领域（比如非阿贝尔规范理论）成功应用的数学技巧。在这样的情况下，研究的目的更注重构建起抽象的理论方案，与某种原来设想的概念框架相符，且在数学意义上自洽的理论方案”[①]。

从超弦和圈量子引力等当代量子论中我们看到：一方面这些理论缺乏直接的经验证据，而另一方面理论本身中存在许多本质上是纯哲学的内容，如宇宙的起源、时间和空间的本质、世界的终极构成等。1985 年，南部就将量子引力的研究称为“后现代物理学”[②]，以强调量子引力研究与实验物理学的极端分离。格拉肖、温伯格等则将量子引力称为“人类物理学”，还有人称其为“童话物理学”。这些不同的名称揭示出当代量子论两个方面的特征：一是远离实验，难以得到验证；二是理论渗透了哲学，理论中大量的形而上学内容。这些思辨的内容是一开始在理论的构建中就已经渗透的，构成了量子引力理论中不可或缺的一部分。这使得“量子引力中进行的许多研究看起来就像是一场纯数学的练习，有时也像是形而上学的练习”[③]。量子引力领域的物理学家经常与哲学家合作，参加哲学会议，为哲学书籍和期刊撰写文章。量子引力理论的后真相特征为哲学家参与物理学理论的构建创造了机会，这与先前哲学家仅停留在对已经建立的理论进行哲学分析有着本质的区别。

量子引力理论存在着超弦、圈量子引力、扭量理论、非对易几何等诸多相互平行的纲领，这些纲领汇集了几何学、代数学、拓扑学、范畴论等不同的数学领域。近 50 年来，以量子场论和量子引力为代表的量子物理学与数学的广泛接触不但全面推进了超弦等理论的发展，同时也带来了数学结构的大

---

① [英]杰瑞米·巴特菲尔德，克里斯托弗·艾沙姆：《时空和量子引力论的哲学挑战》，载[美]克雷格·卡伦德、尼克·赫盖特主编：《物理与哲学相遇在普朗克标度》，李红杰译，湖南科学技术出版社 2013 年版，第 41 页。

② Nambu Y. “Directions of particle physics”. In Bando M, Kawabe R, Nakanishi N (Eds.). *The Jubilee of the Meson Theory: Proceedings of the Kyoto International Symposium*. Kyoto: The Physical Society of Japan, 1985: 104-110.

③ Rickles D. “Quantum gravity: A primer for philosophers”. In Rickles D (Ed.). *The Ashgate Companion to Contemporary Philosophy of Physics*. Hampshire: Ashgate Publishing, 2008: 263.

爆炸，开创了崭新的数学方向。威滕由于在超弦理论中的工作荣获了数学领域的最高荣誉——菲尔兹奖，彭罗斯的扭量理论则是基于扭量这一全新的数学概念发展而成的，孔涅的非对易几何也必然揭示出大自然的某种基本属性……这一多种理论并存的状态为哲学带来的必然是丰富的素材和深刻的洞察。

奥地利哲学家戴维，曾经是一名弦论物理学家，因看到许多弦论学家在弦论缺乏实验证据支持的情况下仍对理论信心十足，想要弄明白是什么使得这些人相信弦论，而开始了其科学哲学的研究，研究成果集中于其 2013 年出版的专著《弦论与科学方法》中。戴维的讨论不只局限于弦论，而是整个基础物理学，包括高能物理学领域和宇宙学。他指出："近几十年里，基础物理学中理论评价的标准已经发生了重大的转变。单个理论的概念特征和理论在其中演化的研究语境的特征，在评价理论的地位与可行性方面起着越来越强有力的作用。虽然这并不妨碍经验作为理论可行性的最终判断作用，它本质上在缺乏经验确定的情形下提升了理论能够获得的地位……这种变换要求识别科学推理新的方面的概念基础，并寻找为何会产生这种改变了的概念基础的原因。"①

在《弦论与科学方法》一书中，戴维提出了三条非经验主义的论证，为弦论的支持者提供辩护。第一条是只有一种版本的量子引力理论，即弦论能够实现一致的统一；第二条是弦论是从标准模型中成长起来的，而标准模型已经得到了实验的严格检验，这称为元归纳；第三条是弦论除了其所致力于的大统一之外，还意外地对一些其他问题做出了解释。此外，戴维还指出，提出这些非经验论证是有风险的，会使得人们想出各种非经验的方法来为自己的理论或观点辩护，但是非经验辩护在科学中由来已久，这将为讨论提供更好的基础，而不是假装它不存在、默默地使用它然后说我没这么做。提出这些非经验的辩护，会为人们提供具体的语境来讨论反对还是支持。

① Dawid R. *String Theory and the Scientific Method*. Cambridge: Cambridge University Press, 2013: 2.

第三节　科学哲学的新机遇

回顾近百年的发展历程，除科学哲学学科伊始逻辑经验主义从鲜活的物理学革命中吸收养分之外，后续的科学哲学理论基本上建立在对先前哲学观点的批判或推进之上，这种做法是哲学在先的规范性研究，要把科学装在哲学的套子里，最后势必会走投无路。纵使是实现科学哲学历史转折的库恩，其考察的对象也是科学的历史，是从亚里士多德到牛顿的科学革命、从牛顿力学到相对论和量子力学的革命。科学革命固然重要，但在科学史的长河中更多地流淌的是常规科学。如20世纪量子理论从非相对论的量子力学，到相对论的量子力学（即量子场论），再到量子引力理论的探索，为我们展现出了丰富的常规科学研究的过程，远非“范式”一词能够涵盖。

1969年，奎因在《自然化认识论》一文中提出了自然主义的研究进路，强调从科学自身的实践去研究科学认识论，去说明科学的合理性。自然主义的科学哲学是描述性的，追随并依附着科学本身的发展，对科学家实践中所忽略的基础性问题提供哲学的分析与反思，如一部分物理学哲学家更倾向于称自己研究的对象为物理学基础问题。自然主义的深入发展不仅包括了认识论和价值论，还生长出了自然化的形而上学。

一、自然主义的方法论

“方法论自然主义认为，科学方法是认识事物的最可靠的方法，没有优于科学方法的其他方法。这也意味着，相信现代科学的结论是最理性的态度，虽然科学也是可错的、会发展变化的。”[①]现代科学哲学的研究未能给出科学方法与非科学方法的理论标准，因为在科学方法与非科学方法之间并没有

① 叶峰：《从数学哲学到物理主义》，华夏出版社2016年版，第282页。

严格的界限。不过我们可以罗列一些典型的科学方法，如直接观测事物、提出理论假说、构造数学模型、应用逻辑和数学推理、利用实验检验，这是典型的假说-演绎-验证方法。这一方法在物理学中是广为应用的，如电子的波动性即开始于德布罗意的物质波假说，根据这一假说可以推导出电子满足波动性，后在电子的双缝衍射实验中得以验证。典型的非科学方法如神启、传统、权威等，它们与科学方法形成了鲜明的对比。

方法论自然主义将科学方法作为最可靠的方法，从而与传统哲学中的第一哲学方法和先验方法形成了对比。在传统哲学或笛卡儿式的第一哲学中，认识主体是独立于外部世界的，是与外部世界不同的“绝对精神”或“意识之流”或“先验自我”，并不会进一步追问这些所谓的“绝对精神”或“意识之流”或“先验自我”是什么，它们是预设的。现代科学的发展揭示出，人与其他动物一样，是自然进化的结果，是自然世界中的一部分。思想是大脑的活动，所谓的“主体”、“绝对精神”或“意识之流”或“先验自我”都是先验思辨的产物，是方法论自然主义所排除的对象。关于人们如何认识世界，认知科学已经有了一些初步的研究，我们应当以科学所告诉我们的为准，而不是按照传统哲学家的方式先验地预设。

哲学传统中认识事物的直觉方法，也不能通过直觉来判断其是否与方法论自然主义相容，而应当诉诸科学来判断。“方法论自然主义是否承认某些人声称具有的某种直觉能力，以及他们声称自己靠这种直觉能力所获得的知识，可以看这种直觉能力的来源与机制本身是否可能在科学的框架下得到解释。这是科学的自洽性所要求的。”[①]也就是说，直觉能力本身的存在性与机制应当通过科学来予以解释，这样直觉方法才是一种科学的方法。例如，可以诉诸神经心理学来解释康德的先天感性直观，从而为后者赋予科学的基

① 叶峰：《从数学哲学到物理主义》，华夏出版社 2016 年版，第 291 页。

础。哲学传统中的其他方法，如形而上学直觉、先天直觉、内省等都可以诉诸科学来加以判断。

方法论自然主义是一种谨慎的态度，而不是一种武断的教条或信仰，它不会断言现代科学的结论就是终极真理。在方法论自然主义的态度下，爱因斯坦的名言“宇宙最不可思议之处是它是可理解的”就可以得到自然的解释了,而不必声称上帝在造人的时候赋予人能够认识宇宙一种特殊的直觉能力。自然主义者的解释可以是认知科学的，也可以是进化生理学的，也可以是当代量子论中的全息原理，这些都是科学的方法。或许目前的科学尚不能完全回答这一问题，但科学方法也会发展与变化，未来会朝向这一目标而取得突破。

物理学哲学家们大多数都是方法论的自然主义者，他们坚信科学所揭示的关于世界的认识及形而上学才是最令人信服的。相较于通过其他方法给出的形而上学断言或认识而言，科学所给出的认识形成了一个统一的、融贯的世界观。因而，合理的形而上学应该是仔细分析我们最好的科学理论，尤其是基础物理学理论，以确定物理世界是由什么构成的。

二、科学的形而上学

方法论自然主义应用于形而上学层面，就得到了自然化的形而上学，也称为科学的形而上学。自然化的形而上学认为，任何合法的形而上学和概念分析都必须与科学的结果和实践联系起来。与传统的形而上学或者是当前流行的分析的形而上学（analytic metaphysics）所不同的是，自然化的形而上学避免了对直觉的强烈依赖，而诉诸科学的标准来给出形而上学的内容。

科学的形而上学的提出有其理论来源。一方面，科学的形而上学与赖兴巴赫的“科学的哲学”同属一脉，是以科学为基础进行的哲学研究。另一方面，科学的形而上学以分析的形而上学为批判对象，通过批判后者而建立起来。

赖兴巴赫的科学的哲学已经强调了科学的优先地位："现代科学……拒绝承认那些声称从直觉、从对观念世界的洞察、从理性的本质或存在的原则，或从任何超经验的来源来了解真理的哲学家的权威。对于哲学家来说，通向真理没有单独的入口。哲学家的道路由科学家的道路指明。"[①]所不同的是，赖兴巴赫等逻辑经验主义者认为形而上学是空洞的诡辩，因为它们失去了与经验的联系。1951年，奎因在论文《经验论的两个教条》中批判了逻辑经验主义关于分析命题与综合命题的截然二分，使得逻辑经验主义排斥形而上学的理由不再成立，从而为形而上学回归科学哲学提供了可能的空间。在奎因看来，形而上学与科学关注的对象没有任何的不同，只是在范畴广度上不同而已。形而上学既不先验于科学，又不后验于科学，形而上学与科学无法区分。发现关于世界的特征或存在的问题后可利用科学证据来解释问题，并随着科学的不断进步来进一步发展形而上学。形而上学关注的是本质性的内容，如什么在形而上学中是可能的，而科学关注于可能性的现实呈现，关注于真实的状态。

克里普克等分析哲学家们的形而上学研究让形而上学在当代哲学中繁荣了起来，然而形而上学同时也受到了以奎因、麦蒂（P. Maddy）等为代表的自然主义者的怀疑。奎因认为不存在第一哲学，麦蒂则提出了第二哲学（second philosophy）。自然主义倡导从常识开始，之后进行系统的观测和积极的实验，以形成理论并对它进行检验，循环往复地对理论进行评估、纠正和改进。这与分析哲学家们的概念分析和直觉分析形成了鲜明的对比。科学的形而上学是科学哲学当代自然主义潮流下的产物，代表着一种自然主义的本体论态度。

---

① Reichenbach H. "The philosophical significance of the theory of relativity". In Schilpp P A (Ed.). *Albert Einstein: Philosopher-Scientist*. LaSalle: Open Court, 1949: 310.

科学的形而上学和分析的形而上学之间的区别主要在于方法论的不同。分析的形而上学借助于先验性和理论化的方法，从可接受的事实和可观察到的现象开始，根据潜在的实在来进行解释，并且在经验上不可检验。其先验性表现在其论证方式上，即诉诸直觉和概念分析。方法上的先验性与常识性，使得分析的形而上学往往得到一些与科学的结论相矛盾的讨论，例如，“现代量子物理学表明，个体性概念存在问题，不应该再讨论个体性问题，而分析的形而上学的一大研究内容就是个体性”①。另外，由于基于潜在的实在进行的解释脱离了经验，哲学家不免对形而上学的方法产生担忧。与之不同的是，科学的形而上学拒绝通过对直觉的思考来分析概念，而是对科学概念进行解释，寻求经验上的支持，不容易受到质疑。“科学的形而上学是形而上学中最靠近经验主义的，所以许多科学哲学家赞成科学的形而上学的论点。”②分析的形而上学和科学的形而上学之间方法论的区别可以从科学语境的角度来理解。科学的形而上学是由科学所启发和约束的形而上学，分析的形而上学是没有科学启发或约束的形而上学。因此，非自然化的、不受约束的形而上学产生的理论，如关于物质、可能世界等的理论，无法对经验研究负责。“科学的形而上学，凭借其科学的背景，可以用科学约束先验理论，来解决经验的问题。”③

科学的形而上学与分析的形而上学在对待当代科学与本体论的关系问题上也持有不同的观点。分析的形而上学家认为本体论与物理学没有联系，但是科学的形而上学家认为当代科学——特别是物理学——是本体论的主要来源。分析的形而上学家的概念分析方法和诉诸直觉的研究方法对形而上学研究的能力不足，其本体论过于贴近日常语言和常识，讨论的问题如“从桌子

---

① Ross D, Ladyman J, Kincaid H. *Scientific Metaphysics*. New York: Oxford University Press, 2013: 19.

② Ross D, Ladyman J, Kincaid H. *Scientific Metaphysics*. New York: Oxford University Press, 2013: 143.

③ Ross D, Ladyman J, Kincaid H. *Scientific Metaphysics*. New York: Oxford University Press, 2013: 144.

上移除一些粒子，桌子是否和原来是一样的”，殊不知现代物理学早已给出了远离常识的回答。典型如大卫·刘易斯（David Lewis）提出的休谟随附性（Humean supervenience）概念，这代表了一种物理主义的立场，认为本体论仅仅是由时空的局域点和由这些点上例示的局部性质所组成的，而其他的所有事物都随附于此。对于休谟随附性，大卫·刘易斯也承认了其模态地位，指出它是一个偶然的概念，是一个经验问题，并指出“我所坚持的并不是休谟随附性的可行性。一旦物理学告诉我这是错误的，我也不会悲伤”[①]。20世纪以来物理学的发展，早已超出了大多数形而上学家的概念能力和直觉能力，诉诸常识进行本体论等形而上学问题的讨论明显是落伍的。既然如此，那么分析的形而上学的讨论意义又何在，何不让位于科学的讨论，然后再进行形而上学的概括与提升？！

科学的形而上学关注科学，但不等同于科学。关于科学的形而上学可理解为，“形而上学保持其自主性，但是应该与科学平行研究，接受经验的检验，同时可以解释科学本身”[②]。形而上学应该来自科学，而不是简单地与科学不加区分。假如科学的发展证实了还原论物理主义，主张一切最终可以还原到物理学。那么，形而上学要么被解散，要么被基础物理学所取代。所幸，还原论物理主义的失败为一种不同于任何特殊科学的形而上学留下了空间。正如查克拉瓦蒂（A. Chakravartty）指出的，形而上学应该在科学中与经验主义更密切地联系在一起。科学的形而上学如果过于关注科学的结果或者方法论，不利于区分分析的形而上学和科学的形而上学。原因在于：“科学的推理的内容不是直接经验，而是间接经验；形而上学与当前科学的‘纯粹

① Lewis D. *Philosophical Papers, Volume Ⅱ*. Oxford: Oxford University Press, 1986: xi.

② Morganti M. *Combining Science and Metaphysics: Contemporary Physics, Conceptual Revision and Common Sense*. London: Palgrave Macmillan, 2014: 34.

兼容性’（mere compatibility）远低于科学的形而上学家的设想。”[①]

科学的形而上学反对分析的形而上学，认为形而上学衍生自科学才是恰当的。雷迪曼和罗斯（D. Ross）提出“形而上学”应当“从科学研究的细节中得出统一世界观的表达”[②]，即形而上学衍生自科学研究，并高于科学研究。形而上学的结论应受到科学结果、科学问题和科学方法的推动与启发，对建立在直觉和概念分析基础上的分析的形而上学提出的先验真理持怀疑态度，相信只有通过科学的方法和科学的结果，形而上学才是可能的。罗斯认为，如果不把科学考虑在内，那么就不应该期望形而上学会带来独立的、有充分根据的、关于实在的哲学理论。由此，面对迄今为止不可避免的分析的形而上学的不稳定性，应欢迎将形而上学理论应用于科学。因为，理论科学和经验科学都恰好是对于实在性质和结构的最好的说明。

克里斯蒂安·索托（Cristian Soto）总结了追求科学的形而上学的哲学家们在立场上的共识，认为其包括三个方面：①在认识论上，科学的形而上学拒绝直觉、概念分析等，接受数学建模和数学理想化、经验检验、数据统计分析、预测和操作，作为更可靠的认知工具；②科学的形而上学承认科学方法是我们了解世界的最佳方法，科学的形而上学所采用的方法必须与科学方法相一致，而且在任何情况下都不应与科学方法相抵触；③在本体论上，科学的形而上学认识到当前真实的科学理论是我们对世界最好的描述，形而上学应该有助于理解我们的科学世界观。

科学的形而上学一经提出，就遇到了强烈的质疑。雷迪曼和罗斯等提出者也意识到他们动了分析的形而上学家的奶酪，会引起一些哲学家的愤怒与

① Aizawa K, Gillett C. *Scientific Composition and Metaphysical Ground*. London: Springer Nature, 2016: 100.

② Ladyman J, Ross D, Spurrett D, et al. *Every Thing Must Go-Metaphysics Naturalized*. NewYork: Oxford University Press, 2007: 65-163.

反对，并意识到他们的立场过于极端，必然会存在争议。因此，他们一开始就声明，他们不是出于对哲学和哲学家的敌意，而是因为关心哲学，不想看到哲学的声誉受到损害，看到哲学受到科学家的质疑。

倡导严肃对待科学，这一点基本是哲学家们普遍接受的，但该如何对待科学，如何切实对待科学的形而上学的可行性问题，是哲学家们真正关注的，也是亟待明确的首要问题。虽然雷迪曼和罗斯指出了分析的形而上学的问题是远离科学，却没有回答分析的形而上学如果依赖于科学，是否能真的得出结论。也就是说，该如何恰当地处理分析的形而上学与科学的关系，在分析的形而上学与科学的形而上学之间存在的是可来回滚动的斜坡还是不可逾越的壁垒，科学的形而上学是否完全不需要先验直觉和概念分析，如何利用科学的理性和对形而上学理解的实践标准来得到科学的形而上学结论，这些问题需要进一步的讨论，如果不能解决这些问题，科学的形而上学可能就只是一句口号。

科学的形而上学需要明确科学与科学的形而上学之间是如何过渡的，需明确自己究竟该如何进行形而上学的研究，仅仅简单地表明它认真对待科学的态度是不够的。通常用到的“源自”“基于”“受到启发”“受到激励”“受到约束”“限于”在描述科学与科学的形而上学关系时，并不恰当。从科学的结论出发，进行理论化，进而得到科学的形而上学结论，似乎是相对明确的。然而，在形而上学理论化的过程中可能会引入一些先验的知识，可能会导致将科学的形而上学推向更深的形而上学的理论化。如考虑在医学研究中，关于癌症的研究，可以有“还原论”和“有机论”两种相互冲突的形而上学前提，前者持有基因决定论，认为某些生物状态和过程可以完全或主要用基因来解释，而后者从生物组织的更高层次上进行解释，认为癌细胞的产生可以用异常组织结构来解释。这里，先验性预先存在于科学知识中以假设的形式提出，并接受后验的检验。先验性作为一种启发方法，通过先验理论化来得到形而上学的结论。但先验启发本身不足以区分科学的形而上学与其他类型的形而上学。

科学的形而上学标榜自己诉诸科学的方法，有着经验证据的支持，但问题是并非所有的科学都有着明确的证据支持，例如，弦论缺乏实验，进化生物学并不进行经验预测，宇宙学并不对研究对象进行操纵。这一点也使得科学的形而上学立场更需要明确。

另外，针对雷迪曼和罗斯等在科学的形而上学立场之下，给出的关于世界的结构本体观点，也有哲学家提出了质疑。例如，斯坦福（P. K. Stanford）指出雷迪曼和罗斯缺乏明确的"结构"概念，结构具有模糊性。雷迪曼和罗斯回应道，"由于一些理论取得了新的预言成功，科学的形而上学必须解释新的预言如何成功，我们赞成的解释是，模态结构（modal structure）可以被科学理论描述"[①]。雷迪曼和罗斯将"模态结构与范·弗拉森的'现象之间的关系'联系起来，从模态或律则（modally or nomologically）上考虑，而不是从客观事实的、发生的规律（occurrent regularities）上考虑"[②]。雷迪曼和罗斯与范·弗拉森的反实在论态度相反，认为成功理论不只是描述现象之间关系的简单规律，更为重要的是描述了模态结构。只有在正确地描述了模态结构后，才能给出新的预言并得到经验的验证。斯坦福认为在形而上学层面断言理论描述了世界的模态结构只是一种简单的重述，所谓的结构栖身仍然是模糊的，并且不能完全避免反实在论的诘难。

三、哲学参与科学

20 世纪上半叶的科学哲学是规范性的，是哲学在先的，是试图把科学的

① Ladyman J, Ross D, Spurrett D, et al. *Every Thing Must Go-Metaphysics Naturalized*. NewYork: Oxford University Press, 2007: 153-154.

② Ross D, Ladyman J, Kincaid H. *Scientific Metaphysics*. New York: Oxford University Press, 2013: 163.

发展、科学理论的结构、科学革命的模式等纳入既定哲学框架的努力，库恩的历史主义和社会建构论概莫能外。与逻辑主义者将逻辑奉为圭臬所不同，库恩侧重于科学的历史和社会维度，而社会建构论者侧重于科学的社会和文化维度，但这些明确的哲学框架使得关于科学的描述过于单一、僵硬，与科学的实际发展有明显的出入。幸好，20 世纪后半叶以来有部分科学哲学家认识到科学哲学发展的这一局限性，企图打破这种规范性的框架，尝试对科学的实践活动进行描述，而不是规定或指出科学应该怎么做，应该遵循哪些逻辑法则。事实上，哲学在先的科学哲学一度被科学家们所厌恶，正如费曼所言，鸟的飞行并不需要鸟类学家的指导，科学的实践并不需要科学哲学家的规范与指导。那么，科学哲学家们要做什么？怎么做？科学与科学哲学间的关系又该如何处理呢？

首先，科学是鲜活的，科学哲学不仅要关注成型的科学理论，还应当关注动态的、发展中的科学。传统的科学哲学中，科学理论是如何产生的这一环节往往是被忽略的，科学哲学家们往往以完成的科学理论为研究对象。正如库恩所指出的，这些完成的科学理论就像是教科书中所呈现的内容一样，仅给出科学如何走向成功的部分努力，而那些失败的、平凡的尝试都统统消失不见，哲学家们以这些内容为研究的原始数据或对象，就像是把科学研究的过程当作黑箱那样予以忽略。实际上，科学的发展本身是复杂的，黑箱方法是远远不够的，关注于成型的科学理论会忽略掉理论选择中存在的大量偶然性，造成科学理论是唯一的假象。当然，正视科学的实践过程并不意味着我们要走向相对主义、无政府主义或社会建构论，我们必须承认心理学的、社会学的一些非认知因素是科学中不可或缺的部分，这些非认知因素的存在并不能否定科学本身的理性因素。科学哲学家们也大可不必因心理学或社会学的因素的存在而感觉被冒犯，因为在量子引力理论的评价与辩护阶段这些因素正在扮演着关键性的角色，科学哲学家们难道不应该尊重活生生的科学吗？！关注心理和社会因素，关注科学的发展过程，并不是把科学哲学等同于科学史或科学社会学，这些围绕科学的不同领域的研究仍然是有差别的。科学哲学对于科学史实和科学社会实践的关注往往是间接的，试图从中得到关于科学的一般理论，或为科学的一般运作提供解释，这与科学史和科学社会学的直接关注与重视其中的内在价值是不同的。

拉图尔的“行动中的科学”为科学哲学关注科学实践提供了很好的方法。关注行动中的科学，意味着科学哲学在选择研究素材时不能先入为主地选择那些“正确的”或“成功的”理论，而应该平等地对待那些“错误的”或“被否弃”的理论，采用对称性原则。量子引力研究为“行动中的科学”提供了一个非常恰当的案例。对于量子引力理论而言，由于经验证据的缺失，实验、新预言、观察验证等标准的方法和程序难以展开，多种竞争的理论难以比较，“正确的”和“错误的”理论之间不存在明确的界限，我们可以在对称性原则下就各种可能的理论进行公平的研究。“尽管最优秀的物理学家经过 80 多年的艰苦努力，一致认同量子引力问题的重要性，但仍然没有最终的成果可谈：没有一个终极理论被包装在一个整洁的黑箱里，让科学哲学家不用担心它复杂的历史轨迹就可以利用。或者，回到我之前的比喻：没有香肠可言；它还在机器里!”①

一旦关注到量子引力理论这种难以采用传统科学哲学方法评价的科学实践活动，随之而来的问题便是指导理论构建和选择的标准又是什么？因为实际中，科学家在从事量子引力的相关研究，而我们不能依据传统科学哲学的实证主义或证伪主义标准否认这是科学。那么，科学家们实际中采用的是什么标准？这些标准在方法论的层面有什么意义？会带来什么样的科学哲学观

① Rickles D. “Quantum gravity meets & HPS”. In Mauskoph S, Schmaltz T (Eds.). *Integrating History and Philosophy of Science: Problems and Prospects*. Dordrecht: Springer, 2012: 166.

念？会带动科学哲学什么样的发展？从这个角度来看，科学哲学由此可以开辟一条新的路径。

事实上，沿着这种路径的尝试已经有所突破，那便是科学史与科学哲学的综合进路（integrated history and philosophy of science）。里克斯在《量子引力遇到&HPS》一文中通过融合历史、哲学和社会学角度对量子引力研究的综合考虑，得到了偏向外部因素的理论构建和选择标准。里克斯支持库欣的论断，而后者的主要观念来自法因（A. Fine），即历史对于哲学论题而言至关重要，但如果关注一段足够长的历史样本，就会发现很难得到一般性的结论，即使是方法论也会随着历史语境的变化而发生改变。"构建和评估科学理论的过程，很像一个经济上的时间序列，明显是非平稳的。就在它似乎是按照某种模式运作的时候，这种模式发生了变化。我们发现在量子引力研究中尤其如此。"①

其次，科学哲学以科学为研究对象，科学哲学要为前沿科学的蕴含提供逻辑分析、意义诠释、图像理解。科学哲学要随科学的发展而与时俱进，及时跟踪科学的前沿，为科学取得的新的研究成果提供逻辑层面的分析和意义层面的解释。自然主义的科学哲学关注科学本身的进展，因而也关注科学前沿的动态，能够及时地跟进科学研究的结论并进行哲学层面的思考。以往的科学哲学在这一方面做得不够，虽然石里克、卡尔纳普、赖兴巴赫、波普尔、库恩、法因等科学哲学家熟悉他们那时的前沿科学，但他们的科学哲学理论却相对落后，深入到科学前沿的研究较少。对于科学哲学领域之外更一般的哲学家而言，近代以来人文与科学的二分使得哲学远离科学，哲学被贴上了人文学科的标签，哲学家不懂科学是常态。随着量子论等现代科学的专业化

① Rickles D. "Quantum gravity meets &HPS". In Mauskoph S, Schmaltz T (Eds.). *Integrating History and Philosophy of Science: Problems and Prospects*. Dordrecht: Springer, 2012: 167.

和抽象程度越来越高，哲学家要了解科学更是越来越难，以至于在 20 世纪末在索卡尔发动的“科学大战”中，哲学被讽刺得颇为尴尬。

新科学哲学为哲学家或科学哲学家提出了更高的要求，要求科学哲学家回归到科学本身的哲学思考中来，而不是像 20 世纪后半叶以来走向社会学、文化领域的外围思考，甚至走向相对主义和无政府主义的非理性状态。回归理性，是重举逻辑主义者的旗帜，是回归科学本身的哲学探究。卡尔纳普、赖兴巴赫、波普尔等深入到量子力学和相对论理论中，应用哲学的分析工具和思辨武器对这些物理学前沿理论的哲学蕴含进行了探讨，他们对清晰哲学概念的追求，对科学知识的尊重，对哲学研究积累和进步的支持，在今天仍然有重要的意义。所不同的是，在逻辑主义出现近 100 年后，哲学家们已经难以跟上量子理论的前沿步伐了。事实上，由于物理学发展的专业化程度越来越高，非量子引力理论的专家都难以深入到理论的内部，而包括弦论和圈量子引力等不同的量子引力理论的领域间也难以彼此熟悉。这种状况不仅为科学哲学家们设置了非常高的门槛，也为科学理论间彼此的交流与借鉴造成了现实的困难。

当然，困难并不意味着绝对不可能，实际上还是有一些物理学哲学家们通过不间断地学习与交流，能够就一些前沿领域形成思考。如鲁伊茨（L. Ruetsche）在《解释量子理论》[①]中对量子场论和量子统计力学等前沿的物理学理论进行了研究。她指出，这些涉及多粒子的复杂系统解释的领域更值得哲学的关注，它们涉及了无穷多自由度，对于物理可能性的本质和科学实在论问题可以有新的启发。另如里克斯等的《量子引力的结构基础》探讨了广义相对论和量子场论给出的关于时空问题的不同回答，思考了将这两种基本理论结合起来存在的问题，以及在量子引力理论框架下时空的本质和由此提

① Ruetsche L. *Interpreting Quantum Theories*. Oxford: Oxford University Press, 2011.

出的形而上学图景。再如阿特曼斯帕赫（H. Atmanspacher）和里克斯在《一元论的两面性与意义的深层结构》[①]中结合意识和物理学的当代研究，重塑了身心关系的一元论及其深层结构，对心灵哲学、科学哲学和物理学哲学都有新的启发。除了走在科学前沿的哲学家之外，一些理论物理学家本身也是深刻的哲学家，如特霍夫特、格罗斯、罗韦利等也有不少对物理学理论的发展过程、理论中的原理、理论的本身存在的问题进行的思考，他们很多时候也像哲学家那样在剖析、思考物理学本身存在的问题。

具体到量子引力理论中，科学哲学家们能够探讨的问题包括但不限于：①时空的本质问题，广义相对论与量子场论分别蕴含着什么样的时空观念，在量子引力理论中这两种不同的时空观念是如何冲突的，该如何融合，既往的努力是沿着何种路径来融合的，量子引力理论又蕴含着什么样的时空观念，这与哲学史上的时空观念有无相似之处，新的时空观念革命性的方面在哪里，该如何理解人类的时空直觉与这些革命性的时空观念间的差别，如何将二者一致地联系起来等；②物质的本原问题，波粒二象性在量子场论和量子引力理论中有无新的发展，场本体与粒子本体是如何与理论的数学表征体系相关联的，能否从数学表征体系中解读本体论的蕴含问题，弦与圈本体如何与物质的经验直觉相联系，能否给出一致的解释，信息是否成为物质的本体，在本体层面是实体优先还是结构优先，物理学是否对结构实在论给出了强有力的论证与支持等；③对偶性作为不同理论间的等价性，是否具有本体论的蕴含，从 AdS/CFT 对偶性和全息原理等量子引力领域发现的新的特性中能够揭示出什么样的哲学含义，在形而上学层面意味着什么，非定域性是否意味着量子理论与狭义相对论间的矛盾，该如何理解非定域粒子间的关联，非定域

---

① Atmanspacher H, Rickles D. *Dual-Aspect Monism and the Deep Structure of Meaning*. New York: Routledge, 2022.

性对于实在论的讨论有无启发等。

最后，哲学需要参与到科学中，新科学哲学区别于以往的最重要的方面就在于哲学参与科学，这是新时期科学对哲学的要求。罗韦利讲道，越是在科学混乱的时期，越是需要哲学。量子引力理论的研究自 20 世纪 60 年代起已经走过了 60 余年的历程，虽然在有些领域取得了不小的进展，但距离真正的、无歧义的、解释明晰的、经验一致的理论仍然有很大的空间，并且存在多种竞争理论并存、观察证据难以对理论形成判别、深入发展缺乏明确方向的局面。越是在这样科学研究的困难和混乱时期，越是需要哲学家们的参与，需要哲学家介入辅助澄清概念、辨明逻辑、洞察方向。事实上，已经有不少物理学家在向哲学求助了，他们对时间和空间的本质、宇宙的起源、世界的终极构成等问题进行研究，或者对比借鉴古往今来哲学家们对相关问题的论述，或者与当代的哲学家们进行交流与沟通，以期为量子引力的研究创造灵感。

哲学参与科学、哲学与科学的交互，是新科学哲学区别于以往科学哲学的重要方面之一，是科学哲学经历辩护和审度之后新的发展阶段，是当代科学赋予哲学的使命。科学哲学在创立之初是基于经验标准为科学知识作辩护的，在经历了对科学理性的反叛与颠覆之后，20 世纪末走向了旁观式的审度模式。刘大椿教授在分析了科学哲学 100 多年的历史后指出："对待科技总的态度只有从辩护、批判走向审度，才可能与科技协同进步，并且安顿我们的心灵。"[①]进入 21 世纪以来，科学哲学领域中出现的新思潮是以审度而不是单纯辩护或批判的立场来反思科学的，其中审度是用多元、理性、宽容的观点来看待科学，如阿伽西、苏珊·哈克、劳斯和舍格斯特尔等的立场。进入 21 世纪以来的 20 余年中，科学哲学延续了多种研究进路并存的审度模式，难以形成标志性的、突破性的研究模式。但将视野从一般科学哲学转向具体

① 刘大椿等：《一般科学哲学史》，中央编译出版社 2016 年版，第 277 页。

科学哲学，尤其是转向兴盛的物理学哲学、心灵哲学和认知哲学的领域，则会发现在这些分支领域中存在明显的突破，已然形成了一些标志性的研究进路。概括这些研究进路的共同特征，则是哲学参与科学。

科学哲学参与到科学中来，贡献自己的力量，是完全可能的，并且得到了实证研究的支持。哈尔法维（M. Khelfaoui）、金格拉斯（Y. Gingras）、勒莫因（M. Lemoine）和普拉迪（T. Pradeu）2021 年在《综合》（*Synthese*）期刊发表的文章《科学哲学在科学中的显示度，1980—2018》①中通过分析科学哲学类的文章在科学中的显示度，指出科学哲学的许多工作在科学中有着明显的影响，这反映出科学哲学本身演化的一个趋势就是科学哲学家参与到科学的推进中，而不仅仅是简单地讨论科学。他们将这种把哲学作为工具用以辅助解决科学问题的科学哲学研究称为"科学中的哲学"（philosophy in science），以区别于原先的"科学上的哲学"（philosophy on science）。这四位作者在另一篇文章②中通过定量数据实证考察了科学哲学是如何参与到科学中，并做出得到科学家认可的工作的。在他们列出的参与到科学中来的科学哲学家中，有许多是物理学哲学家，包括巴特菲尔德（J. Butterfield）、勒代（M. Redei）、雷德海德、乌芬克（J. Uffink）等。他们还挖掘了哲学家马拉蒙特在量子引力理论（其中的因果集理论进路）中的贡献，马拉蒙特受关于时间与因果性间联系的哲学考虑的驱动，提出了霍金-金-麦卡锡-马拉蒙特（Hawking-King-McCarthy-Malament）定理，该定理多次被霍金引用，收录到多本量子引力的教科书中，被认为是对物理学的重要贡献。

在物理学哲学中，一直以来都有哲学家与物理学家携手并进的研究取向。

① Khelfaoui M, Gingras Y, Lemoine M, et al. "The visibility of philosophy of science in the sciences, 1980-2018". *Synthese*, 2021(2): 1-31.

② Pradeu T, Lemoine M, Khelfaoui M, et al. "Philosophy in science: Can philosophers of science permeate through science and produce scientific knowledge?". *The British Journal for the Philosophy of Science*, 2024, 75(2): 375-416.

巴特菲尔德、艾莎姆、卡伦德、赫盖特等物理学哲学家与物理学家交往甚密，他们的活动多在物理系展开，他们研究的物理学哲学问题也称为物理学基础问题。早在2001年，卡伦德和赫盖特在《物理与哲学相遇在普朗克标度》一书中，便邀请了威滕、彭罗斯等物理学家和巴特菲尔德、艾莎姆等物理学哲学家一道探讨量子引力问题，对关于时间、空间和物质的观念进行了深入的讨论，这也是物理学家和哲学家的合作。在物理学家与哲学家之间类似的合作还有许多，如2015年12月在慕尼黑召开的"为科学的灵魂而战"会议上埃利斯、斯尔克、格罗斯、波钦尔斯基、罗韦利等物理学家和戴维、斯特凡·哈特曼（Stephan Hartmann）、马西莫·匹格里奇（Massimo Pigliucci）等哲学家就当前科学的方法论展开了讨论，而放弃了50年前波普尔的证伪主义。

哲学参与科学，是哲学与科学在新时期的联姻，是科学研究走向普朗克标度、走向终极存在的必然趋势，是科学知识与哲学智慧的探究走向融合，是人类探索外部世界及其自身努力的新阶段。这一新的趋势与阶段为科学哲学的发展创造了良好的机遇，新科学哲学呼之欲出。

第十四章
科学理论发现的新方法

20 世纪的科学哲学强调科学理论的辩护，相对而言忽视了科学理论的发现，这大抵是因为科学发现本身不那么具有逻辑性，不那么合乎理性，如假说的提出、类比与联想等科学理论的发现是一个非理性的思维过程。然而，对于当代量子论而言，由于不存在成熟完备的量子引力理论，也缺乏相应的经验证据的支撑，理论的发现相较于辩护而言更为重要。爱因斯坦破解 20 世纪初物理学危机、提出相对论的科学发现过程不仅深刻地影响了 20 世纪经验论的科学哲学，也启发着当前物理学危机的求解，那就是从假说或原理开始。假说或原理是基于深厚的物理学直觉而提出的，并非毫无根据的猜测，如彭罗斯的量子引力理论——扭量理论就是延续了爱因斯坦的几何化直觉。依据原理出发构建量子引力理论不意味着这是一种公理化方法，至少目前来看公理化方法仍然是后验的，量子引力理论不具备公理化的条件。

第一节　假说-演绎方法

爱因斯坦的假说-演绎方法深刻地影响了 20 世纪的经验论科学哲学，并成为后者的核心论题之一。“无论是逻辑经验主义，还是证伪主义，都借助于爱因斯坦的权威来为自己的哲学立场寻求支撑。”[①]假说-演绎是经验论科学哲学中科学理论构建的方法论模型，基本上概括了主流科学的构建方式。

一、假说-演绎方法

爱因斯坦对科学发现的模式给出了一个简单的示意图（图 14.1）[②]。图中的 A 是假设或公理，从 A 可以应用演绎推理导出一系列不同的个别命题，S、S′、S″等，这一推导过程是由逻辑保证的，如果 A 为真，那么 S、S′、S″必然为真。E 是已知的直接经验，它们可以与 S、S′、S″相联系，即实验检验环节。这一步骤是超逻辑的，也就是说是直觉的，S 中的概念同直接经验 E 之间没有必然的逻辑联系。因而，虽然看似 A 是以 E 为基础的，但 A 与 E 之间也不存在必然的逻辑联系。

如果 A 不是从经验中来，那么它会从哪里来呢？爱因斯坦认为是猜测。他在纪念开普勒逝世 300 周年时写的一篇纪念文章中写道：“轨道已经从经验知道了，但是它们的定律还必须从经验数据里猜测出来。首先他必须猜测轨道所描出的曲线的数学性质，然后把它用到一大堆数字上去试试看。如果不适合，就必须想出另一假说，再试一试。经过了无数次的探索以后，才发觉合乎事实的推测是：行星轨道是一种椭圆，而太阳的位置是在它的一个焦点上。”[③]他认为开普勒的惊人成就就是证明了下述真理：“知识不能单从经验中得出，而只能从理智的发明同观察到的事实两者的比较中得出。”[④]必

---

① Cao T Y. “Introduction”. In Einstein A. *Relativity: Meaning and Consequences for Modern Physics and for our Understanding of the World*. Montreal: Minkowski Institute Press, 2021.

② [美]爱因斯坦：《爱因斯坦文集（第一卷）》，许良英、范岱年编译，商务印书馆 1976 年版，第 541 页。

③ [美]爱因斯坦：《爱因斯坦文集（第一卷）》，许良英、范岱年编译，商务印书馆 1976 年版，第 277 页。

④ [美]爱因斯坦：《爱因斯坦文集（第一卷）》，许良英、范岱年编译，商务印书馆 1976 年版，第 278 页。

须应用理智，才能够提出假说，也才能够结合经验事实得到知识。

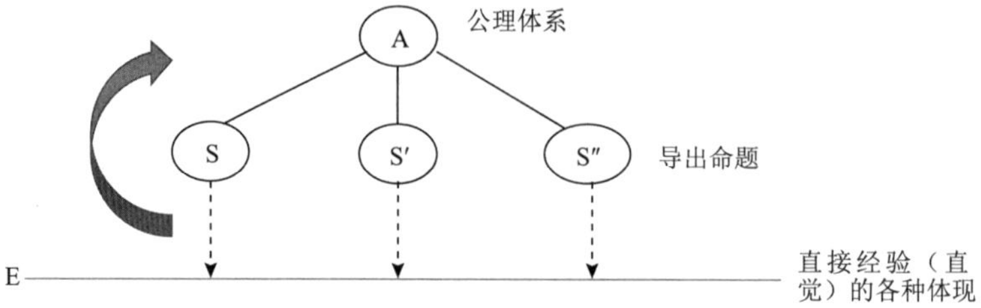

图 14.1 爱因斯坦关于科学发现模式的示意图

事实上，假说-演绎方法并不是爱因斯坦首创的，在亚里士多德那里就已经提出了归纳-演绎方法，其中的归纳是指通过归纳法得来的假说。莱布尼茨也明确提出，归纳不可能直接从感觉和经验获得关于事实的可能真理，而需要通过“先验猜想法”，也就是说先从假说开始。假说的提出是理智运用的过程，这实质上是一种直觉的应用，是非理性的过程。直觉是以对经验的共鸣的理解为依据的，正如爱因斯坦对同时性概念的抛弃，广义相对论的几何化等工作都是建立在对经验的深刻理解之上形成的深刻的洞察，从而能够在狭义相对论和广义相对论中分别提出两大基础假设，进而演绎出整个理论体系来。直觉建立在对经验的充分理解之上，不同于每个人都会形成的常识直觉（如天阴会直觉到即将要下雨）。如爱因斯坦关于“上帝不掷骰子”的判断，是基于其对经典物理学理论深刻理解之上形成的直觉，纵使在面对量子概率性不断上演之时，他仍然坚持决定论的直觉。

如果科学是从假说开始的，那么从假说出发建立的理论如何确证？如何保证科学知识的可靠性？如何为科学知识的合理性辩护？这些问题就成为知识论和科学哲学最为核心的主题之一了。早在笛卡儿时期，他就提出对于同一现象可以形成多个相互竞争的假说，依此可以建立多个不同的理论，那我们该如何选择这些理论呢？笛卡儿认为，“其可以演绎出所有现象的那个假说是假的是不太可能的”[①]，依此可以为假说作辩护，从而从假说出发进行演绎就是非常必要的了。正如图 14.1 中爱因斯坦所示，从不同的假说可以演绎出不同的命题，通过这些命题与经验事实的比对，就形成了对科学理论的确证或检验。正是对与经验事实比对这一过程的不同理解，形成了逻辑实证主义和证伪主义两种不同的科学哲学体系。

在逻辑实证主义那里，从假说或原理 A 可以演绎出多个经验命题 S_i，这些经验命题是可以付诸经验事实进行判断的，如果经验确证了命题 S_i，那么也就确证了假说或原理 A。如果经验确证命题 S_i 的比例越高，那么理论的可确证度就越大，理论就越可能为真。波普尔看到了逻辑实证主义在逻辑推理上的错误，因为在蕴涵关系中，逻辑后件为真，其前提可以为真，也可以为假。并不能通过 S_i 为真逻辑地推出 A 为真。如果 A 蕴涵着 S_i，且 S_i 为假，那么 A 为假，这才是正确的逻辑。因而波普尔提出了证伪主义的检验方法：“一个结论的被证伪必然得出这结论从之演绎出来的那个系统的被证伪。”[②]

不论是实证主义，还是证伪主义，对于假说-演绎模型在理论确证中的应用都过于简单了，忽略了实际科学检验过程中的许多复杂因素。比如假说并不能从科学理论中单独抽出来接受检验，实际接受检验的是整个理论构架。受迪昂和奎因等的影响，卡尔纳普也提出：“检验并不是用之于一个单独的假设，而是用之于作为一个假设体系的整个物理学体系。”[③]在 1950 年《可检验性与意义》一文中卡尔纳普进一步弱化其关于科学理论接受检验的观点，承认在接受或拒绝一个语句或理论中难以避免会有约定的成分。关于理论的检验与评价，我们将在第十五章中具体讨论，这里我们强调的是科学发现语境中的假说-演绎方法，重点探讨假说或原理在科学发现中的重要作用。

---

① Laudan L. *Science and Hypothesis*. Dordrecht: Reidel Publishing Company, 1981: 33.

② [英]K. R.波珀：《科学发现的逻辑》，查汝强、邱仁宗译，科学出版社 1986 年版，第 47 页。

③ 林定夷：《科学哲学：以问题为导向的科学方法论导论》，中山大学出版社 2009 年版，第 275 页。

纵使假说或原理本身难以单独面对经验的检验，但有些假说或原理因为在科学理论中扮演着至关重要的角色，诸如狭义相对论中的光速不变原理和相对性原理，或广义相对论中的等效原理、广义协变性原理和马赫原理，它们构成了理论的基础。因而在狭义相对论和广义相对论经受了经验证据的检验之后，这些原理或假说的可信度就非常高了。“作为人类理智的自由创造，它们既不是对客观实在本身的直接表征，也不是被人类心灵所固定具有任何逻辑或先验的必然性。”①爱因斯坦认为这些原理是可变的，随着它们的变化物理学的基础会发生转变。

爱因斯坦虽然一方面在质疑量子力学，但他同时也承认随着未来量子理论的发展，广义相对论未来也需要量子化。那么，在与量子理论相结合的时候，广义相对论中的原理是否会被改变？量子化是一种理智基于超凡直觉的构造的原理吗？量子理论中的基本原理是什么？量子引力理论在缺乏直接的经验证据的引导时，该如何构建呢？其需要遵循的原理有哪些？

二、量子引力构建的原理

20 世纪初在两朵乌云笼罩的物理学危机之下，庞加莱和爱因斯坦相继采用对物理学原理进行评估、寻求新原理的方式以寻求突破，并最终取得了实质性的突破。在 21 世纪初，当基础物理学的发展再次面临危机的时候，在缺乏经验数据的条件之下，我们唯一可行的方式是仿效庞加莱和爱因斯坦，从原理出发来探讨量子引力理论的构造与评价。

原理在量子引力理论的构造与评价中扮演着重要的角色，“现有的不同的量子引力理论，在一定程度上是它们所采用的不同原理来加以区分

① Cao T Y. “Introduction”. In Einstein A. *Relativity: Meaning and Consequences for Modern Physics and for our Understanding of the World*. Montreal: Minkowski Institute Press, 2021.

的”[①]。原理所扮演的角色也不完全相同，可以通过引导出新的洞见促进理论本身构建，起到启发性作用；也可以作为理论构建中的基本假设，演绎出理论的整个框架来，从而扮演理论支柱的角色，如狭义相对论中的光速不变原理；也可以作为接受理论的标准，除非理论满足这一原理，否则难以得到认同，如洛伦兹不变性。实际中，这三种角色往往是难以彼此区分的，尤其是因为量子引力理论本身尚没有成熟完备的形式，也不存在可检验的标准来对备选的理论做出最终的判断。

量子引力理论应该是什么样的？除了科学理论需要满足的一般性的原理，如统一性、数学一致性、对应原则等元准则，和物理学的一般性原理，如能量守恒原理、最小作用量原理等之外，物理学家们探讨了量子引力理论需要满足的其他基本性原理。量子引力理论在实际追寻过程中，找到了统一性原理、全息原理、UV-完备性（ultraviolet-completion）原理等，为隐匿在黑洞视界和宇宙大爆炸之初的量子引力勾勒出了基本的线条。

1. 统一性原理

沿着量子场论的发展线索，超弦理论能够为自然界四种基本的相互作用提供统一的框架。弦论仅包含一种基本客体——弦，基本粒子和力都从中导出。然而，量子引力理论并不必然是大一统的理论。四种相互作用的统一和引力的量子化在概念上是完全不同的问题，而弦论同时做到了这两点。圈量子引力仅满足后一点。这仅是根据物理学史不严格归纳出来的原则，因为历史上许多成功的理论是简单的，它是正确理论的必要条件，但并不是充分条件，更多的是物理学家的愿景。正如卡特赖特（N. Cartwright）所言：“很难清晰地说明所有成功的案例拥有什么样的简单性，并论证说弦论正是以这

① Crowther K. “Defining a crisis: the roles of principles in the search for a theory of quantum gravity”. *Synthese*, 2021, 198: 3489-3516.

种方式而言是简单的。简言之，对于世界是简单的这一结论没有直接的论证，这意味着将理论的真建立在简单性之上的陈述并不是结论性的。”[①]

2. 全息原理

全息原理是把描述引力的 d+1 维的理论与 d 维的非引力的量子规范场理论联系起来的原理，后者理解为是前者的边界。在量子引力的语境下，全息联系是指 AdS/CFT 关联，或马德西纳猜想。这一原理最初的提出是在弦论中。它将关于引力的非欧几里得的五维理论与四维的量子规范理论建立起等价关系，也就是说，建立起的一对一等价关系是一种对偶性，常常称为“规范-引力对偶性”。

虽然 AdS/CFT 对应仍未得到数学上的证明，也未得到经验上的提示，但它在弦论中具有很大的认可度，在量子场理论中也常常作为一种启发性工具或简化模型。

全息原理是量子引力三种研究方法所共同认可的，这使得它在很大程度上可以作为理论的指南。虽然全息原理的确切意义仍未达成一致，但人们普遍认为全息原理的某种形式是正确的。贝肯斯坦界限部分地是爱因斯坦广义相对论方程的结果，同时也可以由圈量子引力直接得出。特霍夫特命名了全息原理这一名称，后由萨斯坎德证明了它也可以用于弦论。

3. UV-完备性原理

UV-完备性是指理论应当对所有可能的高能量都成立，也就是说对于所有小的距离尺度都成立。UV-完备性意味着理论具有有限性（finiteness），当理论中的可观测量是 UV-完备的话，理论本身是有限的，不会出现无穷大发散。当然，UV-完备性只是理论有限性的必要条件，而非充分条件，因为理论也可以是红外发散的。通常 UV-完备性是在量子场论的框架下来讨论

① Cartwright N, Frigg R. “String theory under scrutiny”. *Physics World*, 2007, 20(9): 14-15.

的，也被看作可重整化性的同义词。人们普遍认为量子引力理论应该是 UV-完备的，因为通常人们会认为量子引力理论应该是更为基本的理论，是终极理论；也与时空的离散性和最小长度的观念有关；也与引力的不可重整化性有关。但是克劳瑟（K. Crowther）和林内曼（N. Linnemann）却论证说 UV-完备性不足以作为量子引力理论构建的引导性原理，也不能够作为标准用于量子引力理论的理论辩护。他们论证说除非量子引力理论是终极的、统一的万物之理，否则要求它是 UV-完备的是不合理的[①]。

大多数的经典理论是 UV-完备的。量子场论则不是，因为理论在紫外一端会出现无穷大，要理论给出紫外这一端的预言要对理论进行某种数学的操作。最终能够预言紫外这端的量子场论称为是 UV-完备的，否则量子场论称为是有效场论。在某个能量标度的截止之外，理论失效。在微扰量子场论的框架之下，通过将广义相对论进行量子化得到的微扰量子广义相对论则不是 UV-完备的，理论在普朗克能量处形成截止。因而它只是一种有效的量子引力理论，仅在低能处得到量子引力的结果。这使得微扰量子广义相对论是不是一种量子引力理论这一问题变得很微妙，因为量子引力理论需要在普朗克标度处给出描述，而微扰量子广义相对论却在这里失效了。

我们仅讨论了有限的几条原理，但仍然需要注意这些原理的来源，有的是受到经验证据直接或间接支持的原理，有的则是严重依赖于理论论证的原理。对于有经验支撑的原理而言，如广义相对论中的等效原理、量子理论中的 EPR 非定域性，它们是相对可靠的，并且能够在量子引力理论中发挥关键性作用。“如果历史有指导意义的话，那么量子引力理论的关键结构特征应

---

① Crowther K, Linnemann N. “Renormalizability, Fundamentality, and a Final Theory: The Role of UV-Completion in the Search for Quantum Gravity”. *The British Journal for the Philosophy of Science*, 2019, 70 (2): 377-406.

该从恰当的经验原理中导出。”[①]霍尔曼（M. Holman）认为，量子引力理论的经验原理至少应该包括：量子非定域性，不确定性，相对因果性，热力学时间之箭、大尺度上可观测宇宙的均匀性和各向同性。如粒子物理学中的规范对称性则属于理论性的原理，应当谨慎地考察其先验基础性的意义，才能够进一步运用于量子引力理论的构造中。

第二节 几何化方法

与量子化是经验中归纳而来的结论所不同，几何化建立在爱因斯坦强大的物理直觉之上，并为惠勒、彭罗斯等后继者进一步继承与发扬。几何化在物理学中有着悠久的历史。“牛顿从根本上是几何学家……对于牛顿来说，几何学或他所发展的微积分是描述自然规律的数学尝试。他关注广义的物理学，且物理学发生在几何世界中。如果你想了解事物是如何运作的，你需要用物理世界的语言来思考，用几何学图像来思考。在他发明微积分时，他想要发明一种形式，使其尽可能地接近其背后的物理学情境。因此，他使用了几何学的论证，因为这样接近了他的目标。”[②]到 19 世纪末，庞加莱继承了牛顿的精神，他的思想更多地本着几何、拓扑的精神，将这些理念作为基本的洞见。

20 世纪以来，随着爱因斯坦在广义相对论中几何纲领的成功实现，外尔、惠勒继承并发展了几何纲领。20 世纪后半叶规范场与纤维丛间关系的发现进一步深化了物理学几何化的传统，并揭示出在几何与物理之间的深刻联系。

---

① Holman M. “Foundations of quantum gravity: The role of principles grounded in empirical reality”. *Studies in History and Philosophy of Science Part B: Studies in History and Philosophy of Modern Physics*, 2014: 46 (2): 142.

② Atiyah M. “Mathematics in the 20th Century”. *Bulletin of the London Mathematical Society*, 2002, 34(1): 5.

几何纲领中，相互作用是通过几何结构所表示的场来传递的，如引力是通过度规、仿射联络和曲率等几何结构所表示的连续经典场来传递的。这种深刻的联系在量子引力理论的构建中发挥了重要的作用。

一、几何动力学的洞察

爱因斯坦是几何纲领的发起者，也是最伟大的践行者。爱因斯坦通过基于经验基础的直觉思考，提出了相对论中的一组启发式原理来构建其理论大厦。虽然爱因斯坦是几何纲领的发起者，但实际上，闵可夫斯基才是第一个读懂了狭义相对论中深藏的几何结构，并进而影响了广义相对论的几何化方案的人。爱因斯坦在1905年给出的相对性原理，即物理学的所有基本定律在所有惯性系下保持不变，即它们满足洛伦兹不变性，揭示的是在事件(t,x,y,z)和(t',x',y',z')之间的代数关系，而闵可夫斯基在1908年揭示出在R^4空间中度规元$-c^2dt^2+dx^2+dy^2+dz^2$的不变性。度规元其实是R^4空间的切向量$v=(c^{-1}v^0,v^1,v^2,v^3)$和$w=(c^{-1}w^0,w^1,w^2,w^3)$的内积，刻画的是该空间的基本量，即仅用度量来定义的几何量，而洛伦兹变换则构成了该几何的对称群，度规元在洛伦兹变换下保持不变，闵可夫斯基时空里的一切几何量在洛伦兹变换下也不变。这样一来，在几何学的意义上理解爱因斯坦的相对性原理则是："物理学的基本方程只有通过几何量才能与时空发生联系，所谓几何量就是仅用度量来定义的量。"[①]由此得到"一个物理过程（包括我们的感觉）的时间与一支杆所量度的长度是一个4维的时空连续统的很自然的几何结构的两个互相联系的侧面"[②]，这一几何纲领在广义相对论中得到了进一步的阐释。

---

① Dafermos M：《广义相对论和爱因斯坦方程》，载Gowers T主编：《普林斯顿数学指南（第二卷）》，齐民友译，科学出版社2014年版，第274页。

② Dafermos M：《广义相对论和爱因斯坦方程》，载Gowers T主编：《普林斯顿数学指南（第二卷）》，齐民友译，科学出版社2014年版，第276页。

广义相对论中，固定的闵可夫斯基度规η被换成了动态的g，即一个二阶的对称协变张量，它刻画的是洛伦兹几何，即包含了时间维度的黎曼几何。从而广义协变原理在几何学意义上理解为："只有通过与g自然地相关的几何量，物理学的方程才会涉及时空。"[①]广义相对论允许的四维的时空连续统不是R^4，而是一个一般的流形M，它与g一起构成了洛伦兹流形(M,g)，它是爱因斯坦方程中的未知量。从几何角度来理解的话，爱因斯坦的洞论证可以很容易地避免，因为从几何量度的观点来看，洞内有无物质的情形都是相同的，也就是说爱因斯坦方程的解是时空(M,g)的等价类。两个时空是等价的，是指它们之间有一个微分同胚ϕ，使得在任意开集合里，如果我们把用ϕ相互变换的局部坐标看作是相同的，那么这两个度量也是相同的。

几何纲领的基础是在广义相对论中建立起来的，是场论的一个变种。在广义相对论中，黎曼几何的细节是由爱因斯坦的场方程决定的，后者是关于物质分布的描述。爱因斯坦张量这一刻画黎曼几何的量是与非几何的、能量-动量张量成比例的。几何与物质之间是一种平等的、互相影响的方式，没有哪一方面更为优先。正如惠勒所言，物质决定时空如何分布，时空决定物质如何运动。"时空的几何结构，作为物理现象的基础，不是先验给定的，而是由物理力决定的。基于这个理由，几何学应当被看作物理学的一个分支，而物理世界的几何性质不是先验的或分析的或约定的问题，而是一个经验的问题。"[②]从而，引力通过时空曲度的特定几何结构就得以实现，而不必像牛顿那样假设存在超距作用的引力。

在1923年之前，爱因斯坦虽然反对牛顿的绝对时间和绝对空间，但仍然

① Dafermos M：《广义相对论和爱因斯坦方程》，载Gowers T主编：《普林斯顿数学指南（第二卷）》，齐民友译，科学出版社2014年版，第281页。

② [美]曹天予：《20世纪场论的概念发展》，吴新忠、李宏芳、李继堂译，上海科技教育出版社2008年版，第128页。

保留了空间和时间的物理实在性，认为空间和物质是概念上相互独立的，它们借助于马赫原理而由引力场和电磁场因果地关联起来。也就是说，爱因斯坦这时持有的是几何纲领的强版本。在这之后，当他开始于统一场论的研究时，他便放弃了空间的物理实在性，认为空间不过是场的四维特性，是物理对象的一种连续性，从而走向了完全的关系主义。1952年，爱因斯坦概括了他的时空观："我希望表明，时空不必看作可以离开物理实在的实际客体而独立存在的某种东西。物理客体不是处于空间之内，但这些客体具有空间广延性。这样，'空虚空间'的概念失去了意义。"[①]也就是说，后期爱因斯坦持有的是几何纲领的弱版本。

相较于几何纲领的强版本，弱版本否定时空结构的独立存在性，把时空看作场的结构性质，而这种结构性质是由物理（引力）场所形成的。本体论上，场是更为基本的存在，场的存在决定了几何结构的性质，决定了时空的性质。"爱因斯坦所做的不是将引力理论几何化，而是将时空几何引力化。"[②]因而，几何化并不是最终的目标，而是一种手段，借由几何化这一过程，时空几何量终成为引力与引力场的表现，时空随着引力的演化而演化，演化遵循爱因斯坦场方程。

在爱因斯坦之后，外尔是第一个在几何纲领中考虑把广义相对论同电磁学相结合的人，他注意到了电磁学的规范不变性与引力场的共形不变性之间的联系，试图提出一种广义的世界几何，从中能同时导出电磁场和引力场。外尔把世界几何看作是本体论上更为基本的物理实在，持有的是几何纲领的强版本。爱丁顿也发展了更一般的几何学，所不同的是他坚持实在世界的几

① [美]曹天予：《20 世纪场论的概念发展》，吴新忠、李宏芳、李继堂译，上海科技教育出版社2008年版，第123页。

② [美]曹天予：《20 世纪场论的概念发展》，吴新忠、李宏芳、李继堂译，上海科技教育出版社2008年版，第131页。

何是黎曼几何。爱因斯坦部分地受到外尔和爱丁顿的影响，在其后半生一直致力于几何纲领的进一步探索，以期寻求能够把代表引力的时空的度规结构和代表电磁力的其他时空结构统一成一个整体的时空理论。从统一美的角度来看，统一场论把引力场和电磁场作为同一个统一场的两个部分，无疑是非常有吸引力的，但一直以来都没有得到经验事实的支持，被认为是纯粹思辨的内容。

惠勒是几何纲领最为积极的倡导者之一。他认为物理学的核心问题之一就是时空是否只是一个舞台，还是它就是一切。他自己给出的回答是后者，在 1962 年发表的《几何动力学》中他说："世界上除了空的弯曲空间别无它物。物质、电荷、电磁场和其他场都只是弯曲空间的体现。物理就是几何。"惠勒把几何看作原初实体，把引力看作几何的一种表现形式，所有的一切都来源于几何。惠勒认为曲率本身具有许多不同的作用，它为弯曲空间这一终极实体赋予足够多的属性，以解释我们所观测到的世界的多样性。空间中低的曲率部分描述的是引力场，其他区域具有不同类型曲率的某种波纹几何描述的是电磁场，一个缠绕的高曲率区域描述的是像粒子那样移动的电荷和质能聚集。

然而，在 1972 年惠勒放弃了他长期以来将物理学简化为时空几何的追求，转而认为时空的结构只能通过基本粒子的结构来理解。在权衡广义相对论与量子理论上，惠勒选择了后者，他认为对于物理学而言量子原理比几何动力学更为基本，他在几何动力学中补充了量子原理，提出了量子几何动力学。在量子几何动力学中，在几何小距离尺度上量子涨落的存在，会导致多连通空间的出现，而这与微分几何中的点邻域相悖，使得微分几何只能够是对小距离尺度上的近似描述，从而与几何本身的基础性发生了冲突。惠勒又提出了"前几何"以作为比几何和粒子更为基本的存在，但又需要回答前几何是什么的问题。惠勒给出的回答是：前几何是一种原始的和根本的混沌。

“实际上，惠勒对建立在量子原理基础上的前几何的理解，超越了几何纲领的视野。惠勒思想的演化，展示了在几何纲领中整合量子原理的内在困难之一，一种调和离散与连续的困难。”[①]

在 1989 年的一次会议上，惠勒提出了他的经典口号：一切源于比特，这一切包括粒子、相互作用场，甚至时空连续统本身，还有这些对象的功能、意义及其存在本身。比特是在信息的意义上而言的，相应的是-否对应于基本量子现象是否发生在观测者参与的情形下。在微观的层次上并不存在空间或时间，或者是时间连续统，标准量子力学的波动方程与概率函数都是在连续统下的理想化，也是由于这种理想化掩盖了世界的本质，即信息。物质世界的最底层是非物质的来源与解释，也就是来源于是-否问题的回答，来源于对装置激发回应的记录；“总之，所有物理的事物在源头上都是信息理论的，这就是参与者宇宙。”[②]

从几何纲领到超越几何纲领，再到一切源于比特，惠勒关于基本实体的回答实际反映了在广义相对论和量子理论之间的冲突，在离散与连续之间的冲突，这些冲突是根本性的。何以能够协调两方面的冲突与矛盾，是当下量子引力理论需要突破的关键。

二、规范场理论的几何化过程

早在 1967 年，杨振宁就发现了广义相对论中黎曼张量公式与规范场理论中的场强公式之间的相似性。前者表述为 $R^{l}_{ijk}=\frac{\partial}{\partial x^{j}}\begin{Bmatrix} l \\ ik \end{Bmatrix}-\frac{\partial}{\partial x^{k}}\begin{Bmatrix} l \\ ij \end{Bmatrix}+\begin{Bmatrix} m \\ ik \end{Bmatrix}\begin{Bmatrix} l \\ mj \end{Bmatrix}-$

① [美]曹天予：《20 世纪场论的概念发展》，吴新忠、李宏芳、李继堂译，上海科技教育出版社 2008 年版，第 144 页。

② Wheeler J A. “Information, physics, quantum: the search for links”. In Proceedings Ⅲ International Symposium on Foundations of Quantum Mechanics. Tokyo, 1989: 356.

$\begin{Bmatrix} m \\ ij \end{Bmatrix}\begin{Bmatrix} l \\ mk \end{Bmatrix}$，后者表述为 $F_{\mu}^{\nu}=\frac{\partial B_{\mu}}{\partial x_{\nu}}-\frac{\partial B_{\nu}}{\partial x_{\mu}}+i\varepsilon(B_{\mu}B_{\nu}-B_{\nu}B_{\mu})$，这意味着规范场与黎曼几何之间可能有联系。1974 年，杨振宁理解到黎曼张量公式是规范场理论中公式的一个特例，认识到规范场在根本意义上也是一种几何。通过与同事吉姆·西蒙斯（Jim Simons）的沟通，杨振宁意识到上述两个公式是不同的纤维丛，规范场与纤维丛上的联络有着深刻的联系。杨振宁说，从西蒙斯那里“学到的东西使我们理解了 Aharonov（阿哈罗诺夫）-Bohm（玻姆）实验的数学意义，以及狄拉克的电单极和磁单极的量子化规则。吴大峻和我后来还懂得了深奥而非常普遍的陈省身-Weil（韦尔）定理。我们意识到了规范场具有全局性的几何内涵（不应同物理学家的全局相因子混为一谈）。这种内涵是自然而然地用纤维丛概念表示出来的”①。

在 1974 年《规范场的积分形式》和 1975 年与吴大峻合作的《不可积相位因子的概念和规范场的整体表示》两篇文章中，杨振宁认识到了规范场的整体性的几何内涵，找到了在规范场与纤维丛之间的联系。在后一篇文章中，杨振宁和吴大峻给出了一个字典，把电磁学（即规范场理论）中的名词与纤维丛理论中的名词对应了起来（表 14.1）。也是在这篇文章中，二人指出电磁场的场强不能完全描述电磁场的全部性质，而位相 $\frac{e}{\hbar c}\oint A_{\mu}\mathrm{d}x^{\mu}$ 的描述又太过了，恰当的描述是相位因子 $\exp\left\{\frac{e}{\hbar c}\oint A_{\mu}\mathrm{d}x^{\mu}\right\}$，它是规范不变的，电磁学就是不可积相因子的规范不变表示②。

---

① 杨振宁：《纤维丛支持了规范场》，《杨振宁文集：传记、演讲、随笔》，华东师范大学出版社 1998 年版，第 215-216 页。

② 冯晓华、高策：《吴大峻、杨振宁在规范场与纤维丛关系问题上的工作》，《自然科学史研究》2009 年第 2 期，第 175-176 页。

表 **14.1**　规范场与纤维丛术语词典

规范场术语	纤维丛术语
规范或整体规范	主坐标丛
规范类	主纤维丛
规范势	主纤维丛上的联络
S	变换函数
相因子	平行移动
场强	曲率
源（电）	?
电磁作用	U（1）丛上的联络
同位旋规范场	SU（2）丛上的联络
狄拉克的磁单极量子化	按照第一陈类将 U（1）丛分类
无磁单极的电磁作用	平凡 U（1）丛上的联络
有磁单极的电磁作用	非平凡 U（1）丛上的联络

在这篇文章的最后，吴大峻和杨振宁给出了关于纤维丛的评论："在数学家看来，纤维丛是一个自然而然的几何概念。由于规范场，特别是包括电磁场都是纤维丛，所以可以说所有的规范场都是建立在几何基础上的。对于我们来说，值得我们注意的是，没有涉及物理学而形成的一个几何概念应当被证明是物理世界基础相互作用的一个基础，甚至可能是全部基础。"[①]规范场与纤维丛间的联系反映了几何纲领的深刻性，而后粒子物理学标准模型建立在规范场之上的事实，更是揭示出世界的几何本性。正如陈省身所言，纤维丛等数学概念不是想象出来的，而是自然的和实在的。

表 14.1 右边栏有一个"？"，因为彼时纤维丛理论中尚没有对应于规范场中"源"的概念。在杨振宁与数学家伊萨多·辛格（Isadore Singer）就问

① Wu T T, Yang C N. "Concept of nonintegrable phase factors and global formulation of gauge fields". *Physical Review D*, 1975, 12(12): 3856.

号一事交谈之后，辛格与著名数学家阿蒂亚和奈杰尔·希钦（Nigel Hitchin）进行了交流，在1978年发表了《四维黎曼几何中的自对偶性》一文。在该文中，他们把阿蒂亚-辛格指标定理用于杨-米尔斯方程，竟然得到了该方程的自对偶解。在这一工作的带动下，数学界掀起了对规范场与纤维丛关系的关注，而物理学家研究场论也必须要通晓纤维丛理论，由此迎来了20世纪下半叶物理学与数学合作的高潮。

正如张奠宙在《20世纪数学经纬》中所写的："杨振宁-辛格-阿蒂亚，这条物理学影响数学的历史通道，肯定是20世纪科学史上的一段佳话。关于杨-米尔斯理论在当代数学中的作用，在美国国家科学研究委员会数学科学组的一份报告里这样写道：'杨-米尔斯方程的自对偶解具有像柯西-黎曼方程的解那样的基本重要性。它对代数、几何、拓扑、分析都将是重要的……在任何情况下，杨-米尔斯理论，都是现代理论物理学和核心数学的所有子学科间紧密联系的漂亮的范例，杨-米尔斯理论乃是吸引未来越来越多数学家的一门年轻的学科。'"[①]

三、量子引力理论的几何化构建

从狭义相对论和广义相对论来看，几何为我们理解物理提供了根本性的视角。人们期待在量子引力理论中，几何也同样扮演根本性的角色。"如果我们关于弯曲时空的动力学特性和结构的知识仅在爱因斯坦的相对论（它将时空与引力关联了起来）中是可能的，那么几何化的论题将必定为拓宽我们关于时空的知识并加深我们的理解提供新的可能。它预言了更高维时空的存在，以及它的某些特性和结构。它为引力与非引力相互作用建立了某种直接的联系。"[②]格罗斯也认为，弦论是从几何出发来构造物质的。

① 张奠宙：《20世纪数学经纬》，华东师范大学出版社2002年版，第261页。

② Cao T Y. *Conceptual Foundations of Quantum Field Theory*. Cambridge: Cambridge University Press, 1999.

除了超弦理论，彭罗斯的扭量理论也是从几何化纲领出发构建的量子引力理论。彭罗斯也是几何纲领的积极倡导者之一，他是自爱因斯坦以来为我们理解广义相对论做出了最大贡献的人物，“很有可能是当今理论物理学领域最具创造力和最独立的思想家”[①]。

彭罗斯革新了描述时空性质的数学工具，他倡导忽略时空的几何结构细节，而把注意力放在时空的拓扑或者共形结构上。彭罗斯自1960年以来的工作揭示出整体性质与整体定律，这是完全不同于爱因斯坦给出的局域研究的方法，后者需要对时间进行局域积分才能得到爱因斯坦方程的解，而前者不必解方程，就能发现普遍规律。整体性质的揭示有赖于现代微分几何的应用，相较于爱因斯坦所用的黎曼几何和张量分析，现代微分几何脱离了对坐标系的依赖，强调拓扑、流形和几何本身，更能表现几何的本性。

彭罗斯1965年的《引力坍缩与时空奇性》一文开启了后来的众多广义相对论和宇宙学的话题。时空奇点问题必须在广义相对论的框架之中才能够得到合理的理解。在牛顿框架中，奇点是通过函数来定义的，“即当一个引力场在一个特定的时空点不可定义或变得奇异时，它被说成是具有一个奇点”[②]。在霍金和彭罗斯那里，时空奇点用测地线的不完备性来定义，这意味着奇点是时空中所不具有的某种东西。爱因斯坦认为不对称的坍缩就可以避免奇点，因而黑洞是不存在的。1969年，霍金和彭罗斯发表了奇点定理，证明了时空中必定含有奇点，如坍缩星体和宇宙的演化都将不可避免地导致奇点。奇点定理的证明应用了拓扑学的方法，在这之前克鲁斯卡尔（M. Kruskal）已经应用拓扑学方法来研究黑洞内部时空了，但霍金和彭罗斯进一步从整体出发，

① Smolin L. “The road to reality: A complete guide to the laws of the universe”. *Physics Today*, 2006, 59(2): 55.

② [美]曹天予：《20世纪场论的概念发展》，吴新忠、李宏芳、李继堂译，上海科技教育出版社2008年版，第153页。

得到了不依赖于宇宙的物质内容的任何精确对称性与细节的奇点定理，证明了黑洞的存在。彭罗斯正是因这一工作获得了 2020 年的诺贝尔物理学奖。

1967 年，彭罗斯发明了扭量理论，将闵可夫斯基空间中的几何体映射到度规指标为（2，2）的四维复空间。扭量是矢量、张量和旋量概念的进一步发展，它需要用到代数几何、层上同调论、多复变函数等数学知识，并且促进了无穷远处复零测地线、四维赝正交群等数学问题的研究。“扭量理论的物理应用给出了一种新的时空观——构造宇宙的基本砖块就是扭量；它又给出了中微子场、光子场和自对偶杨-米尔斯场解的完美表述；用二扭量方案能构造轻子模型，用三扭量方案可以构造强子模型，新近又有人给出了六扭量大统一模型。”[①]扭量理论中，光线取代了时空点的地位。

彭罗斯说：“几何对世界结构最激动人心的新应用是在复几何的领域里。”[②]这与爱因斯坦广义相对论等旧的时空理论中只用到实数是截然不同的。前文中我们曾指出，复数的使用是从量子力学开始的，也代表了量子力学的显著特征。彭罗斯则把时空理论与量子力学的复数应用结合了起来，他认为时空必须引入复结构，最终他在四维复流形的基础上建立了扭量理论，以期把广义相对论和量子力学结合起来。

扭量理论立足于无质量粒子运动规律的普适性，即无质量粒子具有相同的运动轨迹，这种普适性由扭量结构来刻画，描述无质量粒子的场就是共形场。扭量理论是共形不变的，所以对于共形平坦的弯曲时空，同样可以建立扭量空间。彭罗斯不仅研究了弯曲时空的扭量理论，还进一步研究了扭量宇宙学。扭量空间是复四维的，彭罗斯对存在额外维数的十维超弦理论极不满意，彭罗斯是一位超弦理论的主要批评者。2003 年，在一次与威滕的邂逅中，

① 李新洲：《扭量理论》，《自然杂志》1984 年第 1 期，第 9 页。
② 李新洲：《扭量理论》，《自然杂志》1984 年第 1 期，第 11 页。

彭罗斯曾担心两人会发生激烈争论，想不到的是，这位弦论大师告诉他，正在研究扭量与弦论如何相结合的理论。

彭罗斯认为量子力学是对一个更完整理论的近似，在这个更完整的理论中波函数的坍缩是由引力引起的。他发明了一个简单的量子时空模型，称为自旋网络，该模型现在是量子引力工作的基础。不过，彭罗斯既不赞同弦论，也不赞同圈量子引力，“更重要的是，他拒绝了几乎所有后标准模型理论的指导性假设，即在物理学家研究统一问题时，可以忽略诸如测量问题和量子引力之类的基本挑战”[①]。

第三节　公理化方法

公理化是自欧几里得《几何原本》以来数学的传统方法，公理化方法的严格性使得数学一直以来都是人类知识的典范，数学定理被认为是最可靠的真理，建立在这一方法之上的物理学因此也获得了牢固的认识论基础。公理化方法能够将理论中的假设与推论进行区分，把理论建立在假设-演绎的逻辑基础之上，澄清理论中的直观或启发式的原理和基本或核心的原理，去除那些看似不证自明实则有问题的假设。正如邦格（M. Bunge）所言，公理化方法有助于从整体上阐明理论，有助于科学摆脱在其建构初期起辅助作用的启发式脚手架，“因为如果让它超出初始构建阶段之外，它将最终阻碍理论体系的成长和澄清，就像现在所发生的：某些经典类比在耗尽了它的启发能力之后仍然长期滞留在量子理论中”[②]。

① Smolin L. “The road to reality: A complete guide to the laws of the universe”. *Physics Today*, 2006, 59(2): 55.

② [加]马里奥·邦格：《物理学哲学》，颜锋、刘文霞、宋琳译，河北科学技术出版社 2003 年版，第 210 页。

一、经典理论的公理化尝试

本章第二节我们提到牛顿本质上是几何学家，而这里我们要提到的是莱布尼茨，他本质上是一个代数学家。与牛顿描述世界的几何不同，莱布尼茨致力于“将整个数学形式化，将其变成一台大的代数机器”[①]。莱布尼茨在其数学论文《论组合术》（De Arte Combinatoria）中试图把传统的三段论“公理化”为通用演算，用少数几条基本法则来推导出其他三段论。在他看来，人类的思想，不论多么复杂，都是由基本概念组合而成的，通过公理化的方法能够找到这些基本概念结合的普遍法则，就能够产生新的思想了。他试图仿照造纸机，发明这样一种能产生思想的机器。他称该机器为“理性的伟大工具”，“当人与人之间发生争执时，我们就可以简单地说‘让我们来计算’，看看谁是对的”，试图通过公理化方法一劳永逸地解决思维问题。历史事实是，莱布尼茨后来发现其对机械化语言的追求是有问题的，放弃了对组合语言学的研究，转而用机械设备来执行逻辑功能，于 1673 年制造了“步进推算器”。

到 19 世纪末，与庞加莱的几何精神所不同，希尔伯特致力于公理化和形式化。1900 年 8 月 8 日，希尔伯特在法国巴黎举行的第 2 届国际数学家大会上发表了题为《数学问题》的著名演讲，提出了 23 个艰深的、悬而未决的数学问题，其中第 6 个问题为“物理学理论的公理化”。希尔伯特本人在这之后做了大量的工作以把有关辐射现象的基础公理化（1912—1914 年），以及建立引力和电磁学的统一场理论（1924 年）。然而受限于量子理论和统一场理论本身仍然缺乏明确的理论体系，希尔伯特的努力没有成功。不过基于希尔伯特的形式主义发展起来的元数学和模型理论对于科学理论的公理化起了极大的促进作用。

① Atiyah M. “Mathematics in the 20th Century”. *Bulletin of the London Mathematical Society*, 2002, 34(1): 5.

邦格追求物理学理论的公理化，他的动机是哲学上的："摆脱它们被逻辑实证主义者不经意带入的主观主义要素。"[①]在邦格看来，诸如波粒二象性等类比方法虽然具有启发功能、计算功能和实验功能，但它是不可靠的，而公理化方法能够建立一致的形式系统，实现物理概念的明晰性，使理论建立在严密的逻辑体系之上。他在《物理学哲学》一书中通过电路的网络理论（基尔霍夫-亥姆霍茨理论）和经典的万有引力理论例示了公理化方法的优点。他给出了这些理论的形式背景、哲学背景、原物理学，其中形式背景即用到的数学和逻辑，哲学背景即语义学和形而上学，原物理学如基本系统理论、一般时空理论、物理学几率理论等。然后通过一些符号的指称关系形成公理化系统的初始基础，再把基本原理表示从公理推演出整个理论。他总结了好的物理公理系统所具的特性，如形式上的一致性、演绎的完备性、初始概念完备、初始概念独立、假设独立。他认为公理化方法的优点至少包括：预设均获认可并一直可控，理论的指称对象始终是可见的，意义是系统地、一致地被赋予的，可发现其他定理，无效证明被控制在最小范围内，剔除了不相关的证明，避免了乌托邦式的理性主义，获得启发性理解，分析更加方便，处理脱离语境的单一公式的企图被挫败，避免了数字命理学游戏，元数学检验成为可能，回忆起来更方便。但是也正如他所指出的，公理化方法也存在异议：公理化体系不能将构建理论的实际过程描绘出来，它不能告诉我们如何去构建理论；公理化只是炒冷饭，并不是原创性工作；公理化体系结不出新成果；公理化体系是绊脚石，它阻碍了理论的进一步发展；公理化体系有专制性，公理的称呼会妨碍我们对它的批评与质疑；公理化体系有其局限性，如不完备，如不能告诉我们如何去证明；公理化系统的基本概念是未经分析的；公理化体系作为纯粹的形式体系抓不住理论的实际意义。

---

① Bunge M. "Why Axiomatize? " *Foundations of Science*, 2017, 22(4): 695-707.

二、公理化量子场论的发展

“公理化方法作为一种工具，为达到统一、净化理论和澄清混乱的目的而得到新生。”[①]量子场论的公理化方法正是出于这一目的而开始的。20 世纪 50 年代，一方面由于量子场论在数学处理上的不严谨性，如重整化方法，另一方面出于操作主义进路的影响，操作主义认为可观测量只有通过物理测量时才是有意义的，许多物理学家开始致力于量子场论的公理化表述。物理学家们希望公理化表述一方面能够促进对相对论量子场论的一般数学结构有所理解，另一方面能够为该理论的物理解释提供规则。借助于公理化系统，可以明确哪些原理是量子场论必须满足的，有利于为量子场论做出选择性的实在性辩护，为量子理论的实在性进行论证，为量子引力理论的探索提供指引。

量子场论有两种主要的公理化方案，一是怀特曼（A. S. Wightman）方案，二是哈格-卡斯特勒（Haag-Kastler）方案。两者都起源于 20 世纪 50 年代，并且在形成过程中相互影响。这些方案都可以看作是希尔伯特在 1900 年数学大会上提出的 23 个数学问题中第 6 个问题，即物理理论公理化方案的实现。“公理化方法为达到理论核心找到了一条捷径。”[②]

1956 年，怀特曼在施瓦兹（L. Schwartz）的分布理论基础上提出了量子场论的抽象表述，后来称其为公理化量子场论。到 20 世纪 60 年代后期，玻戈留玻夫（N. N. Bogolyubov）明确地将公理化量子场论置于组合（rigged）希尔伯特空间框架下。怀特曼的量子场论与传统拉格朗日量子场论很接近，为描述作用在固定希尔伯特空间上的协变场算符进行了公理限定。为了避免紫外发散，场算符不是赋予单个的时空点的，而是赋予一个延展的时空区域

① [加]马里奥·邦格：《物理学哲学》，颜锋、刘文霞、宋琳译，河北科学技术出版社 2003 年版，第 217 页。

② [加]马里奥·邦格：《物理学哲学》，颜锋、刘文霞、宋琳译，河北科学技术出版社 2003 年版，第 215 页。

的，公理则保证了该时空区域可以任意小且紧致。

怀特曼的公理化量子场论由四个基本要素组成（$\{\phi(f), H, U, \Omega\}$），其中 $\phi(f)$ 是作用于可分离的希尔伯特空间 H 上的一族场算符，U 是表示庞加莱变换的幺正符的连续群，Ω 是表示真空态的唯一平移不变向量[①]。公理化量子场论中有六个公设：谱条件（不存在负的能量或虚质量）、真空态（它存在且唯一）、场的域公理（量子场对应于算符值分布）、转置律（受限的非齐次洛伦兹群的场算符或态空间中的幺正表征，其中受限指排除反演，非齐次指包含平移）、局域对易性（在类空分离区域中的场测量彼此不干扰）、渐近完备性（散射矩阵是幺正的）。

哈格的方案称为代数量子场论，它起源于冯·诺依曼的算子代数。正如哈格承认的那样，"代数方法[...]给了我们一个框架和一种语言，而不是一种理论"[②]。不同于公理化的量子场论中基本的量是算符值分布（场量的量子类似），代数量子场论中基本的数学概念是算子代数，是对规范不变的可观测量直接进行公理化而得到的。加上一些粗略的物理假设，就可以把怀特曼的量子场论看作是代数量子场论的子理论，因而代数量子场论是更为普遍的。

代数量子场论表述的基础是 C*-代数。这些代数方法的应用不但使得包含有无穷多自由度的量子理论在数学上是严格的，而且它能够包容超选规则。代数量子场论中，对每个时空区域赋予的是一组可观测量 $A(O)$，它们是实验可测的物理量。一开始，不需要假定这些可观测量是用希尔伯特空间中的线性变换表示的，而是为它赋予一种内在的代数结构，即 C*-代数，这一结构可以直接描述物理量之间的关系。态是由编码了可观测量期望值的局域代数

① Swanson N. "A philosopher's guide to the foundations of quantum field theory". *Philosophy Compass*, 2017, 12(5): e12414.

② Kuhlmann M. "Quantum field theory". In Zalta E N, Nodelman U (Eds.). *The Stanford Encyclopedia of Philosophy (Summer 2023 Edition)*. 2020-08-10. https://plato.stanford.edu/archives/sum2023/entries/quantum-field-theory/.

网上的线性泛函给出的。给定态，盖尔范德-奈马克-西格尔(Gelfand-Naimark-Segal，GNS)构造就确定了作用于可分离希尔伯特空间上的有界线性算符代数的唯一表示。在一个具体的表示中可以生成附加的拓扑工具，可能用于确定重要的全域量，如温度、能量、电荷和粒子数。与怀特曼公理化的量子场论和拉格朗日的量子场论不同，代数量子场论典型地利用了多重的幺正不等价表示，它们由这些全域可观测量的不同值予以区分。这种自由性使得代数量子场论能够为量子相位跃迁、对称性自发破缺、电荷超选规则、粒子统计和反物质概念等一系列现象提供深刻的洞察。

代数量子场论的模型也由四个基本要素组成($\{A(O)\},\{\rho\},\alpha,\omega$)，其中$\{A(O)\}$是局域 C*-代数网，$\{\rho\}$是一组物理上可能的全域态，$\alpha$ 是表示庞加莱变换的自同构网的连续群，ω 是唯一的平移不变真空态。主要的哈格-卡斯特勒公理类似于怀特曼公理：在庞加莱对称性下局域的可观测量代数必须是协变变换的，类空分离的可观测量需要对易，在真空 GNS 表示中谱条件成立。代数的协变是比怀特曼的协变更弱、更自然的假设，代数的微因果性也比怀特曼中的局域对易性有优势，它也能产生孤子(solitons)和其他类型的拓扑荷，这些都是怀特曼的场算符也没有的功能。

“如果说量子力学的希尔伯特空间和狭义相对论的闵可夫斯基四维时空理论以及广义相对论中的黎曼几何，成为相关理论的数学基础的话，那么量子场论至今还没有相媲美的数学基础。”[①]数学基础的缺乏使得量子场论的解释在语义学理论观下难以展开，而代数量子场论的提出正好弥补了这一空白。AQFT 的初始假设在物理上更为清晰易懂，量子场论中的许多定理在 AQFT 下有更为明确的、清晰的表述，“量子场论的代数进路，虽然对于计算而言没有

① 李继堂：《量子规范场论的解释：理论、实验、数据分析》，中国社会科学出版社 2019 年版，第 23 页。

用，但它有助于澄清基础问题”，因而物理学哲学家和其他对量子场论基础感兴趣的物理学家们对 AQFT 特别感兴趣。“简言之，AQFT 是我们有关量子场论处于数学世界什么位置的最好说法，从而是基础研究的自然起点。”[①]

拉格朗日量子场论被描述为是“一堆相互冲突的数学思想”[②]，这堆混杂的数学思想不足以明确什么是量子场论的模型，也不利于从中进行如本体论等哲学的思考，从而一些数学偏向的物理学家和物理学哲学家们期望能够得到数学上严格的量子场论表述，给出公理化的量子场论。公理化的量子场论由于其清晰的概念框架，能够对其进行简洁明了的解释，反思其哲学蕴含。

但是，公理化的量子场论也有其自身的问题。首先，它不能给出经验适当的模型。与量子力学具有正则的数学框架不同（冯·诺依曼给出的希尔伯特空间表述），量子场论没有正则数学框架。在正则框架下，量子力学也可以做出不同的解释，如多世界、GRW、哥本哈根、玻姆解释等。其次，直接构建代数模型很难，通常需要利用局域场算符的分析特性先建立一个怀特曼模型，然后再表明它产生了一组满足哈格-卡斯特勒公理的可观测量网。

关于拉格朗日量子场论、代数量子场论和怀特曼的量子场论，有一些研究似乎是指向三者在未来的趋同的，但有些哲学家们并不这么认为。如弗雷泽（J. Fraser）认为：“量子场论真正展现了经验证据对理论的非充分决定性。存在不同的量子场论——如标准的教科书表述，和严格的公理化表述——它们在经验上是不可区分的，且支持着不同的解释。”[③]弗雷泽指出，AQFT 不

① ［美］汉斯·霍尔沃森：《代数量子场论》，载［美］约翰·厄尔曼、［英］杰里米·巴特菲尔德主编：《爱思唯尔科学哲学手册：物理学哲学》，程瑞、赵丹、王凯宁等译，北京师范大学出版社 2015 年版，第 821-822 页。

② Swanson N. “A philosopher's guide to the foundations of quantum field theory”. *Philosophy Compass*, 2017, 12(5): e12414.

③ Fraser J D. “Quantum field theory: Underdetermination, inconsistency and idealization”. *Philosophy of Science*, 2009, 76(4): 536.

但能用不等价表征来解释包括对称性自发破缺和反物质存在等一系列重要的现象，还能够提供拉格朗日量子场论所不具有的解释优势。华莱士则持相反的态度。

公理化意味着新的结果是从前面已经得到的结果中通过几个明显成立的公理合乎逻辑地推导出来的，因而是严格的，其结果是可信的，避免了基于传统结构的直觉在不知不觉中被应用到不恰当的情形中去。在公理化的数学体系中，如在数学分析中需要清楚地指出每一个应用于函数之上的定理具有哪些特别的性质，如连续性和可微性，还需要澄清函数所作用于其上的数具有哪些性质，如澄清复数的性质、实数的性质等。这意味着公理化不仅仅是纯粹的形式推演，如前提真结论一定真，而不论其前提和结论中关于物质和外界事物的表述是否为真。公理化还包括了定义，为定理中的语词赋予特定的指称，从而为定理赋予特定的意义。从而当公理化应用于物理学中，能够推导出关于世界的陈述，而不是没有意义的空命题。

正如希尔伯特的《几何学基础》所揭示出的，“没有一个公理系统是最终形式”[①]。哥德尔的不完备性定理也揭示出，算术公理系统如果要做到一致，那就不可能是完备的，一致性和完全性在算术公理化系统中是不可能同时实现的。公理系统必须是在一定的限定条件下才成立的，这表明公理化方法是有限度的，当然纵使其不可能完备，它仍然在数学实践和物理学实践中扮演了重要的角色，为获得无歧义的知识体系做出了非凡的贡献。

有不少人质疑公理化量子场论的工作是否必要，因为公理化并没有给出新的物理预言。也有人因为公理化量子场论对不可观察的场的预设而持反对态度。持赞同的人认为公理“看起来是先在的、独立于经验之外而终于接受

① [加]马里奥·邦格：《物理学哲学》，颜锋、刘文霞、宋琳译，河北科学技术出版社 2003 年版，第 28 页。

它”，也就是说公理化的先天性对于物理学理论的辩护起了重要的支撑作用。

“因为这些理论都是高度过度约束的——列出几乎所有物理学家都同意的、应该独特地描述它们的公理并不难。相反，用数学方法处理这些理论的问题是，除了这些公理之外，物理论证中还使用了大量的补充假设；人们希望将这些内容简化为一个可管理的列表，并将其称为‘公理’。对于一个特定的量子场论或弦论，即使有一组冗余的公理，足以做出有趣的物理论证，这将是一个有价值的进步，甚至在我们达到（可能仍很遥远）证明它们所描述的理论存在的目标之前。”[①]

三、量子引力理论的公理化构建

1919 年，爱因斯坦在《我的理论》[②]一文中把物理学中的理论分为构造性理论和原理理论。构造性理论开始于比较简单的形式体系，以此对比较复杂的现象构造出一幅图像，如气体分子运动论，用分子的运动假说来构造热的过程。原理理论使用的则是分析方法，是用经验中发现的、自然过程的普遍特征作为原理，从而给出自然过程或理论表述所必须满足的数学形式的判据，如相对论。“构造性理论的优点是完备、有适应性和明确；原理理论的优点则是逻辑上完整和基础巩固。”[③]2017 年，斯莫林指出：圈量子引力、超弦理论、因果集理论等流行的量子引力理论都是构造性理论，它们告诉我们量子时空可能是由什么组成的，从而揭示了量子时空的某些真理要素。他试图从四条基本原理出发，构造一个原理性的量子引力理论，以为备造的量

① Douglas M. “The geometry of string theory”. In Douglas M, Gauntlett J, Gross M (Eds.). *Strings and Geometry: Proceedings of the Clay Mathematics Institute 2002 Summer School on Strings and Geometry*. Providence: American Mathematical Society, 2004: 3.

② 原文发表于《泰晤士报》，后在《我的世界观》和《思想与见解》中题目改为“什么是相对论”。

③ [美]爱因斯坦：《什么是相对论？》，载《爱因斯坦文集（第一卷）》，许良英、范岱年编译，商务印书馆 1976 年版，第 110 页。

子引力理论做出框定和约束。

斯莫林选择的四条基本原理分别是：①绝对因果性和相对定域性原理；②对应原理；③弱全息原理；④量子等效原理[①]。量子时空是由一组其基本性质包括因果性、能量和动量的事件集组成的。经典时空是涌现的。定域性是相对于观察者的位置和能量以及其他试图测量和追溯远距离因果过程的性质而言的。对应原理类似于旧量子论时玻尔的对应原理，即经典的时空是在适当的极限时涌现的，是通过对充分大的量子时空的因果结构进行粗粒化而得到的。弱全息原理是指表面的面积（由因果结构定义为子系统的边界）是对作为子系统信息通道出与入的通道容量的度量。量子等效应原理是指在不出现曲率和宇宙学常数时，那些看到真空具有最大熵的热温态的观察者正是在经典极限下均匀加速的观察者。因此，看到真空的温度为 0 的观察者处于惯性系中。

我们暂不评价斯莫林能否完成量子引力的原理理论，也不评价他所提的四条基本原理能否成功地导出量子引力的体系、说明量子时空。如何能够提出一种基于原理的量子引力理论，类似于狭义相对论和广义相对论，这在当前来看绝对是一种挑战，或许就像量子场论的公理化体系一样，需要后验地完成。不过，在这之前，我们仍然可以借助于科学实践所带给我们的启发，来考察与评价当前的相互竞争的几种量子引力理论。

第四节　模拟化方法

虽然我们无法在普朗克能标上进行加速器实验，但我们可以利用模拟方

① Smolin L. "Four principles for quantum gravity". In Bagla J, Engineer S (Eds.). *Gravity and the Quantum*, Berlin: Springer, 2017: 427-450.

法通过计算机或在实验室中探索宇宙。通过计算机的数据模拟方法和实验室的非数学模拟方法能够获得大量的数据和信息，这些虚拟数据的获得更为容易，不需要像传统的实验设备那样需要有物理的因果输入，并且由于没有噪声因而在认知上更为准确。如何从哲学上评估这些模拟方法和虚拟数据在科学认知过程中的角色，也是当代量子论对传统科学哲学提出的一大挑战。

一、计算机的数字模拟方法

1981 年，费曼在“计算物理第一次会议”上以《用计算机模拟物理学》为题发表了著名的演讲,其中提出了一个令人印象深刻而又富有远见的观点：“自然界不是经典的，如果你想模拟自然，那么我们最好将它量子化。”[①]费曼晚年一直致力于计算科学的研究,对计算与量子计算做出了开创性的贡献。费曼的演讲标志着量子计算机发展的开端，也意味着量子模拟的研究开始走入正轨。

1985 年，牛津大学的理论物理学家多伊奇发表了一篇里程碑式的文章，为量子计算奠定了三大基础性的理论问题：①通用量子图灵机；②量子算法；③量子计算复杂性理论。多伊奇认为费曼的观点将会导致更一般的通用量子计算机的产生，即量子图灵机。量子图灵机在理论上是成立的，它可以完美地模拟经典图灵机，以任意精度模拟其他量子计算机及任何有限的可以实现的物理系统，其所具有的并行计算能力远远超过任何传统的经典计算机。多伊奇设计了第一个量子算法，即多伊奇算法，这是人类历史上首个利用量子力学原理设计的算法，开创了量子算法的先河，为后续的量子算法设计提供了思路。多伊奇还将丘奇-图灵论题推广到量子层面，指出“任何一个有限的可以实现的物理系统，总可以被一个通用模型机通过有限方式的操作来完美

① Feynman R P. “Simulating physics with computers”. *International Journal of Theoretical Physics*, 1982, 21(6-7): 486.

模拟”[①]。当然，这里的通用模型机必须是量子的，即量子计算机。

在费曼和多伊奇的工作之后，量子计算的发展劲头势不可挡，理论上，基于量子计算的并行性，发展了多个普遍被认为可以实现相对于经典计算指数级加速的量子算法，比如“肖尔（Shor）算法”“格罗夫（Grover）算法”“量子机器学习算法”等。肖尔算法在理论上可以轻松破解被广泛应用于政府、军方、大型企业及电子商业安全数据传输的RSA公钥加密算法，这是经典算法所不可能完成的任务。格罗夫算法可以实现快速的目标数据搜索，可以大大降低搜索复杂度。这些实用量子算法的提出，将量子算法推向了公众视野，激发了从政府到学术界到企业各界对量子计算的研发热潮，极大地促进了量子计算的发展。

此外，科学家们也必须重新审视计算复杂性理论，以研究计算问题的可计算性以及基于算法求解问题所需花费的资源消耗，包括时间、空间资源（比特数、频带数、逻辑门数）等。经典计算复杂性以丘奇-图灵论题为基础，定义了可计算函数类，然而经典计算复杂性理论对于量子计算机并不适用，需要量子计算复杂性理论。对于量子计算复杂性理论而言，它需要挖掘量子物理计算设备的计算能力，需要解决的核心问题是：基于量子理论的计算设备是否真的像费曼所言，相较于经典图灵机能够非常显著地提高计算能力。这并不是一件容易的事，一方面要求研究者同时具备计算科学和量子力学等多个学科的背景，另一方面是因为证明一个否定结果比证明一个肯定结果更为困难。在经典复杂性理论中，想要证明不可计算要远难于证明可以计算。

与此同时，量子计算的实验方案也被提上日程。1989年，多伊奇首先提出了一个通用量子逻辑门的方案。随后，迪文森佐（D. DiVincenzo）、斯莱

---

① Deutsch D. “Quantum theory, the Church-Turing principle and the universal quantum computer”. *Proceedings of the Royal Society of London A*, 1985, 400: 97.

特（T. Sleator）和魏因富尔特（H. Weinfurter）等进一步完善并简化了量子逻辑门的物理实现，证明了两量子比特量子逻辑门对于构建任意量子逻辑网络的通用性，为即将要来临的实验量子计算打开了大门。1994 年，牛津大学的量子物理学教授埃克特（A. Ekert）发表了一段关于量子计算理论的演讲，并向在座的科学家们提出了一个挑战：谁可以实现量子可控非门来验证量子计算的可行性。这一讲话启发了奥地利因斯布鲁克大学的西拉克（J. Cirac）和佐勒（P. Zoller），他们于第二年便提出了基于离子阱系统的量子计算方案。离子阱系统较长的退相干时间、高效的读取操作，使得该方案成为当时实现可控量子逻辑门的最好选择。1995 年，美国国家标准与技术研究院（National Institute of Standards and Technology，NIST）的瓦恩兰（D. Wineland）团队第一次在实验上实现了量子逻辑门操作。尽管该系统只包含两个量子比特，但是它证明了可控量子门操作的可行性，为实现大规模量子网络奠定了基础。此后，大量令人兴奋的量子计算机实验方案如雨后春笋般发展起来。目前发展较快的实验量子计算系统有光量子系统、超导量子系统、离子阱系统等。此外，还有核磁共振、金刚石色心、拓扑量子计算等方案。这些实验系统各有优劣，哪个实验方案能够率先实现通用量子计算机，仍然没有定论。不过科学家们普遍认为，实现量子计算必须要满足迪文森佐给出的五条判据。这五条判据如下。

（1）要能够较好地表征量子比特的物理参数，并且要有足够的扩展性来应对更为复杂的计算任务。

（2）在开始计算前，要能够将量子比特初始化为已知的低熵能态，如$|0\rangle$态。另外，由于量子纠错需要连续不断地处于$|0\rangle$的量子比特，因此在计算过程中需要不断地将计算完成的量子比特初始化。

（3）要有足够长的退相干时间，来保证量子逻辑门的操作。

（4）要能够实现通用量子逻辑门，这是最为核心的。

（5）能够对量子比特进行特殊测量，也就是说，我们必须能够读出计算结果。

随着操控量子系统的实验技术的不断进步，量子计算已经成为各国政府以及大型科技企业角逐的焦点。2019 年，谷歌实现了一个里程碑式的进步“量子霸权”[①]，并且在近期，实现了对化学反应的模拟。但是就目前的技术来讲，量子计算仍然只是实验室的玩物，仍然无法取代或者是超越经典计算机的地位，真正实用的通用量子计算机仍然是一个长远的目标，它需要对多体系统的完全控制，并且最终实现复杂的错误纠正机制来实现容错。因此，虽然费曼版本的通用数字量子模拟器应用规模更加广泛，可以模拟任意的物理世界，因为，这样的模拟器可以构建出更加宽泛的哈密顿量，但是，想要利用量子计算机来进行实用的量子模拟，我们仍需要等待一个成熟的通用量子计算处理器。不过，即便如此，我们仍然可以结合量子引力理论和经典计算机，通过计算机模拟获得一些关于黑洞和宇宙演化的信息，进而对量子引力理论的发展提供洞见。

1. 计算黑洞

由于缺乏实验，计算黑洞成为检验任何候选量子引力理论的必要组成部分，对黑洞内部结构的良好理解将为量子引力提供相当大的概念洞见。由于理解和计算黑洞是理论家的问题，所以弦论可以建立各种理想的模型来计算和检验其性质。一个理想化的宇宙，就像数学版的实验室。正如弦论中经常出现的那样，这个理想化的宇宙通常具有大量超对称，超对称既简化了计算，又确保了结果是有意义的。最具代表的是计算黑洞熵的公式。黑洞熵之所以成为理论学界的热门话题，是因为它将大尺度物理学和小尺度物理学联系起

① Arute F, Arya K, Babbush R, et al. “Quantum supremacy using a programmable superconducting processor”. *Nature*, 2019, 574(7779): 505-510.

来。经典黑洞确实是很大的物体，它们足够大，以至于它们的空间是经典的，没有量子效应的大扰动。一个人不需要知道量子引力就可以确定黑洞的熵。然而，我们需要知道量子引力才能写出熵的微观结构。

虽然理解黑洞熵的问题已经有了传统的计算方法，但 1996 年 1 月，斯特罗明格和瓦法，用弦论的方法直接计算得到了霍金公式[①]。他们所考虑的黑洞是假想的。它们存在于一个四维的想象世界中，这种黑洞属于一种特殊的黑洞，称为极值黑洞。极值黑洞的电荷效应与其引力效应一样大。这当然不适用于银河系中无电荷的黑洞。在这个虚构的世界里，他们用 D 膜进行计数和描述他们正在使用的极值黑洞，计算出它事件视界的面积，并确定它如何依赖于黑洞的属性。他们找到的答案正是霍金公式的答案，构型的数目给出的熵正好是黑洞事件视界面积的 1/4。然后，从弦论的微观角度解释了熵是如何通过计算产生的。这给了黑洞熵一个可靠的事实检验，在弦论中，可以贡献黑洞的状态数的微观计数与通过大规模、半经典计算确定的熵完全一致。

但类似的计算也存在问题。施特罗明格和瓦法的黑洞完全是人为构造的，不仅空间的维度是假设的，计算也是在弦相互作用强度为零的极限下进行的。计算的世界与观测的真实世界完全不同。尽管如此，他们两人还是第一次用弦论精确解释了霍金熵公式的来源，列举了黑洞所有可能的内部结构。这进一步证明了弦论的数学是可行的，弦论确实能够正确地描述黑洞的内部结构，即使到目前为止只适用于存在于数学宇宙中的黑洞。在探索量子引力的过程中，这个结果令人鼓舞，但也留下了许多有待探索的问题。

2. 计算时空奇点和拓扑

众所周知，物理学的最底层描述是时空。时空是一切事件发生的背景，

---

① Strominger A, Vafa C. "Microscopic origin of the Bekenstein-Hawking entropy". *Physics Letters B*, 1996, 379(1-4): 99-104.

但也是一个动态的背景。在爱因斯坦的广义相对论中，空间和时间的几何本身在物质和能量的影响下发生变化。物质存在得越多，几何学的变形就越多。但根据广义相对论的预言，几何的演变最终会不可避免地产生出奇点。这意味着，在定义几何的方程式中，无穷大必然出现，时空变得无限弯曲。在这个极限下，一切现有的物理学都崩溃了，理论不再有效。对于任何量子引力理论来说，一项重要的任务就是理解这些奇点。人们希望量子引力能够彻底回答这个问题：空间的本质究竟是什么？

在广义相对论中，几何是动态的，但这并不意味着空间可以任意变化。例如，在广义相对论中，不可能改变空间的拓扑结构。拓扑结构在平稳变化下保持不变，而平稳变化是广义相对论允许的唯一变化，可以说，是奇点阻止了拓扑的改变。弦论用平滑的变化取代了广义相对论中的奇点，弦论中避免了奇异解的发生。

因为弦论是由弦方程描述的，而不是广义相对论的方程。弦论的特殊之处在于它涉及弦，而弦是可以扩展的对象。奇点的问题与集中在一点上的无穷大有关。弦论有一种更精确、更具有技术性的方法来帮助消除奇点的模糊性。想象一个针尖，它的尺寸越来越小，直到最后它变得无限尖，尺寸为零的时候就出现了奇点。现在考虑一根缠绕在针尖上的小橡皮筋，在无限尖的针的尖端，收缩的弦收缩到最小就是弦的长度，而不是一个无限尖的点。因为弦是一种延伸物体，其质能由张力乘以长度给出。这就从几何上避免了无限小。弦论可以从广义相对论中剔除一些几何奇点。虽然这在广义相对论中没有意义，但在弦论中有意义。广义相对论给出了无限的答案，而弦论给出了有限的数字。

不过对于宇宙开始时的奇点，即所谓的宇宙奇点而言，弦论目前为止还难以给出解释。即使在最简单的玩具模型中，目前的弦论也无法解释宇宙奇点。

3. 模拟宇宙

在场论中我们只能对微扰理论进行计算，对于非微扰的理论泰勒级数展开有无穷多阶，计算非常困难，通过对偶，可以把一个非微扰的计算对偶到微扰计算，从而可以同时对场论中的微扰和非微扰项进行精确求解。另外，在场论中通常会用重整化来避开无穷大，尽管这种方法被人们比喻为只是暂时将垃圾扫到地毯下掩盖起来，但是却在实验上取得了很大的成功。重整化方法之所以有效，是因为自然界存在一定的层级结构，我们所说的更加基本的理论，只是说在观测层面上其空间尺度更小而已。这种还原论的处理办法，只有在不断发现新的层次结构时才能成立，但是在量子引力问题中，时间和空间本身已经不再是一个固定的背景，而是涨落不定的，重整化已经无法处理。这就需要我们使用新的思路和方法来探究无穷大出现的原因，并给出解决办法。

既然用直接的方式研究量子引力行不通，我们就必须找到一种更巧妙、更间接的方法来取得进展，而对偶性提供了一个新的方法工具。为了理解量子引力，我们可以重点关注量子引力研究的典型现象——黑洞的形成和最终蒸发时的量子效应。在实验室里做相关的实验似乎是不可能的，而且是危险的。通过对偶性可以在同一物理现象的两种不同理论表达之间建立惊人的等价性。由于这种等价性，黑洞的量子效应可以用一种完全不同的理论语言来描述，如 Ads/CFT 对偶就揭示了一个量子场论和量子引力理论的等价性，而量子场论完全不涉及引力。这种对同一基本物理的两种不同描述的等价性可能看起来只是一种数学形式，但它对实验的影响是深远的。事实证明，研究黑洞的非引力描述所需要的实验工具，正是物理学家们已经熟练使用的，可以将物理问题转化为一个计算问题，而新的量子计算的发展所提供的强大算力，恰好为解决非常困难的计算问题提供了工具。这是因为在量子引力模拟和量子计算中，我们需要操作一个由多粒子组成的复杂系统，并精确控制它们的相互作用。

目前量子计算技术还不成熟，所以我们短期内无法在实验室里模拟出一个真实的黑洞。但是可以先研究量子引力的一些基本特征的简化模型，随着量子技术的进步，我们将能够做越来越复杂的实验。此外，对偶性也是双向的，通过对偶性的编码和解码可以超远距离传递信息。通过将许多强相互作用粒子的行为与引力现象联系起来，我们可以更好地理解这种行为。一些信息在一个相互作用很强的系统的特定位置会传播得很快，之后就很难读取，但是通过一个对偶计算可以将信息在很远的地方重新读取出来。

这也为黑洞中信息悖论的解释提供了新的思路，在这个框架中，虫洞连接着空间中两个遥远的点，信息在进入虫洞的一端时消失，然后从另一端重新出现。同样，在一本书落入黑洞时，其中的信息被重新编码，存储在黑洞的表面。

4. 计算模拟宇宙的悖论

通过计算的方法，可以对宇宙中的黑洞、奇点及时空拓扑等给出很好的模拟，那么，我们不禁设想，假如量子计算机发展成功，并提供了强大的算力，我们有没有可能计算和模拟整个宇宙呢？虽然现实情况还无法验证，但是从思想实验的角度可以对此进行哲学上的讨论。实际上，即使存在一台算力超级强大的计算机，也可能无法模拟整个宇宙的演化，其原因如下[①]。

首先，不确定原理限制了模拟的精确性。如果要模拟宇宙，计算机运算的单元是比特，但是信息比特的状态只能是 0 和 1 两个状态的组合，而宇宙的最小单元涉及时空的基本机构，目前还不清楚，而且 0 和 1 是确定的状态，而宇宙的基本单元一定是不确定的。当然，这个问题在一定程度上可以用量

① 火星一号：《计算机可以完美模拟整个宇宙吗？》，2018-07-10，https://zhidao.baidu.com/daily/view?id=133759.

子计算机来解决，因为量子计算机的基本单元是量子比特，量子比特可能能够模拟宇宙中量子层面的变化。但是，我们的宇宙从根本上服从不确定原理，而量子理论本身是概率性和不确定性的。

其次，宇宙具有无限多的可能性。由于我们不清楚宇宙的初始状态，所以就没办法制定一个状态演化的初始条件。所以，即使我们可以获取宇宙目前的所有状态数据，也只能计算出从现在开始宇宙所有可能的状态。这就如同多世界诠释所描述的，宇宙分裂出来无限的宇宙，如此多的宇宙都是宇宙未来可能的状态,因此我们并不清楚我们的宇宙究竟会确定地演化为哪一个。

最后，计算机无法模拟自身。这就类似于罗素的理发师悖论，假如量子计算机要模拟宇宙，那么量子计算机自身作为宇宙的一部分，必须也要包含计算机自身的所有信息。这样就形成了一个无限的递归，从而进入无限死循环。

总之，尽管随着科学的发展，学科分裂成越来越窄的分支，彼此之间的交流也越来越少。但随着知识的进步，在不同领域工作的科学家发现他们有越来越多的东西可以相互学习。在实验室中探测量子引力的机会是由高能理论学家的推测所推动的，但它也从凝聚态物理学家、原子物理学家和计算机科学家的专业知识中汲取了很多经验。总之，随着各个学科方向的融合，新的方法会不断交叉产生全新的结果，以及当下大数据和深度学习的发展，使得计算和模拟的方法可能会成为一个全新的研究范式。

二、非数字的量子模拟方法

那么，我们是否可以在人类现有的科技水平基础上，构建一个模拟器，其复杂度远低于量子计算机，但是仍然可以完成一些经典计算机无法完成的任务？答案是肯定的，我们还可以利用另外一种方式来进行模拟，建立一种量子模拟器，来解决一些标准的数字技术所不能完成的检验问题。利用非数字的量子模拟方案，经济高效并且应用更加广泛。这样的过程不是一个数字计算过程，更像是一个测量过程，在费曼看来，测量本身就是一种计算。当一个系统计算需要庞大的计算资源的时候，那么最好的方式就是让这个系统自由演化，并且在适当时候进行测量，这种方式可以更加快捷、精确地获得结果。比如，如果想计算一个篮球脱手后的飞行速度，与其费时费力收集数据进行计算，倒不如直接对篮球的速度进行测量。虽然，非数字形式的量子模拟是一种只能实现专门用途的机器的自发演化过程，并没有数字通用量子计算机那样神通广大，但是，这种形式的量子模拟更加容易实现。不过，这样的模拟实验可能不为大众所熟知，事实上，从 20 世纪 80 年代开始就已经有科学家考虑在实验室中通过桌面级的实验来模拟黑洞[①]，到现在，科学家已经能够模拟很多前沿的宇宙学问题。本小节将以超冷原子技术为主，介绍量子模拟在人类探索宇宙奥秘过程中所发挥的神奇力量。

1. 模拟黑洞

1974 年，霍金提出了著名的黑洞蒸发理论（霍金辐射）。由量子力学理论我们可知，真空实际上并不空，根据测不准原理，真空中的量子涨落会导致光子对（粒子和其对应的反粒子）的不断生成和湮灭，在黑洞的事件视界附近，由于黑洞的引力足够大，某一瞬间可能会将具有负能量的反粒子吸入黑洞，粒子则辐射了出去，从而导致了霍金辐射。然而该理论至今都没有得到直接的实验验证，因为该辐射实在是太微弱了，甚至要比宇宙的微波背景辐射还弱，这使得直接观测困难重重。基于霍金的理论，1976 年，加拿大不列颠哥伦比亚大学的物理学家盎鲁教授猜想，如果霍金的理论正确，那么一个处在极大加速度下的人将感受到一个类似的热辐射，这便是盎鲁效应，或者叫盎鲁辐射[②]。爱因斯坦的等效原理指出重力场和以适当加速度运动的参

① Unruh W G. "Experimental black-hole evaporation?" *Physical Review Letters*, 1981(46): 1351.

② Unruh W G. "Notes on black-hole evaporation". *Physical Review D*, 1976(14): 870-892.

考系是等价的，这就导致霍金辐射和盎鲁辐射是完全等价的。然而，盎鲁辐射同样难以验证，因为，一个人即使承受 10^{18} 数量级的加速度，他也只能感受到 1 开尔文的微弱辐射，做个对比，喷气式飞机的飞行员所感受到的加速度也不超过 10。

2019 年，美国芝加哥大学的金政教授团队，利用碱金属铯原子的玻色-爱因斯坦凝聚（Bose-Einstein condensation，BEC），成功模拟了盎鲁效应，并且观察到了 2 微开尔文的辐射，这一结果和盎鲁教授的预言完美吻合，成功证实了辐射场的量子属性①。这一重要量子模拟实验来源于金政教授团队发现的另一奇妙的量子现象："玻色烟花"。2017 年，金政教授团队对囚禁在光学偶极阱中的铯原子 BEC（包含 60 000 个铯原子，温度为 10 纳开尔文）所处环境的磁场加一个精细的调制，磁场大小设置在费希巴赫共振点附近，使得铯原子处在一个强相互作用区域。在经过十几毫秒的作用后，他们观察到了一个神奇的现象，一些铯原子突然聚群向各个方向喷射，就像烟花一样，这就是"玻色烟花"②。

在这样一个体系中，虽然铯原子 BEC 并没有运动，但是磁场的调制作用会产生一个类似将铯原子 BEC 推动到加速参考系中一样的效应，这就为模拟盎鲁效应提供了可能。金政教授团队对原子的热辐射分布进行统计，发现原子数的涨落精确地符合玻尔兹曼分布。更进一步，团队观察到了物质波辐射在空间和时间上的相干性，这与盎鲁教授的预期惊人的一致。相干性正是量子力学的特征，这也反映出盎鲁辐射正是来源于量子力学效应，而这将可以进一步推广到霍金辐射。相关研究对于研究弯曲时空的量子现象具有重要的

---

① Hu J, Feng L, Zhang Z, et al. "Quantum simulation of Unruh radiation". *Nature Physics*, 2019, 15(8): 785-789.

② Clark L W, Gaj A, Feng L, et al. "Collective emission of matter-wave jets from driven Bose-Einstein condensates". *Nature*, 2017, 551(7680): 356-359.

启发意义，金政教授在接受采访时谈道：“现在有很多关于是否能够兼容爱因斯坦广义相对论和量子力学的讨论。有很多的提议、猜测甚至是悖论，我希望通过我们的实验可以帮助人类更好地理解量子力学是如何在弯曲时空中运行的。”①

1972 年，盎鲁在牛津大学的一个讲座上，向在座的听众设想了一个有趣的场景：假设有一条鱼掉进了一个水流速度非常快的瀑布，瀑布水流的下落速度非常快，以至于某些区域的速度超过了声速，那么如果这条鱼在超声速区域发出一声尖叫的话，那么由于水流速度超过了声速，瀑布上面的同伴将永远也听不到它的尖叫声。盎鲁教授进一步解释，这就像一个人如果掉入黑洞的话，那么处在事件视界的外面的人将再看不到这个人。这里我们还可以想象另外一种情形，一条流速非常快的河流，在流向大海的同时，它的流速逐渐变慢，那么大海中的鱼发出的叫声，就永远无法进入流速高过声速的区域，那么这里的河流就类似没有东西可以进入的白洞一样。白洞与黑洞正好相反，白洞会不断向外发射物质和能量，但是外部的物质无法进入白洞。盎鲁教授这一有趣的思想实验正是其随后提出声学黑洞的思想基础。1981 年，盎鲁在理论上首先提出了利用声学黑洞系统来模拟霍金辐射，当流体的速度超过声速后，流体中的声波将被囚禁在超音速区域，无法逃离，这就类似光波在黑洞中一样，形成一个“哑洞”②。在“哑洞”系统中，流体类似于黑洞时空的几何结构，流体的亚声速和超声速的交界处就是“声学视界”，声学视界和真实黑洞的事件视界可以用完全相同的方程来描述，可以展现出很多类似于黑洞的事件视界处的效应，比如霍金辐射。盎鲁教授表示：“如果

① Fadelli I. “A quantum simulation of Unruh radiation”. 2019-06-07. https://phys.org/news/2019-06-quantum-simulation-unruh.html.

② Steinhauer J. “Observation of quantum Hawking radiation and its entanglement in an analogue black hole”. *Nature Physics*, 2016, 12(10): 959-965.

你了解了其中一个系统，那么你也将窥探到另一系统奥秘。”[①]在这一先驱性的想法提出以后，科学家相继提出了很多种实验方案，并且进行了大量的实验尝试。这些实验系统包括：水中的波浪、BEC 中的声波、光纤中的光波等。不过，想要在实验室中利用模拟系统观察霍金辐射效应绝非易事，本书重点介绍两项发展较快的黑洞模拟的实验方案：BEC 和光纤。

流体中声波的属性与时空中的光波极为相似，并且如果流体在空间或者时间维度是非均匀的，那么就能模拟弯曲的时空。更进一步，如流体是一个相干的量子系统（如 BEC），那么该模拟就能扩展到模拟量子场理论。这为实验室中研究弯曲时空中量子场理论提供了可能，比如宇宙早期粒子的产生、霍金辐射、盎鲁效应和伪真空衰减等。因此，科学家在理论上提出了利用 BEC 作为流体来进行实验。不过，这些理论方案面临一个巨大的挑战，就是如何获得一个稳定而低温的超声速的凝聚态流体，因为，BEC 作为一个超流体，其流速会被限制到朗道临界速度。2009 年，以色列理工学院的斯特恩豪尔（J. Steinhauer）教授团队克服了这一速度限制，首次在实验上获得了稳定的超声速 BEC，并且计算出了霍金温度在 0.1 纳开尔文的量级[②]。随后，斯特恩豪尔教授对实验系统进行了改良，降低了系统的噪声，提高了系统的稳定性，进一步观察到了一系列相关现象：2016 年，成功观测到了“哑洞”的声子辐射，并且成功观测到声学视界两侧成对声子的量子纠缠度随着能量的降低而减弱，这与霍金的计算结果相吻合，证实了霍金辐射的量子属性[③]；更进一步，2019 年，团队发现“哑洞”的辐射谱与热辐射谱一致，并且通过表面重力获

---

① Wolchover N. “What sonic black holes say about real ones”. *Quanta Magazine*, 2016-11-08. https://www.quantamagazine.org/what-sonic-black-holes-say-about-real-ones-20161108/.

② Lahav O, Itah A, Blumkin A, et al. “Realization of a sonic black hole analog in a Bose-Einstein condensate”. *Physical Review Letters*, 2010(105): 240401.

③ Steinhauer J. “Observation of quantum Hawking radiation and its entanglement in an analogue black hole”. *Nature Physics*, 2016, 12(10): 959-965.

得了体系的有效温度，其结果与霍金的理论预期的完全吻合[①]。这一实验结果，第一次为霍金辐射理论提供了实验证据，被新闻媒体进行了广泛的报道。但同时这一结果也引发了科学界更多的争论。

一方面，如果实验结果是正确的，那么将带来另一个更重大的问题。根据霍金的理论计算，霍金辐射是一种随机的，不包含任何特征信息的行为，因此，随着霍金蒸发的不断进行，黑洞最终将消失殆尽，其所包含的信息也将随之消散，这就产生了黑洞信息悖论。但是，根据量子力学理论，宇宙中所有粒子所包含的所有可能状态之间的变换都具有幺正性，也就是说我们可以通过对现在宇宙状态的反演变换，而窥探宇宙历史发展的所有信息，这就是量子力学的信息不灭论。量子力学的幺正性也使得量子计算具备了天然的可逆性，从而避免了经典计算机信息擦除所带来的发热。因此，如果霍金、盎鲁和斯特恩豪尔等的一系列理论和实验结果是正确的话，那么将动摇量子力学理论的根基。

另一方面，学界对于该模拟实验的讨论和质疑从未停息。爱因斯坦广义相对论所描述的黑洞事件视界处的时空是平滑并且连续的，这也是霍金计算过程中的一个关键假设。但是物理学家普遍认为，这只是一种近似，当把爱因斯坦的连续时空放到足够大时，时空的量子属性将显现出来。不过，霍金认为在其描述事件视界处的量子涨落的时候，可以忽略微观的物理细节。同时，盎鲁也发现这种近似也同样可以应用到流体的声学视界处，虽然流体是由一个个分立的原子组成的，但是在大尺度下其仍然可以近似为连续体。2005年，盎鲁进一步发文说明，无论理论上如何处理流体或者时空微观尺度上的物理细节，都不会影响计算结果[②]，这也就意味着霍金的近似并没有忽略任

---

① De Nova J R M, Golubkov K, Kolobov V I, et al. “Observation of thermal Hawking radiation and its temperature in an analogue black hole”. *Nature*, 2019, 569(7758): 688-691.

② Unruh W G, Schützhold R. “Universality of the Hawking effect”. *Physical Review D*, 2008(71): 024028.

何重要细节，斯特恩豪尔的实验也证实了声学黑洞的近似是可行的。那么，这是否就意味着霍金辐射确实存在，并且信息也会随之消散？现在下结论可能还为时过早。大部分科学家仍然认为信息是不灭的，在他们看来，虽然声学黑洞中流体的近似是足够精细的，但是时空可能并不能近似为平滑的，所以两个系统可能不能相互类比。所以，德国慕尼黑大学的物理学哲学家哈特曼反问道："问题的关键是，这种近似到底会有多大的关联性？"

另外，实验结果还受到了英国圣安德鲁斯大学的同行，莱昂纳特（U. Leonhardt）的质疑[①]，不过，很快斯特恩豪尔教授就对质疑进行了回应[②]。莱昂纳特教授一直在主导另一个模拟实验方案，采用光纤和激光作为实验对象。这一方案在静止的光纤中导入一个极短的激光脉冲，这样的实验设置使得并不需要将光纤加速到光速，但是也能达到和流动的介质一样的效果。2008 年，莱昂纳特团队在第一次实验上利用光纤演示了光学的事件视界[③]。团队利用钛宝石激光器产生 70 飞秒的激光脉冲导入光纤，由于克尔效应，这个脉冲会改变光纤的折射率，并且光纤折射率的变化会随着激光脉冲的移动而移动。在这样一个共动参考系下，尽管光纤实际上没有移动，但是由于激光脉冲以光速在光纤中传播，整个系统变成了一个以光速朝反方向快速移动的流体。随后，紧跟激光脉冲，在光纤中加入一个群速度稍大于激光脉冲并且波长连续变化的激光，作为探测光。当探测光逐步逼近激光脉冲的时候，由于克尔效应带来折射率的变化，探测光的速度将被减速直到和激光脉冲的速度一样，好像停在了脉冲的前端，这样激光脉冲的尾部就构造了一个白洞的视界，任

① Leonhardt U. "Questioning the recent observation of quantum Hawking radiation". *Annalen der Physik*, 2018, 530(5): 1700114.

② Steinhauer J. "Comment on questioning the recent observation of quantum hawking radiation". *Annalen der Physik*, 2018, 530(5): 1700459.

③ Philbin T G, Kuklewicz C, Robertson S, et al. "Fiber-optical analog of the event horizon". *Science*, 2016, 319(5868): 1367-1370.

何物体都无法进入。相反，激光脉冲前端的探测光，由于减速效应，形成了黑洞视界。另外，莱昂纳特教授还对模拟系统中光波在事件视界处的频移进行了探究。宇宙中黑洞的事件视界处，巨大引力的作用，导致光波产生一个极限频率偏移，波长变得极短，超越了普朗克尺度，这就是“跨普朗克问题”，这是目前人类科学还无法企及的区域。随后，2019 年，莱昂纳特在光纤系统中，还观察到了探测光所激发的受激霍金辐射，换句话说，这里的探测光扮演了真空量子涨落的角色。虽然，实验没有观测到自发的霍金辐射，但是已经接近这一结果，因为早在 1916 年，爱因斯坦就指出自发辐射和受激辐射存在着密切的内在联系。相较于 BEC 等一些非光学的系统，光纤系统具备一个天然优势，科学家可以直接探测到霍金辐射的光子，但是想要准确分辨哪些是霍金辐射的光子，也并非易事。不过，莱昂纳特模拟实验所得的一些结果，与霍金理论的预期结果并不太相符，相关结果还有待进一步论证。

上述两种实验方案都取得了巨大的进展，并且相互促进相互竞争。盎鲁教授评论道：“目前，BEC 和光纤系统正在争夺第一个无争议的探测到霍金辐射的地位。”[①]盎鲁坚持着自己最初的想法，一直致力于利用水流来建立事件视界的模拟实验。随着黑洞模拟实验的快速发展，科学家逐渐认识到，霍金辐射可能要比最初想象的更加普遍。这一现象可以发生在任何建立了事件视界的系统上，可以在光纤中，也可以在超冷原子中，甚至在水流中。但是，实验结果还需要在理论和实验上进行更加深入的探索和研究。

2. 模拟宇宙的演化

宇宙大爆炸理论为人类认识宇宙的核心理论，它描述了宇宙的起源和演化进程。随着宇宙微波背景辐射的发现，这一模型得到了学术界的广泛支持，

① Ball P. “Physicists stimulate Hawking radiation from optical analogue of a black hole”. 2019-01-19. https://physicsworld.com/a/physicists-stimulate-hawking-radiation-from-optical-analogue-of-a-black-hole/.

成为宇宙学中最有影响力的一个学说。超冷原子的量子模拟也同样可以进行一些相关的研究。

我们所看到的宇宙是个极其复杂的系统，其复杂结构的形成可以追溯到早期宇宙的量子涨落。随着宇宙的不断膨胀，量子涨落在宇宙流体中以声压波的形式传播，这一动力学过程表现为宇宙微波背景辐射的各向异性和星系的大尺度关联，声波的相互干涉使得宇宙微波背景辐射的角向密度谱呈现多峰结构，这一现象也被称作萨哈罗夫振荡或者声学振荡，最早由苏联原子物理学家萨哈罗夫（A. Sakharov）所预言，可以提供包括密度、组成结构及未来宇宙的演化等丰富的宇宙信息。乍一看，超冷原子系统和宇宙系统无论是在能量尺度，还是长度、时间尺度上都存在很大的差别，那么如何才能实现模拟？这里需要注意的是,早期宇宙的演化仅仅依赖于流体力学和状态方程，而对微观细节并不敏感，这就为实验室模拟萨哈罗夫振荡提供了可能。在模拟实验中，宇宙流体中的引力作用和辐射压力可以通过超流体中的玻色子聚束和原子排斥性相互作用分别得到，膨胀后的引力不稳定性可以通过原子相互作用的突变来模拟。2012 年，金政教授团队在利用铯原子的 BEC 超流体构造的二维原子团中成功观察到了原子密度谱的多峰结构，对萨哈罗夫振荡进行了模拟[①]。该模拟实验首先要构造一个扁平的原子超流体，随后通过费希巴赫共振来突然改变原子的相互作用，打破系统的平衡状态，紧接着通过原位成像监视原子在时间和空间尺度的密度涨落。在几毫秒的时间尺度内，可以看到原子团剧烈的密度涨落，这一现象正是相互作用突变产生的声波继而干涉的结果，可以解释为萨哈罗夫振荡。

快速膨胀的超冷原子系统也可以展现出类似宇宙膨胀过程的一些性质。

---

① Hung C L, Gurarie V, Chin C. “From cosmology to cold atoms: Observation of Sakharov oscillations in a quenched atomic superfluid”. *Science*, 2013, 341(6151): 1213-1215.

美国马里兰大学的团队，将钠-23 的玻色爱因斯坦凝聚，囚禁在一个环形的势阱中，紧接着在 15 毫秒内，将凝聚体的半径扩大 4 倍，凝聚体扩张的速度达到了超音速。通过对玻色爱因斯坦凝聚体进行成像探测，更进一步对凝聚体参数（凝聚体密度、穿越凝聚体声子的频率和相位等）的时间演化进行分析，该团队演示了 3 个类似宇宙膨胀的特征效应[①]。首先，观测到了声子的红移现象，这类似宇宙中光的红移的现象，宇宙中光的红移现象为宇宙膨胀学说提供第一个证据；其次，观测到了 BEC 的动力学过程中，存在类似“哈珀摩擦”的阻尼效应，“哈珀摩擦”常常被用来描绘膨胀宇宙的一些性质；最后，观察到了 BEC 膨胀过程中的能量转移过程，这一过程和早期宇宙的“预热”过程非常相似。

光在真空中的传播速度为 3×10^8 米/秒，根据相对论，光速与参考系没有关系，但是光的速度仍然是可以改变的。我们都知道，光在不同的媒介中传播的速度会随着折射率的变化而变化，折射率越大，光速会变得越慢，这并不违背相对论原理，爱因斯坦的相对论只设定了光速的上限，并没有限定光速的下限。在冷原子中，利用电磁诱导透明技术可以在玻色爱因斯坦凝聚中实现折射率的急剧变化，使得光速减到很慢。1999 年，一个由斯坦福大学和哈佛大学等组成的研究团队，利用超冷的钠原子成功将光速减到了 17 米/秒[②]。利用这一现象，我们可以做很多事情。宇宙膨胀模型机制可用一个标量膨胀场来描述，科学家发现玻色爱因斯坦凝聚态中减慢的光在数学形式上可以等价于早期宇宙的演化，并且可以进一步模拟相对论量子场论中的非稳态量子真空[③]。

① Eckel S, Kumar A, Jacobson T, et al. “A rapidly expanding Bose-Einstein condensate: An expanding universe in the lab”. *Physical Review X*, 2018, 8(2): 021021.

② Hau L V, Harris S E, Dutton Z, et al. “Light speed reduction to 17 metres per second in an ultracold atomic gas”. *Nature*, 1999, 397(6720): 594-598.

③ Opanchuk B, Polkinghorne R, Fialko O, et al. “Quantum simulations of the early universe”. *Annalen der Physik*, 2013, 525(10-11): 866-876.

1 量子真空的非稳定性是宇宙膨胀概念的关键理论机制，正是这一机制，导致了宇宙初期在一眨眼工夫膨胀了数十个数量级，并且由于随后的时空中各种量子涨落的“冻结”，为随后星系的产生奠定了基础。

3. 模拟规范场

2020 年，中国科学技术大学潘建伟院士团队利用超冷原子系统实现了对于阿贝尔规范场理论的模拟实验研究①，并且首次实现了规范不变性，这为进一步探究更加复杂的规范理论奠定了基础。实验中，潘建伟院士团队使用了光学晶格技术，这一技术，简单来讲就是利用相互对射的激光所产生的干涉效应，将原子囚禁在激光相互叠加的加强区域，这就像放在鸡蛋盒中的鸡蛋一样。这一技术在模拟凝聚态物理中一些重要现象中发挥了巨大的作用，如石墨烯。这一重要实验进展还将为科学家打开另一扇窗，进一步拓展到研究量子引力系统。

为了解决量子力学和广义相对论不相容的难题，科学家提出了两套理论，一是弦论，二是圈量子引力理论，但是一直以来，这两套理论都没有得到验证。在弦论中，为了解决黑洞的信息悖论，诞生了一个不为人所熟知的理论：全息原理，见图 14.2。全息原理认为整个空间的性质可以编码到其边界上，所以我们所见的宇宙其实是真实宇宙的投影，这就使得量子引力的 d+1 维的时空可以等价于用一个 d 维的非引力的量子多体系统的边界来代替，正如规范/引力对偶所示。这正是第二次超弦革命所带来的结果，弦论科学家为量子引力建立了一个非常漂亮的框架，表明超弦理论或者说 M 理论在本质上等价于规范场理论。所以，如果全息原理是正确的，那么科学家就可以利用囚禁在光晶格中的超冷

① Yang B, Sun H, Ott R, et al. “Observation of gauge invariance in a 71-site Bose-Hubbard quantum simulator”. *Nature*, 2020, 587(7834): 392-396.

费米气体所构造的非引力系统来创造一个等价的量子黑洞①，这里的“等价”意味着，量子引力系统和非引力系统在原理上是无法区分的。因此，如果在实验上实现了对于规范场论的模拟，那就意味着在实验上实现了量子引力系统。

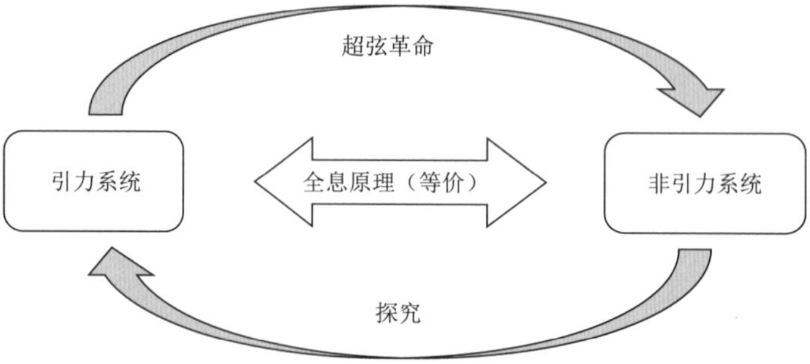

图 14.2 全息原理理论

通过上文对相关研究的讨论，我们可以看到量子模拟正在改变人类研究宇宙的方式方法，我们已经可以将整个宇宙装入我们的实验室，这为探究宇宙奥秘开辟了新的思路，极大拓展了人类科学研究的边界。但是我们也应该认识到，宇宙系统是一个极其复杂的系统，在量子模拟实验中，科学家并不能完全去重建宇宙，而只是能够对理论上所推测的宇宙的某些属性来进行模拟。不过，类似这样的实验研究对于我们精确了解宇宙奥秘至关重要，因为，以目前的人类科技来说，我们只能以这样的方式，不断去探索、去趋近宇宙的终极奥秘。类似上述的实验还有很多，除了可以模拟宇宙理论，模拟对象还可以是凝聚态物理、化学、高能物理等，模拟材料也不仅仅局限于超冷原子系统，还可以是离子阱、超导线路、半导体量子点等。未来，随着量子调控技术的进一步发展，量子模拟还将在更多更广的领域发挥更多更大的作用，推动人类科学技术的发展。

① Danshita I, Hanada M, Tezuka M. “How to make a quantum black hole with ultra-cold Gases”. 2017-09-21. https://arxiv.org/abs/1709.07189.

三、模拟方法的认识论思考

计算与模拟不但在细节层面上影响着科学方法论，也影响着如人类推理等更为普遍的哲学问题。计算与模拟意味着一种什么样的推理方式？显然它不同于传统的归纳或演绎，而是一种组合性的推理，是集众多推理模式于一体的新的推理方式，哈金（I. Hacking）等将这种方式称为组合风格（combinatorial style）。传统科学哲学中，演绎推理和逻辑推理扮演着重要的角色，也被认为是典型的科学方法论，数学成为正确无误知识的典型，在科学中发挥了不可或缺的作用。然而，在计算与模拟中，数学并不是只扮演这一种角色，数学建模中充满了各种不同的推理模式。也就是说，计算与模拟为数学的多元本质及其在科学中的多种应用提出了挑战，这是科学哲学必须要面对的。

模拟所产生的知识该如何辩护？如何评价模拟所达到的效果与目的？这些是被称为计算机模拟的认识论问题。传统科学哲学关注的是科学理论的确证问题，而非科学理论的应用问题。但对于计算机模拟来说，它们是对科学理论的应用，它们应用的是已经确立的理论。温斯伯格（E. Winsberg）论证指出，计算机模拟产生的知识具有三种特别的性质，一是向下性，即模拟本身是从应用已有的科学理论开始的，不同于传统的从实证到科学理论的向上过程；二是混杂性，模拟并不仅仅依赖于理论，而且还依赖于其他资源，如参数化、理想化、计算机硬件等；三是自主性，模拟产生的知识往往缺乏经验认证，因为正是在经验缺乏之时才需要模拟，因而模拟是要取代实验和观察的，是自主的证据。这三个特征是所有的模拟都必须满足的充分条件。温斯伯格认为，“模拟需要一种新的认识论，因为科学哲学中关于知识主张如何被确证的传统解释并不能就模拟给出说明”[①]。模拟比传统科学哲学所处

① Winsberg E. “Simulations, models, and theories: Complex physical systems and their representations”. *Philosophy of Science*, 2001: 68: S447.

理的成熟科学理论要复杂得多，因而也就有特别的认识论问题。

但是弗里格（R. Frigg）和里斯（J. Reiss）并不同意温斯伯格的观点，他们认为计算机模拟与普通的纸和笔模型没有本质的区别，计算机模拟与仿真的认识论问题可以细分为它们所应用的模型的适当性问题和模型方程解的正确性问题，前者与普遍的模型没有区别，后者则是一个数学问题。所以，弗里格和里斯认为，计算机模拟虽然在科学实践中扮演了重要的角色，但在科学哲学上并没有研究的空间和意义。

计算机模拟通常应用的是多个不同的理论，这些理论模型的原则可能会不一致，但这并不意味着不可能提出一个模型进行模拟，比如可以应用一个同时涵盖量子力学和经典分子动力学的模型，这样既可以克服前者计算的复杂性，也可以改进后者预测力不足的问题。这些不同的理论在模型中扮演不同的角色，或者分别在不同的层次上起作用。那么，不同层次理论间的关系又该如何去认识？它们之间满足还原论吗，也就是说可以从高层次的理论还原到低层次的理论吗？在第九章关于重整化的讨论中我们已经看到，这些理论分别在不同的层次上起作用，其间的关系并非还原或非还原如此简单，而是非常微妙。

“计算机模拟所引发的哲学问题并非都是认识论的。”[①]比如，保罗·汉弗莱斯（Paul Humphreys）认为，它们还对我们理解理论结构有深刻的影响，即它们揭示的科学理论的语义学和句法学观点都是不充分的，还应该考虑到其语用学的维度。弗里格和里斯则给出相反的论证，他们认为模型的语义学部分，即它与世界间的联系，并不受到模型本身可解性的影响。科学理论的句法学观点认为，理论是一个公理化的系统，科学实践可以得到充分的理性重构，逻辑演绎能够有效地思考如何从理论到世界的推理科学理论的语义学

① Winsberg E. “Computer simulation and the philosophy of science”. *Philosophy Compass*, 2009: 842.

观点认为，理论是非语言的实体，语言表达理论的特殊形式是偶然的，并不能代表理论本身的意义，理论本身的意义需要从理论与世界间的联系中去寻找。考虑到计算模拟，句法学观点和语义学观点都是有问题的。

第十五章
科学理论评价的新标准

对于当代量子论而言，建立在经验论科学基础之上的假说-演绎的理论确证和证伪模型已经不适用了，亟待重新建立新的科学理论评价标准。超弦、圈量子引力、量子信息等当代量子理论的不同进路受到不同科学家的追随，每一种进路都形成了一个相对封闭的、小的科学共同体，这些共同体彼此之间难以沟通或不愿沟通，与原本建立在相同范式之上的大的物理学共同体形成了鲜明的对比。典型如超弦理论的科学共同体，他们在物理学界拥有强大的话语权和社会资源，有着专属且独特的理论自信，他们借助于无替代论证、附加解释论证、无归纳论证等非经验标准为自己的理论作辩护。我们在当代量子论视野下，结合数学物理学关系的新图景，考虑到物理学在数学中的有效性，为物理学统一理论的似真性提出了数学统一的标准。似真性弱化了经验检验中的逼真性，又避免了库恩之后的相对主义，是后经验时代科学理论评价的一种必然选择。

第一节　科学共同体的评价

在库恩看来，并不存在逻辑主义所谓的普遍的科学评价标准，评价标准会随着科学不同阶段的状态而变化。在科学革命时期，存在多个竞争理论或竞争范式，不同的专家会出于不同的原因偏爱并选择不同的理论，缺乏统一的理论评价标准。但随着常规科学阶段的到来，最终这些专家们会达成一致，给出一致的评价或选择。

当前量子理论处于又一个革命阶段，存在多个相互竞争的量子引力理论，在难以依赖有效的经验辩护方式做出最终的选择之际，物理学共同体发生了分裂，分裂为多个小的共同体。这些共同体相互竞争，彼此孤立，尤其以弦论共同体为典型，这使得原先物理学共同体拥有共同认可的评价标准这一情形发生了改变。小的共同体各有各的评价标准，都认为自己的理论有竞争力，彼此之间难以认同，上演了小共同体间的争论与攻击。并且值得关注的是，争论不只发生在物理学共同体内部，也发生在大众传媒层面，因而对于公众理解科学颇有意义。

一、弦论共同体

弦论诞生于 1968 年，而其首次获得科学界的关注是在 1984 年第一次超弦革命之后。这一年，布赖恩·格林和施瓦茨的研究表明，弦论能够容纳四种基本相互作用。“标准模型的许多特征——那是经过几十年艰难探索发现的——简单地在弦论的宏大结构中自然出现了。”[①]弦论再现了粒子物理学标准模型诸多特征，再加上它能将引力容纳进来，长久以来对终极理论追求的人们似乎在弦论中看到了希望，这使得弦论迅速在学术界流行起来。大学和研究机构陆续开设弦论讲习班，弦论在科学共同体内部吸引了大量的关注与投入，更多的年轻学者纷纷踏进弦论的大门。

然而，科学共同体内部对待弦论的态度并不统一，数位在粒子物理学领域做出重要贡献的物理学家并不认可弦论。杨振宁认为相较于粒子物理学，

① ［美］B. 格林：《宇宙的琴弦》，李泳译，湖南科学技术出版社 2002 年版，第 147 页。

超弦在“另起炉灶，把场的观念推广，没有经过与实验的答辩阶段……很可能是一个空中楼阁”[①]。费曼直率地讲，“我不喜欢他们不做任何计算，不喜欢他们不检验他们的思想，不喜欢任何与实验不符的东西。他们不是在推导，他们仅仅是在表示因为这是他们能构造的唯一模型；因为没有办法证明它是错误的，所以就是对的”[②]。诺贝尔奖得主格拉肖数次将弦论与神学进行类比，1986 年他称“弦论已经成为中世纪神学的新版本，取代天使的是卡拉比-丘流形”，1988 年他又说，“与物理系相较，弦论更适合于数学系甚至神学院”[③]。

1995 年，威滕等证明了第一次超弦革命中提出的五种不同的弦论在对偶性的基础上能够统一到 M 理论中，五种弦论随着耦合常数和几何参数的改变可以相互转化，史称第二次超弦革命。一时间，专业期刊和大众媒体纷纷跟进报道弦论取得的重大突破，仿佛统一理论的梦想即将实现。不过，理性的科学家并未被超弦理论的进展冲昏头脑。在他们看来，弦论仍然缺乏完整的形式，弦论家也没有证明是否存在这样一个完整的形式。理论的基本原理和主方程是什么也并不明确，更为重要的是，弦论作为物理学理论缺乏实验证据的支持。在弦论的支持者们看来，即使弦论最终不是成功的统一理论，它还是产生了一些能帮助我们理解其他理论的知识，比如弦论的研究促进了数学的发展。争论双方各执一词，支持者们避开实验检验来谈论弦论的优势，而反对者们抓住实验检验这一关键环节不放。争论僵持不下，在物理学共同体内部形成了支持和反对弦论的两个派别，形成了以往从未有过的对峙和敌对。

在科学共同体内，弦论学家们自成一派，形成了一个孤立的小的共同体，

---

① 杨振宁：《杨振宁文集：传记、演讲、随笔》，华中师范大学出版社 1998 年版，第 515 页。

② [英]戴维斯、布朗：《超弦：一种包罗万象的理论？》，廖力、章人杰译，中国对外翻译出版公司 1994 年版，第 179 页。

③ Ritson S, Camilleri K. “Contested boundaries: The string theory debates and ideologies of science”. *Perspectives on Science*, 2015, 23(2): 201.

拒绝与其他共同体的交流。弦论学家认为自己的理论最有希望成为“万有理论”（theory of everything），他们采用的方法是最有希望成为“万有理论”的方法，这使得他们自认为拥有高人一等的优势。他们信奉自己的理论，不允许他人反驳，甚至并不在乎外界提出的问题和质疑，即使这些问题和质疑有理有据。弦论学家们强烈的界限意识使其形成了自己的小团体模式，他们有着统一的信仰、一致的观点，他们的研究步调一致，跟随着威滕等几个主要引领者的指引。这个小团体在物理学共同体中占据着绝对的比例，居于诸多知名高校的主要职位，拥有着绝对的学术话语权，在人才和资金的分配中具有绝对的优势，这使得许多外部人员想要进入这个群体。弦论共同体的孤立与封闭特性，使得外界的批判与质疑难以渗透并形成影响。围绕弦论的争论有待于弦论进入公众视野、依靠在公众领域中的影响力放大来催化与发酵。

二、弦论共同体与其他共同体的争论

出于支持或反对弦论的不同倾向，原先的物理学共同体分裂成了两个对立的团体。随着围绕弦论公众传播工作的开展，这种对峙逐渐延伸至公众领域，支持与反对派都试图借助于媒介、公众舆论的力量获得认同感。无论是面向公众对弦论的宣扬，抑或面向公众对弦论的批判，都形成了布罗克曼意义上的第三种文化。被公众视野放大的弦论争论，使得孤立的弦论共同体不得不面对质疑发声，公众领域中的弦论争论愈发地激烈。

1. 公众视野中争论

1999 年美国哥伦比亚大学的理论物理学家布赖恩·格林出版了《宇宙的琴弦》（*The Elegant Universe*），引起了学术界和媒介的广泛关注，让弦论进入了公众视野。布赖恩·格林凭借坚实的物理学与数学基础和自己独特的表达天赋，向大众展示了深奥弦论的优雅，使得公众对弦论有了直观的认识。在物理学家为大众写作的伟大传统中，《宇宙的琴弦》树起一面不倒的旗帜。

《科学美国人》《新科学家》《自然》《星期日电讯报（伦敦）》等许多著名报刊均对该书有着超高的评价。该著作荣获 2000 年安万特科学图书奖，后者是世界科普图书的殿堂级奖项。2003 年，美国公共电视网将《宇宙的琴弦》制作成电视节目播出，导演和主持人都由布赖恩·格林亲任，该节目获得了皮博迪奖（以严肃著称的美国广播电视文化成就奖，是全球广播电视媒体界历史最悠久最具权威的奖项）。2004 年，布赖恩·格林又出版了作为《宇宙的琴弦》姊妹篇的《宇宙的结构》（*The Fabric of the Cosmos*）。弦论经由布赖恩·格林等成功的公众传播，吸引了物理学之外的人们对物理学前沿领域的关注，让更多的人认为弦论是有前途的，也是实际上唯一可行的大统一理论的候选者，吸引了更多的年轻人投身于这一学术领域。

弦论家直接面向公众传播的大获成功，以及对弦论的大肆和高调宣传引起了反对弦论的一些科学家的不满。2006 年，美国哥伦比亚大学数学系沃特的《甚至连错误都算不上：弦论的失败和统一物理定律的持续挑战》（*Not Even Wrong：The Failure of String Theory and the Search for Unity in Physical Law*）和加拿大圆周物理研究所的物理学家斯莫林的科普著作《物理学的困惑》（*The Trouble with Physics*）相继出版，针对弦论存在的问题提出了质疑与批评。一时间，围绕弦论的争论迅速在公众媒体等范围内引起广泛的关注，“这些著作标志着日趋增加的公众争论的高潮，这些争论包括科学家在博客和在线论坛上的交互，《纽约时报》和流行出版物的专栏文章、通俗的科学著作评论、公众讲座等公众辩论。”[①]愈演愈烈的争论被科普记者约翰逊（G. Johnson）称为“弦论大战”，论战双方分别是弦论学家和反对弦论的科学家。

---

① Ritson S, Camilleri K. “Contested boundaries: The string theory debates and ideologies of science”. *Perspectives on Science*, 2015, 23(2): 192-227.

2. 关于弦论的批判

沃特和斯莫林质疑弦论的关键在于其不可检验性，进而在此基础上对其进行了社会学维度的批判。沃特在《甚至连错误都算不上：弦论的失败和统一物理定律的持续挑战》中强调了弦论的不可检验性，认为弦论的不完整性使其都算不上是一种错误。斯莫林曾经也是弦论研究大潮中的一员，后转向了圈量子引力。他“相信弦论和圈量子引力的基本结果都是正确的”[①]，但认为弦论可付诸实验检验的前景渺茫。

斯莫林和沃特指出促成弦论占据物理学研究中主导地位的因素主要是心理和社会因素。一方面，因为弦论的难度要求弦论家必须投入大量的时间和精力来掌握这个主题，然后才能希望做出有价值的贡献。正如沃特所解释的那样，目前超弦理论研究的核心内容的复杂程度巨大，意味着需要投入大量的时间和精力才能掌握足够的主题来开展这种研究。沃特认为进入该领域所需的巨大智力投资使弦论学家们在心理上和专业上很难放弃其方向。另一方面，与弦论研究占据大量资源形成对比的是，基础物理学进展缓慢。斯莫林质问：“为什么在过去的25年里，尽管数千名最有才华和训练有素的科学家付出了很多努力，基本物理学却没有取得明确的进展？”[②]斯莫林对理论物理学中这场危机的诊断超出了方法论批评的范围，他认为一种功能失调的社会学需对当前形势负责，这些导致了理论物理学方法论中的病理学，从而推迟了物理学本身的进展。他在《物理学的困惑》一书中指出，弦论的前景很渺茫，但却占据着物理学研究的主导范式和多数资源，导致其他有前途的替代方法缺乏相应的支持和资源，从而阻碍了物理学总体的前进方向，正如其英文版封面上所写的：“弦论兴起了，科学却衰落了。”斯莫林承认弦论需

① [美]斯莫林：《通向量子引力的三条径》，李新洲、翟向华、刘道军译，上海科学技术出版社2003年版，第8页。

② [美]斯莫林：《物理学的困惑》，李泳译，湖南科学技术出版社2008年版，第338页。

要更多的关注，但他同时认为已有令人信服的证据表明弦论是有问题的，如圈量子引力等替代理论不应该因为有问题的弦论而被扼杀，他呼吁更为民主的理论研究，倡导多个理论并进的观点。另外，斯莫林和沃特还认为，弦论家过多地重视自己队伍中领导和权威的意见，比如对威滕等弦论领袖的过度依赖。由于威滕等在弦论研究中的主导地位，只要他们稍微提出一些新方向，就有很多学者跟进发表大量相关论文。这种英雄式的个人崇拜和过度依赖导致了弦论的不健康发展，使得学者的大量精力集中在某个狭窄的方向上，进一步导致了弦论的研究停滞不前。

3. 关于弦论的辩护

与以前弦论学家面对质疑不屑于理会所不同，沃特和斯莫林面向公众对弦论的指控，立刻引起了弦论共同体的回应与否认。围绕弦论的科学性、弦论的社会学效应和质疑的可信度，弦论学家们进行了公开回应和辩护。辩护从下述几方面展开：①否认弦论停滞不前，认为弦论在与其他理论的互动中取得了实质性的进展；②承认弦论的社会学效应，但并不认为社会学因素损害了物理学的进步；③对批评者的可信度发起攻击，认为所谓的批评是外行对内行的攻击。

美国加州大学圣塔芭芭拉分校卡弗里理论物理研究所的弦论学家波钦尔斯基并不认同斯莫林关于弦论在过去 20 多年的研究中毫无进展的指控，“在许多方面，我感到与其他物理学领域的界限正在缩小”[①]，包括弦论对重离子物理学做出了重大贡献，弦论与场论之间有许多相互影响的话题。“尽管没有实验预测，弦论仍在继续取得进展，因为它能够解决一些看似无法克服的关键问题。理论物理学家致力于弦论研究的原因是，弦论在解决许多突出的理论问题方面取得了真正的进展，并且代表了迄今为止实现量子引力统一理论

① Brumfiel G. “Theorists snap over string pieces”. *Nature*, 2006, 443(7111): 491.

目标的最有希望的方法。对于许多物理学家来说，这是唯一可行的方法。”[①]

英国帝国理工学院的理论物理学家达夫承认“一些弦论学家是傲慢的，排他性的，不愿意听非正统的观点”[②]，但他认为斯莫林的著作将社会学与科学混为一谈、指责弦论学家是糟糕的物理学家，是完全错误的。斯莫林的说法存在扭曲和误导，使得“不仅是记者容易上当受骗，哲学家格雷林（A. C. Grayling）也不加批判地接受书中的一切，宣称圈量子引力等理论与弦论不同，它们才是真正的科学理论”[③]。波尔钦斯基在与斯莫林的在线对话中，说道：“社会学效应是存在的，科学是人类活动，所以肯定会有社会学效应。但……这种效应事实上非常弱。为了证明强的社会学效应，每个关键之处你都不得不夸大事实。”[④]波尔钦斯基认为，科学家必须对他们所说的话负责，如此一来，斯莫林站在道德的制高点上通过夸大事实从社会学维度批判弦论，反而是不恰当的。

弦论的捍卫者认为弦论成为理论物理学的主导范式，是科学家做出的认知判断，而非社会心理政治等方面的判断，进而通过捍卫科学家的权威对批评者的可信度发起反击。美国斯坦福大学的弦论学家萨斯坎德反方向论述道，难道是哈佛大学、普林斯顿大学、斯坦福大学等世界一流高校出现了问题？是他们密谋抛弃好的科学方法规则进而窃取了国家科学基金？显然不是，萨斯坎德将弦论批评者形容为充满“不满”和“愤怒”的“阴谋论者”，指出他们的判断并不可信。虽然斯莫林曾经从属于弦论共同体，但他对弦论的批评使得他“很容易被标记为一个沮丧的科学家，他因为缺乏个人认同感，决

---

① Ritson S, Camilleri K. “Contested boundaries: The string theory debates and ideologies of science”. *Perspectives on Science*, 2015, 23(2): 192.

② Duff M J. “String and M-theory: answering the critics”. *Foundations of Physics*, 2013, 43(1): 186.

③ Duff M J. “String and M-theory: answering the critics”. *Foundations of Physics,* 2013, 43(1): 186.

④ Polchinski J. “Guest post: Joe Polchinski on science or sociology?” 2007-05-21. https://www.discovermagazine.com/the-sciences/guest-post-joe-polchinski-on-science-or-sociology.

心复仇”[①]。沃特批判弦论的主要媒介是博客，因此也被贴上圈外人的标签。在弦论学家的辩护中，达夫强调：“互联网上每个人都是专家，互联网给人们提供了一个理想的平台。博客圈上的合理评论或讨论通常很快就会被那些民科的怪调所淹没。”[②]弦论学家通过对圈外人和科学爱好者等可信度的怀疑，把弦论的科学价值和合理性争论还原为一个科学争论，拒绝社会学的或哲学的争论。

三、共同体评价的困境

斯诺在1950年《两种文化》一书中首先明确了科学文化与人文文化的不同形态,并在1963年的第二版中构想了能够弥合人文知识分子与科学家之间鸿沟的第三种文化。1995年布罗克曼基于对科学家的访谈编辑出版了《第三种文化——洞察世界的新途径》，他认为不同于传统的人文知识分子，面向公众写作的科学家是第三种文化的知识分子，他们也不同于典型的科学家，他们的涉猎领域更为广泛，能够满足大众对新观念追求的强烈渴望。第三种文化的浮现，与科学在人类生活中所扮演的越来越重要的角色分不开，与公众对人类智力活动了解与参与的意愿分不开，同时也与科学的文化维度分不开。

弦论及其争论的公众传播很好地诠释了第三种文化，并从实质上把布罗克曼的第三种文化从内涵和实质上向着斯诺的第三种文化作了推进。布赖恩·格林和斯莫林等都是弦论和量子引力理论研究的前沿科学家，《宇宙的琴弦》和《物理学的困惑》等著作是科学家面向公众写作的一般读物。弦论关乎自然的终极本质与构成，被看作是最有可能的万有理论候选者，必然会

---

① Polchinski J. “Guest post: Joe Polchinski on science or sociology?” 2007-05-21. https://www.discovermagazine.com/the-sciences/guest-post-joe-polchinski-on-science-or-sociology.

② Duff M J. “String and M-theory: Answering the critics”. *Foundations of Physics*, 2013, 43(1): 192.

吸引公众的目光与关注。然而，弦论的边界工作（boundary work）[①]性质又使得其在文化维度的理解与认识不尽相同，才会围绕弦论是否是科学、弦论是否在社会学意义上阻碍了科学的进步、科学家需遵循的精神规范等论题产生出一系列的争论。争论双方在公众领域的论辩本身也构成了第三种文化的一部分，他们具体的论辩策略和径路则明示了科学的哲学、科学的社会学和科学的历史等维度构成了人文文化和科学文化沟通与融合的桥梁。

首先,围绕弦论是否是科学的争论涉及了多个相互竞争的科学划界标准，争论双方援引各种有利于自身的哲学观点来作辩护，带动了科学家与哲学家的对话，也为公众从哲学角度了解弦论提供了切入口。质疑弦论的科学家们基于经验可检验性或波普尔的可证伪性指出：“弦论不仅没有在实验可及的能量下做出关于物理现象的预言，它就根本没有预言。这种情况使人怀疑弦论是否真的是一种科学理论。”[②]支持弦论的科学家则认为弦论在原则上是可检验的，只是在实践中还不行，未来随着实验技术的进一步发展和对弦论数学结构的深入理解，它能够做出可证伪的预言。“弦论的批评者和支持者们在援引可证伪性标准时都基于其内在的模糊性用到了修辞策略”[③]，从而把弦论是不是科学的争论焦点推到围绕预言和可检验的预言，包括预言的定性程度的哲学争论上来。

与此同时，科学家对待弦论的不同态度促成了他们与哲学家的对话，这改变了以往物理学家对哲学和哲学家的轻视局面。在 2015 年 12 月 7 日德国慕尼黑大学举办的一场被称为“关于科学本质与灵魂的战役：弦论、多重宇宙是真的吗”的研讨会上，为期三天的研讨会聚集了埃利斯、卡洛·罗韦利、

① “边界工作”是科学社会学家托马斯·吉林（Thomas Gieryn）提出的，用于刻画科学家们试图将科学与非科学区分开来的尝试。

② Woit P. “String theory: An evaluation”. 2001-02-16. https://arxiv.org/abs/physics/0102051.

③ Ritson S, Camilleri K. “Contested boundaries: The string theory debates and ideologies of science”. *Perspectives on Science*, 2015, 23(2): 201.

波尔钦斯基等物理学家和保罗·特勒、哈特曼等哲学家，他们的讨论围绕科学哲学家戴维的《弦论与科学方法》一书展开。戴维在书中提出了三条非经验的论据为弦论的科学性作辩护。研讨会上诺贝尔奖获得者、弦论的支持者大卫·格罗斯明确指出，“到了这个时间点，我们需要互相帮助”，其中的“我们”是指物理学家和哲学家。弦论学家是否“移动了科学的球门柱”？是否模糊了科学和伪科学间的界限？该如何保护科学的大厦不受攻击？与会科学家们普遍认为弦论和宇宙学等科学的前沿探索需要哲学家的参与。

其次，弦论的边界工作性质凸显了其争论的社会学意义，对弦论是否属于科学的不同判定关系着科学资源的不同分配，甚至于关系着科学发展的前景。一般而言，科学的划界问题是标准的科学哲学问题，然而划界标准的模糊性使得“科学家会选择对自己的职业目标和兴趣有利、而不利于其竞争者的那些修辞策略来构建‘边界’”[①]。“科学”有其社会学意义，如意味着知识的合法性、职业机会和物质资源。在斯莫林看来，弦论学家们获得了太多制度性的权力，包括更多的职业机遇和终身职位。他认为，目前理论物理学的社会学处于功能失调状态，正在对理论物理学的进步产生重大的负面影响，不能使得“弦论崛起了，科学却衰落了”。《纽约时报》也报道说，“弦论学家们已经包揽了那些原本给予实验成功者的奖项，包括政府拨款、有名望的奖金和终身教职职位”[②]。弦论学家们并不认可斯莫林的控诉，他们认为没有证据能够支持社会学因素阻碍了物理学进步，认为斯莫林是在夸大事实之后才得到这一结论的。

达夫在其回应弦论所面对的批评的文章中明确指出，他的回应是面向公众的，“因为关于科学研究未来方向的决策更多是由非科学家做出的，而其

① Ritson S, Camilleri K. “Contested boundaries: The string theory debates and ideologies of science”. *Perspectives on Science*, 2015, 23(2): 197.

② [美]斯莫林：《物理学的困惑》，李泳译，湖南科学技术出版社 2008 年版，第 338 页。

中一些人对弦论不友好”[①]。欧盟负责研究政策事务的总干事顾问安德烈（M. Andre）关注到了斯莫林书中的社会学分析，之后不久欧洲两个关于弦论研究的资助就被撤回了。达夫认为这不是巧合，他还表明英国工程与物理科学研究理事会拒绝对弦论的资助也与《物理学的困惑》和《甚至连错误都算不上：弦论的失败和统一物理定律的持续挑战》等书中对弦论的批评有关。不可否认的是，弦论在公众领域内的争论在社会学层面影响到关乎理论本身发展的科学决策，这并非个例。近几年围绕中国是否需要建大型强子对撞机的争论，也体现了公众范围内科学争论的社会学效应。公众的参与和社会学维度的切入，使得科学共同体在争论时需要照顾到公众与决策者的理解力，将繁复艰深的科学理论转译成公众能懂的语言，与此同时人文学者作为公众与社会中的成员，能够参与到科学的争论中来，从而达到科学文化与人文文化间的交流与沟通。

再者，围绕弦论的争论也激发了关于其公众传播规范的进一步讨论，引起了科学家关于科学精神气质的争论。斯莫林在《物理学的困惑》中所讨论的科学方法，本质上即默顿之科学精神气质，即对科学家具有约束力的价值和规范。斯莫林认为理论物理学的社会学功能失调，是由于偏离了科学的精神和规范，其中包括民主、诚实、谦逊和开放性等。在他看来，弦论共同体未能遵循这些科学精神，比如在公众传播中夸大地宣称弦论明确解决了如量子引力、黑洞熵等一系列重要问题，塑造了“万有理论”的成功形象。他认为，“物理学家与公众交流，无论是通过写作、公开演讲、电视还是互联网，都有责任把事情讲清楚”[②]。沃特也持有类似的观点，认为在弦论的有些流行作品中夸大了理论本身的进展。另外的批评者如丹·弗里丹（Dan Friedan）

① Duff M J. “String and M-theory: answering the critics”. *Foundations of Physics*, 2013, 43(1): 183.

② [美]斯莫林：《物理学的困惑》，李泳译，湖南科学技术出版社 2008 年版，第 338 页。

还把“认识到失败”也作为科学精神气质中的必要组成，否则不利于科学的进步，弦论需要认识到自己的失败。弦论学家们关于科学精神气质也给出了类似的提法，如波尔钦斯基要求科学家们尽可能清晰、准确地表达他们的想法，他认为斯莫林的指控是在歪曲事实，因而是斯莫林未能遵守科学规范。弦论的争论让科学家们关注到了科学精神气质和规范等以往人文学者所关注的内容，从而拉近了两种文化间的距离。

弦论及其争论在公众范围内的传播之所以能够在哲学和社会学等维度沟通科学与人文两种文化，与弦论的边界工作特性分不开。随着科学研究扩展至宇宙、推进到基本粒子、深入到大脑、触及心灵和智能，有些问题注定是不可解的，有些理论不能够付诸经验检验，会涌现越来越多的边界工作，科学家会就这些理论形成不同的立场。与此同时，公众对这些终极之谜也兴趣盎然，边界工作的科学传播势必会像弦论及其争论那样在哲学和社会学等维度展开激烈的论辩，为斯诺的第三种文化赋予其哲学和社会学等内涵，从而真实实现科学文化和人文文化的沟通与对话。在这个过程中，科学哲学、科学社会学等学科的实践意义得以凸显。

关于弦论争论的案例事实上表明，诉诸科学共同体的评价不再可能，科学共同体的分裂与争论把关于弦论的评价推向哲学、社会学和文化等层面。科学哲学中，基于经验来检验或评价理论是常规做法，但当面对量子引力理论时经验评价标准难以发挥，不得不寻求多元化的其他非经验标准。

第二节　经验评价标准的局限

物理学在 300 多年的茁壮成长过程中，其理论和实验一直携手前行，新的思想被检验和证实，新的实验发现得到了理论的解释，理论与实验的相互印证不断深化着我们对自然的理解。可是，20 世纪 80 年代之后，弦论作为一个大统一理论开始发展，一直占据着理论物理的前沿，但是 40 多年过去了一直没有得到实质性的实验验证。另外，平行宇宙假设不自觉间在宇宙学中广泛流行，“婴儿宇宙”“泡泡宇宙”“人择原理”“暗物质和暗能量”等新的宇宙研究中到处都能找到平行宇宙的影子，平行宇宙作为一种补充性解释，几乎渗透到宇宙学问题的各个方面。然而，平行宇宙更像一个哲学命题，而非科学命题，同时作为一种理论也很难验证。于是，很多科学家开始对以弦论和平行宇宙为代表的当前科学的发展趋势表现出深深的质疑，难道基础物理学真的在走向思辨科学吗？经验评价标准在当代量子论等前沿科学中有着非常大的局限性，亟待新的评价标准的提出。

一、难以验证带来的危险

2014 年 12 月，南非开普敦大学的宇宙学教授埃利斯和法国巴黎天体物理研究所兼美国约翰斯·霍普金斯大学物理学教授斯尔克联名在《自然》杂志上发表《捍卫物理学的完整》[①]一文。文中指出：近年来，物理学内部发生了令人担忧的转向，有些物理学家面对理论无法得到实验检验的现状，提出可以淡化甚至放弃传统科学中的证伪标准。作者激烈反驳了这种观点，并针对当前流行的弦论和多宇宙理论进行了详细的分析和批判。

弦论被认为统一了四种基本力，调和了相对论和量子力学的矛盾，还为当前物理学中诸多难题给出了解答，代价是弦论必须假设空间是十维（M 理论中，空间是十一维的），而我们只能感知到四维的时空，其他的维度哪里去了呢？弦论又不得不假设其他空间都卷缩在一起，难以观测。另外弦论还认为，所有物质都是由一种微小的线状的弦组成，弦通过不同频率的振动产生了各种粒子。关于弦论本身的争议主要有以下两点：一方面，从理论层面

① Ellis G, Silk J. “Scientific method: Defend the integrity of physics”. *Nature*, 2014, 516(7531): 321-323.

上讲，弦论主要依赖于用微扰的方法处理得出近似解，而非精确解。而且弦论的求解需要在固定的背景下进行，无法用背景独立的形式来求解。另一方面，从经验验证的层面看，弦论的确没有得到实质性的验证。目前世界上最先进的大型强子对撞机已经做了很多实验，但是并未检测到任何超对称粒子的存在。

平行宇宙的情况则更加特殊和复杂，平行宇宙作为一个解释性的假设，本身不是一个完整的理论，但是却渗透到了物理学的各个领域。物理学家布赖恩·格林在《隐藏的现实》[①]一书中，罗列了多达九种平行宇宙的不同版本，涉及宇宙学、量子力学、弦论、计算机等领域。平行宇宙的提出从一开始就来自一种解释的语境，而非实证。埃弗雷特的量子多世界诠释的提出，在于对测量难题的逻辑矛盾的不满，他认为从叠加态到现实态之间应该是一个线性的连续的过程，而不是非线性的突然坍缩，不同的态以“相对态”的形式演化，后来德威特将这种相对态解释为本体的平行世界。在宇宙学中，科学家发现生命的出现需要非常苛刻的条件，自然界的常数，基本粒子的质量以及相互作用力的大小，哪怕有一点改变整个物质的结构就会完全崩溃。于是结合暴胀宇宙和大爆炸模型，科学家们认为大爆炸会重复出现，会不断有婴儿宇宙形成。另外，在弦论中额外维的结构形式决定了泡泡宇宙的物理特征，而现有的计算表明维度的卷曲拥有多达 10^{500} 种不同的方式，理论上讲每种方式都可以对应一个宇宙。因此说弦论和平行宇宙理论，某种程度上是密切相关的。当代著名的量子计算专家，也是量子多世界诠释的坚定支持者的多伊奇认为：“只有承认存在尚未观察到的物体，并承认他们具有一定性质的时候，我们所观察到的物体的行为才能得到恰当的解释。理解平行宇宙

① [美]格林：《隐藏的现实：平行宇宙是什么》，李剑龙、权伟龙、田苗译，人民邮电出版社 2013 年版。

是我们尽力理解真实世界的前提。”[①]真实的世界远远大于我们感官所能感知的范围，如果完全把世界等同于我们的经验世界是典型的唯我论。思想应该超越经验的局限去认识宇宙的性质，而平行宇宙则为我们认识宇宙本质提供了新的视野。

埃利斯对当下物理学的发展状况表示非常担忧,认为科学处于危险之中。一方面，目前平行世界、多维空间等题材在公众科普读物和科幻电影中大范围出现，对于未经证实的理论大范围传播，会误导公众以为它们已经是成熟的理论；另一方面，科学如果超出经验测试的范围，会使研究者走向歧途，从古希腊托勒密的宇宙模型到霍伊尔的稳恒态宇宙模型皆是如此。最后，埃利斯提出科学应该回到经验主义传统，用波普尔的证伪标准来对科学进行严格的检验。

二、证伪标准的局限性

埃利斯和西尔克都是专业造诣极高的物理学家，他们提出的问题涉及物理学发展的根本方向。埃利斯既是一个经验主义者也是证伪主义者，强调经验证伪对理论的选择。在证伪主义大师波普尔看来，科学不能被证实，只能被证伪。新的理论为了克服旧理论遇到的难题，需要大胆假设和猜测，而一旦提出理论，就必须接受观察和实验的严格检验。被证伪的理论必须被无情地排除，不论它的形式多么优美，未被证伪的理论也只是暂时是合理的，新的理论会不断被提出和被检验，没有最终的真理。证伪主义从单称命题来推出全称命题的谬误，克服了经典归纳问题从单称命题推出全称命题的逻辑困难，逻辑上更具合理性。

但是，科学的发展是一个非常复杂的动态过程，不可能用单一的标准来

① ［英］戴维·多伊奇：《真实世界的脉络》，梁焰、黄雄译，广西师范大学出版社 2002 年版，第 44 页。

解释其全部发展，而且在新的理论特征下，对于经验和理论之间的关系，以及证伪主义的标准，都产生了一些全新的问题。主要表现为以下几个方面。

（1）实验条件的限制。客观上讲，当前理论所描述的领域远远超出了人们的日常经验领域，微观上深入到了普朗克标度，宇观上将整个宇宙甚至不可见的其他宇宙作为研究对象。要观测到弦的尺度，在一维结构上区别弦和点的不同，需要的能量要比当前的大型强子对撞机能量高千万亿倍。如果在现有的技术条件下，加速器需要造银河系那么大[①]。另外，各国对大型科学研究的投入趋于谨慎，超导超级对撞机在前期已经投入了 20 亿美元之后，于 1993 年由于种种原因被美国国会强制终止。因此，通过加大投入来推动科学的直接检验变得越发困难。

（2）理论检验本身包含有大量的辅助性假设。经验观察无法单独地对理论进行检验，观察渗透着理论，实验观察本身包含着大量的辅助性的假设和理论，一个理论无法被定论性的否证（迪昂-奎因论题）。事实上，科学的发展演化涉及整个科学的“语境”，包括相关的背景知识、技术条件、客观经验的限制、相关理论的发展等。当前的理论不像牛顿力学所描述的事物，可以直接在感官经验的范围内对经验进行总结，然后提出理论，最后再回到经验中进行验证。从 20 世纪开始，随着相对论和量子力学的提出和发展，人们的研究视野远远超出了经验可直接观测的范围。在实验中，加速器和超级望远镜在分析粒子运动以及宇宙辐射时，运用了大量的分析技术，而这些技术都是建立在相关理论的指导下的。不论证据如何，我们都可以质疑说不是理论有问题，而是支持理论的相关辅助理论和实验有问题。2014 年 6 月，在《自然》杂志刊载的一篇文章中[②]，作者考恩（R. Cowen）质疑新近实验发现了

① ［美］B. 格林：《宇宙的琴弦》，李泳译，湖南科学技术出版社 2002 年版，第 209 页。

② Cowen R. “Big bang finding challenged”. *Nature*, 2014, 510: 20.

大爆炸留下的引力波：有研究报告称，利用 BICEP2（设在南极的一台特殊望远镜）观测，发现了宇宙大爆炸后一瞬间形成的引力波留下的痕迹（BICEP2 测量的是原初引力波对 CMB 的特定影响，即 CMB 中的某种极化现象），这个实验被认为是支持大爆炸理论的有力证据，但是，考恩认为该实验没有完全过滤掉来自星系的前景信号的干扰，技术上存在较大缺陷。因此，实验检验本身涉及如何过滤干扰信号，如何从众多噪声中识别出想要探测的信号，其本身已经不是一个简单的测量问题，而是一个复杂的理论问题。

（3）新形势下对于科学认识的转变。在当代新的理论发展下，科学研究的范围和特征与过去任何时候的理论发展有着根本性的不同。大爆炸理论要研究宇宙诞生到现在的演化规律；弦论要从最基本层面研究物质的构成；平行宇宙理论甚至把视野放到了宇宙之外，去研究更大范围内其他平行宇宙的特性。可以说，新的发展下，我们的科学研究经历了一场认识论层面的跃变，因此方法论也必须重新反思，我们的科学可能像库恩所说的，正在经历一场整体范式的转变。这就意味着，传统科学的整个体系，包括研究内容、研究方法、认识论都要在新科学范式下经历一场狂风暴雨般的洗礼。新范式下的科学，弦论和平行宇宙理论都远远脱离了日常经验，无法用过去的经验标准和证伪标准来进行合理的评判，难道科学的标准要做出根本性的改变？

（4）新的理论本身拥有明确的预言，证伪主义无法将其排除。很多人都认为弦论描述的多维空间，平行宇宙理论所描述的其他世界，都是无法观测的，和所有的伪科学一样，既无法验证也不能证伪。事实上，理论的可能验证并不来自经验本身，而在于理论本身的特征。关于平行宇宙的可能验证包括[①]：①如果存在其他泡泡宇宙，这些宇宙之间必然会产生碰撞或者相互作用，从而产生可观测的效应；②如果发现自然常数是变化的，或者证明自然

① George F, Ellis R. "Does the multiverse really exist?" *Scientific American*, 2011, 305(2): 38-43.

常数并非永恒不变，就能证明我们的宇宙并非唯一的合理的结构，一些科学家声称已经发现了这种变化[①]；③时空结构上宇宙的结构有三种可能，包括正曲率、负曲率和零曲率。一般而言，平行宇宙都排斥正曲率，因为正曲率意味着宇宙是一个球面几何，自我卷曲成一个封闭的空间，之外没有它物。但是，哪怕在可视范围内观测到空间是正曲率，也没法保证在观测外围之外也是正曲率，空间本身可能存在畸变。最后，哪怕空间是正曲率的，也不能证伪平行宇宙的存在，因为平行宇宙本身拥有很多种不同的理论形式。类似的可能检验在弦论中可以列出非常多，事实上弦论和平行宇宙理论并没有试图通过不断地辅助假说逃避经验的证伪，而是在理论框架下积极寻找大量的可证伪预言。

事实上，以拉卡托斯为代表的精致的否证主义者早已论证：科学理论不能被经验证实，也不能被经验证伪[②]。波普尔后来在自己的论文里也渐渐妥协，"我强调需要某种教条主义，教条主义在科学中发挥着重要的作用。如果我们过于轻易地向批评屈服，我们将永远看不出我们理论的真正力量所在"[③]。整体而言，拉卡托斯对波普尔证伪主义和库恩的范式理论进行了批判和修正，但是也使科学的进步标准进一步弱化，他认为不能着急淘汰处于萌芽的理论，同时退步的纲领也可能会转化为进步的纲领，判决性实验也不可能。目前，弦论在数学上已经取得了极大的发展，平行宇宙理论虽然还很不成熟，但是大多数科学家都承认，它们已经不是一个哲学问题，而是一个必须严肃对待的科学问题。不论弦论和平行宇宙最终是否正确，对于它们的研究都会大大推动科学的发展，拉卡托斯关于科学进步的观点，为它们的合理性提供了强

---

① John D, Barrow K, John K W. "Inconstant constants". *Scientific American*, 2005, 292(6): 56-63.

② Lakatos I. *The Methodology of Scientific Research Programmes*. Cambridge: Cambridge University Press, 1978: 19.

③ Popper R. "Normal science and its dangers in Lakatos and Musgrave". In Lakatos I, Musgrave A (Eds.). *Criticism and the Growth of Knowledge*. Cambridge: Cambridge University Press, 1970: 51-58.

有力的支持。在此，我们必须强调，科学哲学研究不一定非要提出明确的标准对科学进行限定，科学发展作为一个历史和逻辑的双向过程，无法单纯从逻辑的观点给出充分的说明。我们应当做的是，基于目前的科学研究现状和科学发展的历史，不断修正我们对科学的认识。那么，当前弦论和平行宇宙的发展对我们关于科学评价的标准有哪些启示呢？

三、寻求多元评价标准

目前，对于当下科学理论的现状，科学家群体呈现出明显对立的两种态度。一方，严格坚持证伪主义原则，认为无法证伪的理论应该严格剔除；另一方，坚持在科学实践的层面，弦论、平行宇宙等理论，虽然暂时无法证伪，但是对科学的发展具有重要意义。实际上，弦论和平行宇宙理论从提出至今，一直在饱受质疑中艰难前行。毫不夸张地说，对于弦论和平行宇宙理论等理论科学性的讨论，构成了当下科学界关心的核心问题。特别是在标准模型之后，30 多年理论物理一直未经历大的突破的大背景下，它关涉当下科学的发展方向。正如上文所论述的，在当下理论的研究对象越来越远离经验的背景下，证伪原则确实有点“美人迟暮”，如果刻板地坚持，便会剔除掉几乎所有的科学内容，不太适应当下的状况。那么，是否需要用新的原则取代证伪原则？历史上确实有一些科学家迷信数学的力量，试图理性去建构科学，逃避证伪的检验。

英国著名物理学家爱丁顿 1919 年率队验证了爱因斯坦的广义相对论而闻名。受爱因斯坦的启发，当时很多科学家都认为可以通过数学和几何的方式来研究科学，而不太需要经验的限制，只要数学上“美”的理论，一定是符合经验的。爱丁顿也不例外，他试图像爱因斯坦一样在没有任何经验的指导下，在数学和认识论原则的指导下，构建一个统一量子力学和宇宙学的理论，从这个理论推出所有的物理规律和现象。在《质子和电子的相对论》一书中，他明确表示："我们的任务是通过理论精确计算出常数的数值，经验检验只能提供马虎的确认。我认为理论一定是基于纯粹推理，基于认识论的原则而不是基于物理假设。"①当观测表明实验结果和他理论预言的常数不符时，爱丁顿始终质疑实验，而不是自己的理论。

同样，英国另一位曾任英国皇家天文学会主席的物理学家米尔恩（A. Milne），也试图通过理性的推理构建统一的包罗万象的理论。他认为，物理学的终极描述必然是建立在理性建构的基础上的，最终的形式一定是数学化的，因此对一个数学化的理论，"理论自身的完备性和无矛盾性就足够了"②。米尔恩还意识到，经验只是一个有限的工具，"观测永远无法回答宇宙是否包含着无限的物质客体"③。科学不可能止步于我们的观测，在宇宙尺度下，在那广袤的无法观测的尺度范围内，只能依靠推理。

爱丁顿和米尔恩的观点，遭到了当时经验主义者的无情批判。在经验主义者看来，科学理论不存在任何先验的必然的假设，无法被经验证伪的理论都是伪科学。"读米尔恩的作品，给人的印象他不是在告诉我们自然实际是什么样的，而是在告诉我们自然应该是什么样。"④最终，爱丁顿和米尔恩的统一理论都因为无法符合观测，淹没在历史中。事实证明，用理性的数学化的推理完全取代经验的尝试是不可行的。但是，他们提出的问题，却像幽灵一般萦绕在物理学中，经验的限制和理性对终极真理无止境的寻求，本身就是不可调和的。因此，在经验无法对理论做出选择的当下，物理学家不再恪守教条，而是积极寻求新的标准。

一方面，弦论的支持者提出了一个标准——理论的一致性。一致性包括

---

① Eddington S. *Relativity Theory of Protons and Electrons*. Cambridge: Cambridge University Press, 1936: 3-5.

② Milne A. *Kinematic Relativity*. Oxford: Clarendon Press, 1948: 10-12.

③ Milne A. *Relativity Gravitation and World-structure*. Oxford: Clarendon Press, 1935: 266.

④ McVittie C. "Kinematical relativity". *The Observatory*, 1940(63): 273-281.

两个方面：①理论自身的自洽性、完备性；②理论与其他理论的相互印证。他们认为在对所有可能的理论进行筛选之后，弦论是唯一一个可以统一引力和核力的理论。他们还用粒子物理研究的历史说明，在一个问题的多个解决方案中，那个内容最丰富最连贯的结构，往往最终都被经验证实了。在此，他们试图用理性的原则对经验的证伪主义进行补充和修正。他们认为通过纯粹的理论背景也可以对理论进行验证。如果一个理论通过数学推演，自然地导出了其他理论（得到了很好确认的理论）推出的现象，那么这个理论便可认为是得到了一定的验证；如果一个理论通过推导，导出了与已知理论相矛盾的结论，那么就可以说理论被证伪了。弦论主要的理论验证包括：通过量子化的扩展自然地导出了引力；弦论的一种特殊形式可以解释黑洞熵和黑洞视界的关系。另外，戴维在《弦论时代的科学实在论》[①]一文中，在假定弦论正确的前提下，把弦论作为终极的统一理论，论证了实在论中的基本命题在弦论时代完全被改变：本体论消解，非充分决定论问题消解。因为一个唯一的大统一理论就可以对经验做出充分说明，没有别的选择。在大统一理论的框架下，理论可以在完备性原理的指导下得到验证，整个物理科学都能统一到一个结构中，经验居于次要的地位。戴维的论证，类似于前文中爱丁顿和米尔恩的观点，是一种极端的理性主义的回归，当然前提是弦论必须是正确的，否则一切论证都不成立。

另一方面，平行宇宙解释的支持者提出了另一个标准——理论的解释力。多伊奇认为：科学活动的目的是更好地理解世界，从问题出发寻求解释，而不是像工具主义认为的从观察出发进行预言。预言是科学很重要的一个部分，但不是全部，工具论者把预言作为科学的全部内容，排除所有人为解释的因素，是在逃避问题。理解是人类大脑的高级功能，在科学中人们去探寻知识

① Dawid R. "Scientific realism in the age of string theory". *Physics and Philosophy*, 2007: 11-13.

是建立在一定的理解之上的。一个小孩子也可以通过记忆说出所有的科学定律，但是他没有埋解，没有对规律本质上的把握，一堆散乱的科学事实并不足以构成科学本身。事实上，在理解的基础上，本身就可以对理论进行选择，科学史上很多错误的理论，往往不是实验排除的，而是理论本身太过笨拙。因为理论上讲，任何理论都可以通过不断添加辅助性假设得以保留下来。真正推进人类认识进步的，不在于发现多少事实，而在于对世界最深刻的理解和把握。值得一提的是，平行宇宙理论为困扰人类多年的"人择问题"提供了一个优雅的解释。人择原理指出自然界中的基本物理常数、星球的运动规律、地球得天独厚的适宜环境，甚至整个宇宙似乎都是为人类的存在而设定，原子间的力哪怕有一点点极小的扰动，整个宇宙都会瞬间消失。这种因果倒置带有浓厚目的论色彩的推理，曾经引发了人们激烈的争论。但是，如果有无数的宇宙存在，一个有序的宇宙存在就是很自然的事，就像买彩票虽然是低概率事件，但是在上亿人购买时，有人中奖并非稀奇。

四、非经验评价

奥地利哲学家戴维曾经是一名弦论物理学家，因看到许多弦论学家在弦论缺乏实验证据支持的情况下仍对理论信心十足，想要弄明白是什么使得这些人相信弦论，因而开始了其科学哲学的研究，研究成果集中于其 2013 年出版的专著《弦论与科学方法》①中。

戴维的讨论不只局限于弦论，而是整个基础物理学，包括高能物理学领域和宇宙学。他指出："近几十年里，基础物理学中理论评价的标准已经发生了重大的转变。单个理论的概念特征，和理论在其中演化的研究语境的特征，在评价理论的地位与可行性方面起着越来越强有力的作用。虽然这并不

① Dawid R. *String Theory and the Scientific Method*. Cambridge: Cambridge University Press, 2013.

妨碍经验作为理论可行性的最终判断作用，它本质上在缺乏经验确定的情形下提升了理论能够获得的地位……这种变换要求识别科学推理新的方面的概念基础，并寻找为何会产生这种改变了的概念基础的原因。”

在书中，戴维提出了三条非经验主义的论证，为弦论的支持者们提供辩护。第一条是因为只有一种版本的弦论能够实现一致的统一，称为无替代论证（no alternative argument）；第二条是弦论除了其所致力于的大统一之外，还意外地对一些其他问题做出了解释，即意外的解释性融贯论证；第三条是因为弦论是从标准模型中成长起来的，而标准模型已经得到了实验的严格检验，这称为元归纳。

无替代选择论证是在与经验论证的对比中建立的，即在与假说-演绎确证模型的对比中建立的。假说即 H，经验证据为 E，命题为 T，E 与 H 在逻辑上或概率上是相关的，命题 T 是指假说 H 是经验适当的，即它与过去和未来的观察都是一致。按照贝叶斯主义的标准，把对理论的确证度转换为理论的置信度，那么当 P（T | E）>P（T）时，T 就得到了 E 的确证。戴维把 H 缺乏替代选择这一事实作为一个观察 F，分析指出观察 F 在贝叶斯主义的意义上构成了对命题 T 的一个经验证据，并且满足不等式 P（T | E）>P（T），进而认为无替代选择这一观察事实提高了理论本身的置信度，从而在贝叶斯主义的意义上确证了理论。具体而言，科学家没有找到假说 H 的替代假说，这一观察是一种非经验的证据，因而在上述意义上间接地论证了 H 的合理性。应用到弦论中，戴维也称这一论证为无选择论证，因为目前弦论是唯一可以统一基本粒子相互作用与引力的统一理论，即统一四种基本相互作用力的理论，除了弦论我们别无选择，所以弦论是合理的。

在这里需要注意的是，弦论并非唯一的量子引力理论，还有许多不同形式的正则量子引力理论试图把引力与量子力学的基本原理结合起来，如圈量子引力理论、非对易几何、扭量理论等。但后面这些理论并不能统一四种基本相互作用，因而并不构成弦论的替代理论。因而在当代粒子物理学的语境下，能够得到量子引力的描述，仅有弦论能够做到。

意外的解释性融贯论证是指弦论与量子场论、规范场、超对称等理论的联系，使得弦论学家发现弦论能够意外地提供一种一致的理论图景。类似于科学实在论的无奇迹论证，这一微妙、漂亮的理论图景不太可能是一种奇迹，不太可能出现在一个错误的理论中，因而这构成了对弦论本身的辩护。

弦论最初的引入不过是假定基本粒子是可延展的，用以说明强相互作用，而后来陆续发现它能够自然地导出引力子，能够克服量子场论（包括引力）中的可重整化问题，能够作为四种相互作用的一种基本理论而出现，这本身就是一种意外的解释融贯过程。再后来发现弦论在低能的有效理论是一个杨-米尔斯规范理论，能够在大统一理论能标上为规范耦合的统一提供可能的解释。超对称最初的提出也只是在数学上作为经典连续对称群的推广，而后发现超对称能够为引力场与引力子提供一致的量子场理论描述。黑洞熵也类似，贝肯斯坦关于黑洞熵与其事件视界面积成比例的定律被认为是特设性的假说，缺乏深层次的理解，而后发现在弦论中超对称的黑洞中黑洞熵可以自然地理解为弦论系统自由度的数目，从而为黑洞熵提供结构性的理解。

元归纳论证是指，基于相同的研究纲领，标准模型取得了成功，这表明其理论中的基本假设是正确的，而弦论与标准模型具有相同的研究纲领，标准模型可以看作是弦论的前身，因而从历史发展的规律来看，弦论未来也会是可靠的。当然，戴维也表明，这一论证在统计上大概率是可行的，当然也可能存在小概率的反例。

戴维提出非经验主义标准的哲学立论基础是经验数据对科学理论的非充分决定性，正因为此才需要提出非经验性的理论评价标准，而事实上非经验性的理论评价在物理学中是真实存在的，对于考察微观物理学对象的经验发现的断言是必要的。此外，戴维还指出，提出这些非经验论证是有风险的，会使得人们想出各种非经验的方法来为自己的理论或观点辩护，但是非经验证实在科学中由来已久，这将为讨论提供更好的基础，而不是假装它不存在、默默地使用它然后说我没这么做。提出这些非经验的实证，会为人们提供具体的语境来讨论是反对还是支持。

戴维的非经验主义的标准，获得了弦论学家的赞赏，如格罗斯认为戴维优美地描述了物理学家们用来“获取对推测、新想法和新理论的信心”的策略。同时也遭到了反对弦论的物理学家的批判，如圈量子引力的主要倡导人罗韦利认为戴维的非经验主义论证含混了重点，这当然是弦论学者们乐于做的事情，这样一来根据这些非经验主义论证，就相当于弦论获得了合法的理论地位，被确认了。物理学家霍森费尔德（S. Hossenfelder）认为为了辩护弦论，提出这些非经验主义方法，可能会对科学的进步形成阻碍，因为基础物理学的进步往往是抛弃过去珍视的成见，而戴维的做法是把我们的信任建立在过去相信的东西之上。这样做无异于带走了科学思考的灵魂，那就是不要相信自己的思考。

从哲学上来分析我们认为，戴维的三个非经验主义标准存在内在的逻辑缺陷。首先，仅根据弦是目前唯一的备选项就认为它是最终的标准答案是不恰当的，这面临着时间维度上的休谟归纳难题，也就是说不能够从有限的经验事例归纳出全称普遍命题，不能从当下它是唯一的备选项就认为它永远是唯一的备选；其次，把弦论产生的母体即标准模型的实验检验作为弦论的评判标准，仍然是有问题的，弦论并非标准模型的逻辑推论，因而这种元归纳的方法并不能保证新理论像其母体理论一样成立；最后，弦论取得的意外成果并不能证明理论本身是对的，可解释性是理论正确或成立的必要条件，而非充分条件。

非经验主义的科学评价标准在缺乏经验证据的弦论及终极理论中是必要的。戴维的三条非经验主义标准虽然有其问题，但在当代物理学发展远离经验的背景之下，对于启发新的科学评价标准，对于规约未来弦论及终极物理学理论的探索具有非常积极的意义。

另外需要注意的是，科学理论的评价具有描述性和规范性两个方面，对于非经验理论评价标准是由什么所组成的,也具有描述性和规范性两个方面。从自然主义的态度出发，更应该关注非经验评价标准的实践效果，“科学家可以将哪些非经验的理论评价标准有效地应用于实践，从而使其具有不可避免的规范性，进而暗示科学家‘可以做什么’来取得进展”[①]。这意味着任何规范性的评价标准都只是试探性的，它并不会为科学定义一个明确的特征以将其与其他类型的知识区别开来。

第三节 以数学统一作为新的评价标准

美国波士顿大学教授 M. W. 瓦托夫斯基提出的历史认识论认为，不仅我们认识的对象是历史地变化的，而且认识模式本身也是历史地变化的。我们的认识模式的变化，与我们的社会实践和历史实践的形式有关[②]。数学和物理学的关系的认识也是如此，在科学实践本身的形式内发展着，在科学法则、方法和理论的形式中作为对科学实践的理论的和批判的思考和重新构造而发展着，并具有明显的时代特征。这是一场革命性的冲击，因为相对于物理学发展近 500 年的历史来说，这几十年可称为短暂。物理学以很快的速度超越了实验检验的范围，我们的认知也进入了一个新的时代——在实验物理学时代，人们坚信自己认识世界真相的能力。现在实验物理学时代不会受到质疑

---

① Oriti D. “No Alternative to Proliferation”. In Dardashti R, Dawid R, Thébault K (Eds.). *Why Trust a Theory? Epistemology of Fundamental Physics*. Cambridge: Cambridge University Press, 2019: 151.

② 金吾伦：《瓦托夫斯基的历史认识论与科学的理性》，《国内哲学动态》1983 年第 7 期，第 33-35 页。

的很多概念都将面临激烈变革，但是由于缺乏实验验证，竞争的科学理论之间缺乏有效的评判标准，世界的真相到底如何成为迷雾般的存在。但人们仍然相信确定性，相信科学理论会带领我们最大限度地接近真相。为此重新刻画的数学物理学的关系图景必然具备新的元素，重新建立的科学理论评价机制也必然具有新的标准。

一、新评价标准的认识论基础

重新审视 20 世纪物理学的发展可以发现一个深刻的问题:量子力学和相对论革命的延续是建立在一系列方法论变革的基础之上的。这些变革汇聚起来，以一种革命性的力量改变了数学在物理学中的地位，使物理学理论走向非唯象，从而面临了当前的困境。但方法论的革命也带来了新的希望，比如在二次量子革命中，文小刚提出的拓扑序研究与多态量子纠缠构型之间的联系及其在量子信息领域带来的突破，带来了对世界进行新的解释的可能性。科学理论评价标准的困境和重建必然与数学物理学关系联系起来，并不是无路可循。数学和物理学关系新图景的确立，直接影响着物理学前沿领域科学理论的评价标准。

在这种新的认识下，科学理论的评价标准的重建必然会重视以下几个因素。

第一，具有优势的科学理论会突破传统认识论的局限性，更多地赋予数学结构揭示世界真相的能力。物理学结构的进步是对世界真相的探索的进步，数学结构的进步也同样，二者并行不悖、互为镜像。我们衡量今天物理学理论的进步的时候，物理学结构的进步是重要的一方面，数学结构的进步也同样是重要的一方面，二者在理论中实现的是对世界描述的整体性关系。

第二，具有优势的理论会具有更高程度的数学美。因为美的理论的客观基础，就是自然界最本质、最普遍的联系，而美的理论最恰当的形式，就是完美的数学形式。数学审美是对数学结构和物理结构在最具普遍的意义上的某种同构性的深刻洞察。在当代量子论下的科学理论的评价中，如果说实验是人们对确定性的终极追求，那么数学美，则是达到确定性的必然保障。因为美的数学和美的物理学的最大同构，是世界真相的最深刻的体现方式。

第三，具有优势的科学理论会更多地体现数学和物理学的同构性，体现出数学的统一和物理学的统一的趋势的一致性。科学前沿的实践表明，科学理论的发展过程是一个越来越多地揭示数学和物理学的同构性、越来越多地展现数学和物理学的整体性关系的过程。而未来相互竞争的理论将必然延续这样的过程，能够更多地揭示数学和物理学同构性的理论，终将在竞争中获得优势地位。而同构，就意味着二者的同等重要性，而不是忽略其中的一方。可以预期的物理学和数学最大的同构性就是它们各自的统一在揭示世界真相的终极意义上的一致性。

以超弦理论为例，作为量子引力领域最具有竞争力的理论之一，超弦理论受到关注的重要原因包括：①作为量子场论在量子引力领域的延续，超弦理论受到了量子场论带来的数学结构大爆炸的极有力的回馈，具有丰富美丽的数学结构，同时超弦理论也在催生数学领域的大发展。数学结构和物理学结构的相互作用、二者作为整体的共同发展表现得淋漓尽致。②赋予数学结构描述世界真相的能力和地位。丘成桐就指出，相对于其他理论，弦论是一个更具野心、走得更远的尝试。在超弦理论中，六维的卡-丘空间是弦论的DNA，是掌控着“宇宙密码”的几何空间，里面存放着宇宙的宏大蓝图[①]。③数学与物理学同构性的更多体现。超弦理论保留了量子场论对基本相互作用的统一性的追求，在此基础上提出了高维时空和替代点粒子的一维弦等概

① [美]丘成桐、史蒂夫·纳迪斯：《大宇之形》，翁秉仁、赵学信译，湖南科学技术出版社 2012 年版，第 175 页。

念性的变革，这些物理结构由数学表达，但是却找不到实验的检验，因此人们追求把这种检验转化为与量子场论之间的连续性的检验。目前，在新数学形式表达的物理概念的前提下，超弦理论可以给出一个不发散的量子理论，包括引力；它可以包含标准模型所欠缺的东西；它可以导出实验上已经确认的许多东西，比如规范理论、费米子等。数学结构和物理学结构的部分同构性在这个理论中得以展现。

但是，不可否认无论超弦理论如何与其他理论竞争，最终决定它是不是一个好的物理学理论的，除了它数学表述的优美性，还有它的数学描述与已知物理世界的本体论上的联系性。直接或者间接的，它能够与科学的经验契合到什么程度？这是任何一个追求确定性的人都会问的问题，也是理论发展的一个根本动力——如何最大限度地体现数学和物理学的同构性？

在与圈量子引力等各种量子引力理论竞争的环境中，超弦理论想要为人所认可，需要符合更多的期望。比如，人们对成功的量子引力理论的物理结构有更多的判断。按照广义相对论，时空应该是背景无关的，但是在现有的超弦理论中，时空是背景依赖的。在这一点上，与之相竞争的圈量子引力就是对广义相对论的直接量子化，天生具有背景无关性。超弦理论想要得到背景无关的理论还需要做出很多努力。也就是说，超弦理论目前所揭示出来的数学和物理学结构的同构性还有待于更加深刻的发展。这也正是超弦理论目前在努力的方向。

在实验无法介入的领域，理论的数学美、数学物理学的整体互促性、理论与前理论的结构连续性、数学结构和物理学结构更深刻的同构性的追求，都是一个良好的理论应有的元素。我们无法判定目前的理论是否可以成为实验科学意义上的成功理论，因为在寻找真相的路上，我们还有很长的路要走，但是至少可以从哲学和认识论的考虑上为科学理论的可行性提供一些可供思考的根据。借用孔良的一句话，我们想要“了解藏在现象背后的深层原因，从而了解我们在历史脉络里的位置和时代赋予我们的机遇和使命”[①]。

二、数学统一过程中的物理学启发

1. 数学的统一——从集合论到朗兰兹纲领

数学的基础是什么？或者数学基于什么样的基础能够实现统一的描述？漫长的数学史见证了不断的基础建构与解构过程，不同时期的数学基础或统一的基础不尽相同。公元前 6 世纪，毕达哥拉斯学派的数学基础是整数，无理数的发现摧毁了这一基础。公元前 3 世纪，欧几里得以几何为基础重建了数学，整数及其运算被转化为关于几何线段及其组合的度量。17 世纪，笛卡儿引入解析几何，用代数处理几何，由此开始，数或实数又成为数学的基础，且这一基础经由之后两个世纪的数学分析运动对实数基础的依赖和实数理论的算术公理化进一步夯实。20 世纪以来，数学基础的解构与建构仍在上演着，“各种各样的替代方案竞相争夺数学家们的青睐，使这一世纪成为一个真正的基础重建时期。新基础的本质特征是，它们不再以传统的数学对象为基础，如数字或几何实体，而是以全新的概念为基础，这些概念在形式和实质上都完全改变了主体的身份”[②]。

数学家们为整个数学建筑建构的第一个基础是集合论，这是由康托尔和弗雷格于 19 世纪末分别从不同进路入手而发现的。康托尔是在讨论经典的数学分析问题时出于纯数学的理由得出该结论的，而弗雷格则是在试图表明数学的概念和对象本质上是逻辑这一过程中找到集合论基础的。1902 年，集合论悖论（罗素悖论）的发现挑战了集合论的一致性。后经策梅洛（E. Zermelo）、A. 弗伦克尔（A. Fraenkel）的改造，再加上选择公理（choice axiom），形

① 孔良：《浅议现代数学物理对数学的影响》，《数理人文》. 2018-07-17. https://jupiter.math.nycu.edu.tw/~mshc/014_201807/014_06.html

② Odifreddi P. *The Mathematical Century: The 30 Greatest Problems of the Last 100 Years*. Sangalli A（Trans.). Princeton: Princeton University Press, 2004: 10.

成了现代数学中广泛接受的公理化集合论，即 ZFC 公理系统。从集合论观点来看，数学的各个分支领域都可以用集合论的语言来表述，所有标准的数学对象都可以看成是集合，所有经典的数学定理都可以用常规的逻辑规则从 ZFC 公理证明出来。例如，实数可能定义为有理数的某些集合，有理数则可以定义为有序的整数对的等价类，有序整数对可以定义为集合$\{m,\{m,n\}\}$。而代数结构、向量空间、拓扑空间、光滑流形、动力系统等数学对象，都可以证明存在于 ZFC 中，关于这些对象的定理及其证明也可以用 ZFC 的形式语言来表述。从而整个标准的数学都可以在 ZFC 的公理系统中陈述并发展，这便是元数学。随着数学的发展，ZFC 公理系统不断得到扩展，不断有新的公理被添加进来，以应对关于集合概念理解的不断发展。今天来看，集合论代表的是 19 世纪数学还原论思维的巅峰，它通过逻辑分析将几何还原为分析，把分析还原为算术，把算术还原为逻辑。必须要承认的是，集合论为数学家带来了便利，它一方面使得关于无穷的讨论成为可能，另一方面为现代数学中的抽象概念提供了表述的语言。

20 世纪 30 年代，来自法国的布尔巴基学派从结构的视角重新审视了数学体系。他们认为，当代数学都建立在结构概念之上，而他们关于数学基础的讨论除了集合论，还有代数、拓扑、实变量函数、拓扑向量空间和积分。他们声称他们给出的数学基础是面向数学家的，而非面向逻辑学家的。结构概念早已有之，但是在布尔巴基学派这里他们明确了结构概念可以作为数学的基础，并且借助于非常少的母结构就足以有效地处理大量实际案例。在布尔巴基学派的影响下，“今天现代数学的分类不再是经典算术、代数、分析和几何了，而是各种各样的混合体，如拓扑代数或代数几何”[①]。

① Odifreddi P. *The Mathematical Century: The 30 Greatest Problems of the Last 100 Years*. Sangalli A (Trans.). Princeton: Princeton University Press, 2004: 17.

集合和结构的概念在数学的大部分领域是令人满意的，但在某些领域被证明过于严格，需要扩展。从结构扩展开来，既保留结构的所有功能，又考虑了结构所例示的所有可能的类，就自然地走向了范畴。1945 年，艾伦伯格（S. Eilenberg）和麦克莱恩（S. MacLane）提出了自同构、函子、范畴等概念，用范畴论补充了布尔巴基学派结构概念中的不足。很快范畴论就开始在代数几何、理论计算机科学、理论物理学和逻辑学中有了应用。范畴论具有抽象性，不依赖于其他数学分支，被证明是数学的一个全局的和统一的基础，ZFC 公理系统和布尔巴基学派的结构作为其特例包含在内。把范畴论作为数学的基础，便是把态射作为最基本的概念，所有其他数学概念都从态射中派生出来，不同于集合论基础中把集合的属于关系作为最基本的概念。“在元数学的意义上，我们的理论提供了可用于所有数学分支的一般概念，因此有助于推进将不同数学学科进行统一处理的当前趋势。”①

1967 年，普林斯顿大学教授罗伯特·朗兰兹（Robert Langlands）在给著名数学家安德雷·韦伊的一封信中指出，数学中两个相对独立发展起来的分支：数论和群表示论实际上是密切相关的，连接这些数学分支的纽带是一些特别的函数，即 L-函数。两年之后，朗兰兹在华盛顿的一次演讲中，明确提出了后来成为朗兰兹纲领的七个猜想。再后来，数学家们发现，数论与群表示理论间的关联仅仅是数学不同领域间相互关联的非常小的一部分，主要的数学领域之间原本就存在着统一的联系，从而借助于朗兰兹纲领在一个领域内难以解决的数学问题可以在其他领域得到解决。自提出始，朗兰兹纲领就引起了数学家们的广泛兴趣，被认为是数学中最为深刻的思想、最雄心勃勃和最具挑战性的事业之一，在过去的几十年中极大地影响了数学的发展。E.

① Eilenberg S, MacLane S. “General theory of natural equivalences”. *Transactions of the American Mathematical Society*, 1945, 58(2): 236.

弗伦克尔（E. Frenkel）将朗兰兹计划称为“数学的大统一理论”。2018 年，朗兰兹因其“将表示理论与数论联系起来的富有远见的纲领”荣获阿贝尔奖。

朗兰兹纲领中的某些内容已经得到了证明，如 1999 年拉福格（L. Lafforgue）证明了函数域的朗兰兹猜想，并因此荣获菲尔兹奖。2010 年越南数学家吴宝珠证明了朗兰兹纲领的基本引理，为朗兰兹纲领的最终证明迈出了至关重要的一步，并因此荣获了菲尔兹奖。关于朗兰兹纲领的研究也使得其他一些看似无关的定理得到了证明，如怀尔斯（A. Wiles）在费马最后定理的证明用到了其中处理阿廷猜想（Artin conjecture）的特殊情况的技巧。

数学家们逐步发现，朗兰兹纲领的原始形式及其几何纲领与物理学等其他科学领域间存在着广泛的联系。几何纲领是联系数论与几何间的分支，由德林费尔德（V. Drinfeld）等所提出。在关于这一纲领的研究中数学家们用到了大量的数学物理学知识，如共形场论。2006 年，卡普斯汀（A. Kapustin）和威滕成功地用物理学家熟悉的方式重建了几何朗兰兹纲领，给出了朗兰兹纲领的物理进路，这一工作开启了数学和物理学两个学科间更为激动人心的可能。几何朗兰兹纲领与物理学关联的案例都与超对称相关，例如，椭圆曲线是朗兰兹纲领中的一端，椭圆曲线密码术的技术应用为超对称在技术上的发现或实现提供了可能。其他陆续发现与朗兰兹纲领相关的物理学领域还有如凝聚态物理和量子计算等，并且数学物理学家们强烈地预感：“我认为我们只是冰山一角……我认为，未来几十年将出现的一些最引人入胜的工作是看到朗兰兹在科学领域的后果和表现，而这些领域与这种纯数学的互动直到现在可能还很微不足道。”①

① Crowell R. “The evolving quest for a grand unified theory of mathematics”. *Scientific American*, 2022-03-21. https://www.scientificamerican.com/article/the-evolving-quest-for-a-grand-unified-theory-of-mathematics/.

2. 物理学的启发

量子场论涉及了许多数学的领域，甚至有人认为量子场论扮演着统一数学的角色。量子场论与数学的不同领域都有着深刻的联系，如拓扑学、代数几何、微分几何、表示论、分析、概率论、范畴学等，这些不同数学结构在同一物理学理论中的和平共处必然意味着某种内在的一致与和谐。“量子场论的不同方向上的研究者似乎在用不同的数学语言，有的偏重代数，有的偏重几何，有的偏重拓扑，有的偏重分析，有的偏重用不严格的物理语言……虽然表面上看是很混乱，但是在深处这些表面的乱象都是同一个无穷维的庞然大物的不同的侧面，因而他们有内蕴的和谐。”[①]另一方面，量子场论对于无穷维的研究，为数学关于无穷的研究提供了重要的直觉基础，可以说这是大自然或物理学对于数学的馈赠。超弦理论与数学的结合更是达到了全新的高度。超弦理论在创立发展的过程，不但是对已有数学理论的充分结合与应用，因为它所需要的数学大多是崭新的所以更是数学理论的创新过程。威滕正是因为在超弦理论研究中对于数学的贡献而获得菲尔兹奖，阿蒂亚在给国际数学联合会的推荐信中这样写道：“虽然他肯定是物理学家（正如他的论文所清楚表明的），但是他对数学的掌握很少有数学家能够匹敌，他用数学形式来解释物理思想的能力是独一无一的。他一次又一次超越了数学界，以巧妙的物理直觉导出新颖深刻的数学定理……他对现代数学影响巨大……在他这里印证了物理再次成为数学的丰富灵感和直觉源头。”[②]

对于数学与物理学的这种同源同根联系，横跨数学与物理学家两大领域的杰出人物感同身受。冯·诺依曼曾说：“数学虽不是经验的科学……但是

① 孔良：《浅议现代数学物理对数学的影响》，《数理人文》. 2018-07-17. https://jupiter.math.nycu.edu.tw/~mshc/014_201807/014_06.html

② Atiyah M. “On the Work of Edward Witten”. In Satake I (Ed.). *Proceedings of the International Congress of Mathematicians*. Tokyo: Springer, 1991: 31.

它的发展却和自然科学联系得非常密切”[①]，这里的自然科学即指物理学。他甚至认为，数学中一些最好的灵感，也就是一个人所能想象得到的纯数学那一部分，是从自然科学中来的。杨振宁也有类似表述：物理学为了了解微妙、复杂而又常常思绪纷乱的自然现象，已经产生了不可思议的精确的理论描述，“它使用最美最深邃的数学概念，同时又帮助创造并发展这些概念”。数学家阿蒂亚坚信：“在某种意义上，是物理学为数学提供了最为深刻的应用，物理学中产生的数学问题的解答方法，过去一直是数学活力的来源，现在仍然如此。”[②]

3. 数学与物理学统一的根基

数学与物理学同构关系的哲学基础是结构主义。结构主义比结构实在论走得更远。本体论上，数学与物理学的直根关系建立在最为根本的结构上，即抛却纷繁复杂的各种表象结构，抽象到最为本质的结构时我们在数学与物理学中得到相同的基本结构，即对称性和量子化。基本结构上的同一性构成了数学与物理学直根关系的本体论基础。结构上的一致，才会消除不同物理学理论间的壁垒，实现理论的统一。而这种本体假如是有形的物质的话，很显然其对象并不一致，这在规范场论标准模型中得到了印证。

“对称性已经被证明是大自然设计的核心组织原理。事实上，从过去这25年基础物理学的历史，我们已经深刻发现，每当更深入一层去研究大自然时，大自然就会展示出更宏大的对称性。”[③]具有许多对称性的结构其数学性质自然也比较丰富。因而，随着对于大自然感觉的逐步深入，在越来越大

---

① 李新洲：《扭量理论》，《自然杂志》1984年第1期，第9页。

② 李心灿、高隆昌、邹建成等：《当代数学精英：菲尔兹奖得主及其建树与见解》，上海科技教育出版社2002年版，第73页。

③ 徐一鸿：《数学在基础物理中的有效性——威格纳之后三十年》，周树静译，《数理人文》2014年第2期，第43页。

的对称性面前，数学就扮演了更为重要的角色，甚至在引导着物理学家的前行。在弦论学家那里，经常怀有这样的信念，即当所做的物理问题呈现出意料外的数学结构时，就认为这个物理理论是正确的。历史上，爱因斯坦的引力理论和狄拉克的电子理论正是这一信念的史实基础。

量子化也是最为基本的结构基础。量子化在物理学上的基础性显而易见，它在数学上意味着非交换、非对易、无穷维度等，其基础性从法国数学家孔涅创立的非交换微分几何可见一斑。正如阿蒂亚所评论的，非交换微分几何是个相当宏伟的统一理论，它融合了一切，"融合了分析、代数、几何、拓扑、物理、数论，所有这一切都是它的一部分。这是一个框架性理论，它能够让我们在非交换分析的范畴里做从事微分几何学家通常所做的工作"[①]。

认识论上，诉诸数学与物理学的直根关系意味着在缺乏经验证据时，数学在认识论上的优先性。1900 年，希尔伯特在第二届国际数学大会上给出"自然与数学之间先在的和谐"一说，认为基本物理学本质上是数学的，数学是物理学进步与统一的康庄大道。闵可夫斯基也有类似的认识，他认为在数学与物理学之间存在着一种奇特的、先在的和谐，通过逻辑对已有数学知识结构的精致化，人们就能够发现数学与物理事实和天文学事实产生的问题在同一条路径上。爱因斯坦直接将数学用于理论物理学基础的构造中，他认为物理学创造性的原则在于数学，经验仅仅是检验数学构造物理学有效性的标准。正是借助于数学的创想，爱因斯坦等的卓著贡献才使得物理学在 1890—1920 年的困惑时期，取得了辉煌的成就。100 年后的今天，我们面临着同样的困境，这时数学就派上了用场，数学的认知能力对于物理学基础理论的探索是必要和重要的，这是以二者同一的基础结构作为本体论基础为保障的。

---

① Atiyah M. "Mathematics in the 20th Century". *Bulletin of the London Mathematical Society*, 2002, 34(1): 14.

三、新的评价标准——数学统一

随着20世纪70年代以来数学与物理学越来越多共通领域的发现，随着数学的发展也越来越以量子化和对称性为基础，随着以量子场论和弦论为代表的当代量子论在数学中的有效影响，数学与物理学有共同的根基这一结论呼之欲出。数学与物理学的共同根基，意味着数学的统一与物理学的统一本质上是同一的，当追根溯源地梳理数学的根基，找到朗兰兹纲领之下的本体论原因时，会发现这与物理学的统一理论或万物之理是一致的，集中体现在数学的范畴论基础与物理学的“万物皆量子比特”的信息本体论中。

在“万物皆量子比特”的指引下，文小刚认为，用纠缠的量子信息能够为所有的物质、所有的基本粒子、所有的相互作用，甚至时空本身提供统一的描述。多体量子纠缠与凝聚态物理中的拓扑序、拓扑物态，以及量子计算中的拓扑量子计算都是紧密相关的。张量范畴学和高阶范畴学正是描写长程纠缠（拓扑序）的数学框架。其实拓扑序物态中的拓扑准粒子对应于范畴学中的“对象”（object），而准粒子的交换、融合等操作，对应于范畴学中的态射（morphism）。张量范畴学正巧是描写拓扑准粒子的完备理论，它可描写拓扑序物态中的拓扑准粒子所具有的各种非常新奇的性质，如分数电荷、分数自由度、分数统计，甚至是非阿贝尔统计等。正是这些新奇的性质（非阿贝尔统计），使我们可以用拓扑物态进行拓扑量子计算。通过范畴学，我们得到了对拓扑序（即长程纠缠）的全面理解和分类。比如在一维，没有非平凡的拓扑序，也就是说没有长程纠缠，只有短程纠缠。在二维，各种各样的拓扑序可以由一类特殊的张量范畴——模张量范畴——来一一描写。在三维，各种各样的拓扑序可以由一类特殊的融合二阶范畴来一一描写。拓扑绝缘体是一种没有拓扑序，但有对称保护序的量子物态。对称保护序是一种非平凡的短程纠缠态，它没有分数电荷，没有分数自由度，没有分数统计，但它们有非平凡的、可以导电导热的边界，是目前凝聚态物理研究的一大热点。描述这些对称保护序的数学语言是代数拓扑中的上同调理论和示性类理论，利用这些数学语言我们能够理解这些物态并对其进行分类。

在当代量子论试图给出一种物理学的统一理论，并且目前已有的理论都缺乏经验证据之支持的状况之下，基于物理学在数学中的有效性，我们认为可以把数学的统一作为一个评价标准，可以从中得出哪些物理学的统一理论是可能为真的，即具有似真性。那个能够给出统一数学的物理学理论，应该也是最终的物理学统一理论，即万物之理。阿蒂亚在讲到数学的统一时，认为 21 世纪的数学是量子数学，并且也有数学家认为，数学的大统一将会比物理的大统一来得基本，也将由统一场论孕育而出。弦论的发展已经成功地将微分几何、代数几何、群表示理论、数论、拓扑学相当重要的部分统一起来。从这一标准去考察，弦论在将来虽然不一定是完全正确的，但肯定具有正确的成分，在未来不可能被完全抛弃。之所以把超弦理论当作一种物理学理论来研究，是因为它能够得到数学的统一，它坚持了对称性与量子化的基本结构本体论基础，它保持了数学在认识论上的优先性。文小刚的“一切皆是长程量子纠缠”也是类似的，理论中具有似真的内容，在未来的发展中将会予以保留。

似真性弱化了经验检验中的逼真性，又避免了库恩之后的相对主义，是后经验时代科学理论评价的一种必然选择。波普尔追求科学理论的逼真性，要求一个理论的真理内容不断增加而假内容不断减少，要求新理论比旧理论有较大的真理内容和较小的假内容，也就是要求理论的逼真性程度越来越高。当经验评价不再起作用时，科学理论的逼真性也无从谈起。库恩认为科学研究是由科学共同体建立新的常规科学传统或由一个常规科学传统代替另一个常规科学传统。不同科学传统间具有不可通约性，也就是说科学并不保证朝向真理前进，放弃了理论的逼真性，走向了相对主义。似真性的追求仍然在追求真理，只不过无法定量地衡量真理的成分有多大，对于尚未实现的物理学的终极理论或统一理论而言，似真性是合理的。正如物理学家戴森所言，“弦论不可能完全成功，也不可能完全没用。所谓完全成功，我的意思是它是一个完整的物理学理论，解释了粒子及其相互作用的所有细节。我说的完全无用是指它仍然是一个美丽的纯数学。我的猜测是弦论将会在完全成功和失败之间结束”[①]。正如索菲斯·李在 19 世纪创立的李群理论，试图将其作为经典物理学的数学框架。然而，事实上李群理论在量子理论中才找到了合适的位置，成为理解对称性在量子世界中核心作用的关键，因而在经典物理学框架中它是不适用的。因而，戴森预言，在 50 年或 100 年之后，当物理学发生另一场革命之后，引入一些新的物理学概念之后，将会赋予弦论以新的意义，会找到关于世界的可验证的论述。

数学统一的标准是基于当代量子论与当代数学的融合发展所揭示出的，是符合科学本身发展规律的结论，是后验的归纳结论，而非哲学传统中那种先验的、规范性的结论。

① Dyson F. “Birds and frogs”. *Notices of the American Mathematical Society*, 2009, 56(2): 222.

第十六章
科学实在论的新发展

结构实在论用结构实在代替了实体实在，既维护了科学实在论立场，又避免了实体在科学革命前后的不连续性。本体结构实在论的提出与论证都是以量子理论为基础的，因而得到了物理学哲学家们的格外青睐。然而，对 20 世纪量子理论发展史的详细考察，要求科学实在论能够更为细致地筛选出哪些结构保证了科学在经验上是成功的，而不是笼统地给出本体论承诺。科学实在论的这一新发展即选择实在论，在量子场论中的应用则称为有效实在论，它们都要求深入到科学理论本身中去做细致考察与分析，针对具体理论给出具体的本体论承诺。

第一节　结构实在论

20 世纪 80 年代，科学实在论和反实在论围绕科学理论中不可观察的实体究竟存在不存在，展开了激烈的争论。双方的争论僵持之际，沃勒尔提出了结构实在论，放弃了科学实在论关于实体的论述，转而谈论结构，认为结构在科学革命前后是连续的。雷迪曼补充回答了实体存在与否的问题，提出本体的结构实在论，认为在形而上学层面实体不存在，结构是第一性的存在。

一、结构实在论的提出

作为一种选择实在论,结构实在论选择结构作为科学实在论承诺的对象。然而，这种承诺无论是在认识论层面，还是在本体论层面，都是存在差异的，由此形成了两种不同的结构实在论观点，即认识的结构实在论（epistemic structural realism，ESR）与本体的结构实在论。

1. 认识的结构实在论

1989 年，在科学实在论与反实在论的争论陷入僵局之时，沃勒尔在《结构实在论：两个世界的最优选择？》[①]一文中，为了打破僵局，在科学实在论的无奇迹论证和反实在论的悲观元归纳论证之间找到了一条中间道路，从而为科学实在论做出了新的辩护。沃勒尔放弃了对实体的描述和理解，因为实体在理论变革前后会发生根本性的改变，并且实体是不可以被认识的。与此同时，他也反对劳丹关于科学理论在科学革命的过程中没有连续性的悲观元归纳论证，指出结构在科学革命中得以保留。沃勒尔的上述观点被称为认识的结构实在论。

相较于之前的科学实在论观点，认识的结构实在论是一种撤退，区分了我们所拥有的非结构性知识和结构性知识，认为关于不可观察世界我们所能知道的一切就是它的结构，否定了非结构性认识的可能性。这种观点被弗里格和沃西斯（I. Votsis）称为直接的认识结构实在论（direct epistemic structural realism，DESR）。相比较而言，间接的认识结构实在论（indirect epistemic structural realism，IESR）来自间接认识论（indirect realism），是指我们对于世界的认识只能通过感官材料、知觉等来间接获得，而间接获得的知识是结构性的。

① Worrall J. “Structural realism: The best of both worlds?” *Dialectica*, 1989(43): 99-124.

罗素在其1912年出版的《哲学问题》中给出了第一个IESR的表述：尽管我们有理由相信感觉材料的原因是物理对象，但我们对这些对象所能掌握的知识只是它们的结构，而物理对象本身在其内在本质上仍然是未知的。罗素进而在《物的分析》一书中给出了明确的结构主义立场并对其进行了详细的辩护："除了在其数学属性上，对待物理世界的唯一合理的态度似乎是一种完全的不可知论的态度。然而，我们能在构造可能的物理世界方面做某种事情；这种可能的物理世界满足物理学方程，而且甚至与物理学通常所呈现的世界相比，它与知觉世界之间的类似程度要高得多。"[①]罗素的辩护核心是知觉的因果理论，即我们知觉的基本单位并非外部世界中的对象，而仅仅是知觉的"内在特征""性质""质性"（quality）。知觉是我们获知外部世界知识的唯一途径，而从知觉中能够推论出什么？罗素的回答是结构。罗素的推论中援引了两个基本原理：亥姆霍兹-外尔原理（Helmholtz-Weyl principle），不同的效果（即感知）意味着不同的原因（即刺激或物理对象）；镜像关系原理（mirroring relations principle），感知之间的关系对应于其非感知原因之间的关系，这种对应保持了其逻辑-数学的性质。

基于上述两个原则，罗素认为，从我们感知的结构中，我们可以推论出关于物理世界的结构，但不能推断出它的内在特征。"他认为，我们所能断言的是，我们感知的结构（充其量）与物理世界的结构是同构的。"[②]

20世纪持有结构主义观点的物理学家和哲学家不在少数，如庞加莱、卡西尔（E. Cassirer）、爱丁顿、G. 麦克斯韦（G. Maxwell）等。在罗素之前，庞加莱在1905年的《科学与假设》中从对菲涅尔-麦克斯韦理论发展中微分方程保持不变的科学史考察明确了结构主义的实在论立场。沃勒尔认为他的

① [英]伯特兰·罗素：《物的分析》，贾可春译，商务印书馆2016年版，第277-278页。

② Frigg R, Votsis I. "Everything you always wanted to know about structural realism but were afraid to ask". *European Journal for Philosophy of Science*, 2011, 1: 235.

结构实在论正是庞加莱的立场在当代的复兴。

2. 本体的结构实在论

1998 年，雷迪曼在《什么是结构实在论》[①]一文中发展了沃勒尔的结构实在论观点，澄清了在本体层面上实体存在还是结构存在的问题，提出了本体的结构实在论。在本体的结构实在论看来，结构是更为基本的，在本体上优先于实体，结构是第一位的，世界上只有结构真实存在，实体只是结构关系的交叉点（points of intersection），是可以还原为结构的对象。

本体的结构实在论强调结构或关系之于个体在本体论上的优先性，而就这一立场的不同态度形成了不同版本的本体结构实在论。就其观点的强弱不同，可以分为以下具体观点。

（1）存在的只是关系，关系项或个体不存在。这一观点被希洛斯（S. Psillos）称为消除主义（eliminativism）的本体结构实在论，代表人物如弗兰奇和雷迪曼。消除主义消除的是实体，实体在本体意义上的存在性被彻底否定，代之以结构，本体意义上存在的只有结构。“在我们的形而上学中有对象，但它们的内在本性，同一性和个体性已经被清除，它们不是形而上学的根本存在。”[②]对此，批评者如曹天予、莫罗·多拉托（Mauro Dorato）、雅各布·布施（Jacob Busch）、马泰奥·莫尔甘蒂（Matteo Morganti）和查克拉瓦蒂等质疑：没有个体，何谈结构。雷迪曼回应说，可以通过两种方式来理解没有个体的结构：第一种是把结构理解为共相，这一理解因袭自柏拉图；第二种认为某一给定关系的关系项本身也是结构。

如果个体不存在，那么我们的感官所获得的关于个体的经验该如何解释

---

① Ladyman J. “What is structural realism?” *Studies in History and Philosophy of Science*, 1998(29): 409-424.

② Ladyman J, Ross D. “Ontic structural realism and the philosophy of physic”. In Ladyman J, Ross D. Spurrett D, et al. *Every Thing Must Go: Metaphysics Naturalized*. Oxford: Oxford University Press, 2007: 131.

呢？早期的结构主义者如庞加莱已经给出了解释："我们的感官提供给我们的大范围的物质不过是对于我们无能为力的一种辅助。"①庞加莱把关于对象的经验看作一种表观的假象，这一观点得到了弗兰奇和雷迪曼等的继承。他们认为个体只具有启发性的作用，是主体用于在时空范围内导向的实用工具，在世界的近似表征中起作用。消除主义的本体结构实在论者们也非常清楚，对科学中关于对象的指称和概括提供非特设性的说明和评价，是他们面临的一大挑战。但是，目前看来，他们是如何并且要如何应对这一挑战的远不明晰。

（2）关系与个体都存在，但在本体论上关系优先于个体。这一观点的得出是基于下述两个论断：一是个体不具有内在的属性，二是关系需要关系项。对于本体论上个体的存在而言，埃斯菲尔德（M. Esfeld）等持温和结构实在论（moderate structural realism）态度的哲学家们认为此时的个体并不具有内在不可还原的性质，也就是说此时本体论上的结构是个体间的关系，同时个体在本体论上反而是依赖于关系结构的，除关系属性外个体不具有其他在内的属性，个体的所有属性都是与其他个体的关系。这一立场既避免了消除主义的极端性与"脱离关系项关系如何可能"的质疑，又达到了结构相较于个体在本体层次上的优先性。

既然结构在本体论上是更为基本的，个体或对象不具有内在属性，那么个体或对象就成为了结构中的一部分，即结构中的占位符。在结构中所占的位置就独一无二地给出了个体，且此时的个体已然是重新概念化后的。如唐僧师徒，一位师父和三位徒弟构成了结构关系。徒弟本身不是独立的个体，它是由师徒关系这一结构所刻画和定义的。物理学哲学家们常常通过两个电子形成的单态（singlet）来例示这一点："两个电子具有相反方向的自旋"

① Poincare H. "On the foundations of geometry". McCormack T J (Trans.). *The Monist*, 1898, 9(1): 41.

是一个结构关系，而对于单个电子来讲谈论其自旋的方向是没有意义的，也就是说在单态这一语境下，电子不过是这一具体结构中的占位者，电子之间不能够彼此区分。强调单态这一语境，是因为电子并不只有自旋一种属性，不能只通过“在单态中具有相反方向的自旋”这一结构就得到电子，由此得出一种更弱的本体的结构实在论立场:个体在本体论上的基本性并不能消除。

（3）关系与个体都存在，但在本体论上关系至少与个体具有相同的地位。这一观点的得出是基于下述论断：即存在这样的关系，它们不随附于（supervene on）关系项的内在属性和时空属性。在本体的结构实在论之前，亚里士多德、莱布尼茨等哲学家都一致认为：“结构是由个体及其内在属性构成的，所有关系性的结构都随附于个体及其内在属性。”[①]大卫·刘易斯的“休谟随附性”把时空关系也加入进来，认为个体间的关系随附于关系项的内在属性和时空关系之上。本体的结构实在论的提出则同时颠覆了上述两种观点。早在 1984 年，克里兰德（Carol Cleland）就用非随附性来解释量子力学中的纠缠态。芒德林也基于量子纠缠明确指出：本体论的还原论结终了，世界由基石组成的观念不成立，“世界不仅仅是单独存在的局部对象的集合，仅由空间和时间从外部关联”[②]。雷迪曼和弗兰奇也持有相同的观点，认为量子纠缠颠覆了传统形而上学所赋予的个体在本体论上的优先性。因此，在本体论上，关系至少是与个体具有相同地位的，从而要么关系是本体论优先的，要么关系与个体在本体论上不存在主次。就量子纠缠而言，本体的结构实在论认为它是一种形式的原初模态结构（primitive modal structure），这一结构在本体论上是基本的。

---

① Ladyman J. “Structural realism”. In Zalta E N，Nodelman U（Eds.）. *The Stanford Encyclopedia of Philosophy (Summer 2023 Edition)*. https://plato.stanford.edu/archives/sum2023/entries/ structural-realism/.

② Maudlin T. “Part and whole in quantum mechanics”. In Castellani E (Ed.). *Interpreting Bodies: Classical and Quantum Objects in Modern Physics*. Princeton: Princeton University Press, 1998: 60.

在量子力学语境中，关于量子粒子的讨论绝大多数时候围绕一类粒子展开，如费米子、玻色子，而非单个的粒子，此时将一类粒子与另一类粒子区分开来（如将介子与电子区分开来）可以借助于其不同的单态结构，也正是在这一意义上结构实在论者强调个体性的丧失，强调结构性的存在。然而，对于电子而言，除了在“单态中具有相反的自旋”这一结构中扮演占位者，它还具有其他不依赖于状态结构的属性，如质量。独立于态结构的属性的存在，意味着占位者本身不能够由态结构中的一个特别位置还原得到，应该具有独立的本体论性。基于“关于费米子的同一性和多样性的事实无法通过所属关系内在地获得”[①]，量子粒子的个体性在本体论上与所属的关系结构是同等重要的，施塔赫尔称之为“语境个体性”（contextual individuality）。

二、本体结构实在论的量子论证

本体结构实在论的提出与论证皆来自当代量子论的启发，这也是其颇受物理学哲学家们青睐的原因。结构实在论的量子论证证据主要来自几个方面：一是量子粒子的非个体性；二是量子纠缠之于个体的非随附性；三是量子场论对结构本体的支持。量子纠缠的论证已在上文论述过，这里略过不谈。

1. 基于量子粒子的论证

量子粒子具有不可区分性，这使得其丧失了个体性。不同于经典粒子，量子粒子满足置换不变性。弗兰奇和雷德海德在 1988 年的论文中考虑了如下案例：两个具有相同内在属性（如质量、自旋和电荷）的量子粒子，分别标示为 1 和 2，两个可能的纯量子态$\left|a^r\right\rangle$和$\left|a^s\right\rangle$，且粒子必须处于其中一个态中。在经典物理学中，存在四种等概率情形，每种情形出现的概率为 1/4：

---

① Ladyman J. “Structural realism”. In Zalta E N，Nodelman U（Eds.）. *The Stanford Encyclopedia of Philosophy (Summer 2023 Edition)*. https://plato.stanford.edu/archives/sum2023/entries/ structural-realism/.

（1）粒子 1 和粒子 2 都处于$\left|a^r\right\rangle$；

（2）粒子 1 和粒子 2 都处于$\left|a^s\right\rangle$；

（3）粒子 1 处于$\left|a^r\right\rangle$，粒子 2 处于$\left|a^s\right\rangle$；

（4）粒子 1 处于$\left|a^s\right\rangle$，粒子 2 处于$\left|a^r\right\rangle$。

在量子情形中，由于粒子 1 和粒子 2 满足置换不变性，（3）和（4）是不可区分的，并且关键是等同的，只能算作一种情形，这意味着只可能有三种情形：粒子 1 和粒子 2 都处于$\left|a^r\right\rangle$；粒子 1 和粒子 2 都处于$\left|a^s\right\rangle$；粒子 1 和粒子 2 分别处于$\left|a^r\right\rangle$或$\left|a^s\right\rangle$，每种情形出现的概率为 1/3。（3）和（4）在本体论上是等同的，这意味着量子粒子并非个体。如果交换粒子 1 和 2 的算符是 P，且粒子 1 和 2 处于一个两粒子的量子态 Ψ_{12}，那么有 $P\Psi_{12}=\Psi_{21}$ 且 $P\Psi_{21}=\Psi_{12}$。“基本粒子没有明确的个体性，因而就不可承诺谁是关系的承载者，于是只有关系真正存在着。”[①]雷迪曼和弗兰奇基于此认为，可以将粒子理解为结构，而非是具有个体性或形而上学性质的粒子。

雷迪曼等的上述论断建立对可区分性（distinguishability）和个体性（individuality）概念的辨析基础之上。可区分性或不可分辨性（discernibility）是一个认识论概念，是指我们能够区分或分辨出两个事物间的不同。个体性是一个形而上学概念，是指本质上两个事物是不同的，且一个事物只与自身是同一的。哲学传统中有三种个体化的原则：一是超验的个体性，把个体性看作是超越其所有定性属性的一种特征；二是时空位置或轨迹；三是其全部属性或部分属性的汇集。对于像桌子和猫等日常对象，可以通过其时空属性和内在属性来区分。经典物理学中的粒子由于具有不可穿透性，也就是说没有两个粒子可以占据相同的时空位置，每一个粒子都具有自己独特的轨迹，

① 张华夏：《科学实在论和结构实在论——它们的内容、意义和问题》，《科学技术哲学研究》2009 年第 6 期，第 8 页。

因而它们是可区分的。对于日常物体和经典粒子而言，不可分辨的同一性原则是正确的，个体性和可区分性是等同的。

在量子理论出现之后，传统的个体性原则和不可分辨的同一性原则似乎是相冲突的，引起了许多的争论。例如，量子粒子并不总是在时空中有明确定义的轨迹，处于纠缠两个或更多粒子可能拥有相同的属性，如单态中的两个电子。因此，量子粒子似乎具有相同的内在和时空属性。如果量子粒子是不同的个体的话，它们具有相同的属性，又不可区分，因此需要某种超验的原则来实现其个体化。从而，我们面临一种困境：要么不可分辨的同一性原理有问题，量子粒子是个体，存在某种超验的个体性原则；要么量子粒子不是个体，不可分辨的同一性原理在这里不适用。基于此，弗兰奇和雷迪曼选择了后一种立场，把量子粒子作为一种结构性的存在。

2. 基于量子场论的论证

量子场论也支持了某种形式的本体结构实在论。卡西尔在 1936 年的著作中就明确指出，在场论的语境下形而上学的“物质点”（material point）作为个体对象是不成立的。他认为，“场不是一种‘物’（thing），而是一个因效系统（system of effects，德语为 Wirkungen）。在这一系统中，没有单独的元素可以被分离出来，并作为永恒保留下来，且在时间的流逝中‘与自身等同’。单个的电子不再具有任何实体性，因为它本身就是一个概念；它只在它与场的关系中‘存在’，作为场中的一个‘单一位置’。”①

规范量子场论中对称群和群结构所扮演的重要性为本体的结构实在论提供了强大的支持。在规范场理论中，每个场都与特定的对称群相关联，理论的统一是通过寻找具有相关组合对称性的理论结构来实现的。“规范理论的

---

① Cassirer E. *Determinism and Indeterminism in Modern Physics: Historical and Systematic Studies of the Problem of Causality*. Theodor Benfey (Trans.), New Haven: Yale University Press, 1956: 178.

本体论以各种不同的方式破坏了在时空中固定的类对象的实体这一传统图景，传统科学实在论的主要问题……可以通过诉诸对规范理论的结构内容，特别是规范对称群的承诺来得以缓和。”[①]规范对称性作为一种结构，是优先于相应的粒子的，如强相互作用满足的规范对称性 SU（3）在本体论上优先于强子。

此外，许多物理学哲学家也把“规范理论”解释为本体论上对象从属于结构，对象是对称变换下的等价类，且不可能进一步将对象个体化。还有人就粒子物理学的标准模型给出了本体结构实在论的解释，认为纤维丛截面是一种超越经验现象的结构。

三、关于结构实在论的质疑

无论是哪个版本的结构实在论，都存在着不少的反对和质疑。就像支持的哲学家们找到了许多的论据来支撑，反对的哲学家们也找到了许多的论据来反驳。

首当其冲的质疑是实体与结构二分的问题。如果没有关系者，何以谈论关系？如果没有群中的元素，何以谈论群？许多持有本体的结构实在论的哲学家们也难以接受关系与关系项无关。上文提到过雷迪曼等认为并不是不要关系项，而是关系项本身也是某种关系或结构，例如，群中的元素可以是一个其他的群。但随之而来的问题是形成了一个结构塔，最为底层的结构又是什么？结构主义者们认为当代的哲学家们无法摆脱对个体对象的依赖，是因为他们接受的训练是现代逻辑和集合论，这是典型的个体对象经典框架。

随着实体的取消，因果关系承载者也随之消失，因果性的说明也难以展开。许多哲学家认为，个体对象是因果性的核心，也是对变化进行说明的关

① Lyre H. “Holism and structuralism in U(1) gauge theory”. *Studies in History and Philosophy of Science Part B: Studies in History and Philosophy of Modern Physics*, 2004, 35(4): 666.

键要素，结构主义无法说明因果性。如曹天予批评道：“结构主义者如此看重的数学结构，作为一种关系陈述的结构，它既在因果上是惰性的（即对于刻画因果上有效的属性之间的结构定律来说，缺乏结构性的动因），又因其中立于关系项的本质而无法穷尽关系项的内容。”[①]雷迪曼和弗兰奇等人的回应是用模态结构取代因果性，这样结构实在论者能够方便地谈论世界的因果结构。

其次是“结构”概念的模糊性。结构实在论者被质疑的很重要的一个方面是其“结构”概念的模糊性。究竟是什么样的结构？结构是指关系？模态结构？律则结构（nomological structure）？或是其他什么？本体结构实在论者坚持认为，他们感兴趣的结构是具体的，而不是抽象的。“我们可以把结构想象成一个由关系、位置或地点组成的网络，把物体想象成任何可能在这种关系网络中占据位置或位置的东西。这仍然不够精确，但它似乎抓住了，至少在广义上，结构现实主义追求的是什么。”[②]与结构相对立的实体，不仅是个体、对象，还包括其内在属性。进一步，个体、对象、内在属性等如何能够从结构中得出？它们对结构在本体论上的依赖关系又是什么？这些问题仍然需要进一步探讨。

再次是结构在理论变迁中是否保留的问题。斯坦福等指出，在理论变迁过程中数学结构经常有丢失的问题，因而作为一种选择实在论，结构实在论选择结构作为说明理论成功的原因，作为理论发展连续性的载体是毫无希望的。对此，结构实在论者的回应是，确实不是所有的结构都在理论变化中得以保留，保留的只是表征某些现象间的关系或结构。

---

① [美]曹天予：《后库恩时代的科学实在论——超越结构主义和历史主义》，张志林译，《哲学分析》2018 年第 1 期，第 133 页。

② Wolff J. “Do objects depend on structures?” *The British Journal for the Philosophy of Science*, 2012, 63(3): 609.

再然后是关于数学结构与物理学结构混淆的问题。一旦对世界的科学描述在很大程度上变得数学化了，如果这些描述都是结构性的，那么科学知识也就变成了关于数学结构的知识，而失去了物理本体论的部分，数学结构与物理学结构间的区分也就复存在了。范·弗拉森的质疑是，数学结构是未例示的和抽象的，而物理学结构是例示的和具体的，二者间的区分不能够用纯粹的结构术语来说明。

最后是结构实在论在物理学之外并不适用的问题。不少人质疑结构实在论仅仅适用于物理学，而对于生物学、神经科学等其他学科并不适用。雷迪曼等人也毫不避讳地承认了这一点，认为对于非基础物理学中的对象及其指称和价值，他们仍然缺乏一个非特设性的说明。

不论结构实在论的辩护多么有力，反驳多么充分，量子理论的经验成功是无可怀疑的，除范·弗拉森等少数反实在论的哲学家之外，绝大多数的物理学家和哲学家都认为量子理论至少在某些方面是为真的，这是一种选择性的科学实在论态度。

第二节　选择实在论

法因早在 1984 年就宣称科学实在论死亡了，他认为“关于量子理论的解释加速了科学实在论的死亡，其中玻尔等非实在论的哲学战胜了爱因斯坦的实在论，当前两代物理学家在脱离科学实在论的情形下成功地从事科学实践这一事实最终确认了科学实在论的灭亡”[①]。40 年后，再度从科学实在论与反实在论的角度审视量子理论，会发现并不能简单地得到法因科学实在论死

① Fine A. “The natural ontological attitude”. In Leplin J (Ed.). *Scientific Realism*. Berkeley: University of California Press, 1984: 83.

亡的观点，量子理论的实在性与非实在性需要仔细地考察。

一、量子实在论与反实在论

不可否认，玻尔在与爱因斯坦的交锋中占了上风，但这并不能得到量子理论的非实在性。爱因斯坦的实在论先在地为量子世界施加了直观的约束，在 1935 年之前是决定论,之后则是定域性,这些直观的约束源自经典物理学。决定论和定域性在经典物理学所描述的宏观物理范围内是确定无疑的，然而它并不适用于量子物理的范围，用它来反驳量子理论的实在性是不恰当的。

1. 量子实在论

科学实在论的基本立场可以分为本体论、认识论和语义学三个方面，将其应用于量子理论中，从而能够得到量子实在论的三个方面的基本立场。

（1）本体论方面，量子理论研究的外在世界有一个明确的、独立于心灵的自然结构。

（2）认识论方面，量子理论是得到证实的，且近似为真，量子理论中的实体真实地指称了外部世界中的某个真实对象。

（3）语义学方面，量子理论的字面解释具有明确的真值，量子理论中所包含的不可观察部分也真实地存在于外在世界中。

量子实在论认为量子理论描述了那个独立于心灵的物理世界，它是对物理世界为真的描述，或者至少是近似为真的描述，在未来理论发展的过程中量子理论由于其为真或近似为真会保留下来。大多数的量子物理学家是坚实的量子实在论者，他们相信自己所进行的量子领域的研究揭示了量子世界的真实属性，如非定域性表明自然界确实存在着这种鬼魅般的关联，基于这种特性我们才能够发展量子离物传态和量子通信。

如科学实在论的辩护通常所采用的“无奇迹论证”策略那样，量子实在论辩护的最有力武器是量子理论的经验成功。为了说明量子理论的经验成功并非一种奇迹，量子实在论是一种恰当的态度。量子理论给出的大量预言得到了经验的成功检验，并且通过强有力的操作和应用改变了我们所生活的世界。如基于爱因斯坦光的量子辐射理论中关于受激辐射跃迁概念，物理学家们成功地制造出了激光，之后广泛地应用于工业生产、通信、信息处理、医疗卫生、军事等多个领域；基于量子力学的能带理论，物理学家们弄明白了导体、绝缘体、半导体的原理，发明出了晶体管，奠基了 20 世纪信息革命的技术基础。如果量子理论不是真实地描述了微观世界，我们如何能够成功地制造出激光，发明出晶体管，造出原子钟，发明核磁共振，发现高温超导材料？如何能够基于这些量子理论的技术应用改变生活的方方面面呢？假如量子理论是建构的、假的，那么它的如此多的成功应用就绝对是奇迹了。要使量子理论的这些成功应用不成为一种奇迹，量子理论必须是为真的，是关于外部世界的正确或近似为真的描述。

量子实在论在科学实在论者那里也并非一个统一无异议的立场，实在论者会微观地审视与区分量子理论中的哪些部分是实在的，哪些部分是非实在的。在卡特赖特的因果实在论中，她认为不可观察的理论实体的存在是真实的，但并不表明量子理论关于该理论实体所说的一切内容都是真实的，如理论规律就不是真实的。卡特赖特认为关于理论实体，最不可否认的就是其因果作用。对于同样的经验内容，可以用不同的理论规律去解释，但因果解释只能有一种，因此因果解释中的原因，即理论实体是真实的。卡特赖特相信理论实体，但不相信理论规律。她还区分了理论定律与现象学定律，认为量子理论的理论实体以及现象学定律能够通过因果性用于对现象的解释中去，因而它们是实在的，而理论定律仅仅对于模型中的客体是正确的，并不是对事实的真实陈述，它们仅仅是工具性的。从逻辑的角度看，否定基本定律的实在性是没有问题的,可实际中许多现象学定律是从基本定律中推演出来的，比如海森伯方程能够导出埃伦费斯特定理等现象学定律，该如何解释这种推论的成功。

另一位持有实体实在论立场的是哈金。哈金认为，我们应当超越表达世界，转向实践世界，只有在实验实践的层次上，科学实在论才是必然的。宏观对象具有实在性，是因为在实验实践中，它通过因果力作用于我们，我们借助于仪器干预和操控了它。同样，对于微观世界中的不可观察实体，如果我们能操控它们，它们肯定是存在的，否则的话我们何以操纵和干预它们。哈金的实在论是关于实验实体的实在论，并非关于科学理论的实在论。这是一种典型的局部实在论（local realism）立场，并不对科学理论及其规律整体做出承诺，只承诺实体。问题在于，理论实体与理论间的关系如何，实验操控的实体是否对应于理论中的实体，仍然需要从理论到实体的某种诠释，需要考察理论本身的实在性问题。

2. 反实在论

由于量子测量问题所引发的量子力学实在论解释中存在的非充分决定性，经验在面对玻姆理论、多世界诠释和动力学坍缩理论等时不能做出选择，这种非充分决定性是无法消除的，这意味着量子实在论面临着严峻的挑战。应当持有反实在论立场，认为量子理论并不是为真的描述。反实在论承认量子理论在经验层面的有效性，但否认量子理论中的实体与定律的实在性，认为这些实体与定律无非是为了解释经验层面的现象而建构出来的，并不对应于真实的世界。随着理论的更替，会建构新的理论来解释新的经验现象，当前量子理论中的内容很可能会被抛弃掉。

反实在论的论证一般从两个维度展开，一是悲观元归纳，即如库恩所言科学理论经历的是革命的过程，没有证据表明后继理论比前继理论更接近真理，当前得到成功应用的理论中的本体论内容在未来也可能会像其前继理论中的本体论一样被替代掉，所以并不能说当前的理论就是真理或接近于真理，科学史上有许多这种理论的坟墓，量子理论有朝一日也会进入坟墓而被新的理论所取代；二是非充分决定性，经验证据对于理论及其解释而言是不充分的，不能在众多可能的理论及其解释中做出选择。尤其是考虑到量子理论时，理论的形式体系本身与其解释内容难以完全分离，解释上又面临着经验对理论的非充分决定性，再考虑到当前的量子理论并不能涵盖引力，最终的理论必然是某种量子引力理论，所以当前的量子理论并不是对客观世界的真实描述，它仅仅是一种预言和计算的工具。

范·弗拉森的建构经验主义是典型的反实在论，他认为理论所取得的成功并不能保证理论为真，只能保证理论的经验适当性，保证理论具有拯救现象的能力。量子理论目前所取得的成功，只能保证在可观测事物方面它是为真的，而不能保证它对于不可观测的实体的描述为真。这种对于可观测事物与不可观测事物的区分是一种“选择性的怀疑主义”，使得经验主义陷入了认知困惑。对于实在论者而言，“通过隐藏的机制的作用，理论可以解释为什么它所拯救的现象是如此这般，通过相信这些机制的运作，他们有理由相信这些现象能够继续符合于理论的预期”[①]。对于经验主义者，由于他们对基本运作机制的不可知论，他们不能为理论所拯救的现象的继续存在提供连贯的说明和理由。

3. 量子实用主义

介于量子实在论与反实在论之间的是一种称为量子实用主义的哲学态度，它不认为量子理论是对世界本身在字面意义上的表征，这样一来我们就不必认为量子理论中的每一个理论术语都对应于世界的某个具体存在，而是提供了量子系统与非量子系统间相关联的信息，如量子态并不描述量子系统，

---

① Retsche L. “Perturbing realism”. In French S, Saatsi J (Eds.). *Scientific Realism and the Quantum*. Oxford: Oxford University Press, 2020: 293-294.

而是如玻恩规则所示，描述了该如何确定与各种测量结果相应的概率。量子实用主义不同于工具主义，也不同于经验主义，在后两种哲学中“可观测量”和“不可观测量”扮演了重要的角色，而量子实用主义的关注点在我们对世界知识的获取上，我们能够获取外在世界的知识，并且用它来解释那些令人困惑的现象。

量子实用主义典型的代表是希利。希利观点的核心在于拒绝表征主义（representationalist）假设，该假设认为科学理论只能通过忠实地表征世界，才能给我们以一个真实的世界是什么样子的描述。希利指出，量子理论中那些应用于成功技术发展中的部分是独立于理论解释的。因此，我们应该把注意力集中于量子理论如何应用于具体的物理系统，应当关注与这些物理系统相关的非量子的物理特征的相关信息，而放弃关于量子实在表征的讨论。例如，关于“量子态”，我们应当忽略围绕这一概念关于某个系统的描述或表征，而去关注它如何确定各种可能的测量中得到的概率。也就是说，他并不试图削弱“量子态”“量子算符”“玻恩概率”等概念的语义学和认识论地位，而是在这之外强调对理论非表征功能的理解，强调对其物理内容的获取。

量子实用主义的提出丰富了关于量子理论与科学实在论间关系的理解，为量子理论的实在论讨论增加了一个更为广泛的视角。问题是，量子实用主义放弃了量子论中理论术语的表征功能，还试图保留理论本身的解释功能，解释过程就变成了一个“黑箱”，它是如何解释的就不可知了。

二、走向选择实在论

科学实在论与反实在论争论的结果是，哲学家们开始放弃普遍性的对整个科学理论的实在论承诺，而转向选择性实在论，寻找科学理论中部分内容的实在性。即在理论中进行筛选，辨别理论的哪部分是值得相信的，是在后继理论中得以保留的。用威姆萨特（W. Wimsatt）的本体论承诺的标准，则是要涵盖那些稳定的实体、属性或关系，它们是用许多独立的方式“可达的（可探测的、可测量的、可推导的、可定义的、可产生的等）”[①]。

基切尔（P. Kitcher）在1993年《科学的进步》一书指出，科学理论取得经验成功的功劳，不应该均匀地分配给理论中的每个要素。他提出了一个二分策略，将理论分为“预设假设”（presuppositional posits）和“效用假设”（working posits），前者是为了满足科学实例化图式的需要，并不必然为真，后者是科学理论取得经验成功的关键所在，是为真的部分。1996年，希洛斯在《科学实在论和“悲观归纳”》一文中明确提出分而治之（divide et impera）策略，将理论分为“无价值要素”（idle constituent）和“本质要素”（essential constituent），在1999年出版的《科学实在论：科学如何追踪真理》中进行了详细论述。

希洛斯的分而治之将科学理论分为本质要素和无价值要素，前者是导致理论成功的关键部分，而后者与理论的成功无关。“过去理论的成功并不来自有缺陷的整理理论，而是来自理论中的某些规律和机制。”[②]对于过去理论中本质要素的筛选，希洛斯认为需要仔细地研究历史上真正成功的理论的结构和内容，以找出对理论的成功起支配作用的部分，并且证明这些部分之后被保留在了后续的理论中。对于未来理论中本质要素的筛选，希洛斯把这一任务留给了科学家，他认为哲学家没有能力独立识别。哲学家无法面对一个单独的理论贯彻分而治之策略，而是需要循着科学家的印迹，寻找在理论历史长河变迁中被一直保留下来的本质要素，并论证它们是实在的。

在分而治之的科学实在论方法论辩护策略之下来看，实体实在论和结构实在论也是其特殊的案例，只是其所选择的实在论承诺分别是实体和结构

---

① Wimsatt W C. *Re-engineering Philosophy for Limited Beings: Piecewise Approximations to Reality*. Cambridge: Harvard University Press, 2007: 95.

② Psillos S. *Scientific Realism: How Science Tracks Truth*. London: Routledge, 1999: 103.

罢了，正如希洛斯所明确的“沃勒尔对悲观归纳的回答是分而治之策略的一种”[①]。对于纷繁复杂、形态各异的科学理论而言，笼统地认为科学理论是实在的，或是将其实在要素确定为同一种内容，如实体或结构，是含糊的。相较于整体的科学实在论，分而治之策略是一种宽容的、温和的，也是一种保守的科学实在论形态。

分而治之策略也不是没有反对意见，如有人认为分而治之是对科学史的选择性确认，其选择标准根本无法付诸实践，还有人认为即使在后续理论中得以保留的理论成分，也不能确保其就是实在的。在围绕科学实在论的新的讨论中，哲学家们的策略仍然是分而治之，分不同的学科进行区别化的讨论，就不同的科学案例给出不同的筛选方法，这使得科学实在论的辩护进一步局域化，走向了局部实在论。

事实上，量子理论是一个框架性的理论，其中包含了许多具体的理论，一概而论其实在性确实不太恰当，也不符合量子理论发展的历史事实。“即使在那些结构主义者的直觉有一定说服力的情形中，在结构陈述与非结构陈述之间的区分对于准确描述是哪部分理论推动了理论的成功似乎也太粗粒化了。”[②]因而，量子实在论的辩护从原先总体地说明成功的量子理论是如何与世界相联系的，转向了对量子理论组成的分析，以分析哪部分在科学革命前后得以保留，哪部分能够充分说明量子理论的成功。选择的实在论纠正了以往认为所有在物理学形式体系中引入的数学元素都有对应的物理对象这一偏见。从理论中筛选哪些数学元素具有物理对应，哪些理论实体具有实在性的任务有赖于对量子理论本身的深入研究，有赖于对量子理论在 20 世纪的全面展开进行分析，需要在量子场论和量子引力等更为广阔的量子理论视野中

① Psillos S. *Scientific Realism: How Science Tracks Truth*. London: Routledge, 1999: 140.

② Fraser J D. “Renormalization and the formulation of scientific realism”. *Philosophy of Science*, 2018, 85(5): 1167.

来揭示量子理论的实在论承诺了什么。

为了弥合量子测量问题在理论真相与经验真相间的鸿沟，物理学家们和哲学家们提出了多种不同的量子力学解释，包括实在论和反实在论方案，以及介于二者之间的非实在论方案。如果我们不把量子理论作为一个整体考察其实在与否，而是选择性地分析量子理论中的哪部分内容是实在性的，很自然的思路则是从量子理论的诸多实在论解释中筛选其关键内容并进行分析。然而，遗憾的是，除了波函数和玻恩规则等基本的量子概念，这些解释之间共同的部分少之又少。量子理论中，物理系统的状态由量子态或态函数或波函数，它包含了物理系统状态的全部信息。从量子理论的发展来看，无论是在量子场论还是量子引力中，量子态或波函数始终是必不可少的。基于玻恩规则给出的波函数概率解释，能够计算出粒子碰撞的散射截面、粒子物理量的取值概率等可付诸观测的预言，因而，波函数是实在的。玻恩规则作为一种经验性的定律已经得到了经验的检验，其实在性是不容置疑的。现有的量子力学解释都必须给出与玻恩规则相一致的预言，包括在多世界诠释下即使所有的测量结果分别存在于不同的世界中，也必须以某种方式得到玻恩规则，以解释量子概率的意义何在。

如前所述，能够给出实在论回答的量子力学解释，必然是预设了某种不可观测对象的实在性，如在玻姆理论中是粒子及其位置，在坍缩理论中是物理性的坍缩，在多世界理论中是多余的世界本体。但是，我们也看到了，量子力学的不同解释就像是互不相连的缓冲之岛，对于这些解释的分析并不能得到哪些部分是实在的，哪些部分是非实在的。由于量子测量问题的存在，对这一问题的实在论回答必然是解释依赖的，也就是说量子理论的实在性必然是解释依赖的，这种解释依赖的现象一直持续到量子场论和量子引力理论之中。当然，量子场论和量子引力理论也有助于对量子力学的解释进行筛选，可实际的问题是目前尚没有成熟的量子引力理论和基于不同量子力学解释的量子场论体系。不过，抛开解释依赖的问题，先从量子理论的不同阶段中进行分析，以期获得有帮助的论点。

第三节　有效实在论

量子场论是量子力学与狭义相对论相结合发展而来的一个量子理论的子框架，基于这一理论框架发展出了粒子物理学的标准模型，并成功地得到了实验的验证。量子场论给出的预言准确程度在科学史上是史无前例的，如量子电动力学对电子反常磁矩值的预言与实验值吻合的精度比亿万分之一还要高。然而，经验的成功并不能有力地为量子场论的实在论辩护，我们不能从直接描述实验结果的那部分理论的实在性或经验真相推出理论的其余部分也具有实在性，不能推出理论是为真的。我们需要微观地分析哪些不可观测的对象是实在的，是对量子场论的成功具有实质性的贡献、能够为其预言的准确性进行充分说明的，并且在后续的量子理论中能够一以贯之的。

一、有效实在论的理论论证

在量子场论中第一个成功的理论体系是量子电动力学，它的理论基础即辐射的量子理论由狄拉克、海森伯和泡利分别于 1927 年、1929 年奠定。在长达 20 年之久，这一理论一直受到无限大发散的困扰处于相对的停滞状态，直到费曼、施温格、朝永振一郎等的重整化方法出现才有效地处理了发散问题。重整化方法之后在电弱统一理论等粒子物理学标准模型的建立中也扮演着重要的作用，可重整性被认为是可行的量子场论模型所必须具备的特征。

以量子场论中最简单的标量场 ϕ^4 模型为例，其经典的作用量表述为

$$S=\int \mathrm{d}^4x\left[\frac{1}{2}(\partial_\mu\phi)^2-\frac{1}{2}m^2\phi^2-\frac{\lambda_4}{4!}\phi^4\right]$$

其中，ϕ是一个标量场；m 是相关的质量；λ_4 是相互作用的强度，积分是对闵可夫斯基时空展开的。对于这一理论而言，并不能找到精确的解，也不能找到实际相互作用的量子场。对于这种不可解的情形，微扰论通过对作用强度 λ_4 的幂级数展开，从而在 λ_4 较小的情况下通过只取级数的前几项而给出对其行为的准确预测。实际中，对于级数展开系数的计算需要在动量空间中积分，而对于高的动量来讲，积分往往是发散的。这就要用到重整化方法了。

在重整化处理中，我们首先在动量积分中取有一个大的但有限的截止，然后重新定义展开的参数，以消除对微扰的系数对截止的依赖性，这样“如果理论只包含由具有零或正质量维度的耦合所参数化的作用项的话，就可以把每一阶系数中的发散部分完全吸收到有限的参数中去。ϕ^4 相互作用具有这种性质，标准模型中的电弱和强相互作用也具有这一性质”[①]。在重整化过程结束时将截止取作无穷大，就能够得到不发散的结果。在标准模型提出的过程中，这种重整化的方法扮演了理论成立的必要条件，并且在与对撞机实验中的结果进行比对时得到了异乎寻常的成功。

然而，许多人质疑重整化方法的合理性，尤其认为这种对于无穷大发散项的人为消除是特设性的，重整化是不具有物理基础的纯粹工具性操作。这样的话，建立在重整化方法之上的量子场论（包括量子电动力学）的成功没有实在性的基础了，纯粹是一种巧合，因而不利于科学实在论立场的辩护。在 20 世纪五六十年代，一些数学物理学家们出于对微扰理论的不满，试图利用公理化的方法为量子场论寻求一个非微扰的坚实基础。其中一条进路是基于算符值分布，另一条进路是基于冯・诺依曼代数。基于严格的数学公理化体系建立起来的量子场论，可以精确地定义具有任意大动量的场构型的路径

① Fraser J D. “Towards a realist view of quantum field theory”. In French S, Saatsi J (Eds.). *Scientific Realism and the Quantum*. Oxford: Oxford University Press, 2020: 278.

积分，从而在物理上找到了对应的实在对象。可问题是，目前为止标准模型和四维闵可夫斯基时空中任意的相互作用量子场论都不能构建为这些公理化系统的模型，这就意味着公理化的量子场论缺乏经验预言与实在对象间的连接，它仍然不能够构成量子场论实在论立场的数学基础。

历史发展的转机出现在 20 世纪 70 年代初。事实是，在重整化群理论发展起来之后，重整化方法从概念基础上获得了辩护，从而稳固了量子场论的基础。在重整化群理论中，某些粗粒变换在可能理论的空间中产生了“流”，从而为系统在不同标度上的行为提供了信息。这些系统展示出的是“普遍性”的特征，即在高能时显示不同行为的模型表现出与低能时非常相似的物理现象，这意味着在截止去除高能自由度之后，低能的行为会基本不受影响。这使得实在论者能够在基本的层次上区分世界是什么样子的，同时仍然准确地模拟它在低能时的特性。重整化群理论从而“有助于对微扰重整化方法合理性的辩护……它证明了将某个截止点之外的物理吸收到有一个有效作用量，并揭示出这一过程的真正目的是确保所考虑的系统呈现出正确的标度行为……它实际地证明了将截止取作无穷大是合理的，这对于计算而言是极为有利的”[①]。重整化群作为一种普遍的方法具有前瞻性，远远超越了粒子物理学的标准模型。

通常物理学哲学家们基于重整化群和有效场论得到的是关于量子场论的工具主义哲学结论。在他们看来，重整化群不过是一种数学方法，能够处理任意高能或小距离尺度下的行为，保证在数学上不发散。弗雷泽并不认同这一观点，在他看来“在后重整化群时代，量子电动力学和标准模型被看作是‘有效场论’：模型在某些有限的能量范围内是有效的，在这范围之外则不能信赖。正是量子场论的纲领在这种观点和方法上的转变，为科学实在论开辟

① French S, Saatsi J. *Scientific Realism and the Quantum*. Oxford: Oxford University Press, 2020: 13.

了新的道路”[①]。

重整化群对量子场论实在论的辩护主要是从它对重整化方法的物理正当性切入的，并且为寻找关于不可观测对象的知识提供了可能。

（1）重整化群为原先重整化方法中的截止提供了物理的解释，即高动量自由度的影响通过对系统动力学的微调吸收到一个“有效的”作用量中了，而不像原来并不能说明为何要去掉这些截止以外的自由度。

（2）重整化群分析从物理上消除了对于截止的超敏感性。原先的重整化方法是通过重新定义展开参数来消除对截止的发散依赖的，这一步骤是从微扰方法中提取合理预言值的必要步骤。在重整化群分析中则可以看到，低能的物理学（如通常所关心的散射截面）对截止的依赖是很弱的，“这相当于非微扰地展示了出现在朴素微扰展开中出现的关于截止 Λ 的对数和幂次项都是展开系数不当选择所人为造成的”[②]。微扰的重整化过程实际保证了我们的近似具有正确的标度行为，这为重整化的合理性提供了物理的辩护。

（3）重整化群为原先的重整化最后将截止取作无穷大找到了自然的理由。在截止标度远高于我们所描述的能量标度时，重整化微扰近似对 E/Λ 截止的依赖性和实际中要近似的真实物理量都非常小。很多时候，它们要小于实验误差，所以忽略它们是很自然的处理。

（4）重整化群和有效场论有助于澄清在什么意义上量子场论是近似为真的。有效场论在其数学框架中明确了具体的长度标度，小于这个长度标度时理论变得不再可靠，这样便明确了理论可信度的范围，为提取本体论的信息划定了可靠的范围。“通过一种完全‘内在的’方式研究一个给定的有效

① Fraser J D. “Towards a realist view of quantum field theory”. In French S, Saatsi J (Eds.). *Scientific Realism and the Quantum*. Oxford: Oxford University Press, 2020: 283.

② Fraser J D. “Towards a realist view of quantum field theory”. In French S, Saatsi J (Eds.). *Scientific Realism and the Quantum*. Oxford: Oxford University Press, 2020: 285.

场论，人们可以获知它在某个范围内关于自由度的特性及其相互作用的陈述——它们的对称性、动力学、在散射实验中允许的终态等——并不是对给定长度标度之外理论所描述的世界的可靠引导。”①

（5）重整化群和有效场论有助于阐明标准模型的成功是来自什么样的理论承诺，有助于识别什么内容是表征的内容，有助于选择那些稳定的得以保留的理论要素，当处理理论在经验上不适用的小距离时，重整化群为识别有效场论中哪些元素是独立于物理学模型保持不变的提供了方法。从而，就可以识别有效场论中的哪些内容是物理的，哪些只是数学的构造。“从这一分析中浮现出的图景是，量子场论获得了一种粗粒度表征的成功，在不限定其基本结构的情况下捕获了某种（相对）长距离、低能的世界特征。这与当代物理学的有效场论方法论相一致，但关键的是，标准模型是有效理论的主张并不意味着它是纯粹现象学的。在这个观点上它提供了真正的经验之外的知识——而不是关于根本的知识。”②

（6）重整化群和有效场论揭示出的本体论是丰富的、层级的本体论，这是原先整体讨论量子场论的实在性时所不可能发现的。整体讨论理论的本体论承诺时，要么关注实体，要么关注结构，在不同的实体和结构之间并没有本质性的区分。而重整化群揭示出，有些实体和结构是表征性的，它们并不是理论本体论承诺的对象，具体的案例讨论见下文。

基于重整化群和有效场论所辩护的量子场论的实在论被称为“有效实在论”：我们当前最好的物理理论，包括粒子物理学的标准模型在内的相互作用的量子场论仅是有效的，它们不是在所有标度上都绝对为真的，而是在某

① Williams P. “Scientific realism made effective”. *The British Journal for the Philosophy of Science*, 2019, 70(1): 221.

② Fraser J D. “Towards a realist view of quantum field theory”. In French S, Saatsi J (Eds.). *Scientific Realism and the Quantum*. Oxford: Oxford University Press, 2020: 287.

个特定的标度范围内近似为真的。“近似为真”是考虑到量子场论在接近普朗克长度的小距离标度或普朗克能量的高能量标度时并不适用，这时引力效应和量子效应同样明显，需要用到量子引力的理论。有效实在论是一种选择性的实在论，它并不认为理论在各个方面都提供了关于世界的真的和完备的描述，而强调是那些能够在理论变革中幸存下来的稳定的、坚固的要素才是实在的，对应于外在世界中某种真实的存在。

二、有效实在论下的筛选

我们这里借用威廉姆斯（P. Williams）的格点量子色动力学案例来具体分析有效实在论是如何借助于重整化群筛选理论中那些稳定、坚固的实在要素。量子色动力学描述了闵可夫斯基时空中夸克和胶子自由度的强相互作用。有效场论明确了格点量子色动力学理论在某个长度标度 a 之下就失效了，小于 a 的效应被合并入在一个具有格点 a 的四维时空点阵上的量子场论中，这时的时空并不是连续的，而是以最小单位 a 形成了一个点维的时空点阵。尼尔森-二宫定理（Nielsen-Ninomiya theorem）表明这样一个格点的量子色动力学必然会包含有 16 种费米自由度，这远远超出了我们现实中所看到的费米自由度数目，也就是说格点量子色动力学包含了一些现象中所没有的镜像费米子。鉴于量子色动力学理论的成功，如果我们直接整体地读取量子色动力学的本体论内容的话，我们会得到存在 16 种费米子的结论，这明显与经验事实不符。

我们可以通过下述步骤来从量子色动力学中提取出可靠的本体论信息，去除那些人为产生的要素。首先在表述中把我们意图描述的物理的费米子和不想要的镜像费米子分开，在格点化的理论中作用量则表述为 $S_{\text{lattice}} = S_{\text{continuum}} + (a^p)S_{\text{mirror}}$，其中与镜像费米子相关的作用量正比于格点距离 a 的 p 次幂，与物理的费米子相关的作用量则与 a 无关，在动力学上也与镜像费米子退耦。

在 a 趋于 0 的极限下，理论就只包含连续的形式，动力学就只描述我们知道的物理费米子。在重整化群理论中，截止 a 的选择是任意的，我们也可以选择某个 $S_{\text{lattice}} = S_{\text{continuum}} + (a^p)S_{\text{mirror}}$ 作为截止，这并不影响有效场论的经验预言。镜像费米子在格点量子色动力学中的出现依赖于理论的格点化细节和格点距离 a 的选择，这一敏感性意味着它们并不是物理理论中表征实在对象的量，而是格点化处理所人为产生的。因而根据分而治之的实在论原则，镜像费米子虽然出现在格点量子色动力学的数学体系中，但它不是物理世界中真实存在的对象，不是理论中稳定和坚固的要素，不是理论的成功所必要的原因。

"有效实在论是科学实在论争论中一种真正的新立场。这一立场是受到我们当前最好的物理学内在的考虑所推动的。这是一种微妙的甚至是谨慎的立场，它把非充分决定性和不可知论这两种标准的经验主义的武器，变成了实在论者的资源。"①有效实在论能否回应反实在论提出的挑战，如悲观元归纳问题，这也是需要考察的。有效实在论对悲观元归纳的回应是，不论未来的物理学是什么，我们当前最好的物理学中的某些特定的内容在未来得以保留。重整化群分析不但有助于辨识这些内容，还给出了期待它们得以保留的理由。问题是，重整化群是定义在一个特定的理论空间上的，而一旦真的基本的理论（终极理论）不处于这个理论空间，那我们当前最好的理论就不能胜任对终极理论的引导，也就是说它并不能胜任对物理世界是什么这一问题的回答。

牛顿的万有引力定律是一个很好的历史案例。万有引力定律并不完全为真，它不能解释水星和其他行星在近日点的进动问题。在万有引力定律所给出的理论空间中，对该定律的微扰修正等处理可以拯救进动现象，从有效实

① Retsche L. "Perturbing realism". In French S, Saatsi J (Eds.). *Scientific Realism and the Quantum*. Oxford: Oxford University Press, 2020: 304.

在论的视角来看，万有引力定律中的轨道半径、欧几里得三维空间中瞬间起作用的向心力等参数应当是实在的。但实际上 20 世纪所提出的广义相对论这一更好的引力理论并不处于万有引力定律的理论空间中，三维空间、瞬时的向心力和轨道理论实体全部被抛弃了，万有引力定律所给出的本体论图像被完全颠覆了。这一案例表明，有效实在论的成立依赖于理论空间的一致性，而未来的理论有各种各样的可能，理论空间的一致性并不能得到保证。那么量子实在论的出路在哪里？庆幸的是，在量子场论之外，我们现在已经有了一些备选的量子引力理论，其中有些理论的定位就是终极理论，我们可以转向对这些量子引力理论的分析来考察它们是不是与量子场论处于同样的理论空间中，它们是不是保留了量子场论中的某些要素，并且这些要素能够说明量子场论的成功。

第四节　普朗克标度下的实在论

科学实在论通常是以成熟的科学理论作为讨论对象的，而当前的量子引力理论远非成熟，因此对于它们的实在性的探讨应当代之以对其经验融贯性的考察。经验融贯性，在很大程度上是指从量子引力理论得到量子场论或广义相对论这些经验证实的理论及其经验表述，从而也转换成了关于理论空间一致性的考察。本节我们首先分析现有的量子引力理论是不是与量子场论处于同样的理论空间，能否在有效实在论的立场之下为量子理论的实在论进行辩护；之后从经验真相的角度来分析量子引力理论面临的经验融贯性问题，考察这些量子引力理论能否说明经验真相。

一、理论空间的考察

量子引力理论并不是一个自明的完善的理论框架，因而对其理论空间的探讨不如说是对几种备选的量子引力理论构造方法的考察，考察其延续的是哪种物理学理论的基本方法。我们的讨论将从三种方法展开，包括粒子物理学方法、超弦方法和正则量子引力方法。

1. 粒子物理学方法

"粒子物理学方法"在巴特菲尔德和艾沙姆（C. Isham）那里是指一种针对时空的、对广义相对论的量子化处理，它早于超弦和正则量子引力方法，并且影响了后两者，但目前物理学家们的普遍结论是它并不能给出一个完整的量子引力理论。

粒子物理学方法根植于粒子物理学。在20世纪60年代，由于量子场理论中可重整性等问题的困扰，量子场论的研究一方面是作为现象学工具对当时认为更为基本的流代数的预测，另一方面是对公理化方案追求。粒子物理学家们并不太关注于引力的量子化问题，直到20世纪70年代，特霍夫特对杨-米尔斯理论可重整性的证明和粒子物理学标准模型的成功,激发了粒子物理学家对量子引力理论的兴趣。物理学家们试图利用协变方法来处理引力，将标准模型的对称性进一步拓展，以将引力相互作用纳入相同的框架，最终导致了超引力和超弦的产生。

按照粒子物理学方法，引力被处理为一种基本粒子，即引力子，它对应于量子化的引力场。与量子场论相一致，引力子是在作为背景的闵可夫斯基四维时空中传播的，其质量和自旋的可能取值由其所遵循的物理函数进行限制。静态引力的平方反比定律要求引力子具有零质量，自旋为0或2，前者对应于牛顿引力，后者对应于广义相对论。引力子的量子处理需要把闵可夫斯基时空分为不变的背景拓扑和量子化涨落的微分结构，洛伦兹度规表示中一项是平坦的时空，另一项是相对平坦时空的偏离量，这表明量子引力理论也像量子场论一样是通过微扰方法构建的。将度规的这种表示代入爱因斯坦-

希尔伯特作用量得到一组描述引力相互作用的高阶项，在杨-米尔斯理论可重整性的证明之后，许多学者开始研究格点规范理论，期待得到与量子场论同样的成功。但计算表明微扰的量子引力理论是不可重整化的。

面对不可重整化问题，有人认为量子引力理论也是一种有效理论，需要通过实验来确定重整化的参数，它可能会在普朗克标度上不适用，其有效或合理的意义由其所适用的标度来确定。也有人通过改变广义相对论的经典理论来使其量子理论变得可重整化，如引入超对称以使通过附加的虚费米子来消除与引力子圈相关的发散，这一进路发展出了超引力理论。也有人提出本质上非微扰的量子化方法，如雷其算法（Regge calculus）和格点规范理论。另外的人则认为量子引力理论的不可重整化是一种灾难性的失败，说明需要完全不同的方法。

可以看到，粒子物理学方法与量子场论是在同样的理论空间中，但由于不可重整化问题的困扰，它本身并不能形成一个完整的量子引力理论。粒子物理学方法本身是一个过渡性，并不构成量子理论实在性的核心要素，不适用于科学实在论的探讨。因此，讨论应当就基于粒子物理学方法为基础背景发展而出的超弦方法和正则量子化方法展开。

2. 超弦方法

面对协变量子引力理论的不可重整性，物理学家们的处理方式是“通过给广义相对论经典理论添加上精心选取的物质场，构建一个定义明确的量子引力论理论，并希望紫外发散会消失，使得理论能很好地处理小扰动”①。具体的操作是引入超对称，用虚费米子的引入来抵消与引力子圈相关的发散，这样就形成了超引力论。超引力理论中，由于超对称性，与自旋为 2 的玻色

① [英]巴特菲尔德、艾沙姆：《时空和量子引力论的哲学挑战》，[美]克雷格·卡伦德、尼克·赫盖特主编：《物理与哲学相遇在普朗克标度》，李红杰译，湖南科学技术出版社 2013 年版，第 74 页。

子引力子相对应会存在自旋为 3/2 的费米子。超对称性的特殊性，使得人们相信一个成功的量子引力理论必然是将四种基本相互作用统一的理论，也就是说“消除引力子无限性所需要的另外的场可能正是那些与某种大统一方案相关的场”①。电磁相互作用、弱相互作用和强相互作用统一的能标在 10^{20} 兆电子伏，这与普朗克能标 10^{22} 兆电子伏相差不算多，增强了人们对于超对称版本的引力能够使引力与其他三种力统一起来的信心。但后来发现高阶圈的计算同样会遇到发散问题。但沿着这一进路，发展出了超弦方法，这被许多人认为是当前最有前途的统一理论。

20 世纪 80 年代的第一次超弦革命沿用了微扰方法，所不同的是它不是对广义相对论的量子化，而是对一维闭合弦在时空上传播的系统的量子化。20 世纪 90 年代的第二次超弦革命致力于非微扰理论的构建，在其中各种类型的对偶性和对称性发挥了基础的作用。T 对偶性是在很小的半径与很大的半径之间的物理等价性，这意味着存在一个最小的长度。S 对偶性是在强耦合极限与弱耦合极限之间的物理等价性，这使得从理论上探索高能区成为可能。超弦理论的发展“相当强烈地表明时空的流形概念并不适用于普朗克长度，而只是在大得多的长度尺度上近似有效的一种应急性概念……从更技术的层面上来讲，新观点暗示着（扰动超弦理论所采用的）拉格朗日场理论方法正趋向于其适用范围的极限，应当为（比如说）不那么依赖于作为基础的经典场系统且更具代数性的理论构建方法所取代”②。可见，超弦理论虽然是对粒子物理学方法的继续，但它在很多方面有了革新，如非微扰方法、对偶性和时空的非流形特征，这表明它并不具有与有效场论相同的理论空间。

① [英]巴特菲尔德、艾沙姆：《时空和量子引力论的哲学挑战》，[美]克雷格·卡伦德、尼克·赫盖特主编：《物理与哲学相遇在普朗克标度》，李红杰译，湖南科学技术出版社 2013 年版，第 75 页。

② [英]巴特菲尔德、艾沙姆：《时空和量子引力论的哲学挑战》，[美]克雷格·卡伦德、尼克·赫盖特主编：《物理与哲学相遇在普朗克标度》，李红杰译，湖南科学技术出版社 2013 年版，第 78 页。

3. 正则量子引力方法

正则量子引力开始于一个时空参考分叶，正则变量是相对于这个分叶定义的。在分叶的空间切片Σ上有三维度规$g_{ab}(x)$及其正则变量$p^{ab}(x)$，它们的取值与嵌在四维空间中的空间切片Σ的外在曲率有关。按照广义相对论，这些变量满足一定的约束条件$H_a(x)=0$，$H_{\perp}(x)=0$。场$\left[g_{ab}(x), p^{cd}(x)\right]$通过定义在三维流形Σ上的算子的正则对易关系进行量子化，从而有$\left[\hat{g}_{ab}(x), \hat{g}_{cd}(x')\right]=0$、$\left[\hat{p}^{ab}(x), \hat{p}^{cd}(x')\right]=0$、$\left[\hat{g}_{ab}(x), \hat{p}^{cd}(x')\right]= i\hbar\delta^{c}({}_{a}\delta^{d}_{b})\ \delta^{(3)}(x,x')$。约束条件则是对态矢量Ψ进行的约束，即$\hat{H}_a(x)\Psi=0=\hat{H}_{\perp}(x)\Psi$。在态是三维几何体的函数并采用算子表述时，约束$\hat{H}_a(x)\Psi=0$表明态矢量是微分同胚不变的，约束$\hat{H}_{\perp}(x)\Psi=0$则是惠勒-德威特方程。惠勒-德威特方程在数学上是定义不明晰的，直到1986年阿什特卡发现了一组正则变量，能够大大简化约束函数$H_a(x)$和$H_{\perp}(x)$的结构。后续正则量子引力理论的发展中非微扰方法发挥了关键的作用。

正则量子引力理论致力于引力的量子理论，从该理论的方法出发会得出引力的量子理论并不必然导致四种基本相互作用的统一，也就是说量子引力理论并不等于万有理论。在斯莫林、罗韦利等物理学家后续的推进中，又引入了自旋网络、正则不变圈变量的引力类比等变量。这种种迹象表明，正则量子引力理论的理论空间是全新的，完全不同于量子场论。

二、经验融贯性的分析

有效实在论避免了对量子理论普遍性的实在论承诺，可以局部地分析实在论承诺的对象，但囿于其需要在后继理论中审视，对于像量子引力理论这样未完成的理论和终极理论来说则有无法克服的困难。“就像牛顿不知道他的引力理论的哪一部分会被保留在当代的引力理论中一样，对于当前的基础物理学来说我们似乎也处于相似的认知情形中。”[①]庆幸的是，除了实在论的承诺，对于量子引力理论而言我们也可以分析其对于经验的说明力。不论是波函数实在论或原初本体论，还是粒子本体论或场本体论，抑或是信息本体论或结构实在论，都必须做到量子理论的经验融贯性（empirical coherence），也就是解释量子理论的经验充分性，这说明量子理论如何与我们的经验相联系。

经验不融贯性（empirical incoherence）是指“理论的真破坏了我们相信它为真的经验理由”[②]。如果一个理论不具有经验融贯性，那么如果这一理论为真的话，理论本身的真是无法通过经验判定的，因为理论的真使得其经验证据是不可能的。如果一个理论拒绝时空作为基本的存在，那么这一理论就可能会是经验非融贯的，因为经验发生在时空中，脱离了时空定域的经验证据就是不可能的。要避免理论的非融贯性，唯一的方式是从理论中得到时空，以使得在时空某处发生的经验成为可能。

量子引力理论对于引力效应和量子效应的处理都是不可或缺的，此时理论的特征长度为普朗克长度，特征能量为普朗克能量，这些标度都远离经验，这使得量子引力理论与经验间的联系只能是间接的，即通过将量子引力理论还原到量子场论或广义相对论这两种基础理论，而后两种理论是经过经验充分检验的，有着坚实的经验基础。例如，说明量子引力理论中的非时空本体或结构如何能够与我们所经验的经典时空结构和局域化的对象联系起来？这是一种拯救现象的举措，就像当年柏拉图责令天文学家们用匀速圆周运动拯救行星视运动的不均匀性。能否成功拯救现象，是科学实在论的重要维度之

① Fraser J D. “Renormalization and the formulation of scientific realism”. *Philosophy of Science*, 2018, 85(5): 1168.

② Huggett N. Wüthrich C. “Emergent spacetime and empirical (in)coherence”. *Studies in History and Philosophy of Science Part B: Studies in History and Philosophy of Modern Physics*, 2013, 44(3): 277.

一，也是在承认经验真相的前提下追求理论真相的必要步骤。

量子引力理论的经验融贯性通常包含两个方面的说明，一是对于定域的可存在量（local beable）或实体的说明，二是关于经典时空的说明。可观察量是物理学理论中至关重要的基本要素，它构成了主体经验的直接对象，它需要是定域的可存在量，在时空中处于特定的位置。“定域的可存在量不仅存在，且它们存在于某处。”[①]例如，原子是定域的可存在量，由原子组成的树木、雪花和仪器的指针等也是定域的可存在量。正是主体对于这些定域可存在量的感知，构成了我们的经验，也构成了物理学理论的意义。当然，这里的定域可存在量并不要求在本体论意义上是基本的，正如结构实在论所指出的定域可存在量或实体仅是一种经验表象。

从前文的讨论中我们看到了在量子引力理论中基本的本体论不包含时间或空间，可实际中我们明显地在经历着时间和空间，如何用非时空的量子本体来拯救我们对时空的经验？量子引力理论如何与经验真相发生联系？观测是定域的，发生在特定的时空中，而量子本体并不包含时空概念，离开基本的时空，我们所熟悉的时间和空间以及随之而来的定域性如何获得？

量子引力理论的经验融贯性分析就是要从具体的量子引力理论中的本体论要素或核心理论要素 T 出发，将其与定域可存在量或可观察量 O 联系起来，这种联系可以通过某种模型或结构具体地例示。下文的考察集中于超弦理论和圈量子引力理论这两大当前流形的量子引力理论。

1. 弦论与经验融贯性

超弦理论处理的本体对象是弦，乍看起来，弦就像是定域可存在量，是在经典时空中描述世界叶的某种小东西。但是，考虑到对偶性，就会发现事

① Maudlin T. “Completeness, supervenience, and ontology”. *Journal of Physics A: Mathematical and Theoretical*, 2007, 40: 3157.

情并不是那么的简单。

弦论中的对偶性使得无法区分两个对偶事物，这意味着理论的描述并非定域的。两个理论的对偶性意味着它们在某种意义上是等效的：在某种映射下，相关的内容得以保留。举例来看，如量子谐振子在下述映射下是对偶的，即从$\langle q,p;m,k\rangle$到$\langle p,-q;1/k,1/m\rangle$的映射是对偶的，其中 m 是质量，k 是弦常数。之所以存在对偶性，是因为位置 q 和动量 p 都对能量有贡献，在这一映射下哈密顿量的形式和正则对易关系是不变的，是因为这种方式使得映射保留了哈密顿量的形式，以及正则对易关系，映射也保留了能谱和对偶可观测量的期望值。在弦论中，由于它是一个整体性的理论，理论中缺乏具体的内容，对不同的质量 m 和 $1/k$ 间的差异不敏感，对状态 q 和 p 间的差异也不敏感，不能够在更为广泛的背景下来区分具有对偶性质的事物。

例如，“T-对偶”意味着弦所在的空间的半径在物理上是不确定的，从而表明弦论中的空间并非物理空间，不能构成经验空间。两个“T-对偶”的弦论处于紧致空间（compactified spaces，指一个或多个空间维度具有圆的拓扑结构）中，其中一个紧致维度的半径是（以适当的单位）另一个半径的倒数。弦的哈密顿量由两部分组成，一是弦的动能，二是弦上的张力所产生的能量，前者随弦的波长的增加而减小，后者随弦的波长的增加而增加，也就是说后者随着弦绕尺寸的缠绕次数（即卷曲数目）的增加而增加。卷曲数目构成了弦论中一个重要的自由度。对于围绕一个圈维度的固定波数和卷曲数目，随着其半径的增大，动能减小，而由卷曲所带来的能量则增加。因此，动能的减小与卷曲增加的能量相互抵消，对于恰当的半径而言，在波数和缠绕次数互换的情况下哈密顿量保持不变。T-对偶具体地表示为从$\langle q,w;R\rangle$到$\langle w,q;1/R\rangle$的映射，其中位置和卷曲自由度的交换并不改变系统的哈密顿量和正则对易关系。

在上述讨论中，可以看到，对于紧致维度的半径是 R 还是 $1/R$，只能借助于理论本身进行区分，借助于任何物理量、过程或实体都不能够给出区分。“我们所能做的就是探讨理论是如何说的；但是我们知道无论理论为物理量赋予的值是什么，对偶的理论都会为对偶量赋予相同的值。也就是说，假设该理论的可观察量穷尽了其物理内容，则借助于物理的差异不可能解决这一问题：特别是，使用理论上允许的任何技术进行的任何可能观察的结果具有两种同样有效、但解释完全不同的理论。”[①]因此，上述讨论的紧致空间的半径本身并不是真实的物理空间，而仅仅是弦论表征空间中的冗余，进而两种对偶的理论也只是对同一物理对象的两种不同表征而已，表征上的不同不同于物理上的不同。

弦论中的其他对偶性也对时空结构，甚至更基本的（前度规的）要素的物理性或现象性形成了威胁。例如 AdS/CFT 对偶性关联了不同维度的空间，从而使得空间的维度本身受到了质疑，而镜像对称性关联了具有不同拓扑结构和不同度规的空间，从而表明弦论中的空间拓扑和度规不再是物理性的了。弦论的众多对偶性的存在意味着：在弦论的世界基本图景中，这些空间的维度、拓扑、度规等特性都不能被看作物理上基本的。如果弦处于不具有这些特性的空间中，那么弦就不是现象空间中的定域可存在量了。

我们看到，弦论的基本本体中虽然包含有空间概念，但这一空间概念并非物理和经验现象的空间，也就是说弦并不是现象空间中的定域可存在量，因此弦论也面临着经验非融贯性的问题：既然弦不是现象空间中的对象，如何能够将它们与实验中的定域可存在量或可观察量联系起来？

赫盖特和维特里希认为，弦论虽然缺乏定域可存在量，但并不存在经验不融贯问题。他们指出，在每一种对偶情形下，形成对偶的两个理论中的一

① Huggett N, Wüthrich C. “Emergent spacetime and empirical (in)coherence”. *Studies in History and Philosophy of Science Part B: Studies in History and Philosophy of Modern Physics*, 2013, 44(3): 280.

个都拥有与现象时空相匹配的时空（例如，在 T-对偶理论中，q 半径等于现象半径），从而这一表征中的定域可观测量就能够对应于某个定域的经验量。当然，这里所说的与现象空间匹配，并不是指对偶理论中的一个所在的空间是现象空间，而是指它们之间可以存在着某种对应，能够从熟悉的现象空间中读取到某个可观测量，得到经验预测。这种对应只是提供了一种连接理论表征空间与现象空间的一种方法，借助于这一方法弦论学家能够做出经验预测，如预测弦的散射或黑洞熵。并且，对偶理论中的基本对象也不是现象空间的定域可存在量，弦的长度、弦围绕空间缠绕多少次，这些并不具有物理意义，不对应某个具体的物理可观测量。

2. 圈量子引力与经验融贯性

圈量子引力理论是在广义相对论的基础上通过狄拉克的量子化程序实现的。广义相对论中的时空和物质可以表示为$\langle M,g,T\rangle$，其中前两项表示时空流形及其几何度规，最后一项表示物质场。圈量子引力理论在量子化的过程中，用量子态 $\Psi(g)$ 取代了原先的几何度规，使得在圈量子引力理论的世界中，物理距离、时间长度、表面面积和空间体积等几何度量都失去了意义。

具体地，圈量子引力理论中的基本本体是自旋网络，它是一种非时空的构造，就像是交织的环网，在网络的节点主边缘处是用自旋表征的圈。这些自旋表征了量化的离散量子体积（对应于节点），以及其连续处离散的量子面积（对应于连接体积的邻接表面），因而其基本结构也是量子化的。圈量子引力理论的动力学演化仍没有解决，自旋网络的一般演化方案是用恰当的哈密顿量算符作用于它们。一般来说，哈密顿量在自旋网络节点上的作用要么是同一的，此时节点只是简单地在时间中持续，要么将该节点分裂为几个节点，要么该节点和其他的节点融合为一个新的节点。由此产生的结构被认为是四维时空的量子模拟，称为自旋泡沫。

自旋网络这一基本本体并不是定域可存在量，甚至许多时候都不是定域的，也不能从中得到经验所要求的那种定域性。因为一方面实际存在的且物理上的基本结构并非单个的自旋网络，而是类似这些自旋网络的量子叠加。量子叠加不但使得定域性标准不再适用，而且由于叠加结构的不同，会形成不同的连通性（connectivity），所以从数学的意义上说它们是完全不同的结构，在叠加一个分支上是定域的东西在另外的分支上可能就不是定域的了。因此，除了非常特殊的态，基本本体中并不包含定域可存在量。另一方面，量子叠加性使得对应于叠加中一个分支的一个自旋网络也不能得到经验融贯性所要求的那种定域性。关键的问题是“圈量子引力中的定域性概念与涌现时空中的定域性不一致。前者中是用基本结构中交织的邻接关系来说明的，一般而言两个基本的相邻节点不会映射到涌现时空中的同一邻域”[①]，如图 16.1 所示。

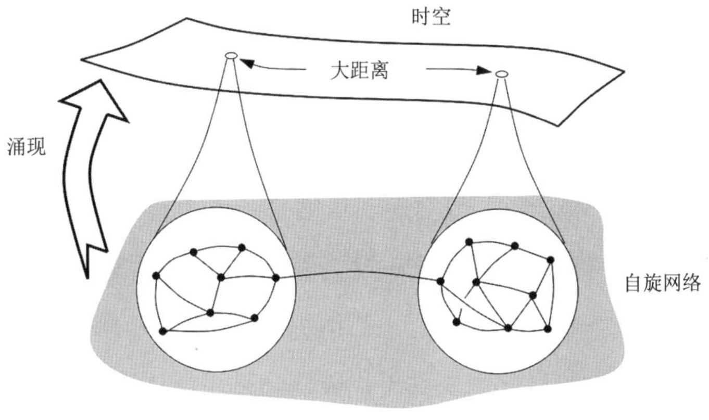

图 16.1　自旋网络[②]

如何从基本的自旋网络得到相对论的时空，使得理论获得经验融贯性？

① Huggett N, Wüthrich C. “Emergent spacetime and empirical (in)coherence”. *Studies in History and Philosophy of Science Part B: Studies in History and Philosophy of Modern Physics*, 2013, 44(3): 279.

② Huggett N, Wüthrich C. “Emergent spacetime and empirical (in)coherence”. *Studies in History and Philosophy of Science Part B: Studies in History and Philosophy of Modern Physics*, 2013, 44(3): 279.

物理学家们提出了一种称为“编织态”的方案。该方案认为时空结构是从适当的（即半经典的）自旋网络中涌现的。自旋网络的编织态 $\Psi(g)$ 是非时空的、泡沫状的量子几何结构，经典的几何在其上涌现产生。自旋网络处于面积和体积算符（或其他几何算符）的本征态，即

$$\hat{A}(S)\Psi = [\mathbf{A}(g,S) + O(l_p / l)]\Psi$$

$$\hat{V}(R)\Psi = [\mathbf{V}(g,S) + O(l_p / l)]\Psi$$

其中，Ψ 是自旋网络的编织态；$\mathbf{A}(g,S)$ 是度规 g 给出的某个表面 $S \subset M$ 的伪黎曼面积；$\mathbf{V}(g,S)$ 是某个体积 $R \subset M$ 的伪黎曼体积。对于足够大的自旋网络“块”来说，其本征值近似于时空块的标准面积和（或）体积函数的经典值。通过上述两个本征值方程，在圈量子引力的准几何表示与广义相对论的几何量之间就建立起了联系。$\mathbf{A}(g,S) + O(l_p / l)$ 是实的本征值，由半经典的本征态 Ψ 产生，表示了面积的一个量子。当远离普朗克标度，即在低能近似时，有 $l \gg l_p$，从而 $O(l_p / l)$ 可以忽略不计，面积和体积的本征值就接近于伪黎曼面积 $\mathbf{A}(g,S)$ 和体积 $\mathbf{V}(g,S)$，就实现了从圈量子引力理论向广义相对论的过渡。面积和体积算符对易，编织态的集合就成了自旋网络希尔伯特空间。对于任意的自旋网络态而言，即使它不是编织态，也可以分解为是编织态的叠加。由此，一个一般的自旋网络就可以被认为是表征了准经典时空的一个叠加，从而在圈量子引力理论中给出了关于时空的说明。

对于经验融贯性所要求的时空中的定域性或邻域性（vicinity）要由时空事件间的时空关系或度规关系来确定。定域性在圈量子引力理论中说明是比较困难的，这一方面是因为广义相对论中就很难对其做出描述，另一方面是受到涌现本身的限制。物理学家们的做法是考虑标准的弗里德曼-勒梅特-罗伯逊-沃尔克（Friedmann-Lemaître-Robertson-Walker，FLRW）时空，其中的

时间、空间和定域性概念相对明确，因为它允许对恒定空间曲率有首选的分叶（foliation），使其作为空间，而时间用宇宙时间的线性排序来充当。这样的话，定域性就可以理解为用这些首选空间中产生的度规来量度的“附近”，当然“附近”概念需要在具体的实验语境中确定的。

基于 FLRW 时空中的这一定域性描述，圈量子引力理论中的邻接关系就由自旋网络结构的组合连通性给出。但问题是，在从普朗克标度的自旋网络结构到半经典时空结构的涌现过程中，邻域性并不是直接映射的，可能在自旋网络中邻接的事件，在半经典时空中不是邻接的，有些事件可能会映射到相关区域之外。这些在相关区域之外的事件则表现出非定域性，在时空涌现的大尺度上被抑制了。这使得自旋网络只有那些具有足够强度和足够数目的邻接，才能够涌现为特定的时空，而其他的邻接都被忽略了。定域性的具体涌现过程涉及两个过程，一是将量子态转化为具有经典对应的半经典态，如单个自旋网络主导的量子叠加，二是建立从半经典状态到经典相对论时空的联系，对于这些过程的分析还需要大量的技术工作来予以深入。

成功说明圈量子引力理论的经验融贯性对于该理论本身而言是至关重要的，毕竟该理论是用来替代广义相对论的，是广义相对论量子化的产物。广义相对论的经验成功是众所周知的，用圈量子引力理论取代它应当给出充分的理由，同时又必须能回到广义相对论，要从圈量子引力理论的自旋泡沫和自旋网络中得到相对论的时空。圈量子引力理论的经验融贯性构成了理解这一理论与广义相对论关系的必要和关键之所在。

虽然普遍认为量子引力理论中不包含时空作为其基本本体，但仍然不妨碍这些理论具有经验融贯性，给出经验性的预言。不同的量子引力理论获得经验融贯性的方法各异，不存在普遍的技术法则。从量子引力理论中的非空间或非时空本体，到我们身处的现象空间或现象时空之间，存在着多个不同的等级阶梯。“纯粹的离散性并不是相对于普通时空的一个巨大的概念飞跃，代数本体才是，并且存在介于两者之间的情况。”[①]如从某个非定域的原始本体，到某个局域的结构，再到现象空间中的定域可观测量，这构成了三个不同的阶梯。这些不同等级阶梯间的跨越，可以用“涌现”进行说明。“涌现”的说明是一种整体性的说明，区别于逻辑的推演说明，是建立在数学模式之上基于科学的理解。

① Huggett N, Wüthrich C. “Emergent spacetime and empirical (in)coherence”. Studies in History and Philosophy of Science Part B: Studies in History and Philosophy of Modern Physics, 2013, 44(3): 282.

第十七章
科学说明的新模式

为经验现象提供说明，为外在世界提供理解，一直以来都是科学的核心目标。在亨普尔的覆盖律模型之后，科学说明的模式经历了因果说明、统一说明等不同的阶段。近十几年来，科学哲学家们逐渐认识到，除了说明，理解也相当重要，需要单独进行研究。当远离经验时，科学说明被科学理解所取代，科学的目的由对经验现象的说明转变为了对世界的理解，包括经验中的世界部分和非经验到的世界部分。当代量子论等前沿科学理论说明现象、理解自然的范式是数学的，在数学形式体系与现象和自然之间形成了一种映射。这种映射体现出的是自然深层次的结构，反映在具体的量子引力理论中即超对称、对偶性和微分同胚不变性等对称性。本章将首先回顾从科学说明到科学理解的转变，然后以超对称、对偶性和微分同胚不变性等具体的量子引力方案案例来分析当代量子论提供科学理解的模式，最后在理论层面探讨科学说明与科学理解的数学范式的意义。

第一节　从科学说明到科学理解

当下科学研究，尤其是量子引力的研究，其研究对象和尺度远远超出了经验的范围。历史上的几次重要的科学革命，经验检验都占据重要地位。在量子引力时代，经验的式微成了我们必须首要面对的问题，新的科学范式必然要在此现状和前提下构建。

一、科学说明模式的嬗变

科学说明（scientific explanation）一直是科学哲学中的核心论题。说明（explanation）被认为是科学的核心功能之一，科学为现象提供令人信服的说明。科学如何说明现象？1948 年，亨普尔和奥本海姆（P. Oppenheim）在其开创性论文《科学说明的逻辑研究》中将科学说明这一主题作为科学哲学的基本论题之一，他们的覆盖律说明模型（covering law model）主导了科学说明的讨论长达 20 年。在亨普尔看来，科学是通过掌握一定的规律，现象可以从规律中演绎出来，从而规律可以用来预测并说明现象。在对一个现象进行科学说明时，必须从包含一个普遍规律的句子（解释句 explanan）中，通过演绎或归纳推导出一个描述该现象的句子（被解释句 explanadum）。依据推导方式的不同，覆盖律模型可以具体分为演绎定律（deductive-nomological，D-N）模型和归纳统计（inductive-statistical，I-S）模型和演绎统计（deductive-statistical，D-S）模型。D-N 模型也可以推广到对定律的说明上来，用更为普遍的定律来说明定律，如可以从牛顿的万有引力定律说明开普勒的行星运动定律。另外，用以说明的规律也可以是统计规律，如此一来，现象的说明就不能是肯定的了，而只是说明它出现的可能性，此时便需要归纳统计模型或演绎统计模型。在当代量子论的视野下，科学说明更倾向于后两种情形，即一种是对于定律的说明，一种是统计性的说明，而原先科学之于现象的说明因为经验证据的缺乏而缺少了说明对象。关于定律的说明其实本质上是科学理论间的关系问题，即科学理论间是否满足还原关系等。

M. 弗里德曼（M. Friedman）、基彻尔等给出的是统一（unification）的说明理论，用尽可能少的原理来说明多样化的现象。统一的说明模式建立在亨普尔的覆盖律模型之上，可以看作是D-N模型的发展，也在讨论理论间的关系。统一的说明理论与科学发展的历史趋向是一致的，如牛顿力学、麦克斯韦电动力学、化学原子理论和分子遗传学。M. 弗里德曼认为，说明必须是统一的，即通过将它们纳入一个更为普遍的定律从而减少独立接受的现象的数目，从而有助于我们对现象的理解。基彻尔则认为统一是通过采用相同的论证模式以推出对不同现象的描述而实现的。因此，一个候选解释的价值不能孤立地评估,而只能通过观察它如何形成自然秩序的系统画面的一部分。正如基彻尔批判亨普尔的覆盖律模型一样，科学说明的统一模型也遇到了批判。批判者认为，针对个别具体的现象统一模型难以发挥效力，说明性的统一和非说明性的统一是难以区分的。更为关键的是，批判者指出：解释的本质不是统一，而是因果关系。

萨尔蒙（W. Salmon）、大卫·刘易斯等给出了因果说明（causal explanation）理论，试图根据因果关系确定被说明现象的原因和机制来进行说明，为现象提供一些关于其因果历史的信息。因果说明模型一度占据了科学说明的主流。萨尔蒙放弃了亨普尔关于说明是一种论证的观点，认为应当从本体论的角度指出说明是表明事件符合世界的物理模式，而这些模式本身是由因果关系支配的。“因果过程、因果互动和因果法则提供了世界运行的机制；要理解为什么某些事情会发生，我们需要了解它们是如何通过这些机制产生的。”[①]萨尔蒙提出了一个详细的因果理论，其中基本实体是因果过程，通过这一因果过程能够产生结构上的变化，就导致了现象的发生，从而原因就是对结果发生的最好的说明。萨尔蒙的因果模型显然受到了物理学的启发，然而，该模型在应用于量子力学时是失败的，EPR关联不能够用因果

① Salmon W. *Scientific Explanation and the Causal Structure of the World*. Princeton: Princeton University Press. 1984: 64.

的方式得到说明，萨尔蒙本人也承认这一点，也希望能够将机制的概念推广到量子力学中。对于科学说明与理解的关系，萨尔蒙也强调科学说明的目的是对事件和现象形成理解，但他本人关注的主要是因果说明，强调理解科学是通过发现现象的原因而达成的。因果说明也存在具体不同的机制，如机械论的说明，如更高层次或宏观的因果说明等。客观地评价，没有人能够否认因果说明在科学中的意义和认识价值。

随着科学说明研究的不断推进，科学哲学家们越来越倾向于认为，因果说明并不充分，还存在许多非因果的说明，在具体的科学说明过程中，科学家们会借助于不同的策略实现科学说明的功能，而在这一过程中，说明力并不是如因果说明所言来自确定的原因或机制。这也意味着，科学说明的模式已经不再是亨普尔时期的单一模型了，而是存在多种不同的模型。对于多种模型共存的状况，范·弗拉森、彼得·阿钦斯坦（Peter Achinstein）等试图给出一种实用主义的说明模式，以表明科学说明在不同的语境中可以有不同的模式。范·弗拉森认为要说明“为什么是 P”并不能直接回答。如“为什么亚当吃苹果？”这一问题在着重点分别是“亚当”“苹果”“吃”时，答案是不同的，需要结合语境来给出具体的回答。

与此同时，德雷格特（H. W. de Regt）等转向了科学理解的研究，认为理解相较于说明而言才是科学的一般目标。我们将在第三小节中讨论科学理解。

二、科学说明的数学模式

“在最近的文献中，讨论非因果说明的例子的主要目标是破坏或挑战因果说明的霸权。当前的辩论基本上没有讨论对非因果说明采取更积极和建设性的方法。”[①]非因果的说明试图不援引原因来给出说明或解释，如在某些科

① Reutlinger A. “Explanation beyond causation? New directions in the philosophy of scientific explanation”. *Philosophy Compass*, 2017, 12(2): e12395.

学案例中高度抽象或理想化的模型也可能给出关于现象的说明。在非因果说明中，数学说明是非常重要的一大类别，也是在物理学等科学领域中普遍采用的重要的说明策略。

事实上，在科学说明的范围内，数学说明是常见的，如当我们并不了解群体的行为时，我们会借助于统计与概率进行说明，但这种说明仅仅是一种描述，并未提供造成这一结果的原因。或者是，我们会给出一个数学模型，该模型可能是为真的，此时数学的结构即世界的本真结构，数学即本体。如泰格马克所言，宇宙是数学的，如此一来数学模型本身就是对于世界的摹写，数学结构的应用扮演了说明的角色。也可能该模型仅是一个有效模型，并不对应于真实的世界，虽然我们能借助该模型进行计算与说明，但这种说明也不是因果的或实在的，只是经验性的说明。

作为一种重要的非因果说明，关于数学说明需要澄清如下问题：所有的数学说明都是非因果关系的吗？数学说明依据的是什么？数学结构是否发挥了说明作用？是什么使数学结构具有普遍适用性？是具有特定数学解释类型的通用特征和基本特征使得它们具有普遍的适用性，还是它们通过独立于任何特定系统的实例化从而提供对数学结构的理解进行说明？或者，如果它们只能在提供实例化的细节时才能够进行说明，那么是否有一些本体论事实使它们普遍适用于各种迥然不同的现象？具体地，是否存在一些基本的物理事实,其中许多现实世界的系统显示或实例化了某些数学结构？关于上述问题，近些年来有不少的思考与研究。布库里奇（A. Bokulich）在《经典结构能否说明量子现象》[①]、巴特曼等在《最小模型说明》[②]、兰格在《因为没有原因：

① Bokulich A. "Can classical structures explain quantum phenomena?" *The British Journal for the Philosophy of Science*, 2008, 59(2): 217-235.

② Batterman R W, Rice C C. "Minimal model explanations". *Philosophy of Science*, 2014, 81(3): 349-376.

科学和数学中的非因果说明》[①]等中都提出了自己的观点。如科斯蒂克（D. Kostic）关于说明持有一种渐近的观点，他认为说明中的结构越少，它所提供的理解就越多，反之说明中的结构越多，它所提供的理解就越少。因而，一些数学的说明只具有最小的结构，它们提供的理解和说明是深刻的。兰格认为在对火箭加速的说明过程中，采用力的解释则提供了一种因果的说明，而采用守恒定律的说明则是非因果的。力和守恒定律的说明并不是竞争者的关系，二者各有优劣。守恒定律的说明具有一些力的说明所不具有的特质，如它将各种不同的推进机制统一在一起，还有它在其他一些支配分子碰撞的定律发生改变时仍然有效。也就是说，守恒定律的解释是更为本质的，它不依赖于具体的细节。

数学在科学说明中的重要作用主要有两种不同的分析方式：一种是平科克（Christopher Pincock）的映射理论[②]，另一种是巴特曼、布埃诺和科利万（M.Colyvan）及布埃诺和弗兰奇等提出的推理理论。

平科克认为数学和经验世界之间存在某种结构态射，数学对经验世界的适用性是由于二者共享了一些结构模型。平科克用数学中经典的哥尼斯堡七桥问题来表明具有某些属性的数学实体（或数学图例）如何发挥解释作用。18 世纪东普鲁士的哥尼斯堡（Königsberg）城中有一条河流，河上有两个小岛，有七座桥把两个岛和河岸连接起来。七桥问题（图 17.1）是指，一个步行者怎么样才能不重复、不遗漏地一次走完七座桥，最后回到出发点。数学家欧拉把七桥问题转化为一个几何问题，并且明确指出该问题中的要求是不可能达到的，因为桥和路径显示了非欧拉图的结构。欧拉定理是一个典型的

① Lange M. *Because Without Cause: Non-Causal Explanations in Science and Mathematics*. Oxford: Oxford University Press USA, 2016.

② Pincock C. "Abstract explanations in science". *The British Journal for the Philosophy of Science*. 2014, 66(4): 857-882.

抽象数学说明，它解释了为什么没有人能在回到起点之前，只穿过哥尼斯堡所有桥梁一次。这一解释展示了欧拉图结构的桥梁和路径的具体配置。其思想是，在给定实际桥梁的拓扑结构和我们对欧拉路径和非欧拉路径性质的抽象数学知识的基础上，找到数学结构与经验现象之间的映射关系。正是由于这种结构映射，数学才变得具有解释性。这一案例中借助于数学给出的说明是一种抽象说明，它忽略（并要求人们忽略）有关系统的各种物理细节，并诉诸物理系统的特定抽象结构。数学实体，尽管它们的本质是抽象的，但仍然可以进行物理解释。

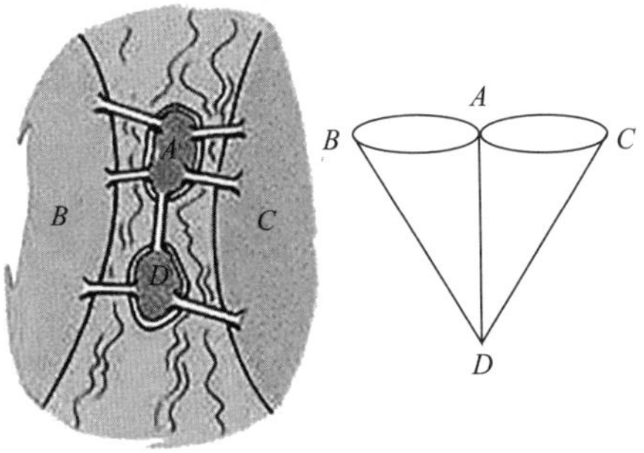

图 17-1　哥尼斯堡七桥问题

布埃诺等关于说明的推理理论则认为，数学推演能够产生说明，并且在一些情形中仅仅使用推演来给出说明就足够了。巴特曼在《细节中的魔鬼：说明、还原和涌现中的渐近推理》[①]中通过案例研究指出，数学所发挥的说明作用证明科学家正在使用一种标准的哲学说明所没有涵盖的说明形式，即数学通过推演提供科学之于世界的说明。巴特曼也指出了数学推演说明的不足之处，即科学中的基础理论在说明方面并不充分，因为为了理解所涉及的现象，必须从不那么基础的理论中引入概念，比如波函数等概念。沿着巴特

① Batterman R W. *The Devil in the Details: Asymptotic Reasoning in Explanation, Reduction, and Emergence*. Oxford: Oxford University Press, 2002.

曼的思路往下发展，便是一种自然主义的说明，即强调在当代物理学的许多情形中数学推演本身便是一种强有力的说明,它构成了一种特殊的说明形式，并不需要其他更多的附加内容和哲学归纳。物理学家在许多计算中，从第一原理或基本方程出发以导出或说明相关的物理现象或行为，这种说明方式难以用覆盖律模型或因果模型予以涵盖。弗兰奇等的态度则相对要弱，他们质疑了巴特曼利用无尽的数学推演来给出说明的方式，强调了在将数学应用于经验世界时的语用和语境相关特征，认为数学推演和结构形态共同构成了数学对经验科学的说明，该说明本质上是因为在抽象的形式结构和适当的经验对应物之间存在某种共同的结构形态。

科学说明并不是只有一个唯一的模型，而是存在多个不同的模型，它们之间不需要相互排斥，而是能够以不同的方式反映不同的学科和不同领域中的现象说明机制。即使是针对同一现象或事实，也可以有不同的说明模式，它们可以和谐共处。就像我们在本章后面几节中所讨论到的，在量子引力领域，多种科学说明模型可以同时适用，它们分别从不同的角度为这一领域提供着恰当的说明。

三、科学理解的提出

亨普尔在其 1965 年的文章《科学说明面面观》中已经注意到了说明与理解间的关系："宽泛地说，向一个人说明什么是使得对他来说易于理解，能够理解它。"[①]但他同时认为一个人能否理解这件事或现象则是相对的和主观的，与说明本身的逻辑分析无关，因而理解不是科学哲学的研究对象。理解作为哲学相关的部分，仅是在理论或认知的意义上展现了所说明的现象是某种普遍规则的一种特殊情形，因而从属于科学说明。亨普尔不愿谈论"理

① Hempel C G. *Aspects of Scientific Explanation and Other Essays in the Philosophy of Science*. New York: The Free Press, 1965: 413.

解”，在他看来，“像‘理解的领域’和‘可理解的’这样的表达不属于逻辑词汇，因为它们指的是解释的心理和语用方面”[1]。逻辑经验主义传统中，科学哲学的主要任务是把对科学活动的最终产物进行逻辑分析和重构，重构的目的是评估知识的科学主张的有效性，而逻辑经验主义者们认为只有经验证据和逻辑才与知识的确证相关。尽管20世纪60年代之后，逻辑经验主义衰落了，但关于科学说明的讨论仍然延续了逻辑经验主义的精神，也就是认为科学理解和科学说明虽然相关，但前者属于心理的和语用的领域，不是科学哲学研究的对象。后来虽然M. 弗里德曼、基彻尔和萨尔蒙等并不排斥理解这一概念，但仍未将理解提到足够的重视程度。

理解与说明密切相关，但理解本身也应该独立进行分析。利普顿（P. Lipton）在文章《没有说明的理解》[2]中，明确区分了理解与说明，认为二者之间存在很大程度的不同，从而开启了关于科学理解性质的研究。利普顿问道，对一种现象的说明是如何让我们从简单地知道它发生到理解它为什么发生呢？后者涉及另外的认知过程，这意味着理解必须与说明所提供的认知优势相一致，而不是与说明本身相一致。他考虑了四种理解的形式：关于原因的知识、必要性、可能性和统一性，并通过案例考察表明这四种形式的理解并不能完全通过说明而获得，进而指出理解本身比说明更为宽泛、更丰富多样。利普顿认为，相较于说明的语言性和直白性，因果知识可以是隐性的、非语言的，比如在天文馆中的观察可以理解行星的逆行，但并不能对这一运动给出科学说明。统一性也是隐性的，类比推理是一种内隐的技能，它们能够提供理解，但不能提供说明。必要性和可能性也可能发生在理解中，而关

---

① Hempel C G. *Aspects of Scientific Explanation and Other Essays in the Philosophy of Science*. New York: The Free Press, 1965: 413.

② Lipton P. “Understanding without explanation”. In de Regt H W, Leonelli S, Eigner K (Eds.). *Scientific Understanding: Philosophical Perspectives*. Pittsburgh: University of Pittsburgh Press, 2008: 43-63.

于这二者却缺乏相应的科学说明。利普顿的论点并未被所有人接受，如卡哈里法（K. Khalifa）就认为科学说明可以替代科学理解，后者并不具有特别的认识论意义。即便如此，关于科学理解的研究也日渐兴盛起来。

近些年来，哲学家们越来越关注到理解，如2019年拉卡托斯奖获得者德雷格特认为科学理解是一种技能，而不是特定类型的知识。科学理解并不存在普遍的、永恒的标准，科学史的考察可以表明这一点。德雷格特考察了20世纪20年代量子力学诞生之时,这一理论的可理解性及它是否为原子物理学领域中的现象提供了理解等相关问题。玻尔在1913年和1918年的论文中给出了著名的原子结构模型，这一模型在经验和概念上均是有问题的，物理学家们企图进行改进但收效甚微。1925年海森伯提出的矩阵力学，描述了可观测量之间的关系，比如原子发射光谱线的频率和强度，与实验数据吻合得很好，但它是一个高度抽象的理论，并没有提供原子内部结构的具体图像或模型。1926年，薛定谔提出的波动力学用物理学家们熟悉的波动方程来描述原子，相较于矩阵力学而言更具有可理解性。薛定谔声称波动力学比单纯的描述和预测更能提供对现象的真正理解，从而引发了关于“理解”和“可理解性”的激烈争论。薛定谔认为形象化是科学理解的必要条件，“我们无法真正改变我们在空间和时间中的思维方式，我们根本无法理解无法在空间和时间中理解的东西”[①]。许多物理学家也认为波动力学更具可视性，是一种时空描述，而矩阵力学是难以想象的，也是难以理解的。泡利则站在矩阵力学这一边，他承认矩阵力学比波动力学更难理解，但他指出理解是一个熟悉理论的新概念系统的问题，当新的概念系统得以确立后，它也是可理解的。事实正如泡利所言，就像初生的量子力学并不为物理学家所理解，而当未来一代的物理学家习惯了量子力学，他们会发现它是可理解的，即使它是不可想

① Schrödinger E. *Collected Papers on Wave Mechanics.* London: Blackie and Son, 1928:7.

象的。波动力学和矩阵力学间的争论最终的结果是二者实现了融合，玻尔的原子模型由于特定的技术问题无法完全可视化，而海森伯借助于不确定关系达成了可视化。

德雷格特通过上述案例指出："科学家们对可理解性和理解力的标准存在强烈的差异——不仅是历时性的，而且是共时性的。"[①]物理学史上充斥着关于理论可理解性和科学理解标准的争论，这些争论常常会刺激科学的发展。传统的关于科学说明的哲学未能涵盖科学的历史和实证研究，忽略了科学家关于说明性的理解是如何实现的不同观点，忽略了科学实践中关于理解的争论。德雷格特秉承了历史和科学哲学的传统，通过将哲学分析与历史案例相结合，提出了一种关于理解的理论，并为其辩护。德雷格特所提出的关于科学理解的理论，描述了在科学实践中实际应用的理解标准，并阐述了它们的功能和历史变化。德雷格特关于科学理解的研究，与原先关于科学说明的探讨有着根本的不同，进一步将科学理解置于哲学讨论的核心位置，并形成了一种动态的、语境化的科学理解图景。

在德雷格特看来，科学理解要求相关的理解具有可理解性，科学理解的一般特性是"可理解性"，它是由科学家们为理论所赋予的特质，因而反过来又要求这些理论与使用它们的科学家本身的技能相适应。从而，要获得对现象的科学理解，就需要有可理解的理论。不过，对于什么是可理解的理论，德雷格特的标准却相当宽泛，他认为一套宽松的（隐含的）理论原则可能就足够了，对于像弦论这样没有充分发展的、未成形的理论也是可以提供理解的。通常，可理解性本身就是一个语境依赖的概念，不同历史时期或不同群体的科学家往往会有不同的可理解性标准。这些可理解性标准作为"工具"，用于在特定语境下实现理解。

① de Regt H W. *Understanding Scientific Understanding*. New York：Oxford University Press, 2017: 3.

第二节　世界的“统一”理解模式——超对称

从牛顿实现关于天体运动和地面运动描述的统一开始，物理学家们就树立了世界的统一信念。统一的信念认为，世界遵循更为简单的、本质上一致的规律，经验现象能够用统一的规律或假设来说明，我们能够用统一的规律来解释世界的运行。20世纪下半叶粒子物理学标准模型实现三种基本相互作用的统一之后，物理学家们更加坚信自然律是统一的，统一是基本的，超越标准模型的努力也是向着终极的统一目标而前行的。物理学家们试图在一个更大的统一理论中一劳永逸地解决所有问题，或者说大部分问题。其中，最重要的一个方向就是超对称的研究，物理学家们期待借助于超对称能够实现最终的统一夙愿，实现对世界的统一理解。

一、超对称关于理论的“统一”说明

超对称不是一种具体的理论，而是一种理论框架。粒子物理学标准模型中借助于规范原理已经实现了自然界三种相互作用力的统一，但标准模型中存在两类不同的基本实体，一是构成物质的粒子，即费米子，另一是传递相互作用的粒子，即玻色子，基本粒子的数目众多。超对称的提出，能够实现费米子与玻色子的统一。

引力相互作用与其他三种相互作用满足的对称性属于不同的类型，前者适用的是外部对称性，而后者适用的是内部对称性，而内部对称性与时空中的任意坐标变换都无关的。这意味着要将四种基本作用统一起来需要一种能够统一外部对称群和内部对称群的更大的对称群。超对称性本身虽然是一种特殊的外部对称性，但超对称性通过将只包含对易关系的基本对称扩张为一种同时包含反对易关系的更大对称，能够把具有不同自旋的费米子和玻色子

联系起来，使得其多重态包含一系列具有不同内部对称性的多重态，从而做到把外部对称性和内部对称性联合起来。与基本对称性一样，超对称变换形成群，由代数表示，超对称的扩张通过超对称群的扩张来实现。超对称始于将表示庞加莱对称的代数扩张为具有反对易关系的超庞加莱代数，即超对称代数，之后它发展成为由对称张量空间描述的玻色子和由反对称张量空间描述的费米子之间的对称。

超对称对外部对称性与内部对称性的联合是在超空间中实现的。量子场论中，玻色子场的维度是 1，而费米子场的维度是 3/2，填平两种场维度差异的唯一选择是微分，“因此在任何整体超对称性模型中，我们总能在纯粹维度的基础上找到出现在双重变换关系中的微分。因此，在数学上，整体超对称性类似于对变换算符取平方根。那就是为什么它被看作是庞加莱群的扩展（所谓‘超庞加莱群’）而不是内部对称性的原因”[①]。在超空间中，玻色子与费米子是同一个粒子的不同投影。具体地，超空间由普通时空的玻色子空间和费米子空间组成；空间中除了通常的时空坐标（可以看作对易的玻色子坐标）之外，还具有反对易的费米子坐标，该坐标由反对易的格拉斯曼数表示；对易和反对易变量共同决定坐标函数；超对称变换可以看成超空间的坐标平移，由超李群、超李代数表示；超李代数的运算既包含对易关系，也包含反对易关系。在这样的空间上可以引进微分和积分理论，由此构建出超对称拉格朗日场理论、超对称量子场理论、超对称规范理论以及超对称量子电动力学等。

超空间上满足超对称的理论通过局域化或破缺可以自然地得到原先的理论，从而可以期望更为基本的理论是在超空间上满足超对称性的理论，超对称性为自然的统一描述提供了更大的框架，能够回答原有理论中无法回答的

① [美]曹天予：《20 世纪场论的概念发展》，吴新忠、李宏芳、李继堂译，上海科技教育出版社 2008 年版，第 420-421 页。

问题。按照物理学既往的发展规律，即牛顿理论是相对论在远小于光速时的近似，经典理论是量子理论在普朗克常数趋于零的近似，既然超对称能够导出量子场论、量子电动力学等经验上成功的物理学理论，那么基于超对称得到的理论就有望成为统一理论的候选者，并且容纳既有成功理论也是统一理论的必要条件之一。

首先，在超空间上，超对称的局域化自然导致超引力，它是爱因斯坦引力理论的扩张。超对称的局域化是基于两个方面的考虑。超对称如果要与自然、真实世界有关，它应该是破缺的，超对称破缺将导致零质量戈德斯通费米子的出现，为了解决这一问题，应当引入超对称的局域化；另外，基于宇宙常数几乎为零的观测事实，超对称应当局域化，这样才能将超对称理论的宇宙常数调节到很小。超对称的局域化意味着庞加莱代数的局域化，意味着时空微分同胚对称，这对应的正是爱因斯坦引力理论。

其次，超对称也扩张出了超对称大统一理论。超对称可以降低大统一理论的标度，缓解其中对称破缺的等级问题；可以使大统一理论的关键预测规范耦合统一与低能耦合的测量值更加一致；因此有必要扩张出超对称大统一理论。进一步，超对称大统一理论与超引力结合，可以消除真空态的退化，弱电相互作用力也可以由引力诱导出来，由此，又扩张出了局域超对称大统一理论。

再次，超对称还扩张出了从标准模型标度到普朗克标度都有效的超对称标准模型。这种扩张是基于超对称可以用来解决标准模型中的众多难题。第一，超对称统一了标准模型中没有统一的两大类粒子玻色子和费米子；甚至，只要标度够小，电磁、弱、强相互作用力就会变得完全一样；以及能够解决涉及引力时重整化无能为力的发散问题。第二，超对称伙伴粒子的贡献能够解决等级问题；可以很好地统一规范耦合常数；可以消去普通量子场论中的大量发散性；特别地，最轻超对称伙伴粒子的密度适合暗物质的候选物，可以用来解释暗物质。第三，超对称可以提供标准模型所需的描述粒子质量的希格斯过程；可以使中微子很自然地具有质量。

最后，超对称的扩张可以发展出超弦理论。超弦理论可以解决超引力量子化的无穷大发散问题，这个问题的症结在于基本粒子的点模型，而 20 世纪 70 年代后期布赖恩 · 格林和施瓦茨用延展的弦代替了点，避免了发散问题。最初的弦论是为统一解释亚核世界发现的数百种杂乱无章的强相互作用粒子而提出的理论，其中，对称性指导了由零维点粒子到一维弦的转变，共形对称约束了弦量子化的自由度困难。一开始弦论只包含玻色子，很快，它就扩张为包含费米子的理论。不过，新的理论只有在玻色子和费米子对称的情形下才能是和谐的；于是，1970 年雷蒙德将超对称引进弦论，形成了超弦理论。特别地，超弦理论中包含了不同寻常的自旋为 2 的无质量粒子，恰好对应于广义相对论中的引力子。这样，超弦理论成了普朗克标度下统一所有基本粒子和所有四种基本相互作用力的理论，并且之前在所有量子引力理论中存在的无穷大问题也消失了。进一步，通过将标准模型的规范对称扩张成更大的规范对称 $SO(32)$或 $E8\times E8$，超弦理论还避免了任何量子引力理论中都会出现的“量子反常所引起的守恒定律失效”问题。

超对称观念的出现开辟了一幅革新性的物理世界图景。在更大框架的超空间上，通过微分和积分理论自然地可以构建出超对称拉格朗日场理论、超对称量子场理论、超对称规范理论、超对称量子电动力学理论等；特别地，爱因斯坦引力理论扩张出了超引力。除此之外，超对称还扩张出了超对称大统一理论、超对称标准模型、超弦理论等。

但是，超对称的引入也不是完全没有问题，它也使得物理学家面临新观念的挑战，这是因为“自然是超对称的”这一认识还没有得到直接验证。但已有一些实验间接支持超对称。比如，在超对称和非超对称两种思路下，会得到不同实验结果预测。在超对称思路下，物理学家曾预测，如果超对称没有被探测到，那是因为超对称的效应太小了，实验仍旧应该满足标准模型的计算；而在非超对称思路下，实验则会导出显著偏离标准模型的计算。基于上述不同的预测，物理学家目前所得到的实验结果确实和标准模型甚为吻合，这符合超对称的预测。另外，物理学家威滕因超引力研究荣获 1990 年数学菲尔兹奖，费拉拉（S. Ferrara）、弗里德曼（D. Freedman）和范·纽文维森（P. van Nieuwenhuizen）因超引力研究荣获 2019 年科学突破奖，这同样可以看作是对超对称的认可。近年来中国、欧美试图斥巨资提升对撞机级别的一个主要动机就是寻找超对称。最终的结果是，超对称可能在对撞机上被证实，也可能永远无法被证实；但超对称仍将是解决粒子物理学标准模型问题的有效工具，最终出现的基本理论将以超对称背景下的概念、方法和结果为基础。

二、超对称关于世界的“统一”说明

超对称有很多的优点，是一种具有高度数学美和优雅的理论，它为困扰了物理学家们 40 多年的很多重大问题给出了完美解决方案。物理学家福肖（J. Forshaw）指出，对于许多理论物理学家来说，很难相信超对称在自然界的某个地方没有发挥作用[①]。除了揭示了玻色子和费米子是同一枚硬币的两面之外，超对称和弦论结合的超弦理论完美地导出了引力，从而统一了四种基本力，并且在很多方面都弥补了标准模型的缺陷。此外，一些超对称粒子恰好具有组成暗物质的某些特性。“然而，到目前为止，超对称确实存在的实验证明仍然是难以捉摸的。如果超对称的证据最终被观测到，将是科学史上具有里程碑意义的、决定时代的时刻，可以与爱因斯坦、牛顿和伽利略的最伟大发现媲美，将是物理学的终极的发现。”[②]

具体而言，超对称关于世界的“统一”说明体现在如下几个方面。

---

① Forshaw J. “Supersymmetry: is it really too good not to be true?” *Guardian*, 2012-12-09.

② Hooper D. *Nature's Blueprint*. New York: Harper Collins, 2008: 2.

第一，超对称可以弥补希格斯机制的缺陷。如前文所述，标准模型本来预测所有的粒子都应该是无质量的，而希格斯机制赋予了粒子质量。由于希格斯场与其他粒子之间的相互作用会使它变得非常重，但是现实中为什么希格斯粒子会很轻？超对称预测的额外粒子将抵消它们的标准模型伙伴对希格斯粒子质量的贡献，使一个轻的希格斯粒子成为可能。如果在标准模型中引入超对称粒子，电磁力、强核力和弱核力这三种基本力，甚至包括引力的相互作用就可能在非常高的能量下具有完全相同的强度，构建一个“大统一理论”，这是包括爱因斯坦在内的一代物理学家的梦想[①]。

而且，超对称有助于稳定希格斯场，使标准模型不至于崩溃。超空间不同于普通的空间维度，不仅有左右和上下，还有额外的费米维度。在费米维上的运动是非常有限的。在普通的空间维度中，你可以在任何方向上随心所欲地移动，而不受步数的限制。而在费米维数中，你的步骤是量子化的，一旦你迈出一步费米维数就满了。如果你想采取更多的步骤，你必须转换到一个不同的费米维度，或者你必须返回一步。如果你是一个玻色子，向费米维度迈进一步，你就变成了费米子，如果你是一个费米子，迈一步进入费米维度就会变成一个玻色子。此外，如果你在费米维度中走一步，然后再退后一步，你会发现你在普通空间或时间中也移动了一个最小的量。因此，费米维度中的运动以一种复杂的方式与普通运动联系在一起[②]。

这一过程非常重要，因为按照理论的预测，希格斯粒子会与高能粒子发生相互作用，产生大量的虚粒子，形成很大的能量波动，从而形成黑洞。由于希格斯场是给予基本粒子质量的能量场，这个场必须是恒定的，因为任何

① CERN. “Supersymmetry: Supersymmetry predicts a partner particle for each particle in the Standard Model, to help explain why particles have mass”. 2020-11-26. https://home.cern/science/physics/supersymmetry.

② Lykken J, Spiropulu M. “Supersymmetry and the crisis in physics”. *Scientific American*, 2014, 310(5): 34-39.

突然的变化都会毁灭宇宙。为了避免这种结果，我们必须提出额外的机制来抑制虚粒子的大量产生。在超对称中，费米维度上的对称性限制了粒子之间的相互作用，从而抑制了虚粒子的作用，这样标准模型就不会崩溃。

第二，超对称为层级问题提供了一个逻辑完美的、自然的解决方案。层级问题的一个表现就是，在弱力和电磁的能量尺度和普朗克尺度之间存在着无法解释的鸿沟，四种力的强度差别极大，从强到弱依次为强力、电磁力、弱力和引力，形成一个等级梯度。标准模型认为弱力和电磁力曾经是同一种力——电弱力，其区别是由于电弱时代末期对称性的破缺而产生的。这一时期其能量量级约为 10^{12} 电子伏特。而假设强核力和电弱力曾经同样是单个电核力，需要达到 10^{24} 电子伏特能量量级。再往前推，到了引力与核力结合时期，就进入了普朗克能标，其特征标度是普朗克能量约为 10^{28} 电子伏特。在对称性被打破之前，所有的粒子都是相同的，为什么它们的质量会差别如此之大？为什么最强和最弱的力之间悬殊如此之大？大自然为什么会有如此大等级差距？

打破这种对称性来产生如此巨大的质能差异似乎需要大量的微调。当我们计算希格斯粒子的质量时，标准的量子场论处理方法包括计算所谓的粒子裸质量的辐射修正，使其重整化的方法不再奏效。因为辐射修正涉及希格斯粒子从一个地方移动到另一个地方所经历的所有不同的过程。其中还包括虚拟过程，即在短时间内产生其他粒子和它们的反粒子，然后这些粒子重新组合成希格斯粒子。由于这些修正，希格斯粒子的质量会急剧增加，最后用此方法计算出的希格斯粒子的质量与普朗克质量一样大。实际上，希格斯粒子的质量在 125 吉电子伏特左右，那么可以推测其中一定发生了什么，从而抵消了大部分辐射修正的贡献，对弱力的尺度进行了微调。

这种抵消机制在标准模型中是不存在的，而超对称能够消除辐射校正的问题。超对称理论中，虚粒子相互作用产生的辐射修正的正贡献被与虚粒子相互作用产生的负贡献抵消。更重要的是，这也为超对称粒子的质量范围做出了限制，即它们的质量必须是几千亿电子伏特到一万亿电子伏特，从而为进一步的实验测试提供了线索。在超对称中，普朗克尺度的量子修正会在伙伴和超伙伴之间相互抵消，电弱尺度和普朗克尺度之间的层次结构以自然的方式实现，不再需要人为微调。

第三，某些超对称粒子可能是暗物质粒子。暗物质的存在超越了当前粒子物理学标准模型。据目前所知，暗物质并不与已知的基本粒子作用，暗物质必须由与已知的夸克、轻子完全不同的粒子组成。暗物质候选者只能在一些理论预测的新粒子中被发现，这些理论在某种程度上扩展了标准模型。科学家预测最轻的超对称粒子是稳定的、电中性的，并且与标准模型中的粒子相互作用很微弱，这些正是暗物质所需要的特性。超伴粒子可能就是一些冷暗物质的候选粒子。标准模型本身并不能解释暗物质，而超对称是建立在标准模型的坚实基础上的一个框架，创造了一个更全面的粒子图景。

第四，超对称还可以用来解决引力问题。标准模型唯一没有整合的基本力就是引力，而试图创建引力的量子理论的尝试一直未能完全成功。通过将标准模型扩展到超对称，我们似乎打开了通向引力的大门——超引力理论。通过超对称，引入引力子和引力子的超伴粒子后，方程式中的无穷大项可以被抵消相当一部分，虽然不能彻底抵消，但在很大程度上为引力的重整化提供了希望。

综上，超对称框架及其理论，不但在基本粒子层次上提供了“统一”的说明，也就现有的成功的物理学理论给出了“统一”的说明。这些关于世界的统一说明和关于理论的统一说明,是以极少的原理和假设为前提所实现的，揭示出世界运行机制背后的简单性和统一性，彰显了科学理论的同一基础，从而为理解科学、理解外在世界奠定了超乎寻常的一致基础，为大统一理论的前行照亮道路，有望向着终极万有理论迈出希望的步伐。

三、超对称理解中存在的问题

尽管超对称有很大潜在的优点，前景宏大，很多物理学家对其抱有极大的希望，但是我们也不得不承认超对称存在很多问题。

首先，超伴子的质量很难确定，具有很大的灵活调整空间。超对称并不是一种精确的对称。如果费米子和玻色子之间的对称性是精确匹配的，那么这些超伴子和它们的标准模型对应物就应该有着完全相同的质量,那样的话，它们就处于我们实验可测的范围，我们应该早就发现了它们。但事实却不是如此，那么一定是发生了什么，迫使标准模型粒子和它们的超级伙伴之间产生了隔离。换句话说，在大爆炸之后不久，超对称就被打破了。超对称被打破后，超伴粒子在这个过程中获得了质量，但是在这个过程中其质量可以任意取值。当然，我们可以继续假设它们的质量比标准模型中更常见的粒子重得多，超出了目前加速器可测的范围，因此迄今为止还没有被粒子对撞机发现。通过调节自由常数，超伴子的质量甚至可以不断调整为更大的值，从而逃避实验的检验，这样的话，实验可能永远也不能证伪理论，因为总是可以自由调节参数使得预测值大于实验探测的范围。但是，这种临时的特设性假设并不能令人信服，一次又一次的实验均折戟而归，不断逃避并不能回避其缺陷。

其次，超对称需要引入至少一倍的粒子数量和大量新的参数。超对称是一个全局的基本理论，因此不可能是部分粒子的超对称。如果超对称粒子存在的话，那么所有粒子都应该有超伴子。问题是，目前所有已知粒子间都不存在超对称。那么，在所有的超对称理论中，假如每个已知粒子都伴随着一个超伴子的话，那么基本粒子的数目至少需要扩展一倍。这就意味着存在各种超夸克、超轻子、光微子、超中微子、希格斯微子、引力微子等超伴子。让好不容易才分类好的“粒子动物园”又增加了大量新的伙伴。

另外，超对称如果存在，那么超对称是如何被打破的？使用类似希格斯的机制，计算得到的粒子质量是错误的。由于人们不理解超对称如何破缺，就必须假设除了每个已知粒子未观测到的超伴子，超对称破缺还可能产生全新的粒子。最终的结果是，相比于原来的标准模型大约有 20 个需要人工调节的自由常数，最小超对称标准模型至少有 105 个额外未确定的参数。为了保证理论与实验一致，理论家可以自由调节它们。由于有如此多的参数未被该理论确定，用它来做预测是很困难的。

最后，也是最致命的，超对称没能得到实验的检验。20 世纪 90 年代时，最小超对称标准模型已经与数据发生了冲突，于是，科学家又开始设计更复杂的实验。大型正负电子对撞机运行到 2000 年，没有发现超对称的证据。质子-反质子对撞机（Tevatron）进一步提高了能量，一直运行到 2011 年，也没有发现任何超对称的证据。更强大的大型强子对撞机，从 2008 年运行至今，也没有发现超对称粒子。

在最小超对称标准模型中，部分超伴子应该不会比希格斯粒子重太多，这意味着我们应该能够在大型强子对撞机的能级范围内找到它们。事实上，很多物理学家都确信可以在大型强子对撞机发现超伴子的证据，当初建造大型强子对撞机时，其主要使命就是发现超对称粒子。但是，现实很残酷，在搜寻了所有理论预测的能量范围之后，人们并没有发现超对称粒子存在的任何证据。曾经笃定超对称存在的物理学家都开始怀疑自己的判断，承认超对称的想法已经陷入困境。物理学又一次站在了十字路口，我们该怎么办？是建立新的超对称模型，在更高的能级上预测新的超伴子？还是彻底放弃超对称，将它扔进历史的垃圾堆？就像一个多世纪前，由于未能找到以太存在的证据，以太假设被彻底放弃。不过，在巨大的挫折面前，仍有部分物理学家坚持认为超对称存在。

费米实验室的物理学家霍伯（D. Hooper）在《自然的蓝图》一书中指出：

“超对称性与现有理论非常吻合，以至于许多物理学家相信它一定是正确的。尽管数百名物理学家努力进行实验，寻找这些粒子，但从未观察到或探测到超伴子。它们仍然隐藏着，至少目前是这样。但这并没能阻止理论物理学家的热情。对他们来说，超对称背后的想法实在是太美、太优雅了，不可能不成为我们宇宙的一部分。超对称解决了太多的问题，也太自然地融入了我们的世界。对于这些真正的信徒来说，超伴子肯定存在，只是暂时还未发现。寻找超对称只是对未来物理学家和他们所进行的实验的持久挑战。”①

正如科学说明的“统一”模型也面临着质疑和难题一样，基于“统一”的超对称说明和理解也面临着难以克服的困难。是继续坚持“统一”信念，沿着对称-超对称的路子走下去，还是以现实的实验证据为基础，重新去寻找其他的说明模式或解释框架？这成为摆在物理学家们面前的一道大难题。抑或物理学家们能够在现有的理论基础上深耕挖掘，发现新的理解模式，如本章第三节我们要讨论的“等价”？

第三节　理论的“等价”理解模式——对偶性

对偶性的概念原本在数学和物理学中普遍存在，但并未引起哲学家们足够的重视。直到弦论中几种新型对偶的发现，使得不同的弦论得以统一，引发了弦论的第二次革命，才引起了人们的重视。对偶性暗示五种弦论可能只是更基础理论（M 理论）的不同方面。对偶性已经不仅仅局限于弦论的框架，而在量子场论、黑洞、凝聚态物理等众多领域都有发现，已然成为量子引力时代一种新的研究范式。对偶性不光推动了数学和物理学的发展，也必将进一步推动科学哲学基本观念的变革。“有了今天的弦场理论，我们从各种新

① Hooper D. *Nature's Blueprint*. New York: Harper Collins, 2008: 2.

对偶性和非扰动结果中听到这样的宣告：一种全新的基础理论诞生了。”[①]

当前的弦论由于过度依赖数学的一致性，但是却缺乏实验的严格检验，从而遭到了不少人的质疑。不可否认，实验证据对于物理学理论的评判是至关重要的，但与此同时，弦论等量子引力理论所给出的好的线索对于实验远远落后的现状而言是一种恰当的引导。而对偶性正是这样一种好的线索，一种的巧妙、间接的寻找正确方向和突破的方法。基于对偶性，我们能够超越不同理论表面上的纷繁与差异，从更为本质上层面上理解不同理论间的等价与连接，进而实现对理论和世界本身的理解。

一、引力理论与场论的等价性

1997 年 11 月 27 日，阿根廷物理学家马尔达西纳向电子预印档案上传了一篇简短的论文，题目是《超保角场理论与引力的大 N 极限》。马尔达西纳声称发现了一种特殊的对偶——AdS/CFT 对偶，在特定的量子场论和特定的弦论解之间是等价的。这篇论文是技术性的，只有计算，没有过多论证。论文很快就吸引了物理学家们的注意，大量对弦论或量子场论感兴趣的人纷纷投入到相关的研究中，试图阐明、澄清并评价这一对偶关系。后续的研究将这一对偶关系与黑洞熵、宇宙全息、高温超导、量子纠缠等问题关联起来，开启了当代物理学一个重要的研究方向，至今这仍然是一个活跃的领域。

马尔达西纳的论文揭示了一个深刻的规律，即特定的量子场论和特定的引力理论是等价的，其中的引力理论是反德西特（Anti-de Sitter，AdS）时空，是指带有负宇宙学常数的时空，那种特殊的量子场论是四维超杨-米尔斯理论，或共形场论（conformal field theory，CFT），指具有共形不变性的量子场论。所谓共形是指该理论中的一切事物在标度变换后角度仍然保持不变。

---

① [美]克雷格·卡伦德、尼克·赫盖特主编：《物理与哲学相遇在普朗克标度》，李红杰译，湖南科学技术出版社 2013 年版，第 17 页。

AdS/CFT 对偶这个理论本身并不描述现实世界，而是一个抽象的概括，拥有最大的对称性和最大的超对称性。理论中有两个参数：第一个是载流子的数量，如电磁学中只有一个载力子——光子，弱力中有三个玻色子，W^+，W^-和 Z^0，强力有八种不同的胶子。第二个是一个连续的耦合常数，决定了相互作用的强度。

这种对偶关系具体是什么意思呢？按照马尔达西纳的解释，某些规范理论，如量子场理论（用于描述强、弱和电磁力），与某些引力理论（只描述引力），原本是完全不相关的，理论方程式完全不同，相互作用方式完全不同，甚至时空维度也不同，但通过对偶关系却可以是完全等价的。对偶性将量子引力与量子场论联系起来，不同类型的理论，无论细节如何不同，它们所涉及的对象本质上都是相同的。它证明了引力的全息性质，即 D 维的引力理论可以等价于（D-1）维的非引力理论。某些情况下量子场论等价于弦论，弦论也存在于量子场论中。

AdS/CFT 对偶被认为是对全息原理的首次实现，有时也被直接简称为全息原理或规范/引力对偶。对偶性的发现为人们关于科学理论间关系的认识提供了新的素材，截然不同的理论在本质上是等价的，要求人们去探究理论背后更为深层的内容，发现在不同理论表面壁垒背后连接的渠道。虽然对偶关系并不是普遍适用的，仅适用于与空间真空相关的负宇宙常数的情况，但它为量子引力研究提供了强大的概念基础和计算工具，与黑洞的研究融合起来。这一结果无疑为量子引力提供了深刻的见解，因此被视为弦论研究的核心部分。

需要注意的是，形成对偶等价的两种理论，即反德西特时空和共形场论都是理论上的存在，并非经验中的存在。反德西特时空的特征是负的宇宙学常数，而对我们宇宙的观察表明宇宙学常数应当是正的。当前已知的相互作用也并非用共形场论描述的。“因此，对偶性既不适用于作为整体的世界，也不适用于对核子相互作用的描述。”[①]既然如此，研究 AdS/CFT 对偶性的意义又在哪里呢？一方面是为更普遍的规范/引力对偶性的发现和研究作铺垫，希望能够为普朗克标度上的理论从概念上作充分的积累；另一方面是由于 AdS/CFT 已经作为一种有效的计算工具，在多个方面实现了应用。

AdS/CFT 对偶的发现极大地拓宽了科学研究的方法论，一个显著的标志是弦论更多地作为计算工具被用到物理学的各个领域。尤其是量子场论中存在着许多如强关联等难以计算或求解的问题，此时基于对偶性，通过对等价弱关联的弦论进行计算，能够简便地实现计算或求解，从而使得弦论成为量子场论中进行复杂计算的工具。比如，一些无法处理的量子场论的模型，通过超对称性的约束，就可以进行精确地求解；强作用力理论的量子色动力学中，可以在保持对偶的情况下消去超对称性。总之，AdS/CFT 对偶使我们在不清楚理论物理细节的情况下，就可以对理论进行精确求解，发展出了复杂而又神奇的数学结构。在这些应用中，弦论被看作一个工具，或是一个框架，而不是一个基本的自然理论。

AdS/CFT 对偶的发现也使得弦论显得不再那么特殊和格格不入，它淡化了弦论在物理意义上优于量子场论的观点，既然弦论和量子场论可以通过对偶进行等价计算，很难争辩说弦论更基本。虽然弦论仍然是一个比量子场论更广泛的框架，但是基于这种框架本身并不能解决更多问题，反而是把弦论当作是一种工具和方法，它的应用范围却更加广泛，即使并不知晓理论背后的本体论，也不能够确定理论是否是关于外在世界的实在描述，但仍然可以顺利进行计算。此时的弦论是在一种方法论的意义上被应用的，因而其经验地位并未能够得到确证。

---

① Dardashti R, Dawid R, Gryb S, et al. “On the empirical consequences of the AdS/CFT duality”. In Huggett N, Matsubara K, Wuthrich C (Eds.). *Beyond Spacetime: The Foundations of Quantum Gravity*. Cambridge: Cambridge University Press, 2020: 285.

二、对偶性作为方法论

对偶性所揭示的等价关系，不仅在概念上引人注目，吸引着物理学家和哲学家们探求等价背后的深层含义，而且在方法论层面上具有强大的实用性，已然成为物理学计算中有力的工具。其中，最突出的案例是，对偶性表明难以计算的强耦合量子场论和容易计算的经典引力理论是等价的，这使得可以将强耦合量子场论中的计算难题转化为弱耦合的经典广义相对论中的相对容易计算的问题。下面将以夸克-胶子等离子体的计算为例，阐述对偶性如何作为方法论发挥理解中的等价作用。

对撞机碰撞的目的是创造大爆炸后的瞬间状态，这种状态的物质被称为夸克-胶子等离子体。在极高的温度下，束缚夸克和胶子的强力被融化了，最初只有几百个原子核，碰撞之后可能会有成千上万的粒子出现，这就在一个极短的瞬间复制了宇宙早期的状态，很快粒子又会冷却，夸克和胶子重新组合形成质子、中子、介子。就在夸克-胶子等离子体被重新制造了出来的瞬间，会产生大量的中间产物，这些产物的性质可以从加速器周围探测器记录的碎片中推断出来。布鲁克海文国家实验室的相对论性重离子对撞机，以及欧洲核子研究中心的大型离子对撞机实验专门负责进行此类实验探测。

实验表明，上述夸克-胶子的等离子体状态应当被理解为是强耦合的流体。然而，在量子场论中强耦合问题一直是难以求解与计算的。对于弱耦合问题而言，由于所有粒子之间的相互作用都非常弱，相互作用的几率很小，粒子间即使有重复作用，但由于作用次数越多作用就越弱，计算时可以先计算完全没有作用的概率，然后是单次相互作用，然后是两次相互作用，再后是三次相互作用，以此类推。对于弱相互作用，这种逐次逼近的方法很有效，可以通过计算更多来提高计算精度，所需的精度越高，需要包含的相互作用就越多。对于强耦合的情况，这种方法完全行不通。因为相互作用比较强时，粒子碰撞后还会继续发生碰撞，且强度很少衰减，计算意义上的分层消失了，后面的项也同样重要，无法忽略。要得到正确的答案，就必须计算所有的项，并把它们加起来，此时微扰方法是不可行的。强相互作用中的强耦合问题是在渐近自由发现之后，通过隔离强耦合的区域，只计算弱耦合部分而实现的。

但现在有了 AdS/CFT 对偶性，基于理论间的等价性，强耦合问题也能够计算了。在实际的计算中，物理学家们借助于 AdS/量子色动力学对偶性，通过将量子色动力学中的强耦合问题转化为弦论中的弱耦合问题，从而用弦论计算夸克-胶子等离子体参数的物理值。通过 AdS/CFT 对偶，强耦合场论与弱耦合引力理论对偶。那么，与强耦合高温量子场对偶的理论是什么呢？答案与黑洞的引力解相关。直观来看，黑洞和极热状态的离子体是完全不同的两个状态。离子体的温度极高，而黑洞的温度只比绝对零度高几度，属于极冷区域，两个状态怎么会一样？

在计算场论等离子体的剪切粘度（the shear viscosity）时，物理学家发现，场论的粘度与该场论对偶的黑洞的面积成正比。任何一种流体，剪切粘度是衡量流体滑过自身或流体流动的难易程度的指标。这里计算的是高温下最大超对称场论的剪切粘度。而根据雅各布·贝肯斯坦和霍金 1973 年的计算，黑洞的熵也与黑洞面积成正比。在 AdS/CFT 中，引力描述的熵和场论描述的熵密度是一致的，所以在引力描述中的剪切粘度除以熵在场论描述中就变成了剪切粘度除以熵密度。波利卡斯特罗（G. Policastro）、D. T. 索恩（D. T. Son）和斯塔内特（A. O. Starinets）计算了场论的剪切粘度与其熵密度之比①。最终，经过实验检验，测量结果与传统方法的计算结果不一致，但与 AdS/CFT 的计算结果一致。虽然当时计算的只是适用于特殊的、最大超对称的理论，

---

① Policastro G, Son D T. “Starinets A O. From AdS/CFT correspondence to hydrodynamics”. *Journal of High Energy Physics*, 2002, (9): 43.

但后来发现，计算适用于任何量子场论与经典黑洞描述的对偶。

三、对偶性之于理解的意义

对偶性本质上来自理论内的超对称性的再扩张。尽管二者在超越标准模型的探索中有这样一个扩张关系，但对偶性却是一个比较普遍的老概念，它自然地指导了第一次超弦革命形成的5种不同超弦理论统一到未知的M理论中，由此引发第二次超弦革命；它还指导了超弦理论与超引力的统一，超弦理论与超对称规范理论的统一；它还有望解释量子纠缠的本质，指导量子比特-纠缠模型这一量子通信中关键技术的发展。

无疑，对称性及其扩张出的超对称、对偶性指导了整个超越标准模型新理论的构建；同时，超越标准模型新理论的构建也揭示了对称性扩张的更多内容，即基本对称性还可以扩展到超对称，并在对称性与对偶性之间建立了关系。再加上之前“对称性支配相互作用”的发现及其对相对论、量子论和标准模型构建的指导意义，对称性与物理学研究的这种休戚与共的关系值得重新认真审视对称性这一概念与物理学研究的含义。

如果说这些对对称性的理解与应用都是物理学研究实践的一种归纳性结果，那么，我们还可以从数学上找到一些逻辑性论据。首先，超越标准模型的最大障碍是物理学家长期无法通过实验获得决定性的度量性质，在这种情况下，尝试使用“对称”“超对称”“对偶”这类描述性原理指导新理论的构建，从数学逻辑来看是合理的。这是因为射影几何表明，在逻辑上，射影性质（描述、定性方面的性质）比度量性质（与长度、角度大小相关的性质）更基本，射影几何是度量几何（即欧几里得几何、非欧几何等以距离作为基本概念的几何）的前提，射影几何可以推出度量几何，度量几何只是射影几何的特例或部分。

其次，就这类描述性原理本身而言，从对称性到对偶性的走向符合获得更基本理论的要求。这是因为对称性强调的是一个对象（可以是一个图形、物体、函数、排列、定律等）在变换下结构的保存，它不涉及真的判断；而对偶强调的是两个命题之间关于真的对称关系，即一个命题的正确意味着对偶关系中另一个命题的正确，这不仅有助于简化证明过程，发现新定理，更重要的是它揭示出两定理之间的内在联系,即理论的对偶根源于对象的对偶，这有助于获得对偶对象之间更基本层次的认识，实现对偶对象的统一，实现真理的统一。

最后，就对偶性本身而言，它应该是物理学统一理论的重要组成部分，因为对偶已经是数学统一理论的重要组成部分。比如，通过对偶，点与线、线与圆、平行与相交等这些在欧几里得几何、非欧几何等度量几何中截然不同的对象以及性质在射影几何中得到了统一，这些度量几何也统一在了射影几何之下。射影几何的线性变换向高次变换的发展，就是代数几何。代数几何在数学中起着一种中心纽带的作用,被看作现代数学统一化的主要体现者，它的基本原理仍旧是对偶。范畴论是又一种数学统一理论，它以抽象概念统一地讨论数学结构及其性质，其中的基本原理还是对偶。这种数学统一理论经由喜欢统一性的天才格罗滕迪克（A. Grothendieck）使用概形（scheme）、层（sheaf）和拓扑斯（topos）的概念结合在代数几何之下，为代数几何构建了严格的逻辑基础，成就了代数几何的一场革命。

总之，在超越标准模型的道路上，在对称性的不断扩张中，物理学家难免会面临新观念的挑战，甚至要面临后真相时代新科学哲学的挑战；但是，正如维格纳所言，“通过定律的不变性来导出自然定律并检验其有效性是很自然的”[①]。随着理论物理学不断超越实验以及越来越表现出的对于数学方

① [英]凯瑟琳·布拉丁，[意]埃琳娜·卡斯持拉尼：《物理学中的对称性》，载[美]约翰·厄尔曼、[英]杰里米·巴特菲尔德主编：《爱思唯尔科学哲学手册：物理学哲学》，程瑞、赵丹、王凯宁等译，北京师范大学出版社 2015 年版，第 1558 页。

法的依赖，对称性原理在未来超越标准模型的统一理论中也将会越来越体现出其作为核心方法论原理的价值，引领理论物理学走得更远。其实三十多年前杨振宁就深信，对称性这一概念还有新的花样，它的扩张将是 21 世纪理论物理发展的重要方向。在这一过程中，对称性概念需要有新的突破；当然，也应该认识到，“从对称性到超对称再到对偶性”只是一种方法论原理，未来物理学在认识论和本体论方面的突破仍有待新实验现象的出现。

需要明确的是对偶性还只是一个猜想，一个物理假设，并没有经过严格的证明。AdS/CFT 的对偶关系，一方面涉及弦论，另一方面涉及量子场论。实际上这两个理论都不是严格数学定义的对象，它们的结构实际上都是半猜想、半数学的结构，其中有大量的细节都是未经证明的临时假设，只不过是物理学家的经验直觉。要想证明对偶的两个数学结构等价或同构，首先要清楚得到两个理论明晰的数学结构，这第一步就做不到，因此并不存在对偶性的数学证明。

但是，在物理上，可以通过大量的具体例子来检验对偶性。很多实例表明，用两个理论计算出的结果在比对时发现二者保持了惊人的相同，证明 AdS/CFT 的对偶关系确实是正确的。对对偶性的任何成功测试的积累都只是归纳性的证据，不是逻辑证明。但这种巧合暗示，一定不是偶然，一定存在某种深刻的关联。

对偶性的理论看起来不同，却做出了相同的预言。每个理论都可以看作代表着不同的可能世界，其中分别有着不同的物理量、不同的形式系统、不同的本体论以及不同的物理意义。对偶性为这些不同的理论之间建立很强的等价关联，通过这种等价性不光为我们求解理论中遇到的疑难问题提供了有效的工具，为我们研究复杂的物理系统提供了方法论基础。同时由于很多对偶性提供的是精确解，而且在不同的理论之间给出相同的经验预言，似乎暗示不同的理论内部存在深刻的关联，在科学哲学中，对于处理不同理论之间的关系问题具有重要意义。

对于科学哲学家而言，他们通常不会满足于对特定理论进行特殊研究后得出的结论，而是总是试图从具体科学中找到产生新理论或新预言的一般规律和机制。而对偶性恰好提供了一种普遍性的规律，特别是在弦论中，通过对偶可以将极为困难的物理学转化为简单的物理学进行处理（这里简单的物理学指的是更低维度的空间、更简单的流形、拓扑），而且最后得到的不是一个近似的解，而是精确解。我们必须对物理学理论进行更深入的认识，因为对偶的理论由于对偶建立了某种等价性，在形式上是不可区分的，但是却具有完全不同的本体论（不同的结构、不同的空间拓扑）。在规范对称中，通过求商获得约化相位空间，同时对称性也被消除了。如果在对偶性的理论中也进行类似操作，尽管可能并不存在类似操作，由于两个理论预设了完全不同的本体论，我们并不清楚最终能将其还原为怎样的理论，很可能是又一个全新的理论，伴随着全新的本体论预设。由于无法解释不同本体论理论背后的对偶等价性，也就清楚地揭示了我们当前理论的本体论并不是最基本的[①]。这确实支持了科学实在论的基本立场，科学理论并不是随意建构的，而是背后有着更深层次的约束，同时也为我们进一步探究理论更深层的本体论提供了方向和方法论依据。

另外，对偶性为不同的理论在经验上建立了等价关系，那么它与传统科学哲学中所讨论的证据之于理论的非充分决定性（underdetermination）等同吗？[②]其中有着微妙的、本质上的不同。强非充分决定论题认为：任何一个科学理论都有一个不相容的，但是经验上等价的竞争性理论。因此说，从观

① Castellani E. "Dualities and Intertheoretic Relations". In Suárez M, Dorato M, Rédei M (Eds.). *EPSA Philosophical Issues in the Sciences: Launch of the European Philosophy of Science Association*. Dordrecht: Springer Netherlands, 2009: 9-19.

② Dawid R. "Underdetermination and theory succession from the perspective of string theory". *Philosophy of Science*, 2006, 73(3): 298-322.

测意义上讲，哪怕知道所有的观测状态，也无法单独基于观测证据在两个理论之间做出选择，这样就大大弱化了科学理论的实在性地位[①]。但是正如前文指出的，对偶性的理论并不是竞争关系，而是互补的。两者并不是包含与被包含关系，也不存在说哪个理论更基本或更接近“真理”的问题，只能说一个理论在实践层面上更好地描述了“实在世界”的一个部分。但是也不能简单地理解为是哪个最有效就用哪个理论去描述的工具主义，工具主义会大大弱化对偶性对实在论研究的价值。非充分决定论题中两个理论是完全排斥的关系,而对偶性的两个理论可以看作是更深层次中同一个事物的不同表现。对偶性中的等价性仅仅是通过形式中两个量的同构关系来确定的，其物理意义可能完全不同。但是通过对偶我们可以确定的是，这些理论之间的同构关系并不是偶然，其内在必然存在难以观测的、更深刻的联系。在弦论中 5 种弦论与 M 理论对偶网络的存在，强烈暗示其内在存在着更深刻的统一。

概而言之，首先，对偶性超越了经验主义，理论的建构不是单纯在经验的约束下形成的，更受到逻辑必然性的约束。其次，对偶性超越了非充分决定性论题，揭示了一种更深层的等价性，这些不同理论得到的相同的可观测量，背后必定有某种必然性的逻辑关联。最后，对偶性也超越了传统的科学实在论，科学实在论认为科学理论是不断演进，不断接近真理的过程，局部的特设性的理论会不断被范围更广的、普遍性的理论所包含或者取代。对偶性则暗示所谓不同的理论本身可能只是同一个实在的不同表现，理论之间本质上是互补关系，而不是不断还原的过程。总之，对偶性包含着深刻的哲学内涵，提供了理解不同科学理论间关系的一种新的范式。

---

① Matsubara K. “Realism, underdetermination and string theory dualities”. *Synthese*, 2013, 190(3): 471-489.

第四节　自然律的“客观”理解模式——微分同胚不变性

广义相对论是目前为止关于引力描述最佳、最确凿的理论。因而在量子引力理论构建的过程中，如何处理广义相对论与量子理论间的关系，成为必须首先要考虑的问题。如前所述，在弦论和圈量子引力理论这两种当前流行的量子引力理论中，二者对待广义相对论完全不同，后者基于广义相对论这一理论基础，对其进行量子化，因而保留了广义相对论中至关重要的性质——微分同胚不变性。本章第三节对弦论的核心范式——对偶性展开了讨论,本节将对圈量子引力理论的核心范式——微分同胚不变性范式进行阐述。

一、定律的时空背景独立性

一般而言，物理学的定律是不依赖于坐标系或参考系的，这表现为理论的时空对称性。物理学定律的时空对称性是以时间和空间背景的均匀性和各向同性为基础的。一旦取消了时间和空间背景的均匀性和各向同性，比如在广义相对论中时空不再是固定不变的，而会受到物质存在和运动的影响，此时，物理学定律如何保证其客观性?

广义相对论满足广义协变性。一个理论是广义协变的，当且仅当表征理论定律的方程在所有的坐标系统下都成立，这些坐标系统间通过光滑的变换相关联。在爱因斯坦看来，广义协变性构成了广义相对论的显著特征，也是保证爱因斯坦场方程对于任何坐标系都成立的重要条件。但是，就在爱因斯坦向普鲁士科学院提交广义相对论的论文不久之后，1917 年德国物理学家克雷奇曼（E. Kretschmann）写信给爱因斯坦明确表示：即使是非相对论的时空理论和狭义相对论也可以给出广义协变形式的表述，也就是说，广义协变性只是一种数学的技巧，并没有反映出广义相对论的物理内容，因此也并不构成广义相对论的独特特征，并不能将广义相对论与早期的理论区分开来。克雷奇曼的反对引发了后续寻找广义相对论独特特征的过程，这种独特性如果不是广义协变性的话，那是什么？

广义相对论是背景无关的，在某种意义上背景独立性构成了广义相对论的一个基本特征，因而很自然地人们会设想能否用背景独立性来代替广义协变性，将其作为广义相对论的独特特征。不少量子引力理论学家认为，我们应该努力将背景独立性保留并发扬到未来的物理学理论中。背景独立性也应当能够保证物理学定律不受时空坐标的影响，即使是有加速度的情形中。

广义相对论在经验上的成功是作为一个整体来接受检验的，但是，背景独立性作为该理论的某个具体特征能否凌驾于其他特征之上？对于背景独立性的这一坚持是否是出于其他非经验的理由？对此，斯莫林给出了一些先验的理由，如背景独立性符合时空关系论，后者认为时空不是基本的，而是从物质的时空关系中推演出来的。但是，背景独立性与时空关系论之间的这一联系，也不构成坚信背景独立性的充分理由，并且“这一联系本身也必须超越广义相对论在经验上的成功。这样的论证必须诉诸支持关系主义的一些考虑，而这些考虑很大程度上可能是先验的，因此可以表明背景独立性是一种非经验特征”[①]。

超越广义相对论的语境，背景独立性有其自身的独立意义。贝洛特提出了一个关于背景独立性分级的概念，用具体的物理内容来给出说明，并明确了理论是否满足背景独立性取决于理论如何被解释。“如果每个物理可能性对应于一个不同的时空几何，那么这个理论是完全背景独立的，反之如果不满足这一条件那么理论就不是完全背景独立的。”[②]在贝洛特看来，背景独立性是分等级的，理论所具有的背景独立性的程度是用下述指标来衡量的，

① Teitel T. “Background independence: Lessons for further decades of dispute”. *Studies in History and Philosophy of Science Part B: Studies in History and Philosophy of Modern Physics*, 2019, 65: 44.

② Belot G. “Background-independence”. *General Relativity and Gravitation*, 2011, 43(10): 2865.

即理论所允许的模态差异不能够与理论所允许的几何上的模态差异分开。从而，明确了背景独立性并不是一种纯粹形式上的性质，而是一种理论本身的性质，这种性质与理论的理解相关，与表征的决策相关。如果理论的背景独立性依赖于理论的解释，那么背景独立性就不是一个客观的性质了，也不能反映自然律的客观性了。应当寻求一种关于背景独立性更为一般的理解。

一种自然的做法是从理论的形式特征出发来阐释背景独立性，也就是从方程解的数学模型出发，从而所得到的阐释与理论本身的具体内容无关。比如对理论模型<M，O1，O2，…>而言，其中 M 是四维可微流形，O*i* 是几何对象。关于背景独立性的讨论应当在理论的解空间中进行，对于两个不同的理论方程的解<M，O1，O2，…>，背景独立性意味着在二者之间做变换，并不影响理论方程本身。需要注意的是，场方程的解存在规范冗余，解与解之间有着规范差异，而这一差异是由于我们用以表示理论的数学形式体系所产生的，而并非客观的、实在的。用数学术语来表达，则说广义相对论是微分同胚不变的。所谓微分同胚不变性是指，“对于理论<M，O1，O2，…>的任意解，存在任意的四维可微流形 M′，和从 M 到 M′的微分同构 d，存在<M′，d*O1，d*O2，…>也是理论的解”[1]。其中，d*O 是从定义在 M 上的张量场 O 到 M′上一个新的张量场间的映射。狭义相对论和其他非相对论的理论都不具有微分同胚不变性，而广义相对论则是微分同胚不变的，因而有人提出把微分同胚不变性作为背景独立性的精确解释。

背景独立性是广义相对论中的重要发现，但背景独立性的意义是更为普遍的，并不只限于广义相对论情形。重要的是，广义相对论中所展示的背景独立性和微分同胚不变性为物理学定律保有客观性提供了榜样，应当在未来

① Teitel T. “Background independence: Lessons for further decades of dispute”. *Studies in History and Philosophy of Science Part B: Studies in History and Philosophy of Modern Physics*, 2019, 65: 45.

关于引力量子化理论的探索中予以保持和发扬，从而实现了微分同胚不变性作为一种物理学理论范式的指导意义。

二、微分同胚不变性的范式意义

微分同胚不变性作为一种理论的数学性质，除了能够使得物理学理论是背景独立的之外，对于量子引力理论的构建也有着重要的指导意义。因为作为一种关于时空的量子理论，量子引力理论也需要是背景独立的，需要满足微分同胚不变性。

微分同胚是指在两个光滑流形 M 和 N 之间，如果有 f：$M \to N$ 为双射，且 f 与 f-1 均为光滑映射，则 f 称为微分同胚。如果两个微分流形 M 和 N 之间存在微分同胚映射，则 M 与 N 是微分同胚的。在广义相对论中，对局域坐标做一个光滑的映射 $f: x^{\mu} \to f^{\mu}(x)$，给定爱因斯坦方程 $R_{\mu\nu} - \frac{1}{2} R g_{\mu\nu} = 0$ 的一个解 $g_{\mu\nu}(x)$，那么由于微分同胚不变性，$\tilde{g}_{\mu\nu}(x)$ 也是方程的解，其中

$$\tilde{g}_{\mu\nu}(x) = \frac{\partial f^{\rho}(x)}{\partial x^{\mu}} \frac{\partial f^{\sigma}(x)}{\partial x^{\nu}} g_{\rho\sigma}(f(x)) \qquad (17.1)$$

对此可以有两种不同的几何解释,分别是主动微分同胚和被动微分同胚。"被动微分同胚不变性是指在坐标变换下的不变性,即在不同的坐标系统中来表征同一个客体。"[①]也就是说，虽然在两个坐标系统 S 和 S'中度规分别是 $g_{\mu\nu}(x)$ 和 $\tilde{g}_{\mu\nu}(f(x))$，但由于二者之间在微分同胚变换下结构是不变的，因而它们表征的是同一流形 M 上相同的度规。而主动微分同胚不变性是将同一坐标系统中的不同客体相关联起来，也就是将 f 看作是将流形 M 上的一个点与另一个点关联起来的映射。例如，考虑流形 M 上的两个点 P 和 Q，两个度规

---

① Rovelli C, Marcus G. "Loop quantum gravity and the meaning of diffeomorphism invariance". In Kowalaski-Gilkman J (Ed.). *Towards Quantum Gravity*. Berlin: Springer, 2000: 303.

$g_{\mu\nu}(x)$ 和 $\tilde{g}_{\mu\nu}(x)$，它们都满足爱因斯坦方程。由于度规不同，P 和 Q 两点间的距离计算结果也不同，即有 $d_g(P,Q) \neq d_{\tilde{g}}(P,Q)$。此时这两种度规仍然满足式（17.1），通过主动微分同胚相联系，但二者是不同的。

罗韦利等指出，"广义相对论与其他动力学场理论的区别在于它在主动微分同胚下的不变性。在被动微分同胚下，任何理论都可以是不变的。被动微分同胚不变性是动力学理论表述方面的性质，而主动微分同胚不变性是动力学理论本身的性质。动力学场光滑平移下的不变性只在广义相对论和任何广义相对论理论中成立。它在量子电动力学、量子色动力学或任何其他固定（平坦或弯曲）背景下的理论中都不成立"[①]。如此一来，主动微分同胚不变性就具有了范式的意义。

首先，主动微分同胚不变性揭示的是一种时空关系论的态度。对于流形 M 上的点 P 而言，$\varphi(P)$ 表示 P 点场的某种特性，如电磁场的值，或时空标量曲率等。$\varphi(P)$ 在主动微分同胚下并不保持不变，也就是说理论并不能够确定在时空点 P 处的物理学。这从根本上意味着"流形的点并不表示独立于场的物理实体。询问 P 点场的特性是什么没有意义。时空位置只能决定于场自身或者我们考虑的任何其他动力学客体"[②]。也就是说，时空本身不具有物理意义，时空也并非基本性的，而是反映了物理对象间的关系。因而，从根本上讲，广义相对论及其他基于广义相对论的理论中，背景无关性、主动微分同胚不变性、时空关系论等是一致的。时空关系论的态度反映到量子引力理论中则表现为量子激发是关于时空的激发，而不是在时空上的激发。这意味着"量子引力理论构建的挑战是找到一种位置和运动在其中是完全关系

---

① Rovelli C, Marcus G. "Loop quantum gravity and the meaning of diffeomorphism invariance". In Kowalaski-Gilkman J (Ed.). *Towards Quantum Gravity*. Berlin: Springer, 2000: 304-305.

② [意]卡洛·罗韦利：《量子引力》，[美]厄尔曼、巴特菲尔德主编：《爱思唯尔科学哲学手册：物理学哲学（下）》，程瑞、赵丹、王凯宁等译，北京师范大学出版社 2015 年版，第 1513 页。

论的量子场理论，即一种没有先验时空位置的量子场理论”[①]。

其次，主动微分同胚被解释为一个规范变换，限定了理论的完全可观测量是由这一变换下不变的量给定的，从而限定了量子引力理论中的可观测量。在量子化的广义相对论中，构建一个在四维微分同胚群下保持不变的物理可观测量，即自伴算符是非常困难的。由于规范不变性，在广义相对论中，一个局域的物理量需要相对于某事物的位置来定义，而在量子理论中，则需要相对于其他系统来定义。将广义相对论中的要求与量子理论中的要求相合并，就得到了“用量子过程的海森伯分割（Heisenberg cut）来确定时空边界的想法”[②]。在圈量子引力理论中，对于满足完全规范不变这一条件的可观测量的定义开始于在微分同胚不变的希尔伯特空间 H_{diff} 上的一个算符 O，它在三维微分同胚不变的。通过将 O 投影到希尔伯特空间上从而就定义了一个四维微分同胚不变的物理量 $R = POP$。这样一种构建过程就导向了圈量子引力理论中的自旋泡沫模型，它表征了对量子引力动力学的协变式形式。

我们看到，在超弦理论中主导性的对偶性范式与圈量子引力理论中的微分同胚不变性范式虽然其表现、要求和内容都截然不同，但它们都是某种对称性。正如卡伦德等人所推测的，超弦理论和圈量子引力从各自的核心范式进行推广后，可能会以某种方式交汇和统一，比如，可以将圈量子引力形式改进为另一种形式的 M 理论。“将来的事实会告诉我们，量子引力论的历史发展进程，将与薛定谔、海森伯构建量子力学类似。”[③]如此一来，它们将分别构成科学理解过程中的某一个侧面，合力通过数学的模式为科学理解世

① Rovelli C, Marcus G. “Loop quantum gravity and the meaning of diffeomorphism invariance”. In Kowalaski-Gilkman J (Ed.). *Towards Quantum Gravity*. Berlin: Springer, 2000: 311.

② Rovelli C, Vidotto F. “Philosophical foundations of loop quantum gravity”. In Bambi C, Modesto L, Shapiro I (Eds.). *Handbook of Quantum Gravity*. Singapore: Springer, 2023: 4263.

③ [美]克雷格·卡伦德、尼克·赫盖特主编：《物理与哲学相遇在普朗克标度》，李红杰译，湖南科学技术出版社 2013 年版，第 21-22 页。

界贡献力量。

第五节　科学理解的数学模式

数学不仅是物理学的语言，也是自然这部书所使用的语言。不仅理解物理学需要数学，理解自然也需要数学，尤其是面对以量子引力理论为代表的当代量子论时。科学理解是用数学的模式给出的，面对越来越难以自然化的科学语言，数学的刻画以及数学的推演已经成为科学理解世界、理解科学本身、理解自然规律的基本方式。数学的理解模式是一种整体化的、框架式的、抽象的模式，截然不同于以往的图像式的、具体的、直观的理解。在数学理解模式背后渗透着强烈的本体论含义。

一、如何用数学理解世界

用数学来理解世界，尤其是量子引力世界是必然的，因为量子引力世界远离人类的经验世界，人类在经验世界建立起的直觉与常规推理在普朗克标度是失效的。诸如时间和空间等概念都是人类在经验世界中所形成的，而前文中我们看到圈量子引力理论中时间不存在，空间是一种离散化的、交织的自旋网络，完全颠覆了我们从前的经验认知。事实上，从近代科学开始，数学就已经在扮演理解世界的角色了，数学在科学中已经不可或缺。从量子力学开始，数学在理解世界中的作用变得越来越重要了，如量子态的线性叠加等等其中的许多内容是反直觉的、与经验相冲突的。那么，数学如何提供关于世界的理解？也就是说，数学是如何应用于科学理解的？科学如何借助于数学来阐释世界？

首先，科学理解是通过数学语言而实现的。区别于自然哲学家们用规定性的质来解释物质及其运动，近代的科学家们转而用数学来精确描述。在有了数学方程式的精确表达之后，因果性也借助于数学函数的形式得以表达。一旦有了定量化的解释，定性的解释就成为一种面向公众的通俗过程了，不可避免地会丧失严谨性、准确性，而用直观化、生动化所代替。如量子力学在有了矩阵力学和波动力学之后，玻尔的量子化电子轨道就只能是一种粗浅的、近似的理解了，要精确描述电子的状态我们不得不用波函数、哈密顿量等抽象的科学语言来进行。科学语言与自然语言之间本质上是不可通约的，其间的鸿沟是难以跨越的。自从科学数学化以来，科学的说明和理解就越来越精确，虽然同时这也会使得人们越来越难以直观地理解，但这也正是科学发展的必然，尤其是对于物理学而言。

其次，科学理解要在可观察的物理对象中发现数学结构。比如在牛顿引力理论中，引力与距离之间表现出了平方反比律这一数学结构，而这一数学结构是先在的，是抽象的。结构主义学派的布尔巴基指出："数学出现了……一个抽象形式的仓库——数学结构；碰巧的是——我们不知道为什么——经验实在的某些方面符合这些形式，就像通过一种预适应一样。"①数学中充满了各种各样的结构，这些结构是独立的、自在的。在科学家知道数学家已经有了具体的数学理论之前，他就可以把数学家对结构的所有理解应用到所研究的物理系统中去。如海森伯的矩阵力学在提出之初，他并不清楚其找到的在可观察量之间的关系是一种什么样的数学结构，而当玻恩和约尔丹表明这便是数学中的矩阵时，矩阵力学便有了强大的表征与计算能力。"人们在数学中经常尝试做的是分离出一些给定的结构……学习：什么样的结构，什么样的结果，什么样的定义，什么样的关系，在一个特定的数学结构存在？但这正是在物理中有用的东西，在一个给定的物理应用中，某些特定的数学结构……源于物理学的问题……这个想法是为了隔离数学结构……去了解他

① Bourbaki N. "The architecture of mathematics". *The American Mathematical Monthly*, 1950, 57(4): 231.

们是什么，他们能做什么。这样的知识体系，一旦建立，就可以在与物理学接触时被调用。”[①]

再次，科学理解要寻求在数学结构与经验结构间的联系。科学理解借助于数学结构，但并非只有数学结构，还需要将数学结构与经验结构关联起来，赋予数学结构以经验意义。当然，在数学结构与经验结构间并非一一对应的，当数学结构更丰富时就会出现规范冗余的，而当经验结构更丰富时则会有更多的数学被创造出来。很多时候科学中实际应用的大多数结构是无限的，无法在可观察的物理对象或这种对象的系统中找到数学结构的例证，如量子场论中用到的无穷多自由度。而有时候数学结构的应用未能找到对应的物理上真实的对象，如在物理学和工程学中常用到的复分析。这种情况往往是我们的认识尚未达到，尚未能发现在数学结构与物理结构之间的联系。如虚数，以前人们认为它在物理学中没有明确的指称，而 2022 年初潘建伟团队用超导量子计算机证明了量子力学复数描述的重要意义，明确了仅使用实数是不可能描述量子力学的，但它的指称仍然有待明确。

最后，科学理解推进过程也伴随着数学结构的拓展。科学研究并不局限于实际的系统，而是放宽到某一类型的所有可能的系统。如经典物理学家并不直接研究实际物理对象间的万有引力，而是研究在理想情况下，支配理想物理对象万有引力的定律。数学家描述一类数学对象或结构，并声称这一类代表了某种类型的所有可能系统的结构，对象或结构之间的关系代表了可能对象之间的关系。前述断言若正确，那么关于结构类的定理将对应于关于什么是可能的和什么是不可能的可能系统的事实。以这样一种可能结构的方式，在理想近似下，无穷大和无穷小进入了物理学的研究视野，它们代表的也是

---

① Shapiro S. *Philosophy of Mathematics: Structure and Ontology*. New York: Oxford University Press, 1997: 249.

一种结构，而不必是具体的某个物理实体。自然数结构表示可能对象的集合之间的关系，无穷被可能无穷所代替，可能对象的集合没有大小限制等。

二、数学理解的丰富特征

数学所提供的科学理解首先是抽象的。数学符号或词语是不混杂任何预设意义的抽象对象，抽象对象本身不包含任何具体的性质。例如我们计算十个橙子与四个橙子的结合时，我们会得到十四个橙子。用苹果、水杯等任何语言对象替换橙子，都不会影响到 10+4=14 这一结果。再如拓扑学中的若尔当曲线（Jordan curve）定理，它指的是平面上任意闭合曲线将平面分成内部和外部区域，不管曲线多大或多复杂，总会有两个独立的区域。用任意的其他曲线替换原先的曲线，都不影响该定理的结果。这些数学事实表明，数学的内容在改变其语义内容时保持不变，对于任意的整数、任意的空间等满足要求的集合中的元素而言，它们的替换不改变数学定理或表述的意义。亚诺夫斯基（N. S. Yanofsky）称这种对称性为语义对称性，并认为这种对称性对于数学来说就像对称之于物理学一样重要，“任何满足语义对称性的陈述都是数学”[①]。语义对称性揭示的是数学的抽象性，也正是因为数学的抽象性，它才能够普遍有效，才能够具有强大的覆盖性，揭示世界的普遍特征。

同时，数学提出的科学理解也是具体的。当我们把数学表述中的语义对象限定到其中某个具体的物理元素时，得到的理解和说明便是具体的了。例如，对于形如 $F=G\frac{m_1m_2}{r^2}$ 的表达式，若将分子上的 m 看作物体的质量，将 G 看作万有引力常数，则该式表达的是两个有质量的物体之间的万有引力。将分子上的 m 看作物质的电荷，或替换为 q，将 G 看作静电常数，或替换为 K，

---

① Yanofsky N S. “Why mathematics works so well”. In Aguirre A, Foster B, Merali Z (Eds.). *Trick or Truth? The Frontiers Collection*. Cham: Springer, 2016: 151.

该式表达的则是两个带电物体之间的静电力。这种具体的理解是准确的、具象的，但又不失普遍性。

数学给出的具体理解也可以通过求解方程而得到，求解物理学方程本身就是给出具体的科学说明。对一个物理事件进行科学说明便是给出它的数学描述，即找到恰当的微分方程、准确的公式，或正确的函数。在得到了准确的数学描述之后，通过数学程式化的计算便能够说明物理现象何以发生，说明物理系统的演化方式。求解方程本身是数学过程，每一步骤都遵循既定的规则，但方程的解是蕴含于方程的结构之中的，而方程的结构本身是物理的，再加上初始条件的限定，使得方程的解是一个具体的物理状态。

数学理解的具象性与抽象性，集体体现于下述几对哲学范畴之中。正是在这几种哲学范畴间的对立与统一，表现了数学理解的丰富性，将因果性的理解、统一性的理解、统计性的理解等不同的理解模式都涵盖在内。

（1）线性与非线性，刻画的是之于世界复杂程度的理解。函数关系 $y=f(x)$ 刻画了因变量 y 对自变量 x 的依赖关系。如果 f 是一个线性函数，如 $y=ax+b$，意味着 y 的变化与 x 的变化成正比关系，变化率保持不变，知晓 x 的值可以准确获得 y 的值，二者间的联系是简单的、直观的。如果 f 是一个非线性函数，如 $y=ax^2$ 或 $y=e^x$，意味着 y 的变化与 x 的变化间关系是复杂的、非恒定的、难以预测的。在物理世界中，量子态满足线性关系，意味着它们是可以线性叠加的；广义相对论方程和规范场方程是非线性的，意味着变量间的关系是复杂的。

（2）离散性与连续性，刻画的是之于世界存在形式的理解。毕达哥拉斯、芝诺、亚里士多德等古代的哲学家们就在探讨连续性的问题，然而对这一概念的准确把握还要依赖于严格的实数理论等数学的基础。在量子论提出之前，人们之于世界的理解是连续的，能量是连续分布的，辐射是连续进行的；而在量子论之后，世界的理解是离散的，电子轨道是分立的，辐射是量子化的，时空是离散的。基于这种不同的理解世界的模式，表征世界的物理学语言和规律也相应发生了变化，也由此开启了量子革命的过程，在此过程中数学为之提供了精确的、强大的革命武器。

（3）有穷性与无穷性，刻画的是之于世界存在及对其认识的理解。无穷问题也是古老的哲学问题，亚里士多德、笛卡儿等均有讨论，但一直以来都讲不清楚。在康托尔将无穷这一概念赋予了明晰性之后，无穷及其性质也能够展开进一步的讨论了。在物理学中，有穷或有限的问题是可以处理的，而无穷或无限的结果通常被认为是无意义的。如在量子场论中对于强耦合问题的计算，通常需要取截断以在有限的能量范围来考虑，或者借助于格点方法进行数值计算，这些过程都是将无穷大问题转化为有穷的问题来处理的。世界本无穷，但认识世界方法却是有穷的。

（4）低维与高维，刻画的是之于世界存在框架及认识框架的理解。我们生活于三维的空间和一维的时间之中,在相对论之前我们认为空间是平直的，是欧几里得几何所描述的；在相对论之后时空不再可分，需要用黎曼几何来予以说明。在超弦理论中，出于数学一致性的要求，时空需要是十维的，其中有六维是紧致化的卡-丘空间，经验不可观测。另一方面，在时空维度变化之外，物理学理论的表述也在希尔伯特空间等多维空间中展开，尽管这时的多维空间是抽象的。从低维向高维，维数的这一流变过程，体现的是之于世界理解的深刻化、拓展化过程。

（5）局域性与整体性，刻画的是之于世界认识不同层面的理解。20 世纪以来借助于拓扑学的发展，关于事物的认识与理解不再局限于局部范围，而是拓展到整体和大范围的性质。20 世纪 50 年代之后，拓扑学思想进入物理学，在凝聚态物理、量子场论和宇宙学等领域得到了应用。相应的科学理解过程，也从原先借助于微分方程关注小范围的性质，拓展到空间拓扑的非平凡性，认识到像“规范”“拓扑相”等一系列空间中物理状态的特征。2016

年的诺贝尔物理学奖就是相关于“拓扑相变和物质拓扑相的理论发现”。

三、数学理解的本体论含义

科学理解的数学模式表明科学在用数学语言来解释世界为什么是这样，在说明现象背后的原因。数学理解的模式在本体论上意味着什么？有什么本体论的承诺与蕴涵？“如果不考虑数学本身和科学实在之间的关系，一个数学结构、描述、模型或理论就不能用来解释一个非数学事件。”①

正如古德曼（N. Goodman）所说：“数学的大多数分支都相当直接地揭示了自然的某些方面。几何相关于空间。概率论告诉我们的是随机过程。群论阐明了对称性。逻辑描述理性推理。分析的许多部分是为了研究特定的过程而创建的，并且对于那些过程的研究仍然是不可或缺的……我们最好的定理给出了关于具体世界的信息，这是一个不争的事实。”②数学的结构、描述、模型或理论是与自然的某些方面相关联的，这不仅为数学在本体论上的实在性提供了根基，也为数学的可应用性提供了说明。

1. 弱化实体

建立在数学基础上的科学理解之于实体的关注呈现出某种程度的弱化，这种弱化源自数学符号的抽象性和数学关系的具象性。单独的某个数学对象，如 x 或 y，本身并不具有具体的含义，即使它们有特定的指称，也是孤立的，无法言说的之于世界的理解。只有将数学对象通过函数表达式、方程式或关系式联系起来，如 $y = f(x)$，才表达了在自变量 x 和因变量 y 之间的具体关系，表征出世界之间的联系，构成了之于世界的理解。

---

① Shapiro S. *Philosophy of Mathematics: Structure and Ontology*. New York: Oxford University Press, 1997: 244.

② Goodman N D. “Mathematics as an objective science”. *The American Mathematical Monthly*, 1979, 86(7): 550.

2. 突出结构

数学之于世界的理解是关系式的、结构式的，因而建立在数学基础上的科学理解在弱化实体的同时，突出的是结构，数学的结构反映的是现实世界的关系与形式。建立在数量关系上的运算产生了代数结构，建立在时间观念上的先后产生了序结构，建立在空间观念上的连续性产生了拓扑结构。在布尔巴基学派看来，代数结构、序结构和拓扑结构是数学中的三种基本结构，也称为母结构。结构不是一成不变的，母结构之上可以生出更多新的结构，母结构间也可以发生联系。如复数可以用平面上的点表示，这意味着复数的代数结构与平面的拓扑结构是联系的。基于结构的世界理解是整体性的、本质性的、动态性的、联系性的。

3. 结构主义的数学实在论

科学理解的数学模式以及数学在理解世界中的重要作用都指向一个明确的结论，即数学对象存在，这种存在是结构的存在。这是一种典型的数学实在论观点。数学实在论者，即数学柏拉图主义者认为数学对象存在，就像物理对象存在一样，只不过数学对象是抽象的存在，而物理对象是具体的存在。

结构主义者否认自然数等个体对象的存在，或者认为这些个体对象不过是结构关系中的占位符而已，结构在本体上更为优先。在自然数中本质的是自然数与其他自然数的关系，算术研究的也是后继关系这样一种抽象结构，如 6 是自然数结构中的第六个位置，它并没有相对于这一结构而存在的独立性，只是作为结构中的一个位置而存在。群论研究的不是一个单独的结构，而是一类结构，是具有一个二元运算，且在这个运算下的一个单位元以及每个元素的逆元这样一个对象集的结构。欧几里得几何研究平直空间的结构，拓扑学研究拓扑结构。数学关于这些结构的研究独立于在物理世界中关于这些结构的例示。正如雷斯尼克所说：“我认为在数学中我们不是把具有‘内部’成分的对象安排于结构之中，我们只有结构。数学对象，即我们的数学常量和量词所指称的实体，是没有结构的点或结构中的位置。作为结构中的位置，它们没有结构之外的同一性或特征。”[①]

结构能否独立于其所例示的对象而存在的争论形成了两种不同的观点，类似于关于共相是否独立于其所例示的事项而存在的争论。先物实在论（ante rem）者，即按照柏拉图的观点传承的一派认为，即便没有红色的事物，红色这一性质仍然是存在的，先物共相先于并因此独立于具有这一共相的对象而存在。另一派认为共相在本体论上依赖于它们的例示，红色这一性质是所有红色事物所共有的，若没有这些红色的事物，红性这一性质就不存在了，这称为在物实在论（in re realism），传承的是亚里士多德的观点。更多的讨论见于数学哲学中，这里我们只是强调从科学理解的数学模式中所支持的是一种先物实在论的观点，即数学对象存在，且先于物理世界中的例示而存在。物理学中所讨论的案例例示了相应的数学结构，使得可以通过这些数学结构或关系对世界提供理解。

① Resnik M. “Mathematics as a science of patterns: Ontology and reference”. Nous, 1981, 15: 530.

第十八章
科学认识论的新突破

传统科学哲学的关注点在成型的科学理论上，很少关注创造性的科学思想是如何产生的，也几乎不把科学的实践作为其基本的考察对象，从而造成了一种静态的哲学分析状态。以至于在逻辑经验主义之后，作为对这一静态分析的反叛，历史主义引入动态的分析，社会建构论引入社会的认知维度，后现代主义引入非理性的认知，一度把科学哲学引向非理性的局面。近年来，随着从非理性逐步向理性的回归，科学哲学领域也关注到这些社会的、历史的、非理性的、文化的等方面的因素。尤其是，科学哲学家们吸收了现象学关于体知型知识（embodied knowledge）的研究，强调身体与直觉在知觉过程中的重要作用，把身心的融合作为获得知识和技能的基本前提，从而形成了有机整合命题性知识和技能性知识获得途径的体知认识论。其中，直觉对于创造性命题的提出是至关重要的，有助于理解科学实践中科学家是如何实现理论与方法的突破，提出新的理论和新的方法。本章以 20 世纪物理学的三大研究纲领为例，阐述体知认识论这一新的科学认识论，最后再从新的认识论突破来展望 21 世纪的物理学。

第一节　体知认识论

体知认识论是一种体知合一的认识论，强调在获得知识过程中的身心合一，强调分析思维与直觉思维的统一，这种直觉包括身体的直觉。

一、技能性知识

技能性知识是指人们在认知实践或技术活动中知道如何去做并能对具体情况做出不假思索的灵活回应的知识。通常人们会认为技能性知识是身体所形成的一种记忆反射，就像骑自行车一样，一旦我们学会了骑自行车，我们的身体就形成了这样一种技能，内化在身体之中，而不需要我们知晓该如何蹬脚踏，如何把着车把控制方向，如何刹车停下来。技能性知识主要与“做”相关，包括直接操作（如上述骑自行车的行为）、工具操作（如仪器操作和编程等语言符号操作）和思维操作（如逻辑推理、建模和艺术创作等活动）。

事实上，科学家在认知过程中也会形成技能性知识，通过长期的训练也能够形成对世界的本能回应和直觉理解,这些技能性知识并不完全是主观的。科学家的技能性知识包括对科学理论的直观判断、鉴赏、领悟等能力，是科学家进一步具体研究一个理论或模型的准入门槛。科学家的技能性知识也具有一般技能性知识的五个特征，即实践性、层次性、语境性、直觉性和体知合一性。具体地，科学家需要在长期的科研活动中，通过“做”研究进行亲历、体验、参与，才能够获得从动作性的直接操作到大脑的思维操作的连接。德雷福斯所划分的技能性知识的七个阶段中，从初始阶段到高级阶段越来越与专家和科学家相关。如第五个阶段是专长阶段，专家已经习得了敏锐地分辨问题、求解问题的能力；第六阶段为驾驭阶段，专家能够创造性地用自己的独有风格去处理问题；第七阶段为实践智慧阶段，技能性知识已经内化为一种文化存在形态，指引着人们处理问题。对于科学家而言，在实践智慧阶段，技能性知识已然转化成一种研究纲领，成为科学家的一种默会知识，引导着科学研究的路径。语境性随着阶段的上升而上升，在实践智慧阶段语境敏感性是最高的，并且反映了最强的直觉能力，科学家已经把技能性知识内化为人的直觉，能够运用自如。“直觉既不是乱猜，也不是超自然的灵感，而是大家从事日常事务时一直使用的一种能力。”[①]通过从技能到知识的转化，从习得到直觉的转化，最终实现了体知合一性。此时，科学家对世界的理解既不是主体对客体的符合，也不是反过来客体对主体的符合，而是实现了主体对世界的嵌入与融合。嵌入与融合越深，科学家对问题的敏感与直觉能力越强，所获得的知识的客观性越高，获得真理性认识的可能就越大。

科学家的技能性知识是通过与推理相关的认知所体现的，也就是说体现为科学家的认知能力。柯林斯认为，技能性知识通常是存在于科学共同体当中的知识，“是可以在科学家们的私人接触中传播，但却无法用文字、图表、语言和行动表述的知识或能力”[②]。柯林斯的这种理解漏掉了存在于观念型和符号型知识中的技能性知识，从而把技能性知识等同于默会知识。事实上，观念和符号作为科学家直觉能力的直观体现维度，是非常重要的、能够影响到科学共同体研究纲领、研究方法和研究进路的技能性知识，不能被忽略掉。

二、体知合一的认识论

正如波兰尼（M. Polanyi）和库恩所强调的，科学在认知过程中存在格式塔心理转换的过程，科学家们难以逃脱其在学习时期形成的科学研究范式的约束，在接受新的研究范式时存在难以接受的现象。例如，玻耳兹曼笃信原子，在原子论的基础之上建立了统计力学，但马赫、奥斯特瓦尔德等老派学者则极力反对，不愿意接受道尔顿等在化学研究中所得到的原子；数学家康托尔研究无穷，而他的导师克罗内克却极力反对，不愿意突破既有的研究范式，反而用既有的范式来评价、打压新一代的科学家们。普朗克在其《科学

① Dreyfus H, Dreyfus S. *Mind Over Machine the Power of Human Intuition and Expertise in the Era of the Computer*. New York: Free Press, 1986: 29.

② Collins H. “Tacit knowledge, trust and the Q of sapphire”. *Social Studies of Science*, 2001, 31(1): 72.

自传》中回顾自己的学术生涯，无不感慨地讲道：“一个新的科学真理照例不能用说服对手，等他们表示意见说：‘得益甚大’这个办法来贯彻的，相反的是要让对手们渐渐死亡绝种，自始使新生的一代熟习真理，只能用这个办法来贯彻才行。”[①]可见，体知认识论在科学家那里表现得非常突出，内化到科学家直觉和心灵深处的研究方法和理论取向非常难以改变。

技能性知识的获取是一个主动的身心投入过程，是从一个有意识的判断与决定到无意识的判断与决定的动态转化过程。这一过程中，人的认知难以区分理性的因素与非理性的因素，而是两者兼而有之，互为包含，互为前提。德雷福斯称之为无理性的行动，以强调其既不是理性的，也不是非理性的，而是一个潜意识的过程，超脱于具体的理性思维和非理性思维，是下意识而为之的行动。普朗克面对黑体辐射的紫外灾难时，直觉地提出了连自己都无法相信的量子假设。这一过程中，“他以基尔霍夫定律和维恩辐射定律为依据，以当时测定黑体辐射的实验为基础，凭借他在热力学方面无与伦比的鉴别力，基于经典电动力学和熵增加原理，在维恩和瑞利-琼斯公式之间利用内插法建立了一个普遍公式”[②]。量子概念的引入过程不是纯粹依靠逻辑推理，也不是完全根据当时的实验事实，更不是毫无根据的突发奇想，而是普朗克的无理性行为，以至于连他自己都对这一提法难以置信。

科学家在技能性知识形成过程中践行的是体知合一的认知过程，因为就像普朗克的量子假设一样，它不是实验的经验规则，因为按照实验事实得到的正是维恩定律或瑞利-金斯公式；它也不是非理性的东西，我们难以用艺术家们的创作灵感来看待普朗克何以要做一个内插，内插这一数学方法是理性的举动。普朗克的做法当然是在他已经就黑体辐射有了六篇研究论文的基础

---

① [德]M. 普朗克：《科学自传》，林书闵译，龙门联合书局1955年版，第15页。

② 成素梅：《量子假设：挑战连续性观念——体知认识论的一个案例研究》，《洛阳师范学院学报》2015年第9期，第3页。

之上，在一种自然流畅的状态下情境化地做出的应然反应，是一种得心应手的直觉判断。在体知认识论中，科学家嵌入到他们所思考的对象性世界中，深化并扩展了他们与世界之间的嵌入关系，这是一种最高的研究境界，也就是说形成了一种研究的智慧。

体知合一是一个具体的过程，是单个科学家亲身的经历，而非抽象的、普遍的、能用归纳或演绎等具体推理过程描述的一般过程，也不是科学家群体的集体行为，后者更应该是一种社会认识论。科学家的身体是其知觉的基础条件，其亲身体验保证了认知主体和认知对象之间的连接与交互。通过科学家与认知对象的交互，才达成了认知，形成了知识。这种体知合一的认识过程，区别于以往将认知主体置于独立于或外在于认知对象的对立局面，而把二者进行某种嵌入或交互，这种嵌入与交互通过科学家的身体与直觉予以实现。对体知合一过程的强调，是对以往关注知识的获得这一目标而忽略知识的获得这一动态过程的超越,从而使得目标与过程都成为哲学研究的对象，把规范性和规范的形成同时作为哲学研究的内容。

相较于传统科学哲学中的认识论，体知合一的认识论具有下述特征。

（1）库恩提出的科学研究范式的更替虽然关注认知过程中的格式塔转换，但其关注的仍然是认知结果，即革命前后范式的不可通约，而体知合一的认识论更为关注认知过程，强调格式塔转换是体知合一的认识过程的结果，强调在认知过程中身体和直觉与认知对象的连接与互动。

（2）传统认识论中有“不可接近性论点”（inaccessibility thesis），认为科学家的判断是不可接近的，即科学家难以通过命题性知识的形式描述他们得出认知判断的步骤与规则，因此把科学家的发现列为非理性的，或干脆忽略认知的具体过程。体知认识论专注于认知过程的研究，填补了这一缺口。

（3）体知合一的认识论吸收了现象学关于认识过程的研究内容，把认识过程作为一个身心不可分的、整体的认知过程，从而在一定程度上使得认知过程变成难以用分析手段探讨的、可分解的过程，从而被认为违背了自然化的认识论，与当代认知科学与神经科学的研究相违背。

（4）事实上，自然化的认识论不应当受到当前认知科学或神经科学研究局限的困扰，而应当反过来，正视科学实践活动，从科学家在实践活动中的真实表现中寻求认知科学或神经科学的突破，寻求身心二元论的认知困境突破。也正是在突破身心二元论的意义上，体知认识论具有特别的意义。

“真正的科学创造，非常类似于艺术的创作，其实并不全是井然有序的理性思维过程。只有极少数真正在科学知识最前端的独行者，他们面对全然未知的宇宙新境界之时，才得以完全领会那种孤独的心灵感受……在科学历史中，那些真正撼动人类旧有科学观点的科学创造，便往往带有非常强烈的个人风格，正如同艺术的创作是一样的。”①

第二节　体知认识的数学贡献

当代科学中，尤其是当代物理学中，数学在体知认识过程中扮演了重要的角色，没有哪一个创造性的成果能离得开直觉活动。其中包括数学直觉对科学观念突破做出的贡献和数学表征对科学理论的形成做出的贡献。当然，数学的贡献并不全是积极的，也会有消极的方面，该如何避免负面的贡献也是当代科学哲学家和科学实在论者需要思考的。

一、数学直觉的获得

杨振宁先生在《20 世纪理论物理学发展的主旋律》演讲的最后明确指出物理学关键的观念来自创想，数学创想。“他（爱因斯坦）有一句话是说：

① 江才健：《杨振宁传：规范与对称之美》，广东经济出版社 2011 年版，第 238 页。

'理论物理之公理基础不能自实际经验提炼出来，而是要创想出来'。爱因斯坦在 1905 年的工作，或者薛定谔在 1925—1926 年的工作，或者玻尔关于规范场的观念，这些开始都不是直接从实验来的，而是一个数学的结构，所以这符合爱因斯坦所说的……"[①]杨振宁在讲座中旋即指出，在爱因斯坦看来，物理学家创想的泉源来自数学，来自物理学家对自然的深刻理解，来自物理学家对物理世界结构的把握，来自对这些结构数学形式的洞察。这些洞察不是来自实验和实验数据，而是来自一种科学家内在的智慧。因而问题就转向数学直觉是什么，数学直觉从哪里来，数学如何在洞察中发挥作用，这些数学结构或数学知识从何而来，它们何以能够应用于科学。

"直觉就是直接的觉察。它是人脑对客观事物的一种迅速而直接的洞察或领悟；是人们自觉或不自觉地考虑某一问题时，在头脑中突如其来的一种创造性设想。"[②]直觉有时也称为灵感，是一种"众里寻他千百度，蓦然回首，那人却在灯火阑珊处"的豁然开朗，是在百思不得其解之后的顿悟，与渐次展开的逻辑推理形成鲜明的对比。直觉有感性直觉和理性直觉，其中理性直觉是建立在概念之上的对事物本质的觉察，科学和数学中更多的是理性直觉。数学直觉是科学家和数学家对于数学对象或数学结构的某种迅速而直接的洞察。

自柏拉图以来，数学直觉一直是西方哲学传统中占主导地位的概念。柏拉图赋予数学以非同寻常的地位，把数学看作"提升灵魂，使其超越物质世界，达到永恒"的必要途径。对于数学知识而言，他认为来自先天的回忆，是一种与生俱来的能力，即使是奴隶也可以通过适当的引导而回忆起已经存在于其脑海中的数学知识。柏拉图之后，对于数学知识从何而来的替代方案

① 杨振宁：《20 世纪理论物理学发展的主旋律》，《品牌与标准化》2009 年第 2 期，第 56 页。
② 刘云章、马复：《数学直觉与发现》，安徽教育出版社 1991 年版，第 4 页。

或多或少都源自数学直觉。近代如笛卡儿、莱布尼茨等理性主义哲学家和数学家也认为数学是人类理性思维的一种本能，是先天知识的典型。贝克莱、洛克、密尔等经验主义哲学家则认为数学知识也源自经验，与科学有着共同的来源，因而数学能够应用于科学是非常自然的。但是经验主义者需要面对的问题是，经验知识是不可靠的，而数学知识被认为是可靠的，是必然的真理，如何说明数学的必然性成为其最大的难题。

古典哲学的集大成者康德为了说明数学的必然性和数学真理的先天性，同时又能说明数学在经验科学中的地位，特别是数学在可观察的物理世界的可应用性，而勇敢地提出了“先天综合命题”这一概念。康德把直觉置于可感知的范围之内，同时他认为直觉并不给我们提供关于客体本身的知识，而是提供关于客体呈现方式的知识。直觉分为直觉的物质层面和直觉的形式层面，数学知识的先天性来源于我们的纯粹直觉，或直觉的形式，如几何知识源于我们对空间的纯直观，算术知识源于我们对时间的纯直观，纯直观受限于人类本身的感官构造。然而，非欧几何以来，数学的发展已经远非直觉所能体会的，无穷、拓扑、高维空间等新的数学概念如何能够为心灵所把握？

整个 19 世纪，西方的哲学家们都在想方设法不援引康德的直观以说明数学的必然性和先天性，以及数学的可应用性。如彻底的经验主义者密尔给出了一套完全的来自经验的数学认识论。在密尔看来，数学知识来源于感官经验，因而如同其他经验知识一样，数学知识也是可错的，并不具有必然性。20 世纪初罗素等逻辑主义者认为数学是逻辑，而逻辑通过规则保证了其为真。直觉主义数学家如布劳威尔则认为数学是心灵的构造，没有客观存在的真理，排中律是有问题的，因而建立在排中律之上的经典数学都是有问题的。希尔伯特等认为数学是一种形式的虚构，无矛盾即可。

即便哲学家试图在康德的直观之外以各种方式说明数学知识的来源，但在数学家和物理学家那里，数学直觉仍然是至关重要的。问题是数学直觉从哪里来？对此形成了不同的观点，即便同样认为数学直觉来源于经验，也会有不同的观点。数学家克莱因认为："在我们朴素的直觉中，当我们想到一个点时，我们不会在头脑中描绘出一个抽象的数学点，而是用具体的东西来代替它。在想象一条线的时候，我们想象的不是'没有宽度的长度'，而是一条有一定宽度的长条。"[①]也就是说，直觉是一种具体例证，对 p 的直觉其实是在想象对 p 的具体例证，例对圆的直觉是在想象一个圆环或其他圆的东西。

在数学家哥德尔看来，数学直觉与感官知觉相类似："尽管这些公理与感官经验相距甚远，我们对集合论的对象也确实有某种类似于感知的东西，这一点可以从这些公理强迫自己为真这一事实中看出。我找不出任何理由，为什么我们对这种感知，即对数学直觉，比对感觉感知更缺乏信心……"[②]在他看来，当直觉地感受到 p 时，就有了一种类似于感官知觉的体验：在这种体验中，p 本身的抽象主题——而不仅仅是 p 的抽象主题的具体说明——呈现在脑海中。这是一种知觉主义的观点。感觉和知觉有相似的方面，但不可否认的是二者也有差异。感官知觉是一种获取即时环境信息的方式，通过感官对信息的获取，信息也得到了确证，这是外在的。然而对于直觉而言，它当下并不能得到经验确证，它是内在的。知觉具有现象学的特征和它与主题相联系的方式形而上学特征，直觉就其现象学特征而言与知觉是类似的，但形而上学特征不同，因为直觉不是通过在你眼前环境中的呈现而获得的，而是需要说明数学直觉是如何让你的主题呈现在你面前的，也需要说明你的数学直觉是如何与他们的主题联系在一起的。

---

① Ewald W B. *From Kant to Hilbert: A Source Book in the Foundations of Mathematics*. Oxford: Oxford University Press, 1996: 959.

② Gödel K. *Collected Works: Vol. 2: Publications 1938-1974*. Feferman S, Jr Dawson J W, Kleene S C et al (Eds.). New York: Oxford University Press, 2001: 268.

现象学家胡塞尔认为感官意识与直觉意识不同，因为感官意识可以是一种基本的经验，而直觉意识必须是一种非基本的经验，它是由其他经验构成的，比如思想和想象。对于数学直觉而言，我们也需要区分直觉的物质层面和直觉的形式层面。如考虑自行车的存在，是因为脚踏、座位、链条和车轮等物质如此进行安排以使得通过蹬脚踏会带动轮子前行。这里自行车的存在并不是因为存在这样一些物质，而是因为它们的安排这样一种形式或关系。因而，在胡塞尔的观念下，为了获得一些体验以构成一种直觉，使它的主体意识到一些数学对象，这些经验必须显示出一种形式，使他们的主体能够对那个数学对象产生示例性的想法。例如，为了获得圆对于它的直径而言是对称的这一数学知识，想象沿着直径把一个圆形的物体对折，这样就显示出一种关于对称的直觉形式，以使主体意识到，从而形成数学知识。在这种情况下，直觉非因果地依赖于能够对圆进行示例想象的一些经验，但是如果圆形的物体不存在，经验就不能进行示例性的想象了。现象学关于数学直觉的这种观点还需要更为明确地回答形式是什么，使得能够对抽象对象进行示例想象的经验具体又是什么等问题。

认知科学的研究表明数学直觉是合理的。“最近在数字认知方面的研究充实了直觉的概念，至少在初级算术的小范围内是这样的。结果表明，数字感是智人核心知识的一部分，早在婴儿期就存在，具有可再生的大脑基质……它的运作遵循三个可能的标准可以看作‘直觉’一词的定义：它是快速的、自动的、无法自省的。”[①]从这种认识来看，当某人直觉地知道 p 时，他有了一个自发的印象，一个快速的、自动的、无法内省的不透明的印象。这种关于直觉的自发印象观点在认知心理学中很常见。问题在于，这种印象的观

① Dehaene S. “Origins of mathematical intuitions: The case of arithmetic”. *Annals of the New York Academy of Sciences*, 2009, 1156: 232-259.

点仅发于算术或非常简单的几何知识，而复杂一些的数学命题需要借助于反思或推理。因而这种基于认知心理学或认知科学的印象观点针对的是一种特殊的数学直觉，而非一般的数学直觉。

二、数学表征的实现

在获得了数学的直觉之后，科学家们还需借助于逻辑论证，把突然间获得的灵感和想法进行深度加工和整理，最后准确、严谨地表达出来。爱因斯坦在获得狭义相对论的灵感之后，经过五个星期的近乎疯狂的思考，仔细地计算、严密地论证，最后呈现的是合乎逻辑的、严格准确的论文。科学期刊上发表的学术论文，正是经过层层加工、掩盖了思维痕迹、抹去了错误想法、符合逻辑论证的成品。

从数学直觉与灵感的获得，到用精确的数学形式将其表示出来，这一过程是数学表征的实现。如何将通过心灵的眼睛所感知到的抽象数学思想，转化为关于外部世界的描述，是需要一个过程的，这一过程正是数学表征。借助于数学的恰当表征，科学才得以取得一步步的成功。在描述世界方面科学获得了无与伦比的优越性，而其中至关重要的是数学在其中所扮演的角色。数学在科学中的中心地位在多大程度上有助于科学的成功？对于这一问题而言，可能没有普遍的答案，而是依赖于具体的科学语境，如在物理学中，或是 20 世纪的物理学，或更具体地说在当代量子论中，数学在其中的中心地位极大地促成了科学的成功。数学的认知贡献不仅仅表现为数学直觉与数学灵感的获取，更关键的是表现为数学对科学的表征。

科学哲学家平科克在《数学与科学表征》一书中为数学如何在成功的科学表征中做出贡献提供了一种形而上学的观念说明。“依据这一形而上学的观念，数学有助于精确的科学表征是因为物理世界本身本质上是数学的。物理世界的真正组成部分的清单揭示了这些组成部分包括数学实体。因此，我们最好的科学表述包含了很多数学元素，这一点也不奇怪。这需要数学来精确描述实在的这部分或那部分。”[①]平科克认为这一形而上学的观念固然有合理的方面，也符合一些科学中的具体情况，但它并没有揭示全部的内容。例如，使用数学理想化的表征便属于上述情形，因为在理想化的过程中已经预设了这一表征是假的了。这些例外情形会促成关于科学观念的社会化，即认为科学的成功不过是科学家的一种共识，并不需要科学是对实在的正确描述。

数学的表征分为表征本身的数学内容和用于实现该表征的数学技巧，如对于炮弹这一物理系统而言，其轨迹表征为数学的微分方程，这是表征的内在数学部分。平科克认为需要区分给定表征的不同维度，在不同的维度上数学的贡献是不同的。这样的维度有四个，前两个维度与表征的抽象程度有关，表征的抽象程度则与对给定现象背后真正因果结构的捕获相关。对于动力学的表征而言，因为它包含了一系列事件的因果细节，因而微分方程的数学内容能够在其中发挥核心作用，揭示出其背后真正的因果结构。一些非因果的表征能够从因果表征中推导出来，从而得到一些在因果表征中并不明确的信息。数学也可以通过建立抽象的非因果表征来促成科学的认知目标。比如在科学实践中，在缺乏因果表征的信息时，或因果表征难以建立时，或者因果表征难以确证时，科学家转而建立非因果的表征，在直觉层面上，非因果表征中的内容更少，因此在表征系统时承担的风险也更小，也更容易得到确证。

另有一种表征的抽象性是针对一类物理系统而言的，而非针对具体某个物理系统。这类物理系统具有一个不变的内在数学核心，它们在数学上是相似的或同构的。如物理学中广泛使用的谐振子模型，既可以描述钟摆和弹簧这类简单系统，也可以描述如声学系统和电磁场等物理场。这是数学常见的

① Pincock C. *Mathematics and Scientific Representation*. Oxford: Oxford University Press, 2012: 4.

贡献，这种抽象和揭示因果结构的抽象是不同的。这类抽象较之于第一种抽象表征拥有更多的内容，因为它是对各种物理系统的表征，因而它们具有更多的认知优势。例如，通过所表征数学的相似性，可以把支持一类物理系统的证据转移到另一类物理系统中，从单摆这一谐振子模型中获得的证据也可以应用于弹簧中。对于单摆而言，在摆锤垂直向下时，摆锤处于平衡点，使摆锤回到这一点的力与从平衡点开始的位移成正比。通过谐振子的数学表征，可以准确地预言单摆的运动，并通过实验确定这一数学表征的正确性。弹簧的过程与单摆在数学上是类似的，也存在一个平衡点和一个线性的恢复力。数学表征的相似性使得我们可以把对单摆表征的信心转移到对弹簧表征的信心上。这种抽象可以进一步扩展，如扩展到所有恢复力是线性的情形，即简谐振子模型。从而，一旦获得数学表征，它就可以完全独立于其具体的物理示例进行详细研究了。

第三种数学贡献与尺度相关，表征的尺度由表征中所涉及的尺度大小决定。空间的表征尺度可以是如量子力学表征的非常小，也可以是如广义相对论所表征的非常大。表征尺度也包括如时间和能量等物理量。如在微观尺度上，水表征为许多四处飞舞并相互撞击的分子，而在宏观尺度上却表征为连续地占据一定空间的流体。宏观尺度上如温度和压力等特征是微观尺度上所不具有的。物理学实践中，有些数学表征是适用于单一尺度的，而有些情况下标度不变性不同的尺度可能具有相同的数学表征。“数学在表征尺度的内在确定和表征的外在推演方面都扮演着核心的角色。与前述两种抽象表征相同，这里也会产生认知优势。”[①]当只能在一个尺度上表征所研究的系统时，数学的表征在内容上是非常受限的，但同时由于内容受限，该表征也更容易得到确证。在满足标度不变性的情形下也可以得到相应的数学表征，阐明在

① Pincock C. *Mathematics and Scientific Representation*. Oxford: Oxford University Press, 2012: 11.

何种条件下现象不受标度或尺度变化的影响，因此前述适用于一类物理系统的抽象的数学表征所具有的认知优势也体现在这里。

考虑数学对科学表征贡献的最后一个维度是它的构成特征和衍生特征。科学哲学家如卡尔纳普、库恩、M. 弗里德曼和曹天予等都认为需要构成性框架，表征是以构成性框架为背景而实现的。在这一构成性框架中，数学具有特殊的地位，数学对该框架的贡献也不同于常规表征中的普遍贡献。例如，广义相对论的构成性框架是精确表征时空的微分几何，正是在这一框架之下才有爱因斯坦场方程关于质量和时空几何间关系的描述。由于衍生表征存在确证问题，因而构成性框架是必要的。“一个构成性框架……定义了一个经验可能性的空间……而在这样一个框架背景下的经验验证过程则表明哪些经验可能性是真实实现的。”[①]在构成性框架下，数学能够表征物理上可能的事态，通过与经验证据相对比，就能够确证更多的衍生表征。不过关于构成性框架在多大程度上需要是数学的、构成性框架本身的确证基础如何建立，目前学界并没有定论。

可以确定的是，数学表征确实为科学的成功做出了贡献，它所发挥的作用要远比科学的社会观念所认为的达成科学家的共识更为重要。数学在表征方面的认识论贡献包括通过预测和实验帮助确认给定表征的准确性、校准给定表征的内容以与证据相适应、将一个无法解决的问题变得容易处理，并为物理系统的本质提供了关键性的洞察。也就是说，数学的认知贡献并不仅仅体现在从物理世界中区分出数学结构这一形而上学方面，而是为科学的成功做出了多方面的贡献，其中决定性的则是表征的数学特征。是因为表征的数学特征，才得以给出准确的科学表述，通过证据确证这些表述的正确性，因

① Friedman M. *Dynamics of Reason: The 1999 Kant Lectures at Stanford University*. Stanford: CSLI Publications, 2001.

而促成了科学的成功。

三、数学认知中的不足

除了上述我们提到的数学之于科学认知的积极贡献，数学之于科学认知还有一些负面的影响。平科克认为，数学有时不能对科学产生贡献或产生负面的影响都是预料之中的，这与数学表征的解释灵活性（interpretive flexibility）相关。数学表征的这种解释灵活性既可以用于形成认识论的观念，也会导致过度地依赖数学对科学表征的引导，从而造成认知的失败。数学表征本质上是抽象的，这就意味着除了其被确证的核心之外它可以有不同的解释，但从已被证实的表征核心进行外推并不一定是可靠的。典型如量子力学中无论是薛定谔表象、海森伯表象、狄拉克符号表征体系，还是费曼的路径积分表述，它们作为数学表征的核心均已得到了经验的有力确证，但是在经验确证之外，这些表述并不能对测量时究竟发生了什么、波函数是本体实在的还是认识实在的等问题予以回答，因而才会有隐变量、多世界诠释、坍缩解释等多种竞争的解释体系。我们并不能依据量子力学数学表征的经验确证推论得到这些竞争解释体系的可靠性，毕竟它们是相互排斥的，不可能同时都为真。

即使是共享相同数学表征的物理系统，有些物理量的意义也不尽相同。如上文列举的单摆和弹簧，二者都采用了谐振子的数学表征，但使单摆回到平稳点的力与弹簧回到无形变状态的力本质上是不同的，这些数学表征之外的量和解释之间并不存在共同的指称和意义，它们在物理上不一定具有与数学上一样的相似性。

数学表征也会造成某种因果错觉，让科学家误以为在正确的数学表征背后真的存在某种相应的实体。在 18 世纪末和 19 世纪初，物理学家已经有了关于温度的表示，并且把温度看成是一种基本物理量的表现，产生了热质说等关于热的理论。拉普拉斯基于热质存在的本体论假设导出了关于热量计算的正确公式，但事实上物理学后来的发展表明热质并不存在，温度不过是分子运动在宏观层面的反映。“正是因为数学能够以因果表征和非因果表征的方式做出贡献，所以数学在科学中的成功应用可能会导致对为什么这个或那个贡献有效的误解。在这种情况下，数学的成功运用导致了一种不正确的因果解释。回顾过去，与数学和物理系统特征之间的关系的更适度的因果解释相比，这种因果解释可以被认为是不合理的。”①

那么，在科学实践中该如何规避数学对科学认知的负面影响呢？是否需要像范·弗拉森那样把科学知识限制在可观察的范围内，从而形成某种建构经验主义的立场？问题是，即便限制在经验可观察的范围内，数学表征也仍然会存在一系列失败的可能性，如导致热质等因果错觉、不同表征的参数错觉等问题，这与科学实在论的境遇没有什么不同。因为问题并不在于那些不可观察的对象，如伽利略在其《关于两门新科学的谈话》中提到的利用两个支点放置一根石柱的问题。通常我们会直观地认为两个支点的距离过远，会让石柱从中间折断，因而会考虑如何在中间也放置一个支点，能够保证石柱完好无损。但事实是，虽然我们在计算三个支点时不会有出现什么问题，但实际上这样做时石柱会在中间的支点处破裂。数学表征的抽象性隐藏了对支点处支撑物下沉到地面的速度的依赖性，造成了科学实践的失败。在这一案例中，所考虑的对象显然是可观察的，但问题的关键在于数学表征的完备性错觉。我们想当然地认为我们能够借以计算某些物理量值的数学表征是完整的，而事实上该表征是片面的，才会导致科学实践的失败。

该如何在坚持科学实在论的立场下，同时避免数学表征对科学认知所造成的负面影响呢？在第十六章中我们提到了选择实在论，即希洛斯的“分而

---

① Pincock C. *Mathematics and Scientific Representation*. Oxford: Oxford University Press, 2012: 163.

治之”，把推理或解释限制在最小的范围内，认为正是这些对成功做出重要贡献的小部分内容才是实在的，是使得理论取得成功的关键之所在，是理论在发展或更替过程中保留下来的部分，对成功做出重要贡献的理论成分是那些在理论所处的时代中具有不可或缺作用的成分。平科克则认为，科学实在论就当把关注的焦点从与科学的成功相关的实体的存在性，转向具体表征的适用范围。科学实在论近年来的发展也确实有着这样的“局域化”（local）趋向，也就是局限在特定的范围内来考虑科学的成功及其本体论承诺。

第三节　从体知认识到物理学的纲领

杨振宁先后在多场名为《20 世纪理论物理学发展的主旋律》的报告中，明确“量子化”“对称性”“相位因子”是 20 世纪物理学的三个主旋律，认为它们贯穿了 20 世纪理论物理学发展的全过程。这三大旋律在 20 世纪的不同时期，或单独奏响，或彼此交织，共同奠定了 20 世纪物理学的基调和底色[①]。初看起来，“纲领”一词背后的含义与体知认识论是相悖的，“纲领”是理性的，是科学共同体的认知共识，是体现在知识和概念层面的认识论原则，而体知认识论强调科学家个人的认知实践，是体现在做研究过程中的具体认识行为。然而，二者的对立并非绝对的，“纲领”并不是先天形成的，从其提出到科学共同体接受并广泛贯彻于研究实践中是有一个过程的。本节先论述“量子化”“对称性”“相位因子”的提出与普朗克、爱因斯坦、狄拉克等科学家个人的研究体悟分不开，体现了技能性知识的形成过程；之后讨论杨振宁概括三大主旋律本身这一过程也体现了其独特的研究风格，是体知合一的认识过程。

① 杨振宁、翁帆主编：《晨曦集》，商务印书馆 2018 年版，第 2 页。

一、“量子化”的体知认识过程——普朗克

量子化纲领是量子力学以来物理学家所坚持的最为基本的原理之一，从辐射的量子化到原子的量子化，再到场的量子化，一直到引力的量子化尝试，物理学家们已经把“量子化”作为一种默会知识，作为物质及其相互作用所遵循的基本准则。

普朗克的“量子”假设与他的科学直觉有着莫大的关系，是他在长期科学实践的基础上形成的。普朗克在1879年21岁时以论文“论机械热学第二定律”获得慕尼黑大学的博士学位，对克劳修斯提出的熵理论和热传导的不可逆性有了深入的理解。普朗克把熵看作与能量同样重要的特性，把熵增原理看作与能量守恒定律同样普适的规律，这与玻耳兹曼把熵看作概率，允许熵增原理有例外情形不同。在1897—1900年，普朗克在《物理年鉴》上发表了6篇关于不可逆辐射的论文。凭借他在热力学研究方面的充分积累及由此形成的无与伦比的鉴别力，普朗克在维恩和瑞利-金斯公式之间利用内插法提出了新的辐射公式，其中辐射的能量是频率的整数倍。普朗克没有明确地描述他是如何提出作用量子的，这可能意味着这一过程根本是难以言说的，也意味着从实验数据到理论的关键突破并不是必然的，因为当时关于辐射精确谱线的精密测量是在柏林的帝国物理与技术研究所进行的，而理论的突破却由慕尼黑大学的普朗克实现。

这一公式无疑在形式上是正确的，但“作用量子”意味着什么，这一公式具有什么样的物理意义，却是需要明确的，因为它显得与经典物理学的框架格格不入。就连普朗克本人，也是在好几年之后才接受了量子化的不连续思想：“我企图无论如何都得将作用量子排入经典理论范围里，结果是枉费心血。我的这种徒劳无功的尝试延续有好几年：我连续地这样空搞了好些年，浪费了我许多劳力。一些同行在这里面看出有一种悲剧性存在，认为这是吃

力不讨好的事。”[①]普朗克在将作用量子纳入经典框架失败之后，转而明白需要完全地改变观念，采取新的看法与算法，从而为量子假设赋予了明确的意义。普朗克在长期的热力学研究中，形成了专长知识，获得了天才般的推测直觉，才走上了量子化的新的道路。

“作用量子在原子物理上扮演一个基本角色，并且随着这个作用量子的登台上演，在物理科学界便出现了一个新时代。”[②]物理学界对“量子”概念的接受，也是一个艰难的过程，而一旦被接受，便内化为物理学家的常识思维和实践智慧。正如彭罗斯在其《物理学狂想曲——时尚、信仰与虚幻》一书中所指出的，“量子”已经成为当代物理学家一种普遍的信仰。

二、“对称性”的体知认识过程——爱因斯坦

对称性纲领主导了20世纪物理学的发展，相对论之后的物理学家们都自然地把对称性作为物理学理论的基本准则之一，尤其是在量子理论中在引入对称性之后对于自然的理解和理论的解释都有了进一步的深化。遵循对称性纲领，不但是爱因斯坦、外尔等物理学家的认知智慧，也是杨振宁、威滕等物理学家的默会知识。

对称性成为物理学研究中一种重要的纲领，归功于爱因斯坦的狭义相对论，正是狭义相对论之后物理学的发现过程实现了逆转，从原先的实验—方程—对称性的顺序转变为对称性—方程—实验。

爱因斯坦在回顾其相对论的发现过程时，明确指出狭义相对论的发现与建立在思想历程和个人体验之上的直觉分不开：“一个新的想法突然出现了，而且在相当程度上是凭借直觉获知的……但直觉只不过来源于早先的思想历

---

① ［德］M. 普朗克：《科学自传》，林书闵译，龙门联合书局1955年版，第22页。

② 成素梅：《量子假设：挑战连续性观念——体知认识论的一个案例研究》，《洛阳师范学院学报》2015年第9期：第4页。

程。”[①]奇妙的主意好像是从某个地方钻出来的一样，出现在爱因斯坦的脑海里。爱因斯坦自己说，好主意是上帝赐予的，是时机成熟之后自然出现的。早先的思想历程让爱因斯坦对理论物理学形成了深刻的理解和领会，从休谟和马赫那里获得的怀疑论因为他天生的质疑权威的反叛倾向进一步得到加强，他借助于思想实验分析问题的能力也至关重要，这些方面都塑造了爱因斯坦所独有的、个性化的认知能力。具体的认知过程难以诉诸理性的因素进行分析，爱因斯坦本人也认为背后有太多复杂的因素在激发他的思想，难以说清楚他究竟是如何提出相对论的。

爱因斯坦首先使用了“对称性支配相互作用”的原理。狭义相对论提出之后，1908 年爱因斯坦在苏黎世联邦理工学院时的数学老师闵可夫斯基在一次演讲中宣布：“从此以后，空间本身和时间本身都注定要蜕变为纯粹的幻影，只有对两者的某种联合才能保持独立的实在性。”[②]此时的爱因斯坦尚未理解闵可夫斯基概括的深意，将其形容为“花拳绣腿”。但是，在随后的日子里他逐渐开始领悟到其中的奥妙，即狭义相对论的基本意义就是对称的观念，一种时间和空间的对称观念，正是闵可夫斯基的这一纯形式上的认识使得相对论在条理性和清晰性方面大为改观。“对于相对论的形式发展至关重要的闵可夫斯基的发现……在于他的一种认识，即相对论的四维连续区以其标准的形式性质显示出与欧几里得几何空间的三维连续区极为相似……在满足（狭义）相对论要求的自然定律所具有的数学形式中，时间坐标的作用与三个空间坐标的作用完全相同。”[③]爱因斯坦在自传中指出，是闵可夫斯基把对称性置于第一位置，从洛伦兹不变性开始要求场方程与不变性协变。爱因斯坦深刻地认识到了对称性原理在物理学中推演的强有力的地位，并试

① [美]艾萨克森：《爱因斯坦传》，张卜天译，湖南科学技术出版社 2012 年版，第 101 页。
② [美]艾萨克森：《爱因斯坦传》，张卜天译，湖南科学技术出版社 2012 年版，第 118-119 页。
③ [美]爱因斯坦：《狭义与广义相对论浅说》，张卜天译，商务印书馆 2013 年版，第 35-36 页。

图扩大洛伦兹不变性，最终结合等效原理提出了广义相对论。

爱因斯坦曾提到物理概念可以由纯粹的思考而得到，“理论物理的基本假设不可能从经验中推断出来，它们必须是不受约束地被创造出来……经验可能提示某些适当的数学概念，但可以非常肯定地说，这些概念不可能由经验演绎出来……但创造寓于数学之中。因此，在某种意义上我认为，单纯的思考能够把握现实，就像古代思想家所梦想的那样”[①]。

三、三大纲领的概括——杨振宁的体知认识

杨振宁认为，科学家喜欢考虑什么问题，喜欢用什么方法来考虑问题，都是通过训练得出的思想方法。训练本身是“做”科学研究的前提和组成部分，是实践性的，难以通过对科学理论文本的分析而获得，因而构成了体知认识过程中的重要环节。杨振宁把量子化、对称性和相位因子提高到20世纪物理学研究纲领的高度,体现了他在长期的科学研究中积淀形成的实践智慧。实践智慧的形成，与他的师承训练、学术机缘和人格特质都息息相关，这些都是不可复制的。

杨振宁的父亲是其学术之路的第一位领路人，父亲的言传身教让杨振宁深刻地领会到了数学的精神。杨振宁的父亲杨武之是数学家，在美国芝加哥大学获得硕士和博士学位，学成回国之后先后任教于厦门大学、清华大学和西南联合大学等，先后培养了两代数学人才。其中，最为值得骄傲的是对儿子杨振宁的培养。父亲对杨振宁的培养并不刻意引向数学或物理学，而是请人教杨振宁《孟子》和古文。十几岁时，杨振宁对父亲书架上的《数论》和《有限群论》等感兴趣，向父亲求教，父亲劝他不要着急，要慢慢来。1938—1939年，父亲给杨振宁看哈代（G. H. Hardy）的《纯数学教程》和贝

① 江才健：《杨振宁传：规范与对称之美》，广东经济出版社2011年版，第244-245页。

尔（E. T. Bell）的《数学精英》，并和他讨论集合论、无穷大、连续统假设等，给杨振宁留下了不可磨灭的印象。杨振宁在选定学士论文关于分子光谱学与群论这一论题后，从父亲那里得到了父亲的老师狄克逊（L. E. Dickson）著的《近代代数理论》，精简的写作风格深得杨振宁的喜欢，他从中学到了群论的美妙及其在物理学中的深入应用，对后来的研究起到了决定性的影响。

西南联合大学求学期间师长的引导奠定了杨振宁主要的研究方向。杨振宁在西南联合大学上学时，深受吴大猷和王竹溪的影响，前者引导他关注到对称原理，后者引导他进入统计力学领域，从而奠定了他一生中主要的研究方向。吴大猷 1934 年从美国密歇根大学回到北大任教，带头将量子力学引入中国。1941 年，吴大猷在西南联合大学教授经典力学和量子力学，杨振宁是他班上的学生。杨振宁的学士论文选择吴大猷作指导教师，吴大猷让他看 1936 年《现代物理评论》期刊上的一篇关于分子光谱学和群论关系的文章。吴大猷长期从事原子、分子理论及光谱学研究，曾将维格纳的《群论及其在原子光谱中的应用》德文版翻译为英文版。吴大猷的引导，让杨振宁对对称原理产生兴趣，并在后来包括宇称不守恒的诸多研究中都直接或间接与吴先生介绍给他的那个观念有关。1957 年，当他得知自己荣获诺贝尔物理学奖时，他第一时间给吴大猷写信，信中深情地写道："这是一直以来都想告诉您的事情，而今天显然是一个最恰当的时刻。"[①]

杨振宁的研究形成了自己独特的风格。"物理学的原理有它的结构，这个结构有它的美和妙的地方，而各个物理学工作者，对于这个结构的不同的美和妙的地方，有不同的感受。因为大家有不同的感受，所以每位工作者就会发展他自己独特的研究方向和研究方法，也就是说他会形成他自己的风格。"[②]杨

---

① 徐胜蓝、孟东明：《杨振宁》，南京：江苏文艺出版社 1999 年版，第 20 页。
② 杨振宁：《读书教学四十年》，《物理教学》1986 年第 5 期，第 3 页。

振宁特别佩服的三位物理学家分别是狄拉克、爱因斯坦和费米，他认为他们三个虽然风格不一样，但都具有一种特别的能力，能够从物理现象中提炼出物理概念、理论结构、现象本质，并且能够准确地把握到其中的精髓，用数学的方式表示出来，单刀直入，正中要害。杨振宁把自己的研究风格用“（D+E+F）/3”来描述，其中 D 代表狄拉克，E 代表爱因斯坦，F 代表费米。杨振宁钦佩爱因斯坦的博大精深和令人惊叹的洞察力，认为没有人能与之相比。杨振宁从费米和泰勒那里学到了直觉的下意识推理，下意识的推理是在逻辑之外的思维的跳跃，是推动物理学前进的重要因素。杨振宁钦仰狄拉克追求形式上和逻辑上的完美，赞叹狄拉克的工作是“神来之笔”，形容狄拉克的文章为“秋水文章不染尘”。在 20 世纪的物理学中，继爱因斯坦和狄拉克以后，杨振宁同样以优美的数学风格做出了不朽的物理学贡献。

杨振宁的科学之路不但有着自己的风格，也有着自己的偏好品位。他关于品位的评判标准，与他在数学方面的强大判准能力和信念分不开。他常常以杨-米尔斯规范场后来的发展与数学中纤维丛观念有密切关系这一例子，来说明物理学的观念与数学观念美妙的吻合。在 1974 年做了规范场的积分形式工作之后，杨振宁发现，从数学的观点看，规范场在根本意义上就是一种几何概念，即纤维丛。他在理解到这一点后，喜不自胜。

杨振宁的科学贡献不仅是继承，也是创造，不仅有抽象，也有直觉。杨振宁在纽约石溪理论物理研究所的同事、物理学家聂华桐如是评价他：“这个不寻常人物的心智，是代表了保守和创造之间、物理的直觉和数学的抽象之间，以及超凡分析能力与概念透视力之间的一种平衡。正是这种个性和智力品质的结合和平衡，使杨振宁成为 20 世纪最伟大的物理学家之一，也造就出这么一个独一无二的精彩人物。”①

① 江才健：《杨振宁传：规范与对称之美》，广东经济出版社 2011 年版，第 248 页。

第四节　从物理学纲领到认知的新突破

用杨振宁所提出的“量子化”“对称性”“相位因子”三大纲领来回望20世纪的物理学，可以发现狄拉克方程的发现、费曼路径积分体系的提出等都是对这三大主旋律的奏响，而演奏的过程本身是狄拉克和费曼的体知认识，留下了独属于他们的研究风格和印记。狄拉克方程融合了量子化纲领与对称性纲领，是一种物理学研究的弱纲领，而费曼方程融合了量子化纲领、对称性纲领和相位因子纲领，是一种物理学研究的强纲领。展望未来，21世纪的物理学探索应当遵循强纲领，沿着20世纪的成功之路继续前行。

一、弱纲领：狄拉克方程

狄拉克不仅是量子力学的主要创造者之一，独立于海森伯和薛定谔，用独创的算符创立了量子力学，他还是量子电动力学的创造者，是量子场论的主要奠基人之一。正如杨振宁所指出的，狄拉克的科学风格最为独特，其最为重要的贡献——狄拉克方程——达到了物理学的最高境界，从他对数学的灵感出发，拥有结构美、简单的逻辑美，给读者以“秋水文章不染尘”的感受。

狄拉克在1927年的索尔维会议之后，一直专注于寻找电子的相对论方程。此时已经有了克莱因方程，并且玻尔等也认为克莱因方程就是正确的相对论方程。但狄拉克确信克莱因方程是有问题的，因为按照该方程的计算结果，电子在给定的很小时空区域内取值的概率有时竟然是负的，这太荒谬了。另外，他也想不明白为什么作为点粒子的电子的自旋态不是一个，而是两个。

狄拉克的物理直觉告诉他，不可能从第一性原理推导出电子的相对论方程，而必须进行大胆的猜测。“他能做的是在通过设定方程必须具有的特征和方程应该具有的特征上缩小选项。他认为与其对现有的方程做出调整和补救，不如采用自上而下的方式，在将他的想法做数学表述之前，先试着找出他所寻求的理论最基本的原理。”[①]狄拉克找出的第一个基本原理是狭义相对论，将空间和时间平等地对待。第二个基本原理是对称性，方程必须在洛伦兹变换下保持不变。最后一个基本原理要求在电子速度远小于光速时，电子的相对论方程给出的结果与非相对论量子力学的结果相一致。这些限制性条件对于得到一个方程式而言仍然太宽泛了。狄拉克相信方程根本上是简单的，并且考虑到狄拉克本人和泡利独立发现的关于电子自旋的 2×2 矩阵的描述，狄拉克进行了多次的尝试，抛弃掉了一个又一个不符合他的基本原理和实验事实的可能方程式。

直到 1927 年底，狄拉克取得了突破：他得到的方程与相对论和量子力学都是一致的，但方程的形式不同于以往的任何方程。狄拉克的方程关于电子的描述不仅有电子的质量，而且还包括对电子自旋和磁性的精确描述，这些数据与实验结果非常接近。并且重要的是，这一方程表明电子的自旋和磁性是能够从狭义相对论和量子力学推导出来的，是理论描述自然而然的结果，无须外在地引入，从而构成了电子等粒子的内禀属性。

不仅如此，狄拉克方程的解还预言了一种质量与电子相同，但具有相反电荷的粒子，即正电子。1932 年正电子在宇宙射线中被发现，更加证实了狄拉克方程的伟大与精妙。狄拉克方程的自然性令物理学家们惊叹，寥寥几笔就刻画出了宇宙中的每一个电子，无怪乎玻恩和他的同事们都认为这个方程式是一个绝对的奇迹，维尔切克称它“美妙绝伦”。狄拉克方程的提出，体现了狄拉克惊人的实践智慧，“我们很难想象还有谁能想出这个（方程）。这需要特殊的直觉天分，而我们这个时代的科学家在这方面的天分谁也比不上他”[②]。

① [英]法米罗：《量子怪杰：保罗·狄拉克传》，兰梅译，重庆大学出版社 2015 年版，第 138 页。
② [英]法米罗：《量子怪杰：保罗·狄拉克传》，兰梅译，重庆大学出版社 2015 年版，第 141-142 页。

杨振宁用高适的诗句“性灵出万象，风骨超常伦”来赞誉狄拉克方程及其反粒子理论，称其包罗万象，是惊天动地的成就，是划时代的里程碑，“出”描述了狄拉克的灵感，“风骨超常伦”是指他在1928年之后的4年间，不畏玻尔、海森伯、泡利等的冷嘲热讽，坚持己见，最终赢得认可。“非从自己的胸臆流出，不肯下笔”[①]，狄拉克不只是拥有强大的独创力，也把学问做到了极致，让人觉得他似乎把一切都发展到了尽头，直达深处，直达宇宙的奥秘。

狄拉克坚信，简单和美是科学真理的基本属性，他的作品以优美和简单为特点。他追求简单和美的例子数不胜数，如他引入著名的δ函数的目的就是用一种简明的形式来表达某种关系。他指出，对于δ函数所表达的关系，当然可以用一种不涉及病态函数的其他形式来表达，但其含义与论证就更为烦琐、不够清晰了。他批评费曼、施温格和戴森的重整化理论，认为这是丑陋的、不完整的，不能认为是对电子问题的令人满意的解决方案。狄拉克之后，众多杰出的物理学家将其视作偶像，效仿着他的研究风格，典型如费曼。

二、强纲领：费曼路径积分体系与规范场理论

融合三大纲领的理论体系我们称之为强纲领，典型如费曼路径积分体系和规范场理论。前者构成了量子理论的重要基础之一，后者构成了统一场论的重要基础。

1. 费曼路径积分体系

维格纳称费曼为第二个狄拉克，但更有人情味。费曼凭借独特的个性、非凡的天赋、强大的直觉从他那一代物理学家中脱颖而出，发展了用路径积分表达量子振幅的方法，提出了量子电动力学新的理论形式、计算方法和重

---

① 杨振宁：《曙光集》，翁帆编译，生活·读书·新知三联书店2008年版，第251页。

整化方法，发明了费曼图等，为 20 世纪的物理学做出了伟大的贡献。

费曼在他 1965 年的诺贝尔奖讲演中，详细地回顾了他是如何做出关于量子电动力学的伟大贡献的，“今天我宁愿讲给大家的是过去发生的事件的过程，思想的真实过程”[①]。费曼的讲演是关于他个人认识发展过程的，是真实的、实践的科学过程，区别于完美的、精致的科学论文。费曼谈到了他所受到的激励、对新的思想的追求、灵感的获得等，这些都构成了他独特的科学认知体验。

费曼一生多次受到狄拉克在 1935 年出版的书中最后一句话的激励，“看来这里需要全新的物理思想”，他努力通过构建全新的物理思想来摆脱困境。费曼试图从头开始，用他自己的方式建立量子理论，解决困扰狄拉克等的问题。“这个想法当费恩曼还在麻省理工学院时，就已经深深地在他头脑中根植了，继而在普林斯顿开花，而且将要结果。”[②]

有些物理的直觉是无法传授的，这需要在特定的时间、地点和特定人物的灵魂碰撞。费曼的导师惠勒与他一样，有着丰富的创造力和想象力，“（费曼）也从惠勒身上发现，他正是那种能激发自己形成更多有关世界运作方式的原始思想的导师”[③]。当费曼带着他关于电子辐射阻力的想法找到惠勒时，惠勒没有把它当作异想天开忽视它，而是与费曼一起一步步往下推，最终用超前波和推迟波的叠加，解决了电子无穷大自能的问题。1940 年秋天，费曼和惠勒共同完成了这些工作，并且发现直接用粒子的运动和适当的时间推迟，应用最小作用量原理也能够系统地解决这一问题，而不必引入场。也是在这

---

① ［美］费曼：《量子电动力学时空观的建立》，载《诺贝尔奖讲演全集》编译委员会：《诺贝尔奖讲演全集　物理学卷Ⅱ》，福建人民出版社 2004 年版，第 611 页。

② ［英］约翰·格里宾、玛丽·格里宾：《迷人的科学风采：费恩曼传》，江向东译，上海科技教育出版社 2005 年版，第 59 页。

③ ［英］约翰·格里宾、玛丽·格里宾：《迷人的科学风采：费恩曼传》，江向东译，上海科技教育出版社 2005 年版，第 70 页。

一时期，惠勒关于所有电子都相同的想法，激发了费曼的下述认识，即关于电子在时间上向前运动就是正电子在时间上往回运动，反之亦然。然而，如何将这一想法通过作用量的形式构造成为一种准确的量子力学形式，费曼一直没有找到思路。

机遇总是属于那些准备好的人，费曼的难题赢来了最为重要的启发。1941年春，费曼与欧洲来的耶勒（H. Jehle）进行了交谈，请教对方作用量积分是从哪儿进入量子力学的，对方表示不清楚，但提示狄拉克在1933年的论文中有提到。第二天，两人在普林斯顿图书馆中找到了狄拉克的论文《量子力学中的拉格朗日量》，其中有关于经典的作用原理与量子力学中某些基本表达式之间的相似性。费曼把狄拉克论文中的相似性简单地看作是等式，经过处理之后从中得到了薛定谔方程。在这之后几天，费曼头脑中闪现出一个念头，想象在一段有限时间以后计算出波函数将会发生什么，计算的结果是成功地用作用量表示出了量子力学。这之后进而得到了路径的振幅的思想："对粒子在时空中从一点到另一点的每一个可能的路径，有一个振幅。这个振幅是 e 的 $i/\hbar$ 乘以路径作用量次幂。各种路径的振幅相互重叠，于是这成为另一种，也是第三种描述量子力学的方式。它看起来和薛定谔或者海森堡很不相同，但是和这二者等价。"[①]

"尽管这种表述是用波动方程的思想为指导建立起来的，但一旦结构就位，脚手架就会消失得踪迹全无，留下一个全新的量子力学表述。"[②]直到1948年，费曼的量子力学路径积分方法才在《现代物理学评论》上发表。相较于海森伯或薛定谔的理论，费曼的方法甚至能够处理用波函数的方法所不

① [美]费曼：《量子电动力学时空观的建立》，载《诺贝尔奖讲演全集》编译委员会：《诺贝尔奖讲演全集 物理学卷Ⅱ》，福建人民出版社2004年版，第624页。

② [英]约翰·格里宾、玛丽·格里宾：《迷人的科学风采：费恩曼传》，江向东译，上海科技教育出版社2005年版，第83页。

能解决的问题，应用起来更为简便，惠勒甚至认为费曼的方法标志着“量子理论变得比经典理论更简单”的时刻的到来。惠勒的真正意思是，借助于最小作用量原理，量子力学和经典力学就成了同一系统或同一世界观中的平行部分，二者之间的差别仅是数学上的微小调整，甚至可以从量子力学开始学习或讲授经典力学。当然这种从量子力学到经典力学的讲授或学习方式，连同费曼的方法体系，都不是标准的做法，而是反传统的，带有惠勒和费曼特殊性的，是一种特殊的认知方式。

$$\text{传播函数}=\int \exp\left[\frac{i}{\hbar}\int(\text{作用量})\right]\mathrm{d}\,（\text{路径}）$$

现在看来，“量子化、对称性和相位因子这三个主旋律漂亮而微妙地交织于费曼的路径积分体系之中”[①]。其中，i 的引入表明这些历史的贡献在相位上不同，表现在相位因子方面，狄拉克因子 $\hbar$ 是使相位区别于经典作用量的积分，也就是表明了这一表达式的量子化方面，而对称性表现在从初态到末态的每种可以想到的历史都是对称的，被绝对同等地对待，不论在这之间的运动是多么奇特。

费曼路径积分体系是量子理论中的强纲领，构成了量子物理学的重要基础之一，路径积分公式也被称为是物理学中最为强大的公式和神谕公式（oracular formula）[②]。利用路径积分体系，能够计算对撞粒子与场相互作用的振幅，在物理学上取得了巨大的成功，因此不少物理学家相信它就是对世界真实面貌的揭示。

费曼勇于挑战，喜欢从全新的角度去探索已知的问题，用自己的思维和

---

① 杨振宁、翁帆主编：《晨曦集》，北京：商务印书馆 2018 年版，第 15 页。

② Wood C. “How our reality may be a sum of all possible realities”. 2023-02-06. https://www.quantamagazine.org/how-our-reality-may-be-a-sum-of-all-possible-realities-20230206/

语言去求解问题，给出全新的解法和理论体系，这使得他得到的结果与传统的观点大相径庭。在 1948 年召开的波科诺会议上，费曼在施温格之后汇报了他关于相对论不变量的计算方案，包括他把正电子看作一个在时间上后退的电子的方法。玻尔毫不留情地指出，费曼在理论中用到的路径和轨迹这些概念，早在 20 年前量子力学的表述中已经被抛弃了。费曼非常沮丧，决定把他的想法写成成熟的论文。得益于好友戴森的翻译和转述，费曼的工作和费曼图才逐渐得到了大众的熟悉和认可，并在美国物理学界流传开来。

有一种说法是这样的，科学界有两种天才，一种是普通天才，另一种是魔术师天才。对于前者而言，我们很容易就能够看懂他们的思维过程和科学创造过程，而后者的思维活动无论从哪个方面来看都是难以理解的。对于费曼而言，所有人都认为，他属于后一种，并且是最高水准的魔术师天才。即便他详细讲述了他做出伟大贡献的过程，我们也难以理解他为何要那样考虑并求解问题，毕竟这种独属于费曼的体知认识是难以言传的，甚至难以通过科学论文来理解。

2. 规范场理论

规范场理论构成了统一场论的纲领，是将相互作用统一在一起的纲领。非阿贝尔规范场是从对称的观念推演出来的，理论本身的对称性与实验发现的不太对称经由对称破缺联合在一起，导向了粒子物理学标准模型的成功。20 世纪 70 年代，物理学家们发现非阿贝尔规范场是可以重整化的，这使得它能够避免发散问题，之后陆续发现非阿贝尔规范场理论不但能够正确地描述基本粒子的结构，还可以解释原子核的结构。杨振宁在 20 世纪 70 年代末，综合了上述研究成果，将整个发展的方向称作“对称支配相互作用”。阿贝尔规范场是麦克斯韦电磁场理论，而非阿贝尔规范场是在 20 世纪量子力学的背景下展开的，“量子化”纲领贯穿于其始终。再有，“规范”本身就是对称相位因子，因此规范场理论本身融合了“量子化”“对称性”“相位因子”三大纲领，构成了统一场论的强纲领。

很多物理学家和部分哲学家认为广义相对论也是某种形式的规范理论，“近几年来,存在大量把描述引力的广义相对论视为一种规范理论所进行的探索……虽然广义相对论不是典型的杨-米尔斯理论,但是广义相对论是一种规范理论,只是将其归属到类似于杨-米尔斯理论那样可以实现量子化的规范理论的方案还没有实现”[①]。因此四种相互作用的统一非常有可能由规范场论而实现。

三、物理学的新突破之路

回望 20 世纪的物理学，杨振宁将其概括为“量子化”“对称性”“相位因子”三大主旋律，物理学家们也正是在这三大纲领的指引下探索前行的。标准模型之后的物理学，包括弦论和圈量子引力在内的量子引力研究，都是在三大纲领的指引下展开的。物理学家深信，未来物理学的发展仍然将受到这三大纲领的指引。

展望物理学未来的前行之路，杨振宁等物理学家再次把焦点转向数学，毕竟创想的泉源来自数学。物理学在实验方面的积累正在等待新的数学的出现，以从根本上推动物理学基础理论新的突破。当共同面对无穷维系统的挑战时，物理学家从凝聚态物理学的研究中，经由实验获得了许多的观念，这些观念单纯依靠数学本身是难以获得的。但面对纷杂的实验结果，当下缺乏的是数学的工具。“最后这个结果却不是从一个实验、一个实验的数据得出来的，而是要有一个数学的东西促使你创想出来，再把这个结果与实验的结果验证一下，这才可能得到大的发展。”[②]文小刚也有类似的表述：“需要

① 李继堂：《广义相对论是一种规范理论吗？》，《自然辩证法通讯》2017 年第 2 期，第 62 页。
② 杨振宁：《20 世纪理论物理学发展的主旋律》，《品牌与标准化》2009 年第 2 期，第 56 页。

新数学是新的物理革命的征兆。”[①]新的数学还在发展中，尚不足以为新的物理革命提供充分的支撑。

物理学未来的突破之路经由数学开启，这一判断也与当前物理学的发展分不开。徐一鸿认为：“基础物理的前沿进展已经走入实验难以验证、直觉阙如的处境，唯有数学堪为引路明灯，数学和基础物理的互动将更为活跃。”[②]20世纪70年代以来，从规范场论与纤维丛两大理论间的关系开始，物理学与数学已经展现了丰富的互动。例如，拓扑学已经成为物理学和数学两大阵营共同的主题，高维数学的研究已经与量子场论或量子多体理论的研究相结合起来。

新的数学、新的物理学革命需要的数学从哪里来？杨振宁所讲的数学的创想不是无源之水，数学的创想也来自认知的原始概念，正如他所指出的三个主旋律“是从人类认知史中的原始概念演变而来的：量子化从测量单位的认识中发展而来；对称性概念是从认识几何形式之美的过程中发展起来的；相位概念则是从对月亮的相位进行观察的过程中形成的”[③]。数学的发展越来越高深，概念越来越多，越来越复杂，但与此同时，数学家也发现在纷繁复杂的众多概念背后其实有深刻的联系，正如朗兰兹纲领所揭示的那样，数学与物理学背后那张隐匿的网无疑是深刻的、对称的，是对大自然内在简洁性、宏大对称性的认知发现。遗憾的是，目前我们只是模糊地看到了大自然的轮廓，掀开了数学与物理学交织的大网的一个角。

当然，新的观点与认识也正在不断提出，为物理学从20世纪到21世纪的开拓提供新的思路。与我们关于物理学、数学、哲学将携手并进的判断相一致，2023年12月和2024年12月，波士顿大学的曹天予教授两度到访山

① 文小刚：《物理学的第二次量子革命》，《物理》2015年第4期，第264页。

② 徐一鸿：《数学在基础物理中的有效性——威格纳之后三十年》，周树静译，《数理人文》2014年第2期，第36页。

③ 杨振宁：《20世纪理论物理学的三个主旋律：量子化、对称性、相位因子》，《晨曦集》，商务印书馆2018年版，第16页。

西大学，汇报了他最新的研究成果，成果指出：扭量物理学将成为21世纪物理学的基础研究框架。

在由彭罗斯开创的扭量研究中，彭罗斯的主要旨趣是重新阐述传统物理学，包括相对论和量子场论，避免广义相对论中的奇点和量子场论中的发散问题，以为量子引力理论提供一致的框架。然而，在彭罗斯那里，“量子”概念仍然来自扭量理论之外的经验要求，尽管彭罗斯认为量子理论是有问题的，但他并未解决量子本身面临的问题。“在有关量子的另一半任务中，扭量理论保持了量子场论作为基本理论的完整性，也保持了量子假设作为无须进一步解释的终极理论的完整性。”[①]曹天予通过研究指出，在扭量理论中，“量子”是从自旋中派生而出的概念，而自旋在扭量空间中能够得到自然且普遍的理解。也就是说，扭量理论先验的就是量子的，无须外在引入量子化条件，如此一来，20世纪量子理论中的诸多问题都能够在扭量体系下获得恰当的解释或解决。

自旋能够为量子假设提供解释与支持，而反过来则不符合历史事实。历史上，“自旋”是经由1915年爱因斯坦和德哈斯（de Hass）证明安培分子电流存在的实验，与1922年施特恩-格拉赫实验研究自旋的磁偏转实验，而发现的。自旋并非从基于作用量的量子假设中推出，这表明了自旋概念的原初性（primary）。通常认为，“量子”有两个基本的特性，一是其最小作用量单位的表示，表现为离散性；二是其周期性，表现为谐振子中的频率，两者在概念上是外在于彼此的。这两个基本性质都为自旋所拥有，并且从概念上来讲，自旋的这两大性质比“量子”概念更为自然与紧凑，因此，自旋作为量子理论的基础性框架再合适不过。

---

① Cao T Y. “Twistor, Cohomology, Foundations of Physics”. *International Journal of Modern Physics A*. 2025, 40(6): 29.

以自旋为物理基础形成的新量子框架，能够就一系列量子疑难问题进行合理的解释。

首先，扭量体系能够很好地解释粒子的自旋。在常规的物理时空中，如果不把粒子看作是点，那么粒子自旋的表面线速度将超过光速，这将与狭义相对论不符。所以，自旋必须是一种内在的旋转，不能在物理时空中理解。在扭量空间中，自旋可以想象为在黎曼曲面上的旋转，自旋的实在性得到了确证，并且也“解释了为什么自旋作为时空图景中的点状局部属性实际上可以旋转”[①]，因为在扭量空间中它的旋转是真实的，在物理时空中的点只是通过克莱因对应从扭量空间到物理时空的投影。

其次，扭量物理学中，能够恰当地理解量子非定域性，避免在原先的量子框架中这一概念的神秘性。在扭量空间中，自旋本身就是非定域的，这是非定域扭量能动者（twistor agents）的定义性特征，是内含于这些能动者的整体性本质之中的。能动者的整体性体现为许多全纯片断（holomorphic pieces）的总和，这些片断由奇点所分开，并黏合在一起。

从扭量空间来构建物理学的基础，是继承了哈密顿以来相空间的传统，这一传统根本上不同于牛顿物理学中时间与空间的根本性地位。扭量空间是相空间的进一步延伸，在扭量空间中来重新理解 20 世纪的物理学，发现困扰物理学家们长达一个世纪之久的问题都能够迎刃而解，许多“量子疑难的根源就在于它们试图用时空来理解本质上发生在相空间中的现象”[②]。在扭量空间中，广义相对论与量子理论都有了其概念基础与物理起源，奇点问题和发散问题都能够予以避免，时空成为物理能动者之间的编码，时空的根本性

---

① Cao T Y. “Twistor, Cohomology, Foundations of Physics”. *International Journal of Modern Physics A*. 2025, 40(6): 44.

② Cao T Y. “Twistor, Cohomology, Foundations of Physics”. *International Journal of Modern Physics A*. 2025, 40(6): 45.

不复存在，量子引力理论能够一致地在扭量基础上构建。

当然，随着基础框架转换到扭量，相应也产生了一系列需要进一步解释的问题，如物理时空与扭量空间的关系是什么？这种关系能够用对偶性和全息原理来理解吗？二者的实在性如何考虑？二者间是否存在一种因果关系？测量的本质是什么？测量的目的是什么？从扭量能动者到可观测的粒子和场的现象如何进行说明？对于试图作为21世纪物理学基础的扭量理论而言，最为关键的是，扭量理论的实在性如何进行辩护？单纯凭借其强大的解释力能否承诺该理论的实在性？毕竟如果认可扭量理论是实在的，那么时空的实在性就要被放弃，而后者是经验的基础，是长期以来基本的哲学信条。扭量理论虽然不需要弦论那样的高维时空，但它基于复数空间，复数空间的实在性又如何辩护？

扭量理论虽然有近60年的历史，但将其作为量子概念的根源不过是近一两年的新认识，大量的数学、物理学与哲学工作正在跟进。扭量理论能否成为21世纪物理学的基础，我们也不必急于下结论，单单是其强大的解释力就足以赢得哲学家的关注与研究，更不论它在概念一致性与自洽性、额外的数学贡献等方面也有着突出的表现，丝毫不亚于弦论和圈量子引力等理论。

前路漫漫，无论是沿着20世纪“量子化”“对称性”“相位因子”的轨迹前行，还是在扭量理论的基础上重新开拓，未来的探索之路还很长，物理学家和数学家需要携手共进！当然还需要哲学家，需要有大智慧的哲学家！

结　束　语

量子理论历经百余年的历史发展，仍然遗留有大量未解的谜题。进入21世纪以来，“量子”仍然是一个热门的论题，量子通信、量子计算、量子精密测量等围绕量子理论的技术实现掀起了新一波的浪潮，被称为“二次量子革命”。20余年来，美国、中国和欧盟等国家和地区已投入巨额资金用于实施国家量子科技战略，量子科技领域发生了一些惊人的进步，正在全方位重塑和改变着科学的面貌、技术的进展和哲学的格局。

首先，从科学与技术的一般关系上讲，科学革命驱动技术革命的线性模式将转变为多重模式，其中最为突出的新模式是由技术革命驱动科学革命。21世纪的量子技术革命可能会引发量子理论革命，量子叠加和量子纠缠的技术实现有望解开量子理论之谜，为理解量子本性提供突破口，打破当前物理学发展的困境。

其次，对于物理学而言，量子科技领域的突破将意味着物理学新的综合。近年来，凝聚态物理、量子信息等领域的研究逐渐呈现出与量子引力的交叉与融合，这不禁让人期许这些领域的研究有可能在高能物理学、广义相对论的量子化等传统进路之外开辟一条通往量子引力或终极理论的新的道路。

再次，对于其他科学领域来说，量子科技领域的突破将为数学、宇宙学、化学和生命科学等基础学科带来转机，这已是普遍共识。更为重要的是，量子科技与人工智能的结合，将带来强大的计算能力和模拟能力，能够为大脑、认知、意识和情感的研究提供辅助，进而有助于揭开身心问题的疑难。

最后，从哲学角度来看，当代量子论的实践是在探求人类可知的极限，是在思考最为深刻的哲学。量子科技前沿不仅涉及时空的本质、物质与信息的统一、宇宙的终极奥秘等哲学根本问题，还涉及人类认知、推理、计算和思考的本质与限度问题。因此，从当代量子论与哲学深刻关联的意义上讲，本书中局限于科学哲学的讨论都只是在管中窥豹。不过，本书的意义也正体现于此。期待量子论未来的突破，期待未来哲学研究的及时跟进！

参考文献

[德]M. 普朗克：《科学自传》，林书闵译，龙门联合书局 1955 年版。

[德]恩格斯：《反杜林论》，中共中央马克思 恩格斯 列宁 斯大林著作编译局译，人民出版社 1970 年版。

[德]恩格斯：《自然辩证法》，中共中央马克思 恩格斯 列宁 斯大林著作编译局译，人民出版社 1971 年版。

[德]马克思、恩格斯：《马克思恩格斯全集（第二十卷）》，中共中央马克思 恩格斯 列宁 斯大林著作编译局译，人民出版社 1971 年版。

[法]迪昂：《物理学理论的目的和结构》，李醒民译，华夏出版社 1999 年版。

[芬兰]冯·赖特：《分析哲学：一个批判的历史概述（上）》，陈波译，《社会科学论坛》1999 年第 9-10 期，第 42-47 页。

[古希腊]亚里士多德：《物理学》，张竹明译，商务印书馆 1982 年版。

[加]马里奥·邦格：《物理学哲学》，颜锋、刘文霞、宋琳译，河北科学技术出版社 2003 年版。

[美]B. 格林：《宇宙的琴弦》，李泳译，湖南科学技术出版社 2002 年版。

[美]Michio Kaku：《超弦理论纵横谈》，苏中启、王存茂译，《现代物理知识》1998 年第 3 期，第 11-14、23 页。

[美]斯蒂芬·温伯格：《终极理论之梦》，李泳译，湖南科学技术出版社 2018 年版。

[美]阿伯拉罕·派斯：《基本粒子物理学史》，关洪、杨建邺、王自华等译，武汉出版社 2002 年版。
[美]艾萨克森：《爱因斯坦传》，张卜天译，湖南科学技术出版社 2012 年版。
[美]爱因斯坦：《爱因斯坦文集（第二卷）》，许良英等译，商务印书馆 2017 年版。
[美]爱因斯坦：《爱因斯坦文集（第一卷）》，许良英、范岱年编译，商务印书馆 1976 年版。
[美]爱因斯坦：《狭义与广义相对论浅说》，张卜天译，商务印书馆 2013 年版。
[美]布鲁斯·罗森布鲁姆、弗雷德·库特纳：《量子之谜——物理学遇到意识》，向真译，湖南科学技术出版社 2018 年版。
[美]曹天予：《20 世纪场论的概念发展》，吴新忠、李宏芳、李继堂译，上海科技教育出版社 2008 年版。
[美]曹天予：《后库恩时代的科学实在论——超越结构主义和历史主义》，张志林译，《哲学分析》2018 年第 1 期，第 126-145、198-199 页。
[美]费曼：《量子电动力学时空观的建立》，载《诺贝尔奖讲演全集》编译委员会：《诺贝尔奖讲演全集 物理学卷Ⅱ》，福建人民出版社 2004 年版。
[美]格林：《隐藏的现实：平行宇宙是什么》，李剑龙、权伟龙、田苗译，人民邮电出版社 2013 年版。
[美]布赖恩·格林：《宇宙的结构：空间、时间以及真实性的意义》，刘茗引译，湖南科学技术出版社 2012 年版。
[美]汉斯·霍尔沃森：《代数量子场论》，载[美]约翰·厄尔曼、[英]杰里米·巴特菲尔德主编：《爱思唯尔科学哲学手册：物理学哲学》，程瑞、赵丹、王凯宁等译，北京师范大学出版社 2015 年版，第 731-1053 页。

[美]吉梅纳·卡纳莱丝：《爱因斯坦与柏格森之辩：改变我们时间观念的跨学科交锋》，孙增霖译，漓江出版社 2019 年版。

[美]克雷格·卡伦德、尼克·赫盖特主编：《物理与哲学相遇在普朗克标度》，李红杰译，湖南科学技术出版社 2013 年版。

[美]理查德·坎伯：《哲学的未来：别在摇椅里寻找智慧》，吴万伟译，《社会科学报》2009 年 12 月 10 日。

[美]伦纳德·萨斯坎德：《黑洞战争》，李新洲、敖犀晨、赵伟译，湖南科学技术出版社 2018 年版。

[美]罗伯特·迪克格拉夫：《物理学已经终结了吗？》，希区客编译，《世界科学》2021 年第 2 期，第 13-14 页。

[美]乔治·马瑟：《幽灵般的超距作用：重新思考空间和时间》，梁焰译，人民邮电出版社 2017 年版。

[美]丘成桐、史蒂夫·纳迪斯：《大宇之形》，翁秉仁、赵学信译，湖南科学技术出版社 2012 年版。

[美]史蒂文·夏平：《科学革命：批判性的综合》，徐国强、袁江洋、孙小淳译，上海科技教育出版社 2004 年版。

[美]斯蒂芬·韦伯：《看不见的世界：碰撞的宇宙，膜，弦及其他》，胡俊伟译，湖南科学技术出版社 2007 年版。

[美]斯科特·阿伦森：《量子计算公开课：从德谟克利特、计算复杂性到自由意志》，张林峰、李雨晗译，人民邮电出版社 2021 年版。

[美]斯莫林：《通向量子引力的三条途径》，李新洲、翟向华、刘道军译，上海科学技术出版社 2003 年版。

[美]斯莫林：《物理学的困惑》，李泳译，湖南科学技术出版社 2008 年版。

[美]肖恩·卡罗尔：《寻找希格斯粒子》，王文浩译，湖南科学技术出版社

2014 年版。

[美]约翰·厄尔曼、[英]杰里米·巴特菲尔德主编：《爱思唯尔科学哲学手册：物理学哲学》，程瑞、赵丹、王凯宁等译，北京师范大学出版社 2015 年版。

[美]约翰·霍根：《科学的终结：用科学究竟可以将这个世界解释到何种程度》，孙雍君、张武军译，清华大学出版社 2017 年版。

[美]约翰·塞尔、龚天用：《哲学的未来》，《哲学分析》2012 年第 6 期，第 163-181 页。

[南非]乔治·埃利斯：《宇宙哲学中的问题》，载[美]约翰·厄尔曼、[英]杰里米·巴特菲尔德主编：《爱思唯尔科学哲学手册：物理学哲学》，程瑞、赵丹、王凯宁等译，北京师范大学出版社 2015 年版，第 1370-1488 页。

[意]卡尔罗·罗维利：《物理学需要哲学，哲学需要物理学》，朱科夫译，《科学文化评论》2019 年第 2 期，第 107-119 页。

[意]卡洛·罗弗利：《量子时空：我们知道些什么？》，载[美]克雷格·卡伦德、尼克·赫盖特主编：《物理与哲学相遇在普朗克标度》，李红杰译，湖南科学技术出版社 2013 年版，第 107-129 页。

[意]卡洛·罗韦利：《量子引力》，载[美]约翰·厄尔曼、[英]杰里米·巴特菲尔德主编：《爱思唯尔科学哲学手册：物理学哲学》，程瑞、赵丹、王凯宁等译，北京师范大学出版社 2015 年版，第 1489-1539 页。

[意]卡洛·罗韦利：《现实不似你所见》，杨光译，湖南科学技术出版社 2017 年版。

[英]K. R. 波珀：《科学发现的逻辑》，查汝强、邱仁宗译，科学出版社 1986 年版。

[英]波普尔：《猜想与反驳——科学知识的增长》，傅季重译，上海译文出

版社 1986 年版。

[英]伯特兰·罗素：《物的分析》，贾可春译，商务印书馆 2016 年版。

[英]戴维·多伊奇：《真实世界的脉络》，梁焰、黄雄译，广西师范大学出版社 2002 年版。

[英]戴维斯、布朗：《超弦：一种包罗万象的理论？》，廖力、章人杰译，中国对外翻译出版公司 1994 年版。

[英]法米罗：《量子怪杰：保罗·狄拉克传》，兰梅译，重庆大学出版社 2015 年版。

[英]杰瑞米·巴特菲尔德、克里斯托弗·艾沙姆：《时空和量子引力论的哲学挑战》，载[美]克雷格·卡伦德、尼克·赫盖特主编：《物理与哲学相遇在普朗克标度》，李红杰译，湖南科学技术出版社 2013 年版，第 35-95 页。

[英]凯瑟琳·布拉丁、[意]埃琳娜·卡斯持拉尼：《物理学中的对称性》，载[美]约翰·厄尔曼、[英]杰里米·巴特菲尔德主编：《爱思唯尔科学哲学手册：物理学哲学》，程瑞、赵丹、王凯宁等译，北京师范大学出版社 2015 年版，第 1540-1581 页。

[英]柯林伍德：《自然的观念》，吴国盛译，商务印书馆 1990 年版。

[英]曼吉特·库马尔：《量子理论：爱因斯坦与玻尔关于世界本质的伟大论战》，包新周、伍义生、余瑾译，重庆出版社 2012 年版。

[英]牛顿：《自然哲学之数学原理》，王克迪译，北京大学出版社 2006 年版。

[英]佩德罗·G. 费雷拉：《完美理论》，向真译，湖南科学技术出版社 2015 年版。

[英]佩德罗·G. 费雷拉：《完美理论》，王文浩译，湖南科学技术出版社 2018 年版。

[英]彭罗斯：《通向实在之路：宇宙法则的完全指南》，王文浩译，湖南科学技术出版社 2008 年版。

[英]谢尔登・戈尔茨坦、斯特凡・托伊费尔：《没有观测者的量子时空：本体论的澄清和量子引力论的概念基础》，载[美]克雷格・卡伦德、尼克・赫盖特主编：《物理与哲学相遇在普朗克标度》，李红杰译，湖南科学技术出版社 2013 年版，第 276-291 页。

[英]约翰・格里宾、玛丽・格里宾：《迷人的科学风采：费恩曼传》，江向东译，上海科技教育出版社 2005 年版。

陈景灵：《量子力学那些事：量子纠缠、量子导引、贝尔非定域性》，2018 年 6 月 8 日，https://tech.sina.com.cn/d/i/2018-06-08/doc-ihcscwxa1601413.shtml。

成素梅：《量子假设：挑战连续性观念——体知认识论的一个案例研究》，《洛阳师范学院学报》2015 年第 9 期：第 1-8 页。

程瑞：《当代时空实在论研究》，科学出版社 2017 年版。

程瑞、刘征：《狄拉克的科学方法论革命及其哲学意义》，《科学技术哲学研究》2019 年第 2 期，第 85-89 页。

冯晓华、高策：《卡拉比猜想及其证明》，《自然科学史研究》2012 年第 2 期，第 233-246 页。

冯晓华、高策：《吴大峻、杨振宁在规范场与纤维丛关系问题上的工作》，《自然科学史研究》2009 年第 2 期，第 172-182 页。

高策、冯晓华：《数学与物理关系中数学空间的哲学特征》，《科学技术哲学研究》2016 年第 4 期，第 84-95 页。

高策、赵丹：《基于对称性论物理学本体、认识与方法三者关系》，《山西大学学报（哲学社会科学版）》2016 年第 4 期，第 1-11 页。

葛力明：《前言》，《数学学报（中文版）》2017 年第 1 期，第 1-2 页。
关洪：《科学名著赏析・物理卷》，山西科学技术出版社 2006 年版。
郭光灿：《第二次量子革命究竟要干什么？》，2017 年 12 月 18 日，https://www.kepuchina.cn/yc/201712/t20171218_339496.shtml。
韩东晖：《霍金讲“哲学已死”，其实是在讲什么？》，2018 年 4 月 15 日，https://web.shobserver.com/staticsg/res/html/web/newsDetail.html?id=85850。
韩来平、邢润川：《爱因斯坦的数学信仰》，《科学技术与辩证法》2006 年第 3 期，第 90-94、112 页。
黄政新：《贝尔和莱格特不等式的实验检验与实在论》，《自然辩证法通讯》2013 年第 4 期，第 3-9 页。
火星一号：《计算机可以完美模拟整个宇宙吗？》，2018-07-10，https://zhidao.baidu.com/daily/view?id=133759.
江才健：《杨振宁传：规范与对称之美》，广东经济出版社 2011 年版。
江怡：《当代哲学研究面临的困境、挑战和主要问题》，《山西大学学报（哲学社会科学版）》2019 年第 5 期，第 1-14 页。
金吾伦：《瓦托夫斯基的历史认识论与科学的理性》，《国内哲学动态》1983 年第 7 期，第 33-35 页。
孔良：《浅议现代数学物理对数学的影响》，《数理人文》，2018-07-17，https://jupiter.math.nycu.edu.tw/~mshc/014_201807/014_06.html。
李华钟：《量子力学相位因子》，《物理》2001 年第 11 期，第 668-674 页。
李继堂：《广义相对论是一种规范理论吗？》，《自然辩证法通讯》2017 年第 2 期，第 58-62 页。
李继堂：《量子规范场论的解释：理论、实验、数据分析》，中国社会科学出版社 2019 年版。
李心灿、高隆昌、邹建成等：《当代数学精英：菲尔兹奖得主及其建树与见解》，上海科技教育出版社 2002 年版。
李新洲：《扭量理论》，《自然杂志》1984 年第 1 期，第 8、9-15、80 页。
林定夷：《科学哲学：以问题为导向的科学方法论导论》，中山大学出版社 2009 年版。
刘闯、朱科夫：《国际哲学与科学交叉学科研究进展评述》，《中国科学院院刊》2021 年第 1 期，第 17-27 页。
刘大椿：《科学哲学在中国的百年流变》，《高校理论战线》2012 年第 12 期，第 20-23 页。
刘大椿等：《一般科学哲学史》，中央编译出版社 2016 年版。
刘云章、马复：《数学直觉与发现》，安徽教育出版社 1991 年版。
陆启铿：《规范场与主纤维丛上的联络》，《物理学报》1974 年第 4 期，第 249-263 页。
苗力田、李毓章：《西方哲学史新编》，人民出版社 2015 年版。
宁平治、唐贤民、张庆华：《杨振宁演讲集》，南开大学出版社 1989 年版。
潘建伟：《更好推进我国量子科技发展》，《红旗文稿》2020 年第 23 期，第 9-12 页。
乔笑斐：《量子力学多世界解释的实在性探析》，山西大学硕士学位论文 2014 年。
乔笑斐、张培富：《量子多世界理论的范式转换》，《自然辩证法研究》2016 第 5 期，第 101-106 页。
邱仁宗：《实在概念与实在论》，《中国社会科学》1993 年第 2 期，第 95-105 页。

施郁：《继续量子科学革命》，《光明日报》2017 年 5 月 25 日。

唐先一、张志林：《量子力学中的自由意志定理》，《哲学分析》2016 年第 5 期，第 113-125、198-199 页。

汪子嵩、范明生、陈村富等：《希腊哲学史（第一卷）》，人民出版社 1997 年版。

文小刚：《量子多体理论：从声子的起源到光子和电子的起源》，胡滨译，高等教育出版社 2004 年版。

文小刚：《物理学的第二次量子革命》，《物理》2015 年第 4 期，第 261-266 页。

吴国林：《主体间性、客观性与量子力学的测量问题》，《自然辩证法研究》2003 年第 19 期，第 17-20 页。

吴国盛：《时间的观念》，商务印书馆 2019 年版。

吴楠、宋方敏、Lixiang-dong：《通用量子计算机：理论、组成与实现》，《计算机学报》2016 年第 12 期，第 2429-2445 页。

徐胜蓝、孟东明：《杨振宁》，江苏文艺出版社 1999 年版。

徐一鸿：《数学在基础物理中的有效性——威格纳之后三十年》，周树静译，《数理人文》2014 年第 2 期，第 36-47 页。

许良：《海因利希·赫兹：杰出的物理学家和敏锐地思想家》，《自然辩证法通讯》2001 年第 2 期，第 79-87、94 页。

杨金民：《希格斯粒子和超对称》，《物理教学》2009 年第 10 期，第 2-3 页。

杨振宁：《20 世纪理论物理学发展的主旋律》，《品牌与标准化》2009 年第 2 期，第 53-56 页。

杨振宁：《爱因斯坦与二十世纪后半叶的物理学》，曹富田译，《世界科学》1983 年第 7 期，第 6-10 页。

杨振宁：《读书教学四十年》，《物理教学》1986 第 5 期，第 1-6 页。
杨振宁：《负一的平方根、复相位与薛定谔》，载杨振宁：《曙光集》，翁帆编译，生活 · 读书 · 新知三联书店 2008 年版，第 89-101 页。
杨振宁：《美和理论物理学》，张美曼译，《自然辩证法通讯》1988 年第 1 期，第 1-7 页。
杨振宁：《美与物理学（上）》，《文明》2002 年第 7 期，第 8-10 页。
杨振宁：《曙光集》，翁帆编译，生活 · 读书 · 新知三联书店 2008 年版。
杨振宁：《谈谈物理学研究和教学——在中国科技大学研究生院的五次谈话（1986.5.27 至 6.12）》，载杨振宁：《杨振宁文集：传记、演讲、随笔》，华东师范大学出版社 1998 年版，第 507-523 页。
杨振宁：《纤维丛支持了规范场》，载杨振宁：《杨振宁文集：传记、演讲、随笔》，华东师范大学出版社 1998 年版，第 215-216 页。
杨振宁：《向量势，相位，联络及规范场论》，《中国科学院研究生院学报》1996 年第 2 期，第 105-128 页。
杨振宁：《序一》，载李华钟：《量子几何位相概念——简单物理系统的整体性》，上海科学技术出版社 2013 年版。
杨振宁：《杨振宁文集：传记、演讲、随笔》，华中师范大学出版社 1998 年版。
杨振宁、翁帆：《晨曦集》，商务印书馆 2018 年版。
叶峰：《从数学哲学到物理主义》，华夏出版社 2016 年版。
张奠宙：《20 世纪数学经纬》，华东师范大学出版社 2002 年版。
张华夏：《科学实在论和结构实在论——它们的内容、意义和问题》，《科学技术哲学研究》2009 年第 6 期，第 1-11 页。
张会：《粒子物理学理论的方法论问题》，《河南师范大学学报（哲学社会科学版）》1994 年第 4 期，第 20-24 页。

张明国：《马克思主义自然观概述》，《北京化工大学学报（社会科学版）》2012 年第 4 期，第 1-6 页。

赵克：《弦论：一种新的自然观》，《自然辩证法研究》2014 年第 3 期，第 95-100 页。

周青：《第二次量子革命：改变世界格局的机遇与挑战》，《光明日报》2016 年 10 月 9 日。

Dafermos M：《广义相对论和爱因斯坦方程》，载 Gowers T 主编：《普林斯顿数学指南（第二卷）》，齐民友译，科学出版社 2014 年版，第 272-291 页。

Nigel H，Roe J：《算子代数》，载 Gowers T 主编：《普林斯顿数学指南（第二卷）》，齐民友译，科学出版社 2014 年版，第 318-339 页。

't Hooft G. "Quantum information and information loss in general relativity". 1995-09-26. https://arXiv.org/abs/gr-qc/9509050.

't Hooft G. "Renormalizable Lagrangians for massive Yang-Mills fields". *Nuclear Physics B*，1971，35（1）：167-188.

't Hooft G. "Renormalization of massless Yang-Mills fields". *Nuclear Physics B*，1971，33（1）：173-199.

't Hooft G. "The scattering matrix approach for the quantum blackhole: an overview". *International Journal of Modern Physics A*，1996，11（26）：4623-4688.

Aad G，Abajyan T，Abbott B，et al. "Observation of a new particle in the search for the standard model higgs boson with the ATLAS detector at the LHC". *Physics Letters B*，2012，716（1）：1-29.

Aizawa K，Gillett C. *Scientific Composition and Metaphysical Ground*. London：Springer Nature，2016.

Akiyama K，Alberdi A，Alef W，et al. “First M87 event horizon telescope results. IV. Imaging the central supermassive black hole”. *The Astrophysical Journal Letters*，2019，875（1）：L4.

Albert D，Loewer B. “Interpreting the Many Worlds Interpretation”. *Synthese*，1988，77（2）：195-213.

Albert D Z. “Elementary quantum metaphysics”. In Cushing J T，Fine A，Goldstein S （Eds.）. *Bohmian Mechanics and Quantum Theory：An Appraisal*. Dordrecht：Kluwer Academic Publishers，1996：277-284.

Albert D Z. *Quantum Mechanics and Experience*. Cambridge：Harvard University Press，1994.

Almheiri A，Engelhardt N，Marolf D，et al. “The entropy of bulk quantum fields and the entanglement wedge of an evaporating black hole”. *Journal of High Energy Physics*，2019（12）：1-47.

Almheiri A，Marolf D，Polchinski J，et al. “Black holes：complementarity or firewalls?” *Journal of High Energy Physics*，2013（2）：62.

Alvarez-Gaumé L，Witten E. “Gravitational anomalies”. *Nuclear Physics B*，1984，234（2）：269-330.

Amelino-Camelia G，Lämmerzahl C，Macías A，et al. “The search for quantum gravity signals”. In Macías A，Nuñez D，Lämmerzahl C （Eds.）. *AIP Conference Proceedings*. México City：Gravitation and Cosmology，2nd Mexican Meeting on Mathematical and Experimental Physics，2004.

Arute F，Arya K，Babbush R，et al. “Quantum supremacy using a programmable superconducting processor". *Nature*, 2019, 574（7779）：505-510.

Ashtekar A. "New Hamiltonian formulation of general relativity". *Physical Review D*, 1987, 36: 1587-1602.

Ashtekar A. "New variables for classical and quantum gravity". *Physical Review Letters*, 1986, 57: 2244-2247.

Ashtekar A, Rovelli C, Smolin L. "Weaving a classical metric with quantum threads". *Physical Review Letters*, 1992, 69: 237-240.

Aspect A, Dalibard J, Roger G. "Experimental Test of Bell's Inequalities Using Time-Varying Analyzers". *Physical Review Letters*, 1982, 49（25）：1804-1807.

Atiyah M. "Mathematics in the 20th Century". *Bulletin of the London Mathematical Society*, 2002, 34（1）：1-15.

Atiyah M. "On the Work of Edward Witten". In Satake I（Ed.）. *Proceedings of the International Congress of Mathematicians*. Tokyo: Springer, 1991: 31-35.

Atmanspacher H, Rickles D. *Dual-Aspect Monism and the Deep Structure of Meaning*. New York: Routledge, 2022.

Bacciagaluppi G. "The role of decoherence in quantum mechanics". 2007-08-23. https: //plato.stanford.edu/archives/fall2008/entries/qm-decoherence/.

Baggott J. *The Quantum Story: A History in 40 Moments*. Oxford: Oxford University Press, 2011.

Barrau A. "Physics in the multiverse: An introductory review". *CERN Courier*, 2007, 47（10）：13-17.

Barrow J D. *The Constants of Nature: The Numbers That Encode the Deepest*

Secrets of the Universe. New York：Vintage，2003.

Batterman R W. *The Devil in the Details：Asymptotic Reasoning in Explanation，Reduction，and Emergence*. Oxford：Oxford University Press，2002.

Batterman R W，Rice C C. “Minimal Model Explanations”. *Philosophy of Science*，2014，81（3）：349-376.

BBC. “Dame Jocelyn Bell Burnell to be Royal Society’s first female president”. 2014-02-05. https://www.bbc.com/news/uk-scotland-edinburgh-east-fife-26049-967.

Bekenstein J D. “Black holes and the second law”. *Lettere al Nuovo Cimento*，1972，4：737-740.

Bell J S. “Against ‘measurement’”. *Physics World*，1990，3（8）：33-40.

Bell J S. “Locality in Quantum Mechanics：Reply to critics”. *Epistemological Letters*，1975，3：2-6.

Bell J S. “On the Einstein Podolsky Rosen paradox”. *Physics Physique Fizika*，1964，3：195-200.

Bell J S. *Speakable and Unspeakable in Quantum Mechanics*. Cambridge：Cambridge University Press，1987.

Bell J S. *Speakable and Unspeakable in Quantum Mechanics*. 2nd ed. Cambridge：Cambridge University Press，2004.

Beller M. *Quantum Dialogue：The Making of a Revolution*. Chicago：University of Chicago Press，1999.

Belot G. “Background-independence”. *General Relativity and Gravitation*，2011，43（10）：2865-2884.

Belot G. “Whose devil? Which details?” *Philosophy of Science*，2005，72（1）：128-153.

Bergshoeff E, Sezgin E, Townsend P K. "Supermembranes and eleven-dimensional supergravity". *Physics Letters B*, 1987, 189 (1-2): 75-78.

Bernal J D. *The Social Function of Science*. Cambridge: MIT Press, 1967.

Bethe H, Fermi E. "Über die Wechselwirkung von zwei Elektronen". *Zeitschrift für Physik*, 1932, 77 (5): 296-306.

Bochner S. *The Role of Mathematics in the Rise of Science*. Princeton: Princeton University Press, 1966.

Bohm D. "A suggested interpretation of the quantum theory in terms of 'hidden' variables II". *Physical Review*, 1952, 85 (2): 180-193.

Bohm D. *Quantum Theory*. New York: Prentice Hall, 1951.

Bohm D, Hiley B J. *The Undivided Universe: an Ontological Interpretation of Quantum Theory*. London & New York: Routledge, 1993.

Bokulich A. "Can classical structures explain quantum phenomena?" *The British Journal for the Philosophy of Science*, 2008, 59 (2): 217-235.

Bokulich A. *Reexamining the Quantum-Classical Relation:Beyond Reductionism and Pluralism*. Cambridge: Cambridge University Press, 2008.

Boniolo G, Budinich P. "The role of mathematics in physical sciences and Dirac's methodological revolution". In Boniolo G, Budinich P, Trobok M (Eds.). *The Role of Mathematics in Physical Sciences*. Dordrecht: Springer Netherlands, 2005: 75-96.

Bourbaki N. "The architecture of mathematics". *The American Mathematical Monthly*, 1950: 57 (4): 221-232.

Brading K, Castellani E. "Symmetries and Invariance in Classical Physics". In Butterfield J, Earman J(Eds.). *Philosophy of Physics*. Amsterdam: Elsevier,

2007：1437.

Brading K，Castellani E，Nicholas T. “Symmetry and Symmetry Breaking”. 2017-12-14. https://plato.stanford.edu/entries/symmetry-breaking/.

Brézin É. “Symmetry and topology：reply to John Cardy”. 2019-03-19. https://inference-review.com/letter/symmetry-and-topology.

Bronstein M. “Republication of：Quantum theory of weak gravitational fields”. *General Relativity and Gravitation*，2012，44（1）：267-283.

Bronstein M P. “Kvantovanie gravitatsionnykh voln [Quantization of gravitational waves]”. *Zhurnal Eksperimentalnoy i Teoreticheskoy Fiziki*，1936，6：195-236.

Bronstein M P. “Quantentheorie schwacher Gravitationsfelder”. *Physikalische Zeitschrift der Sowjetunion*，1936，9：140-157.

Brumfiel G. “Theorists snap over string pieces”. *Nature*，2006，443（7111）：491.

Bueno O，French S. *Applying Mathematics：Immersion，Inference，Interpretation*. Oxford：Oxford University Press，2018.

Bunge M. “Why Axiomatize?” *Foundations of Science*，2017，22（4）：695-707.

Butterfield J，Bouatta N. “Renormalization for Philosophers”. In Bigaj T，Wuthrich C（Eds.）. *Metaphysics in Contemporary Physics*. Amsterdam：Brill Rodopi，2016：437-485.

Bynum T W. “On the Possibility of Quantum Informational Structural Realism” *Minds and Machines*，2014，24（1）：123-139.

Callender C，Huggett N. *Physics Meets Philosophy at the Planck Scale：Contemporary Theories in Quantum Gravity*. Cambridge：Cambridge University Press，2001.

Campisi M，Hänggi P，Talkner P. “Colloquium：Quantum fluctuation relations：Foundations and applications”. *Reviews of Modern Physics*，2011，83（3）：771-791.

Candelas P，Horowitz G T，Strominger A，et al. “Vacuum configurations for superstrings”. *Nuclear Physics B*，1985，258：46-74.

Canetti L，Drewes M，Shaposhnikov M. “Matter and antimatter in the universe”. *New Journal of Physics*，2012，14.

Cao T Y. *Conceptual Developments of 20th Century Field Theories*. Cambridge：Cambridge University Press，2019.

Cao T Y. *Conceptual Foundations of Quantum Field Theory*. Cambridge：Cambridge University Press，1999.

Cao T Y. *From Current Algebra to Quantum Chromodynamics：A Case for Structural Realism*. Cambridge：Cambridge University Press，2010.

Cao T Y. “Introduction”. In Einstein A. *Relativity：Meaning and Consequences for Modern Physics and for our Understanding of the World*. Montreal：Minkowski Institute Press，2021.

Cao T Y. Twisto，cohomology, foundations of physics. *International Journal of Modern Physics A*，2025，40（6）：1-48.

Cao T Y，Schweber S S. “The conceptual foundations and the philosophical aspects of renormalization theory”. *Synthese*，1993，97（1）：33-108.

Capri A Z. *From Quanta to Quarks：More Anecdotal History of Physics*. Hackensack：World Scientific Publishing Company，2007.

Carnap R. “Intellectual autobiography”. In Schilpp P A（Ed.）. *The Philosophy of Rudolf Carnap*. La Salle：Open Court，1963：44-45.

Carroll S M, Singh A. "Mad-dog Everettianism: Quantum mechanics at its most minimal". In Aguirre A, Foster B, Merali Z (Eds.). *What is Fundamental?* Cham: Springer International Publishing, 2019: 95-104.

Carter B. "Axisymmetric black hole has only two degrees of freedom". *Physical Review Letters*, 1971, 26 (6): 331.

Cartwright N, Frigg R. "String theory under scrutiny". *Physics world*, 2007, 20 (9): 14-15.

Cassirer E. *Determinism and Indeterminism in Modern Physics: Historical and Systematic Studies of the Problem of Causality*. Benfey T (Trans.), New Haven: Yale University Press, 1956.

Castellani E. "Dualities and intertheoretic relations". In Suárez M, Dorato M, Rédei M (Eds.). *EPSA Philosophical Issues in the Sciences: Launch of the European Philosophy of Science Association*. Dordrecht: Springer Netherlands, 2009: 9-19.

Castellani E. "Reductionism, emergence, and effective field theories". *Studies in History and Philosophy of Science Part B: Studies in History and Philosophy of Modern Physics*, 2002, 33 (2): 251-267.

CERN. "Supersymmetry: Supersymmetry predicts a partner particle for each particle in the Standard Model, to help explain why particles have mass". 2020-11-26. https://home.cern/science/physics/supersymmetry.

Chadwick J. "Possible existence of a neutron". *Nature*, 1932, 129 (3252): 312.

Chandrasekhar S. "The maximum mass of ideal white dwarfs". *The Astrophysical Journal*, 1931, 74: 81-82.

Chen E K. "Realism about the wave function". *Philosophy Compass*, 2019, 14

（7）：e12611.

Chen J L，Su H Y，Xu Z P，et al. “Beyond Gisin’s theorem and its applications：Violation of local realism by two-party Einstein-Podolsky-Rosen steering”. *Scientific Reports*，2015，5（1）：11624.

Christodoulou M，Rovelli C. “On the possibility of experimental detection of the discreteness of time”. 2018-12-04. https://arxiv.org/abs/1812.01542v1.

Clark L W，Gaj A，Feng L，et al. “Collective emission of matter-wave jets from driven Bose–Einstein condensates”. *Nature*，2017，551（7680）：356-359.

Clauser J F，Horne M A，Shimony A，et al. “Proposed experiment to test local hidden-variable theories”. *Physical Review Letters*，1969，23（15）：880-884.

Close F. *Nothing：A Very Short Introduction*. Oxford：Oxford University Press，2009.

Cohen I B. *Isaac Newton’s Papers & Letters on Natural Philosophy*. 2nd ed. Cambridge：Harvard University Press，1978.

Collins H M. “Tacit knowledge，trust and the Q of sapphire”. *Social Studies of Science*，2001，31（1）：71-85.

Conlon J. *Why String Theory?* Boca Raton：CRC Press，2015.

Conway J，Kochen S. “The free will theorem”. *Foundations of Physics*，2006，36（10）：1441-1473.

Cowen R. “Big bang finding challenged”. *Nature*，2014，510：20.

Cremmer E，Julia B，Scherk J. “Supergravity in theory in 11 dimensions”. *Physics Letters B*，1978，76（4）：409-412.

Crowell R. “The evolving quest for a grand unified theory of mathematics”. *Scientific American*，2022-03-21. https://www.scientificamerican.com/article/

the-evolving-quest-for-a-grand-unified-theory-of-mathematics/.

Crowther K. "Defining a crisis: The roles of principles in the search for a theory of quantum gravity". *Synthese*, 2021, 198: 3489-3516.

Crowther K, Linnemann N. "Renormalizability, fundamentality, and a final theory: The role of UV-completion in the search for quantum gravity". *The British Journal for the Philosophy of Science*, 2019, 70 (2): 377-406.

Curie P. "On symmetry in physical phenomena". Rosen J, Copie P. (Trans.). *American Journal of Physics*, 1981, 49 (4): 17-25.

Danshita I, Hanada M, Tezuka M. "How to make a quantum black hole with ultra-cold Gases". 2017-09-21. https://arxiv.org/abs/1709.07189.

Dardashti R, Dawid R, Gryb S, et al. "On the empirical consequences of the AdS/CFT duality". In Huggett N, Matsubara K, Wuthrich C (Eds.). *Beyond Spacetime: The Foundations of Quantum Gravity.* Cambridge: Cambridge University Press, 2020: 284-303.

Dardashti R, Dawid R, Thébault K. *Why Trust a Theory? Epistemology of Fundamental Physics*. Cambridge: Cambridge University Press, 2019.

Dawid R. "Higgs discovery and the look elsewhere effect". *Philosophy of Science*, 2015, 82 (1): 76-96.

Dawid R. "Scientific realism in the age of string theory". *Physics and Philosophy*, 2007: 11-13.

Dawid R. *String Theory and the Scientific Method.* Cambridge: Cambridge University Press, 2013.

Dawid R. "Underdetermination and theory succession from the perspective of string theory". *Philosophy of Science*, 2006, 73 (3): 298-322.

De Nova J R M，Golubkov K，Kolobov V I，et al. “Observation of thermal Hawking radiation and its temperature in an analogue black hole”. *Nature*，2019，569（7758）：688-691.

de Regt H W. *Understanding Scientific Understanding*. New York：Oxford University Press，2017.

Dehaene S. “Origins of mathematical intuitions：The case of arithmetic”. *Annals of the New York Academy of Sciences*，2009，1156：232-259.

Detweiler S. “Resource letter BH-1：Black holes”. *American Journal of Physics*，1981，49（5）：394-400.

deWitt B S. *Dynamical Theory of Groups and Fields*. New York：Wiley，1965.

deWitt B S. “Quantum theory of gravity. I. The canonical theory”. *Physical Review*，1967，160（5）：1113-1148.

deWitt B S. “Quantum theory of gravity. II. The manifestly covariant theory”. *Physical Review*，1967，162（5）：1195-1239.

deWitt B S. “Quantum theory of gravity. III. Applications of the covariant theory”. *Physical Review*，1967，162（5）：1239-1256.

deWitt B S. “The quantization of geometry”. In Infeld L（Ed.）. *Relativistic Theories of Gravitation Proceedings of a Conference Held in Warsaw and Jabłonna July，1962*. Oxford：Pergamon Press，1964：131-143.

deWitt B S. “Theory of radiative corrections for non-Abelian gauge fields”. *Physical Review Letters*，1964，12（26）：742-746.

Dijkgraaf R. “The power of mirror symmetry”. 2017-03-30. https://www.ias.edu/ideas/power-mirror-symmetry.

Dimopoulos S，Georgi H. “Softly broken supersymmetry and SU（5）”. *Nuclear*

Physics B，1981，193（1）：150-162.

Dirac P. “Relativity and quantum mechanics”. *Fields & Quanta*，1972（3）：139-164.

Dirac P. “The origin of quantum field theory”. In Brown L M，Hoddeson L（Eds.）. *The Birth of Particle Physics*. Cambridge：Cambridge University Press，1983：39-55.

Dirac P. “The theory of gravitation in Hamiltonian form”. *Proceedings of the Royalyal Society of London*，1958，A2（46）：333-343.

Dirac P A M. “Fixation of coordinates in the Hamiltonian theory of gravitation”. *Physical Review*，1959，114：924-930.

Dirac P A M. “Quantised singularities in the electromagnetic field”. *Proceedings of the Royal Society of London Series A*，1931，133（821）：60-72.

Dirac P A M. “The quantum theory of the emission and absorption of radiation”. In *Proceedings of the Royal Society of London. Series A，Containing Papers of a Mathematical and Physical Character.* 1927，114（767）：243-265.

Dirac P A M. “The Relation between mathematics and physics”. *Proceedings of the Royal Society of Edinburgh*，1938，59：122-129.

Douglas M. “The geometry of string theory”. In Douglas M, Gauntlett J, Gross M（Eds.）. *Strings and Geometry：Proceedings of the Clay Mathematics Institute 2002 Summer School on Strings and Geometry*. Providence：American Mathematical Society，2004：3.

Dowden B. “Time | internet encyclopedia of philosophy”. https://iep.utm.edu/time/#SH14a.

Dowling J P，Milburn G J. “Quantum technology：the second quantum revolution". *Philosophical Transactions : Mathematical , Physical and Engineering Sciences*, 2003, 361（1809）: 1655-1674.

Dreyfus H, Dreyfus S. *Mind Over Machine The Power of Human Intuition and Expertise in the Era of The Computer*. New York: Free Press, 1986.

Droste J. "On the field of a single centre in Einstein's theory of gravitation, and the motion of a particle in that field". *Proceedings Royal Academy Amsterdam*. 1917, 19（1）: 197-215.

Duff M J. "String and M-theory: answering the critics". *Foundations of Physics*, 2013, 43（1）: 182-200.

Dürr D, Goldstein S, Zanghì N. *Quantum Physics Without Quantum Philosophy*. Berlin: Springer-Verlag, 2012.

Dyson F. "Birds and frogs". *Notices of the American Mathematical Society*, 2009, 56（2）: 212-223.

Dyson F. "Foreword". In Odifreddi P. *The Mathematical Century: The 30 Greatest Problems of the Last 100 Years*. Sangalli A（Trans.）. Princeton: Princeton University Press, 2004.

Dyson F. *From Eros to Gaia*. New York: Pantheon Books, 1992: 306.

Dyson F J. "Divergence of perturbation theory in quantum electrodynamics". *Physical Review*, 1952, 85（4）: 631-632.

Earman J. "Rough guide to spontaneous symmetry breaking". In Brading K, Castellani E（Eds.）. *Symmetries in Physics: Philosophical Reflections*. Cambridge: Cambridge University Press, 2003: 335-346.

Eckel S, Kumar A, Jacobson T, et al. "A rapidly expanding Bose-Einstein condensate: An expanding universe in the lab". *Physical Review X*, 2018,

8（2）：021021.

Eddington A. *The Internal Constitution of the Stars*. Cambridge：Cambridge University Press，1926.

Eddington S. *Relativity Theory of Protons and Electrons*. Cambridge：Cambridge University press，1936.

Egg M，Esfeld M. "Primitive ontology and quantum state in the GRW matter density theory". *Synthese*，2015，192：3229-3245.

Eilenberg S，Mac Lane S. "General theory of natural equivalences". *Transactions of the American Mathematical Society*，1945，58（2）：231-294.

Einstein A，Podolsky B，Rosen N. "Can quantum-mechanical description of physical reality be considered complete?" *Physical review*，1935，47（10）：777-780.

Ellis G，Silk J. "Scientific method：Defend the integrity of physics". *Nature*，2014，516（7531）：321-323.

Ellis G F R. "Book review：Cosmology down the ages，conceptions of cosmos，from myths to the accelerating universe：a history of cosmology". *Journal for the History of Astronomy*，2008，39（4）：537-538.

Ellis G F R. "Issues in the philosophy of cosmology". In Butterfield J，Earman J（Eds.）. *Philosophy of Physics*. Amsterdam：North Holland，2006：1407.

Ellis G F R. "On the philosophy of cosmology". *Studies in History and Philosophy of Science Part B：Studies in History and Philosophy of Modern Physics*，2014，46：5-23.

Englert F，Brout R. "Broken symmetry and the mass of gauge vector mesons". *Physical Review Letters*，1964，13（9）：321-323.

Esfeld M, Gisin N. "The GRW flash theory: A relativistic quantum ontology of matter in space-time?" *Philosophy of Science*, 2014, 81（2）: 248-264.

Everett H. "The theory of the universal wave function". In Graham N, deWitt B S（Eds.）. *The Many-worlds Interpretation of Quantum Mechanics*. Princeton: Princeton University Press, 1973.

Ewald W B. *From Kant to Hilbert: A Source Book in the Foundations of Mathematics*. Oxford: Oxford University Press, 1996.

Feyerabend P K. "A note on two 'problems' of induction". *The British Journal for the Philosophy of Science*, 1968, 19（3）: 251-253.

Feynman R. "Quantum theory of gravitation". *Acta Physical Polonica*, 1963, 24: 697-722.

Feynman R P. *Feynman Lectures on Gravitation*. Reading: Addison-Wesley, 1995.

Feynman R P. *QED: The Strange Theory of Light and Matter*. London: Penguin Press Science, 1990.

Feynman R P. "Simulating physics with computers". *International journal of theoretical physics*, 1982, 21（6-7）: 467-488.

Fillion N. *The Reasonable Effectiveness of Mathematics in the Natural Science*. Doctoral Thesis of The University of Western Ontario, 2012.

Fine A. "The natural ontological attitude". In Leplin J（Ed.）. *Scientific Realism*. Berkeley: University of California Press, 1984: 83-107.

Finkelstein, D. "Past-future asymmetry of the gravitational field of a point particle". *Physical Review*, 1958, 110（4）: 965-967.

Floridi L. "A defence of informational structural realism". *Synthese*, 2008, 161（2）: 219-253.

Floridi L. *The Philosophy of Information*. Oxford: Oxford University Press, 2011.

Font A, Ibáñez L E, Lüst D. "Strong - weak coupling duality and nonperturbative effects in string theory". *Physics Letters B*, 1990, 249（1）: 35-43.

Ford L H. "The classical singularity theorems and their quantum loopholes". *International Journal of Theoretical Physics*, 2003, 42（6）: 1219-1227.

Forshaw J. "Supersymmetry: is it really too good not to be true?" *Guardian*, 2012-12-09.

Foster B Z. "Will string theory finally be put to the experimental test?" 2020-03-25. https://www.scientificamerican.com/article/will-string-theory-finally-be-put-to-the-experimental-test/.

Fraser J D. "Quantum field theory: Underdetermination, inconsistency and idealization". *Philosophy of Science*, 2009, 76（4）: 536-567.

Fraser J D. "Renormalization and the formulation of scientific realism". *Philosophy of Science*, 2018, 85（5）: 1164-1175.

Fraser J D. "Towards a realist view of quantum field theory". In French S, Saatsi J（Eds.）. *Scientific Realism and the Quantum*. Oxford: Oxford University Press, 2020.

French S. *The Structure of the World: Metaphysics and Representation*. Oxford: Oxford University Press, 2014.

French S, McKenzie K. *Rethinking Outside the Toolbox: Reflecting Again on the Relationship Between Philosophy of Science and Metaphysics*. London: Springer, 2015.

French S, Saatsi J. *Scientific Realism and the Quantum*. Oxford: Oxford University Press, 2020.

Friedman M. *Dynamics of Reason: The 1999 Kant Lectures at Stanford University*. Stanford: CSLI Publications, 2001.

Frigg R, Votsis I. "Everything you always wanted to know about structural realism but were afraid to ask". *European Journal for Philosophy of Science*, 2011, 1: 227-276.

Fukuda Y, Hayakawa T, Ichihara E, et al. "Measurements of the solar neutrino flux from Super-Kamiokande's first 300 days". *Physical review letters*, 1998, 81 (6): 1158.

Gambini R, Bruegmann B, Pullin J. "Knot invariants as nondegenerate states of four dimensional quantum gravity". *American Journal of Physiology*, 1991, 275: 951-957.

Gambini R, Pullin J. "Nonstandard optics from quantum space-time". *Physical Review D*, 1999, 59: 124021.

Gao S. *The Meaning of the Wave Function: In Search of the Ontology of Quantum Mechanics*. New York: Cambridge University Press, 2017.

Gell-Mann M, Hartle J B. "Quantum mechanics in the light of quantum cosmology". In Fritzsch H (Ed.). *Murray Gell-Mann: Selected Papers*. Singapore: World Scientific, 2010: 303-325.

George F, Ellis R. "Does the multiverse really exist?" *Scientific American*, 2011, 305 (2): 38-43.

Georgi H, Glashow S L. "Unity of all elementary-particle forces". *Physical Review Letters*, 1974, 32 (8): 438-441.

Georgi H M. "Effective quantum field theories". In Davies P (Ed.). *The new physics*. Cambridge: Cambridge University Press, 1989: 446-457.

Gisin N. "Bell's inequality holds for all non-product states". *Physics Letters A*, 1991, 154 (5-6): 201-202.

Gisin N. *Quantum Chance: Nonlocality, Teleportation and Other Quantum Marvels*. Cham: Springer International Publishing, 2014.

Giudice G F. "The dawn of the post-naturalness era". In Forte S, Levy A, Ridolfi G(Eds.). *From My Vast Repertoire ...: Guido Altarelli's Legacy*. Singapore: World Scientific, 2018: 267-292.

Glashow S L. "Partial-symmetries of weak interactions". *Nuclear Physics*, 1961, 22 (4): 579-588.

Glick D. "The ontology of quantum field theory: Structural realism vindicated". *Studies in History and Philosophy of Science PartA: Studies in History and Philosophy of Modern Physics*, 2016, 59: 78-86.

Gliozzi F, Scherk J, Olive D. "Supersymmetry, supergravity theories and the dual spinor model". *Nuclear Physics B*, 1977, 122 (2): 253-290.

Goddard P, Goldstone J, Rebbi C, et al. "Quantum dynamics of a massless relativistic string". *Nuclear Physics B*, 1973, 56 (1): 109-135.

Gödel K. *Collected Works: Vol. 2: Publications 1938-1974*. In Feferman S, Jr Dawson J W, Kleene S C, et al(Eds.) New York: Oxford University Press, 2001: 268.

Goodman N D. "Mathematics as an objective science". *The American Mathematical Monthly*, 1979, 86 (7): 540–551.

Gotō T. "Relativistic quantum mechanics of one-dimensional mechanical continuum and subsidiary condition of dual resonance model". *Progress of Theoretical Physics*, 1971, 46 (5): 1560-1569.

Graham N, deWitt B S. *The Many-worlds Interpretation of Quantum Mechanics*. Princeton: Princeton University Press, 1973.

Green M B, Schwarz J H. "Anomaly cancellations in supersymmetric D = 10 gauge theory and superstring theory ". *Physics Letters B*, 1984, 149(1-3): 117-122.

Griffiths R B. "Consistent histories and the interpretation of quantum mechanics". *Journal of Statistical Physics*, 1984, 36 (1) : 219-272.

Griffiths R B. "Copenhagen done right". *Physical Review A*, 1998 (57) : 1604.

Grinbaum A. "The effectiveness of mathematics in physics of the unknown". *Synthese*, 2019, 196 (3) : 973-989.

Gröblacher S, Paterek T, Kaltenbaek R, et al. "An experimental test of non-local realism". *Nature*, 2007, 446 (7138) : 871-875.

Gross D J. "Is quantum gravity unpredictable?" *Nuclear Physics B*, 1984, 236: 349-367.

Gross D J, Harvey J A, Martinec E, et al. "Heterotic string". *Physical Review Letters*, 1985, 54 (6) : 502-505.

Gross D J, Wilczek F. "Ultraviolet behavior of non-abelian gauge theories". *Physical Review Letters*, 1973, 30 (26) : 1343-1346.

Grossman Y, Lipkin H J. "Flavor oscillations from a spatially localized source: A simple general treatment". *Physical Review D*, 1997, 55(5): 2760-2767.

Guralnik G S, Hagen C R, Kibble T W B. "Global conservation laws and massless particles". *Physical Review Letters*, 1964, 13 (20) : 585-587.

Guth A H. *The Inflationary Universe: The Quest for a New Theory of Cosmic Origins*. Reading: Addison-Wesley, 1997: 252.

Hagar A. *Discrete or Continuous? The Quest for Fundamental Length in Modern Physics*. Cambridge：Cambridge University Press，2014.

Hardy L. “Quantum mechanics，local realistic theories，and Lorentz-invariant realistic theories”. *Physical Review Letters*，1992，68（20）：2981-2984.

Harvey A. “The reasonable effectiveness of mathematics in the natural science”. *General Relativity & Graivitation*，2011，43（12）：3657-3664.

Hau L V，Harris S E，Dutton Z，et al. “Light speed reduction to 17 metres per second in an ultracold atomic gas”. *Nature*，1999，397（6720）：594-598

Hawking S. “Particle creation by black holes”. *Communications in Mathematical Physics*，1975，43（3）：199-220.

Hawking S，Gibbons G W，Shellard E P S，et al. *The Future of Theoretical Physics and Cosmology：Celebrating Stephen Hawking's 60th birthday*. Cambridge：Cambridge University Press，2003.

Hawking S W. “Breakdown of predictability in gravitational collapse”. *Physical Review D*，1976，14：2460-2473.

Hawking S W. “Gravitational radiation from colliding black holes”. *Physical Review Letters*，1971，26（21）：1344-1346.

Hawking S W. “Information loss in black hole”. *Physical Review D*，2005，72（8）：4.

Healey R. “Can physics coherently deny the reality of time?” In Callender C（Ed.）. *Time，Reality，and Experience*. Cambridge：Cambridge University Press，2002：293-316.

Healey R. “Holism and nonseparability”. *The Journal of Philosophy*，1991，8：393-421.

Healey R. *Gauging What'' Real: The Conceptual Foundations of Contemporary Gauge Theories*. Oxford: Oxford University Press, 2007.

Hedrich R. "Space-time in quantum gravity: Does space-time have quantum properties?" In Licata I(Ed.). *Beyond Peaceful Coexistence: The emergence of Space, Time and Quantum*. Singapore: World Scientific, 2016: 47.

Hedrich R. "Superstring theory and empirical testability". 2015-09-13. https://philsci-archive.pitt.edu/608/.

Hempel C G. *Aspects of Scientific Explanation and Other Essays in the Philosophy of Science*. New York: The Free Press, 1965.

Hewish A, Bell S J, Pilkington J D H, et al. "Observation of a rapidly pulsating radio source". *Nature*, 1968, 217 (5130): 709-713.

Higgs P. "Spontaneous symmetry breakdown without massless bosons". *Physical Review*, 1966, 145 (4): 1156-1163.

Higgs P W. "Broken symmetries and the masses of gauge bosons". *Physical Review Letters*, 1964, 13 (16): 508-509.

Hilgevoord J, Atkinson D. "Time in quantum mechanics". In Callender C (Ed.). *The Oxford Handbook of Philosophy of Time*. New York: Oxford University Press, 2011: 647.

Holman M. "Foundations of quantum gravity: The role of principles grounded in empirical reality". *Studies in History and Philosophy of Science Part B: Studies in History and Philosophy of Modern Physics*, 2014: 46 (2): 142-153.

Hooper D. *Nature's Blueprint*. New York: Harper Collins, 2008.

Hu J, Feng L, Zhang Z, et al. "Quantum simulation of Unruh radiation". *Nature*

Physics, 2019, 15 (8): 785-789.

Huggett N, Matsubara K, Wuthrich C(Eds.). *Beyond Spacetime: the Foundations of Quantum Gravity*. Cambridge: Cambridge Unversity Press, 2020.

Huggett N, Vistarini T, Wüthrich C. "Rapidly pulsating radio source". In Dyke H, Bardon A(Eds.). *A Companion to the Philosophy of Time*. West Sussex: Wiley, 2013: 242-261.

Huggett N, Wüthrich C. "Emergent spacetime and empirical (in) coherence". *Studies in History and Philosophy of Science Part B: Studies in History and Philosophy of Modern Physics*, 2013, 44 (3): 276-285.

Hung C L, Gurarie V, Chin C. "From cosmology to cold atoms: Observation of Sakharov oscillations in a quenched atomic superfluid". *Science*, 2013, 341 (6151): 1213-1215.

Isham C J. "Topological and global aspects of quantum theory". In deWitt BS, Stora R(Eds.). *Relativity, Groups and Topology II, Proceedings of the 40th Summer School of Theoretical Physics*. Les Houches: NATO Advanced Study Institute, 1983: 1059-1290.

Israel W. "Event horizons in static vacuum space-times". *Physical Review*, 1967, 164 (5): 1776-1779.

Jacobson T, Smolin L. "Nonperturbative quantum geometries". *Nuclear Physics B*, 1988, 299: 295-345.

Jacobson T, Smolin L. "The left-handed spin connection as a variable for canonical gravity". *Physics Letters B*, 1987, 196 (1): 39-42.

John D, Barrow K, John K W. "Inconstant constants". *Scientific American*, 2005, 292 (6): 56-63.

Jr Cowan C L, Reines F, Harrison F B, et al. "Detection of the free neutrino: A confirmation". *Science*, 1956, 124 (3212): 103-104.

Khelfaoui M, Gingras Y, Lemoine M, et al. "The visibility of philosophy of science in the sciences, 1980-2018". *Synthese*, 2021 (2): 1-31.

Klapdor-kleingrothaus H V, Dietz A, Harney H L, et al. "Evidence for neutrinoless double beta decay". *Physics Letters A*, 2001, 16 (37): 2409-2420.

Kragh H. "Contemporary history of cosmology and the controversy over the multiverse". *Annals of Science*, 2009, 66 (4): 529-551.

Kragh H. *Dirac: A Scientific Biography*. New York: Cambridge University Press, 1990.

Krause M. *CERN: How We Found The Higgs Boson*. Singapore: World Scientific, 2014.

Kuhlmann M. "Quantum field theory". 2020-08-10. https://plato.stanford.edu/archives/fall2020/entries/quantum-field-theory/.

Kuhlmann M, Stöckler M. "Quantum field theory". In Friebe C, Kuhlmann M, Lyre H, et al (Eds.). *The Philosophy of Quantum Physics*. Cham: Springer International Publishing, 2018: 248.

Kuhn T. *Black Body Theory and the Quantum Discontinuity, 1894-1912*. Chicago: University of Chicago Press, 1987.

Ladyman J. "Structural realism". In Zalta E N, Nodelman U (Eds.). *The Stanford Encyclopedia of Philosophy (Summer 2023 Edition)*. https://plato.stanford.edu/archives/sum2023/entries/structural-realism/.

Ladyman J. "What is structural realism?" *Studies in History and Philosophy of*

Science，1998（29）：409-424.

Ladyman J，Ross D. "Ontic structural realism and the philosophy of physic". In Ladyman J，Ross D，Spurrett D，et al. *Every Thing Must Go：Metaphysics Naturalized*. Oxford：Oxford University Press，2007：130-189.

Ladyman J，Ross D，Spurrett D，et al. *Every Thing Must Go-Metaphysics Naturalized*. NewYork：Oxford University Press，2007.

Lahav O，Itah A，Blumkin A，et al. "Realization of a sonic black hole analog in a Bose-Einstein condensate". *Physical Review Letters*，2010（105）：240401.

Lakatos I. *The Methodology of Scientific Research Programmes*. Cambridge：Cambridge University Press，1978.

Lam V，Wuthrich C. "Spacetime is as spacetime does". *Studies in History and Philosophy of Science Part B：Studies in History and Philosophy of Modern Physics*，2018，64：39-51.

Landau L，Peierls R. "Extensions of the uncertainty principle to relativistic quantum theory". In Wheeler J，Zurek W（Eds.）. *Quantum Theory and Measurement*. Princeton：Princeton University Press，1983：465-476.

Lange M. *Because Without Cause：Non-Causal Explanations in Science and Mathematics*. Oxford：Oxford University Press USA，2016.

Lange M. *Laws and Lawmakers：Science，Metaphysics，and the Laws of Nature*. Oxford：Oxford University Press，2009.

Laudan L. *Science and Hypothesis*. Dordrecht：Reidel Publishing Company，1981.

Le Bihan B，Linnemann N. "Have we lost spacetime on the way? Narrowing the gap between general relativity and quantum gravity". *Studies in History and*

Philosophy of Science Part B: Studies in History and Philosophy of Modern Physics, 2019, 65: 112-121.

Lederman L, Teresi D. *The God Particle: If the Universe is the Answer, what is the Question*? London: Bantam Press, 1993.

Leggett A J. "Nonlocal hidden-variable theories and quantum mechanics: An incompatibility theorem". *Foundations of Physics*, 2003, 33 (10): 1469-1493.

Leonhardt U. "Questioning the recent observation of quantum Hawking radiation". *Annalen der Physik*, 2018, 530 (5): 1700114.

Lewandowski J. "Volume and quantizations". *Classical and Quantum Gravity*, 1997, 14: 71-76.

Lewis D. *Philosophical Papers, Volume II*. Oxford: Oxford University Press, 1986.

Lifshitz E M, Khalatnikov I M. "Investigations in relativistic cosmology". *Advances in Physics*, 1963, 12 (46): 185-249.

Linde A. "A brief history of the multiverse". *Reports on Progress in Physics*, 2017, 80 (2): 1-10.

Lipton P. "Understanding without explanation". In de Regt H W, Leonelli S, Eigner K (Eds.). *Scientific Understanding: Philosophical Perspectives*. Pittsburgh: University of Pittsburgh Press, 2008: 43-63.

Lloyd S. *Programming the Universe: A Quantum Computer Scientist Takes on the Cosmos*. New York: Alfred A. Knopf, 2006.

Lovelace C. "Pomeron form factors and dual Regge cuts". *Physics Letters B*, 1971, 34 (6): 500-506.

Lykken J, Spiropulu M. "Supersymmetry and the crisis in physics". *Scientific American*, 2014, 310（5）: 34-39.

Lyre H. "Holism and structuralism in U（1） gauge theory". *Studies in History and Philosophy of Science Part B: Studies in History and Philosophy of Modern Physics*, 2004, 35（4）: 643-670.

MacKinnon E. "The standard model as a philosophical challenge". *Philosophy of Science*, 2008（4）: 447-457.

Manin Y I. *Mathematics and Physics*. Basel: Birkhäuser, 1981.

Marletto C, Vedra V. "Gravitationally induced entanglement between two massive particles is sufficient evidence of quantum effects in gravity". *Physical Review Letters*, 2017, 119（24）: 240402.

Martin C A. "Continuous symmetries". In Brading K, Castellani E（Eds.）. *Symmetries in Physics: Philosophical Reflections*. Cambridge: Cambridge University Press, 2003: 39.

Matsubara K. "Quantum gravity and the nature of space and time". *Philosophy Compass*, 2017, 12（3）: e12405.

Matsubara K. "Realism, underdetermination and string theory dualities". *Synthese*, 2013, 190（3）: 471-489.

Maudlin T. "Completeness, supervenience, and ontology". *Journal of Physics A: Mathematical and theoretical*, 2007, 40: 3151-3171.

Maudlin T. "Part and whole in quantum mechanics". In Castellani E（Ed.）. *Interpreting Bodies: Classical and Quantum Objects in Modern Physics*. Princeton: Princeton University Press, 1998: 46-60.

Maudlin T. *The Metaphysics Within Physics*. New York: Oxford University

Press, 2007.

McCoy C D. "The Implementation, interpretation, and justification of likelihoods in cosmology". *Studies in History and Philosophy of Science Part B: Studies in History and Philosophy of Modern Physics*, 2018 (62): 19-35.

McVittie C. "Kinematical relativity". *The Observatory*, 1940 (63): 273-281.

Milne A. *Kinematic Relativity*. Oxford: Clarendon Press, 1948.

Milne A. *Relativity Gravitation and World-structure*. Oxford: Clarendon Press, 1935.

Misner C W, Thorne K, Wheeler J A. *Gravitation*. San Francisco: W. H. Freeman, 1973.

Montgomery C, Orchiston W, Whittingham I. "Michell, Laplace and the origin of the black hole concept". *Journal of Astronomical History and Heritage*, 2009, 12 (2): 90-96.

Morganti M. *Combining Science and Metaphysics: Contemporary Physics, Conceptual Revision and Common Sense*. London: Palgrave Macmillan, 2014.

Musser G. "The most famous paradox in physics nears its end". 2020-10-29. https://www.quantamagazine.org/the-black-hole-information-paradox-comes-to-an-end-20201029/.

n F. "Missed opportunities". *Bulletin of the American Mathematical Society*. 1972, 5: 635-652.

Nahm W. "Supersymmetries and their representations". *Nuclear Physics*, 1978: 135.

Nambu Y. "Directions of particle physics". In Bando M, Kawabe R, Nakanishi N (Eds.). *The Jubilee of the Meson Theory: Proceedings of the Kyoto*

International Symposium. Kyoto: The Physical Society of Japan, 1985: 104-110.

Newton I. “Letter to R. Bentley, 25 February 1693”. In Turnbull H W. *Correspondence of Isaac Newton, Volume III, 1688-1694*. Cambridge: Cambridge University Press, 1961: 253-256.

Norton J. “Loop quantum ontology: Spacetime and spin-networks”. *Studies in History and Philosophy of Modern Physics*, 2020, 71: 14-25.

Nounou A M. “A fourth way to the Aharonov-Bohm effect”. In Brading K, Castellani E (Eds.). *Symmetries in Physics: Philosophical Reflections*. Cambridge: Cambridge University Press, 2003: 174-199.

Odifreddi P. *The Mathematical Century: the 30 Greatest Problems of The Last 100 Years*. Sangalli A (Trans.). Princeton: Princeton University, 2004.

Opanchuk B, Polkinghorne R, Fialko O, et al. “Quantum simulations of the early universe”. *Annalen der Physik*. 2013, 525 (10-11): 866-876.

Oppenheimer J R, Snyder H. “On continued gravitational contraction”. *Physical Review*, 1939, 56 (5): 455-459.

Oriti D. “No alternative to proliferation”. In Dardashti R, Dawid R, Thébault K (Eds.). *Why Trust a Theory? Epistemology of Fundamental Physics*. Cambridge: Cambridge University Press, 2019: 125-153.

Overbye D. “Physicists find elusive particle seen as key to universe”. *The New York Times*, 2012-07-05 (A1).

Pachner J. “Dynamics of the universe”. *Acta Physica Polonica*, 1960 (19): 662-673.

Page D N. “Information in black hole radiation”. *Physical Review Letters*, 1993,

71（23）：3743-3746.

Pauli W. “Konstitution und elektrochemisches Verhalten der Proteine”. *Kolloid-Zeitschrift*，1930，53（1）：51-61.

Penrose R. “Gravitational collapse and space-time singularities”. *Physical Review Letters*，1965，14（3）：57.

Penrose R. “Gravity and state vector reduction”. In Penrose R，Isham C J. *Quantum Concepts in Space and Time*. Oxford：Clarendon Press，1986：129-146.

Penrose R. *The Road to Reality：A Complete Guide to the Laws of the Universe*. London：Vintage，2005.

Philbin T G，Kuklewicz C，Robertson S，et al. “Fiber-optical analog of the event horizon”. *Science*，2016，319（5868）：1367-1370.

Pincock C. “Abstract explanations in science”. *The British Journal for the Philosophy of Science*. 2014，66（4）：857-882.

Pincock C. *Mathematics and Scientific Representation*. Oxford：Oxford University Press，2012.

Poincare H. “On the foundations of geometry”. McCormack T J（Trans.）. *The Monist*，1898，9（1）：1-43.

Polchinski J. “Dirichlet branes and Ramond-Ramond charges”. *Physical Review Letters*，1995，75（26）：4724.

Polchinski J. “Guest post：Joe Polchinski on science or sociology?” 2007-05-21. https://www.discovermagazine.com/the-sciences/guest-post-joe-polchinski-on-science-or-sociology.

Policastro G，Son D T. “Starinets A O. from AdS/CFT correspondence to hydrodynamics". *Journal of High Energy Physics*, 2002 (9): 43.

Politzer H D. "Reliable perturbative results for strong interactions?" *Physical Review Letters*, 1973, 30 (26): 1346-1349.

Popescu S. "Nonlocality beyond quantum mechanics". *Nature Physics*, 2014, 10 (4): 264-270.

Popescu S, Rohrlich D. "Quantum nonlocality as an axiom". *Foundations of Physics*, 1994, 24 (3): 379-385.

Popper R. "Normal science and its dangers in Lakatos and Musgrave". In Lakatos I, Musgrave A(Eds.). *Criticism and the Growth of Knowledge*. Cambridge: Cambridge University Press, 1970: 51-58.

Pradeu T, Lemoine M, Khelfaoui M, et al. "Philosophy in science: Can philosophers of science permeate through science and produce scientific knowledge? " *The British Journal for the Philosophy of Science*, 2024, 75 (2): 375-416.

Psillos S. *Scientific Realism: How Science Tracks Truth*. London: Routledge, 1999.

Ramond P. "Dual theory for free fermions". *Physical Review D*, 1971, 3 (10): 2415-2418.

Rarita W, Schwinger J. "On the neutron-proton interaction". *Physical Review*, 1941, 59 (5): 436.

Redhead M. *From Physics to Metaphysics*. Cambridge: Cambridge University Press, 1996.

Redhead M. "The interpretation of gauge symmetry". In Brading K, Castellani E (Eds.). *Symmetries in Physics: Philosophical Reflections*. Cambridge: Cambridge University Press, 2003: 124-139.

Reichenbach H. "The philosophical significance of the theory of relativity". In Schilpp P A (Ed.) . *Albert Einstein: Philosopher-Scientist*. LaSalle: Open Court, 1949: 289-311.

Reichenbach H. *The Philosophy of Space and Time*. New York: Dover, 1957.

Resnik M. "Mathematics as a science of patterns: Ontology and reference". *Nous*, 1981, 15: 529-550.

Retsche L. "Perturbing realism". In French S, Saatsi J (Eds.) . *Scientific Realism and the Quantum*. Oxford: Oxford University Press, 2020: 293-314.

Reutlinger A. "Explanation beyond causation? New directions in the philosophy of scientific explanation". *Philosophy Compass*, 2017, 12 (2) : e12395.

Rickles D. "Quantum gravity: A primer for philosophers". In Rickles D (Ed.) . *The Ashgate Companion to Contemporary Philosophy of Physics*. Hampshire: Ashgate Publishing, 2008: 263.

Rickles D. "Quantum gravity meets &HPS". In Mauskoph S, Schmaltz T (Eds.) . *Integrating History and Philosophy of Science: Problems and Prospects*. Dordrecht: Springer, 2012: 163-200.

Rickles D. *Symmetry, Structure and Spacetime*. Amsterdam: Elsevier, 2007.

Ritson S, Camilleri K. "Contested boundaries: The string theory debates and ideologies of science". *Perspectives on Science*, 2015, 23 (2) : 192-227.

Roberts J T. *The Law-Governed Universe*. Oxford: Oxford University Press, 2008.

Robinson D. "Uniqueness of the Kerr black hole". *Physical Review Letters*, 1975, 34 (14) : 905.

Romero J, Leach J, Jack B, et al. "Violation of Leggett inequalities in orbital angular momentum subspaces". *New Journal of Physics*, 2010, 12 (12): 123007.

Ross D, Ladyman J, Kincaid H. *Scientific Metaphysics*. New York: Oxford University Press, 2013.

Rovelli C, Marcus G. "Loop quantum gravity and the meaning of diffeomorphism invariance". In Kowalaski-Gilkman J (Ed.). *Towards Quantum Gravity*. Berlin: Springer, 2000: 277-324.

Rovelli C, Smolin L. "Discreteness of area and volume in quantum gravity". *Nuclear Physics B*, 1994, 456: 753-754.

Rovelli C, Smolin L. "Knot theory and quantum gravity". *Physical Review Letters*, 1988, 61: 1155–1158.

Rovelli C, Smolin L. "Spin networks and quantum gravity". *Physical Review D*, 1995, 52 (10): 5743.

Rovelli C, Vidotto F. "Philosophical foundations of loop quantum gravity". In Bambi C, Modesto L, Shapiro I (Eds.). *Handbook of Quantum Gravity*. Singapore: Springer, 2024: 4251-4278.

Rozental S. *Niels Bohr: His Life and Work as Seen by his Friends and Colleagues*. Amsterdam: North-Holland Publishing Company, 1967.

Ruetsche L. *Interpreting Quantum Theories*. Oxford: Oxford University Press, 2011.

Ruetsche L. "Physics and method". In Cappelen H, Gendler T S, Hawthorne J (Eds.). *The Oxford Handbook of Philosophical Methodology*. Oxford: Oxford University Press, 2016: 465-485.

Rutherford E. "VIII. Uranium radiation and the electrical conduction produced by it". *The London, Edinburgh, and Dublin Philosophical Magazine and Journal of Science*, 1899, 47 (284) : 109-163.

Ryder L. *Quantum Field Theory*. New York: Cambridge University Press, 1996.

Salmon W. *Scientific Explanation and the Causal Structure of the World*. Princeton: Princeton University Press. 1984.

Scherk J, Schwarz J H. "Dual models for non-hadrons". *Nuclear Physics B*, 1974, 81 (1) : 118-144.

Schlosshauer M. *Elegance and Enigma: the Quantum Interviews*. Berlin: Springer-Verlag, 2011.

Schrödinger E. "Discussion of probability relation between separated systems". *Mathematical Proceedings of the Cambridge Philosophical Society*, 1935, 31 (4) : 555-563.

Schrödinger E. "Probability relations between separated systems". *Mathematical Proceedings of the Cambridge Philosophical Society*, 1935, 32(3): 446-452.

Schwarzschild K. "Über das gravitationsfeld eines massenpunktes nach der einsteinschen theorie". *Sitzungsberichte der Königlich Preussischen Akademie der Wissenschaften*, 1916 (7) : 189-196.

Seife C. "Physics enters the twilight zone". *Science*, 2004, 305(5683): 464-465.

Seifert H, Threlfall W. *Seifert and Threllfall: a Textbook of Topology with Topology of 3—Dimensional Fibered Spaces*. Goolman M A, Heil W (Trans.). New York: Academic Press, 1980.

Sen A. "Gravity as a spin system". *Physics Letters B*, 1982, 119 (1-3) : 89-91.

Sen A. "Strong–weak coupling duality in four-dimensional string theory". *International Journal of Modern Physics A*, 1994, 9 (21) : 3707-3750.

Shapiro J. "Reminiscence on the birth of string theory". 2007-11-21. arXiv: 0711.3448.

Shapiro S. *Philosophy of Mathematics: Structure and Ontology*. New York: Oxford University Press, 1997.

Siegel E. "How much of the dark matter could neutrinos be?" 2019-03-07. https://www.forbes.com/sites/startswithabang/2019/03/07/how-much-of-the-dark-matter-could-neutrinos-be/.

Smolin L. "Four principles for quantum gravity". In Bagla J, Engineer S (Eds.). *Gravity and the Quantum*. Berlin: Springer, 2017: 427-450.

Smolin L. "Loop quantum gravity: Lee Smolin". 2003-02-23. https://www.edge.org/conversation/lee_smolin-loop-quantum-gravity-lee-smolin.

Smolin L. "The road to reality: A complete guide to the laws of the universe". *Physics Today*, 2006, 59 (2): 55.

Smolin L. *The Trouble With Physics: The Rise of String Theory, the Fall of a Science and What Comes Next*. Boston: Houghton Mifflin Harcourt, 2006.

Stachel J. "The hole argument and some physical and philosophical implications". *Living Reviews in Relativity*, 2014, 17 (1): 1-66.

Steenrod N. *The Topology of Fibre Bundles*. Princeton: Princeton University Press, 1951.

Steinhauer J. "Comment on questioning the recent observation of quantum hawking radiation". *Annalen der Physik*, 2018, 530 (5): 1700459.

Steinhauer J. "Observation of quantum Hawking radiation and its entanglement in an analogue black hole". *Nature Physics*, 2016, 12 (10): 959-965.

Strominger A, Vafa C. "Microscopic origin of the bekenstein-hawking entropy".

Physics Letters B, 1996, 379(1-4): 99-104.

Susskind L, Smolin L. "Smolin vs. Susskind: The anthropic principle". 2004-08-18. https://www.edge.org/conversation/lee_smolin-leonard_susskind-smolin-vs-susskind-the-anthropic-principle.

Susskind L, Thorlacius L, Uglum J. "The stretched horizon and black hole complementarity". *Physical Review D*, 1993, 48(8): 3743-3761.

Swanson N. "A philosopher's guide to the foundations of quantum field theory". *Philosophy Compass*, 2017, 12(5): e12414.

Tegmark M, Wheeler J A. "100 years of the quantum". *Scientific American*, 2001, 284(2): 68-75.

Teitel T. "Background independence: Lessons for further decades of dispute". *Studies in History and Philosophy of Science Part B: Studies in History and Philosophy of Modern Physics*, 2019, 65: 41-54.

The BIG Bell Test Collaboration. "Challenging local realism with human choices". *Nature*, 2018, 557(7704): 212-216.

Unruh W G. "Experimental black-hole evaporation?" *Physical Review Letters*, 1981(46): 1351.

Unruh W G. "Notes on black-hole evaporation". *Physical Review D*, 1976(14): 870-892.

Unruh W G, Schützhold R. "Universality of the Hawking effect". *Physical Review D*, 2008(71): 024028.

van Dongen J, de Haro S. "On black hole complementarity". *Studies in History and Philosophy of Science Part B: Studies in History and Philosophy of Modern Physics*, 2004, 35(3): 509-525.

Vedral V. *Decoding reality：The Universe as Quantum Information*. Oxford：Oxford University Press，2010.

Vedral V. "Living in a quantum world". *Scientific American*，2011，304（6）：38-43.

Veneziano G. "Construction of a crossing-simmetric，Regge-behaved amplitude for linearly rising trajectories". *IL Nuovo Cimento*，1968，57（1）：190-197.

Vollmer G. "Why does mathematics fit nature? The problem of application". In Gómez Pin V，et al. *Proceedings of the III-IV International Ontology Congress*. Barcelona：Ontology Studies/ Cuadernos de Ontología，2001：301-309.

von Neumann J. *Mathematical Foundations of Quantum Mechanics*. Beyer R T（Tran.）. Princeton：Princeton University Press，1955.

von Neumann J. *Mathematische Grundlagen der Quanten-mechanik*. Berlin：Springer，1932.

Wald R M. "The thermodynamics of black holes". *Living Reviews in Relativity*，2001，4（1）：6.

Wallace D. "Decoherence and its role in the modern measurement problem". *Philosophical Transactions of the Royal Society A*，2012，370（1975）：4576-4593.

Weinberg S. *Lectures on Quantum Mechanics*. Cambridge：Cambridge University Press，2012.

Weistein S. "General relativity and quantum theory — Ontological Investigations". In Smets S，van Bendegem J P，Cornelis G C（Eds.）. *Metadebates on Science*. Brussels：VUB-Press & Kluwer：1999：267-279.

Werner R F. "Quantum states with Einstein-Podolsky-Rosen correlations admitting a hidden-variable model". *Physical Review A*, 1989, 40（8）: 4277-4281.

Wess J, Zumino B. "Supergauge transformations in four dimensions". *Nuclear Physics*, 1974, 70（1）: 39-50.

Wheeler J A. "Assessment of Everett's quantum mechanics". *Review of Modern Physics*, 1957, 29（3）: 463-465.

Wheeler J A. "Information, physics, quantum: The search for links". In *Proceedings III International Symposium on Foundations of Quantum Mechanics*. Tokyo, 1989: 354-368.

Wheeler J A. "Information, physics, quantum: The search for links". In Zurek W H（Ed.）. *Complexity, Entropy, and the Physics of Information*. London: Addison-Wesley, 1990: 5-28.

Whitney H. "Sphere-spaces". *Proceedings of the National Academy of Sciences of the United States of America*, 1935, 21（7）: 464-468.

Wigner E. "Interpretation of quantum mechanics". In Wheeler J A, Zurek W H. *Quantum Theory and Measurement*. Princeton: Princeton University Press, 1983: 260-314.

Wigner E P. "The role of invariance principles in natural philosophy". In *Symmetries and Reflections: Scientific Essays of Eugene P. Wigner*. Bloomington: Indiana University Press, 1967: 28-30.

Wigner E P. "The Unreasonable effectiveness of mathematics in the natural sciences". *Communications on Pure and Applied Mathematics*, 1960（13）: 14.

Wigner E P. *Group Theory and Its Application to The Quantum Mechanics of*

Atomic Spectra. Griffin J（Trans.）. New York：Academic Press，1959.

Wigner E P. *Symmetries and Reflections：Scientific Essays of Eugene P. Wigner*. Bloomington：Indiana University Press，1967.

Wilczek F. “Asymptotic freedom：From paradox to paradigm”. *Proceedings of the National Academy of Sciences of the United States of America*，2005，102（24）：8403-8413.

Williams P. “Scientific realism made effective”. *The British Journal for the Philosophy of Science*，2019，70（1）：209-237.

Wimsatt W C. *Re-engineering Philosophy for Limited Beings：Piecewise Approximations to Reality*. Cambridge：Harvard University Press，2007.

Winsberg E. “Computer simulation and the philosophy of science”. *Philosophy Compass*. 2009：835-845.

Winsberg E. “Simulations，models，and theories：Complex physical systems and their representations”. *Philosophy of Science*，2001：68：442-454.

Wiseman H M，Jones S J，Doherty A C. “Steering，entanglement，nonlocality，and the Einstein-Podolsky-Rosen paradox”. *Physical Review Letters*，2007，98（14）：140402.

Witten E. “Dynamical breaking of supersymmety”. *Nuclear Physics B*，1981，188（3）：513-554.

Witten E. “Reflections on the fate of spacetime”. *Physics Today*，1996，49（4）：24-31.

Woit P. *Not Even Wrong：The Failure of String Theory and the Search for Unity in Physical Law*. New York：Basic Books，2007.

Woit P. “String theory：An evaluation”. 2001-02-16. https://arxiv.org/abs/physics/

0102051.

Wolchover N. “Why gravity is not like the other forces”. 2020-06-15. https://www.quantamagazine.org/why-gravity-is-not-like-the-other-forces-20200615/.

Wolff J. “Do objects depend on structures?” *The British Journal for the Philosophy of Science*，2012，63（3）：607-625.

Wood C. “How our reality may be a sum of all possible realities”. 2023-02-06. https://www.quantamagazine.org/how-our-reality-may-be-a-sum-of-all-possible-realities-20230206/.

Worrall J. “Structural realism：The best of both worlds?” *Dialectica*，1989（43）：99-124.

Wu T T，Yang C N. “Concept of nonintegrable phase factors and global formulation of gauge fields”. *Physical Review D*，1975，12（12）：3845-3857.

Wuthrich C，Bihan B L，Huggett N（Eds.）. *Philosophy Beyond Spacetime：Implications from Quantum Gravity*. Oxford：Oxford University Press，2021.

Yang B，Sun H，Ott R，et al. “Observation of gauge invariance in a 71-site Bose-Hubbard quantum simulator”. *Nature*，2020，587（7834）：392-396.

Yang C N，Mills R L. “Conservation of isotopic spin and isotopic gauge invariance”. *Physical Review*，1954，96：191-195.

Yanofsky N S. “Why mathematics works so well”. In Aguirre A，Foster B，Merali Z（Eds.）. *Trick or Truth? The Frontiers Collection*. Cham： Springer，2016.

Yau S T，Nadis S. “String theory and the geometry of the universe’s hidden dimensions”. *Notices of the American Mathematical Society*，2011（58）：1067-1076.

Yoneya T. "Connection of dual models to electrodynamics and gravidynamics". *Progress of Theoretical Physics*, 1974, 51（6）: 1907-1920.

Zaslow E. "Physimatics". 2005-06-02. http://www.claymath.org/library/senior_scholars/zaslow_physmatics.pdf.

Zee A. "The effectiveness of mathematics in fundamental physics". In Mickens R S(Ed.). *Mathematics and Science*. Singapore: World Scientific Press, 1990: 307-323.

Zeilinger A. *Dance of the Photons: From Einstein to Teleportation*. New York: Farrar, Straus, and Giroux, 2010.

关键词索引

人名中外文对照表

A

阿贝·阿什特卡	Abhay Ashtekar
阿贝尔	N. H. Abel
阿尔伯特	D. Albert
阿库洛夫	V. Akulov
阿兰·阿斯佩克特	Alain Aspect
艾伦多弗	C. Allendoerfer
阿洛瑞	V. Allori
阿那克西曼德	Anaximander
阿特曼斯帕赫	H. Atmanspacher
阿肖克·森	Ashoke Sen
埃斯菲尔德	M. Esfeld
艾哈迈德·阿尔盖瑞	Ahmed Almheiri
艾伦·索卡尔	Alan Sokal
艾伦伯格	S. Eilenberg
艾米·诺特	Emmy Noether
埃雷斯曼	C. Ehresmann
艾沙姆	C. Isham
爱德华·法尔西	Edward Farhi
安德烈娅·盖兹	Andrea Ghez
安德烈	M. Andre
安德森	P. Anderson

奥本海姆	P. Oppenheim
奥利芙	D. Olive
	B
巴伯	J. Barbour
布勃	J. Bub
巴劳	A. Barrau
巴特曼	R. W. Batterman
拜纳姆	T. W. Bynum
保罗・汉弗莱斯	Paul Humphreys
保罗・特勒	Paul Teller
贝尔	E.T. Bell
贝洛特	G. Belot
彼得・阿钦斯坦	Peter Achinstein
彼得・伯格曼	Peter Bergmann
彼得・希格斯	Peter Higgs
彼得曼	A. Petermann
波多尔斯基	B. Podolsky
波兰尼	M. Polanyi
波利卡斯特罗	G. Policastro
博斯特罗姆	N. Bostrom
伯格雪夫	E. Bergshoeff
博尼奥洛	G. Boniolo
布迪尼奇	P. Budinich
布库里奇	A. Bokulich
布赖恩・格林	Brian Greene
布兰登・卡特	Brandon Carter
布鲁姆	A. Blum
布鲁诺	Bruno
布埃诺	O. Bueno

C

曹天予	Cao TY
策梅洛	E. Zermelo
查德威克	J. Chadwick
查克拉瓦蒂	A. Chakravartty
朝永振一郎	Sin-Itiro Tomonaga

D

达奥西	L. Diosi
大卫・波利策	David Politzer
大卫・芬克尔斯坦	David Finkelstein
大卫・格罗斯	David Gross
大卫・刘易斯	David Lewis
大卫・罗宾逊	David Robinson
戴维	R. Dawid
戴维斯	P. Davies
丹・弗里丹	Dan Friedan
道林	J. P. Dowling
德哈斯	de Hass
德雷格特	H. W. de Regt
多伊奇	D. Deutsch
德林费尔德	V. Drinfeld
狄克斯	D. Dieks
狄克逊	L. E. Dickson
迪尔	D. Durr
迪文森佐	D. DiVincenzo
廷普森	C. Timpson
多尔蒂	A. C. Doherty
多林	J. Dorling

E

厄尔曼	J. Earman

恩里科·费米	Enrico Fermi
	F
法因	A. Fine
范·纽文维森	P. van Nieuwenhuizen
菲林	N. Fillion
费拉拉	S. Ferrara
费曼	R. Feynman
费奇	V. Fitch
费希尔	M. Fisher
丰特	A. Font
冯·赖特	G. H. von Wright
冯·劳厄	von Laue
冯·魏茨泽克	von Weizsäcker
弗兰克·维尔切克	Frank Wilczek
弗兰奇	S. French
弗朗索瓦·恩格勒	François Englert
弗雷德霍尔姆	E. I. Fredholm
弗雷歇	M. Fréchet
弗雷泽	J. Fraser
D. 弗里德曼	D. Freedman
弗里格	R. Frigg
弗伦克尔	A. Fraenkel
弗洛里迪	L. Floridi
福肖	J. Forshaw
	G
盖尔	G. Gale
盖尔曼	M. Gell-Mann
盖范德	I. M. Gelfand
盖里森	P. Galison

加斯佩里尼	M. Gasperini
戈达德	P. Goddard
戈德斯通	J. Goldstone
戈尔德	T. Gold
戈尔方德	Y. Golfand
戈尔斯坦	S. Goldstein
戈托	T. Goto
格雷厄姆	R. N. Graham
格拉肖	S. Glashow
格雷林	A. C. Grayling
格里菲斯	R. Griffiths
廖齐	F. Gliozzi
格林鲍姆	A. Grinbaum
格罗斯	D. Gross
格罗斯	P. R. Gross
格罗斯泰特	Grosseteste
格罗滕迪克	A. Grothendieck
古德曼	N. Goodman
古斯	A. Guth

H

哈代	G. H. Hardy
哈金	I. Hacking
哈特兰·斯奈德	Hartland Snyder
哈特尔	J. Hartle
哈维	A. Harvey
哈维	J. A. Harvey
哈沃德·乔吉	Howard Georgi
汉斯·贝特	Hans Bethe
豪	P. Howe

豪尔赫·普林	Jorge Pullin
赫尔曼·邦迪	Hermann Bondi
赫尔曼·闵可夫斯基	Hermann Minkowski
赫尔曼·外尔	Hermann Weyl
华莱士	D. Wallace
怀尔斯	A. Wiles
怀斯曼	H. M.Wiseman
惠特尼	H. Whitney
霍伯	D. Hooper
霍恩	M. Horne
霍尔丹	D. Haldane
霍尔曼	M. Holman
霍尔特	R. Holt
霍洛维茨	G. Horowitz
霍森费尔德	S. Hossenfelder
	J
基普·索恩	Kip Thorne
基切尔	P. Kitcher
吉拉尔迪	Ghirardi
吉姆·西蒙斯	Jim Simons
季莫普洛斯	Savas Dimopoulos
伽罗瓦	E. Galois
杰拉德·奥尼尔	Gerard O' Neill
杰拉尔德·古拉尔尼克	Gerald Guralnik
	K
卡丹诺夫	L. Kadanoff
卡尔·哈根	Carl Hagen
卡尔·史瓦西	Karl Schwarzschild
卡哈里法	K. Khalifa

卡拉比	E. Calabi
卡拉特尼科夫	I. Khalatnikov
卡伦德	C. Callender
卡罗尔	S. Carroll
卡洛・罗韦利	Carlo Rovelli
卡姆伦・瓦法	Cumrun Vafa
卡普斯汀	A. Kapustin
卡特	B. Carter
卡西尔	E. Cassirer
坎德拉斯	P. Candelas
考恩	R. Cowen
科利万	Colyvan
科斯蒂克	D. Kostic
科亨	S. Kochen
柯蒂斯	Curtis
柯西	A. L. Cauchy
科尔曼	S. Coleman
科斯特利茨	M. Kosterlitz
克雷奇曼	E. Kretschmann
克劳德・洛夫莱斯	Claud Lovelace
克劳泽	J. Clauser
克劳瑟	K. Crowther
克雷梅	E. Cremmer
克里斯蒂安・索托	Cristian Soto
克鲁斯卡尔	M. Kruskal
克罗宁	J. Cronin
克洛斯	F. Close
克韦多	F. Quevedo
肯尼斯・威尔逊	Kenneth G. Wilson

孔涅	A. Connes
	L
拉福格	L. Lafforgue
雷蒙德	P. Ramond
莱昂·罗森菲尔德	Leon Rosenfeld
莱昂纳特	U. Leonhardt
莱格特	A. J. Leggett
莱维特	N. Levitt
兰格	M. Lange
拉姆	V. Lam
劳埃德	S. Lloyd
雷德海德	M. Redhead
赖因哈德·根第尔	Reinhard Genzel
李·斯莫林	Lee Smolin
里克斯	D. Rickles
里斯	J. Reiss
利夫希茨	E. Lifshitz
利普顿	P. Lipton
利希特曼	E. Likhtman
林德	A. Linde
林内曼	N. Linnemann
刘易斯	H. A. Lewis
吕斯特	D. Lust
鲁菲尼	P. Ruffini
鲁伊茨	L. Ruetsche
路易斯·阿尔瓦雷斯-高姆	Luis Alvarez-Gaume
路易斯·赖德	Lewis Ryder
罗伯茨	J. T. Roberts
罗伯特·布鲁	Robert Brout

罗伯特·迪克	Robert Dicke
罗伯特·朗兰兹	Robert Langlands
罗尔夫-迪特尔·霍伊尔	Rolf-Dieter Heuer
罗尔利希	D. Rohrlich
罗姆	R. Rohm
罗森	N. Rosen
罗斯	D. Ross
罗伊·克尔	Roy Kerr
洛	F. E. Low
勒韦尔	B. Loewer
吕德斯	Lüders
	M
马德西纳	J. Maldacena
马丁内克	E. Martinec
马拉蒙特	D. Malament
马宁	Y. I. Manin
马泰奥·莫尔甘蒂	Matteo Morganti
马西莫·匹格里奇	Massimo Pigliucci
迈克尔·阿蒂亚	Michael Atiyah
迈克尔·格林	Michael Green
麦蒂	P. Maddy
麦克莱恩	S. MacLane
麦克斯韦	G. Maxwell
麦克塔格特	J. M. E. McTaggart
芒德林	T. Maudlin
米尔恩	A. Milne
米尔斯	R. Mills
米谷民明	Tamiaki Yoneya
密尔本	G. J. Milburn

莫罗·多拉托	Mauro Dorato
默里·盖尔曼	Murray Gell-Mann
	N
纳维	A. Neveu
奈杰尔·希钦	Nigel Hitchin
奈马克	M. A. Naimark
南部阳一郎	Yoichiro Nambu
内山菱友	Ryoyu Utiyama
奈伊	A. Ney
尼古拉斯·吉辛	Nicolas Gisin
诺思	J. Norton
诺斯	J. North
	O
欧内斯特·卢瑟福	Ernest Rutherford
欧阳莹之	S. U. Auyang
	P
帕赫纳	J. Pachner
派斯	A. Pais
庞加莱	H. Poincare
珀尔	P. Pearle
派尔斯	R. Peierls
彭罗斯	R. Penrose
皮埃尔·居里	Pierre Curie
平科克	C. Pincock
普莱斯	H. Price
普里奥	A. N. Prior
普利	O. Pooley
	Q
钱德拉塞卡	S. Chandrasekhar

乔尔・夏皮罗	Joel Shapiro
乔治・埃利斯	George Ellis
乔瑟琳・贝尔	Jocelyn Bell
琼斯	S. J. Jones
丘成桐	Shing-Tung Yau
瑞彻	L. Ruetsche
里米尼	Rimini
	R
若尔当	C. Jordan
	S
萨尔蒙	W. Salmon
萨哈罗夫	A. Sakharov
萨拉姆	A. Salam
萨斯坎德	L. Susskind
萨斯劳	E. Zaslow
塞尔	J. Searle
塞兹金	E. Sezgin
赛弗特	H. Seifert
桑杜・波佩斯库	Sandu Popescu
森	A. Sen
沙普利	Shapley
施奥通	J. A. Schouten
施密特	E. Schmidt
施塔赫尔	J. Stachel
施瓦茨	J. Schwarz
施韦伯	S. S. Schweber
施温格	J. Schwinger
斯蒂芬・霍金	Steven Hawking
斯蒂克尔伯格	E. Stuckelberg

韦伯	Weber
韦内齐亚诺	G. Veneziano
韦斯特	P. West
韦特曼	M. Veltman
韦伊	A. Weil
维尔纳	R. Werner
维尔纳·纳姆	Werner Nahm
维格纳	E. Wigner
维连金	A. Vilenkin
维特里希	C. Wuthrich
瓦恩兰	D. Wineland
魏斯科普夫	V. F. Weisskopf
魏因富尔特	H. Weinfurter
温伯格	S. Weinberg
沃尔科夫	D. Volkov
沃尔默	G. Vollmer
沃纳·伊斯雷尔	Werner Israel
沃特	P. Woit
沃西斯	I. Votsis

X

西奥多·卡鲁扎	Theodor Kaluza
西奥多·雅各布森	Theodore Jacobson
西拉克	J. Cirac
西蒙·拉普拉斯	Simon Laplace
希利	R. Healey
希洛斯	S. Psillos
西蒙尼	A. Shimony
小林诚	Makoto Kobayashi
谢尔克	J. Scherk

休伊什	A. Hewish
徐一鸿	A. Zee
	Y
雅各布·贝肯斯坦	Jacob Bekenstein
雅各布·布施	Jacob Busch
亚伯罕姆	M. Abraham
亚瑟·爱丁顿	A. Eddington
耶勒	H. Jehle
伊巴涅斯	L. Ibanez
伊壁鸠鲁	Epicurus
伊萨多·辛格	Isadore Singer
益川敏英	Toshihide Maskawa
尤瓦尔·奈曼	Yuval Neeman
约翰·惠勒	John Wheeler
约翰·霍根	John Horgan
约翰·康威	John Conway
约翰·米歇尔	John Michell
约翰·普雷斯基尔	John Preskill
约翰内斯·德罗斯特	Johannes Droste
约翰逊	G. Johnson
约瑟夫·波尔钦斯基	Joseph Polchinski
约翰·贝尔	John Bell
	Z
赞吉	N. Zanghi
泽林格	A. Zeilinger
詹姆斯·库欣	James Cushing
詹姆斯·萨利	James Sully
朱雷克·莱万多夫斯基	Jurek Lewandowski
朱莉娅	B. Julia
佐勒	P. Zoller

后　记

本书是我 2016 年获批立项的国家社会科学基金重大项目“当代量子论与新科学哲学的兴起”的最终结项成果，部分反映了我长期以来在物理学史和物理学哲学方面的认识与感悟,主要内容则体现了 2016 年以来课题组围绕当代量子论前沿与科学哲学的发展展开的系列研究成果。

我在物理学史与物理学哲学方向上的研究可以粗略地分为三个阶段：一是 1986 年以来关于杨振宁科学思想的研究；二是 2000—2016 年关注于数学与物理学关系的历史与哲学探究；三是 2016 年主持“当代量子论与新科学哲学的兴起”项目以来对量子论前沿与科学哲学关系的研究。杨振宁是最为伟大的物理学家之一,他的物理学理论和思想深刻地影响了 20 世纪下半叶以来物理学的发展。研究杨振宁先生的学术成就与科学思想，犹如掌握了一把开启知识宝库的神奇钥匙，这把钥匙为我打开了一扇通往多学科相互交织、充满理性智慧与创造之美的学术大门。大门里面的世界，蕴藏着深邃的物理学、严谨的数学、思辨的哲学、厚重的科学史及灵动的艺术学，这些深深地影响了我的研究方向与兴趣。规范场是纤维丛上的联络，杨振宁先生有诗句云：造化爱几何，四力纤维能。2000 年之后，我由规范场论的哲学探究逐步扩展到对数学与物理学关系的历史与哲学研究，先后完成了国家社会科学基金一般项目“理论物理学前沿中的哲学问题——从规范场论到弦论”、教育部人文社会科学重点研究基地重大项目“数学、物理学的关系与科学理论的语境模型研究”等，并与冯晓华博士合作考察了吴大峻、杨振宁、陆启铿等人就规范场与纤维丛关系问题的具体工作，对数学与物理学两大学科的交融与渗透有了管中窥豹之感。2016年以来，我与诸位合作者及国内外学者同仁，就科学哲学的历史脉络与未来走向，进行了多次深入且富有成效的交流。深度地思考与探究之后，我更加坚信科学哲学的未来还应当像一百年前逻辑实证主义兴起之际，以前沿科学为内驱力。由此，这一阶段的研究重心集中于20世纪后半叶以来的量子理论前沿，考察了在超弦、圈量子引力论等缺乏实验证据支持的科学发展阶段，既有的科学哲学该如何适时地调整。我前期关于杨振宁科学思想、规范场论的哲学、数学与物理学关系的研究积累在当前的研究中得到了充分的应用，前期研究的认识也得到了进一步的提升。回首40年来的学术生涯，杨振宁先生的物理学与他的科学思想对我影响至为深远。2017年9月3～6日，彼时杨振宁先生已至九五高龄，却欣然应允山西大学的邀请，在山西太原与课题组成员进行多次交流和谈话，当面感受大师的风范，让大家受益良多。

“当代量子论与新科学哲学的兴起”项目组成员赵丹、乔笑斐、冯晓华、彭鹏、程瑞、李宏芳、成素梅、吴国林等，先后撰写了40篇阶段性成果，发表在《中国社会科学》《哲学动态》《自然辩证法研究》《自然辩证法通讯》《科学技术哲学研究》等期刊上。在本书撰写过程中，有部分阶段性论文中的内容经过融合与吸收体现在个别章节中,因此本书是项目组集体合作的结果。项目的阶段性成果将集辑《当代量子论与新科学哲学的兴起（论文集）》同期出版。

特别值得一提的是，赵丹和乔笑斐在此过程中，贡献了大量的观点、思想和写作，正是与他们的通力合作，本书才得以完成。

在项目的执行过程中，中国社会科学院张江教授多次就解释与阐释问题参与讨论并提出了重要意见，美国波士顿大学的曹天予教授多次就物理学哲学前沿贡献了独到的观点和深刻的认识；参与项目讨论并给出宝贵意见的学者还有：著名科普作家张天蓉，中国人民大学刘大椿教授、刘永谋教授，清华大学吴彤教授、吴国盛教授，中央党校赵建军教授，北京师范大学董春雨教授，国防科技大学曾华锋教授，中国科学院大学王大明教授、电子科技大学万小龙教授，中国科学技术大学施郁教授等，抱歉不能在此一一罗列，谨对上述学者的贡献表示感谢。感谢科学出版社科学人文分社侯俊琳社长和邹聪编辑的鼓励与支持；感谢《国家哲学社会科学成果文库》评审专家提出的宝贵意见。

作为当代量子论前沿哲学研究的探索性成果，本书涉及的物理学理论深邃且丰富，诸多问题还未能深入展开，个别论题仍存在较大的争议，望学界同仁批评指正。

高　策

2024 年 12 月 31 日于山西大学